21世纪高等学校公共课计算机规划教材

大学计算机基础教程

张海笑　吴伟民　主　编

林　放　张　静　赵　锐
曾　颖　冯永晋　侯　艳　参　编
江志文

電子工業出版社
Publishing House of Electronics Industry
北京・BEIJING

内 容 简 介

本书是根据教育部高等学校计算机科学与技术教学指导委员会编制的计算机基础课程教学基本要求编写的，全书内容丰富、知识面广、实用性强。主要内容包括计算机基础知识、操作系统基础、文字处理软件、电子表格处理软件、演示文稿软件、网络技术基础、数据库技术基础、多媒体技术基础等。本书包含教学和实验两大部分内容，前者深入、系统地介绍一些计算机科学与技术的基本概念、基本原理、基本技术与方法，后者通过实际操作，让学生掌握计算机基础知识的运用，增强对计算机基本知识的深入理解。

本书可以作为高等院校各相关专业计算机应用课程的教材，也可作为全国计算机等级考试的培训教材。

图书在版编目（CIP）数据

大学计算机基础教程 / 张海笑，吴伟民主编. —北京：电子工业出版社，2014.8

ISBN 978-7-121-23655-6

Ⅰ. ①大… Ⅱ. ①张…②吴… Ⅲ. ①电子计算机—高等学校—教材 Ⅳ. ①TP3

中国版本图书馆 CIP 数据核字（2014）第 139901 号

策划编辑：谭海平
责任编辑：郝黎明
印　　刷：三河市鑫金马印装有限公司
装　　订：三河市鑫金马印装有限公司
出版发行：电子工业出版社
　　　　　北京市海淀区万寿路 173 信箱　邮编　100036
开　　本：787×1 092　1/16　印张：24.75　字数：714 千字
版　　次：2014 年 8 月第 1 版
印　　次：2021 年 8 月第 9 次印刷
定　　价：60.00 元

凡所购买电子工业出版社图书有缺损问题，请向购买书店调换。若书店售缺，请与本社发行部联系，联系及邮购电话：（010）88254888。

质量投诉请发邮件至 zlts@phei.com.cn，盗版侵权举报请发邮件至 dbqq@phei.com.cn。

服务热线：（010）88258888。

前　言

计算机技术是当今世界发展最快和应用最广泛的科学技术。随着计算机应用深入到社会的各个领域，计算机在人们工作、学习和生活的各个方面正发挥着越来越重要的作用，计算机综合应用水平已成为衡量大学生业务素质与能力的突出标志。在大学计算机基础课程的教学中，一方面要考虑到社会的信息化对大学生的信息素养提出的更高要求；另一方面，随着高等学校学生的计算机知识的起点不断提高，过去那种扫盲式的以掌握计算机基础知识及基本应用技能为主要教学目标的教学内容及教学方式，已不能满足社会对大学生计算机素养的要求。为此，我们一直在不断地探索针对大学计算机基础课程的教学内容及教学模式的改革，向着提高计算机综合应用能力及高信息素养的培养目标发展。

2010 年，我们在曾经出版的《计算机文化基础》一书的基础上，以教育部高等学校计算机教学指导委员会发布的“关于进一步加强高等学校计算机基础教学的意见”为指导，撰写了《大学计算机基础教程》。四年过去，计算机软硬件技术飞速发展，原先基于 Windows XP 及 Office 2003 的教学内容已不能满足学生的需求，因此我们重新编写了这本教材。

本书主要特点是，内容丰富、知识面广、实用性强。书中除了计算机基础知识、操作系统基础、常用办公软件的应用等内容，还包含了网络技术基础、数据库技术基础、多媒体技术基础等多种计算机技术的基本知识、相关应用领域的知识和应用技能。通过学习可以拓展学生视野，使他们能在较高的层次上使用计算机，认识并处理计算机应用中可能出现的问题。

本书内容主要包括教学和实验两大部分，深入、系统地介绍一些计算机科学与技术的基本概念、基本原理、基本技术与方法，同时配合相应的实验，通过实际操作掌握计算机基础知识的运用，增强对计算机基本知识的深入理解。

参加本书编写的作者都是长期在第一线从事高校计算机基础教育的教师。全书由张海笑、吴伟民组织编写并统稿。各章的编写分工如下：第 1 章由林放编写，第 2 章由张静编写，第 3 章由赵锐编写，第 4 章由张海笑编写，第 5 章由曾颖编写，第 6 章由冯永晋编写，第 7 章由侯艳编写，第 8 章由江志文编写；各章相关实验由各章的编写教师编写；李藜、杨安宸、谢国波等老师以及王林林、肖阳、何嘉沛等同学在本书的编写中也作出了贡献。

本书在编写过程中得到了广东工业大学计算机学院领导及各方面人士的指导、支持和帮助，尤其是得到了从事计算机基础教学的全体任课教师的支持和帮助，他们对本书的编写提出了许多宝贵的建议，并为此付出了艰辛的劳动，在此表示衷心感谢。

由于编者水平有限，书中难免有不足之处，敬请读者给予批评指正。

编　者

2014 年 5 月

目　录

第一部分　教学

第二部分 实验

第一部分　教　　学

第 1 章　计算机与信息技术基础

从 1946 年第一台电子计算机诞生以来，经过了 60 多年的迅猛发展，计算机的应用已经渗透到各行各业，已成为科学研究、工农业生产和社会生活中不可缺少的重要设备，有力地推动了整个社会信息化的发展。21 世纪，掌握以计算机为核心的信息技术基础知识并提高应用能力是对当代大学生必不可少的基本要求。

本章从计算机的发展和应用领域开始，由浅入深地介绍计算机系统的组成、功能以及常用的外部设备，然后详细讲述不同进制间的转换以及二进制的运算，最后讲述不同类型信息在计算机中的表示。通过学习本章，可以使学生从整体上了解计算机的基本功能和基本工作原理。

1.1　计算机概述

计算机是一个系统，从狭义上讲，它由硬件系统和软件系统组成。从广义上讲，它由人员（People）、数据（Data）、设备（Equipment）、规程（Procedures）和程序（Program）组成。

1.1.1　计算机的定义与特点

计算机是 20 世纪最重大的发明之一，它是现代科学技术发展的结晶，特别是微电子、光电、通信等技术以及计算数学、控制理论的迅速发展带动计算机不断更新。自 1946 年第一台电子数字计算机诞生以来，计算机发展十分迅速，已经从刚开始的高科技军事应用渗透到人类社会的各个领域，对人类社会的发展产生了极其深远的影响。

1. 电子计算机的定义

目前所说的计算机或电子计算机，其全称为电子数字计算机。计算机是一种能够按照人们事先编写的程序连续、自动地工作，并能对输入的数据信息进行加工、处理、存储、传送的高速电子设备。由于计算机能够模仿人脑，如记忆、分析、判断、分类、推理等，并能参与一些复杂的科学计算、信息处理和辅助设计等工作，也就是能够代替一些脑力劳动，所以人们形象地把计算机称为“电脑”。

2. 计算机的特点

计算机作为一种通用的信息处理工具，它具有以下几个方面的特点。

（1）运算速度快。中国的大型计算机系统天河二号（Tianhe-2）是世界上速度最快的超级计算机，它已连续两次荣登榜首。其运行速度达到了每秒 33.86 千万亿次浮点运算，遥遥领先其他超级计算机。这使得大量复杂的科学计算问题可以快速得到解决。如天气预报、航空航天等。

（2）计算精度高。一般来说，现在的计算机运算精度均可以达到 15 位有效数字，通过一定软件技术可以满足任何精度的要求。

（3）具有记忆和逻辑判断能力。计算机不仅能够计算，而且可以像人脑一样，将大量的程序和数据“记忆”起来不丢失，在计算的同时还可以把中间和最后结构保存起来，以供用户随时使用。此外，计算机还可以对各种信息（如语言、文字、图形、图像、声音等）通过编码技术进行算术运算和逻辑运算，甚至进行推理和证明。

（4）具有自动控制能力。计算机内部操作是根据人们事先编写好的程序自动进行的。用户根据需要，事先设计好运行步骤和程序，计算机十分严格地按照程序规定的步骤进行操作，整个过程几乎不需要人为干预。

（5）可靠性高，通用性强。由于计算机运算速度快，具有较强的记忆和自动控制能力，同时配备各种软件，所以广泛应用到社会的各个领域，成为人们工作、生活、学习、娱乐必不可少的工具。

1.1.2　电子计算机的发展

从 20 世纪 40 年代发展到今天，计算机从科学计算领域，渗透到各行各业。随着人们工作和生活的需要，计算机的应用领域不断地拓展，而应用领域的具体需要，反过来促进了软硬件技术的不断进步。

1. 电子计算机的产生

1943 年，美国为了解决新武器研制中的弹道计算问题而组织科技人员开始了电子数字计算机的研究。1946 年 2 月，电子数字积分计算机（Electronic Numerical Integrator And Calculator，ENIAC）在美国宾夕法尼亚大学研制成功，它是世界上第一台电子计算机，如图 1-1 所示。这台计算机共使用了 18000 多只电子管，1500 个继电器，耗电 150 千瓦，占地面积约为 170 平方米，重 30 吨，每秒钟能完成 5000 次加法运算或 400 次乘法运算。

图 1-1　第一台电子计算机 ENIAC

2. 电子计算机的发展

在计算机的发展过程中，电子技术的发展，显著地影响了计算机的体积、运行速度和功能的发展，自 1946 年以来，计算机已经经历了几次重大的技术革命，按照计算机所采用的电子器件可将计算机的发展划分为如下几代。

第一代计算机（1946—1953 年）：电子管计算机

逻辑元器件使用电子管，图 1-2 所示为 6922 双三极电子管。这个时期的计算机体积大，功耗高，成本也高；内存储器由电子管线路、延迟线和磁鼓构成，内存容量仅几 KB；外存储器采用磁带、磁鼓。输入/输出装置用穿孔机，因此速度慢，图 1-3 所示为用于存储程序的打孔卡。这一时期没有系统软件，只能用机器语言和汇编语言编程，运算速度仅为每秒数千至数万次。

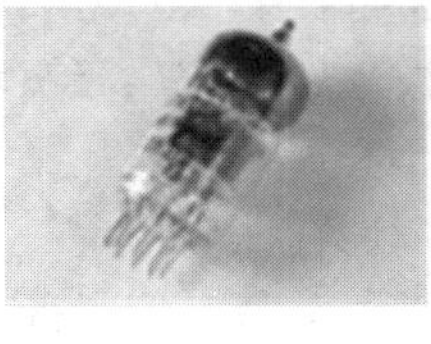

图 1-2　双三极电子管

图 1-3　程序打孔卡

第二代计算机（1954—1963 年）：晶体管计算机

逻辑元器件使用晶体管，如图 1-4 所示。1954 年，美国贝尔实验室研制成功第一台使用晶体管线路的计算机，取名“催迪克”（TRADIC）。它装有 800 个晶体管。1955 年，美国在阿塔拉斯洲际导弹上装备了以晶体管为主要元器件的小型计算机。晶体管具有尺寸小、质量轻、寿命长、效率高、发热少、功耗低等优点。这使得电子线路性能稳定，计算机进入蓬勃发展的阶段。第二代计算机主存储器采用磁芯，外存储器采用磁盘、磁带，存储器容量有较大提高；软件方面产生了监控程序（Monitor），提出了操作系统的概念，编程语言有了很大的发展，编程采用 FORTRAN、ALGOL、COBOL 等高级语言。计算机应用开始进入实时过程控制和数据处理领域，运算速度达到每秒数百万次。

图 1-4　晶体管

第三代计算机（1964—1966 年）：中、小规模集成电路计算机

逻辑元器件采用中、小规模集成电路，如图 1-5 所示。1964 年 4 月 7 日，美国 IBM 公司同时在 14 个国家宣告，世界上第一个采用集成电路的通用计算机系列 IBM360 系统研制成功，该系列有大、中、小型计算机，共 6 个型号，它兼顾了科学计算和事务处理两方面的应用，各种机器全都相互兼容，适用于各方面的用户，具有全方位的特点，正如罗盘有 360 度的刻度一样，所以取名为 360。采用中、小规模集成电路制作各种逻辑部件，使得计算机的体积更小，质量更轻，耗电更少，寿命更长，运算速度更快，而计算机的成本也随之下降。采用半导体作为主存储器，存储容量和存取速度大幅提高，增强了计算机系统的处理能力。这一时期的系统软件与应用软件迅速发展，出现了分时操作系统和会话式语言，在程序设计中采用了结构化程序设计，运算速度达到每秒千万次以上，为研制复杂的软件提供技术上的保障。

（a）集成电路

（b）集成电路板

图 1-5　集成电路芯片和集成电路板

第四代计算机（1967 年至今）：大规模、超大规模计算机

逻辑元器件采用大规模、超大规模集成电路。1967 年和 1977 年分别出现了大规模和超大规模集成电路。美国研制的 ILLIAC-IV 计算机，是第一台全面使用大规模集成电路作为逻辑元件和存储器的计算机，它标志着计算机的发展已到了第四代。大规模集成电路每个芯片上有成百上千个逻辑门电路以及上万个元器件，使计算机体积、质量、成本均大幅度降低，微型机开始出现。第四代计算机的主存储器采用集成度越来越高的半导体存储器，存储容量大。外存储器除广泛使用软、硬磁盘，还使用光盘和优盘。各种方便的新型输入/输出设备相继出现，如手写板，刻录机等；编程软件多样化，适应不同行业、不同编程方法的软件不断推陈出新。而多媒体技术的进一步发展，使得计算机的输入/输出方式更加丰富多彩，可以同时处理图形、图像、声音、文字等多种数据信息。

第五代计算机：智能电子计算机

智能电子计算机是一种有知识、会学习、能推理的计算机，具有能理解自然语言、声音、文字和图像的能力，并且具有说话的能力，使人机能够用自然语言直接进行对话。它可以利用已有的和不断学习到的知识，进行思维、联想、推理，并得出结论。它能解决复杂问题，具有汇集、记忆、检索有关知识的能力，被称为新一代计算机。智能计算机突破了传统的冯·诺依曼式机器的概念，它的智能化人机接口使人们不必编写程序，只需发出命令或提出要求，计算机就会完成推理和判断并且给出解释。

第六代计算机：神经网络计算机

第六代电子计算机是能模仿人的大脑判断能力和适应能力，并具有可并行处理多种数据功能的神经网络计算机。与以逻辑处理为主的第五代计算机不同，第六代计算机可以判断对象的性质与状态，并能采取相应的行动，而且它可以同时并行处理实时变化的大量数据，并引出结论。以往的信息处理系统只能处理条理清晰、经络分明的数据。而人的大脑活动具有能处理零碎、含糊不清信息的灵活性，第六代电子计算机将比拟人脑的智慧和灵活性。

3. 未来计算机的发展趋势

目前计算机的发展趋势主要有以下几个方面。

（1）多极化

今天，包括电子词典、掌上电脑、笔记本电脑等在内的微型计算机在人们的生活中已经是处处可见，从第一块微处理器芯片问世以来，计算机的发展速度与日俱增。计算机芯片的集成度每18个月翻一番，而价格则减一半，这就是信息技术发展功能与价格比的摩尔定律。随着芯片集成度越来越高，所能完成的功能越来越强，也使得计算机微型化的进程和普及率越来越快。同时大型机、巨型机也得到了飞速的发展，它们具有极高的运算速度、大容量的存储空间、更加强大和完善的功能，主要用于航空航天、军事、气象、人工智能、生物工程等学科领域。特别是在VLSI技术基础上的多处理机技术使计算机的整体运算速度与处理能力得到了极大的提高。除了向巨型化和微型化发展之外，中小型计算机也各有自己的应用领域和发展空间，特别是注重运算速度和提倡综合应用的多媒体计算机已经被广泛应用，多极化的计算机家族在迅速发展中。

（2）网络化

计算机网络是计算机技术和通信技术紧密结合的产物。尤其进入20世纪90年代以来，随着Internet的飞速发展，计算机网络已广泛应用于政府、学校、企业、科研、家庭等领域，越来越多的人接触并了解到计算机网络的概念。计算机网络将不同地理位置上具有独立功能的不同计算机通过通信设备和传输介质互联起来，在通信软件的支持下，实现网络中的计算机之间共享资源、交换信息、协同工作。计算机网络的发展水平已成为衡量国家现代化程度的重要指标，在社会经济发展中发挥着极其重要的作用。

（3）多媒体化

媒体可以理解为传输信息的载体，文本、声音、图形、图像等都是常见的信息载体。过去的计算机只能处理数值信息和字符信息，即单一的文本媒体。近几年发展起来的多媒体计算机则集多种媒体信息的处理功能于一身，实现了图、文、声、像等各种信息的收集、存储、传输和编辑处理，被认为是信息处理领域在20世纪90年代出现的又一次革命。

（4）智能化

智能化是让计算机能够模拟人类的智力活动，如学习、感知、理解、判断、推理等能力。具备理解自然语言、声音、文字和图像的能力，具有说话的能力，使人机能够用自然语言直接对话。它可以利用已有的和不断学习到的知识进行思维、联想、推理，并得出结论，能解决复杂问题，具有汇集记忆、检索有关知识的能力。智能化虽然是未来新一代计算机的特征之一，但现在已经能看到它的许多踪影，比如能自动接收和识别指纹的门控装置，能听从主人语音提示的车辆驾驶系统等。

4．未来计算机的新技术

（1）光计算机

光计算机是利用光作为载体进行信息处理的计算机。1990 年，美国的贝尔实验室推出了一台由激光器、透镜、反射镜等组成的计算机，这就是光计算机的雏形。随后，英、法、比、德、意等国的 70 多名科学家成功研制了一台光计算机，其运算速度比普通的电子计算机快 1000 倍。光计算机也称为光脑，光脑的应用将使信息技术产生新的飞跃。

（2）DNA 计算机

科学家研究发现，脱氧核糖核酸（DNA）有一种特性是能够携带生物体各种细胞拥有的大量基因物质。科学家、生物学家、化学家以及计算机专家从中得到启迪，正在合作研制未来的液体 DNA 计算机。这种 DNA 计算机的工作原理是以瞬间发生的化学反应为基础，通过和酶的相互作用，将反应过程进行分子编码，将问题以新的 DNA 编码形式加以解答。

（3）生物计算机

人类有一门学科叫仿生学，即通过对自然界生物特性的研究与模仿，来达到为人类社会更好地服务的目的。典型的例子如通过研究蜻蜓的飞行制造出了直升机；通过对青蛙眼睛的表面“视而不见”，实际“明察秋毫”的认识，研制出了电子蛙眼；通过对苍蝇飞行的研究，仿制出一种新型导航仪——振动陀螺仪，它能使飞机和火箭自动停止危险的“跟头”飞行，当飞机强烈倾斜时，能自动得以平衡，使飞机在最复杂的急转弯时也能万无一失。仿生学同样可应用到计算机领域中。

科学家通过对生物组织体研究，发现组织体是由无数的细胞组成的，细胞由水、盐、蛋白质和核酸等有机物组成，而有些有机物中的蛋白质分子像开关一样，具有“开”与“关”的功能。因此，人类可以利用遗传工程技术，仿制出这种蛋白质分子，用来作为元件制成计算机。科学家把这种计算机称为生物计算机。

1983 年，美国公布了研制生物计算机的设想之后，立即激起了发达国家的研制热潮。当前，美国、日本、德国和俄罗斯的科学家正在积极开展生物芯片的开发研究。从 1984 年开始，日本每年用于研制生物计算机的科研投资为 86 亿日元。

目前，生物芯片仍处于研制阶段，但在生物元件，特别是在生物传感器的研制方面已取得不少实际成果。这将促使计算机、电子工程和生物工程这三个学科的专家通力合作，加快研究开发生物芯片。

（4）高速超导计算机

超导计算机是利用超导技术生产的计算机及其部件，其性能是目前电子计算机无法相比的。目前制成的超导开关器件的开关速度，已达到皮秒（ps，10^{-12} 秒）级的高水平。这是当今所有电子、半导体、光电器件都无法比拟的，比集成电路要快几百倍。超导计算机运算速度比现在的电子计算机快 100 倍，而电能消耗仅是电子计算机的千分之一，它执行一条指令只需 10 亿分之一秒。但是，目前这种超导计算机的电路要求必须在低温下工作。若将来发明了常温超导材料，计算机的整个世界将改变。

（5）研究中的量子计算机

量子计算机是一类遵循量子力学规律进行高速数学和逻辑运算、存储及处理量子信息的物理装置。当某个装置处理和计算的是量子信息，运行的是量子算法时，它就是量子计算机。半导体靠控制集成电路来记录和运算信息，量子计算机则希望控制原子或小分子的状态，记录和运算信息。量子不像半导体只能记录 0 与 1，可以同时表示多种状态。如果把半导体计算机比成单一乐器，量子计算机就像交响乐团，一次运算可以处理多种不同状况。迄今为止，世界上还没有真正意义上的量子计算机。但是，世界各地的许多实验室正在以巨大的热情追逐着这个梦想。

1.1.3 计算机的分类

1. 超级计算机

超级计算机也称为巨型机，通常是由数百至数千甚至更多的处理器（机）组成的，是计算机中功能最强、运算速度最快、存储容量最大的一类计算机。超级计算机是指能够执行一般个人计算机无法处理的大量资料并能高速运算的计算机，其基本组成组件与个人计算机无太大差异，但规格与性能则强大许多，是一种超大型电子计算机。具有很强的计算和处理数据的能力，主要特点表现为高速度和大容量，配有多种外围设备及丰富的、高功能的软件系统。现有的超级计算机运算速度大都可以达到每秒一太（Trillion，万亿）次以上，多用于国家高科技领域和尖端技术研究，是一个国家科研实力的体现，它对国家安全，经济和社会发展具有举足轻重的意义，是国家科技发展水平和综合国力的重要标志。

巨型计算机实际上是一个巨大的计算机系统，主要用来承担重大的科学研究、国防尖端技术和国民经济领域的大型计算课题及数据处理任务。如大范围天气预报、整理卫星照片、原子核物理的探索、研究洲际导弹、宇宙飞船等；制订国民经济的发展计划，由于项目繁多，时间性强，要综合考虑各种各样的因素，依靠巨型计算机能较顺利地完成。

2013 年 6 月 17 日，在德国莱比锡开幕的 2013 年国际超级计算机大会上，中国国防科技大学研制的“天河二号”超级计算机（见图 1-6），以每秒 33.86 千万亿次的浮点运算速度夺得头筹，成为全球最快的超级计算机，比第二名 Titan 快近一倍。继 2010 年 11 月“天河一号”计算机问鼎以来，天河二号再次夺得了全球超级计算机的第一名。天河二号有 16000 个节点，每个节点部署了两个英特尔 Xeon IvyBridge 及三个 Xeon Phi 处理器，计算核心总数达 3120000 个。如果每个节点相当于一台最高配置的计算机，那么它就相当于 1.6 万台计算机在并行计算，当然这种集成效应并非如此简单地叠加。有人打了个比方，假如全国 13 亿人每人每秒计算一次，连算 1000 年，才能得出一个结果；那么，“天河二号”得到这个结果的时间，只要短短 1 小时。

“天河二号”现在正在国家超级计算广州中心服役，占地 700 多平方米，共有 170 个大柜子。

图 1-6 “天河二号”超级计算机

2. 大型计算机

大型计算机使用专用的处理器指令集、操作系统和应用软件，主要用于保险公司和银行等大型公司内部。大型机一词，最初是指装在非常大的带框铁盒子里的大型计算机系统，以用来同小一些的迷你机和微型机有所区别。大型机体积大、功能强，但往往缺乏灵活性，大多数大型计算机系统只能处理一组特定的任务。例如，在交通管理部门中，大型计算机系统也许只存储司机、车辆和驾驶执照等信息，而很少或不处理其他任务。20 世纪 80 年代以来，计算机网络化和微型化的日趋明显，使传统的大型机和小型机都陷入了危机。为了应对危机，一些大型机和小型机改变了原先的一些功能和模式，加入以 C/S 模式为特点的服务器阵营，重新适应了人们的需求。

今日而言，大型主机在 MIPS（每秒百万指令数）方面已经不及微型计算机（Microcomputer），但是它的 I/O 能力、非数值计算能力、稳定性、安全性却是微型计算机望尘莫及的。主机通常强调大规模的数据输入/输出，着重强调数据的吞吐量。

人们即使不了解大型计算机系统，很可能也使用过。例如，如果通过航空公司的 Web 站点预订座位，就要用到大型计算机。图 1-7 是中国科学院北京基因组研究所的大型计算机。

3．小型机与工作站

（1）小型机

小型机是指采用 8～32 个处理器，性能和价格介于 PC 服务器和大型主机之间的一种高性能 64 位计算机，如图 1-8 所示。小型机通常采用 RISC（精简指令集）处理器，运行 UNIX 操作系统，主流品牌有 IBM P、HP9000、ALPHA、SUN 等，一般用于电信计费、银行清算、铁路调度、电力调度等企业级客户的关键业务。与 PC 服务器相比，小型机具有以下特点。

图 1-7　中国科学院北京基因组研究所的大型计算机

图 1-8　小型机

① 性能高。小型机在计算能力、I/O 带宽等性能远超过 PC 服务器，tpm（每分钟内系统处理的新订单个数）值可达上千万。

② 安全性高。采用 HA、RAID 等技术有效保证了系统"故障导向安全"性能；采用 UNIX 操作系统具有很好的系统管理性，很少受病毒侵袭。

③ 扩展性强。小型机的 CPU 数量、主频、内存、I/O、存储等有很大的扩展空间，同样的机型可以满足客户不同时期的使用需求。

④ 价格昂贵。设备价格从数万到数百万。小型机需要专业的技术人员管理。

（2）工作站

工作站（Workstation），是一种以个人计算机和分布式网络计算机为基础，主要面向专业应月领域，具备强大的数据运算与图形、图像处理能力，为满足工程设计、动画制作、科学研究、软件开发、金融管理、信息服务、模拟仿真等专业领域而设计开发的高性能计算机，如图 1-9 所示。工作站是一种高档的微型计算机，通常配有高分辨率的大屏幕显示器及容量很大的内存储器和外部存储器，并且具有较强的信息处理能力和高性能的图形、图像处理能力以及联网功能。

4．台式计算机与笔记本电脑

台式计算机与笔记本电脑都属于个人计算机（Personal Computer）。

台式计算机也称台式机，其主机、显示器等设备一般是相对独立的，需要放置在电脑桌或者专门的工作台上，相对于笔记本电脑来说，台式计算机的体积大，如图 1-10 所示。

NoteBook，俗称笔记本电脑，又称手提电脑，是一种小型、可携带的个人计算机，通常质量为 1～3 千克。其发展趋势是体积越来越小、质量越来越轻，而功能却越发强大。像 NetBook，也就是俗称的上网本，跟台式计算机的主要区别在于其携带方便，如图 1-11 所示。

图 1-9　工作站

图 1-10　台式计算机

图 1-11　笔记本电脑

5．平板电脑与掌上电脑

（1）平板电脑

平板电脑也称为平板计算机（Tablet Personal Computer，简称 Tablet PC、Flat PC、Tablet、Slates），是一种小型、方便携带的个人计算机，以触摸屏作为基本的输入设备，如图 1-12 所示。它拥有的触摸屏（也称为数位板技术）允许用户通过触控笔、数字笔或是直接用手指来进行操作而不是使用传统的键盘或鼠标。用户可以通过内建的手写识别、屏幕上的软键盘、语音识别或者一个真正的键盘（如果该机型配备的话）进行操作。平板电脑的发展伴随着通信技术的发展而日新月异，从微软提出的平板电脑概念产品上看，平板电脑就是一款无须翻盖、没有键盘、小到放入女士手袋，但却功能完整的 PC。同时，目前的平板电脑还包括了专门为学生打造的学习辅助工具。2010 年，苹果 iPad 在全世界掀起了平板电脑热潮，其对传统 PC 产业，甚至是整个 3C 产业带来了革命性的影响。

（2）掌上电脑

掌上电脑，即 PDA（Portable Digital Assistant），又称为个人数字助理，主要提供记事、通讯录、名片交换及行程安排等功能。它同样有 CPU、存储器、显示芯片以及操作系统等。掌上电脑的主要功能有录音功能、英汉汉英词典功能、全球时钟对照功能、提醒功能、休闲娱乐功能、传真功能等，如图 1-13 所示。

6．手机电脑化

iPhone 是 2007 年由苹果公司（Apple Inc.）推出的，将移动电话、可触摸宽屏 iPod 以及具有桌面级电子邮件、网页浏览、搜索和地图功能合而为一的因特网通信设备，是结合了照相手机、个人数码助理、媒体播放器以及无线通信设备的掌上设备。iPhone 开创了移动设备软件尖端功能的新纪元，重新定义了移动电话的功能，如图 1-14 所示。

图 1-12 平板电脑

图 1-13 掌上电脑

图 1-14 智能手机

此后，从苹果到诺基亚、摩托罗拉、HTC、三星等知名品牌不断推出的智能手机的新品来看，高处理器、大内存、大硬盘和智能操作系统是共同点，其中一些产品还安装了独立的图形处理器。越来越多的手机将具备计算机功能，有些手机已经赶上甚至超过一些计算机产品了。如果说苹果重新定义了手机，点燃了手机电脑化的星星之火的话，那么谷歌安卓操作系统的走俏，则让其在全球范围内燎原。手机电脑化包括手机屏幕的电脑化、手机键盘的电脑化、手机软件的电脑化和手机应用的电脑化。2010 年第四季度，全球智能手机出货量首次超过了计算机。

1.1.4 计算机的用途

计算机的应用已渗透到各行各业，正在改变着传统的工作、学习和生活方式，推动着社会的发展。计算机的主要应用领域如下。

1. 科学计算

许多需要大量计算的工作和研究，可以通过编写计算程序，由计算机去完成。例如，天气预报、人类基因分析、运动员动作分析等。在数学、生物等学科中的许多问题，因为运算量太大，过去被认为无法得到计算结果，随着计算机运算速度的提高总有一天会把计算的结果解答出来。

2. 数据处理

对原始数据进行收集、整理、分类、选择、存储、制表、检索、输出等加工过程又称信息处理。信息处理涉及的范围和内容十分广泛，如考试系统的自动阅卷、图书检索、财务管理、生产管理、医疗诊断、编辑排版、情报分析等。

3. 实时控制

实时控制能够实现生产操作的自动化。例如，在化工、电力和冶金等生产过程中，用计算机自动采集各种参数，监测并实时控制生产设备的工作状态；在导弹、卫星的发射中，用计算机可以实时精确地控制飞行轨道与姿态；在热处理加工中，用计算机可以实时监测与控制炉窑的温度；在对人有害的工作场所，用计算机来监控机器人自动工作等。

4. 人工智能

人工智能的目的就是让计算机可以模仿人的思维，使其具有一定的学习和推理功能，能够自己积累知识，并且能够像人一样的思考问题和独立解决问题。目前机器人在控制系统、仿真系统中得到应用。人工智能分为强人工智能和弱人工智能两大类，强人工智能观点认为有可能制造出真正能推理（Reasoning）和解决问题（Problem Solving）的智能机器，并且，这样的机器被认为是有知觉的，有自我意识的。弱人工智能观点认为不可能制造出能够推理和解决问题的计算机，计算机并不真正拥有智能，也不会有自主意识。目前，人工智能已有许多成果，例如能够进行深海探测的潜水机器人、美国研制的火星探测车、能在钢琴上演奏简单乐曲的机器人、能带领盲人走路的机器人、能听懂人的简单命令并按命令执行的机器人等。

5. 办公自动化

办公自动化（Office Automation，OA）是将现代化办公和计算机网络功能结合起来的一种新型的办公方式。OA 包括：① 内部通信平台，使内部邮件和信息交流快捷通畅；② 信息发布平台，将公告、规章制度、公众交流等内容通过 Internet 平台发布；③ 工作流程自动化，为相关部门协同工作提供自动方便的工作平台，包括公文流转、审批、完成情况跟踪和报告等；④ 文档管理自动化，各类文档通过不同的平台，按系统设定位置存放，按权限操作文档。办公自动化的功能使得办公系统实现了信息集成，且办公点可分布在不同地点，大大提高办公效率和管理效率，提高办公的透明度。

6. 计算机辅助设计

计算机用于辅助设计、辅助制造、辅助测试及辅助教学等方面，统称为计算机辅助系统。计算机辅助设计（CAD）是指利用计算机来帮助设计人员进行工程设计，设计过程中进行修改就不必浪费图纸或实物；计算机辅助制造（CAM）是指利用计算机进行生产设备的管理、控制与操作，实时监控和自动化制造，大大提高了生产效率；计算机辅助测试（CAT）是指利用计算机进行复杂而大量的测试工作。计算机辅助教学（CAI）是指利用计算机帮助学习，模拟各种考试环境，为学生提供练习环境，通过计算机考试系统，能够进行自动评分，从而大大减轻评分工作量，提高效率，减少出错。

7. 网络应用

计算机与现代技术的结合构成了计算机网络。计算机网络的建立，不仅解决了一个单位、一个地区、一个国家中计算机与计算机之间的通信，实现文字、图像、视频和声音等各类数据的传输与处理及各种软、硬件资源的共享，同时也大大促进了国际间的信息处理与交流。

1.2　计算机系统的基本结构

1.2.1　冯·诺依曼模型

冯·诺依曼（John Von Neumann，1903—1957 年，见图 1-15），是美籍匈牙利数学家，20 世纪最著名的数学家之一，是在现代计算机、博弈论和核武器等诸多领域内有杰出建树的伟大的科学全才，被称为“现代电子计算机之父”和“博弈论之父”。冯·诺依曼早期以算子理论、量子理论、集合论等方面的研究闻名，开创了冯·诺依曼代数。第二次世界大战期间为第一颗原子弹的研制做出了贡献。为研制电子数字计算机提供了基础性的方案。

图 1-15　冯·诺依曼

尽管计算机经历了多次的更新换代，但到目前为止，其整体结构上仍属于冯·诺依曼计算机体系结构，还保持着冯·诺依曼计算机的基本特征：

（1）采用二进制数表示程序和指令；

（2）能存储程序和数据，并能自动控制程序的执行；

（3）具备运算器、控制器、存储器、输入设备和输出设备 5 个基本部分。

原始的冯·诺依曼计算机结构以运算器为核心，在运算器周围连接着其他各个部件，经由连接导线在各部件之间传送着各种信息。这些信息可分为两大类：数据信息和控制信息。数据信息包括数据、地址、指令等，数据信息可存放在存储器中；控制信息由控制器根据指令译码结果即时产生，并按一定的时间次序发送给各个部件，用以控制各部件的操作或接收各部件的反馈信号。

人们把冯·诺依曼的这个理论称为冯·诺依曼体系结构，也称为普林斯顿体系结构。从 ENIAC 到当前最先进的计算机都采用的是冯·诺依曼体系结构。所以冯·诺依曼是当之无愧的电子计算机之父。

1.2.2　计算机系统的组成

计算机系统由硬件系统和软件系统组成。硬件包括了计算机的基本部件和各种具有实体的计算机相关设备；软件则包括了用计算机语言编写的计算机程序、数据、应用说明文档等。计算机的硬件与软件互相配合、互相促进，硬件是软件运行的基础，决定了软件性能的限度。软件通过协调硬件，通过高效的算法，人性化的软件操作方式，更好地发挥硬件的作用。

1. 计算机硬件系统

（1）计算机硬件组成

计算机硬件（Hardware）系统是构成计算机的物理装置，是看得见、摸得着的有形实体。冯•诺依曼型计算机的硬件由 5 个部分组成，包括运算器、控制器、存储器、输入设备和输出设备。其中的运算器与逻辑控制器在实现中合成为一个中央控制单元（Central Processing Unit，CPU）。输入和输出设备又称为外部设备。各部分硬件功能如下。

① 运算器。运算器（Arithmetic Logic Unit，ALU）又称为算术逻辑单元，包括进行算术运算和逻辑运算功能，由逻辑门电路构成。算术运算包括进行二进制数的加、减、乘（不包括整数除法）运算。二进制数一般以补码的形式来表示。

② 控制器。控制器（Control Unit，CU）控制运算器、存储器、外设协调工作。控制器读取指令，按时钟脉冲依次执行指令。控制器包括计数器、指令寄存器、指令解码器、状态寄存器、时钟发生器、微操作信号发生器。

③ 存储器。存储器（Memory）包括内部存储器（简称内存）和外部存储器。内部存储器包括随机存储器（Random Access Memory，RAM）、只读存储器（Read-Only Memory，ROM）。随机存储器负责与 CPU 交互数据，亦称主存（Main Memory），断电后不保存数据。只读存储器中的数据以特定方式写入，断电后数据仍存在，常用于存储操作系统中最基本的输入/输出系统程序（BIOS）。外部存储器通常是大容量的存储器，保存的数据在断电后不会消失。

④ 输入设备。输入设备（Input）用于将原始程序和数据输入到计算机中。常见输入设备有键盘、鼠标、手写笔、扫描仪、数码相机、硬盘等。

⑤ 输出设备。输出设备（Output）是将计算机处理结果返回给外部世界的设备的总称。常见输出设备有显示器、打印机、扩音器、光碟刻录机、硬盘，以及网卡等网络连接设备。

（2）计算机的工作原理

计算机的工作原理为：首先由输入设备接收外界信息（程序和数据），控制器发出指令将数据送入（内）存储器，然后向内存储器发出取指令命令；在取指令命令下，程序指令逐条送入控制器；控制器对指令进行译码，并根据指令的操作要求，向存储器和运算器发出存数、取数命令和运算命令，经过运算器计算并把计算结果存在存储器内；最后在控制器发出的取数和输出命令的作用下，通过输出设备输出计算结果。

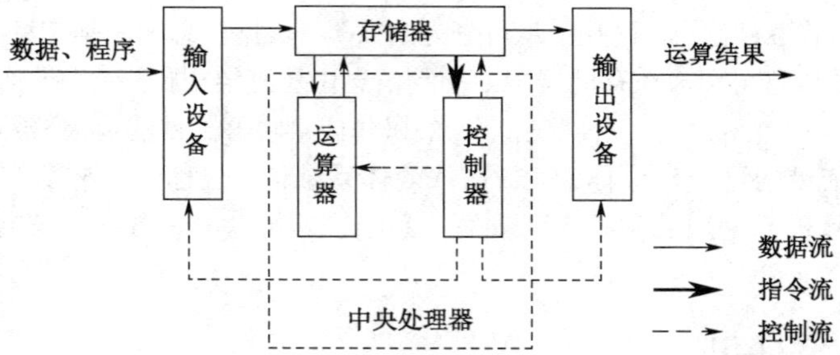

图 1-16　计算机工作原理

① 指令流：图 1-16 中粗实线箭头所示，将事先保存在存储器的计算机指令逐条送入控制器。

② 控制流：图 1-16 中虚线箭头所示，控制器根据指令所发出的各种控制信息。这些信息包括对存储器进行读/写数据控制、对运算器进行运算控制、对输入/输出设备进行读/写数据的控制等。

③ 数据流：图 1-16 中实线箭头所示，输入设备将数据输入到内存储器，内存储器将数据送到运算器，产生输入数据流；运算器将运算结果送到内存储器，内存储器再将数据送到能够长久保存数据的外部设备，产生输出数据流。

2．计算机软件系统

计算机软件（Software）是计算机中可运行的全部程序的总称，它包括可在计算机上运行的程序，还包括与这些程序相关的技术文档。在计算机系统中硬件是软件运行的物质基础，软件是硬件功能的扩充与完善，没有软件的支持，硬件的功能不可能得到充分的发挥，因此软件是使用者与计算机之间的桥梁。计算机软件系统分为两大类：一是控制协调整个计算机系统及外设的系统软件，二是用于某种特定用途的应用软件。

（1）软件概述

软件是一系列按照特定顺序组织的计算机数据和指令的集合。软件并不仅仅包括可以在计算机上运行的程序，与这些程序相关的文档一般也被认为是软件的一部分。简单地说软件就是程序加文档的集合体，另外也泛指社会结构中的管理系统、思想意识形态、思想政治觉悟、法律法规等。

软件提供了用户与硬件之间的接口界面。用户主要是通过软件与计算机进行交流。软件是计算机系统设计的重要依据。为了方便用户，使计算机系统具有较高的总体效用，在设计计算机系统时，必须全局考虑软件与硬件的结合，以及用户的要求。软件一般要满足如下几个条件。

① 程序运行时，能够满足功能要求且达到规定的性能指标；

② 程序能处理信息的数据结构；

③ 能提供描述程序功能需求以及程序如何操作和使用的文档。

可以认为：软件=计算机程序+文档资料。

（2）软件分类

一般来讲，软件被划分为系统软件和应用软件，如图 1-17 所示。

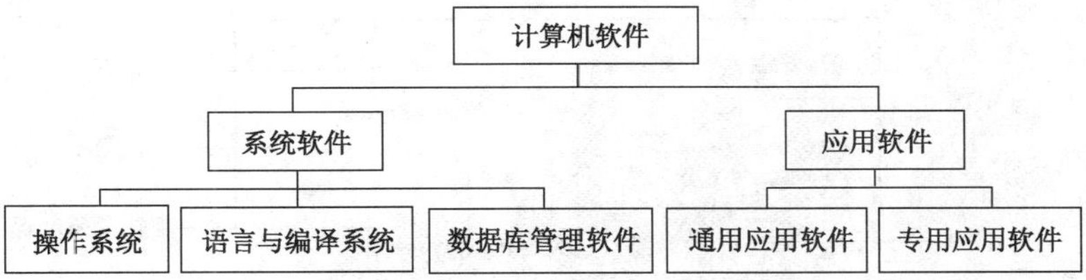

图 1-17　计算机软件的分类

① 系统软件。系统软件是指控制和协调计算机及其外部设备，面向硬件或者应用程序开发者所设立的软件。系统软件是为了让计算机能正常、高效工作的需要而配备的管理、监控和维护系统的程序，系统软件还包括这些程序的相关资料和说明文件。系统软件主要包括以下几个方面。

a．操作系统是管理计算机硬件与软件资源的程序，同时也是计算机系统的内核与基石。操作系统负责诸如管理与分配内存、决定系统资源供需的优先次序、控制输入与输出设备、操作网络与管理文件系统等基本事物。操作系统分为 DOS、Windows XP、UNIX、Linux、Mac OS X 等。

b．各种语言的解释程序和编译程序，如汇编、Java、C 语言等的解释、编译程序。

c．系统实用程序，是一些工具性质的服务程序，便于用户对计算机的使用和维护。主要的实用程序有语言处理程序、编辑程序、连接装配程序、打印管理程序、测试程序和诊断程序等。

d．数据库管理系统是对数据库进行有效管理和操作的系统，是用户与数据库之间的接口，它提供了用户管理数据库的一系列命令，包括数据库的建立、修改、检索、统计和排序等功能。关系数据库系统应用广泛，常见的有 FoxPro、SQL Server、Oracle、Informix 等。

② 应用软件。应用软件是指针对使用者的特定应用目的所撰写的软件，是提供给最终用户使用的软件。

a．通用应用软件，是某些具有通用信息处理功能的商品和软件。它的特点是通用性强，可以被许多有类似应用需求的用户所使用。它所提供的功能往往可以通过选择、设置和调配来满足用户的特定需求。比较典型的通用软件有文字处理软件、表格处理软件、数字统计分析软件、财务核算软件等。

b．专用应用软件，是满足用户特定要求的应用软件。因为某些情况下，用户对数据处理的功能需求存在很大的差异性，通用应用软件不能满足要求时，此时需要由专业人士采取单独开发的方法，为用户开发具有特定要求的专门应用软件。

1.3 微型计算机系统

计算机系统由硬件系统与软件系统组成，微型机系统（简称微机）同样由硬件与软件组成，随着时代的发展，硬件、软件都有着许多的变化。本节讲述微机的硬件组成及微机的软件分类，介绍微机的性能指标。

1.3.1 微型计算机的结构

1. 主机

主机指计算机用于放置主板及其他主要部件的容器。通常包括CPU、内存、硬盘、光驱、电源以及其他输入/输出控制器和接口，如USB控制器、显卡、网卡、声卡等。位于主机箱内的部件通常称为内设，而位于主机箱之外的通常称为外设（如显示器、键盘、鼠标、外接硬盘、外接光驱等）。计算机主机的结构如图1-18所示。

图1-18　计算机主机

计算机主机的组成部分如下。

（1）机箱：装主机配件的外壳，没有机箱不影响使用。

（2）电源：主机供电系统，没有电源不能使用主机。

（3）主板：连接主机各个配件的设备，没有主板主机不能使用。

（4）CPU：主机的心脏，负责数据运算。不可缺少，属于重要设备。

（5）内存：存储CPU调用的文件，不可缺少。

（6）硬盘：主机的外存储器，独立主机不可缺少。

（7）声卡：多媒体技术中最基本的组成部分，是实现声波 / 数字信号相互转换的一种硬件。一些主板上集成了声卡。

（8）显卡：显示器控制卡。一些主板上集成了显卡。

（9）网卡：连接计算机与网络的硬件设备，没有网卡计算机无法访问网络。一些主板上集成了网卡。

（10）光驱：用于对光盘进行读/写操作。

（11）一些不常用设备，如视频采集卡、电视卡、SCSI卡等。

2. 外设

外部设备简称“外设”，是指连在计算机主机以外的硬件设备。对数据和信息起着传输、转送和存储的作用，是计算机系统中的重要组成部分。按照功能的不同，大致可以分为输入设备（如键盘、鼠标等）、显示设备（如显示器、投影仪）、打印设备（如打印机、绘图仪）等。

1.3.2 微型计算机的硬件组成

微型计算机硬件仍分为控制器、运算器、存储器、输入设备与输出设备。但控制器和运算器已集成在同一单元，即中央处理器（CPU）。

1. CPU

（1）CPU 定义

由晶体管组成的 CPU 是作为处理数据和执行程序的核心，其英文全称是 Central Processing Unit，即中央处理器，也称为微处理器，是一块超大规模的集成电路，是一台计算机的运算和控制核心，如图 1-19 所示。其功能主要是解释计算机指令以及处理计算机软件中的数据。主要包括运算器（Arithmetic and Logic Unit，ALU）和控制器（Control Unit，CU）两大部件。此外，还包括若干个寄存器和高速缓冲存储器以及实现它们之间联系的数据、控制及状态的总线。它与内部存储器和输入/输出设备合称为电子计算机三大核心部件。

图 1-19　CPU

（2）CPU 的基本结构

CPU 中除了包括运算器和控制器外，还集成有寄存器组和高速缓冲存储器，其基本结构简介如下。

① 一个 CPU 可有几个乃至几十个内部寄存器，包括用来暂存操作数或运算结果以提高运算速度的数据寄存器，支持控制器工作的地址寄存器、状态标志寄存器等。

② 执行算术逻辑运算的运算器，它以加法器为核心，能按照二进制法则进行补码的加法运算，可进行数据的直接传送、移位和比较操作。其中的累加器是一个专用寄存器，在运算器操作时用于存放供加法器使用的一个操作数，在运算器操作完成时存放本次操作运算的结果，并不具有运算功能。

③ 控制器，由程序计数器、指令寄存器、指令译码器和定时控制逻辑电路组成，用于分析和执行指令、统一指挥微机各部分按时序协调操作。

④ 在新型的微处理器中普遍集成了超高速缓冲存储器（Cache），其工作速度和运算器的工作速度相一致，是提高 CPU 处理能力的重要技术措施之一，其容量达到 8MB 以上。

（3）CPU 的工作原理

CPU 的工作原理就像一个工厂对产品的加工过程：进入工厂的原料（程序指令），经过物资分配部门（控制单元）的调度分配，被送往生产线（逻辑运算单元），生产出成品（处理后的数据）后，再存储在仓库（存储单元）中，最后等着拿到市场上去卖（交由应用程序使用）。在这个过程中，从控制单元开始，CPU 就开始了正式的工作，中间的过程是通过逻辑运算单元来进行运算处理，交到存储单元代表工作的结束。

（4）微处理器产品简介

微处理器最早诞生于 1971 年，至今已经历六个阶段。

第一阶段（1971—1973 年）是 4 位和 8 位低档微处理器时代，通常称为第 1 代，其典型产品是 Intel 4004 和 Intel 8008 微处理器。

第二阶段（1974—1977 年）是 8 位中高档微处理器时代，通常称为第 2 代，其典型产品是 Intel

8080/8085、Motorola 公司、Zilog 公司的 Z80 等。

第三阶段（1978—1984 年）是 16 位微处理器时代，通常称为第 3 代，其典型产品是 Intel 公司的 8086/8088，Motorola 公司的 M68000，Zilog 公司的 Z8000 等微处理器。

第四阶段（1985—1992 年）是 32 位微处理器时代，又称为第 4 代。其典型产品是 Intel 公司的 80386/80486，Motorola 公司的 M69030/68040 等。

第五阶段（1993—2005 年）是奔腾（Pentium）系列微处理器时代，通常称为第 5 代。典型产品是 Intel 公司的奔腾系列芯片及与之兼容的 AMD 的 K6、K7 系列微处理器芯片。

第六阶段（2005 年至今）是酷睿（Core）系列微处理器时代，通常称为第 6 代。"酷睿"是一款领先节能的新型微架构，设计的出发点是提供卓然出众的性能和能效，提高每瓦特性能，也就是所谓的能效比。早期的酷睿是基于笔记本处理器的。酷睿 2，英文名称为 Core 2 Duo，是英特尔在 2006 年推出的新一代基于 Core 微架构的产品体系统称。酷睿 2 是一个跨平台的构架体系，包括服务器版、桌面版、移动版三大领域。

（5）中国自主研发的微处理器

龙芯是中国科学院计算所自主研发的通用 CPU，采用简单指令集，类似于 MIPS（单字长定点指令平均执行速度）指令集。龙芯 1 号的频率为 266MHz，最早在 2002 年开始使用。龙芯 2 号的频率最高为 1GHz。龙芯 3A 是首款国产商用 4 核处理器，其工作频率为 900MHz～1GHz。龙芯 3A 的峰值计算能力达到 16GFLOPS(FLOPS 即每秒所执行的浮点运算次数)。龙芯 3B 是首款国产商用 8 核处理器，主频达到 1GHz，支持向量运算加速，峰值计算能力达到 128GFLOPS，具有很高的性能功耗比。

龙芯 3 号在包括服务器、高性能计算机、低能耗数据中心、个人高性能计算机、高端桌面应用、高吞吐计算应用、工业控制、数字信号处理、高端嵌入式应用等产品中具有广阔的市场应用前景。

2．存储器

（1）存储器概述

存储器（Memory）是计算机系统中的记忆设备，除 CPU 之外，各种类型的存储器是微控制器中最重要的单元，主要功能是用来存储程序和各种数据，并能在计算机运行过程中高速、自动地完成程序或数据的存取。构成存储器的存储介质，目前主要采用半导体器件和磁性材料。计算机中的全部信息，包括输入的原始数据、计算机程序、中间运行结果和最终运行结果都保存在存储器中。它根据控制器指定的位置来存入和取出信息。有了存储器，计算机才有记忆功能，才能保证正常工作。

存储器的容量越大越好，工作速度越快越好。但二者和价格是互相矛盾的。现代计算机为了解决对存储器要求容量大、速度快、成本低三者之间的矛盾，目前通常采用多级存储器的体系结构，即高速缓冲存储器、主存储器和外存储器，如图 1-20 所示。

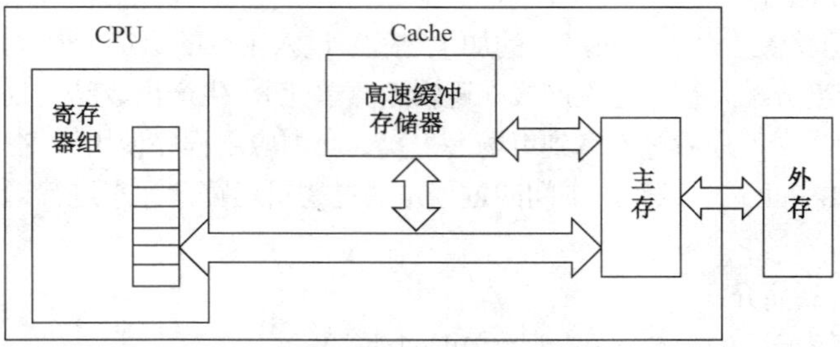

图 1-20　存储结构

（2）主存储器

主存储器简称主存，是计算机硬件的一个重要部件，其作用是存放指令和数据，并能由中央处理器（CPU）直接随机存取数据。主存的容量一般为 2～4GB，存取速度达 6ns（1ns 为 10 亿分之一秒）。

主存储器是按地址存放信息的，存取速度一般与地址无关。32 位（比特）的地址最大能表达 4GB 的存储器空间。这对多数应用已经足够，但对于某些特大运算量的应用和特大型数据库已显得不够，从而对 64 位存储结构提出了需求。

微机的主存主要采用半导体存储器，其体积小、功耗低、工作可靠、扩充灵活。半导体存储器按功能可分为只读存储器 ROM（Read Only Memory）和随机读写存储器 RAM（Random Access Memory）。

① 随机读写存储器（RAM）。随机存储器又称为内存，表示既可以从中读取数据，也可以写入数据。当机器电源关闭时，存于其中的数据就会丢失。其作用是用于暂时存放 CPU 中的运算数据，以及与硬盘等外部存储器交换的数据。只要计算机在运行中，CPU 就会把需要运算的数据调到内存中进行运算，当运算完成后 CPU 再将结果传送出来，内存的运行也决定了计算机的稳定运行。

通常购买或升级的内存条就是用作计算机的内存，内存条（SIMM）就是将 RAM 集成块集中在一起的一小块电路板，它插在计算机中的内存插槽上，以减少 RAM 集成块占用的空间。目前市场上常见的内存条有 1GB/条、2GB/条、4GB/条、8GB/条等，如图 1-21 所示。

② 只读存储器（ROM）。只读存储器的信息是由制造厂家一次写入并永久保存，用于存放某些固定的程序和数据，如部分系统引导程序、BIOS 系统、系统监控程序、系统检测程序等，图 1-22 所示为主板上的 BIOS。ROM 中的程序不能重写或修改，也不会因断电而消失。对于只读存储器，如果没有外界特殊条件作用，用户无法更改其中存储的程序和数据。

图 1-21　内存条

图 1-22　BIOS

（3）高速缓冲存储器（Cache）

Cache 也是人们经常遇到的概念，它位于 CPU 与内存之间，是一个读/写速度比内存更快的存储器。当 CPU 向内存中写入或读出数据时，这个数据也被存储进高速缓冲存储器中。当 CPU 再次需要这些数据时，CPU 就从高速缓冲存储器读取数据，而不是访问速度较慢的内存，当然，如需要的数据在 Cache 中没有，CPU 会再去读取内存中的数据。

（4）外存储器

外存储器简称外存，属于外部设备。

① 硬盘。硬盘（Hard Disk Drive）是主要的外存储器，位于主机箱内，与主板通过外连的电源线、数据线连接。硬盘使用金属、陶瓷或玻璃制成，上面涂有磁性材料，整个硬盘装置密封在一个金属外壳中。硬盘的容量很大，现在微机的常用配置是 100～500GB。图 1-23 所示为硬盘内部结构，磁头采用精密机械式定位，在很小的位置存取数据，因此硬盘工作时要避免震动，拆装时要轻放在稳固的地方，不要打开密封外壳。硬盘的读写速度比 U 盘快。

② U 盘。U 盘，如图 1-24 所示，全称 USB 闪存盘，英文名为 USB Flash Disk。它使用 USB 接口，是无须物理驱动器的微型高容量移动存储产品，通过 USB 接口与计算机连接，实现即插即用。U 盘的称呼最早来源于朗科科技生产的一种新型存储设备，俗称“优盘”，使用 USB 接口进行连接。U 盘连接到计算机的 USB 接口后，U 盘中的资料可与计算机交换。

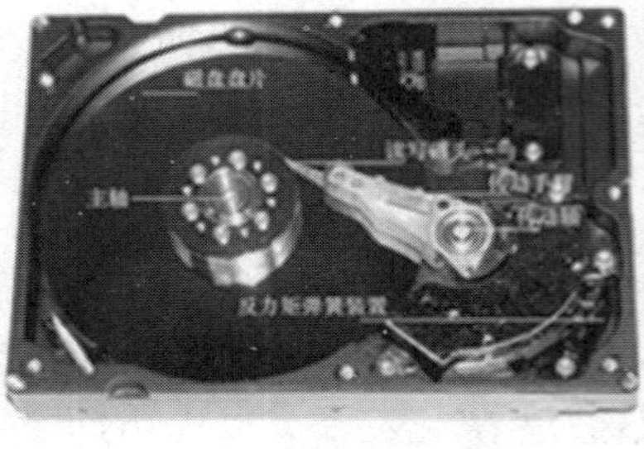

图 1-23 硬盘

图 1-24 U 盘

U 盘最大的优点就是：小巧并便于携带、存储容量大、价格便宜、性能可靠。U 盘体积很小，仅大拇指般大小，质量极轻，一般在 15 克左右，特别适合随身携带，人们可以把它挂在胸前、吊在钥匙串上，甚至放进钱包里。一般的 U 盘容量有 2GB、4GB、8GB、16GB、32GB、64GB 等。价格多为几十元到一两百元不等。U 盘中无任何机械式装置，抗震性能极强。另外，U 盘还具有防潮防磁、耐高低温等特性，安全可靠性强。

③ 光盘。光盘是利用激光原理进行读、写的设备，是迅速发展的一种外存储器，可以存放各种文字、声音、图形、图像和动画等多媒体数字信息，如图 1-25 所示。用于记录计算机数据的类型有 CD 和数字通用 DVD 两类。CD 有只读型（CD-ROM）、一次写入型（WORM）和可擦写型（MO）。数字通用 DVD 有只读型（DVD-ROM）、一次写入型（DVD-R）、可擦写型（DVD-RAM）和多次重写型（DVD-RW）。多次重写型可将内容分几次写入。光盘需要使用光盘驱动器（CD 型或 DVD 型）来读/写，可写光盘的驱动器通常称为刻录机。

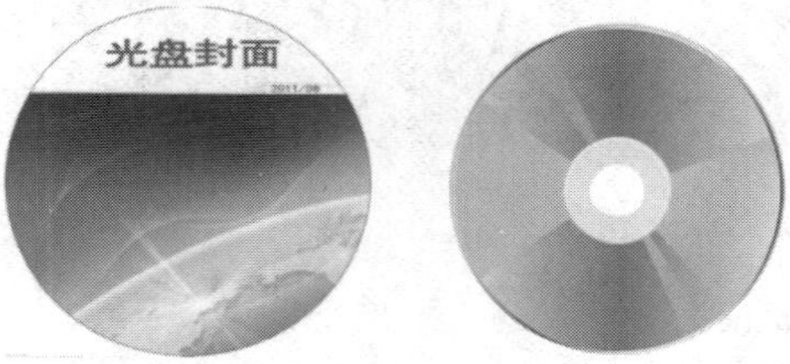

图 1-25 光盘

CD 光盘的最大容量大约是 700MB，DVD 盘片单面 4.7GB，双面 8.5GB，蓝光（BD）的容量则更大，其中 HD DVD 单面单层 15GB、双层 30GB；BD 单面单层 25GB、双面 50GB、三层 75GB、四层 100GB。

3. 主板

主板（Main Board），又称为主机板、母板或系统板，是安装在机箱内最大的一块矩形电路板，在上面安装有微机的主要电路系统。可以说，主板的类型和档次决定着整个微机系统的类型和档次，主板的性能影响着整个微机系统的性能。主板的外观如图 1-26 所示。

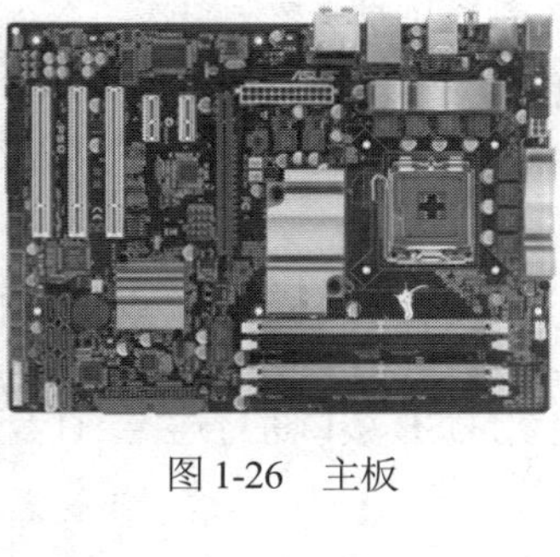

图 1-26 主板

在主板上安装有控制芯片组、BIOS 芯片和输入/输出接口、键盘和面板控制开关接口、指示灯插接件、扩充插槽、主板及插卡的直流电源供电接插件等元件。CPU、内存插接在主板的相应插槽中，驱动器、电源等硬件连接在主板上。主板上的接口扩充插槽用于插接各种接口卡，这些接口卡扩展了微机的功能。常见接口卡有声卡、显卡、网卡等。现在的主板已经把很多接口卡集成在上面了。如音频接口卡（声卡）、显示接口卡（显卡）、网络接口卡（网卡）、内置调制解调器（Modem）等，使用这样的主板就没有必要另外配置单独的接口卡了。但是，这种集成的主板也存在一些诸如部分集成卡性能不高、容易损坏、不易升级等弊端。另外，在主板上还可以看到许多铜线缠绕的线圈，这些线圈称为电感。电感主要分为磁芯电感和空心电感两种，磁性电感的电感量大，常用于滤波电路；空心电感的电感量较小，常用于高频电路。一些高价主板也集成红外线、蓝牙和 Wi-Fi（Wireless Fidelity，无线保真）等通信功能的部件，尤其是笔记本计算机的主板通常都有各种通信部件。

4．电源

计算机电源是一种安装在主机箱内的封闭式独立部件。计算机属于弱电产品，也就是说部件的工作电压比较低，一般在 ±12V 以内，并且是直流电。而普通的市电为 220V（有些国家为 110V）交流电，不能直接在计算机部件上使用。因此计算机和很多家电一样需要一个电源部分，负责将普通市电转换为计算机可以使用的直流电压，一般安装在计算机内部。微机电源为主机内各部件和各外设提供电源，包括为 CPU、硬盘、光驱等主机内设备提供电源。

5．输入/输出设备

输入/输出（I/O）设备又称为外部设备或外围设备，简称外设。输入设备用来将数据、程序、控制命令等转换成二进制信息，存入计算机内存；输出设备将计算机处理后的结果输出。外设种类繁多，常用外部设备有键盘、显示器、打印机、鼠标、绘图仪、扫描仪、光学字符识别装置、传真机、智能书写终端设备等。其中，键盘、鼠标、显示器和打印机是目前用得最多的常规设备。

（1）输入设备

常用的输入设备有键盘、鼠标、扫描仪等。

① 键盘。尽管目前人工的语言输入法、手写输入法、触摸输入法、自动扫描识别输入法等的研究已经有了巨大的进展，相应的各类硬件产品也已经开始推广应用，但键盘仍然是最主要的输入设备。通过键盘可以将英文字母、数字、标点符号等输入到计算机中，从而向计算机发出命令、输入数据等。依据键的结构形式，键盘分为有触点和无触点两类，有触点键盘采用机械触点按键，价廉，但易损坏。无触点键盘采用霍尔磁敏电子开关或电容感应开关，操作无噪声，手感好，寿命长，但价格较贵。键盘的外部结构一直在不断更新，现今常用的标准 101、102、103 键盘（即键盘上共有 101、102 或 103 个键）。最近又有可拆分式键盘、带鼠标和声音控制旋钮的键盘等新产品问世。键盘连接计算机的接口有 PS/2 和 USB 接口。

② 鼠标。鼠标是一种很常用的计算机输入设备，它可以对当前屏幕上的游标进行定位，并通过按键和滚轮装置对游标所经过位置的屏幕元素进行操作。按照工作原理，鼠标器可分为机械式鼠标、光电式鼠标两类。按照鼠标的形式，可分为有线鼠标和无线鼠标。鼠标连接计算机的方式有 PS/2 接口方式、USB 接口方式和无线接口方式。

③ 扫描仪。扫描仪是一个能够把相片、印刷文件、手写文件或薄片状装饰品等小物件扫描、分析并转化成数码图像的输入设备。扫描仪配合光学字符识别（Optical Character Recognition，OCR）软件，可以将印刷字符图像转为文本字符。

（2）输出设备

常用的输出设备有显示器、打印机等。

① 显示器。显示器（Display）通常也被称为监视器，是计算机用于显示数据的输出设备。从早期的黑白世界到现在的色彩世界，计算机显示器走过了漫长而艰辛的历程，随着显示器技术的不断发展，显示器的分类也越来越明细。它可以分为 CRT（阴极射线管）显示器、LCD（液晶）显示器、LED（发

光二极管）显示器、3D 显示器和 PDP（等离子）显示器等几种。

② 打印机。如果要把显示的内容输出到纸张上，就必须使用打印机。通过打印机可以将计算机处理的信息，包括文本、图像等输出到纸张或其他介质上，以便保存与传播。所以，打印机也是计算机的重要输出设备。打印机按打印颜色分为彩色打印机与黑白打印机；按打印技术分针式打印机、激光打印机和喷墨打印机。

针式打印机将文字或图的像素用针击打色带将字或图印出，在需要多联单据打印场合很常用，对于医院、银行、邮局、彩票、保险、餐饮等行业用户来说，针式打印机是他们的必备用品之一，因为只有通过针式打印机才能快速地完成各项单据的复写，为用户提供高效的服务。

激光打印机是将激光扫描技术和电子照相技术相结合的打印输出设备。其基本工作原理是将计算机传来的二进制数据信息，通过视频控制器转换成视频信号，再由视频接口/控制系统把视频信号转换为激光驱动信号，然后由激光扫描系统产生载有字符信息的激光束，最后由电子照相系统使激光束成像并转印到纸上。相较其他打印设备，激光打印机有打印速度快、成像质量高等优点，但使用成本相对高昂，打印正式文件通常要求使用激光打印机。

喷墨打印机速度在针式打印机与激光打印机之间，售价较低，打印的彩图色彩丰富，适合家庭偶尔打印照片的场合。比较突出的优点有体积小、操作简单方便、打印噪声低、使用专用纸张时可以打出和照片相媲美的图片等。喷墨打印机的缺点是耗材价高。激光打印机的常用品牌有 HP Laser Jet 系列、Cannon Laser Jet 系列和联想 Laser Jet 系列。

1.3.3 微型计算机的主要性能指标

微机的性能由它的系统结构、指令系统、硬件组成、软件配置等多方面的因素综合决定。指令系统分复杂指令集系统和精简指令集系统。Intel 公司、ADM 公司和 VIA 公司的 x86 采用复杂指令集系统，而我国的龙芯 2 采用精简指令集系统。具有精简指令集系统的无内部互锁流水级的处理器可用于高性能的工作站和超级计算机。可以从下面几个指标来评价计算机的性能。

1. 字长

字长是指计算机的运算器进行一次运算时，所处理的一组二进制数的最大位数。在其他指标相同时，字长越大表示计算机处理数据的能力越强，计算精度越高。早期的微型计算机的字长一般是 8 位和 16 位。目前各型号 CPU 的处理能力大多是 32 位，工作站、小型机的字长多为 64 位。

2. 存储容量

存储器分主存储器（又称内存）和外存储器。现在购买的微型计算机主存有 1GB、2GB 和 4GB，低于 1GB 的内存只见于笔记本计算机。计算机运算的程序必须调入主存才能工作，主存越大，计算机能够运行的程序就越大，处理能力越强。当计算机处理图像信息时，要求主存储量足够大，没有足够内存将造成程序不能运行。

虚拟内存可解决内存不足问题。现在的操作系统会在内存不足时，将内存上暂时不用的数据调放到硬盘某区间，专用于调度内存数据的硬盘部分称为虚拟内存。由于硬盘读/写数据速度远低于 CPU 读/写内存速度，因此存取虚拟内存指令、数据的速度较慢。总体来说，内存越大，其他条件相同时，运算速度越快。硬盘在使用时，应该保留足够的容量用于虚拟内存，例如，Windows 系统下，应该保留 1GB 以上的硬盘空间为虚拟内存调度所用。

外存是指磁盘、磁鼓、磁带的容量。现在硬盘（硬磁盘）的容量从早期的 10MB、80MB，到现在的 100GB、200GB、500GB，而且硬盘的尺寸也在不断地减小。

3．运算速度

运算速度普遍采用单位时间内执行指令的平均条数来衡量，并用每秒百万条指令（Million Instruction Per Second，MIPS）作为计量单位。实际的运算速度与许多因素有关，如机器的主频，执行什么操作，主存本身的速度等有关。因此，测试时常选用运算复杂的程序来计算。也有用每指令平均所需的时钟周期数 CPI，或者用每秒钟的浮点运算次数 FLOPS 衡量计算机速度。主频快，如果指令系统相同，表示同一指令所费时间较少，因此微型计算机有时用时钟主频表示运算速度。

4．主频

主频是指 CPU 的时钟频率。CPU 中数字电路按时钟频率来变换状态进行工作。主频的高低在一定程度上决定了计算机速度的高低。主频以兆赫兹（MHz）作单位，目前 Pentium 系列处理器主频已达 3.2GHz。

现在已无法单纯依靠主频高低确定计算机的运行速度了。高主频要求 CPU 芯片内的导线越细越好，但导线太细会使芯片热稳定性低，而高频又导致导线发热增加，CPU 无法工作。因此，目前已不再片面追求高主频，而是采用多处理器协作 CPU。CPU 由两个处理器构成或由 4 个处理器构成，即所谓双核 CPU 和四核 CPU。这样，在运行多个程序时，CPU 中的不同处理器可以各做各的工作，比单一处理器的 CPU 效率高。当然，运行单一程序时，可能体验不到多核 CPU 的优越性。

5．外部设备

计算机的外部设备连接越多，系统功能就越强。例如，一台计算机能够打印、扫描、刻录光碟，通过有线、无线，甚至 Modem 方式上网，还可通过各种通信端口与其他计算机联系等。配备十八般武器的计算机系统，自然功能强大。例如，计算机拥有四个 USB 接口可能不够多，如果鼠标、打印机、扫描仪和键盘都使用 USB 接口，就需要更多的 USB 接口。

6．外部接口

接口是指外部设备与计算机或其他设备连接的端口。它其实是一组电气连接和信号交换标准。接口从传送信息的方式上可分为串行接口和并行接口。系统中所选接口的标准和种类，直接影响着系统连接外部设备的能力，影响系统与外部设备间信息交换的速度。

7．软件配置

计算机的性能涉及的软件配置主要包括操作系统、算法语言、应用程序库等。事实上，在选择微机时，总是首先考虑将运行哪些软件，这些软件需要何种操作系统，操作系统需要何种硬件，因此在价格可承受范围内，尽量选用较高性能的硬件。

8．可靠性

计算机系统的可靠性通常用平均无故障时间和平均维修时间来衡量。无故障时间是指系统发生两次故障之间平均正常运行时间；平均维修时间是指从出现故障到排除故障恢复正常运行所需要的全部时间。可靠性评价方法是通过建立模型，收集大量现场数据，利用概率统计等多种数学分析方法，然后获得系统故障的概率分布，进而获得可靠性指标的平均值和标准偏差。

1.4　数制与计算机编码

计算机内部的运算及文件存储均使用二进制数。对于用户输入的数据包括数值、字符，还有各种控制符等，在用计算机处理时必须有统一的表示标准，才能在计算机进行信息交换时有共通的信息理解基础，这种统一的数据表示标准称为计算机编码。此外，我们输入、输出的数字习惯用十进制数，因此无论输入还是输出计算机的数字都要发生数制的转换。下面首先介绍数制及数制转换，进而介绍计算机编码、信息存储与信息表示等相关知识。

1.4.1 数制的概念

数制又称计数制或进位制，是指用一组固定的数字符号和统一的规则表示数的方法。例如，常用的十进位计数制，简称十进制，是按照“逢十进一”的原则进行计数的。进位计数制的特点是表示数值大小的数码与它在数中所处的位置有关。一种进位计数制包含一组数码符号以及 3 个基本要素：数位、基数和位权。

数码：用不同的数字符号来表示一种数制的数值，这些数字符号称为“数码”，如十进制中的 0～9 这些数字符号。

数位：数码在一个数中所处的位置。

基数：在计数制中，每个数位（数字位置）所用到的不同数字的个数称为基数。十进制中，每个数位上可以使用 0、1、2、3、4、5、6、7、8、9 共 10 个数码，所以十进制数的基数是 10。在基数为 R 的计数制中，包含 0、1、…、$R-1$ 共 R 个数字符号，进位规律是“逢 R 进一”，称为“R 进位计数制”，简称“R 进制”。

位权：在某一种进位计数制表示的数中，用来表明不同数位上数值大小的一个固定常数。不同数位有不同的位权，某一个数位的数值等于在这个数位上的数码乘上与该位对应的位权。R 进制的位权是 R 的整数次幂。例如，十进制的位权是 10 的整数次幂，其个位的位权是 10^0，十位的位权是 10^1。一般情况下，对于 R 进制数，整数部分第 i 位的位权是 R^{i-1}，而小数部分第 i 位的位权为 R^{-i}。

在计算机中常见的计数制有二进制、八进制、十进制和十六进制。

1. 十进制数

十进制（Decimal System）数的特点如下。

（1）基数是 10，逢十进一。

（2）由 10 个数码 0～9 组成。

（3）小数点左边从右至左各位的权依次是 10^0、10^1、10^2、10^3 等；小数点右边从左至右各位的权依次是 10^{-1}、10^{-2}、10^{-3} 等。

例如，十进制数 345.67 可以表示为

$$(345.67)_{10}=3\times10^2+4\times10^1+5\times10^0+6\times10^{-1}+7\times10^{-2}$$

以此类推，对于任何一个十进制数，可以用多项展开式表示为：

$$\begin{aligned}(d_n\cdots d_1d_0.d_{-1}d_{-2}\cdots d_{-m})_{10}&=d_n\times10^n+\cdots+d_1\times10^1+d_0\times10^0+d_{-1}\times10^{-1}+\cdots+d_{-m}\times10^{-m}\\&=\sum_{i=-m}^{n}d_i\times10^i\end{aligned}$$

从上述展开式可以看到，一个数码处于数的不同位置时，它所代表的数值是不同的，其数值等于该数码乘以该位置的权。对于十进制数，从小数点起，左边第 n 位整数的权是 10^n，$n=0, 1, \cdots$；从小数点起，右边第 m 位小数的权是 10^{-m}，$m=1, 2, \cdots$。

2. 二进制数

二进制数（Binary System）的特点如下。

（1）基数是 2，逢二进一。

（2）由两个数码 0、1 组成。

（3）小数点左边从右至左其各位的位权依次是 2^0、2^1、2^2、2^3 等；小数点右边从左至右其各位的位权依次是 2^{-1}、2^{-2}、2^{-3} 等。

例如，二进制数 101.011 可以表示为

$$(101.011)_2 = 1\times2^2+0\times2^1+1\times2^0+0\times2^{-1}+1\times2^{-2}+1\times2^{-3}$$

如果将上式与十进制的展开式相比较，就可以清楚地看出：它们之间有许多相同的特点，不同的是，每一位的"权"发生了变化。二进制数的权是 2^2、2^1、2^0、2^{-1}、2^{-2} 等，而十进制数的权是 10^2、10^1、10^0、10^{-1}、10^{-2} 等。

因此，对于任意一个二进制数，也可以用多项展开式表示为

$$(b_n\cdots b_1b_0.b_{-1}b_{-2}\cdots b_{-m})_2=b_n\times2^n+\cdots+b_1\times2^1+b_0\times2^0+b_{-1}\times2^{-1}+\cdots+b_{-m}\times2^{-m}$$

$$=\sum_{i=-m}^{n} b_i\times2^i$$

虽然，在计算机中使用的是二进制数，但由于二进制数在书写时往往很长，全由 1 和 0 组成，容易记错或写错。例如，十进制数$(215)_{10}$用二进制数表示为$(11010111)_2$。由此可见，用二进制表示某个数时，数的长度会比十进制表示时要长，而且，该数越大，其长度增长越快，人们识别它就越困难。由于 2^3=8 和 2^4=16，也就是说，一位八进制数，可以用 3 位二进制数来表示；一位十六进制数，则可以用 4 位二进制数来表示。

3．八进制数

八进制（Octal System）数的特点如下。

（1）由 8 个数码 0～7 组成。

（2）基数是 8，逢八进一。

（3）小数点左边从右至左其各位的位权依次是 8^0、8^1、8^2、8^3 等；小数点右边从左至右其各位的位权依次是 8^{-1}、8^{-2}、8^{-3} 等。

例如，八进制数 235.71 可以表示为

$$(235.71)_8 = 2\times8^2+3\times8^1+5\times8^0+7\times8^{-1}+1\times8^{-2}$$

因此，对于任意一个八进制数，也可以用多项展开式表示为

$$(o_n\cdots o_1o_0.o_{-1}o_{-2}\cdots o_{-m})_8=o_n\times8^n+\cdots+o_1\times8^1+o_0\times8^0+o_{-1}\times8^{-1}+\cdots+o_m\times8^{-m}$$

$$=\sum_{i=-m}^{n} o_i\times8^i$$

4．十六进制数

十六进制（Hexadecimal System）数的特点如下。

（1）由 16 个数码 0～9 和 A～F 组成，其中和 A~F 分别表示 10～15；

（2）基数是 16，逢十六进一；

（3）小数点左边从右至左其各位的位权依次是 16^0、16^1、16^2 等；小数点右边从左至右其各位的位权依次是 16^{-1}、16^{-2} 等。

例如，十六进制数 3A.D1 可以表示为

$$(3A.D1)_{16} = 3\times16^1+10\times16^0+13\times16^{-1}+1\times16^{-2}$$

因此，对于任意一个十六进制数，也可以用多项展开式表示为

$$(h_n\cdots h_1h_0.h_{-1}h_{-2}\cdots h_{-m})_{16}=h_n\times16^n+\cdots+h_1\times16^1+h_0\times16^0+h_{-1}\times16^{-1}+\cdots+h_m\times16^{-m}$$

$$=\sum_{i=-m}^{n} h_i \times 16^i$$

综上所述，不同的进制有共同的特点：① 都是进位计数制，每种数制都有自己一套固定的数码；② 都使用位权表示法，即同一数码处于不同位置，代表的数值不同，与它所在位置的权值有关。表 1-1 所示为计算机中常用的各种进制的表示。表 1-2 所示为四种计数制之间的关系。

表 1-1　计算机中常用的各种进制数的表示

进 位 制	二 进 制	八 进 制	十 进 制	十 六 进 制
规则	逢二进一	逢八进一	逢十进一	逢十六进一
基数	2	8	10	16
数码	0，1	0，1，…，7	0，1，…，9	0，1，…，9，A，…，F
权	2^i	8^i	10^i	16^i
表示符号	B	O	D	H

表 1-2　四种计数制表示数的关系

十 进 制	八 进 制	二 进 制	十 六 进 制	十 进 制	八 进 制	二 进 制	十 六 进 制
0	0	0	0	9	11	1001	9
1	1	1	1	10	12	1010	A
2	2	10	2	11	13	1011	B
3	3	11	3	12	14	1100	C
4	4	100	4	13	15	1101	D
5	5	101	5	14	16	1110	E
6	6	110	6	15	17	1111	F
7	7	111	7	16	20	10000	10
8	10	1000	8				

1.4.2　二进制的特点

1．优点

（1）二进制只需用两种状态表示数字，容易实现。

计算机的运行要靠电源，对于一个电路节点来说，电流通过的状态只有两个：通电和断电。计算机信息的存储常用各种磁盘，对于磁盘上的第一个记录点而言，也只有两个状态：磁化和未磁化。近年用光盘记录信息的做法也越来越普遍，光盘上每个信息点的物理状态有两个：凹和凸，分别起着聚光和散光的作用。由此可见，计算机所使用的各种介质所能表现的都是两种状态，最适合的进位制当然是二进位制。

二进制所需要的基本符号只要两个，即 0 和 1，可以用 1 表示通电，0 表示断电；或 1 表示磁化，0 表示未磁化；或 1 表示凹点，0 表示凸点。总之，二进制的一个数位正好对应计算机介质的一个信息记录点。

计算机是由电子元器件构成的，二进制在电气、电子元器件中最易实现，它只有两个数字，用两种稳定的物理状态即可表达，而且稳定可靠。而若采用十进制，则需用 10 种稳定的物理状态分别表示 10 个数字，目前还不易找到具有这种性能的元器件，即使有，其运算与控制的实现也会极为复杂。

（2）二进制的运算规则简单。

众所周知，十进制的加法和乘法运算规则的口诀各有 100 条，根据交换率去掉重复项，也各有 55

条，用计算机的电路实现这么多运算规则是很复杂的。

相比之下，二进制的算术运算规则非常简单，加法、乘法各仅四条：

0+0=0　　　0×0=0

0+1=1　　　0×1=0

1+0=1　　　1×0=0

1+1=10　　　1×1=1

根据交换率去掉重复项，实际各仅 3 条，用计算机的脉冲数字电路是很容易实现的。

（3）用二进制容易实现逻辑运算。

计算机不仅需要算术运算功能，还应具备逻辑运算功能，二进制的 0、1 分别可用来表示假（F）和真（T），用布尔代数的运算法则很容易实现逻辑运算。

（4）用二进制表示数据抗干扰能力强，可靠性高。

因为每位数据只有高低两个状态，当受到一定程度的干扰时，仍能可靠地分辨出它是高还是低。

2．弱点

二进制主要的弱点是表示同样大小的数值时，其位数比十进制或其他数制多得多，难写难记，虽然这个弱点对计算机而言，并不构成困难，但在日常生活和工作中使用是不方便的。为了解决这个问题，人们通常使用两种辅助的进位制——八进制和十六进制。二进制的 3 个数位正好记为八进制的 1 个数位，这样，八进制数字长度就只有二进制的 1/3，与十进制记的数长度差不多。十六进制的一个数位可以代表二进制的 4 个数位，这样，一个字节（8 个二进制位）则是十六进制的两个数位。二进制和八进制、二进制和十六进制之间的换算都十分简单，而采用八进制和十六进制避免了数字冗长带来的不便，所以八进制、十六进制已成为人机交流中常用的计数法。

1.4.3　不同数制间的转换

在计算机中输入数值时，需要将十进制数转换为二进制数；输出数值时，要将二进制数转换成十进制数。在表 1-2 中，可以看出，基数越大的数制，表示同一数值的数位越短，在程序中，常用十六进制或八进制表示数值，可以缩短数位的长度。下面讨论这 4 种数制转换，即非十进制数与十进制数的互相转换、二进制数与八进制数之间的转换、二进制数与十六进制数之间的转换。

1．非十进制数转换为十进制数

非十进制数转换为十进制数的方法是位权法：把各非十进制数按位权展开后求和。具体方法是数字每位的值乘以每位的权值（十进制数形式）再累加。

示例：

$(11.01)_2 = 1\times2^1+1\times2^0+0\times2^{-1}+1\times2^{-2} = 1\times2+1\times1+0\times0.5+1\times0.25 = (3.25)_{10}$

$(345.2)_8 = 3\times8^2+4\times8^1+5\times8^0+2\times8^{-1} = 3\times64+4\times8+5\times1+2\times0.125 = (229.25)_{10}$

$(A.2C)_{16}=10\times16^0+2\times16^{-1}+12\times16^{-2} = 10\times1+2\times0.0625+12\times0.00390625 = (10.171875)_{10}$

2．十进制数转换为非十进制数

十进制数转换成非十进制数的方法是：分别对整数和小数进行转换，然后将结果合起来。如$(100.375)_{10}$分成$(100)_{10}$和$(0.375)_{10}$来计算。

（1）整数的转换：除以基数取余数法，将整数部分不断地除以基数，直到商等于零为止。然后将余数结果按后算出的先写，从左到右排列。

示例：把十进制数 100 转换为二进制数。

```
                     余数
2 | 1 0 0             ↑
   2 | 5 0      0     │
   2 | 2 5      0     │
   2 | 1 2      1     │
     2 | 6      0     │
     2 | 3      0     │
     2 | 1      1     │
         0      1     │
```

计算结果：$(100)_{10}=(11000100)_2$。

（2）小数的转换：乘基数取整法，① 将十进制小数乘以基数；② 取走整数；③ 将剩下的小数再乘以基数；重复步骤②、③直到小数结果为零或达到设定的精度。将整数结果按先算出的先写，从左到右排列。

示例：把十进制数 0.375 转换为二进制数。

```
    0. 3 7 5
×          2    整数
    0. 7 5 0     0
×          2
    1. 5 0 0     1
×          2
    1. 0 0 0     1
```

计算结果：$(0.375)_{10}=(0.011)_2$

整个十进制数$(100.375)_{10}=(11000100.011)_2$

3．二进制数与八进制数的转换

由于 $2^3=8$，说明 3 位二制进数可以表示 1 位八进制数的 0～7，所以二进制数与八进制数的转换方式是 3 位二进制数对应 1 位八进制数，如表 1-3 所示。

（1）二进制数转换为八进制数

转换方法：以小数点为中心，每 3 位一组，将整数部分自右向左进行分组，将小数部分自左向右进行分组，如果分组中不够 3 位数字，在整数左边补零或在小数的右边补零，保证每组有 3 位数字，最后将每 3 位二进制数转换成 1 位八进制数。

表 1-3　二进制与八进制转换数值对应表

二　进　制	000	001	010	011	100	101	110	111
八　进　制	0	1	2	3	4	5	6	7

示例：将二进制数$(10011101.1101)_2$转换成八进制数。

```
(   010   011   101   .   110   100   )2
     ↓     ↓     ↓         ↓     ↓
(    2     3     5    .    6     4    )8
```

所以，$(10011101.1101)_2 = (235.64)_8$。

（2）八进制数转换为二进制数

转换方法：直接将每 1 位八进制数写成 3 位二进制数（转换时不足 3 位的用零补足）即可，小数点位置不变。

示例：将八进制数$(715.25)_8$转换为二进制数。

(	7	1	5	.	2	5	$)_8$
	↓	↓	↓		↓	↓	
(	111	001	101		010	101	$)_2$

所以，$(715.25)_8 = (111001101.010101)_2$。

4．二进制数与十六进制数的转换

由于2^4=16，说明 4 位二进制数可以表示 1 位十六进制数的 0～9 及 A～F，所以二进制数与十六进制数的转换方式是 4 位二进制数对应 1 位十六进制数，如表 1-4 所示。

（1）二进制数转换为十六进制数

转换方法：以小数点为中心，每 4 位一组，将整数部分自右向左进行分组，将小数部分自左向右进行分组，如果分组中不够 4 位数字，在整数左边补零或在小数的右边补零，保证每组有 4 位数字，最后将每 4 位二进制数转换成 1 位十六进制数。

表 1-4　二进制与十六进制转换数值对应表

二　进　制	0000	0001	0010	0011	0100	0101	0110	0111
十 六 进 制	0	1	2	3	4	5	6	7
二　进　制	1000	1001	1010	1011	1100	1101	1110	1111
十 六 进 制	8	9	A	B	C	D	E	F

示例：将二进制数$(111001101.010101)_2$转换成十六进制数。

(	0001	1100	1101	.	0101	0100	$)_2$
	↓	↓	↓		↓	↓	
(	1	C	D	.	5	4	$)_{16}$

所以，$(111001101.010101)_2 = (1CD.54)_{16}$。

（2）十六进制数转换为二进制数

转换方法：直接将每 1 位十六进制数写成 4 位二进制数（转换时不足 4 位用用零补足）即可，小数点位置不变。

示例：将十六进制数$(A3C.2E)_{16}$转换为二进制数。

(	A	3	C	.	2	E	$)_{16}$
	↓	↓	↓		↓	↓	
(	1010	0011	1100	.	0010	1110	$)_2$

所以，$(A3C.2E)_{16} = (101000111100.00101110)_2$。

1.4.4　信息的存储单位

在计算机的内部，一切信息（包括数值、字符、指令等）的存放、处理和传送都采用二进制数的形式。对于信息存储的定量化，有以下几个重要的概念。

1．相关概念

（1）位（bit）：在计算机内，二进制位是数据的最小单位。

（2）字节（Byte）：8 位二进制位称为一个字节。

（3）字（Word）与字长：计算机运算器可以一次读入进行处理的一个二进制数，称为一个字；它的最大位数，称为字长。字长通常是字节的倍数。如 Intel 公司的 CPU，80286 是 16 位字长，80386 是 32 位字长，从 Pentium 起有 32 位字长也支持 64 位字长。

（4）编址：编址对计算机存储单元编号的过程，是以字节为单位进行的，即一个存储单元的最小长度是一个字节。为了便于管理，对每个存储单元给定一个存储单元号，称为存储单元的地址。如图 1-27 所示，通过地址可找到所需要的存储单元，如同通过房屋的地址可以找到某栋房屋一样。

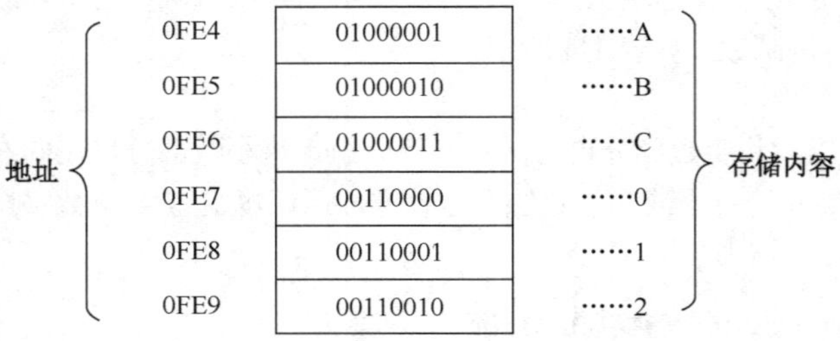

图 1-27　16 位地址与 8 位存储内容

（5）内容：存放在地址单元内的数据。

地址和内容是两个不同的概念，如同宿舍房间号与宿舍内住的人是不同的概念一样。但地址和内容都是用二进制数来表示的。

2．存储容量

在关于计算机的书籍中，以小写 b 表示位，以大写 B 表示字节。计算机的内外存储器容量使用字节（B）作为基本单位。随着存储器的容量不断增大，人们用不同的单位来表示存储容量。存储容量的单位有千字节、兆字节、吉字节、太字节等，它们与字节的单位换算如下：

千字节（KiloByte，KB）：$1KB = 2^{10}B = 1024B$

兆字节（MegaByte，MB）：$1MB = 2^{20}B = 1024KB$

吉字节（GigaByte，GB）：$1GB = 2^{30}B = 1024MB$

太字节（TebiByte，TB）：$1TB = 2^{40}B = 1024GB$

$2^{10} = 1024$，这是两个相邻的存储容量单位之间的数量级。当存储器容量是 KB 级别时，通常存储的是文本；当存储器容量级别是 MB 时，通常存储图文并茂的文件；当存储器容量是 GB 级别时，通常存储文字、图像、音乐、电影、游戏。当存储器是 TB 级别时，我们存什么？可能是整套的电视连续剧。当然，还有越来越大的程序，Microsoft 新发布的 Visual Studio 2009 软件已经是 GB 级别的了。

1.4.5　信息的表示形式

信息存储在计算机上，被表示为各种数据：数值、字符、图像、动画、音频、视频的二进制数据等。这些数据需要遵守共同的约定规则来表示，如字母“A”，在所有计算机中都存储为 01000001。否则，在某计算机中存储的字母“A”，到另一公司生产的计算机中就会表示为其他字符，所表达的信息失去意义成为乱码。因此，需要统一对字符“A”进行编码。这种约定用何种规则表示字符、数字、图像、动画、音频、视频的方式称为编码格式。

1．十进制数字的编码

在计算机中，为了精确的存储和运算十进制数，可用若干位二进制数码来表示一位十进制数，称为二进制编码的十进制数，简称二-十进制代码（Binary Code Decimal，BCD）。由于十进制有 10 个数码，起码要用 4 位二进制才能表示 1 位十进制数，而 4 位二进制数能表示 16 个符号，所以就存在有多种编码方法。其中 8421 码是最常用的一种，它使用二进制的位权，即各位的位权由高位到低位分别是 8、4、2、1，方便了编码和解码的运算操作。

例如，用 8421BCD 码表示十进制数 2365 就可以直接写出结果$(0010\ 0011\ 0110\ 0101)_{8421BCD}$。

2. ASCII

在英语书写中用到的字母为 52 个（大、小写字母各 26 个），数码 10（0～9），数学运算符号和其他标点符号等大约 32 个，再加上用于控制的无图形符号等，共计 128 个符号。对 128 个符号编码需要 7 位二进制数，且可以有不同的排列方式，即不同的编码方案。其中 ASCII（American Standard Code for Information Interchange，美国信息交换标准编码）是使用最广泛的英文字符编码方案。

ASCII 主要用于表示现代英语和其他西欧语言，等同于国际标准 ISO/IEC 646，对字母、数字、符号及计算机特殊控制字符编码为一一对应的二进制码。ASCII 采用 8 位二进制码表示字符，最高位值固定是 0，当多个字符串行传输时，可以从一串二进制位串中逐个字符区分出来。

下面是字符“A”的 ASCII 的编码情况。

0	1	0	0	0	0	0	1	
b_7	b_6	b_5	b_4	b_3	b_2	b_1	b_0	← 二进制位

由于最高位 $b_7=0$ 不可变，只剩下 7 个二进位用于编码，因此 ASCII 中从 0000000 到 1111111 共有 $2^7=128$ 个编码，每个编码所表示的字符如表 1-5 所示。

表 1-5 ASCII 码表

$b_6b_5b_4$ / $b_3b_2b_1b_0$	000	001	010	011	100	101	110	111
0000	NUL	DLE	(Space)	0	@	P	‘	p
0001	SOH	DC1	!	1	A	Q	a	q
0010	STX	DC2	"	2	B	R	b	r
0011	ETX	DC3	#	3	C	S	c	s
0100	EOT	DC4	$	4	D	T	d	t
0101	ENQ	NAK	%	5	E	U	e	u
0110	ACK	SYN	&	6	F	V	f	v
0111	BEL	ETB	’	7	G	W	g	w
1000	BS	CAN	(	8	H	X	h	x
1001	HT	EM	)	9	I	Y	i	y
1010	LF	SUB	*	:	J	Z	j	z
1011	VT	ESC	+	;	K	[	k	{
1100	FF	FS	,	<	L	\	l	|
1101	CR	GS	-	=	M	]	m	}
1110	SO	RS	.	>	N	^	n	～
1111	SI	US	/	?	O	_	o	DEL

在 ASCII 码字符集的 128 个字符中，前 32 个字符(表中最左侧两列，从 NUL 到 US，编码为 0000000～0011111）和最后一个字符 DEL，共 33 个字符，称为控制符，它们是不可显示、不可打印的字符，用于计算机设备的操作控制以及在数据通信时进行传输控制。其余 95 个字符为可显示、可打印的字符，包括空格符（Space）、字母字符（大、小写共 26 个）、数字字符（10 个）及其他各种字符（32 个）。

3. 汉字编码

汉字是世界上使用最多的文字，是联合国的工作语言之一，汉字处理的研究对计算机在我国的推广应用和加强国际交流都是十分重要的。但汉字属于图形符号，结构复杂，多音字和多义字比例较大，数量太多（字形各异的汉字据统计有 50000 多个，常用的也有 7000 个左右），导致汉字编码处理和西文有很大区别，在键盘上难于表现，输入和处理都难得多。依据汉字处理阶段的不同，汉字编码可分为输入码、显示字形码、机内码和交换码。

（1）输入码

通过键盘输入汉字用到的汉字输入码现在已经有数百种，商品化的也有数十种，广泛应用的有五笔字型、全/双拼音码、自然码等。但归纳起来可分为数字码、拼音码、字形码和音形混合码。数字码以区位码、电报码为代表，一般用 4 位十进制数表示一个汉字，每个汉字编码唯一，但这种编码难以记忆。拼音码又分全拼和双拼，基本上无须记忆，但重音字太多，为此又提出双拼双音、智能拼音和联想等方案，推进了拼音汉字编码的普及使用。字形码以五笔字型为代表，优点是重码率低，适用于专业打字人员，缺点是记忆量大。自然码则将汉字的音、形、义都反映在其编码中，是混合编码的代表。

（2）显示字形码

要在屏幕或在打印机上输出汉字，就需要用到汉字的字形信息。目前表示汉字字形的方法常用点阵字形法和矢量法。

点阵字形是将汉字写在一个方格纸上，用一位二进制数表示一个方格的状态，有笔画经过记为“1”，否则记为“0”，并称其为点阵。把点阵上的状态代码记录下来就得到一个汉字的字形码。显然，同一汉字用不同的字体或不同大小的点阵将得到不同的字形码。由于汉字笔画较多，至少要用 16×16 的点阵（简称 16 点阵）才能描述一个汉字，这就需要 256 个二进制位，即要用 32 字节的存储空间来存放它。若要更精密地描述一个汉字就需要更大的点阵，如 24×24 点阵（简称 24 点阵）或更大。将字形信息有组织地存放起来就形成汉字字形库，每一个汉字在字形库中都有一个地址。

矢量字形则是通过数学曲线来描述的，它包含了字形边界上的关键点，连线的导数信息等。在输出时依据这些信息经过运算恢复原来的字形。所以矢量字形信息可适应显示打印各种字号的汉字。其缺点是每个汉字需存储的字形矢量信息量有较大的差异，存储长度不一样，查找较难，在输出时需要占用较多的运算时间。

（3）机内码

汉字在计算机内部存储、处理加工和传输时所用的由 0 和 1 符号组成的代码就是汉字机内码。一般情况下，一个汉字的机内码占两个字节，为了便于与同时使用的英文字符的代码（ASCII 码）区别，大多数汉字系统规定汉字机内码每一个字节的最高位均置“1”。汉字机内码与汉字字形库中的地址码之间有比较简单的转换关系，因此通过机内码可以方便找到汉字字形码从而显示或打印出来。

（4）交换码

汉字的输入码、字形码和机内码都不是唯一的，不便于不同计算机系统之间的汉字信息交换。为此我国制定了《信息交换用汉字编码字符集基本集》，即 GB2312－1980，提供了统一的国家信息交换用汉字编码，称为国标码。该标准包含了 682 个西文字符和图形符号、6763 个常用汉字。6763 个汉字被分为一级汉字 3755 个和二级汉字 3008 个。每个汉字或符号的编码为两字节，每个字节的低 7 位为汉字编码，共计 14 位，最多可编码 16384 个汉字和符号。为避开 ASCII 代码中的控制码，国标码规定了 94×94 的矩阵，即 94 个可容纳 94 个汉字的“区”，并将汉字在区中的位置称为“位号”。一个汉字所在的区号和位号合并起来就组成了该汉字的区位码。利用区位码可方便地换算为机内码：

高位内码=区号+20H+80H

低位内码=位号+20H+80H

其中加 20H 是为了避开 ASCII 控制码（在 0～31 之间）；加 80H 是把每字节的最高位置“1”，以便于与基本的 ASCII 代码区分开来。

除 GB2312－1980 外，GB7589－1987 和 GB7590－1987 两个辅助集也对非常用汉字做出了规定，三者定义汉字共 21039 个。

1.5　程序与程序设计

计算机系统是由硬件和软件两大部分组成的，而计算机之所以功能强大全是依靠软件的运行。作为当代大学生，不但要学会使用一些常用的计算机应用软件，还要了解和掌握计算机程序设计的基本思想和工作原理，以便在日后的工作中能够结合自己的专业编写程序解决实际问题。本章主要介绍有关程序设计的基本概念和基础知识，并通过应用实例来说明程序设计的一般步骤和具体方法。有关程序设计的更多内容，感兴趣的读者可以选择相关课程或阅读相关书籍。

1.5.1　程序与程序设计概述

有关计算机程序的概念很多，而且新概念也层出不穷，但是基本概念却是有限的、一致的。所以了解这些基本概念，也就了解了最核心的内容。

计算机是依靠硬件和软件的配合进行工作的，硬件是计算机系统的基础，软件附着在硬件上，指挥和控制硬件工作。那么，软件是什么呢？

软件 = 计算机程序 + 文档资料

软件的文档资料通常包括软件安装说明书，用户使用手册及其他有关技术资料、服务信息等。而软件的核心是计算机程序，那么什么是计算机程序呢？

事实上，为了能让计算机解决实际问题并完成预定功能，人们需要按照解题步骤和功能要求，从计算机的指令系统中选出相关的指令并进行编排（称为编程），形成一组有序的指令集合。所以，计算机程序就是计算机为完成某一任务所必须执行的一系列指令的集合。

计算机程序 = 一系列指令的集合

下面就是用于两个变量的值交换的一段程序：

```
void swap(int m, int n)
{ int  temp;                    /*定义名叫 temp 的整型变量*/
 temp=m;   m=n;   n=temp;       /*交换变量 m 和 n 的值*/
}
```

程序设计语言（也称为计算机语言）是人与计算机交流的工具，而用程序设计语言来编写计算机程序的过程就称为程序设计。上面这段程序就是用 C 程序设计语言编写的。

1.5.2　程序设计语言的发展

计算机程序设计语言经历了从机器语言、汇编语言到高级语言的发展历程。由于程序设计语言的不断发展和完善，程序设计也变得越来越简单、标准和工程化。

1. 机器语言

机器语言是计算机诞生和发展初期使用的语言。机器语言程序是由 0 和 1 的二进制代码按一定规则组成的，并能被机器直接理解和执行的指令集合。例如，计算 A=8+12 的机器语言程序如下：

```
10110000 00000111：把 8 放入累加器 A 中
00101100 00001100：12 与累加器 A 中的值相加，结果仍放入 A 中
11110100：结束，停机
```

机器语言编写的程序不仅难读、难懂、难修改，而且不同机器使用的指令系统也不尽相同，所以现在已经没有人使用机器语言直接编程了。当然，机器语言也有其优点，编写的程序代码不需要翻译，因此占用空间少，执行速度快。

2. 汇编语言

汇编语言开始于 20 世纪 50 年代初。为了克服机器语言的缺点，人们将机器指令的代码用英文助记符来表示，如用 ADD 表示加、JMP 表示程序跳转等。上述计算 A=8+12 的汇编语言程序如下：

```
MOV    A, 8          ：把 8 放入累加器 A 中
ADD    A, 12         ：12 与累加器 A 中的值相加，结果仍放入 A 中
HLT                  ：结束，停机
```

汇编语言克服了机器语言难读、难懂的缺点，同时又保持了其编程质量高，占存储空间少，执行速度快的优点。故在编写系统软件和过程控制软件时，仍经常采用汇编语言。虽然汇编语言应用的范围不算很广，但重要性却毋庸置疑，因为它能够完成许多其他语言所无法完成的功能。就拿 Linux 内核来讲，虽然绝大部分代码是用 C 语言编写的，但仍然不可避免地在某些关键地方使用了汇编代码，其中主要是在 Linux 的启动部分。由于这部分代码与硬件的关系十分密切，即使是 C 语言也会有些力不从心，而汇编语言则能够很好地扬长避短，最大限度地发挥硬件的性能。70%以上的系统软件是用汇编语言编写的，某些快速处理、位处理、访问硬件设备等高效程序也是用汇编语言编写的，还有一些高级绘图程序、视频游戏程序和过程控制程序也都是采用汇编语言编写的。

但汇编语言仍然是面向机器的语言。使用汇编语言编程需要直接安排存储，规定寄存器和运算器的动作次序等，这对大多数人员来说，都不是一件简单的事情。此外，不同计算机的指令长度、寻址方式、寄存器数目等都不一样，所以汇编语言程序的通用性较差。

汇编语言编写的程序（源程序），必须经过汇编程序（一种语言处理程序）翻译成计算机所能识别的机器语言后，才能被计算机执行，如图 1-28 所示。

3. 高级语言

从最初与计算机交流的痛苦经历中，人们意识到，应该设计一种这样的语言，它接近于数学语言或自然语言，同时又不依赖于计算机硬件，编出的程序能在所有计算机上通用。经过努力，1954 年，第一个完全脱离机器硬件的高级语言（FORTRAN 语言）问世了。高级语言的表示形式近似于自然语言，对各种公式的表示近似于数学公式。而且，一条高级语言语句的功能往往相当于十几条甚至几十条汇编语言的指令，程序编写相对比较简单。因此，在工程计算、数据处理等方面，人们常用高级语言来编写程序。

与汇编语言相比，高级语言不但将许多相关的机器指令合成为单条指令，而且去掉了与具体操作有关但与完成工作无关的细节，如使用堆栈、寄存器等，这样就大大简化了程序中的指令。同时，由于省略了很多细节，编程者也就不需要有太多的专业知识。高级语言主要是相对于汇编语言而言的，它并不是特指某一种具体的语言，而是包括了很多编程语言，如目前流行的 Visual Basic、Visual C、Java、Delphi 等。

用高级语言编写的程序称为高级语言源程序，也不能直接执行，必须经过语言处理程序（解释程序或编译程序）翻译成机器语言程序才能执行，如图 1-29 所示。翻译方式有两种：一种称为解释方式，另一种称为编译方式。解释方式类似于人们日常生活中的“同声翻译”，是由“解释程序”对源

程序的逐个语句一边翻译，一边执行，并不产生目标程序。因此效率比较低，但这种方式比较灵活，可以动态地调整和修改应用程序。编译方式则是由“编译程序”把源程序全部翻译成目标程序，再执行。一旦编译成功，目标程序可以作为文件永久保存，也可以脱离其语言环境独立执行，使用比较方便、效率较高。但应用程序一旦需要修改，必须先修改源程序，再重新编译生成新的目标文件才能执行。每种高级语言都配有自己的解释或编译程序，现在大多数的编程语言都是编译型的，而 BASIC 语言则以执行解释方式为主。

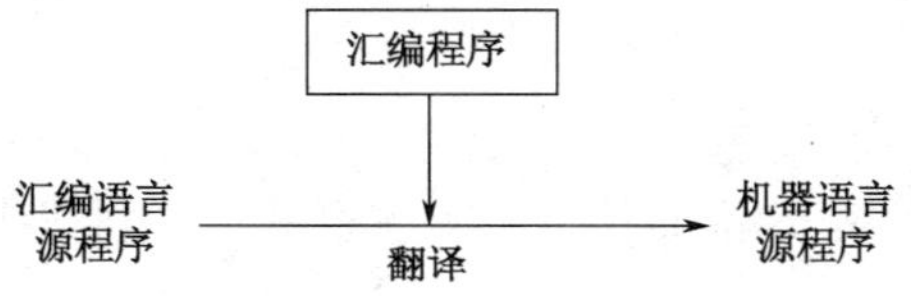

图 1-28　汇编语言源程序的执行过程

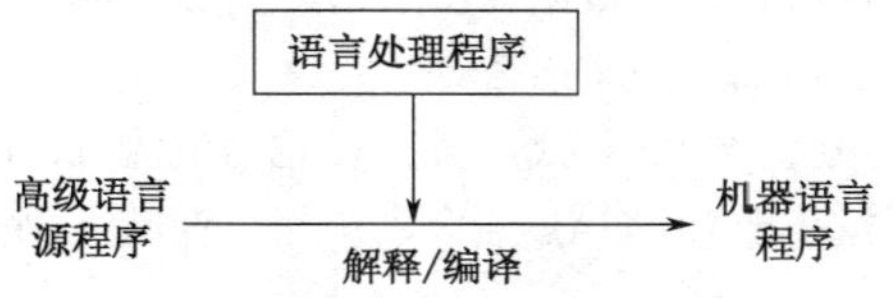

图 1-29　高级语言源程序的执行过程

4. 非过程化的程序语言

人们称高级语言是第 3 代语言，其特点是面向过程。面向过程是指用户在程序中不但要说明解决什么问题，还要告诉计算机如何去解决。有人称此时的计算机是“勤快的笨蛋”。

计算机技术的发展要求新一代的计算机语言能够根据用户说明的问题，智能化地去自动寻找解决方案，具有这种功能的语言称为第 4 代语言（Fourth-Generation Language，4GL）。目前 4GL 尚未发展成熟，主要面向基于数据库应用的领域，还不适用于科学计算、高速实时系统和系统软件等的开发。

1.5.3　常见的程序设计语言

第一个高级程序设计语言是FORTRAN语言，它是由美国IBM公司在20世纪50年代开发出来的。之后，随着计算机应用的发展，先后出现了 COBOL、BASIC、PASCAL、C、C++、Java 以及网页设计类等高级语言。

1. FORTRAN

FORTRAN 语言由美国著名的计算机先驱人物约翰·巴克斯（John Wamer）于 1954 年提出。FOUTRAN 是 FORmula TRANslator 的缩写，意思是“公式翻译机”。顾名思义，该语言主要用于科学计算。FORTRAN 自推出之日起，版本不断更新，功能不断增强，目前在工程应用领域，FORTRAN 仍然被广泛使用。

2. COBOL

通用事务处理语言（COmmon Business Oriented Language，COBOL）是在美国国防部推动下，由政府机构和工业界联合开发的一种语言，于 1960 年正式推出，主要用于银行、金融和会计行业等非常重要的商业数据处理领域。COBOL 曾经使用非常广泛，20 世纪 70 年代近一半的程序是用 COBOL 编写的。当前，在商业领域，COBOL 仍然占有重要席位。

3. BASIC

初学者的通用符号指令代码（Beginner’s All-purpose Symbolic Instruction Code，BASIC）是 1964 年由美国的 John G. Kemeny 和 Thomas E. Kurtz 在 FORTRAN 语言的基础上开发的。由于简单易学，BASIC 语言得到了广泛普及，流行到了世界的各个角落。

Microsoft 公司对 BASIC 可谓是一往情深，从早期微型机上内置的 BASIC，到 20 世纪 80 年代产生的第一个编译版本 Quick BASIC，直到目前非常流行的 Visual Basic，一直没有中断过对 BASIC 语言的改进。其中 Visual Basic 是 Microsoft 公司在 20 世纪 90 年代开发的一个基于 Windows 平台的程序开发软件。

它采用了可视化界面设计和事件驱动的编程机制，极易被非计算机专业人士掌握，因此得到了广泛使用。

最新出现的 Visual Basic.NET，是采用 Microsoft 的.NET 技术的 Visual Basic 语言。

4. PASCAL

PASCAL 是由瑞士计算机科学家 Niklaus Wirth 设计的一种语言，1968 年提出后被全世界广泛接受。这个语言的名字是为了纪念著名的法国数学家，也是计算科学的先驱 Blaise Pascal 而起的。由于结构小巧、语法严谨、数据类型丰富，从 20 世纪 70 年代末往后的很长一段时间里，PASCAL 成为世界范围的计算机专业教学语言。

20 世纪 80 年代，随着 C 语言的流行，PASCAL 走向了衰落。目前，在商业上仅有 Borland 公司仍在开发基于 PASCAL 语言系统的 Delphi，它使用了面向对象与软件组件的概念，主要用于开发商用软件。

5. C 与 C++

C 语言是由美国贝尔实验室的 Kennet L. Thompson 和 Dennis M. Ritchie 于 1972 年设计开发的，当时主要用于编写 UNIX 操作系统。后来由于其功能丰富、使用灵活、执行速度快、可移植性强，迅速成为最广泛使用的程序设计语言之一。

C 语言既可以用来开发系统软件，也可以用来开发应用软件，应用领域很广泛。例如，在中国广泛使用的计算机辅助设计软件 AutoCAD、数学软件系统 Mathematica 等，以及许多语言编译系统本身，其软件系统的全部或部分都是用 C 语言开发的。C 语言已经成为最重要的软件系统开发语言之一。

1980 年，贝尔实验室的 Bjarne Stroustrup 对 C 语言进行了扩充，加入了面向对象的概念，并于 1983 年改名为 C++。目前，C++已经成为应用最广的面向对象程序设计语言。Microsoft 公司的 Visual C++ 和 Borland 公司的 C++ Builder 是 C++语言最常用的开发工具，利用这些开发工具，可以高效率地开发出复杂的 Windows 应用程序。

最新出现的 C#语言使用了 C++的语法和语义，是基于 Microsoft 公司推出的新一代软件开发环境.NET 平台的高级程序设计语言。

6. Java

Java 是 Sun 公司开发的一种跨平台的网络编程语言，于 1995 年正式发布。其语言风格与 C++接近，但舍弃了 C++中一些不常用或容易被误用的成分，如指针等。Java 语言最主要的特点是，同一个 Java 程序不用重新编译就可以在不同平台的计算机上运行。Java 在网络上的独特优势以及其跨平台的特点，使得它已经成为 Internet 上最受欢迎的编程语言之一。

7. 网页设计类语言

目前，最常用的 3 种动态网页设计语言有 ASP（Active Server Pages）、JSP（Java Server Pages）、PHP（Hypertext Preprocessor）。三者都提供在 HTML 代码中混合某种程序代码、由语言引擎解释执行程序代码的能力。

ASP 是一个 Web 服务器端的开发环境，利用它可以产生和执行动态的、互动的、高性能的 Web 服务应用程序。ASP 支持 VBScript、JScript 等脚本语言。

JSP 是由 Sun Microsystems 公司倡导的，许多公司参与一起建立的一种动态网页技术标准。该技术标准为创建和显示动态生成内容的 Web 页面提供了一个简捷而快速的方法。JSP 是用 Java 语言作为脚本语言的，并可以在 Servlet 和 JavaBean 的支持下，完成功能强大的站点程序。

PHP 是一种跨平台的服务器端的嵌入式脚本语言。它大量地借用 C、Java 和 Perl 语言的语法，并融合 PHP 自己的特性，使 Web 开发者能够快速地写出动态生成页面。另外，PHP 是完全免费的，可自由下载，也可不受限制地获得源码，按用户的需要进行修改使用。

计算机应用的领域很广泛，为了适应不同的应用需要，程序设计语言也各具特点。例如，有适合编写系统软件的，有适合进行科学计算的，有适合数据库管理的，有适合图形设计的，还有适合人工智能的等，更有一些语言具备多种功能。所以，从应用角度很难对程序设计语言做严格分类。而且，随着计算机科学的发展及应用领域的迅速扩张，各种语言的版本都在不断地更新，功能也在不断地增强。每个时期都有一批语言在流行，也有一些语言在消亡。我们应该学习并掌握程序设计语言中本质性、规律性的东西。

1.6　计算机中的信息安全

计算机安全被国际标准化委员会定义为“为数据处理系统采取的在技术上和管理上的安全保护措施，保护计算机硬件、软件、数据不因偶然的或恶意的原因而遭到破坏、更改、泄露。”要保证计算机安全，要从工作环境，工作人员，管理技术等方面采取有效的措施。本节内容主要从防止计算机病毒造成安全隐患方面讨论计算机安全。

1.6.1　信息安全概述

1. 信息安全概述

信息安全是指信息网络的硬件、软件及其系统中的数据受到保护，不受偶然的或者恶意的原因而遭到破坏、更改、泄露，系统连续可靠正常地运行，信息服务不中断。信息安全的实质就是要保护信息系统或网络中的信息资源免受各种类型的威胁、干扰和破坏，即保证信息的安全性。根据国际标准化组织的定义，信息安全性的含义主要是指信息的完整性、可用性、保密性和可靠性。信息安全是任何国家、政府、部门、行业都必须十分重视的问题，是一个不容忽视的国家安全战略。但是，对于不同的部门和行业来说，其对信息安全的要求和重点却是有区别的。

信息系统安全领域存在的挑战有：系统太脆弱，太容易受攻击；被攻击时很难及时发现和制止；有组织有计划地入侵无论在数量上还是在质量上都呈现快速增长趋势；在规模和复杂程度上不断扩展网络而很少考虑其安全状况的变化情况；因信息系统安全导致的巨大损失并没有得到充分重视，而有组织的犯罪、情报和恐怖组织却深谙这种破坏的威力。几种典型的安全威胁如图 1-30 所示。

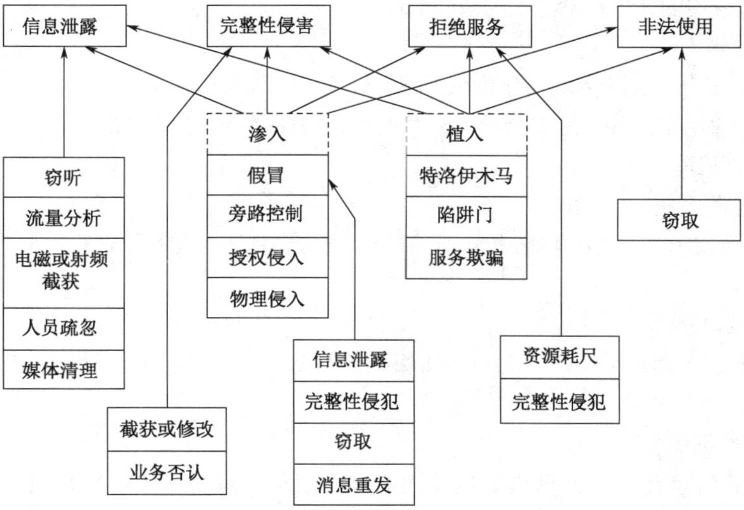

图 1-30　几种典型的安全威胁

2. 信息安全技术

（1）用户身份认证

用户身份认证是安全的第一道大门，是各种安全措施可以发挥作用的前提，身份认证技术包括静态密码、动态密码（短信密码、动态口令码、手机令牌）、USB KEY、IC 卡，数字证书、指纹虹膜等。

（2）防火墙

防火墙在某种意义上可以说是一种访问控制产品。它在内部网络与不安全的外部网络之间设置障碍，阻止外界对内部资源的非法访问，防止内部对外部的不安全访问。防火墙的主要技术有包过滤技术、应用网关技术、代理服务技术。

（3）网络安全隔离

网络隔离有两种方式，一种是采用隔离卡来实现，另一种是采用网络安全隔离网闸来实现。隔离卡主要用于对单台机器的隔离，网闸主要用于对整个网络的隔离。这两者的区别以及网络安全隔离与防火墙的区别可查阅相关参考资料。

（4）安全路由器

由于 WAN（广域网）连接需要专业的路由器设备，因而可通过路由器控制网络传输。通常采用访问控制列表技术来控制网络信息流。

（5）虚拟专用网

虚拟专业网（VPN）是在公共数据网络上，通过采用数据加密技术和访问控制技术，实现两个或多个可信内部网之间的互联。VPN 的构筑通常都要求采用具有加密功能的路由器或防火墙，以实现数据在公共信道上的安全传递。

（6）安全服务器

安全服务器主要针对一个局域网内部信息存储、传输的安全保密问题，其实现的功能包括对局域网资源的管理和控制，对局域网内用户的管理，以及局域网中所有安全相关事件的审计和跟踪。

（7）电子签证机构

电子签证机构（CA）作为通信的第三方，为各种服务提供可信任的认证服务。CA 可向用户发行电子签证证书，为用户提供成员身份验证和秘钥管理等功能。PKI 产品可以提供更多的功能和更好的服务，将成为所有应用的计算基础结构的核心部件。

（8）安全管理中心

由于网上的安全产品较多，且分布在不同的位置，这就需要建立一套集中管理的机制和设备，即安全管理中心。它用来给各网络安全设备分发秘钥，监控网络安全设备的运行状态，负责收集网络安全设备的审计信息等。

（9）入侵检测系统

入侵检测，作为传统保护机制（如访问控制，身份识别等）的有效补充，形成了信息系统中不可或缺的反馈链。

（10）入侵防御系统

入侵防御系统作为入侵检测系统（IDS）很好的补充，是在信息安全发展过程中占据重要位置的计算机网络硬件。

（11）安全数据库

由于大量的信息存储在计算机数据库内，有些信息是有价值的，也是敏感的，需要保护。安全数据库可以确保数据库的完整性、可靠性、有效性、机密性、可审计性。

（12）信息安全服务

信息安全服务是指为确保信息系统的完整性、保密性和可用性所提供的信息技术专业服务，包括对信息系统安全的咨询、集成、监理、测评、认证、运行维护、审计、培训和风险评估、应急响应等工作。

（13）数据加密

数据加密技术从技术上的实现分为在软件和硬件两方面。按作用不同，数据加密技术主要分为数据传输、数据存储、数据完整性的鉴别以及秘钥管理技术四种。

1.6.2　计算机病毒

计算机病毒是指在编制或者在计算机程序中插入破坏计算机功能或者破坏数据，以影响计算机使用，并且能够自我复制的一组计算机指令或者程序代码。

计算机病毒的破坏方式有很多，最大特征是进行病毒传染。传染的第一步是：在运行带有病毒的程序时，甚至在启动操作系统时马上将病毒装入内存。病毒程序注入内存后，通常是修改系统中断程序入口地址，使正常中断程序转去执行病毒的控制部分。然后，病毒程序就开始寻找传染对象，有的将自己复制到新出现的软件和无毒磁盘引导区；有的将自己复制连接到其他文件中并存盘；有的将病毒复制连接到所有的 EXE 文件中。本节内容分析计算机病毒的破坏性、分类及特征。在充分了解病毒的基础上，才能做出最有效的防范。

1．计算机病毒的特征

与普通程序相比，病毒程序具有以下的特征。

（1）传染性。计算机病毒不但本身具有破坏性，危害更大的是具有传染性，一旦病毒突破障碍通过网络传染，其速度是电磁波速级别。病毒入侵的计算机中大量文件（一般是可执行文件）会被感染，被嵌入的程序称为宿主程序。宿主程序文件又成了新的传染源，再与其他机器进行数据交换或通过网络接触，病毒会继续进行传染，造成大量计算机工作失常甚至瘫痪。是否具有传染性是判别一个程序是否为计算机病毒的最重要条件。

（2）潜伏性。有些病毒像定时炸弹一样，让它什么时间发作是预先设计好的。例如，黑色星期五病毒，不到预定时间一点都觉察不出来。一个编制精巧的计算机病毒程序，进入系统之后可以在几周或者几个月内甚至几年内隐藏在合法文件中，对其他系统进行传染，而不被人发现，不用专用检测程序是检查不出来的。潜伏性越好，病毒在系统中的存在时间就会越长，病毒的传染范围就会越大。

（3）隐蔽性。计算机病毒的隐蔽性表现为两个方面：一是传染的隐蔽性，大多数计算机病毒在进行传染时速度相当快，一般不易被人发现；二是计算机病毒存在的隐蔽性，病毒程序通过修改磁盘扇区信息或文件内容并把自身嵌入到宿主程序中，让人难以觉察。病毒程序没有文件名，可能隐藏在正常文件的头尾或中间，也可能隐藏在磁盘引导区中，或者制造磁盘假坏块，然后藏身其中，在其发作前，一般不会被觉察。

（4）破坏性。计算机中毒后，可能会导致正常的程序无法运行，把计算机内的文件删除或受到不同程度的损坏。表现为：占用 CPU 时间，占用网络传输和内存的开销等，从而造成进程堵塞；对数据或文件进行破坏；打乱屏幕的显示，使用户无法正常工作，有时可能造成不同程度的破坏。

除了上述 4 点，计算机病毒还具有不可预见性、可触发性、衍生性、针对性、欺骗性、持久性等特点。正是由于计算机病毒具有这些特点，给计算机病毒的防治、检测与清除工作带来了很大的难度。

2．计算机病毒的分类

自从 1988 年在美国发现的“蠕虫病毒”至今，计算机病毒以惊人的速度增长，据国外统计，计算机病毒以 10 种/周的速度增长，另据我国公安部统计，国内以 4 种/月的速度递增。病毒的种类繁多，分类方法也不一。为了更好地了解它，根据目前流行的计算机病毒，把它概括成如下几类。

（1）从其传播方式上分类

① 引导型病毒。又称为开机型病毒。当用户开机时，通过 DOS 的引导程序引入内存中，它不以文件的形式存储在磁盘上，因此也没有文件名，十分隐蔽。由于它先于操作系统装入内存，因此它能够完全控制 DOS 的各类中断，具有强大的破坏能力，常见的大麻病毒、巴基斯坦智囊病毒及米开朗琪罗病毒等均属此类。

② 文件型病毒。这是一种针对性很强的病毒，一般来讲，它只感染磁盘上的可执行文件（COM、EXE、SYS 等），它通常依附在这些文件的头部或尾部，一旦这些感染病毒的文件被执行，病毒程序就会被激活，同时感染其他文件。这类病毒数量最大，它们又可细分为外壳型、源码型和嵌入型等。

③ 混合型病毒。这类病毒兼有上述两种病毒的特点，它既感染引导区又感染文件，正是因为这种特性，使它具有了很强的传染性。如果只将病毒从被感染的文件中清除，当系统重新启动时，病毒将从硬盘引导进入内存，这之后文件又会被感染；如果只将隐藏在引导区中的病毒消除掉，当文件运行时，引导区又会被重新感染。

（2）按其破坏程度分类

① 良性病毒。这类病毒多数是恶作剧的产物，其目的不为破坏系统资源，只是为了自我表现一下。其一般表现为显示信息，发出声响，自我复制等。

② 恶性病毒。这类病毒目的在于破坏计算机中的数据，删除文件，对数据进行删改、加密，甚至对硬盘进行格式化，使计算机无法正常运行甚至瘫痪。

3. 计算机中病毒的症状

时下计算机感染病毒的途径，已经由原始的磁盘带入，变为现在承受多种渠道同时攻击，几乎到了防不胜防的地步。有些病毒行踪诡秘、深藏不露；更多的则显山露水，用户细心观察，不难抓住其蛛丝马迹，及早防范，可免遭其害。计算机中毒的十大症状：

（1）平时运行好端端的计算机，却变得迟钝起来，反应缓慢，出现蓝屏甚至死机。

（2）程序载入的时间变长。有些病毒能控制程序或系统的启动程序，当系统刚开始启动或是一个应用程序被载入时，这些病毒将执行它们的动作，因此要花更多的时间来载入程序。

（3）可执行程序文件的大小改变了。正常情况下，这些程序应该维持固定的大小，但有些病毒会增加程序文件的大小。

（4）对同样一个简单的工作，磁盘却花了很长时间才能完成。例如，原本储存一页的文字只需一秒，但因感染病毒可能会花更多的时间来寻找未感染的文件。

（5）没有存取磁盘，但磁盘指示灯却一直在亮。硬盘的指示灯无缘无故一直在亮着，意味着计算机可能受到病毒感染了。

（6）开机后出现陌生的声音、画面或提示信息，以及不寻常的错误信息或乱码。尤其是当这种信息频繁出现时，表明系统可能已经中毒了。

（7）系统内存或硬盘的容量突然大幅减少。有些病毒会消耗可观的内存或硬盘容量，曾经执行过的程序，再次执行时，突然告诉你没有足够的内存可以利用，或者硬盘空间意外变小。

（8）文件名称、扩展名、日期、属性等被更改过。

（9）文件的内容改变或被加上一些奇怪的资料。

（10）文件离奇消失。

4. 计算机病毒的预防

计算机病毒进行传播的方式是通过软盘、磁带和计算机网络等信息交换渠道进行的。其中计算机网络中传播的速度惊人得快，范围也很广，产生巨大破坏力。

为了防范计算机病毒的入侵，从个人、组织，到政府都已经参与其中。我国公共信息网络安全监察局已明确公告："制作、传播计算机病毒、木马等破坏性程序属于违法行为，任何单位和个人不得制作、传播计算机病毒等破坏性程序，包括故意输入计算机病毒，提供病毒、木马等恶意代码以及包含有各种恶意代码的程序的下载服务，向他人提供含有计算机病毒、木马的软件和媒体，销售、出租、附赠计算机病毒程序以及含有计算机病毒、木马的软件和媒体，如有违反，公安机关将按照有关法律规定予以查处。"在实际操作中，要求各网站运营商加强检查，防范网站带上病毒。

个人在使用计算机过程中，采取有效的防病毒措施，养成时时防毒的习惯，可以将损失降到最低。下面列出建议的防范措施：安装正版防病毒软件、安装可靠的防火墙软件或硬件、及时修补操作系统漏洞、安全使用可移动存储设备、不访问怀疑有病毒的网站、对重要的数据要及时备份、建立严密的用户身份验证等。

1.6.3 计算机犯罪

1. 定义

计算机犯罪，就是在信息活动领域中，利用计算机信息系统以计算机信息知识作为手段，针对计算机信息系统，对国家、团体或个人造成危害，依据法律规定应当予以刑事处罚的行为。

计算机犯罪的概念可以有广义和狭义之分。广义的计算机犯罪是指行为人故意直接对计算机实施入侵或破坏，或者利用计算机实施有关金融诈骗、盗窃、贪污、挪用公款、窃取国家机密或其他犯罪行为的总称。狭义的计算机犯罪仅指行为人违反国家规定，故意侵入国家事务、国防建设、尖端科学技术等的计算机信息系统，或者利用各种技术手段对计算机信息系统的功能及有关数据、应用程序等进行破坏、制作、传播计算机病毒，影响计算机系统正常运行且造成严重后果的行为。

2. 计算机犯罪的特点

（1）作案手段智能化、隐蔽性强。大多数的计算机犯罪，都是行为人经过狡诈而周密的安排，运用计算机专业知识，所从事的智力犯罪行为。进行这种犯罪行为时，犯罪分子只需要向计算机输入错误指令，篡改软件程序，作案时间短且对计算机硬件和信息载体不会造成任何损害，作案不留痕迹，使一般人很难觉察到计算机内部软件上发生的变化。

（2）目标较集中。就国内外破获的计算机犯罪案件来看，作案人主要是为了非法占有财富和蓄意报复，因而目标主要集中在金融、证券、电信、大型公司等重要经济部门和单位，其中以金融、证券等部门尤为突出。

（3）侦查取证困难，破案难度大。据统计，99%的计算机犯罪不能被人们发现。另外，在受理的这类案件中，侦查工作和犯罪证据的采集相当困难。

（4）后果严重，社会危害性大。国际计算机安全专家认为，计算机犯罪社会危害性的大小，取决于计算机信息系统的社会作用，取决于社会资产计算机化的程度和计算机普及应用的程度，其作用越大，计算机犯罪的社会危害性也越大。

对于计算机犯罪，我们应该做到健全人事管理、完善规章制度、减少作案可能；改进技术、堵塞漏洞、控制诱发犯罪；完善有关的监察惩治法律，使案犯得到相应的惩罚；重视政治思想、道德品质教育，消除不良文化刺激等。

本 章 小 结

本章回顾计算机发展史，介绍计算机相关的基本概念，包括以下内容。

1. 计算机系统组成，计算机硬件系统的5个基本组成部分，计算机软件的组成及分类。

2. 计算机的工作原理，存储程序概念。

3. 构成数制的三要素，二进制数的表示和运算，二进制数转换为其他进制数以及其他进制数转换为二进制数的方法。

4. 图、文、音、像等不同的信息采用不同的格式编码为二进数码，表现为不同的文件类型。文字中的数字、字母、汉字等不同部分，编码方式不相同。汉字的机内码、输入码、打印显示码编码方式也有不同。

5. 计算机的性能不只是取决于CPU的速度，还受到系统结构、指令系统、硬件组成、软件配置的影响。

6. 保护计算机不受计算机病毒入侵，是靠每个使用者坚持良好的用机习惯来保证。

习题与思考

一、单选题

1. 世界上第一台电子计算机诞生于（　　）。

   A. 1941年　　B. 1946年　　C. 1949年　　D. 1950年

2. 任何程序都必须加载到（　　）中才能被CPU执行。

   A. 磁盘　　B. 硬盘　　C. 外存　　D. 内存

3. 计算机中数据的表示形式是（　　）。

   A. 八进制　　B. 十进制　　C. 二进制　　D. 十六进制

4. 办公自动化是计算机的一项应用，按计算机应用的分类，它属于（　　）。

   A. 科学计算　　B. 实时控制　　C. 数据处理　　D. 辅助设计

5. 微机中1KB表示的二进制位数是（　　）。

   A. 1000　　B. 8×1000　　C. 1024　　D. 8×1024

6. 下列字符中，ASCII码值最小的是（　　）。

   A. g　　B. A　　C. x　　D. Z

7. 微型计算机中，控制器的基本功能是（　　）。

   A. 进行算术运算和逻辑运算　　B. 存储各种控制信息

   C. 保持各种控制状态　　D. 控制各个部件协调一致地工作

8. 在计算机领域中，通常用英文单词Byte来表示（　　）。

   A. 字　　B. 字长　　C. 二进制位　　D. 字节

9. 微型计算机中内存容量主要是指（　　）中的容量。

   A. RAM　　B. CMOS　　C. ROM　　D. Cache

10. 汉字的拼音输入码属于（　　）。

    A. 外码　　B. 内码　　C. ASCII码　　D. 标准码

11. 计算机中运算器的主要功能是（　　）。

A．存储各种数据和程序　　B．传输各种信息
C．进行算术运算和逻辑运算　　D．对系统各部件实行控制

12．为解决 CPU 和主存储器之间速度匹配问题，通常采用的办法是在 CPU 和主存储器之间增设一个（　　）。

A．Cache　　B．光盘　　C．辅助软件　　D．辅存

13．用 C 语言编写的程序需要用（　　）程序翻译后计算机才能识别。

A．汇编　　B．编译　　C．机器　　D．连接

14．显示器显示图像的清晰程度，主要取决于显示器的（　　）。

A．对比度　　B．亮度　　C．尺寸　　D．分辨率

15．字长是 CPU 的主要性能指标之一，它表示（　　）。

A．CPU 一次能处理二进制数据的位数
B．最长的十进制整数的位数
C．最大的有效数字位数
D．计算结果的有效数字长度

16．下列各存储器中，存取速度最快的是（　　）。

A．CD-ROM　　B．内存储器　　C．软盘　　D．硬盘

17．计算机硬件能直接识别和执行的只有（　　）。

A．高级语言　　B．符号语言　　C．汇编语言　　D．机器语言

18．下列等式中正确的是（　　）。

A．1KB=1024×1024B　　B．1MB=1024B
C．1KB=1024MB　　D．1MB=1024×1024B

19．计算机在工作中尚未进行存盘操作，如果突然断电，则计算机（　　）全部丢失，再次通电后也不能完全恢复。

A．ROM 与 RAM 中的信息　　B．RAM 中的信息
C．ROM 中的信息　　D．硬盘中的信息

20．一台微机性能的好坏，主要取决于（　　）。

A．内存储器的容量大小　　B．CPU 的性能
C．显示器的分辨率高低　　D．硬盘的容量

二、填空题

1．计算机的发展经历了电子管、________、集成电路、大规模和超大规模集成电路为主要元器件的时代。

2．计算机系统是由________系统和________系统组成的。

3．计算机软件系统由________软件和________软件组成。

4．计算机硬件系统由________、________、________、________、________组成。

5．计算机中，字符的比较就是对它们的________码值进行比较。

6．十进制数 15 存为数值型，最短的字节数是________，若存储为字符型，字节数是________。

7．为解决一个问题而设计的指令序列称为________。

8．8 位二进制数可以表示________种状态。用它表示无符号数，最大值是________。

9．标准 ASCII 采用________位二进制编码。 汉字机内码是将 GB2312—1980 中规定的汉字国标码的每个字节的最高位置________得到的，如汉字“大”字，国标码为 3473H，则机内码为________，

区位码为________。

10. 利用计算机将文字、声音、图形、静态图像及活动图像结合在一起形成的人机信息传播媒体称为________。

三、思考题

1. 计算机的发展经历了哪几个阶段？各阶段的软件系统有什么特征？各阶段的硬件系统特征是什么？

2. 请把下列的十进制数分别转换成二进制数、八进制数和十六进制数：

（1）365　　（2）0.52　　（3）12.546

3. 请把下列的二进制数分别转换成八进制数、十进制数和十六进制数：

（1）11001101　　（2）0.1101101　　（3）1101.00101

4. 请把下列的八进制数分别转换成二进制数、十进制数和十六进制数：

（1）372　　（2）0.532　　（3）56.526

5. 请把下列的十六进制数分别转换成二进制数、十进制数和十六进制数：

（1）3B9　　（2）0.C3　　（3）1D2.E8

6. 查看你使用的计算机的硬件和软件，填写如下信息：

操作系统版本，CPU 型号及主频，内存容量，计算机名称，显卡型号，网卡（网络适配器）型号，硬盘容量，分配的 IP 地址。

7. 上网搜索一个防病毒软件的官网，了解这个软件的功能，了解安装这个软件要占用的内存，写一篇文章介绍这个软件的功能，并介绍软件下载与安装方法。

8. 简述程序设计发展的过程。

第 2 章　操作系统基础

本章从操作系统的发展、基本概念和主要功能着手，引出 Windows 7 操作系统的各项功能，使读者对操作系统这种系统软件有一个整体、系统的印象，从而能够更正确地使用操作系统来管理计算机，利用计算机高效、准确地处理事务。

2.1　操作系统概述

操作系统（Operating System，OS）是由程序和数据结构组成的大型系统软件，它管理和控制计算机系统中的硬件及软件资源，合理地组织计算机工作流程，以便有效地利用这些资源为用户提供一个功能强大、使用方便和可扩展的工作环境，从而在计算机与其用户之间起到接口的作用。

2.1.1　操作系统的形成与发展

第一代电子计算机诞生后的一段时间，并没有操作系统，因为当时的计算机仅是人工操作方式，功能简单，速度也很慢，不需要特别的管理。

第二代晶体管计算机出现后，计算机已经很可靠、速度大大提高，原来的人工操作方式产生的人机速度矛盾已经不能容忍。为了解决人机矛盾以及 CPU 与 I/O 设备速度不匹配的问题，形成了单道批处理系统，这是最早出现的一种操作系统的雏形。其处理过程如下：

（1）把一批作业以脱机方式输入到磁带上。

（2）在系统中配置监督程序（Monitor），用来控制这一批作业能一个接一个地连续处理。

（3）监督程序将磁带上的当前第一个作业装入内存，并把运行控制权交给该作业。

（4）计算机运行该作业。

（5）该作业处理完毕，把控制权交还给监督程序。

（6）监督程序判断是否还有下一个作业，如果有，返回步骤（3）继续执行，否则停止运行。

单道批处理系统具备自动性、顺序性、单道性的特征，通过监督程序能自动、顺序地完成一批作业，但每次内存中只有一个作业在运行，其他设备都在等待状态，不能很好地利用系统资源。

第三代集成电路计算机的出现，对提高计算机资源利用率、系统吞吐量提出了更高的要求。经过重重的困难，终于形成了以 OS/360 操作系统为代表的多道程序设计的批处理系统。多道批处理系统的原理是将内存划分为几个分区，每个分区存放不同的作业，在一个专门负责管理的调度程序的控制下，几个作业共享 CPU、内存和外设等资源。

多道批处理系统运用于繁忙的商务数据处理时，出现一个新问题：希望多个用户能同时使用某一个系统，而且，多个用户同时登录某一个系统后，可能其中只有两三个用户真正在使用系统，而其他大多数在考虑如何输入或暂时离开办理其他事情，但他们可能随时使用系统。这就希望计算机能够为多个用户提供高速的交互式服务，及时接收用户的信息，及时处理用户的作业，由此导致了分时系统。麻省理工学院在一台改装过的 7094 机上开发成功第一个真正的分时系统 CTSS（Compatible Time Sharing System，兼容分时系统），又和贝尔实验室、通用电气公司联合开发出多用户多任务操作系统 MULTICS。

第四代大规模集成电路计算机导致了个人计算机的出现。1974 年，英特尔公司的顾问 Kildall 制造了第一个配有磁盘的微型计算机，并写了一个基于磁盘的操作系统 CP/M（Control Program for Microcomputer），后来自己组建了一家公司 Digital Research 进一步开发和销售 CP/M。1981 年 IBM 公司推出 IBM-PC 个人计算机（16 位微机），采用微软（Microsoft）公司开发的 MS-DOS（Microsoft Disk Operating System）操作系统。1983 年推出配有 Intel 80286 CPU 的 IBM PC/AT 时，MS-DOS 操作系统已经确立了地位，并在后来的 80386 和 80486 中得到广泛应用，成为事实上的 16 位单用户单任务操作系统标准。1985 年，微软公司开发了名为 Windows 的基于 GUI（Graphical User Interface，图形用户界面）的单用户多任务操作系统，但它并不是一个独立的操作系统，只是在 MS-DOS 上层的一个图形环境。1995 年，微软发布了独立的操作系统 Windows 95，并相继推出 Windows 98，以及真正 32 位版本的基于 NT 的 Windows 系列 Windows NT、Windows 2000、Windows XP、Windows 7、Windows 8。

个人计算机操作系统的另一系列是 UNIX 及其各种变种。UNIX 在工作站和其他高端计算机等领域最强大，在采用高性能 RISC 芯片的机器上非常流行。Linux 是 UNIX 的一个重要变种，在 Pentium 的计算机上，Linux 成为学生和企业用户替代 Windows 的选择。在大、中、小型机所配置的大多是多用户多任务操作系统，32 位微机也有不少。最有代表性的多用户多任务操作系统是 UNIX OS。

20 世纪 80 年代中期，运行网络操作系统和分布式操作系统的个人计算机网络开始不断增长，以分别适应用户操纵多台计算机、多台处理器。

2.1.2 操作系统的主要功能

计算机系统由一个或多个处理器、存储器、各种各样的输入/输出设备等硬件资源，以及各种软件资源组成，非常复杂。所以，要为计算机配备操作系统这样的一种软件，它的职责包括对硬件的直接监管、对各种计算资源（如内存、处理器时间等）的管理，以及提供诸如作业管理之类的面向应用程序的服务等。

1. 作为计算机系统资源的管理者

操作系统的首要任务是管理计算机系统中硬件与软件资源，使其得到充分而有效的利用，在相互竞争的程序之间有序地控制对各个资源的分配，尽量提高系统资源利用率、吞吐量和可靠性。内容涉及：跟踪资源状态，时刻掌握计算机系统中资源的使用情况；分配资源，处理对资源的使用请求、协调冲突、确定资源分配算法；回收资源，以便下次重新分配；保护资源，避免受破坏。

（1）处理机（CPU）管理

实现多道程序运行下对 CPU 的分配和调度，使一个 CPU 能同时为多个程序服务，解决如何把 CPU 的工作时间合理、自动地分配给所要执行的各个任务，最大限度地提高 CPU 的利用率和系统的吞吐量，使用户满意。从“宏观”上看，是 CPU 同时为多个程序服务；从“微观”上看，则是 CPU 交替为多个程序服务。处理机管理包括进程控制、进程同步、进程通信、调度等。

（2）存储管理

为多道程序运行提供良好的环境，提高内存储器的利用率，方便用户从逻辑上扩充内存。多道批处理系统的原理是将内存划分为几个分区，每个分区存放不同的作业，当运行中的作业等待 I/O 操作时，另一个作业就可以马上使用 CPU，从而提高了 CPU 的利用率。如果内存中存放的作业足够多，那么 CPU 的利用率将接近 100%。存储器管理包括内存分配、内存保护、地址映射、内存扩充等功能。

（3）设备管理

对计算机的各类外部设备（I/O 设备、外存储器）进行有效的管理，从而提高 I/O 速度，使设备方便用户使用，提高 CPU 与设备的利用率。设备管理包括缓冲管理、设备的分配与回收、设备处理、虚拟设备等。

（4）文件管理

信息以文件的形式存储在磁盘或其他介质上。操作系统中专门负责存取和管理文件信息的那部分软件的集合称为文件系统（File System），为用户提供简单、统一的存取和管理信息的方法，涉及文件的构造、命名、存取、使用、保护和实现方法。文件管理包括对文件存储空间的管理、目录管理、文件的读/写管理、文件的共享、文件保护等功能。

（5）网络资源与服务管理

对于网络操作系统，需要一个网络接口控制器以及一些底层软件来驱动它，同时还需要一些程序来进行远程登录和远程文件访问。网络操作系统应具有数据通信、网络资源共享、网络管理、应用互操作、系统容错等功能。

2．作为扩展机器

图 2-1 给出了计算机系统的层次结构与操作系统的定位。可见，在机器语言这一层以下，多数计算机的体系结构（指令集、存储组织、I/O 和总线结构）很原始，编程很复杂。计算机资源形式多样，硬件设备构造复杂，要用户充分了解各种物理接口及实现细节，实在困难。完全无软件的计算机系统称为裸机。

图 2-1　计算机系统的层次结构与操作系统的定位

操作系统隐藏了硬件设备操作的复杂性，并且给程序员提供了一套使用起来更加便利的指令集。在硬件上加载操作系统之后，计算机系统就变成一台与裸机大相径庭的“虚机器或扩充机器”，用户不需要了解各种计算机硬件的内部构造、工作原理、参数等具体细节，用简单的操作对计算机发出指令，就可以轻松地指挥各种硬件设备，使计算机更容易使用。操作系统向用户提供方便的接口，包括程序接口和用户接口。

（1）程序接口

程序接口是提供给程序员在编程时使用的接口，是用户程序取得操作系统服务的唯一途径，由一组系统调用组成，每个系统调用都是一个能完成特定功能的子程序。它比底层硬件更容易编程。

（2）用户接口

用户接口是提供给用户使用的接口，用户通过这类接口取得操作系统的服务，例如 Windows 7 的图形用户接口，用直观形象的各种图标、图形操作界面把系统的各项功能、应用程序和文件逼真地表示出来，使用户通过鼠标单击菜单、对话框等简单的操作即可完成。操作系统还提供开放的环境，允许用户不断添加新的硬件和软件，从而使得计算机的功能不断扩展。

2.1.3　操作系统的分类

操作系统种类繁多，很难用单一标准统一分类。可以从以下角度进行分类：

（1）操作系统能同时支持的用户数：单用户操作系统（如 MS-DOS、掌上电脑操作系统），多用户操作系统（如 UNIX、OS/390、MVS、Windows）。

（2）操作系统能同时支持的任务数：单任务操作系统（如 MS-DOS），多任务操作系统（如 Windows 7）。

（3）操作系统的功能：批处理系统，分时操作系统，实时操作系统，网络操作系统，分布式操作系统。

（4）操作系统所运行的硬件：嵌入式系统，掌上电脑操作系统，微机操作系统，主机操作系统、服务器操作系统。

（5）根据源码开放程度：开源操作系统（如 Linux、Chrome OS），不开源操作系统（如 Windows、Mac OS）。

2.1.4 常见操作系统简介

各种操作系统各有特色，用户可以根据实际情况选择一种安装在自己的计算机上，甚至可以安装几种，启动时由用户选择使用哪种操作系统。常见的操作系统有以下几种。

1. MS-DOS

1981 年 IBM 公司首次推出了 IBM-PC，在微机中采用了 Microsoft 公司开发的 MS-DOS 操作系统。该系统具有较强的功能及性能优良的文件系统，成为事实上的 16 位微机单用户单任务操作系统的标准。但它不支持多任务并发执行。

2. UNIX

UNIX 系统于 1969—1970 年间在小型计算机上开发，是美国电报电话公司（AT&T）贝尔实验室的 Dennis Ritchie 和 Ken Thompson 合作设计和实现的，于 1971 年正式移植到 PDP-11 计算机上。它从一个非常简单的操作系统不断地向微型机、大型机、中型机以及多处理机系统领域渗透，发展成为性能先进、功能强大、技术成熟、可靠性好、有效支持网络与数据库的操作系统，它在技术上的成熟程度以及稳定性和可靠性方面的优势，都领先于 Windows NT。目前，UNIX 仍是唯一能在从微型机到巨型机的各种硬件平台上稳定运行的多用户多任务操作系统，并成为事实上的多用户多任务操作系统的标准。

3. Windows

1990 年，Microsoft 公司隆重推出的 Windows 3.0，以其易学易用、友善的图形用户界面，以及具有多任务和扩展内存的功能，得以很快地流行开来，迅速占领了市场。其后，又相继推出 Windows 3.1、Windows 3.2、Windows NT、Windows 95、Windows 98、Windows 2000，Windows XP 乃至目前的 Windows 7、Windows 8，功能更加强大，界面更加人性化，仍是目前操作系统的主流产品。

Windows 7 系统是 Microsoft 公司推出的最新一代的桌面操作系统，是自 Windows 问世以来变化最大的版本，其围绕用户个性化的设计、娱乐视听的设计、用户易用性的设计以及笔记本的特有设计等做了重大变革，新增了“跳转列表”（Jump List）、Windows Live Essentials、轻松实现无线联网、轻松创建家庭网络以及 Windows 触控技术等很多特色功能。Windows 7 有 6 个版本：初级版、家庭基础版、家庭高级版、专业版、企业版、旗舰版。

Windows 7 的硬件配置要求至少拥有 1GHz 或更高主频的 32 位处理器、1GB 内存、16GB 可用硬盘空间、支持 Direct X9 并使用 WDDM 1.0 或更高版本的驱动程序、DVD R/W 驱动器等其他存储介质。

值得一提的是：虽然 Windows 8 自发布以来，市场反响并不热烈，成为微软所有操作系统中最短命的一个，但是 Windows 8 革命性的变化仍然产生了深远影响。Windows 8 大幅改变以往的操作逻辑，提供更佳的屏幕触控支持。其画面与操作方式变化极大，采用全新的 Modern UI 风格用户界面，各种应用程序、快捷方式等能以动态方块的样式呈现在屏幕上，用户可自行将常用的浏览器、社交网络、游戏、操作界面融入。

4．Linux

Linux 是在 Internet 网络上由志愿者开发的与 UNIX 兼容的完整的操作系统，可从许多以电子形式发布的提供者那里免费获得，是一套免费使用和自由传播的类 UNIX 操作系统，这个系统是由全世界各地的成千上万的程序员设计和实现的。Linux 以高效性和灵活性著称，并且能够在 PC 上实现全部的 UNIX 特性，具有多任务多用户的能力。Linux 之所以受到广大计算机爱好者的喜爱，主要原因有两个，一是它属于自由软件，用户不用支付任何费用就可以获得它和它的源代码，并且可以根据自己的需要对它进行必要的修改。另一个原因是，它具有 UNIX 的全部功能。

5．Mac OS X

Mac 系统是苹果公司基于 UNIX 操作系统进行深度再开发的操作系统。优点是界面美观独特，突出了形象的图标和人机对话，操作简便，也不需要额外购买；缺点是完全闭源，只能运行于苹果公司的计算机，加上苹果计算机售价高昂，Mac OS X 的用户相对较少。

6．iOS、Android、WP（Windows Phone）

这几种属于智能手机操作系统。

iOS 是由苹果公司开发并于 2007 年 1 月公布的移动操作系统，最初是设计给 iPhone 使用的，后来陆续套用到 iPod touch、iPad 以及 Apple TV 等产品上。iOS 具有简单易用的界面、令人惊叹的功能，以及超强的稳定性。

Android 由 Google 公司和开放手机联盟领导及开发并于 2007 年 11 月公布，是一种基于 Linux 的自由及开放源代码的操作系统，主要使用于移动设备，如智能手机和平板计算机。Android 系统虽然不如苹果 iOS 完美，但胜在高中低档手机都有占据、软件非常丰富，目前用户数量多，成为智能手机的霸主。其缺点是硬件规格比较乱，音乐播放的音质较差，使用中可能会遇到流氓软件。

Android 平台的最大优势就是其开放性，允许任何移动终端厂商加入到 Android 联盟中来，使其拥有更多的开发者，有利于积累人气（包括消费者和厂商）。开放的平台也会带来更大竞争，对于消费者来讲，最大的受益是丰富的软件资源，以及可以用更低的价位购得心仪的手机。随着用户和应用的日益丰富，一个崭新的平台也将很快走向成熟。

WP 是微软公司于 2010 年 10 月发布的一款手机操作系统，具有桌面定制、图标拖曳、滑动控制等一系列前卫的操作体验。它将微软旗下的 Xbox Live 游戏、Xbox Music 音乐与独特的视频体验集成至手机中，力图打破人们与信息和应用之间的隔阂，提供适用于人们完整生活方方面面的最优秀的端到端体验。包括工作和娱乐。

2.2　Windows 7 的启动与退出

2.2.1　启动 Windows 7

1．开机启动的过程

开机后，BIOS 进行开机自检（POST），然后从硬盘启动，加载硬盘的 MBR；接着 MBR 控制启动过程，搜索分区表，加载 Bootmgr 到内存；Bootmgr 寻找并读取 BCD，由用户选择从哪个启动项启动；选择 Windows 7 启动，加载 C:\windows\system32\winload.exe，开始内核的加载。

2. 正确的开机步骤

（1）确认计算机以及其他需要用到外部设备（如显示器、打印机等）的电源已经连接好并打开。

（2）打开主机开关，系统即进行硬件测试，测试无误则开始系统引导，稍后出现 Windows 7 登录界面，如图 2-2 所示。

（3）在登录界面选择用户名、输入密码，进入 Windows 7 桌面如图 2-3 所示。

图 2-2　Windows 7 的登录界面

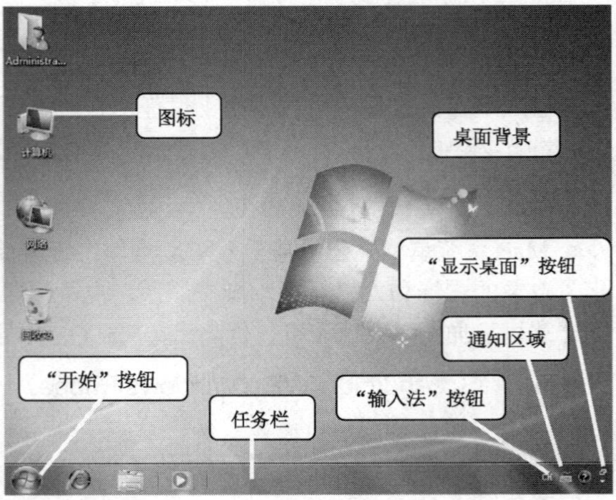

图 2-3　Windows 7 的桌面

3. 重新启动计算机

当系统运行应用程序的时间过长导致降低运行效率时，需要释放内存。当安装程序或者修改了系统的一些重要设置后，需要使设置生效。这些都需要重启计算机。操作方法：单击"开始"→"关机"按钮右边的"关闭选项"按钮，然后在弹出的菜单中选择"重新启动"选项即可，如图 2-4 所示。

2.2.2　退出 Windows 7

如果不按顺序关机，将有可能破坏计算机中的某些文件、程序，特别是正在使用的文件、程序，导致不可预料的错误，下次启动时 Windows 7 会自动进行磁盘扫描，以尽可能地修复被破坏的文件，但这会延长启动的时间，而遇到一些无法修复的错误则无法成功启动。

正常关机操作方法：关闭所有应用程序→单击"开始"按钮→单击"关机"按钮→关闭所有的外围设备（如显示器、打印机等），如图 2-4 所示。

非正常关机是指在使用计算机时遇到死机、蓝屏、花屏等情况，这时只能直接按主机箱上的电源开关（通常需要持续按几秒钟）直到关机。非正常关机后要稍待片刻，等计算机的硬盘不再工作后，才可重新启动计算机，以更好地保护计算机的硬件设备。

休眠：是退出 Windows 7 的另一种方法，此时计算机并没有关闭，而是进入低耗能状态。方法同重新启动计算机，在图 2-4 中选择"休眠"选项即可。要唤醒休眠的计算机，需按下主机上的 POWER 键。

睡眠：与休眠类似，但它能以最小的能耗保证计算机处于锁定状态。要唤醒睡眠的计算机，不需按下主机上的 POWER 键。

注销：Windows 7 是多用户系统，当某用户需退出，可采用注销本用户的方式，不影响其他用户。

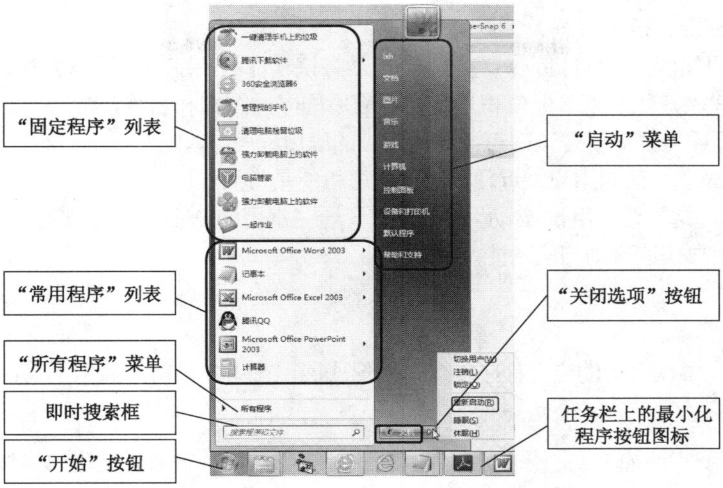

图 2-4　关机、重启、"开始"菜单及任务栏

2.3　Windows 7 的基本界面元素和基本操作

Windows 7 是多任务操作系统，每启动一个应用程序，就打开一个应用程序窗口的图形；同时打开多个应用程序，则桌面上显示多个窗口，"Windows" 正是由此而得名。

Windows 7 通过窗口、对话框、菜单、图标等界面元素与用户交流，提供足够的信息让用户选择，这是非常友善的图形界面，也是 Windows 系列风靡全球的原因。用户必须掌握各种界面元素的操作方法，通过使用键盘输入、鼠标选择，才能正确地对 Windows 7 发出命令，从而达到操纵计算机、高效率地处理事务的目的。

2.3.1　任务栏

任务栏就是桌面下方的水平长条，如图 2-3 所示，由"开始"按钮、程序按钮区、通知区域、"显示桌面"按钮组成。程序按钮区放置已打开程序的最小化图标按钮，方便用户在各个应用程序之间切换。通知区域显示系统时钟、音量、网络和操作中心等系统图标按钮，以及一些正在运行的程序图标按钮，如 CPU 使用率。

Windows 7 对任务栏新增的特色功能：

（1）如果计算机硬件配置支持 Aero 特效且打开了该功能，则当鼠标指针指向任务栏上的程序按钮时，会在上方显示窗口的缩略图。

（2）可以通过鼠标拖动来调整各个程序按钮的位置。

（3）在任意程序按钮上右击，可弹出跳转列表。跳转列表是用户最近使用的项目列表，能帮助用户迅速访问历史记录。单击其中某常用文档右边的锁定图标，可将该文档锁定在跳转列表。

2.3.2　"开始"菜单

如图 2-4 所示，在 Windows 7 中单击"开始"按钮打开的"开始"菜单，由"固定程序"列表、"常用程序"列表、"所有程序"菜单、即时搜索框、"启动"菜单、"关闭选项"按钮区组成，是启动程序的捷径通道。用户通过"开始"菜单，可以很方便地启动应用程序、打开文档库、查找文件、进行日常设置、链接 Internet、退出系统。

安装一个应用软件时，Windows 7 通常会自动将该软件的名字和图标添加到“开始”菜单中，方便日后运行。这样“开始”菜单上就积累了许多应用程序的图标和名称，形成一个程序列表。用户可通过单击“所有程序”菜单展开该列表，选择相应的应用程序。

另外，Windows 7 认为用户最近使用过的程序可能是常用程序，于是列在“开始”菜单的“常用程序”列表，方便日常频繁使用。“启动”菜单列出了一些常用的 Windows 程序链接，如文档、计算机、控制面板，方便用户快速启动相应功能。

2.3.3 窗口

在 Windows 7 中，启动的应用程序以窗口的形式展现在用户面前，显示了文件或程序的内容。

1. 窗口的分类

窗口分为应用程序窗口、文档窗口。大多程序都提供这两种窗口方便用户操作，但一些小程序则不提供文档窗口，如“记事本”、“画图”等。

（1）应用程序窗口

在 Windows 7 中启动一个应用程序，就会打开一个窗口，这就是应用程序窗口，它们各自独立，能进行窗口的任意操作。

（2）文档窗口

启动了一个应用程序后，用户通常会新建或打开一些文件，每个文件都会对应一个文档窗口，它们是依赖于应用程序窗口而存在的，受到应用程序窗口的制约，其大小不能超出应用程序窗口。当应用程序窗口关闭时，文档窗口也将全部关闭。

在应用程序窗口中，可以通过“视图”组的“切换窗口”切换文档窗口，如图 2-5 所示。

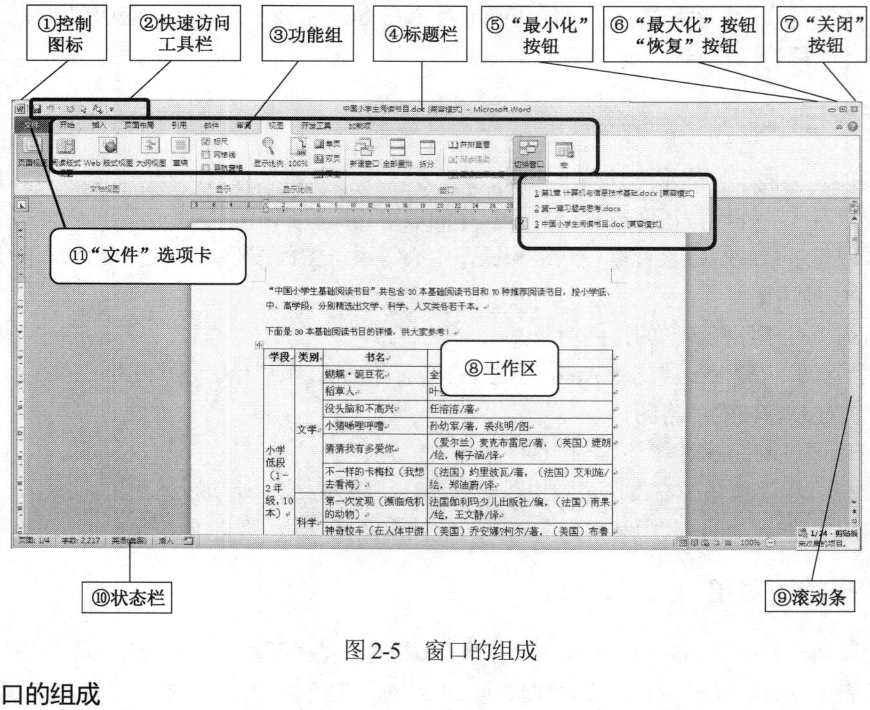

图 2-5　窗口的组成

2. 窗口的组成

不同的应用程序，由于功能不同，窗口的界面会有所不同，但大体上都包含一些基本的要素。此处以“Microsoft Word”程序的窗口为例加以说明，如图 2-5 所示。

① 控制图标：用于显示控制菜单，用来控制窗口的缩放、移动和关闭。

② 快速访问工具栏：常用的工具位于此处，如“保存”和“撤销”，使得操作更方便快捷。

③ 功能组：集成了应用程序的所有功能并分类成功能组来管理，它类似于 Windows 7 之前版本中的“菜单”与“工具栏”的集成。由于各应用程序的功能千差万别，所以功能组上显示的命令也不会千篇一律。图 2-6 所示为“画图”程序的窗口，其功能组适合进行图像处理，与图 2-5 所示的文字处理软件的差别很大。

④ 标题栏：用于显示该窗口所对应的应用程序名或被打开的文件名。

⑤ 最小化按钮：用于将窗口缩小成一个图标，显示在任务栏中。

⑥ 最大化按钮/恢复按钮：最大化按钮用于将窗口放大至占据整个计算机屏幕；当窗口最大化后，原先的最大化按钮就变成恢复按钮，用于将窗口的大小恢复到最大化之前的状态。

⑦ 关闭按钮：用于关闭窗口。

⑧ 工作区：具体的操作区域。不同的应用程序，其工作区会有很大差别，如图 2-5 所示的字处理软件窗口和图 2-6 所示的图像处理软件窗口。

⑨ 滚动条：当文件内容较多，窗口的工作区无法全部显示出来时，窗口会自动显示垂直和水平的滚动条，提示用户通过滚动条两端的箭头显示文件的其余部分。

⑩ 状态栏：用于显示当前文档的状态等信息。

⑪“文件”选项卡：集成了与文件操作相关的基本命令，如“新建”、“打开”、“关闭”、“另存为”、“打印”等。

有些窗口还包含地址栏、导航窗格、细节窗格等。

3. 打开窗口（启动应用程序）

Windows 7 提供以下方法打开窗口（即启动应用程序），不一定每个方法都适用，但总有一个是可行的，要根据实际情况选择。

① 利用“开始”菜单上的“固定程序”列表，或者“常用程序”列表、“所有程序”菜单、“启动”菜单，选择相应的程序。

② 双击桌面上的一个应用程序图标（桌面快捷方式图标）。

③ 按 Windows+R 组合键，在弹出的如图 2-7 所示的“运行”对话框中输入应用程序名，然后单击“确定”按钮。这种方式可以运行计算机中的任何程序。当然，使用这种方法有个前提，就是必须事先查找到程序的路径和文件名。

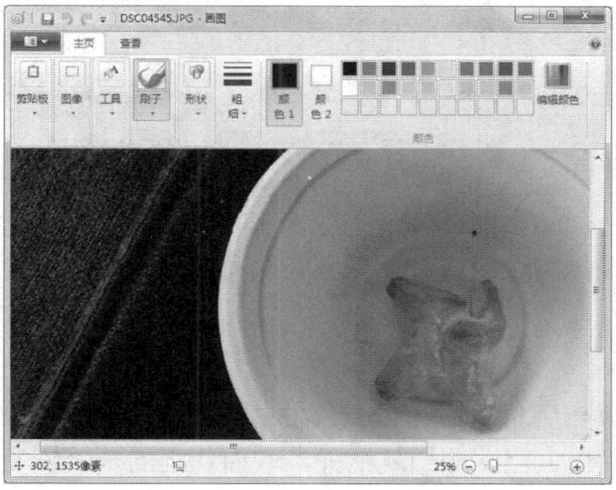

图 2-6 “画图”程序的窗口

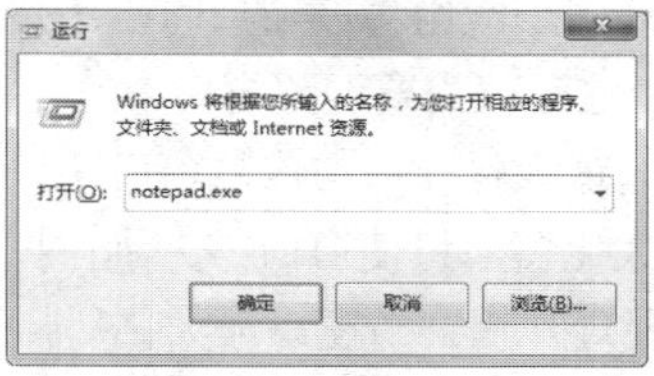

图 2-7 “运行”对话框

④ 通过打开相关联的文件间接启动应用程序。这是最常用的一种启动应用程序方式。用户处理的日常事务通常以文件的形式保存在计算机中。为方便用户使用文件，Windows 7 会自动在文件及其最佳的打开程序之间建立一个关联关系。用户双击文件名，Windows 7 自动启动其关联程序，然后在该程序窗口打开该文件。

4. 关闭窗口（退出应用程序）

退出应用程序即关闭了对应的窗口，其目的是释放它所占用的资源，特别是内存空间，这样可以保证计算机的运行速度。在关闭计算机之前，也应该将所有的应用程序都关闭，以保证文件不受破坏。

关闭一个应用程序窗口时，所有在它里面打开的文档窗口也将全部关闭。操作方法可选择以下的一种，各个图标如图 2-5 所示：

① 单击应用程序窗口右上角的“关闭”按钮 ☒ 。

② 选择“文件”选项卡中的“退出”选项。

③ 单击窗口左上角的控制图标，然后选择“关闭”选项。

④ 双击窗口左上角的控制图标。

⑤ 按 Alt+F4 组合键。

⑥ 单击任务栏的缩略图上的“关闭”按钮 ☒ 。

5. 关闭文档窗口

关闭文档窗口，指的是关闭应用程序窗口里头的文档窗口。操作方法：单击“文件”选项卡，然后选择“关闭”选项，如图 2-8 所示。

关闭文档窗口不影响应用程序窗口，当一个程序窗口内所有的文档窗口都关闭，应用程序窗口依然存在，只不过里面没有打开的文档，呈灰色背景，如图 2-9 所示。

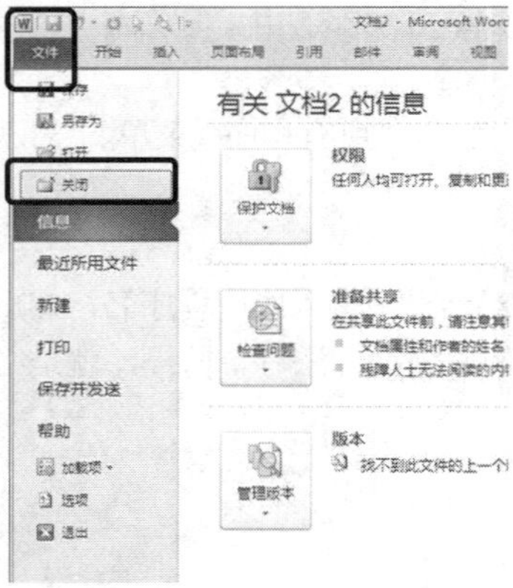

图 2-8　关闭文档窗口的操作

图 2-9　没有打开文档的应用程序窗口

6. 调整窗口

启动多个应用程序窗口时，用户希望在使用某个窗口时不受到其他窗口的影响，或者在多个窗口间操作，这时就需要调整窗口。

（1）最大化窗口与恢复窗口

最大化窗口将使窗口扩大到占据整个计算机屏幕，这样就不会看见其他的窗口，编辑文档或图像时显得视野开阔。当窗口最大化后，原先的“最大化”按钮就消失，取而代之的是“恢复”按钮，用于将窗口的大小恢复到最大化之前的状态。

操作方法可在以下任选一种：单击窗口的“最大化”（恢复）按钮；双击窗口标题栏中没有按钮的空白处；单击窗口左上角的控制图标。

（2）最小化窗口

使窗口缩小为一个程序按钮图标，显示在任务栏，如图 2-4 所示。通常用户暂时不用某个应用程序时，就将它最小化，给其他的程序腾出更大的显示空间。值得注意的是，最小化窗口不等同于关闭窗口，此时应用程序还是在运行的，可随时通过单击任务栏上的图标来恢复其显示。

操作方法可在以下任选一种：单击窗口的“最小化”按钮；单击窗口左上角的控制图标。

（3）适当调整窗口大小

有时，用户需要在屏幕上显示两个以上的窗口来对比窗口的内容，可适当调整这几个窗口的大小，使得它们互不阻碍视线。操作方法：移动鼠标光标到窗口边框，使之变成“↔”双向箭头，然后拖曳鼠标直至窗口大小合适。

（4）移动窗口

操作方法可在以下任选一种：拖曳窗口的标题栏；单击窗口左上角的控制图标。

（5）滚动窗口

如果文件的内容很多，在窗口的范围内显示不完，会自动在右边或下边显示滚动条。用户可通过用鼠标操作滚动条来查看文件的全部内容。

（6）层叠和平铺窗口

将所有窗口统一大小、以统一的方式显示，使桌面显得非常整齐。操作方法：在任务栏的空白处右击，弹出快捷菜单，如图 2-10 所示，然后选择窗口的显示方式。

（7）快速最小化所有窗口、显示桌面

任务栏最右侧有一个“显示桌面”按钮，如图 2-3 所示，单击即可把全部窗口最小化，快速显示桌面。

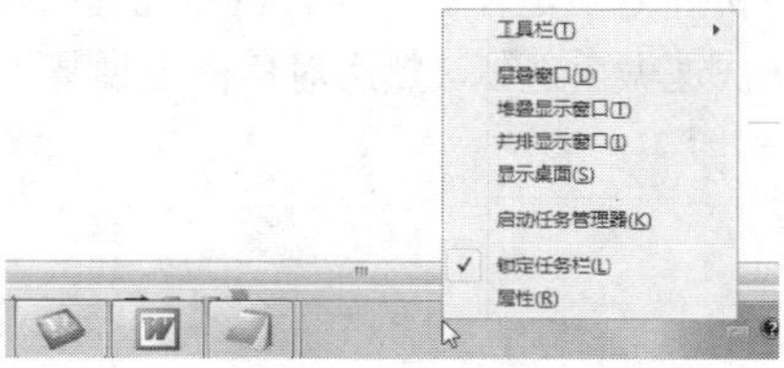

图 2-10　通过任务栏层叠和平铺窗口

7．切换窗口

打开了多个应用程序窗口时，可通过在切换窗口来改变当前工作的窗口。操作方法可在以下任选一种：

① 单击任务栏上的程序按钮图标。

② 按 Alt+Tab 组合键（在窗口缩略图中选择）。

③ 按 Alt+Esc 组合键（直接在窗口之间选择）。

2.3.4　菜单

多数应用程序窗口还保持了菜单栏，集成了应用程序的所有功能并分类管理。例如，在“计算机”窗口中，管理文件的相关命令置于“文件”菜单，编辑修改的相关命令置于“编辑”菜单等。

1．菜单命令的外观及其含义

展开各个菜单项，可以发现其下面命令的外观有些不同。了解菜单命令外观的含义，便于正确操作菜单。

① 命令项前面带有 ✓ 或 ●，如 ● 详细信息(D)、✓ 自动换行(W)：表示选定了该命令项的功能。

② 黑色字体，如 关闭(C)：可直接执行的命令，表示该命令目前可以使用。

③ 黯淡色字体，如 剪切(T)：当前不可用的命令，表示该命令目前不具备执行的条件。

④ 后面带有“…”，如 另存为(A)... ：会弹出对话框的命令，待用户设置。

⑤ 后面带一个箭头▶：用鼠标光标指向它，可以展开下一级菜单。

⑥ 后面有组合快捷键提示，如 保存(S) Ctrl+S ：可使用键盘组合键的命令。可以在不显示菜单的情况下，直接按键盘上的组合键来执行。

2．菜单的基本操作

（1）用鼠标操作菜单：菜单最适合用鼠标操作，单击菜单即可。

（2）用键盘操作菜单。

菜单栏每个菜单项都有一个带下划线的英文字母，如 文件(F) 中的“F”，这是该菜单的键盘操作键。操作步骤如下。

① 按 Alt+键盘操作键，如按 Alt+F 组合键展开“文件”菜单。

② 按命令后面的键盘操作键执行相应命令，如按 O 键执行“打开”命令。

③ 利用光标移动键→、←、↓、↑，也可以操作菜单，但速度会慢一些。

2.3.5 对话框

对话框是计算机和使用者进行交流的重要方式，如图 2-11 所示。例如，当用户第一次保存文件时，会弹出“另存为”对话框，这是计算机在问用户：“你要保存文件了，但我不知道文件该存放在何处，文件名字是什么，文件的类型是什么，请告诉我吧？”并将计算机的磁盘资源显示给用户，好让用户快速做出选择。熟悉对话框各种基本组成元素的含义，掌握其使用方法，是快速与计算机交互的基础。

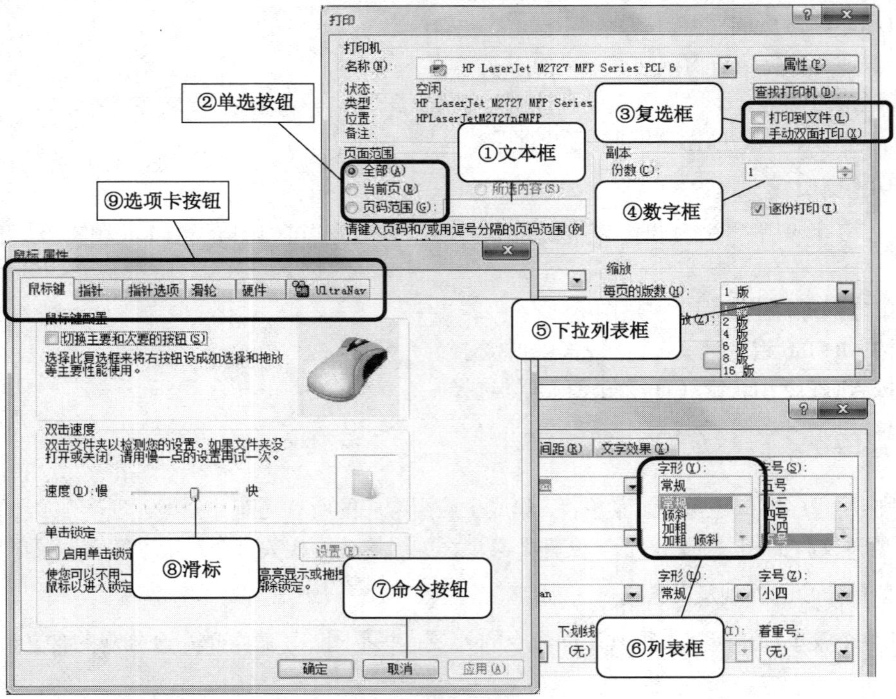

图 2-11　对话框中的元素

1．对话框中的元素及其基本操作

① 文本框：供用户输入文字信息，可以是英文、汉字、数字、符号等，但必须是当前条件下允许

的合法文字。这些文字可以通过手工输入，也可以通过复制粘贴。单击文本框，则文本框内出现闪动的竖状光标“I”，表示可以输入。在输入过程，可用 BackSpace 键、光标移动键→、←、Delete 键来修改文字。

② 单选按钮：若有一组选项，用户必须而且只能在其中选择一个，这组选项通常会以单选按钮的形式出现。单击要选择的一个选项，使得其前面的○变成⊙即可选中。需要修改时，单击另一个选项，则原选择自动取消。

③ 复选框：若有一组选项，用户可以在其中选择零个或多个，这组选项通常会以复选框的形式出现。单击要选择的选项，使得其前面的□变成☑即可选中。若要同时选择几个，则要分别单击这几个。需要取消某个选择时，单击该选项，使其前面的☑变成□。

④ 数字框：当系统需要用户输入数字时，通常会以数字框的形式与用户交流。用户可以单击数字框右边的箭头调整框内的数字，也可以直接在框内输入数字。

⑤ 下拉列表框：与列表框类似，只不过通常它的选项不显示，单击它右边的箭头⌄，才在下方展开选项列表，单击选择完毕，选项列表又自动回收。

⑥ 列表框：用列表的方式提供当前项目的几种可能情况，方便用户选择。当可供选择的项目太多时，将会自动出现滚动条。直接单击需要的选项即可选定。当找不到需要的选项时，可单击滚动条（如果有的话）上的箭头查找。

⑦ 命令按钮：是对话框中不可缺少的元素。直接单击命令按钮，可立即执行该命令。“确定”和“取消”按钮是最常见的命令按钮，几乎在每个对话框都会出现。

⑧ 滑标：用来调整可连续变化的选项，用鼠标拖曳滑块可以进行调节。

⑨ 选项卡按钮：当计算机要与用户交互的问题太多时，一个对话框无法显示完，系统通常会采用选项卡的形式，将问题分门别类，不同的类别放在不同的选项卡下，类似图书馆的图书索引卡片。单击选项卡按钮，即可展现该类别的问题供用户设置。

2. 用键盘操作对话框

① 键盘操作键：每个项目名称后面都有一个带下划线的键盘操作键，按下 Alt+键盘操作键，可直接选择相应的选项。例如，项目“字体（N）”的“N”，按下 Alt+N 组合键，可选择“字体”项目进行字体的设置。

② Tab 键：每按一次，可移动并激活下一个项目组。

③ Shift + Tab 组合键：每按一次，可移动并激活上一个项目组。

2.3.6 中文输入法

中文输入法的功能是将用户按某种规律输入的英文字母转化成中文后，再输入到计算机中。目前较常见的中文输入法有微软拼音、全拼、双拼、智能 ABC、区位码、五笔型、清华紫光、搜狗、百度输入法、QQ 输入法、谷歌拼音输入法等，用户可以根据实际情况选择适合自己的输入法。

1. 用鼠标操作来选择输入法

① 如图 2-3 所示，单击任务栏右侧的“输入法”按钮，会出现各种输入法供选择。

② 单击所需的输入法，则“输入法”按钮显示该输入法的图标。

2. 用键盘操作来选择输入法

① 按 Ctrl+Space 组合键，进行中文输入法与英文输入法的切换，同时“输入法”按钮上显示该输

入法的图标。

② 按 Ctrl+Shift 组合键，进行各种中文输入法的切换，同时“输入法”按钮上显示该输入法的图标。

3．输入法的各种状态

启动了中文输入法后，会显示一个输入法工具栏（在此以微软拼音输入法 2010 为例）。工具栏上各个按钮通过鼠标单击切换，主要几个按钮的作用如下。

中 ↔ 英：中文输入法/英文输入法切换。

↔ ：半角/全角切换。

↔ ：中文/英文符号切换。

：软键盘。

下面对其中几个概念进行解释。

① 全角/半角。计算机中，一个汉字占 2 个英文字符的宽度，因此称汉字为全角，英文字符为半角。通常英文字符、数字、符号等都为半角，但是有时，为了追求文档的整齐，或某些特殊效果，希望这些字符都与汉字同宽，即为全角状态，这时系统把这些符号当做汉字处理，因此不具备运算的功能。

② 中文/英文符号。在英文符号状态输入的是英文的符号。但是若要输入书名号“《”、“》”等中文特有的符号时，必须切换到中文符号状态。

③ 软键盘。中文、英文符号毕竟是有限的，当需要输入“★”、“↑”、“∑”等特殊符号时，可以借助软键盘。操作方法：单击软键盘按钮即可弹出如图 2-12（a）所示菜单→单击需要的符号类别可展现如图 2-12（b）所示的相应软键盘→单击软键盘上的符号即可将符号输入到文档中→单击“关闭软键盘”，否则无法正常输入文字。

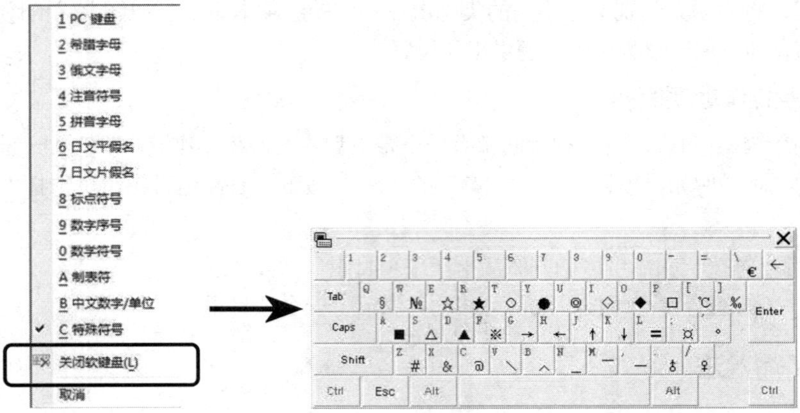

（a）　　（b）

图 2-12　软键盘的使用

4．添加输入法

如果当前所操作的计算机中没有自己习惯使用的输入法，可以进行添加，操作步骤如下。

（1）如果该输入法不是 Windows 7 附带的输入法，则事先要运行其安装程序，将其安装到当前计算机的硬盘中。

（2）在“输入法”图标上右击，在弹出的快捷菜单中选择“设置”选项，将显示“文本服务和输入语言”对话框，如图 2-13 所示。

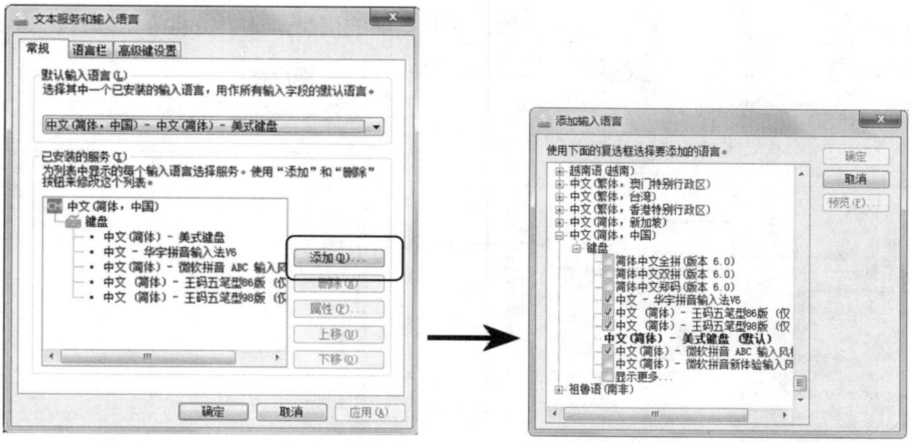

图 2-13　添加输入法的过程

（3）在“常规”选项卡中单击“添加”按钮，弹出“添加输入语言”对话框。

（4）通过滚动条上下查找需要添加的输入法，并选中。

（5）单击“确定”按钮，然后再单击“文字服务和输入语言”对话框的“确定”按钮。

2.3.7　剪贴板

为减少用户的重复劳动，Windows 7 提供了内置的“剪贴板”工具，而且几乎所有在 Windows 7 下运行的程序都支持剪贴板的操作，当用户从某个程序剪切或复制信息时，该信息会被保留到剪贴板。使得应用程序之间的共享数据、同一文件的不同位置复制信息方便快捷。一般情况下，剪贴板是隐藏着的。常用的操作有复制、剪切、粘贴。

1．复制

复制是将某些内容引用到剪贴板，原处仍保留这些内容。操作方法：

① 复制图片、文字：选定要复制的图片或文字，再按 Ctrl+C 组合键。

② 复制屏幕：按 Print Screen 键（或 Prt Sc 键）。

③ 复制活动窗口：按 Alt+Print Screen 组合键（或 Prt Sc 键）。

2．剪切

剪切是将某些内容移动到剪贴板，而原处清除这些内容。剪切图片、文字的操作方法：选定要复制的图片或文字，再按 Ctrl+X 组合键。

3．粘贴

粘贴是将剪贴板的内容引用到需要的位置，剪贴板内仍保留这些内容，可以多次引用到不同的地方。操作方法：在需要引用剪贴板内容的地方，单击鼠标把光标插入定位，再按 Ctrl+V 组合键。

2.3.8　帮助系统

Windows 7 提供的各种帮助系统，帮助用户快速有效地解决实际问题、学习使用方法。

1．从“开始”菜单获取帮助

单击“开始”按钮，在弹出的“开始”菜单中选择“帮助和支持”选项，然后在如图 2-14 所示的“Windows 帮助和支持”窗口单击“Windows 帮助和支持”链接，在打开的目录中选择一个项目来了解，或者在帮助窗口上方的“搜索帮助”文本框输入希望了解的信息，如“键盘”，然后按 Enter 键，能查询到 Windows 7 中包含“键盘”字样的所有帮助信息。

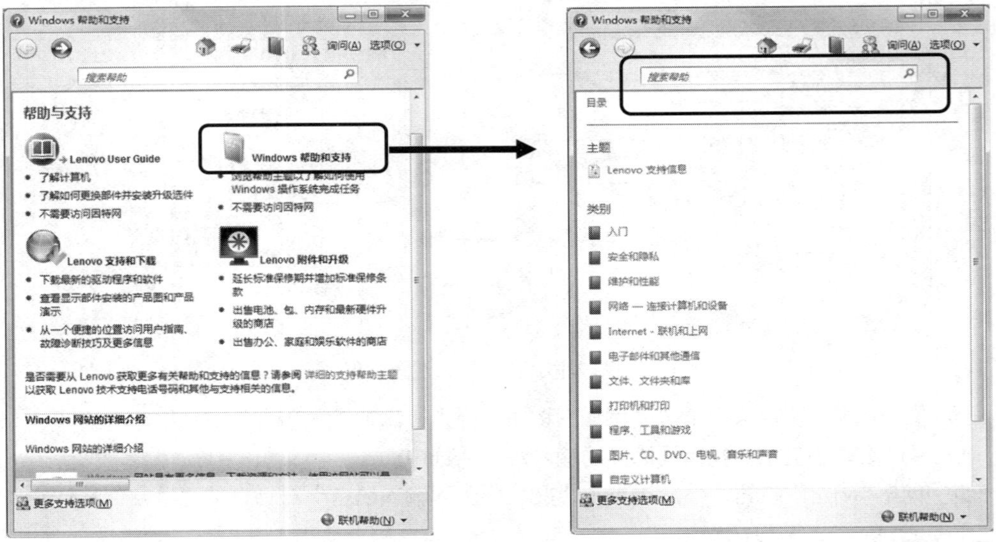

图 2-14 “Windows 帮助和支持”窗口

2. 从各种应用程序的“帮助”菜单获取帮助

Windows 7 环境下的大部分应用程序都提供一个“帮助”菜单，帮助用户尽快熟悉、掌握该程序的操作方法。

3. 从键盘的功能键 F1 获取帮助

如果在进行某项操作时遇到问题，可以按一下键盘上的功能键 F1，打开与当前操作相关的帮助窗口。但是，该方法不是任何时候都有效。

4. 从对话框的“帮助”按钮获取帮助

单击对话框的“帮助”按钮获取帮助信息，可以帮助用户了解对话框上各选项的实际意义，以便做出有效的选择，如图 2-15 所示。

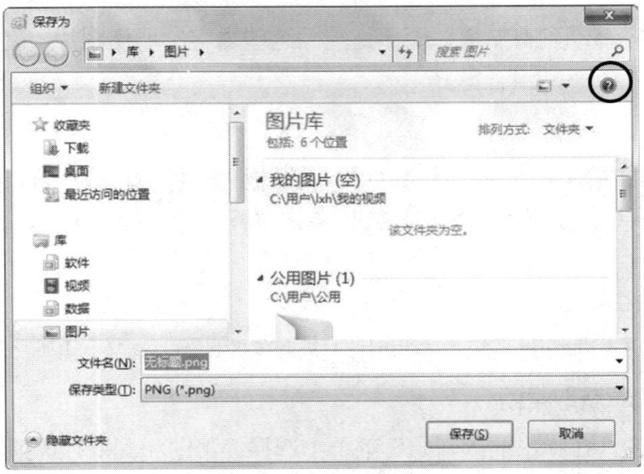

图 2-15 从对话框的“帮助”按钮获取帮助

2.4　管理文件和文件夹

各种程序、数据、文档是以文件的形式保存在计算机中的，文件可永久保存在磁盘上。Windows 7 的文件系统以树形目录结构来管理文件。

2.4.1　文件与文件夹的基本概念

1. 文件

（1）文件名

每个文件都要用一个文件名来指代，就好像每个人都要有自己的名字那样。文件名的通常格式为“主文件名.扩展名”，一般说的文件名指的就是主文件名。

给文件起名字要遵循命名规则。在 Windows 7 中，文件名可以是任意汉字、数字、英文字母和大多数符号［不可用的英文符号：斜杠（/）、反斜杠（\）、冒号（:）、星号（*）、问号（?）、双引号（”）、单引号（’）、大于号（>）、小于号（<）、竖线（|）］，以及它们的组合，长度不能超过 255 个西文字符。建议给文件起名时做到“见名知义”，即从文件名可以表明文件的功能或含义，而且不要太长（10 个汉字以内），以方便查阅。

（2）文件的扩展名（也称为后缀）

文件的保存类型，是指电子文件在磁盘中的保存格式。不同应用程序所制作的文件存在明显差异，所以均有相应的保存格式规则，并通过文件的扩展名（也称后缀）来体现，不同扩展名显示不同的图标。

文件的扩展名不是必需的，但是建议使用，这样方便区分不同类型的文件。扩展名与主文件名之间用小数点“.”作为分隔符。常用文件类型及其文件扩展名、图标如表 2-1 所示。

表 2-1　常用文件类型及其文件扩展名、图标

图　标	扩　展　名	文 件 类 型	关 联 程 序
	.txt、.log	文本文件、日志文件	记事本 NotePad
	.doc 或.docx	Word 文件	Microsoft Word
	.xls 或.xlsx	Excel 文件	Microsoft Excel
	.ppt 或.pptx	PowerPoint 文件	Microsoft PowerPoint
	.htm、.html	超文本格式文件	IE 浏览器
	.mdb	Access 数据库文件	Microsoft Access
	.rar、.zip	压缩文件，需解压缩才能阅读	WinRAR
	.mp3、.avi、.smi 等	音频、视频文件	Windows Media Player 等
	.jpg、.bmp 等	图片文件	图像处理软件
	.pdf	PDF 文件	Adobe Reader 等

续表

图　标	扩　展　名	文件类型	关联程序
	.ini	系统配置文件	
	.hlp	帮助文件	
	.bak、.bin、.tmp、.old、.prx、.acm 等	与系统有关的，或找不到关联程序的文件	
	.dat	数据文件	
	.exe、.com	.exe 是可执行命令文件、.com 是系统命令文件，双击即可执行命令；而大多数.exe 文件都有自己特定的图标	
	.sys、.dll	.sys 是系统命令文件，.dll 是应用软件扩展命令文件	
	.bat	批处理文件	

2. 文件夹与树形目录结构

计算机中文件类型繁多，文件数目不计其数，为了便于管理和查找，Windows 7 的文件系统引用文件夹的概念，将文件分门别类地管理。

计算机中有几个磁盘或根级文件夹（如“共享文档”文件夹），也称根目录；每个根级文件夹下既可以直接存放文件，也可以建立一个或多个文件夹来分类别管理文件，称为子文件夹（也称子目录）；同样，各个子文件夹内部也可以直接存放文件或者再建立一个或多个文件夹，称为该子文件夹的下一级子文件夹，以此类推，形成一个树形的文件管理结构，称为树形目录结构，如图 2-16 所示。其中，根目录用符号“\”表示，父目录用符号“..”表示。

文件夹的命名规则与文件名一致，但是同一个文件夹内的文件或文件夹不允许重名。文件夹又称为目录，可以为空，表示里面暂时没有存放文件。

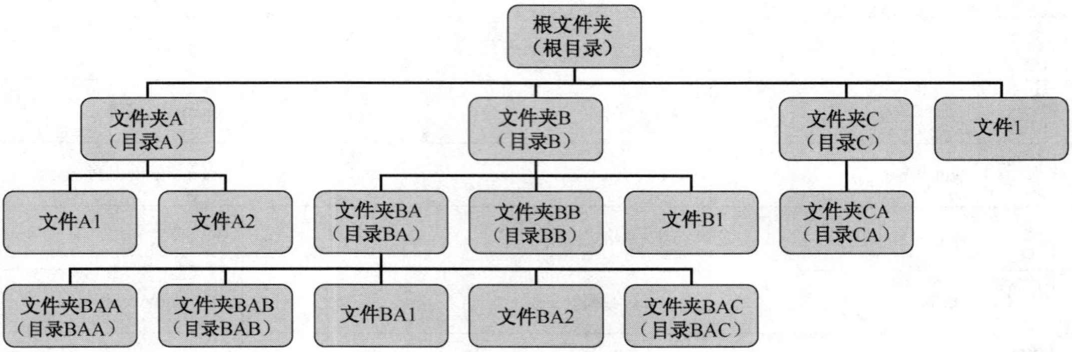

图 2-16　树形目录结构

3. 磁盘与驱动器

磁盘是计算机永久存储文件的硬件设备，分为硬盘、软盘、光盘等。驱动器是用来读写磁盘的设备。在计算机中，以驱动器代号来指代磁盘，一般用一个带冒号的大写英文字母来表示，称为盘符，如 A:、B:、C:、D:等。一个磁盘就是一个根文件夹。

4．文件路径

由上面的描述可见，要查找某个文件或文件夹，只要从根目录出发，经过层层的子文件夹，就一定可以找到它。

绝对路径：从根目录出发直至到达某个文件或文件夹所经过的盘符和所有子文件夹依次写出来，中间再用反斜杠符号“\”连接起来，称为该文件或文件夹的绝对路径。例如，设上图的根目录是 C:盘，则文件 BA1 的绝对路径是“C:\文件夹 B\文件夹 BA”。

当前路径：当前所在的路径称为当前路径。

相对路径：从当前路径找到用户所需的文件或文件夹，要经过的路径。文件的相对路径根据当前路径不同而改变。

2.4.2　查看文件和文件夹

1．“计算机”窗口

Windows 7 中通过打开“计算机”窗口查看文件和文件夹，如图 2-17 所示。操作方法可选择以下的一种：

（1）双击桌面上“计算机”图标

（2）单击“开始”按钮，选择“启动”菜单中的“计算机”链接。

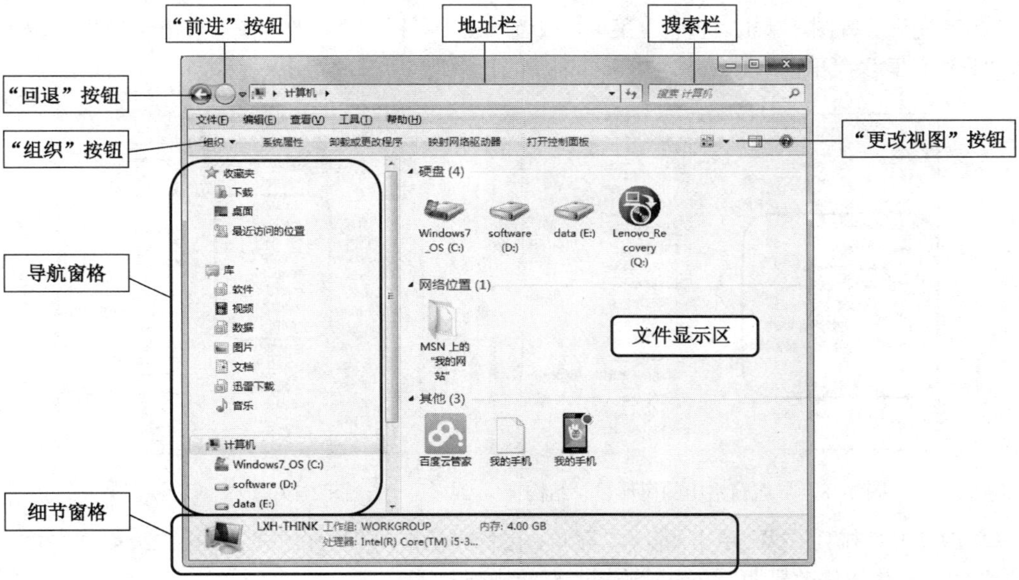

图 2-17　“计算机”窗口及其组成

用户可在“计算机”窗口利用以下项目查看文件和文件夹。

① 地址栏：显示当前使用的文件或文件夹的路径。要改变当前路径，可单击其右边的箭头展开文件夹列表来选择，也可通过其左边的“回退”按钮和“前进”按钮，还可直接在其中输入路径。

② 搜索栏：输入文件名，可方便地查找当前路径下的文件或文件夹。

③ 文件显示区：显示当前路径下的文件和文件夹。单击可选定文件或文件夹，双击文件可打开文件，双击某文件夹可改变路径到该文件夹。

④ 导航窗格：是 Windows 7 的一项新功能，用于引导用户快速实现某个任务，或者列出当前的树

形目录结构。它会根据当前所选择的对象不同，以及当前的条件，动态地调整窗格中的内容，将当前最常用的操作命令显示其中，以适应用户的需要。

⑤ 细节窗格：显示当前所选对象的名称、属性、基本作用以及相关的提示等信息。

⑥ “组织”按钮：单击“组织”按钮，在弹出的下拉菜单中选择“布局”选项，可以设置窗口是否显示菜单、导航窗格、细节窗格。

⑦ “更改视图”按钮：单击该按钮，可选择不同的查看视图，改变文件区的显示方式。

2. 在导航窗格显示的树形目录结构

在导航窗格中，只以树形目录结构方式显示计算机的文件夹，不显示文件。如图 2-18 所示。其中各个文件夹符号的含义如下：

① ▷：表示该文件夹里头还包含子文件夹，但处在折叠状态，尚未展开；单击该符号，即可展开该文件夹。

② ◢：表示该文件夹里头还包含子文件夹，并且已经展开；单击该符号，即可折叠该文件夹。

③ 没有任何符号：表示该文件夹里头没有子文件夹，但可能有文件。

3. 改变“计算机”窗口的显示方式

用“计算机”窗口查看文件时，用户可根据需要让其显示文件的详细信息、隐藏文件扩展名，或者改变显示风格等，以适应不同的个性和需要。

① 改变查看视图。单击“查看”菜单，或者单击工具栏的“更改视图”按钮，在“大图标”、“列表”、“详细信息”、“平铺”等选项之中选择需要的查看视图，如图 2-19 所示。

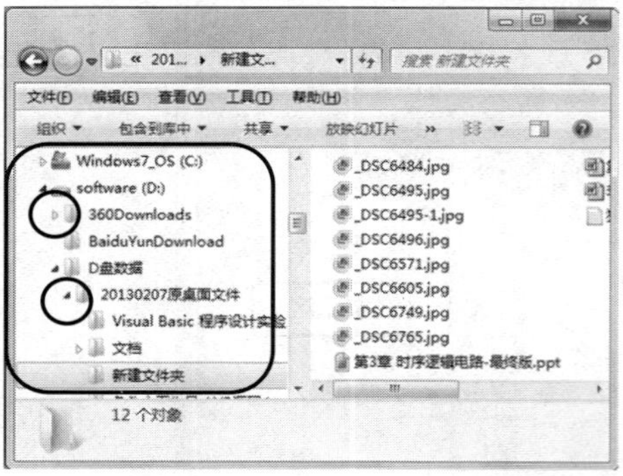

图 2-18 导航窗格中的树形目录结构

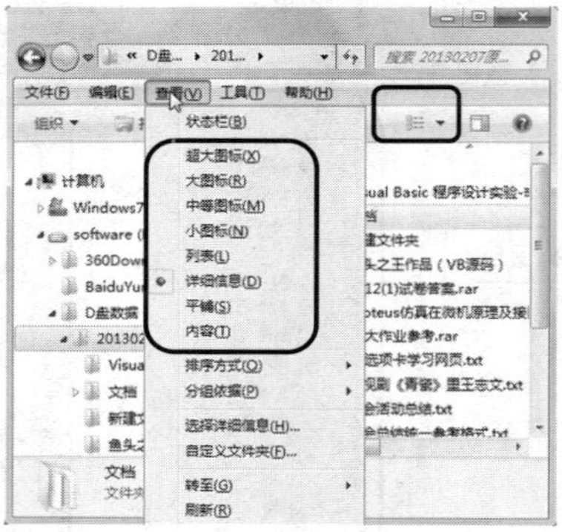

图 2-19 改变查看视图

② 改变文件排列方式。单击“查看”菜单，鼠标光标指向“排序方式”弹出二级菜单，在“名称”、“类型”、“大小”、“修改日期”之中，选择需要的排列方式。

③ 改变显示风格。单击“工具”菜单，选择“文件夹选项”选项，在弹出如图 2-20 所示的“常规”选项卡中对“浏览文件夹”、“打开项目的方式”等项目分别进行设置，单击“确定”按钮。

④ 显示文件或文件夹的扩展名。单击“工具”菜单，选择“文件夹选项”选项，在弹出如图 2-21 所示的“查看”选项卡的“高级设置”项目中，拖动滚动条，直到看见“隐藏已知文件类型的扩展名”，单击取消选定该项目，单击“确定”按钮。

⑤ 显示隐藏的文件或文件夹。为了保证某些重要文件或文件夹的安全性，用户可将它们设置隐藏属性，使得这些文件或文件夹不显示。用户也可以通过如下方法让其显示：

单击“工具”菜单，选择“文件夹选项”选项，在“查看”选项卡的“高级设置”项目中，拖动滚动条，直到看见“不显示隐藏的文件、文件夹或驱动器”，单击取消选定该项目，单击“确定”按钮。

⑥ 将查看视图应用到所有文件夹。改变了查看视图后，只要一改变路径，则又恢复到原来的查看视图，即改变查看视图的操作仅仅是针对当前路径的。若希望所有文件夹的查看视图都与当前文件夹一致，可以通过如下方法：

单击“工具”菜单，选择“文件夹选项”选项，然后在“查看”选项卡中单击“应用到文件夹”按钮。

4. 查看与设置文件或文件夹的属性

查看文件或文件夹的属性，可以了解其类型、位置、大小、占用空间、创建时间等信息，还可以设置只读属性，如图 2-22 所示。操作方法：

在“计算机”窗口对某个文件或文件夹右击，在弹出的快捷菜单中选择“属性”选项，在弹出的对话框中设置文件或文件夹的属性，设置完成后单击“确定”按钮。

只读属性：可以将认为重要的文件设置为只读，使得用户只能查看文件内容而不能修改。修改文件可能会造成数据的丢失或混乱，以只读的形式打开文件可以保证文件数据的完整性、安全性。

隐藏属性：被设置为隐藏属性的文件，在“计算机”窗口中无法查到该文件，从而更能保证文件的安全性。

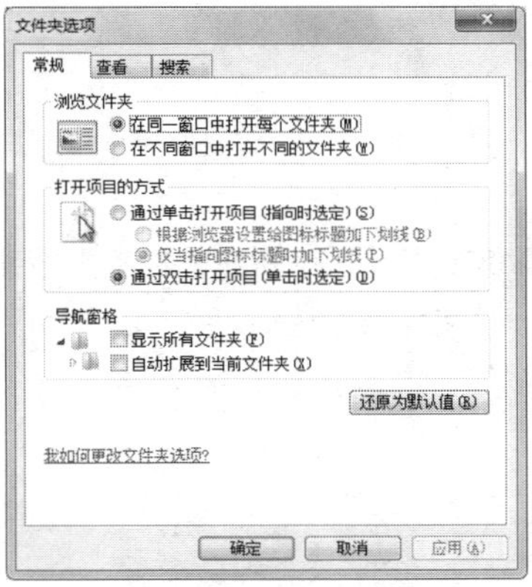

图 2-20　“常规”选项卡

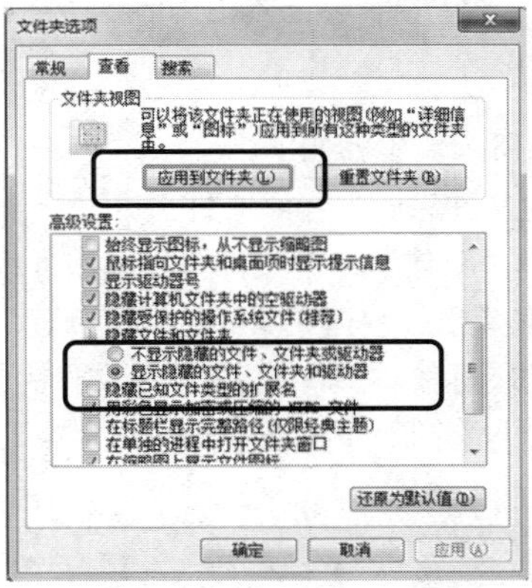

图 2-21　“查看”选项卡

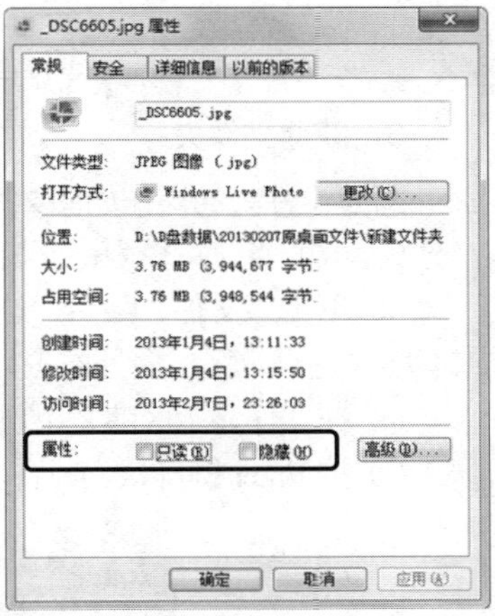

图 2-22　设置文件或文件夹的属性

2.4.3　文件和文件夹的基本操作

1. 改变当前路径

在“计算机”窗口改变当前路径非常方便，可选用以下方法：

① 在文件显示区：双击文件夹可进入到文件夹内。

② 通过工具栏：单击“后退”按钮或“前进”按钮。

③ 通过地址栏：单击其右边的箭头展开列表选择，也可以直接在地址栏输入需要前往的路径，迅速地转到该路径下，不需要像上面的方法那样只能一级一级地改变。

④ 通过导航窗格：其中列出了当前状态下可以去往的路径，单击即可转到相应的路径。

2．选择文件或文件夹

Windows 7 提供了方便地选择文件的方式，可以选择单个、多个连续、多个不连续的文件，如图 2-23 所示。

① 选择单个文件或文件夹：单击文件或文件夹。

② 选择多个不连续的文件或文件夹：按住 Ctrl 键不放，同时单击各个需要选择的文件或文件夹，要取消选择，可再单次单击该文件或文件夹，选择完毕才释放 Ctrl 键。

③ 选择多个连续的文件或文件夹：按住 Shift 键不放，同时单击需要选择的第一个文件或文件夹，再单击需要选择的最后一个文件或文件夹，选择完毕才释放 Shift 键。

④ 取消以上的选择：在文件显示区的任意空白处单击即可。

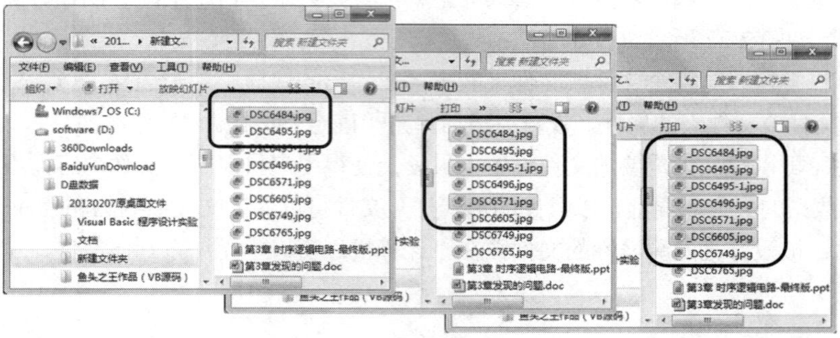

图 2-23 选择文件（从左至右为单个、不连续、连续）

3．新建文件夹

新建文件夹的操作如图 2-24 所示，步骤如下。

① 改变当前路径为：要新建文件夹的上一级文件夹。

② 单击“文件”菜单，选择“新建”→“文件夹”选项；或者单击工具栏“新建文件夹”按钮；或者在文件显示区空白处右击，在弹出的快捷菜单中选择“新建”→“文件夹”选项。

③ 在文件显示区随之出现的图标内输入文件夹的名字。

④ 按 Enter 键确认，或在文件显示区的空白处单击。

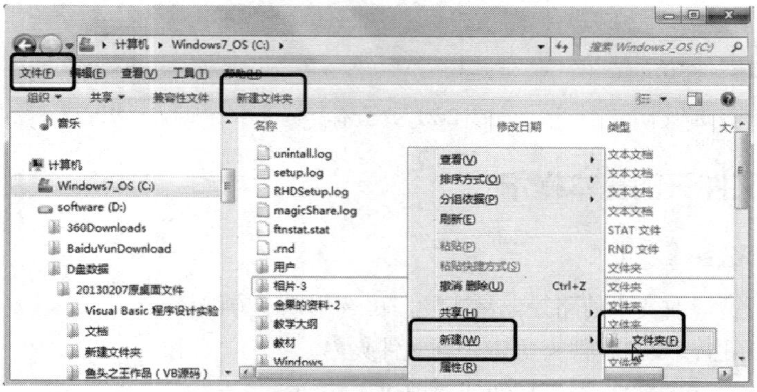

图 2-24 新建文件夹的操作

4．更改文件或文件夹的名字

① 在文件显示区选定需要更改名字的文件或文件夹。

② 右击，在出现快捷菜单中选择“重命名”选项；或者单击“文件”菜单，选择“重命名”选项，

这时原文件名会反相显示。

③ 输入新文件名，按 Enter 键确认，或在文件显示区的空白处单击。

5. 移动文件或文件夹

① 在文件显示区选定需要移动的文件或文件夹，可以一个或多个。

② 右击，在弹出的快捷菜单中选择“剪切”选项；或者按 Ctrl+X 组合键。

③ 改变路径到目标路径。

④ 右击，在弹出的快捷菜单中选择“粘贴”选项；或者按 Ctrl+V 组合键。

6. 复制文件或文件夹

复制文件或文件夹的操作与移动文件或文件夹类似，只把“剪切”改成“复制”，或者把 Ctrl+X 组合键改成 Ctrl+C 组合键。复制后，原处还保留该文件或文件夹。

7. 利用导航窗格复制或移动文件与文件夹

利用导航窗格复制或移动文件与文件夹，将使得操作更加简单快捷。操作方法：

① 在文件显示区选定要移动的文件或文件夹。

② 用鼠标将选定的文件或文件夹拖曳到左侧导航窗格的目标文件夹上，实现移动；或者先按下 Ctrl 键同时拖曳，实现复制。

③ 先放开鼠标左键，再放开 Ctrl 键。

8. 删除文件或文件夹

① 在文件显示区选定需要删除的文件或文件夹。

② 右击，在弹出的快捷菜单中选择“删除”选项；或单击“文件”菜单，选择“删除”选项；或者按 Delete 键。

③ 在“删除文件”信息框单击“是”按钮。

9. 用回收站管理被删除的文件和文件夹

对于被用户删除的文件或文件夹，系统并未彻底将它们从计算机中清除，而是将它们移动到回收站，以便需要时可还原。双击桌面上的“回收站”图标，即可打开“回收站”窗口，如图 2-25 所示。

图 2-25　“回收站”窗口

① 还原被删除的文件或文件夹。还原也称为恢复，是指将被删除的文件或文件夹从回收站移动回原来的位置。

操作方法：选定要还原的文件或文件夹，单击“文件”菜单，选择“还原”选项，或者单击工具栏的“还原此项目”按钮。

② 清空回收站。回收站内的文件占用了硬盘空间，所以确定其中的文件确实无用后，应清空回收站，以释放硬盘空间。

操作方法：单击“文件”菜单，选择“清空回收站”选项；或者单击工具栏的“清空回收站”按钮，在“删除多个项目”信息框单击“是”按钮。

10. 查找文件或文件夹

① 利用跳转列表查找最近使用过的文档。

打开跳转列表的操作方法：单击“开始”菜单上有的程序，或者对任务栏上的程序图标按钮单击鼠标右键，如图 2-26 所示。

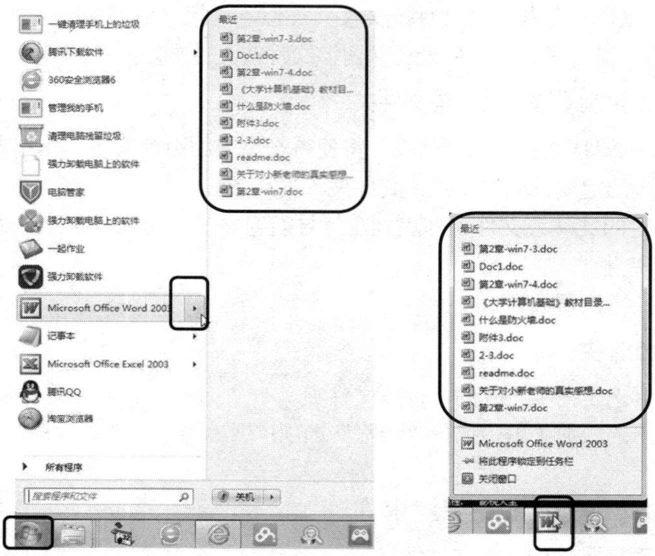

图 2-26 利用“开始”菜单或任务栏打开跳转列表

② 利用“开始”菜单底部的即时搜索框查找文件或文件夹。

操作方法：单击“开始”按钮，在即时搜索框输入查找条件，如图 2-4 所示。

③ 利用“计算机”窗口中的搜索栏。

操作方法：在“计算机”窗口打开要搜索的范围（即要查找的文件或文件夹有可能在的驱动器或文件夹），在搜索栏输入查找条件，如图 2-27 所示。

精确搜索：为了缩小搜索的范围，以便更精确、更快地搜索到需要的文件或文件夹，可以进行精确搜索。操作方法：在搜索时单击搜索框下的“添加搜索筛选器”区，选择“修改日期”、“大小”等条件，使得搜索在限定的范围内，如图 2-27 所示。

保存搜索：如果以后想继续相同的搜索过程，可以把搜索结果保存起来。操作方法：搜索完毕后，单击工具栏“保存搜索”按钮，在弹出的“另存为”对话框单击“保存”按钮，窗口的左侧导航窗格的“收藏夹”下就会添加该搜索条件，如图 2-27 所示，在需要进行该搜索的任何时刻，单击该搜索条件即可。

④ 通配符的应用。

通过文件或文件夹的名字查找时，有两个西文字符非常有用，称为“通配符”。

星号“*”：代表任意一串字符，字符的个数可以是 0 个或以上。

问号“？”：代表任意一个字符。

当用户不记得文件的确切名字时，可以利用这两个通配符，例如，只记得文件名的第二个字符是C，也不记得文件的扩展名，可以在搜索框输入查找条件“?C*.*”。

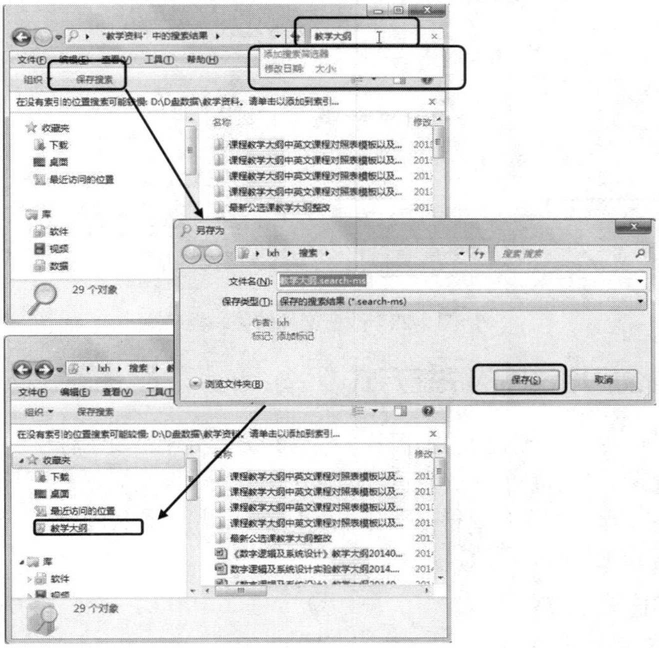

图 2-27　利用“计算机”窗口中的搜索栏查找文件或文件夹

2.5　管理应用程序

操作系统作为扩展机器，让用户可以添加新的应用程序，于是计算机的功能越来越强。用户通过使用这些应用程序来完成日常事务。用户需要学会管理应用程序，才能更快速有效地利用计算机来解决实际问题。

2.5.1　改变文件关联的应用程序

Windows 7 自动在文件及系统认定的某个应用程序之间建立一个关联关系，当用户双击文件名，Windows 7 会自动启动其关联程序打开该文件，非常方便。但有时候该认定的关联程序未必合适，则需要用户自己去改变。操作方法如图 2-28 所示。

① 在“计算机”窗口选定要操作的文件，单击鼠标右键，在弹出的快捷菜单中选择“打开方式”选项，此时如果列表中有合适的程序，即可单击该程序，否则单击“选择默认程序”。

② 从弹出的“打开方式”对话框中单击推荐的程序，或者单击“其他程序”右边的小箭头展开计算机已经安装的程序列表，单击相应的程序。

③ 若用户认定这个程序最适合打开这种文件，希望它变成计算机中的所有这种文件的关联程序，则选中“始终使用选择的程序打开这种文件”复选框。

④ 若列表中还是没有合适的程序，则单击“在 Web 上寻找适当的程序”链接，系统会自动打开微软网站，引导用户查找程序并下载。

⑤ 单击“确定”按钮。

图 2-28　改变文件的关联程序

2.5.2　添加或删除应用程序的快捷方式

快捷方式可以帮助用户快速找到并打开程序。快捷方式并不是复制程序，而是在相应的位置增加了一个打开程序的链接。文件或文件夹也可以创建快捷方式。但快捷方式并不是越多越好，过多的快捷方式，会让桌面和“开始”菜单显得很臃肿，反而影响了用户查找的速度。懂得适当地添加或删除快捷方式，将会使操作更加随心所欲。

1. 在桌面添加快捷方式

操作方法可在以下任选一种。

① 在“计算机”窗口或者“开始”菜单任务列表中选择一个应用程序，单击鼠标右键，在弹出的快捷菜单中选择“发送到”→“桌面快捷方式”选项，如图 2-29 左图所示。

② 在桌面单击鼠标右键→“新建”→“快捷方式”→“浏览”→选择要创建快捷方式的对象→单击“确定”按钮→单击“下一步”按钮→必要时可在文本框“键入该快捷方式的名称”中修改快捷方式的名称→单击“完成”按钮，如图 2-29 右图所示。

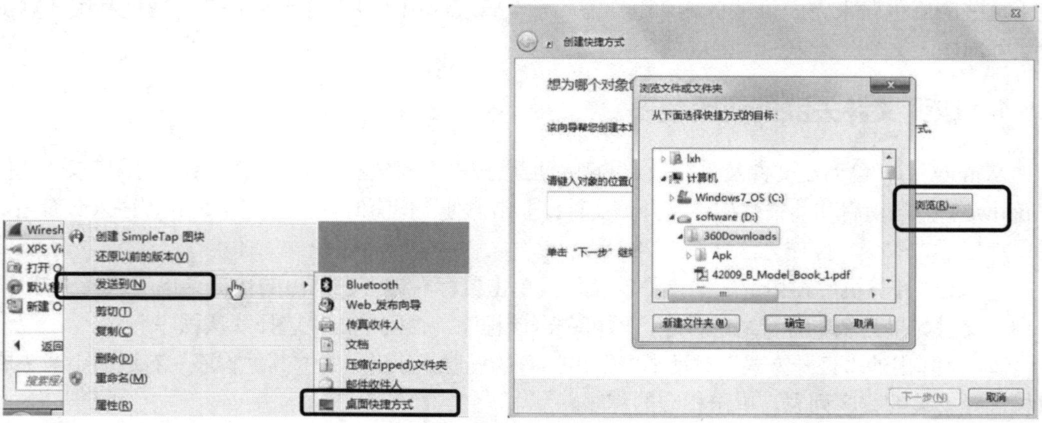

图 2-29　添加桌面快捷方式

2. 在“开始”菜单的“固定程序”列表中添加快捷方式

操作方法：在“计算机”窗口选择一个应用程序→单击鼠标右键→“附到「开始」菜单”，如图 2-30 所示。

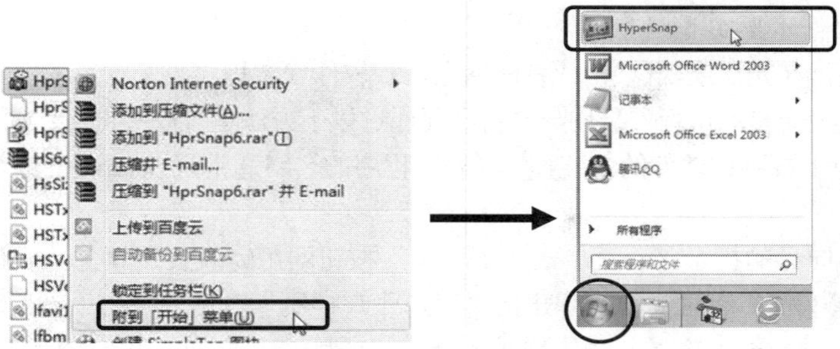

图 2-30　添加“开始”菜单快捷方式

3. 删除快捷方式

操作方法：在快捷方式图标上右击→“删除”或者“从列表中删除”。

2.5.3　任务管理器

任务管理器显示了计算机当前运行的所有程序、进程、用户等信息，供用户掌握系统当前运行状况、协调管理，其窗口如图 2-31 所示。例如，当某个应用程序出现故障没有反应时，可打开“Windows 任务管理器”窗口→单击有问题的程序（显示“未响应”）→单击“结束任务”按钮。

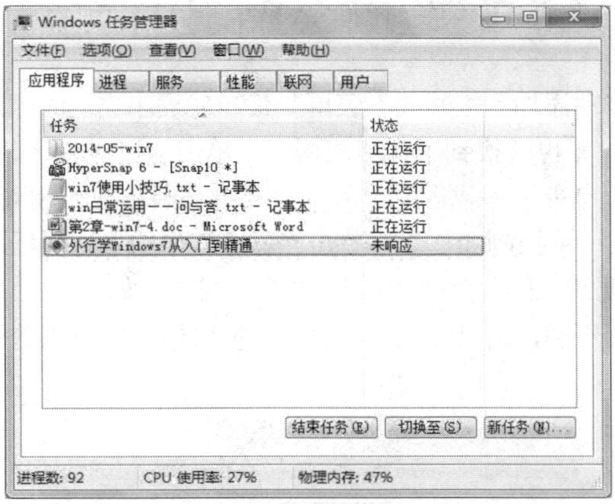

图 2-31　“Windows 任务管理器”窗口

在 Windows 7 中，打开任务管理器的操作方法可在以下任选一种：

① 按 Ctrl+Alt+Delete 组合键→“启动任务管理器”。

② 在任务栏空白区域右击→“启动任务管理器”。

③ 单击“开始”按钮→在搜索框中输入“taskmgr.exe”→按“Enter”键。

④ 按 Windows+R 组合键→在弹出的“运行”对话框中输入“taskmgr.exe”→按“Enter”键。

2.5.4　安装或卸载应用程序

在表 2-1 中列出了很多文件关联的应用程序，其中大部分不是 Windows 7 系统自带的，需要购买安装光盘或者从网上下载后，安装到计算机上才能使用。

1. 安装应用程序

安装软件并不是简单地将软件复制到计算机中，还要将许多信息写入到计算机系统中，所以必须运行安装程序。操作步骤如下。

① 插入安装盘（光盘或软盘），或者从网上下载软件安装程序。

② 多数安装盘会自动运行安装向导，否则要通过以下方法运行安装向导：通过“计算机”窗口或搜索功能在安装盘上找到该软件的安装程序（安装程序的名字通常是 Setup.exe 或 Install.exe）→双击该安装程序名。

③ 按照安装向导的指示，一直单击“下一步”按钮即可完成安装软件。安装过程因软件的不同而各有差异，有繁有简。有时需要在弹出的“用户账户控制”对话框单击“是”按钮；有时根据需要更改安装路径；有时会要求输入一些信息或选择一些项目，建议初学者接受默认设置，不需要进行改动。大多数软件会事先显示相关的软件接受协议，必须选择“同意”才可以继续安装，而且还要输入软件安装盘的序列号，该序列号通常在光盘的包装封套上，或者在光盘内的一个文本文件“readme.txt”上。

④ 安装快结束时，有些软件会要求重新启动计算机，才能生效。

⑤ 安装成功后，大多数软件会自动添加到“开始”菜单的“所有程序”列表中或者桌面快捷方式，以方便启动。

2. 卸载（删除）应用程序

当某个软件没有使用价值时，可以将它从计算机中卸载，也称为删除，以节省硬盘空间。卸载软件并不是简单地删除软件，还要将安装软件时写入系统的信息全部删除。可从以下方法中根据实际情况选用：

① 部分软件安装后自动添加到“开始”菜单，其卸载程序也同时添加。所以只需要在“开始”菜单的程序列表中找到该程序，也就找到了其卸载程序，单击即可进行卸载。

② 部分软件的安装盘自带了卸载程序，所以只要将安装盘放入驱动器，即可自动运行卸载程序。

③ 单击“开始”按钮→“控制面板”→单击“程序”组的“卸载程序”链接→在系统显示当前计算机中的程序列表中选择要卸载的程序→“卸载/更改”按钮，如图 2-32 所示。

④ 如果以上方法都行不通，则只能在“计算机”窗口中直接删除该程序的文件夹。这种情况一般是些小型的软件。

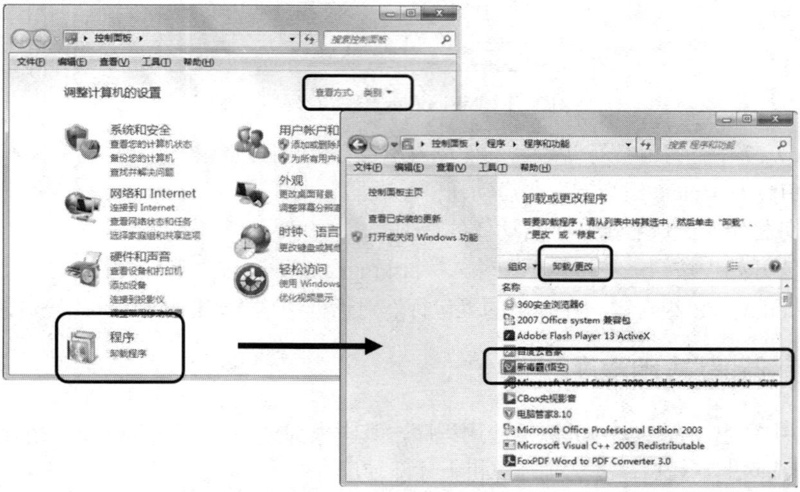

图 2-32 利用控制面板卸载应用程序

不同软件的卸载过程有所差别，按提示进行即可。在卸载程序过程中，系统有时会询问是否删除某个共享文件，即其他程序也要用到该文件，若不确定删除该文件会对其他程序造成何种影响，则建议选择不删除共享文件。

2.6　管理硬件资源

计算机系统中，除了 CPU 和内存的大部分设备都称为外部设备，包括常用的输入/输出设备、外存设备、终端设备等，种类繁多、特性各异、操作方式区别很大。

Windows 7 设备管理的目标是为应用程序提供一个有关设备的抽象，包括硬件（物理）设备和软件（虚拟或逻辑）设备，具备以下特性：统一的、跨设备的安全性和命名机制；层次结构和扩展性以允许加入新的驱动程序；动态加载/卸载设备驱动程序；支持即插即用（检测到新硬件即为其找到驱动程序自行安装，并为其分配资源），从而为用户使用设备提供了方便的接口，使得用户无须了解设备的细节，只需按照规定的语法格式和逻辑设备名使用设备。

2.6.1　查看计算机的性能和系统资源

作为计算机系统资源的管理者，Windows 7 提供了比以前版本更加方便的操作，让用户轻松了解计算机的性能和系统资源。

操作方法：对桌面图标“计算机”单击鼠标右键→“属性”→在如图 2-33（a）所示窗口查看计算机的相关信息（包括计算机名、计算机所在的工作组、计算机目前安装的 Windows 版本，以及处理器的型号和主频、内存、系统类型等，还可以单击“检索系统分级”来为计算机评分并提高其性能）→单击“设备管理器”→在如图 2-33（b）所示窗口查看系统资源的相关信息→选择相应硬件设备查看详细信息。

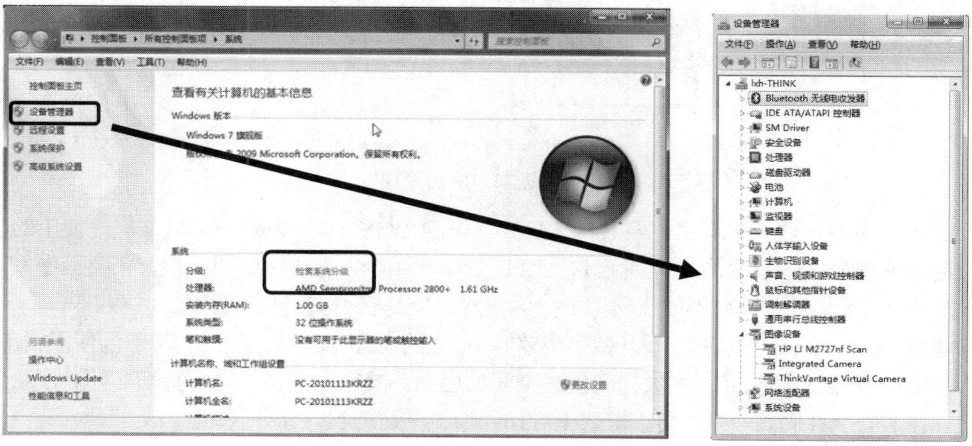

（a）　　（b）

图 2-33　计算机属性窗口和设备管理器窗口

2.6.2　磁盘管理

磁盘设备包括一个或多个物理盘片，每个磁盘片分一个或两个存储面（Surface），每个磁盘面被组织成若干个同心环，称为磁道（Track），每个磁道被逻辑上划分为若干个扇区（Sectors）。

磁盘分区：将一块较大的物理磁盘划分为多个逻辑驱动器，以利于文件的管理。将磁盘分区后，还必须进行格式化的操作。

磁盘格式化：将磁盘按固定的标准进行格式化处理，以便正确存储数据。未经格式化的磁盘是不能存储数据的。

磁盘分区和格式化操作一般是对新磁盘进行的。若对旧磁盘进行操作，会将磁盘数据全部清除。因此，一定要事先将有用的数据进行备份。

Windows 7 中磁盘管理是用来管理硬盘及其所包含的卷或分区的系统实用工具，可以初始化磁盘、创建卷以及使用 FAT、FAT32 或 NTFS 文件系统格式化卷，无须重新启动系统或中断用户就能执行与磁盘相关的大部分任务。多数配置的更改可立即生效。操作方法：

① 单击“开始”按钮→“控制面板”→“系统和安全”→单击“管理工具”下的“创建并格式化硬盘分区”，如图 2-34 所示。

② 在弹出的窗口中双击“磁盘管理”窗口中，对需要操作的磁盘单击鼠标右键。

③ 在弹出的快捷菜单中按需要选择相应操作。

④ 按照向导的指示一步步操作即可。

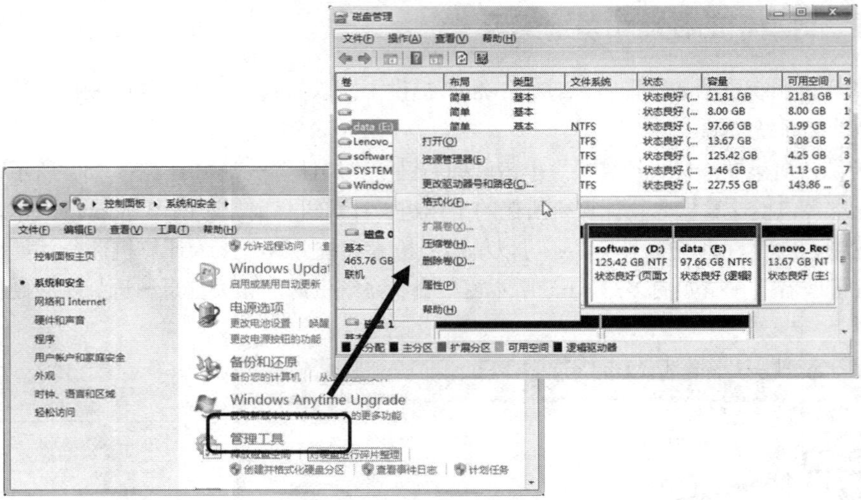

图 2-34 磁盘管理

FAT 即文件分配表，也即人们常说的 FAT16，是自 DOS、Windows 3.x 以来广泛使用的硬盘分区格式，是传统的 16 位文件系统。它速度快，CPU 资源耗用少，有极好的兼容性，各类操作系统都支持 FAT16，所以至今仍是各类机器硬盘常用的分区格式。但是它不支持长文件名。

FAT32 是 Windows 95 OSR2 版开始推出兼容 16 位的 32 位文件系统，最大特点为使用较小的簇（每簇仅为 4KB）分配文件单元，大大提高硬盘空间利用率，减少了浪费。它支持长文件名，系统开销要大于 FAT16，安全性仍然较差，可以兼容 FAT16，但无法访问 NTFS 分区。

NTFS 是网络操作系统 Windows NT 的硬盘分区格式，其最大优点是安全性和稳定性好，在使用中不易产生文件碎片，对硬盘的空间利用及软件的运行速度都有好处，系统不易崩溃，出现错误能迅速修复。每簇仅为 512 个字节，硬盘利用率最高。它主要缺点是兼容性差。

2.6.3 添加硬件

添加硬件即在计算机上安装新的硬件设备。添加硬件并不是简单地将硬件连接到计算机就行了，还要安装硬件的驱动程序。

1. 添加硬件的一般步骤

在 Windows 7 中，可安装的硬件分为即插即用设备、非即插即用设备。即插即用设备如 U 盘、移动硬盘、摄像头、数码相机等，连接到计算机后会自动安装驱动程序即可正常使用，并在通知区域中显示相应提示信息。非即插即用设备如打印机、扫描仪等，插入后系统不能自动识别，通知区域中会有提示图标信息说未能成功安装，需手动安装驱动程序并进行一些设置。操作方法如图 2-35 所示。

① 大多数硬件的驱动程序光盘自带了安装程序，将光盘放入驱动器即可进行安装。或者到该硬件的制造商提供的网站，下载支持 Windows 7 系统的驱动程序并将其解压。

② 单击“开始”按钮→“控制面板”→“硬件和声音”→“设备管理器”。

③ 在弹出的“设备管理器”窗口找到带黄色“!”的设备→单击鼠标右键→“更新驱动程序软件”。

④ 按照向导的指示一步步操作即可。

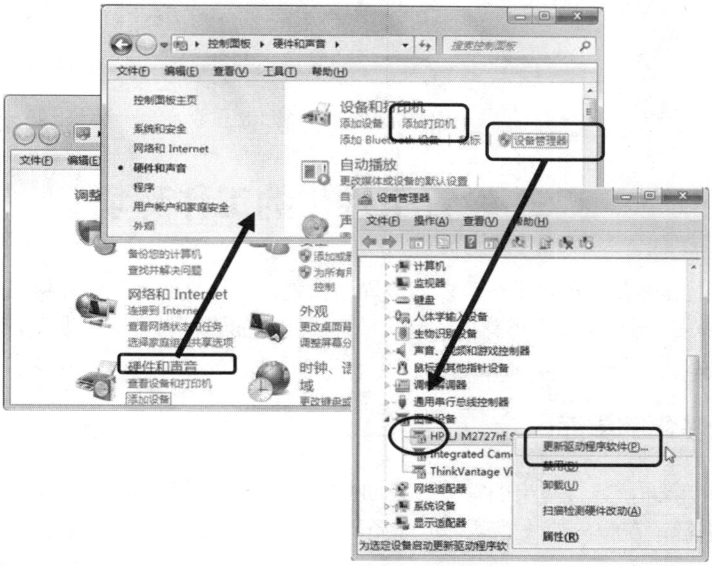

图 2-35　添加硬件

2. 添加打印机

打印机是最常用的需要手动安装的硬件设备，在图 2-35 中，Windows 7 专门提供了“添加打印机”的链接，方便用户更快捷地安装打印机，操作方法如图 2-36 所示。

① 单击“开始”按钮→“控制面板”→“硬件和声音”→在如图 2-34 所示的“设备和打印机”组下选择“添加打印机”。

② 在弹出的“添加打印机”窗口选择安装类型（例如：本地打印机）→单击“下一步”按钮。

③ 选择一个打印机端口（例如：LPT2）→单击“下一步”按钮。

④ 在左边列表选择打印机厂商→在右边列表选择打印机型号→单击“下一步”按钮。

⑤ 命名打印机：输入打印机的名字，一般不需改名→单击“下一步”按钮。

⑥ 打印机共享：如果不是网络打印机，不需要提供共享名→单击“下一步”按钮。

⑦ 打印测试页：一般不需要，直接单击“完成”按钮；如果确实想预先观察打印效果，则要单击“打印测试页”按钮 →单击“完成”按钮。

⑧ 查看打印机信息：单击“开始”按钮→“控制面板”→“设备和打印机”，可以看到打印机的名字。

图 2-36　添加打印机

2.7　设置个性化的工作环境

Windows 7 的界面友好还表现在可以修改界面设置，使得桌面的工作环境更合乎用户的习惯，体现出个性。Windows 7 围绕用户个性化的设计、用户易用性的设计做了重大变革，新增的特色功能让用户工作起来更舒适。

2.7.1　设置个性化的桌面

设置个性化的桌面，包含对桌面背景、桌面图标、桌面小工具的设置，操作方法：在桌面上任意空白处单击鼠标右键，在弹出的快捷菜单中选择“个性化”选项，弹出如图 2-37 所示的窗口。

图 2-37　设置个性化的桌面

1．设置个性化的桌面背景

在如图 2-37 所示的窗口单击“桌面背景”图标→在弹出的如图 2-38 所示的“桌面背景”窗口中，可选择以下操作方法：

① 单击“图片位置（L）”下拉列表→选择“Windows 桌面背景”，下面的列表就显示出 Windows 7 系统自带的所有图片，包括场景、风景、建筑、人物、中国和自然等分组→单击选择喜欢的图片。

② 单击“浏览”按钮→选择计算机上的其他图片。

③ 在“图片位置（P）”下拉列表选择填充、适应、拉伸、平铺、居中，使图片显示能适应屏幕。

④ 可选择多张图片，创建一个幻灯片作为桌面背景，这时需对“更改图片时间间隔”和“无序播放”进行设置。

⑤ 单击“保存修改”按钮。

图 2-38　设置桌面背景

2．设置个性化的桌面图标

在如图 2-37 所示的窗口单击左边的“更改桌面图标”→在弹出的“桌面图标设置”对话框，可设置桌面上是否显示某个图标，以及更改图标的外观，如图 2-39（a）所示。

此外，随着安装的应用程序不断增加，桌面的图标也不断增加，导致桌面比较乱，可以排列桌面图标来调整桌面。操作方法：在桌面上任意空白处单击鼠标右键→“查看”→在弹出的快捷菜单中选择需要的排列方式和排序方式，如图 2-39（b）所示。

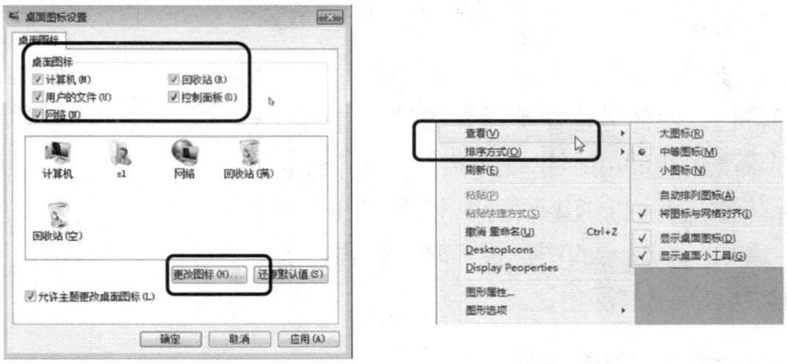

（a）　　　　（b）

图 2-39　设置桌面图标

3. 在桌面添加实用的小工具

桌面小工具是 Windows 7 新增加的特色功能，可以在桌面实时显示网络信息、天气状况、新闻条目、货币兑换比率等，为日常生活和工作带来便利和休闲娱乐功能。

在桌面添加小工具的操作方法：在桌面上任意空白处单击鼠标右键→“小工具”→在弹出的窗口中，直接拖动工具到桌面，或对小工具图标单击鼠标右键→“添加”，如图 2-40（a）所示。

单击“联机获取更多小工具”链接，还可以从网上下载更多美观实用的小工具。

为避免桌面繁杂，可对桌面上小工具图标的显示模式进行设置，如调整不透明度。还可以设置外观显示、配置参数等，如图 2-40（b）所示。

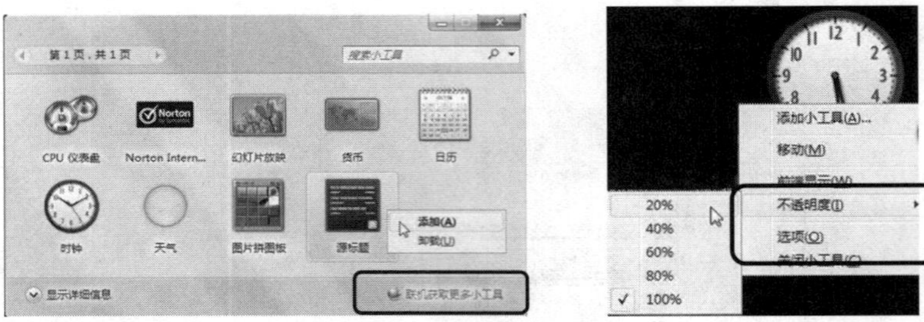

（a）　　　　（b）

图 2-40　设置桌面小工具及其显示模式

2.7.2　设置个性化的任务栏

设置个性化任务栏的操作方法如图 2-41 所示：在任务栏的任意空白处单击鼠标右键（注意一定不要按到任何一个图标）→“属性”　→在对话框中进行相应设置，列举如下。

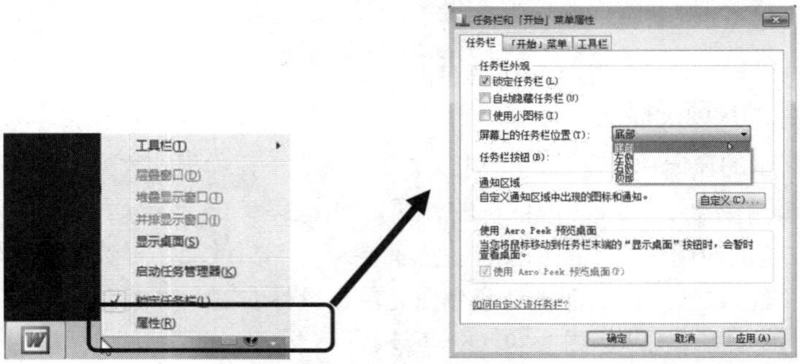

图 2-41　设置任务栏属性

① 锁定任务栏：使得任务栏不能移动，也不能改变高度。

② 自动隐藏任务栏：使任务栏在不需要的时候自动消失，以扩大屏幕的显示范围；需要时，只要将鼠标光标移动到屏幕最底端即可显示任务栏。

③ 使用小图标：使任务栏上图标变小，以节省任务栏上的有限空间。

④ 通知区域：通知区域显示的图标很多时，会显得杂乱，可单击“自定义”按钮，将某些图标始终保持为可见，其他的则保留在溢出区。

2.7.3　设置个性化的“开始”菜单

在“开始”按钮上单击鼠标右键→“属性”，可以对“开始”菜单进行设置，如图 2-42 所示。列举如下：

① 设置“启动”菜单：在图 2-42 右图中间的列表框中，对显示在“启动”菜单的项目进行设置，使项目不显示、显示为菜单、显示为链接。

② 设置“常用程序”列表：在图 2-42 左图下方的“隐私”组合框里的选择，或者在图 2-41 右图下方“「开始」菜单大小”组合框里设置列表的程序数目。

③ 将程序添加到“固定程序”列表：参考前面 2.5.2 节中的内容。

图 2-42　设置“开始”菜单属性

2.7.4　其他的个性化设置

1. 设置个性化的控制面板视图

在图 2-32 单击“查看方式”右边的按钮，可选择将控制面板的显示视图切换为按类别、小图标、大图标的方式。

2. 设置个性化的鼠标

Windows 7 提供了默认的鼠标的光标形状、速度等，用户也可以调整，使其更适合自己。

操作方法：单击“开始”按钮→“控制面板”→“硬件和声音”→单击“设备和打印机”组下的“鼠标”→根据需要单击相应的选项卡进行设置→单击“确定”按钮。

3. 其他个性化设置

在图 2-37 右图的左边窗格，可以选择“更改鼠标指针”、“更改账户图片”等进行个性化设置。

2.8　系统安全与优化管理

Windows7 不仅有炫酷的桌面效果、更为优越的性能，在功能设计上又有不少创新性的功能，在安全防护功能方面也有不少改进，如 Windows 防火墙功能增强、BitLocker 驱动器加密、备份和还原功能等。

2.8.1　系统安全管理

1. 文件安全

为防止意外删除、损坏文件，可对文件进行备份与还原。操作方法：单击“开始”按钮→“控制面板”→“系统与安全”→“备份和还原”→“设置备份”，按照向导一步步完成。

2. 账户安全

当多人共用计算机时，为保证个人的文件和信息安全，可创建不同的用户账户。操作方法：单击“开始”按钮→“控制面板”→“用户账户和家庭安全”→“添加或删除用户账户”→“创建一个新账户”，按照提示一步步完成。

3. 上网浏览安全

IE 8 新增加了 InPrivate 浏览的功能，用于阻止 IE 存储用户浏览会话的数据，包括 Cookie、Internet 临时文件、历史记录等。操作方法：打开 IE 浏览器→“工具”菜单→“InPrivate 浏览”（有的放在“安全”子菜单下）→在弹出的 InPrivate 浏览窗口中输入网址查看网页，可受到 InPrivate 浏览功能的保护。

4. 操作中心

Windows 7 系统将以前版本的“安全中心”升级为“操作中心”，体现了 Windows 7 在安全方面的功能增强、监控范围扩大、高度集中。操作中心主要包含实时监控和报告系统安全性能、系统的安全监控中心、系统的日常维护中心、疑难解答和恢复等功能。打开“操作中心”的操作方法，可选择以下的一种：

① 单击“开始”按钮→“控制面板”→“系统和安全”→“操作中心”。

② 单击任务栏右侧的通知区域的操作中心图标→打开“操作中心”。

5. 系统更新

微软公司会不定期地发布一些补丁，大部分补丁对于系统安全很重要，使用系统更新功能可以自动下载和安装这些补丁，是系统变得更加稳定、安全。操作方法：单击“开始”按钮→“控制面板”→“系统和安全”→在“Windows Update”组下选择“启用或禁用自动更新”或“检查更新”、“查看已安装的更新”。

6. 病毒防范

Windows 7 自带的防护软件 Windows Defender，具有扫描和移除间谍软件、实时保护、更新定义、觉察警告、日志跟踪等特点。操作方法：单击“开始”按钮→“控制面板”→设置查看方式为“小图标”→Windows Defender。

2.8.2 系统维护与优化

Windows 7 系统维护与优化包括更改系统设置、系统提速、网络优化、注册表的优化、文件签名验证工具、系统文件扫描工具、使用 Windows 7 优化大师等，Windows 7 还提供了疑难解答给用户搜索问题。以下列举一些简单常用的方法。

1. 电源计划

Windows 7 提供电源计划来为用户管理计算机如何使用电源和节能的硬件和系统设置的集合，减少能耗、最大限度提升性能，实现二者的平衡。例如，创建一个用于视频播放用途的电源计划。操作方法：单击“开始”按钮→“控制面板”→“系统和安全”→单击“电源选项”组下的“更改电池设置”→根据需要在窗口单击“显示/隐藏附加计划”、“创建电源计划”、“更改计划设置”等。

2. 磁盘清理程序

磁盘清理程序是 Windows 7 自带的工具，可删除临时文件、清空回收站，删除各种系统文件和其他不再需要的文件。计算机越来越慢，又没有病毒，通常是由于垃圾文件太多，要进行磁盘清理。操作方法：单击“开始”按钮→“所有程序”→“附件”→“系统工具”→“磁盘清理”→根据需要在对话框选择磁盘进行清理。

3. 释放磁盘空间

休眠功能的信息在系统文件 hiberfil.sys 中，占用了较大的内存空间。关闭休眠功能可以释放磁盘空间。操作方法：单击“开始”按钮→在搜索框输入“cmd”→对“cmd.exe”单击鼠标右键→“以管理员身份运行”→在弹出的“用户账户控制”对话框单击“是”按钮→在命令行状态下输入命令“powerfg -h off”→按“Enter”键。

需要开启休眠功能时，在以上操作方法中改用“powerfg -h on”即可。

4. 减少开机启动项

安装一些软件后，这些软件会自动添加到启动项，如杀毒软件、迅雷软件、输入法等，导致开机时加载的程序太多、开机很慢。这时需要减少开机启动项。操作方法：按 Windows+R 组合键→在弹出的“运行”对话框输入“msconfig”→按“Enter”键→在“系统配置”框的“启动”选项卡，取消不必要的启动项。

5. 整理磁盘碎片

定期整理磁盘碎片，可提高计算机运行的速度。操作方法：双击桌面“计算机”图标→对任一个驱动器右击→“属性”→“工具”选项卡→“立即进行碎片整理”。

2.9 Windows 7 协助日常工作与生活的工具

Windows 7 系统针对用户易用性的设计、娱乐视听的设计做了很大的改进，提供了许多小工具，为用户管理日常工作、娱乐生活提供了更多的选择和享受。

2.9.1 系统管理工具与日常管理

1. 任务计划程序

操作方法：单击“开始”按钮→“控制面板”→“系统和安全”→单击“管理工具”组下的“计划任务”→“创建基本任务”，根据需要在窗口单击其他操作。

2. 事件查看器

事件查看器用于记录事件的文档，把当前发生的事件以文字的形式记录到事件日志中，出现问题时可通过查看这些日志，找到原因。Windows 7 系统有两种类型的事件日志：Windows 日志（存储来自旧版应用程序的事件以及适用于整个系统的事件，如应用程序日志、安全日志、系统日志、Setup 日志、转发事件日志）、应用程序和服务日志（存储来自各个应用程序或组件的事件，这些事件不影响整个系统，如管理日志、操作日志、分析日志、调试日志）。

操作方法：单击“开始”按钮→“控制面板”→“系统和安全”→单击“管理工具”组下的“查看事件日志”→可根据需要在窗口单击“创建自定义视图”来筛选多个事件日志，快速找到需要的日志，或者保存筛选出的日志。

3. 家长控制功能

家长控制功能：控制孩子玩计算机的时间，限制他们使用的程序和游戏，远离不良信息。操作方法：先创建一个标准用户→在“控制面板”单击“用户账户和家庭安全”→“家长控制”→选择该标准用户进行相应设置。

2.9.2 实用小附件、多媒体及游戏

1．画图小程序

画图小程序可以协助用户简单处理日常照片，而不需要安装和启动消耗大量系统资源的图像处理软件。操作方法：单击“开始”按钮→“所有程序”→“附件”→“画图”。

2．计算器

计算器可以为标准、科学、程序员、统计信息等用途提供计算辅助功能。操作方法：单击“开始”按钮→“所有程序”→“附件”→“计算器”→单击“查看”菜单选择各种用途对应的视图。

3．记事本

记事本可以协助用户简单记录日常事件。操作方法：单击“开始”按钮→“所有程序”→“附件”→“记事本”。

4．屏幕截图工具

操作方法：单击“开始”按钮→“所有程序”→“附件”→“截图工具”。此工具在 Windows 7 的个别版本，如家庭基础版中没有。

5．手写输入工具

操作方法：单击“开始”按钮→“所有程序”→“附件”→“Tablet PC”。此工具在 Windows 7 的个别版本，如家庭基础版中没有。

6．多媒体软件 Windows Media Player 12

Windows Media Player 12 是 Windows 7 娱乐体验的核心部分，帮助用户管理数字音乐、图片、视频，并刻录光盘。操作方法：单击任务栏上的图标，或者单击“开始”按钮→“所有程序”→“Windows Media Player”。

7．多媒体软件 Windows Media Center

Windows Media Center 是 Windows Media Player 12 的扩展。操作方法：单击“开始”按钮→“所有程序”→“Windows Media Center”。此工具在 Windows 7 的个别版本，如家庭基础版中没有。

8．刻录视频光盘软件 Windows DVD Maker

操作方法：单击“开始”按钮→“所有程序”→“Windows DVD Maker”。此工具在 Windows 7 的个别版本，如家庭基础版中没有。

9．语音识别、放大镜、讲述人、屏幕键盘

这几个辅助工具为用户阅读界面、操作提供了更多的方式和便利。操作方法：单击“开始”按钮→“所有程序”→“附件”→“轻松访问”。

10．Purble Place、红心大战、扫雷等游戏

在工作和学习之余，利用游戏轻松一下，既体现了 Windows 人性化的一面，又可以锻炼鼠标应用、思考等各方面的能力。在此以 Purble Place 为例进行说明。Purble Place 实际上是将三种游戏合为一种：Comfy Cakes、Purble Shop 和 Purble Pairs。这些游戏有助于锻炼用户记忆力、模式识别以及合理安排方面的技巧，还可设置难度级别来适应各个年龄玩家的需求。操作方法：单击“开始”按钮→“所有程序”→“游戏”→“Purble Place”。

本 章 小 结

本章介绍了操作系统的基本概念、主要功能，并围绕操作系统的功能来详细描述 Windows 7 操作系统的基本操作方法，以期读者能更深刻地体会操作系统的作用、掌握管理计算机资源的方法。

习题与思考

一、单选题

1．启动应用程序有多种方法，但并不是所有方法都适用。以下方法中，对任何程序都适用的是（　　）。

A．利用“开始”菜单上的程序列表　　B．利用桌面上的程序快捷方式图标

C．利用 Windows+R 组合键　　D．通过打开相关联的文件间接启动应用程序

2．选择多个不连续排列的文件，需要按（　　）键逐个单击文件名。

A．Shift　　B．Ctrl　　C．Alt　　D．Tab

3．下列关于操作系统的描述不正确的是（　　）。

A．单用户系统只允许一个用户独占计算机全部资源

B．多用户系统允许一个用户独占计算机全部资源

C．单用户系统只能管理一个用户的任务

D．多用户系统能够同时管理多个用户任务

4．Windows 7 应用程序窗口中一般不存在的组件是（　　）。

A．功能组　　B．快速访问工具栏

C．标题栏　　D．预览栏

5．下列操作系统中属于单用户单任务的是（　　）。

A．DOS　　B．Windows　　C．Linux　　D．UNIX

6．在中文输入和英文输入之间切换所使用的键盘命令是（　　）。

A．Alt+Space　　B．Ctrl+Space　　C．Ctrl+Shift　　D．Shift+Space

7．在下面的文件名中，不正确的文件名是（　　）。

A．我的文件 File. txt　　B．File<aaa>. Doc

C．File_name　　D．Not File Name. abcd

8．所谓多文档应用程序，是指（　　）。

A．可以同时打开多个文档的应用程序

B．可以将当前文档同时保存成多个文档的应用程序

C．可以多次运行才能打开多个文档的应用程序

D．可以打开多种不同格式文档的应用程序

9．在“记事本”程序中，无法进行的工作是（　　）。

A．对文字进行简单编辑　　B．更换中文输入法

C．实现图文混排　　D．进行打印文档的页面设置

10．在“计算机”窗口中，单击菜单“工具”→“文件夹选项”中不能设置的是（　　）。

A．打开项目的方式　　B．文件夹是否允许带扩展名

C．是否在同一窗口打开每个文件夹　　D．搜索方式

11．以下对“回收站”的解释正确的是（　　）。

A．是 Windows 7 操作系统中的一个组件

B．存在于各逻辑硬盘上的系统文件夹

C．是 Windows 7 下的一个实用小附件

D．是一个应用程序的快捷方式

12．在“回收站”中，存放的只能是（　　）。

A．软盘上被删除的文件夹和文件　　B．硬盘和软盘上被删除的文件夹和文件

C．硬盘上被删除的文件夹和文件　　D．所有外存储器上被删除的文件夹和文件

13．在桌面上的图标中，可以使用（　　）查看和管理计算机上的所有资源。

A．控制面板　　B．计算机　　C．回收站　　D．开始菜单

14．以下不属于应用程序的是（　　）。

A．记事本　　B．我的文档　　C．迅雷软件　　D．IE 浏览器

15．在桌面背景的设置中，无法设置的背景显示方式是（　　）。

A．居中　　B．平铺　　C．叠放　　D．拉伸

二、填空题

1．在 Windows 7 中，要管理文件和文件夹，应双击桌面____________图标。

2．Windows 7 中，常用来管理硬件资源、添加和卸载应用程序的工具是____________。

3．Windows 7 中，应用程序之间的共享数据是暂存在____________中的，可多次利用。

4．当 Windows 7 系统出现故障而导致不能正常使用时，可利用____________将 Windows 7 恢复到被破坏前的状态。

5．在 Windows 7 中，跳转列表是____________。

6．在 Windows 7 中，可以将认为重要的文件属性设置为____________，使得用户只能查看文件内容而不能修改。

7．一台新的打印机已经正确地连接在计算机的接口上，电源也正常，但是却不能正常工作，最可能的原因是____________。

8．Windows 7 中，如果要彻底删除被删除过的所有文件，可打开“回收站”窗口，从“文件”菜单中选择“____________”。

9．操作系统的主要功能是____________，以及作为扩展机器向用户提供方便的接口。

10．Windows 是基于“____________”的单用户多任务操作系统。

三．判断题

1．Windows 7 具有即插即用的功能，也就是说，对于所有的硬件设备，只要将它正确地连接在计算机的接口上就可以工作。（　　）

2．Windows 7 中，要彻底删除任何一个软件，可以通过“计算机”将该软件包的所有文件全部删除。（　　）

3．保存文件和另存文件的不同是：前者会弹出“保存”对话框，后者则弹出“另存为”对话框。（　　）

4．当一个应用程序窗口被最小化后，该应用程序的状态是被终止运行。（　　）

5．Windows 7 桌面的任务栏，既可以改变位置，又可以改变大小，还能够被隐藏。（　　）

6．在 Windows 7 中创建文件或文件夹时，文件或文件夹名字是区分大、小写的。（　　）

7．在“计算机”窗口中，如果查找文件的扩展名不清楚，可以使用通配符“*”和“？”。（　）

8．在 Windows 7 桌面的任务栏中，已打开的多个应用程序之间可以任意切换。（　）

9．在 Windows 7 中，文件夹可包含文件、文件夹和快捷方式。（　）

10．Android 属于智能手机操作系统，可以使用于智能手机和平板电脑。（　）

四. 思考题

1．操作系统有哪些主要功能？

2．要学习使用 Windows 7 以及各种应用程序，最快速有效的方法是利用 Windows 7 提供的各种帮助系统，请简述如何在 Windows 7 下获取帮助的各种途径。

3．请列举出打开和关闭应用程序窗口的常用方法。

4．文件扩展名有何作用？一个文件名没有扩展名可以吗？

5．什么是文件路径？什么是当前路径？如何改变当前路径？

6．试写出复制、移动文件或文件夹的操作，并进行比较。

7．小明昨天用记事本程序写了一封信给同学，今天要打印时，发现忘记文件保存在哪里了，文件名也不记得了。请你帮助他解决这个问题，并写出操作步骤。

8．定制个性化的工作环境包括哪些方面的内容？请简述各种操作方法。

9．如何节省计算机的电源？请简述有哪几种方案。

10．当计算机速度越来越慢时，说明硬盘空间可能太少，则可以通过何种操作来解决？

第 3 章　文字处理软件 Word 2010

文字处理是计算机在办公自动化应用中的一个重要方面。Word 2010 是 Office 2010 组件中的一款文字处理软件，利用它不仅能够方便地进行文字编辑和排版，还可以方便地在文档中插入图片和剪贴画，以及制作各种商业表格等。本章以 Word 2010 中文版为例，通过案例讲解 Word 的主要功能及其使用方法。

3.1　初识 Word 2010

本节通过简单的介绍，使读者对 Word 2010 有一个初步的认识。

3.1.1　Word 2010 的窗口简介

Word 2010 启动后，屏幕出现如图 3-1 所示的窗口。

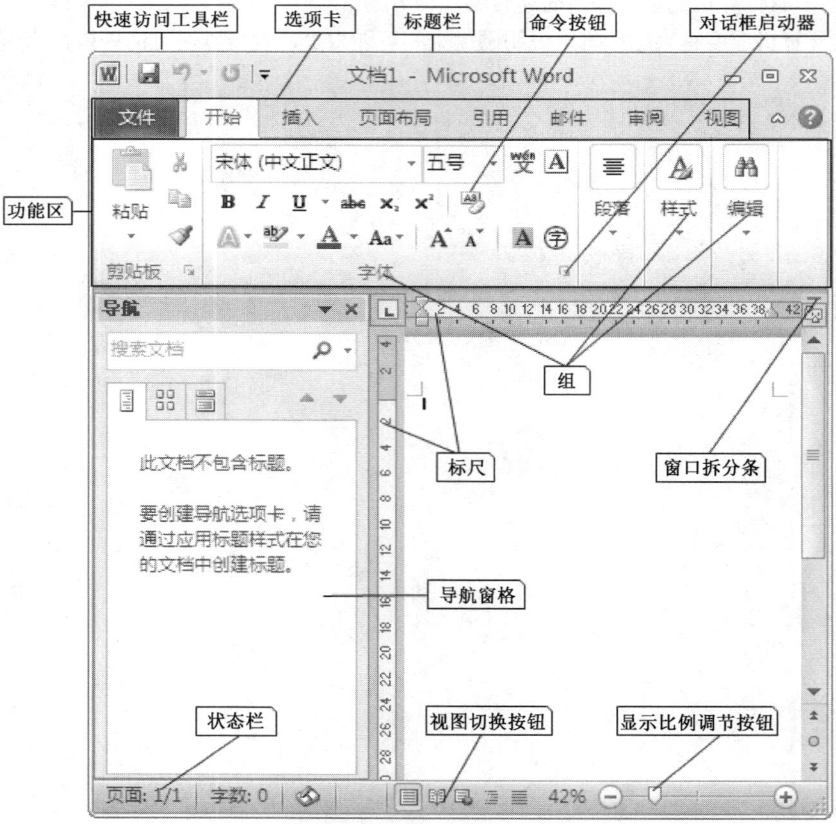

图 3-1　Word 2010 的窗口

窗口中的主要组成部分介绍如下。

（1）标题栏

标题栏位于窗口最上方，显示正在编辑的文档名称及应用程序名称。

（2）快速访问工具栏

在 Word 2010 默认的工作界面中，快速访问工具栏位于标题栏的左侧，包含一组独立于当前所示选项卡的命令。默认情况下，快速访问工具栏中仅包含 3 个按钮，其名称和功能如表 3-1 所示。快速访问工具栏是一个可以自定义的工具栏，用户可以将一些常用的命令添加到快速访问工具栏中进行使用。

表 3-1　快速访问工具栏中的按钮名称及其功能

按　钮	功　能
	快速保存 Word 文档
	撤销用户的上一步操作
	在未进行撤销操作的前提下，重复用户的最后一步操作

提示：使用鼠标右键单击命令按钮，在出现的菜单列表中选择“添加到快速访问工具栏”，即可将该命令按钮添加到快速访问工具栏。

（3）功能区

在 Office 2010 中，菜单和工具栏都替换成了选项卡。选项卡旨在帮助用户快速找到完成某一任务所需的命令，这些命令被组织在称为选项卡的“组”中，“组”集中在选项卡下，选项卡和“组”共同构成了功能区。

每个选项卡与一种类型的活动相关。通常情况下，Word 窗口中包含“文件”、“开始”、“插入”、“页面布局”、“引用”、“邮件”、“审阅”、“视图”共 8 个选项卡。除此之外，当在文档中插入表格、图片等对象时，功能区将添加相应的工具栏及选项卡。例如，在文档中插入图片后，该文档的功能区中，将出现“图片工具 格式”选项卡。

（4）标尺

标尺位于文档窗口的上边和左边。标尺上的数据可反映出纸张的大小、页边距、段落缩进等内容。利用标尺也可进行页边距、段落缩进位置、制表位等的设置。用户可以选择“视图”选项卡，通过启用或者禁用“显示”组→“标尺”复选框，来控制标尺是否在文档中显示。

（5）窗口拆分条

用鼠标拖动垂直滚动条顶端的“窗口拆分条”，可将文档窗口拆分为上下两块，拆分后的窗口便于同时浏览文件的不同位置。通过“视图”选项卡→“窗口”组→“拆分”命令也可以达到同样效果。将“窗口拆分条”拖回文档窗口顶端可取消拆分操作。

（6）视图切换按钮

使用窗口右下角的 5 个视图切换按钮，可以改变当前文档的显示方式。在“视图”选项卡中，包含着与视图切换按钮功能相同的命令。视图不会改变页面格式，但能以不同的形式来显示文档的页面内容，以满足不同编辑状态下的需要。

（7）状态栏

位于 Word 2010 工作界面最底端的一栏称为状态栏，其作用在于显示当前文档的状态内容，包括当前页数/总页数、当前选中的字数/文档字数、插入/改写状态、视图切换按钮、文档显示比例调整按钮等。

3.1.2　Word 2010 的视图模式

Word 2010 提供了多种视图模式供用户选择使用。单击“视图”选项卡→“文档视图”组中的按钮

（图 3-2），或者单击状态栏上的“视图切换按钮”，就可以切换至相应的视图模式。

1. 页面视图

页面视图是 Word 文档中的默认视图模式，也是 Word 编辑过程中最常用的一种视图模式。在页面视图下，可以看到所有的文档内容，包括文本框、图形、水印及页面设置等，是一种所见即所得的显示方式。

例如，打开一个 Word 文档，文档自动以默认的页面视图模式显示，显示效果如图 3-3 所示。

图 3-2 “文档视图”组按钮

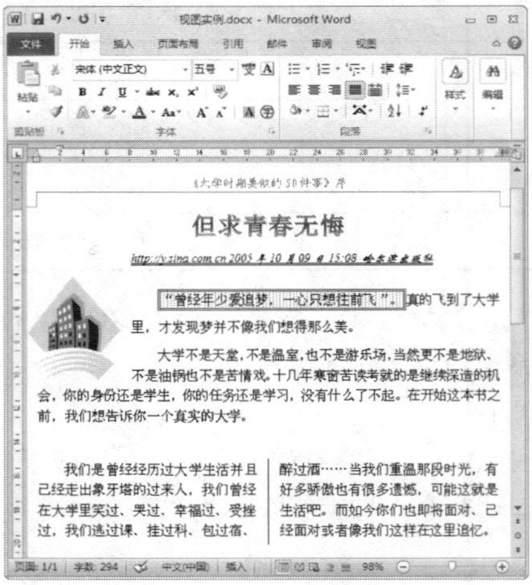

图 3-3 页面视图示例

2. 阅读版式视图

在 Word 2010 中，该视图模式是进行了优化设计的视图模式，便于在计算机屏幕上以最大的空间来阅读文档。当用户为阅读目的打开文档时，使用“阅读版式视图”会获得最佳的阅读感受。该视图中，文档每相邻两页显示在一个版面上，屏幕根据显示屏的大小自动调整到最容易辨认的状态。

选择“视图”选项卡，单击“文档视图”组中的“阅读版式视图”按钮，即可将文档以该视图模式显示，显示效果如图 3-4 所示。在阅读版式视图中，用户可以利用界面上方工具栏（图 3-5）中的各个按钮对文档进行编辑操作，各按钮的名称及其功能如表 3-2 所示。

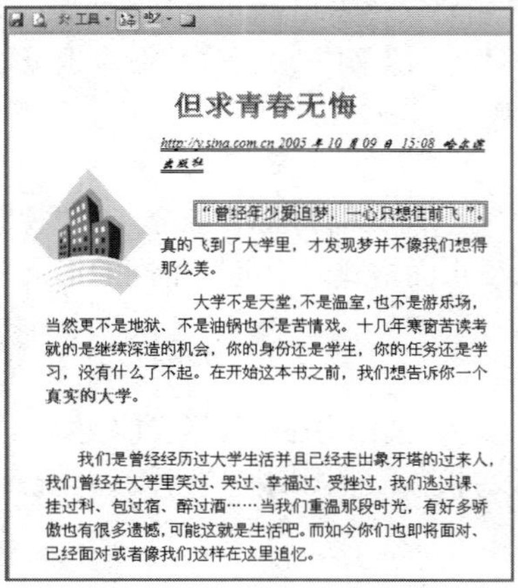

图 3-4 阅读版式视图示例

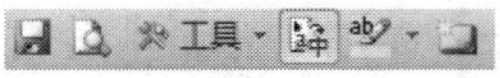

图 3-5 阅读版式视图工具栏

表 3-2　阅读版式视图中按钮名称及其功能

按　钮	功　能
	保存当前文档
	打印预览和打印当前文档
	单击该按钮，可在其下拉菜单中选择相应的工具
	翻译屏幕提示
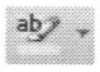	阅读过程中以不同颜色突出显示文本
	选择文字并添加批注

3．Web 版式视图

Web 版式视图能够以网页的形式显示 Word 文档，适用于发送电子邮件和创建网页。当用户使用 Word 制作网页时，“Web 版式视图”可看到网页制作完毕后的显示效果。该视图最大的优点是联机阅读方便，它不以实际打印的效果显示文字，而是将文字显示得相对较大，并使段落自动换行以便适应当前窗口的大小；该视图与文档保存为 Web 网页并在浏览器中打开看到的效果一致，是最适合在屏幕上查看文档的视图。

选择“视图”选项卡，单击“文档视图”组中的“Web 版式视图”按钮，即可将文档以该视图模式显示，显示效果如图 3-6 所示。

4．大纲视图

大纲视图主要用于设置 Word 文档中标题的层次结构，它可以很方便地折叠和展开各种层级的文档。因此，大纲视图被广泛应用于 Word 长文档的快速浏览和设置中。

选择“视图”选项卡，单击“文档视图”组中的“大纲视图”按钮，即可将文档以该视图模式显示，显示效果如图 3-7 所示。切换至大纲视图后，系统将自动添加一个“大纲”选项卡。在该选项卡下，用户可以通过不同组中的各个按钮进行相应的操作。

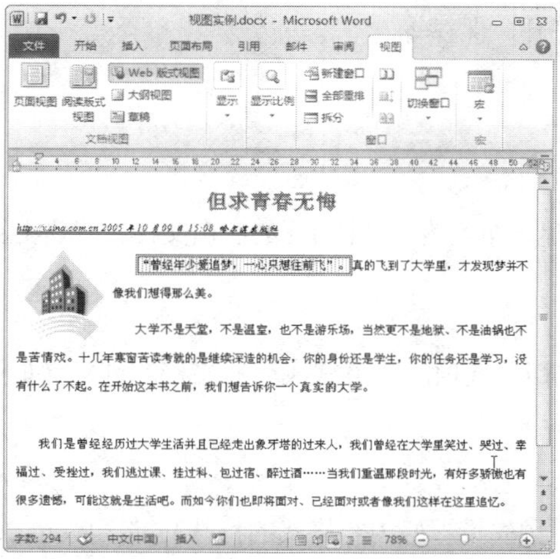

图 3-6　Web 版式视图示例

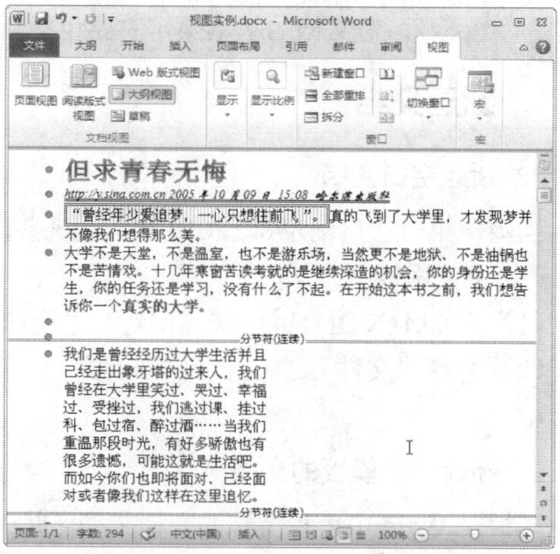

图 3-7　大纲视图示例

5．草稿

在草稿视图中，取消了页面边距、分栏、页眉和页脚，以及图片等元素的显示，而仅显示标题和正文的内容。因此，该视图模式是最节省计算机系统硬件资源的视图模式。与其他视图模式相比，该视图的显示速度相对较快，因而非常适合文字的录入。

选择“视图”选项卡，单击“文档视图”组中的“草稿”按钮，即可将文档以该视图模式显示，显示效果如图 3-8 所示。

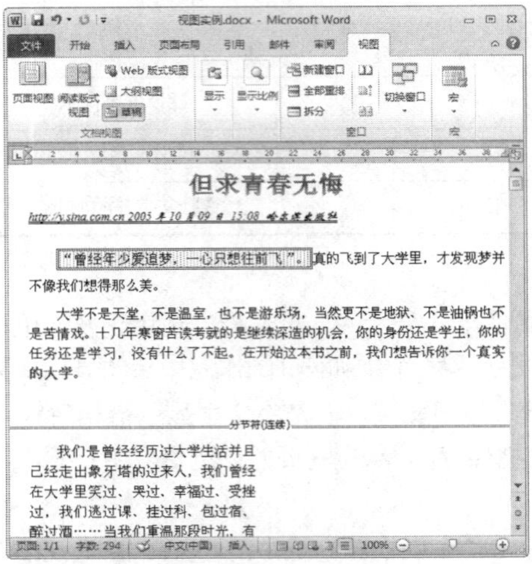

图 3-8　草稿视图示例

提示：除了以上几种视图模式以外，如果想让 Word 文档全屏显示，可以按 Alt+V+U 组合键；如果要取消全屏显示，直接按 Esc 键即可。

3.2　文档的基本操作

Word 文件通常被称为文档，文本的输入和编辑都是在文档中进行的。在 Word 2010 中，文档的扩展名是“.docx”，对文档的基本操作主要包括新建、打开、保存等。

3.2.1　新建文档

1．新建空白文档

当用户第一次启动 Word 2010 时，系统会自动新建一个名为“文档 1”的空白文档。若要再新建其他文档，可使用以下方法：

（1）按 Ctrl+N 组合键可快速创建一个空白文档。

（2）选择“文件”选项卡→“新建”→“空白文档”选项，即可完成空白文档的创建（如图 3-9 所示）。

2．新建基于模板的文档

模板是 Word 中一种特殊的文档类型，是 Word 中预先设置好内容格式的特殊文档。Word 2010 为用户提供了多种模板类型，利用这些模板，用户可以快速地创建各种专业的文档（如在线文章、简历、信函等）。

单击“文件”选项卡→“新建”，从“可用模板”中选择合适的模板，即可创建基于模板的文档（如图 3-10 所示）。

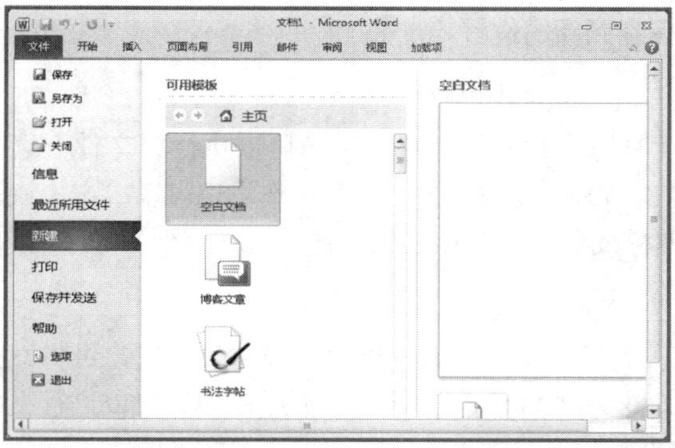

图 3-9　新建空白文档

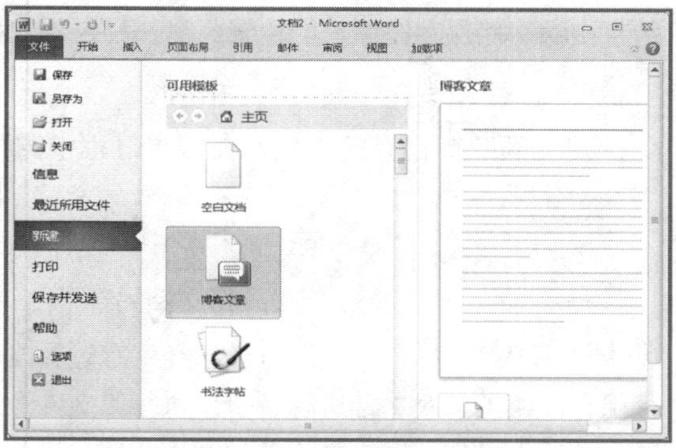

图 3-10　新建模板文档

3.2.2　打开文档

要编辑以前保存过的文档，需要先打开文档。打开文档的方法很多，下面简单介绍两种。

1. 通过“打开”对话框打开文档

执行“文件”选项卡→“打开”命令（见图 3-11），弹出“打开”对话框，定位到要打开的文档路径下，选择要打开的文档，单击“打开”按钮即可在 Word 窗口中打开选择的文档。

2. 通过“最近使用的文档”列表打开文档

Word 2010 会将用户最近编辑的文档的路径存放在“最近使用的文档”列表中。如果想快速打开不久前编辑的文档，可执行“文件”选项卡→“最近使用文件”命令，然后在其右侧的“最近使用的文档”列表中单击要打开的文档（见图 3-12）即可。

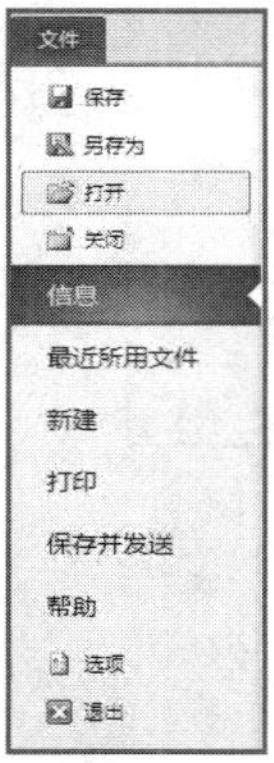

图 3-11　“打开”命令

图 3-12　“最近使用文档”列表

提示：“最近使用的文档”列表中的记录数量可自行更改。在“最近使用的文档”列表下方选中“快速访问此数目的‘最近使用的文档’”复选框，并在其后输入数值即可完成对最近使用的文档记录数量的更改，如图 3-13 所示。

图 3-13　修改“最近使用的文档”列表数目

3.2.3　保存文档

为了将新建或经过编辑的文档永久存储，必须对文档进行保存。保存文档主要有两种方式：一种是直接将文档保存在原来的位置；另一种是将文档保存到新的位置。

1. 保存文档

对于新建或已有的文档，在编辑过程中需要及时地对其进行保存。用户可以执行“文件”选项卡→“保存”命令（见图 3-14）来完成文档的保存操作，也可以单击“快速访问工具栏”中的“保存”图标或者按下 Ctrl+S 组合键进行文档保存。

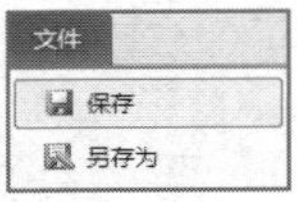

图 3-14 “保存”按钮

2. 将文档另存

对于已经保存过的文档，为了防止文档的意外丢失或更改，用户可将其另行保存，相当于对文档进行备份。执行“文件”选项卡→“另存为”命令（见图 3-14）可以进行文档的“另存”操作。对文档进行“另存”时，一定要设置与当前文档不同的保存位置或者输入不同的文件名，否则原文档就会被“另存”的文档覆盖。

3. 设置自动保存

用户在编辑文档的过程中还可以设置自动保存，这样系统会按照用户设定的时间间隔自动对文档进行保存。自动保存的时间间隔一般设置为 5～10 分钟较为适宜。

执行“文件”选项卡→“选项”命令，随即打开“Word 选项”对话框，在左侧的列表中选择“保存”选项，然后设置文档自动保存的时间间隔，如图 3-15 所示。

图 3-15 “保存”选项设置

3.2.4 对多个文档的操作

Word 允许用户打开多个文档，同时对多个文档进行编辑。

1. 切换当前活动文档

单击“视图”选项卡→“切换窗口”按钮，该按钮底部列出了已打开的所有文档。文件名左边有“✓”号的是活动文档（见图 3-16），单击另一个文件名，该文件即成为当前的活动文档。

图 3-16 “切换窗口”按钮

2. 同时显示多个文档

单击“视图”选项卡→“并排查看”按钮（见图 3-16），系统把已打开的所有文档窗口以水平或垂直平铺方式同时显示在屏幕上。这些窗口中只有一个是活动窗口，其标题栏的颜色为深色，插入点位于该窗口内。如果要使另一个窗口成为活动文档窗口，只需单击对应的窗口。

3.3　文档的输入与编辑

文档的输入与编辑是 Word 2010 的重要功能之一，基本操作主要包括文本的输入、选取、移动、复制、修改、删除以及查找和替换等。

3.3.1　输入文本

输入文本是编辑文档的首要步骤，在输入文本之前首先要确定插入点（光标闪动的点）的位置，然后再在插入点处输入文本内容。

1．中文、英文和数字的输入

在文档中输入中文、英文和数字时只需选择合适的输入法，然后在插入点所在的位置直接输入文本内容即可。需要注意的是：

（1）当输入文本到达右边界时不要使用 Enter 键换行，Word 会根据纸张的大小和设定的左右缩进量自动换行。

（2）当一个自然段落输入完毕后，再按 Enter 键。此时，原段落末端会出现一个段落标记符（↵），标志着段落的结束。

（3）一般情况下，不要通过插入空格符来对齐文本和产生缩进，而要通过格式设置操作达到指定的效果。

（4）输入出错时，按 Backspace 键删除插入点左边的字符，按删除 Delete 键删除插入点右边的字符。

2．日期和时间的输入

用户在编辑文档时往往需要在文档中输入当天的日期和时间，可以直接输入，也可以使用插入日期和时间的方法输入，步骤如下。

将插入点定位到要插入日期和时间的位置，单击“插入”选项卡→“文本”组→“日期和时间”按钮（见图 3-17），在随即打开如图 3-18 所示的“日期和时间”对话框中选择合适的格式，单击“确定”按钮即可。

图 3-17　“日期和时间”按钮

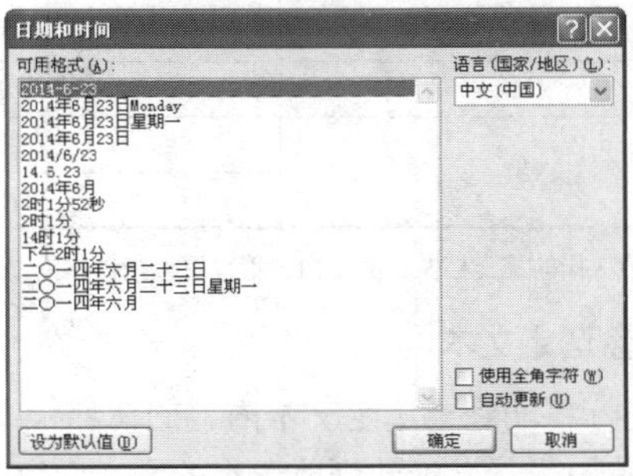

图 3-18　“日期和时间”对话框

3．特殊符号的输入

在编辑文档过程中经常需要输入一些标点符号或特殊符号，对于一些键盘无法直接输入的符号可以通过以下方法输入：

（1）利用中文输入法工具栏中的软键盘输入。

（2）单击“插入”选项卡→“符号”组→“符号”下拉按钮（见图3-19），选择“其他符号”，打开“符号”对话框，如图3-20所示。

（3）在“符号”对话框中找到需要的符号插入即可。

图3-19 “符号”按钮

图3-20 “符号”对话框

3.3.2 选定文本

选定文本的目的是为Word指明操作对象。Word中的许多操作都遵循“先选定后执行”的操作原则，即在操作之前，必须先选定操作的对象（被选定的对象呈反相显示），然后才能执行具体的操作。

选定文本有两种方法：用鼠标选定和用键盘选定。

1. 用鼠标选定文本

Word中常用的鼠标选定动作是“拖曳”，即按住鼠标左键拖过所要选定的所有文本。“拖曳”可以选定任意数量的文本，但当选定较大范围的文本时，用这种方法并不方便。此时，可在选定的开始位置单击鼠标，然后按住Shift键，在选定的结束位置再次单击鼠标。

实际使用中，还可根据不同的文本对象，用鼠标进行不同的选定操作，具体操作方法如表3-3所示。

表3-3 用鼠标选定文本的操作方法

选定对象	鼠标动作	操作位置
字词	双击	文本中
段落	三击	文本中
	双击	选定栏
一句话	Ctrl+单击	文本中
一整行文本	单击	选定栏
整篇文档	三击	选定栏
	Ctrl+单击	选定栏

注：“选定栏”指的是文档左边的空白位置，鼠标指针移到该处时呈↗形状。

2. 用键盘选定文本

（1）将光标移动到要选定文本内容的首部（或尾部），按住Shift键不放，同时按→键（或←键）或↑键（或↓键），一直延伸到要选定的文字内容的尾部（或首部），放开按键。

（2）使用Ctrl+A组合键选定整篇文档。

（3）连续按F8功能键可以从插入点不断扩展选定范围（从字词→句子→段落→整篇文档），按取消键（Esc）可取消扩展选定功能。

3.3.3　插入与改写文本

选中所需的文本之后即可对其进行各种编辑操作。在 Word 中含有插入和改写两种编辑状态。在插入状态下输入文本内容时，插入点位置上的光标将自动后移；而在改写状态下输入文本时，新输入的文本内容将直接覆盖原来的文本内容。

（1）插入：插入状态是 Word 的默认编辑状态，当文档中含有漏掉的文本内容时，只需先设定插入点（用鼠标单击要插入文本的位置），从键盘输入的文字将出现在插入点的位置。

（2）改写：当输入的文字存在错误，需要对其进行修改时，需先将插入点设在要改写的位置，按键盘插入/改写转换键（Insert），将插入状态由默认的“插入”变为“改写”，然后输入新的文字。此时，输入的文字将会替代原插入点右侧的文字。再次按 Insert 键（或者单击状态栏上的“改写”按钮）可将输入状态恢复为插入状态。

3.3.4　移动、复制与删除文本

移动、复制与删除是最基本的文本编辑操作，熟练掌握这些操作可以极大地缩短文档编辑的时间，提高工作效率。

1．移动与复制文本

（1）移动文本：是指将文档中选定的文本“剪切”下来并插入到另一个指定的位置上，执行移动操作后，所选择的文本将从原来的位置消失而出现在新的指定位置上。

（2）复制文本：是把文档中选定的文本复制为“副本”，并将“副本”插入到文档中的指定位置。

剪贴板是移动和复制文本的一个载体，用户需要首先将移动和复制的文本放置到剪贴板上，再将其粘贴到指定的位置。直接用鼠标拖曳选定的内容也可以实现移动，拖曳时按住 Ctrl 键可以实现复制。

2．删除文本

删除文本就是将选定的文本从文档中删除出去。

选定文本后，按键盘上的 Delete 键或 Backspace 键均可删除选定的文本。如原来未选定，按 Delete 键会删除插入点右侧的文本，按 Backspace 键会删除插入点左侧的文本。

3.3.5　查找与替换文本

在文档的编辑过程中，有时需要找出重复出现的某些内容并修改，用 Word 提供的查找替换功能，可以快捷、轻松地完成该项工作。

1．查找文本

查找是指根据某一指定的内容，在文档中找到与其相同的所有内容，并使其突出显示。在实际应用中，可以使用查找功能快速定位需要查看内容的位置。

（1）使用导航窗格查找文本

Word 2010 中新增了导航窗格，导航窗格不仅可以用来显示文档结构，也可以用来查找文本，具体操作步骤如下。

① 选中“视图”选项卡→“显示”组→“导航窗格”复选框，弹出导航窗格。

② 在导航窗格上方的“搜索文档”文本框中输入要查找的内容，如输入“生命”。

③ 导航窗口列出文档中包含查找文字（即包含“生命”两字）的段落，同时自动将搜索到的内容以突出显示的形式显示，如图 3-21 所示。

（2）使用“查找和替换”对话框查找文本

查找文本时，还可以通过“查找和替换”对话框来完成查找操作，可以使用这种方法对文档中的内容一处一处地进行查找，也可以在固定的区域内查找，具有较大的灵活性。具体的操作步骤如下。

① 单击“开始”选项卡→“编辑”下拉按钮，执行“替换”命令（见图 3-22），打开“查找和替换”对话框。

② 切换到“查找”选项卡（见图 3-23），在“查找内容”文本框中输入要查找的内容，如输入“生命”。单击“更多”按钮，在展开的“搜索选项”栏中，单击“搜索”下拉按钮，选择相应选项设置查找范围，或者启用不同的复选框，来扩大或者缩小搜索范围。

③ 然后单击“在以下项中查找”下拉按钮并选择“主文档”选项即可开始查找。

④ 查找完毕后，所有找到的内容都会处于选中状态，如图 3-24 所示。

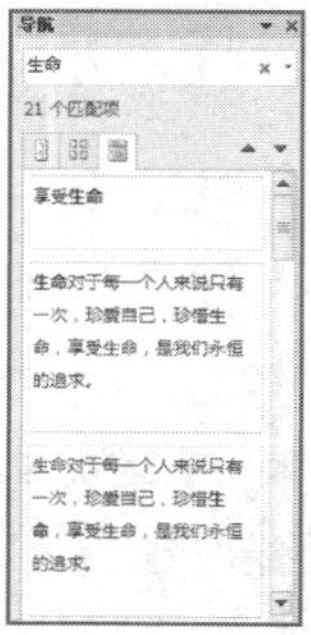

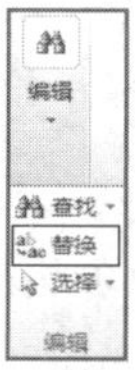

图 3-21　文档中包含查找文字的段落　　图 3-22　“替换”按钮

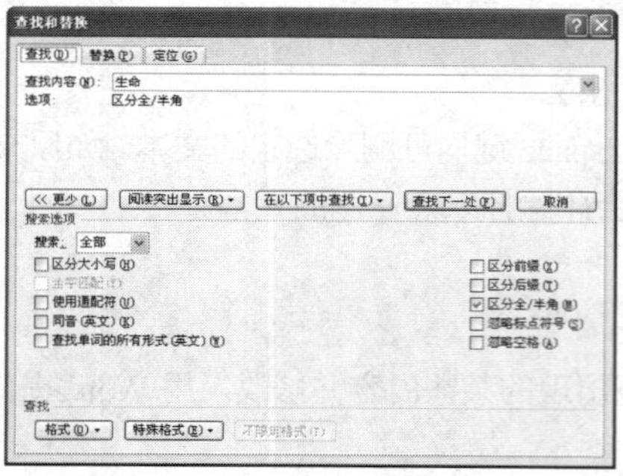

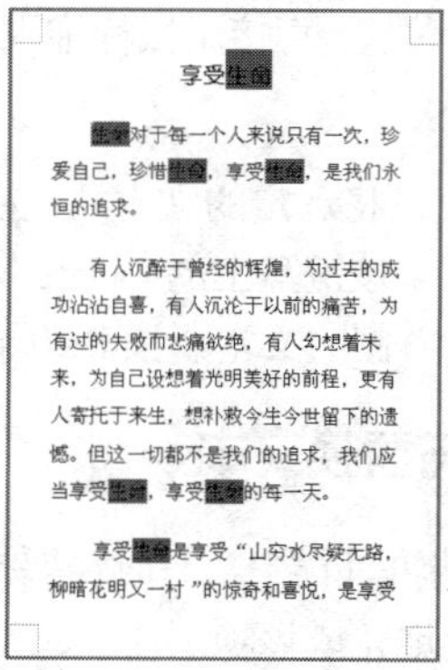

图 3-23　“查找”选项卡　　图 3-24　“查找和替换”示例

2．替换文本

替换功能用于将文档中的某些内容替换为其他内容，一般与查找功能一起使用。具体操作步骤如下。

（1）单击“编辑”下拉列表→“替换”按钮，弹出“查找和替换”对话框。

（2）切换到“替换”选项卡（见图 3-25），在“查找内容”文本框中，输入要查找的文本，如输入“文档”；在“替换为”文本框中，输入要替换的文本内容，如输入“文件”。

（3）输入完毕后，先单击“查找下一处”，再单击“替换”命令可将查找到的一处内容进行替换；若单击“全部替换”命令，可自动将文档中所有与查找内容相匹配的文本都进行替换。

（4）在“查找和替换”话框中单击“更多”按钮，展开更多设置选项，可设置更丰富的查找或替换内容，（如图 3-26 所示）单击“格式”按钮，可利用打开的菜单对查找内容或替换内容设置格式；单击“特殊格式”按钮，在展开的列表中可选择特殊符号作为查找或替换的内容。例如，通过查找两个“段落标记”，替换为一个“段落标记”，可消除文档中多余的空行。

图 3-25 “替换”选项卡

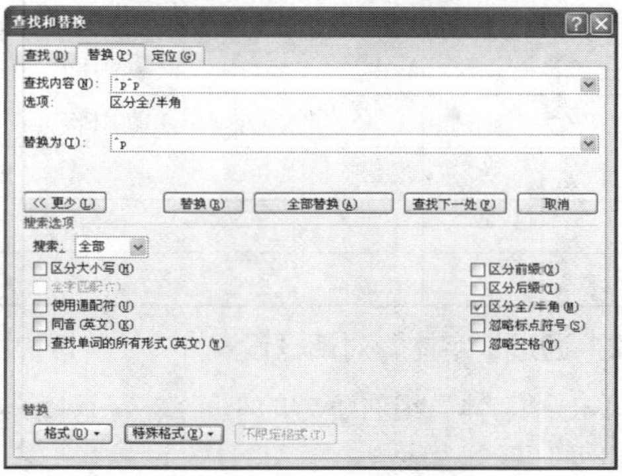

图 3-26 “查找和替换”对话框“更多”选项

3.4 文字及段落的格式化

文档的格式化操作主要涉及 3 个操作对象：文字、段落和页面。本节主要对文字和段落的格式化进行说明。对文档的文字和段落格式进行适当的设置，不仅可以使文档层次分明、重点突出，而且可以增强文档的视觉效果，使文档更加美观大方。

3.4.1 文字的格式化

文字的格式化包括设置字体、字号、字形、字体颜色、字符缩放、字符间距、字符边框、字符底纹、一些特殊的文字效果及中文版式等。在进行文字格式化操作前，必须先选定需要进行格式化操作的文字，然后再通过“字体”组按钮或“字体”对话框设置，也可以通过“字体”浮动工具栏进行设置。

1. 通过“字体”组按钮设置

“开始”选项卡→“字体”组中包括最常用的字符格式化按钮（包括下拉列表框），如图 3-27 所示。将鼠标指针移到不同的按钮上停顿一下，就会显示该按钮的名称和功能，表 3-4 给出了各按钮的功能说明及文字示例。

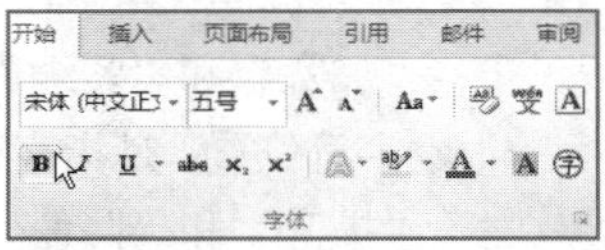

图 3-27 “字体”组按钮

表 3-4 “字体”组按钮的功能说明及文字示例

按　钮	功 能 说 明	文 字 示 例
x^2	上标：在文本行上方创建小字符	咖啡[2]
	文本效果：对所选文本应用外观效果（如阴影、发光和映像）	咖啡
	以不同的颜色突出显示文本：使文字看上去像是用荧光笔做了标记一样	咖啡
	字体颜色：更改文字颜色	咖啡
	字符底纹：为字符添加底纹背景	咖啡

续表

按　钮	功能说明	文字示例
字	带圈字符：给字符加圆圈或边框加以强调	咖 啡
A	字符边框：对一组字符或句子周围应用边框	咖啡
wén 文	拼音指南：显示拼音字符以明确发音	kāfēi 咖啡
	清除格式：清除所选内容的所有格式	
Aa	更改大小写	HELLO
A	缩小字体	咖啡
A	增大字体	咖啡

2. 通过“字体”对话框设置

单击“字体”组右下方的小箭头（即对话框启动器），显示“字体”对话框，对话框中有“字体”和“高级”两个选项卡。

（1）“字体”选项卡可以设置字体、字形、字号、字体颜色、下划线型、效果等字符格式，如图 3-28 所示。

（2）“高级”选项卡可对标准字符间距进行调整，也可以调整字符在所在行中相对于基准线的高低位置，如图 3-29 所示。

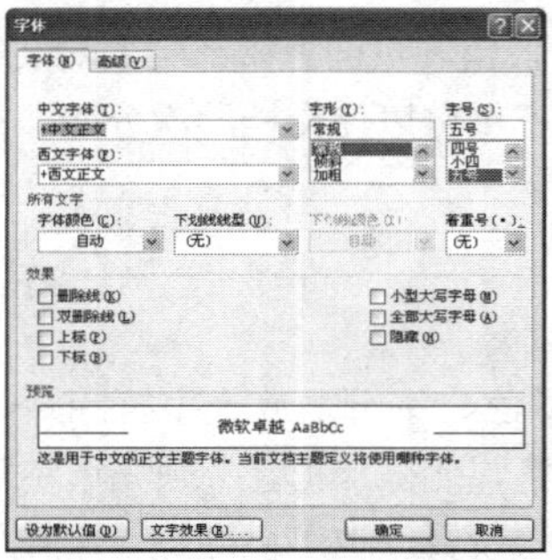

图 3-28 “字体”选项卡

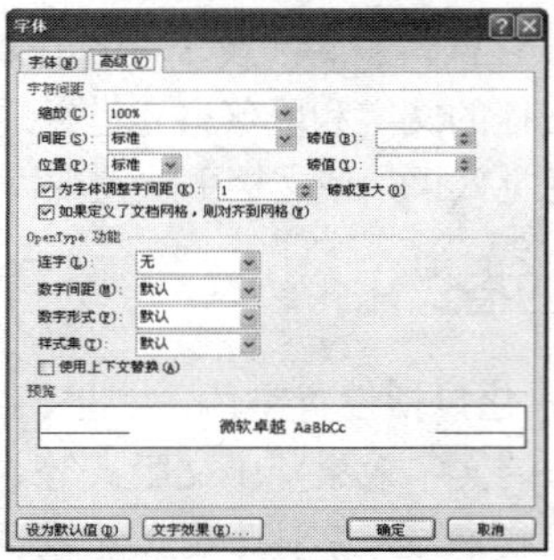

图 3-29 “高级”选项卡

- 字符间距：用于设置所选文字之间的距离。在 Word 文档中，间距包含有 3 种方式，即“标准”、“加宽”和“紧缩”。例如，选择“加宽”选项，设置磅值为“4 磅”，效果如图 3-30 所示。
- 字符位置：是指字符在水平方向上的位置。在 Word 文档中，位置有 3 种设置方式，即“标准”、“提升”和“降低”。例如，选择“提升”选项，设置磅值为“6 磅”，效果如图 3-31 所示。

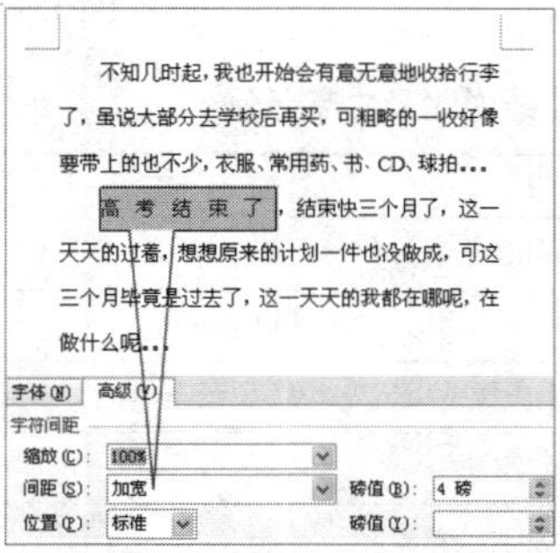

图 3-30 字符间距加宽示例

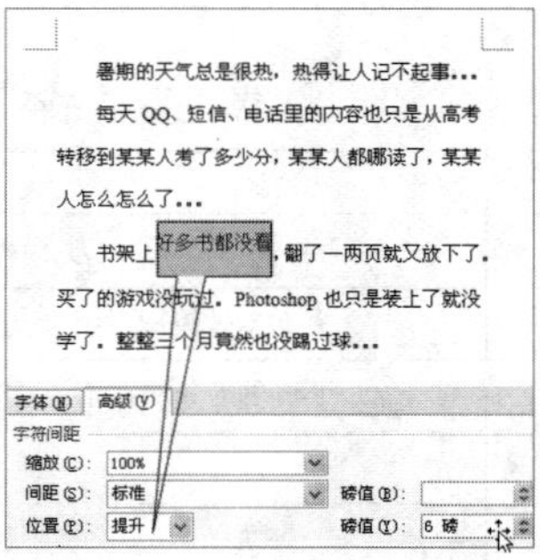

图 3-31 字符位置提升示例

3．通过“字体”浮动工具栏设置

“字体”浮动工具栏是用户在选择文本时，文档中显示或隐藏的一个方便、微型、半透明的工具栏，利用“字体”浮动工具栏也可以进行文字的格式化设置，如图 3-32 所示。

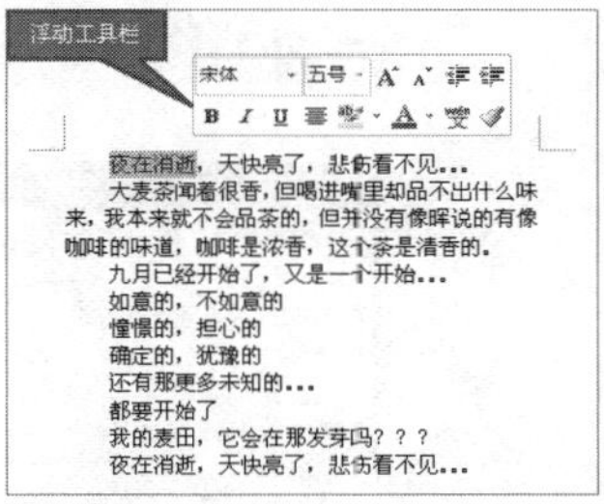

图 3-32　“字体”浮动工具栏

3.4.2　段落的格式化

在 Word 中，每个段落的末端都有一个段落标记（↵ 符号），文档中一个段落标记就对应一个段落。段落格式化是以段落为对象的格式化操作，包括对齐方式、段落缩进、间距、段落边框底纹、项目符号和编号等内容。需要注意的是，如果要设置单个段落的格式，只需将插入符置于该段落即可，如果要同时设置多个段落的格式，则需要将这些段落同时选中。

1．段落的对齐

段落的对齐是指段落内容在文档左右边界之间的横向排列方式。在 Word 中，段落有 5 种对齐方式可以设置，分别是左对齐、右对齐、居中、两端对齐和分散对齐。

（1）通过“段落”组按钮设置

利用该方式设置段落对齐方式是最方便、快捷的方式，用户只需选择“开始”选项卡，在“段落”组中找到对应的命令按钮（见图 3-33）单击即可。

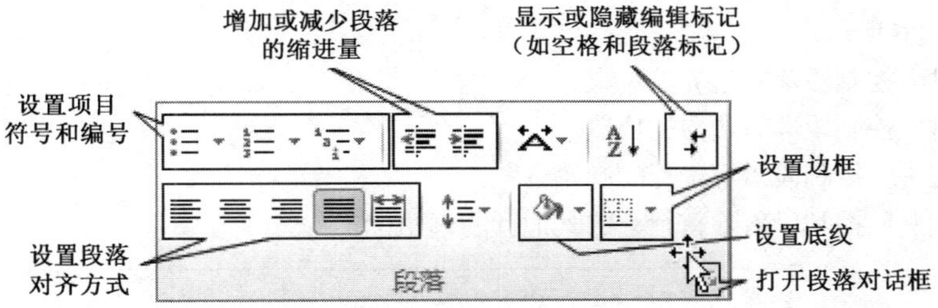

图 3-33　“段落”组按钮

表 3-5 给出了“段落”组按钮的功能说明及其对应的组合键。

表 3-5　“段落”组按钮的功能说明及其对应的组合键

按　钮	功 能 说 明	组　合　键
	左对齐：将文字左对齐	Ctrl+L
	居中对齐：将文字居中对齐	Ctrl+E
	右对齐：将文字右对齐	Ctrl+R
	两端对齐：将文字左右两端同时对齐，并根据需要增加字间距	Ctrl+J
	分散对齐：使段落两端同时对齐，并根据需要增加字符间距	Ctrl+Shift+J

（2）通过“段落”对话框设置

单击“段落”组右下方的对话框启动器，打开“段落”对话框，如图 3-34。段落的 5 种对齐方式还可通过“段落”对话框进行设置。

段落 5 种对齐方式的对齐效果如图 3-35 所示。其中两端对齐和左对齐在中文段落中没有很明显的差别，但在英文段落中差别较明显，两端对齐方式通过调节空格的宽度，使段落在左右两端都对齐。

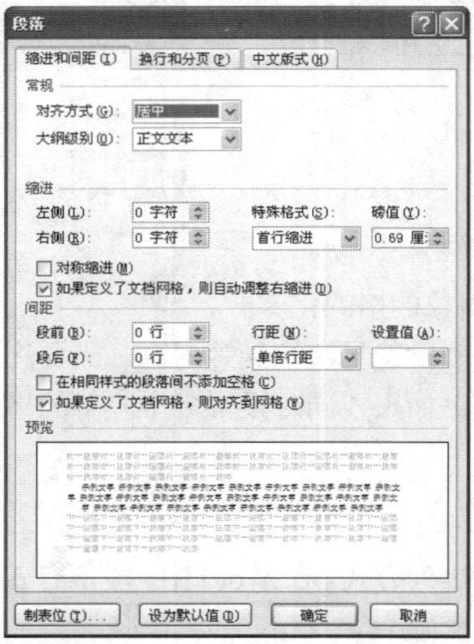

图 3-34 “段落”对话框

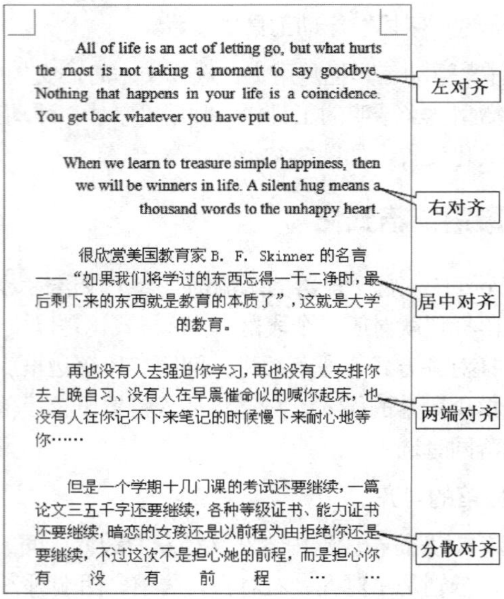

图 3-35 段落 5 种对齐方式的对齐效果

2. 段落的缩进

段落缩进是指段落文字与页边距之间的距离，包括左缩进、右缩进、首行缩进和悬挂缩进，各种缩进效果如图 3-36 所示。

- “左缩进”控制段落左边界的位置。
- “右缩进”控制段落右边界的位置。
- “首行缩进”控制段落第一行的起始位置。
- “悬挂缩进”控制段落除首行外的其他行的起始位置。

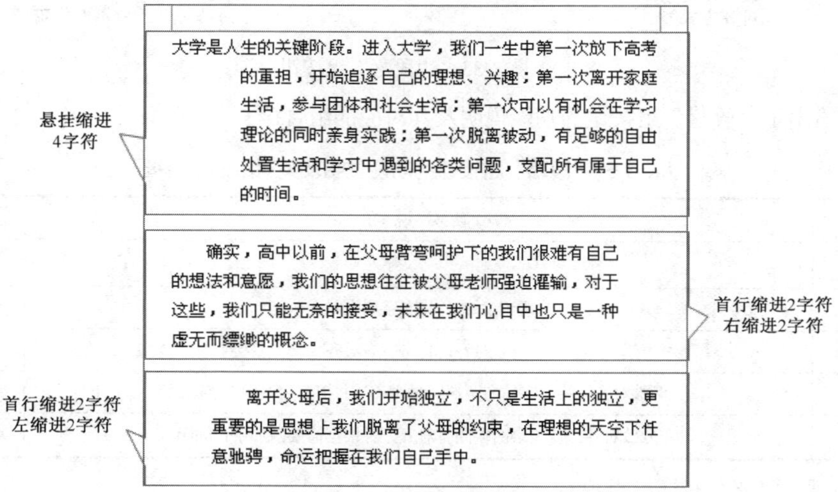

图 3-36 各种缩进效果

设置段落缩进的方式有多种，用户可以根据自己的需要以最佳的方式设置所选段落的缩进方式。

（1）通过“段落”组按钮设置

在“开始”选项卡的“段落”组中，包含两个用于设置段落缩进效果的按钮，即“减少缩进量”

按钮 和“增加缩进量”按钮 。只需单击相应的按钮，即可减少或增加段落的缩进值。

（2）通过“段落”对话框设置

段落缩进操作也可以通过“段落”对话框完成。通过“段落”对话框设置段落缩进值时，可将度量值连同度量单位一起输入到相应的文本框中，从而达到精确设置的目的，可使用的度量单位有厘米、毫米、英寸、磅、字符等。

（3）通过“水平标尺”设置

除了使用“段落”对话框外，还有一种更快捷的设置段落缩进的方式，那就是直接在“水平标尺”上操作。将鼠标指针移至“水平标尺”的相应滑块上（见图 3-37），然后按住鼠标左键不放并向左向右拖动。

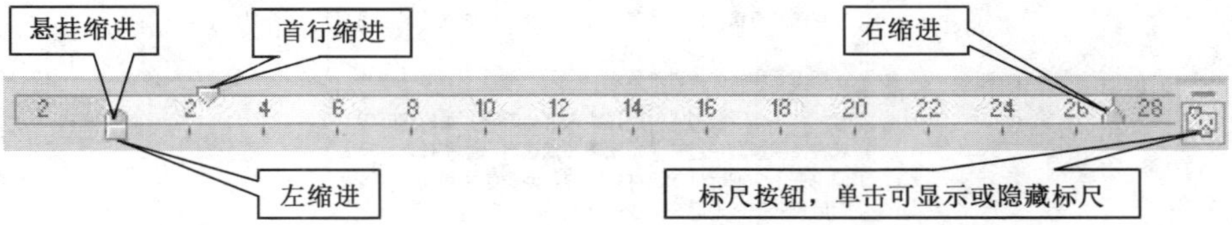

图 3-37 “水平标尺”上的段落缩进滑块

提示：如果在 Word 文档中没有显示水平标尺，只需启用“视图”选项卡→“显示”组→“标尺”复选框即可。

3．段间距和行间距

间距包括段与段之间的距离以及行与行之间的距离。在 Word 中，间距通过“段落”对话框（见图 3-34）进行设置。其中“段前”、“段后”指的是选定段落与前段、后段的距离；行距指的是选定段落中各行之间的距离。

（1）设置“段间距”

若要设置某一段落的段间距，只需将光标置于该段落的任意位置，并弹出“段落对话框”。然后，在“间距”栏的“段前”和“段后”微调框中，分别单击微调按钮或者输入具体的数值，即可设置该段落的段间距。例如，图 3-38 的示例文档中设置当前段落的“段前”间距为“1 行”；“段后”间距为“2 行”。

另外，在“页面布局”选项卡→“段落”组→“间距”栏中，也可以设置段落前后的间距，如图 3-39 所示。

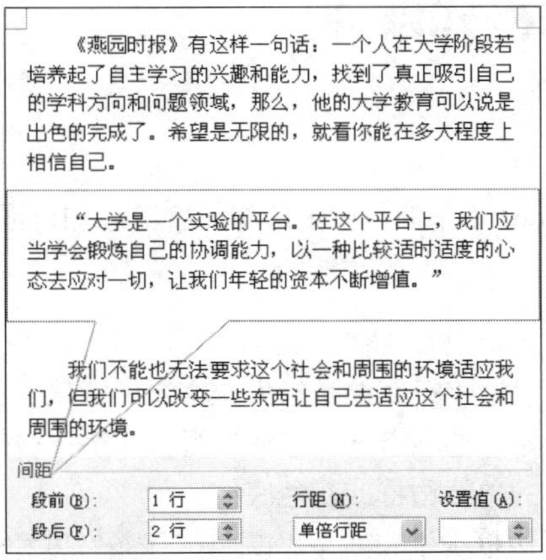

图 3-38　段前段后间距示例

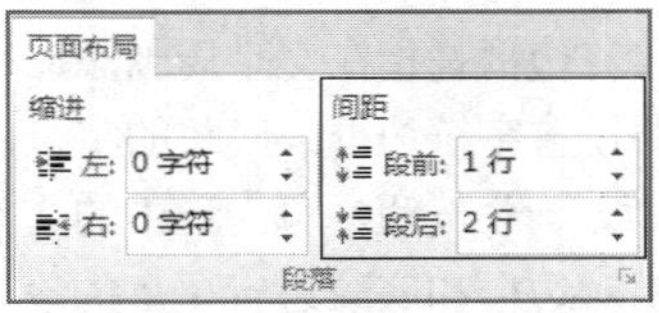

图 3-39 “段落”组中的“间距”栏

（2）设置“行间距”

若要设置行间距，只需将光标置于要设置行间距的段落中，然后在弹出的“段落”对话框中，单击“间距”栏中的“行距”下拉按钮，在其下拉列表中选择所需行距值即可，如选择“2 倍行距”选项，效果如图 3-40 所示。

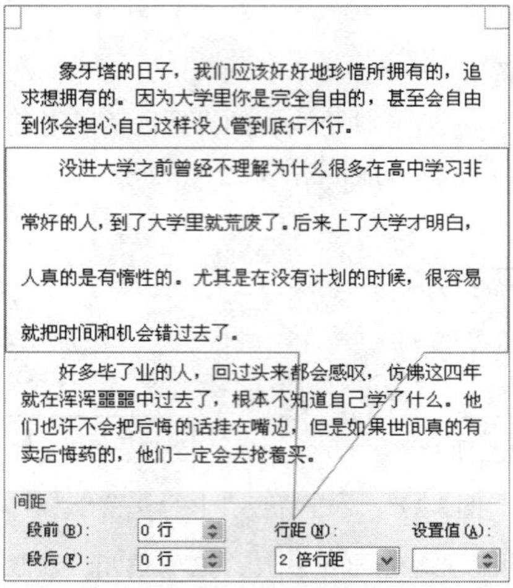

图 3-40　行距设置效果示例

3.4.3　格式的复制

文档中，当有多处地方需要设置相同的格式时，使用“格式刷”是一个方便、快捷的操作工具。“格式刷”的使用方法如下：

（1）选定已设好格式的文字或段落。

（2）单击“开始”选项卡→“剪贴板”组→“格式刷”按钮，此时鼠标指针变成形状，用鼠标选定目标文字或段落，即可完成格式的复制。

提示：单击“格式刷”只可复制 1 次格式，双击“格式刷”，格式刷可连续使用，全部格式复制完成后，再次单击“格式刷”按钮或按键盘 Esc 键即可关闭格式刷。

3.5　特殊格式设计

3.5.1　边框和底纹

边框和底纹是美化文档的重要方式之一，在 Word 中不但可以为选择的字符添加边框和底纹，还可以为段落和页面添加边框和底纹。

1．为字符添加边框和底纹

设置字符边框是指在文字周围添加线型边框，设置字符底纹是指为文字添加背景颜色。

选定要设置字符边框或底纹的字符，单击“开始”选项卡→“字体”组→“字符边框”按钮或者“字符底纹”按钮，可为选中的文本添加默认的单线边框或灰色底纹。

如果要对边框和底纹进行更多的设置，如设置边框类别、线型、颜色、线条宽度和底纹颜色等，则需要通过“边框和底纹”对话框进行设置。

2. 为段落添加边框和底纹

选定要设置边框和底纹的段落，单击“段落”组→“下框线”下拉按钮，执行“边框和底纹”命令，显示“边框和底纹”对话框，该对话框有三个选项卡：“边框”、“页面边框”和“底纹”，如图3-41所示。

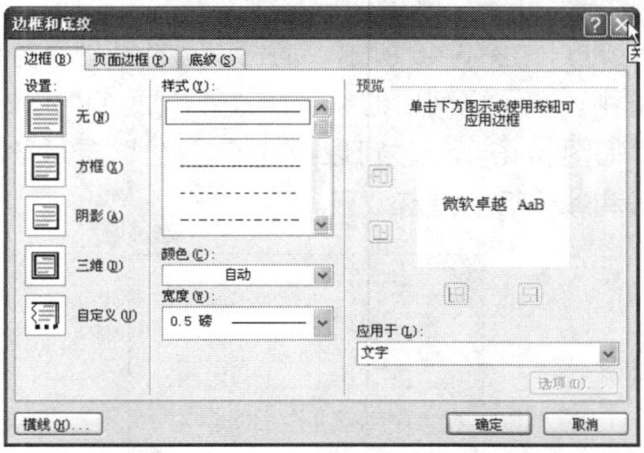

图3-41 “边框和底纹”对话框

（1）“边框”选项卡可为选定的段落添加边框，可选择边框样式、线型的宽度及颜色。

（2）“底纹”选项卡可为选定的段落添加底纹，设置背景的颜色和图案。

提示： 在上面的两个选项卡中如选择应用于“文字”，则设置的是文字的边框和底纹；如选择应用于“段落”，则设置的是段落的边框和底纹。

（3）“页面边框”选项卡可为整篇文档或当前节（有关节的内容将在3.8.2节中介绍）设置页面边框。

几种边框的设置效果如图3-42所示，其中页面边框为“艺术型”。

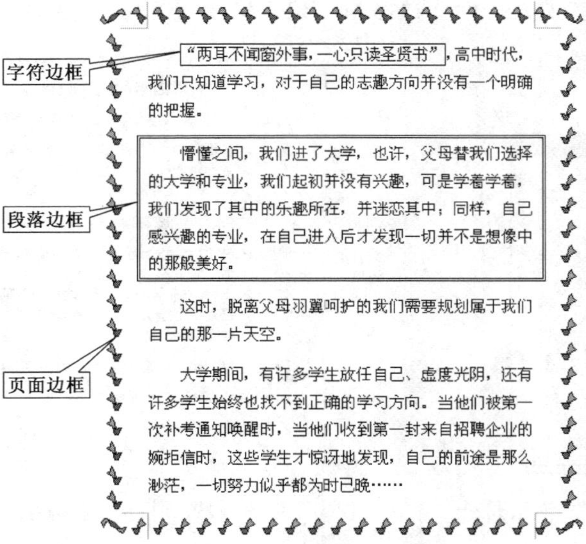

图3-42 几种边框的设置效果图

3.5.2 项目符号和编号

在Word中可以方便地为并列项标注项目符号（如●、■、◆等），或为序列项加编号（如“1、2、

3……”），使文章层次分明，条理清楚，便于阅读和理解。选择添加项目符号或编号的方法如下：

选定要添加项目符号或编号的段落，单击“开始”选项卡→“段落”组→项目符号下拉按钮或项目编号下拉按钮，在“项目符号库”列表框（见图3-43）或“编号”列表框（见图3-44）中选择项目符号或编号即可。

（1）“项目符号库”列表框中，除了已列出的项目符号样式外，通过“定义新项目符号”命令按钮，打开“定义新项目符号”对话框，如图3-45所示，还可以选择其他符号或图片作为项目符号。

（2）“项目编号”列表框中，除了已列出的编号样式外，通过“定义新编号格式”命令按钮，打开“定义新编号格式”对话框，如图3-46所示，可以改变编号样式、设置编号格式。

图3-47为设置项目符号和编号后的段落效果。

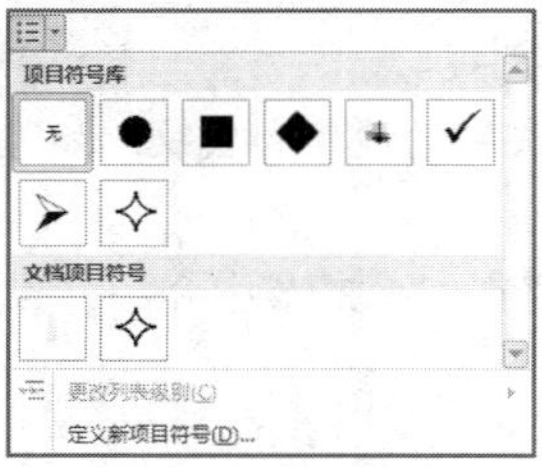

图3-43 “项目符号库”列表框

图3-44 “编号库”列表框

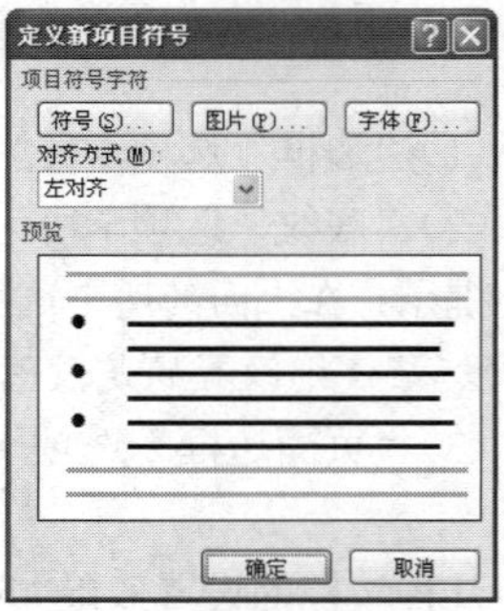

图3-45 “定义新项目符号”对话框

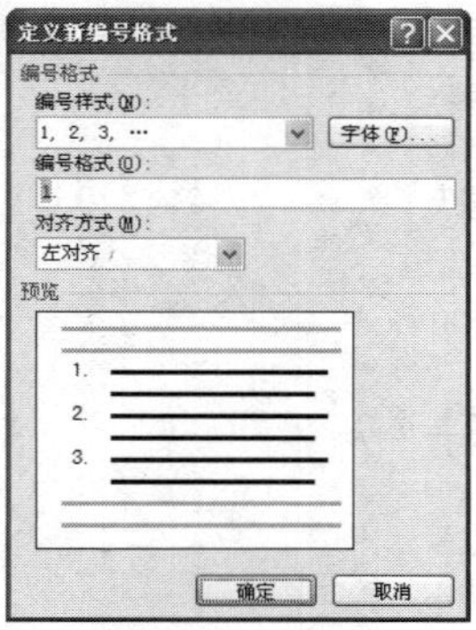

图3-46 “定义新编号格式”对话框

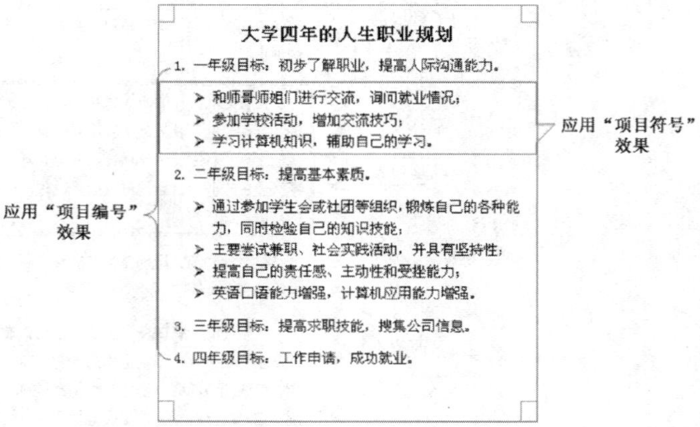

图3-47 设置项目符号和编号后的段落效果

提示：输入文档时也可以直接设置项目符号或编号。如果输入的段落以“●”及空格开头，按回车键（Enter）后，Word会自动为该段落套用项目符号格式；如果输入的段落是以编号开头，例如“1、”、“A.”或“(一)”，按回车键后，Word会自动为该段落套用编号列表格式。如果输入的段落并不需要自动的项目符号或编号，可执行“撤销”命令，使段落恢复为输入时的样子。

3.5.3　首字下沉

在报纸和杂志上经常会看到首字下沉的例子。首字下沉就是把段落中第一个字符放大，使之突出显示，如图 3-48 中的第一段落。

设置首字下沉的操作是：单击“插入”选项卡→“文本”组→“首字下沉”按钮，从下拉列表中选择一种下沉方式，并且当鼠标指针指向“下沉”选项时，就可以在文档中预览其效果。

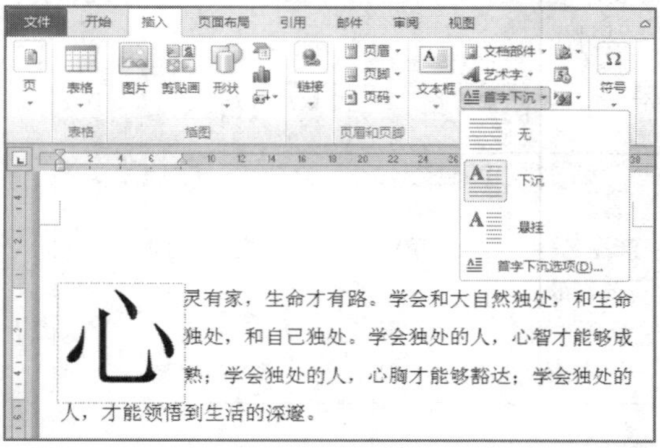

图 3-48　首字下沉示例

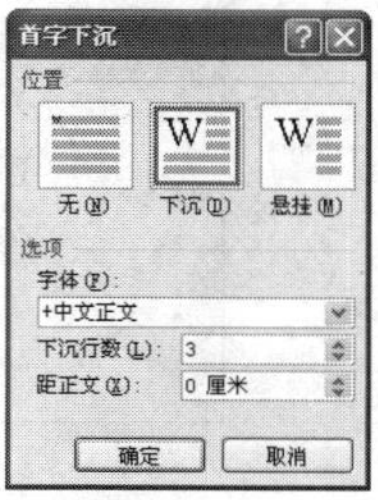

图 3-49　“首字下沉”对话框

如果要设置首字下沉的相关选项，可执行“首字下沉”→“首字下沉选项”命令，打开如图 3-49 所示的“首字下沉”对话框，在其中可设置首字下沉的位置、字体、下沉的行数及与正文的距离等。

3.5.4　分栏

所谓分栏，是指在编辑文档的过程中，将版面分为两栏或者多栏。为文档创建分栏效果，可以使版面更加生动、美观。

选定需要进行分栏的若干段落后，单击“页面布局”选项卡→“页面设置”组→“分栏”下拉按钮，在其列表中提供了系统预设好的分栏效果，选择使用的选项即可，图 3-50 所示为文档设置分栏后的效果。

当用户对系统预设好的分栏效果不满意时，可在“分栏”下拉列表中单击“更多分栏”按钮，弹出如图 3-51 所示的“分栏”对话框，在对话框中可设置分栏的栏数、每栏的宽度及间距等。

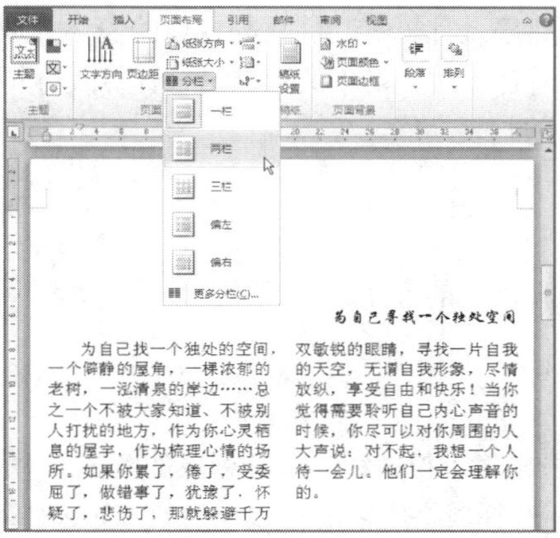

图 3-50　分栏效果

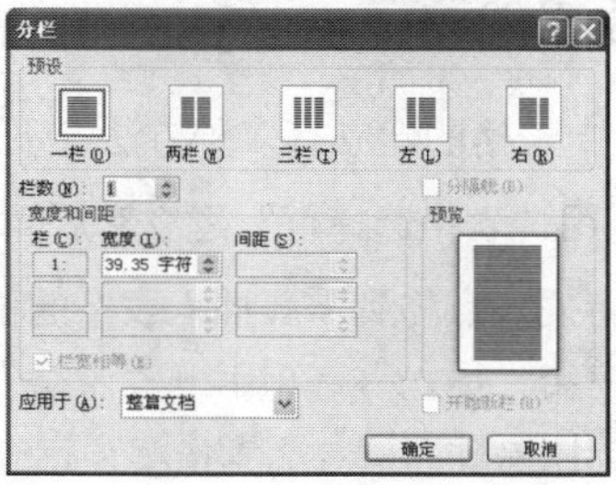

图 3-51　“分栏”对话框

如要取消分栏，可在“分栏”下拉列表中单击“一栏”按钮。

提示：当分栏的段落包含了文档中最后一段时，为了达到最佳分栏效果，应先在文档末端添加一空段落，分栏前选定时不要选取该空段落。

3.5.5 制表位

在 Word 中，通过设置制表位，可以很方便地将文字定位，也可以将若干行文字排列的如表格一样整齐，图 3-52 所示为利用制表位排版的效果图。

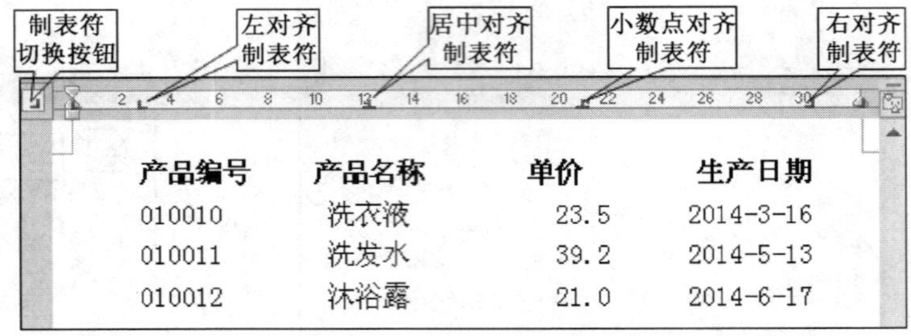

图 3-52 制表位排版效果

制表位的使用方法如下。

（1）单击水平标尺左端的制表符切换按钮，选择合适的制表符。例如，当按钮变成时，可得到居中对齐制表符。

（2）在标尺上需要设置制表位的地方，单击鼠标，该制表符就设置到了标尺上。

（3）按 Tab 键，插入点会跳至前方制表符的位置，所输入的文字将按该制表符规定的对齐方式对齐。

单击“开始”选项卡→“段落”组→对话框启动器，启动“段落”对话框，再单击“制表位”按钮，打开“制表位”对话框，在“制表位”对话框中可精确设置制表位。

3.6 表格的建立及格式化

在日常生活中，经常会用到各种各样的表格，如课程表、履历表、成绩表、通讯录等。文字处理软件 Word 能够实现表格的建立、编辑、格式化、排序及计算等功能。与专业的表格处理软件 Excel 相比，Word 适合于建立文字类型的表格，Excel 更适合于对表格中的数据进行计算及分析。有关 Excel 软件的使用将在第 4 章中介绍，本节只介绍 Word 的制表功能。

3.6.1 表格的建立

Word 中表格的建立有多种方法，下面介绍几种常用的方法。

1．利用“表格选择框”建立有规律的表格

（1）将插入点移到需要插入表格的位置。

（2）单击“插入”选项卡→“表格”组→“表格”下拉按钮，展开列表如图 3-53 所示。

（3）按住鼠标左键，在表格选择框中拖动鼠标选择表格所需的行数和列数（如选择 4 行 3 列），松开鼠标，即可在插入点处插入一个与该行数和列数相对应的空表格，如图 3-54 所示。

2. 利用“插入表格”对话框建立有规律的表格

（1）把插入点移到需要插入表格的位置，执行“表格”下拉列表→“插入表格”命令，弹出“插入表格”对话框，如图 3-55 所示。

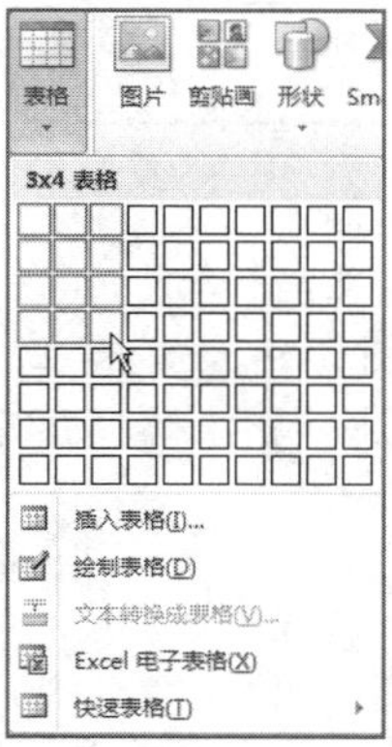

图 3-53　“表格”下拉列表

图 3-54　4 行 3 列空表格

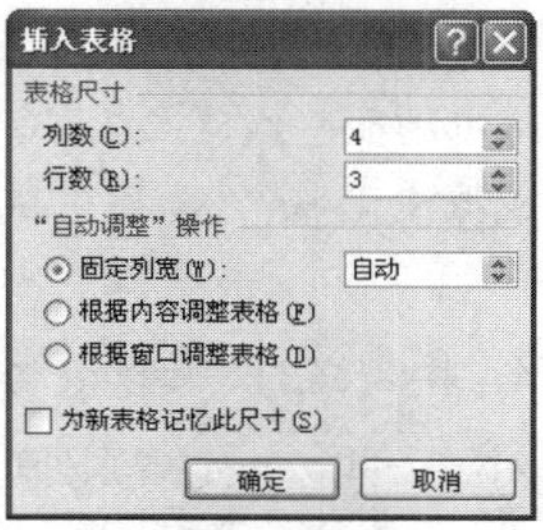

图 3-55　“插入表格”对话框

（2）在“列数”、“行数”框中输入或选择表格包含的行数和列数。

（3）选中“固定列宽”单选按钮，在其右边的数字框中输入或选择所需的列宽（也可选择默认值“自动”）。如果在数字框中选择默认值“自动”，则表格的宽度与正文区宽度相同，单元格宽度等于正文区宽度除以列数。

- 如果选中“根据窗口调整表格”单选按钮，其效果与选择“固定列宽”中的“自动”一样。
- 如果选中“根据内容调整表格”单选按钮，则所建表格的列宽将随输入内容的变化而变化。

（4）单击“确定”按钮，新建立的空表格将出现在插入点处。

提示：表格中的格子被称为单元格。一个单元格输入完后，按 Tab 键可将插入点移动到下一个单元格中。

3. 手动绘制表格

对于一些不规则表格（见图 3-56），使用手动绘制表格的方式建立表格更为合适。

<table>
<tr><td>姓名</td><td></td><td>性别</td><td></td><td>出生年月</td><td></td><td>政治面貌</td><td></td></tr>
<tr><td>学历</td><td></td><td>专业</td><td colspan="3"></td><td>英语水平</td><td></td></tr>
<tr><td colspan="8">学习工作经历</td></tr>
<tr><td>起始日期</td><td>终止日期</td><td colspan="2">所在单位</td><td colspan="4">从事何种工作</td></tr>
<tr><td></td><td></td><td colspan="2"></td><td colspan="4"></td></tr>
<tr><td></td><td></td><td colspan="2"></td><td colspan="4"></td></tr>
<tr><td></td><td></td><td colspan="2"></td><td colspan="4"></td></tr>
<tr><td>业务专长</td><td colspan="7"></td></tr>
<tr><td>有何要求</td><td colspan="7"></td></tr>
<tr><td>通讯地址</td><td colspan="7"></td></tr>
<tr><td>联系电话</td><td colspan="3"></td><td colspan="2">邮政编码</td><td colspan="2"></td></tr>
</table>

图 3-56　不规则表格

手动绘制表格的方法：在“表格”下拉列表中选择“绘制表格”，文档窗口指针变成 ✎ 的形状，这时就可以在页面上随意绘制不规则的表格。绘制表格时，显示“表格工具 设计”选项卡，如图 3-57

所示。

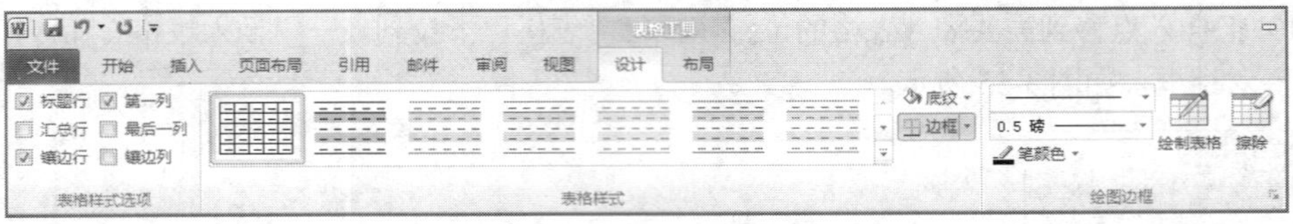

图 3-57 “表格工具 设计”选项卡

提示： 绘制表格线前，可在“表格工具 设计”选项卡中选择“笔样式”、“笔画粗细”和“笔颜色”。若表格中的某些线条画错了，可单击“绘图边框”组→“擦除”按钮（见图 3-58），鼠标在文档窗口中变成橡皮形状，按下鼠标左键拖动“橡皮”可擦除表格线，再次单击“擦除”按钮退出擦除状态。

4. 用表格的“转换”功能快速生成表格

对于一些按一定规则处理的文本内容，可以通过转换方式快速生成表格。

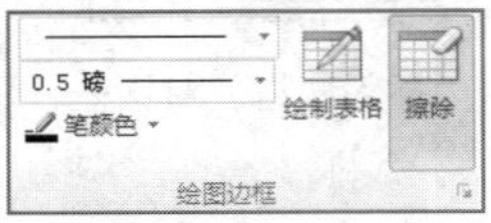

图 3-58 “擦除”按钮

例如，将图 3-59 所示表格的内容按行输入，每行中各数据之间以空格或制表符或逗号等文字分隔符分隔。选定输入的文本，执行“表格”下拉列表→“文本转换成表格”命令，弹出如图 3-60 所示“将文字转换成表格”对话框，选择表格列数和文字分隔符，单击“确定”按钮，即可将输入的文本（见图 3-59）转换为规则表格（见图 3-61）。

学号 姓名 英语 高数 计算机
14001 陈红 78 56 64
14002 王权贵 86 89 75

图 3-59 输入的文本

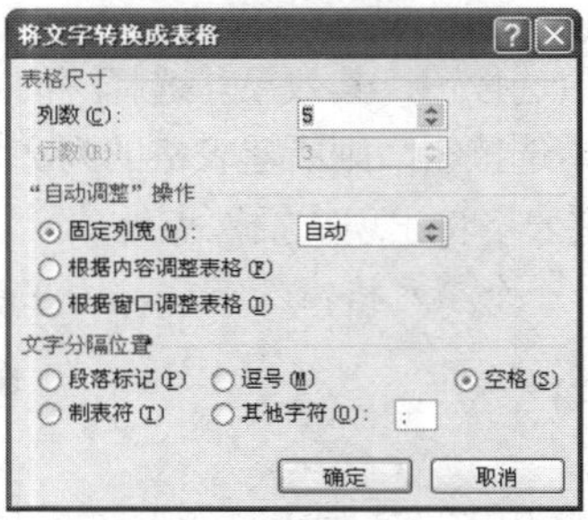

图 3-60 “将文字转换成表格”对话框

学号	姓名	英语	高数	计算机
14001	陈红	78	56	64
14002	王权贵	86	89	75

图 3-61 转换后的规则表格

3.6.2 表格的编辑

1. 选定单元格、行、列或表格

用鼠标可以很方便地选定表格中的单元格、行或列，操作如下。

（1）选定一个单元格：将鼠标指针移动到该单元格内的左端，当鼠标指针变成指针形状时，单击鼠标。

（2）选定一行：与选定一行文本相同，将鼠标指针移到行的左侧，当鼠标指针变成形状时，单击鼠标。

（3）选定一列：将鼠标指针移到表格顶端边框线上，当鼠标指针变成形状时，单击鼠标。

（4）选定多个连续单元格、行或列：在选定单元格、行或列时拖动鼠标指针，可以选定连续多个。

（5）选定表格：单击表格左上角的标记，可选定整个表格。

提示： 单击“表格工具 布局”选项卡→“表”组→“选择”下拉按钮，在展开的列表中执行“选择单元格”、“选择行”、“选择列”和“选择表格”命令可以方便地进行表格的选定操作。

2. 表格的修改

(1) 在表格中插入行或列

单击“表格工具 布局”选项卡→“行和列”组→“在上方插入”、“在左侧插入”、“在右侧插入”按钮，可以在相应的位置插入行或列。插入前如选定了多个连续的行或列，再执行命令，则插入的数量与选定的数量相当。

(2) 删除表格中的行或列

选择要删除的行或列，单击“表格工具 布局”选项卡→“行和列”组→“删除”按钮，在下拉列表中选择“删除行”或“删除列”选项即可。

(3) 表格中的移动、复制操作

在表格中，可以将指定的整行、整列或单元格中的文本或数据，移动或复制到其他行、列或单元格中去，操作方法与文档中一样。略有区别的是，如果移动、复制的是单元格，目标位置单元格中的原有内容将会被替换；如果是行、列，目标位置原有行列的内容将会后移，不会被替换。

(4) 调整表格列宽或行高

- 方法一：在表格中选定要修改的列（行）：单击“表格工具 布局”选项卡→“单元格大小”组→对话框启动器，打开“表格属性”对话框，在“列”（“行”）选项卡上修改被选定列（行）的列宽（行高），单击“前一列”（“上一行”）、“后一列”（“下一行”）修改其他列（行）的列宽（行高）；修改完毕，单击“确定”按钮返回。
- 方法二：将鼠标指针移到表格列（行）的竖线上，当指针变成形状时，按住鼠标左键并左右拖动该表格线，直到宽度（高度）合适时松开鼠标。按住 Alt 键可以平滑拖动表格列（行）线，并在水平标尺上显示出列宽（行高）值。
- 方法三：单击“表格工具 布局”选项卡→“单元格大小”组→“分布列（行）”按钮，可设置所选列的列宽（行高）相等。

(5) 合并与拆分单元格

制作不规则表格，除了前面介绍的利用手动绘制的方法外，合并和拆分单元格的操作，同样也可将一个规则表格变化成不规则表格，具体方法如下.

- 合并单元格

选定要合并的多个单元格，单击“表格工具 布局”选项卡→“合并”组→“合并单元格”按钮，结果是多个单元格合并为一个。

- 拆分单元格

将插入点放在要拆分的单元格中，单击“表格工具 布局”选项卡→“合并”组→“拆分单元格”按钮，在打开的对话框中输入拆分的行、列数，单击“确定”按钮后，一个单元格将按设置拆分成多个。

图 3-62 所示为合并和拆分单元格的效果。

(6) 拆分与合并表格

拆分表格就是将一份表格拆成 2 份，合并表格则相反。具体方法如下：

- 拆分表格：将插入点置于表格中，单击“表格工具 布局”选项卡→“合并”组→“拆分表格”按钮，插入点所在行的位置会出现一空行，表格一分为二，如图 3-63 所示。如果插入点在第 1 行，拆分的结果是在表格上方添一空行。
- 合并表格：删除相邻的两个表格之间的空行，可以将两个表格合二为一。此外，也可先选定第二份表格，执行“剪切”命令后，将插入点置于第一份表格的下一段落的起始位置，再执行“粘贴”命令。当然，两份表格最好列数相同且相应列的列宽相等，否则合并后的表格各列不能对齐。

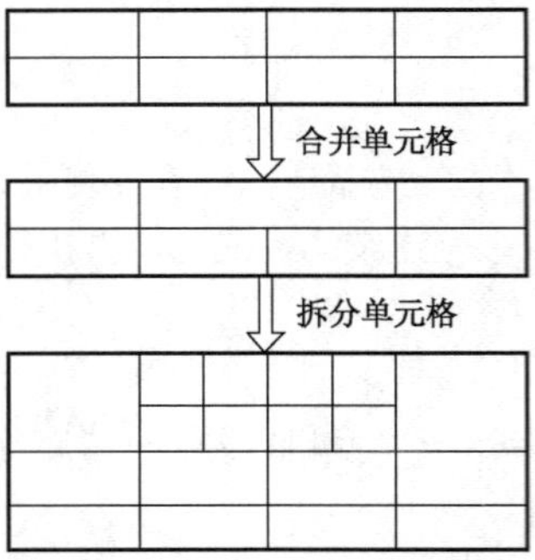

图 3-62　合并及拆分单元格

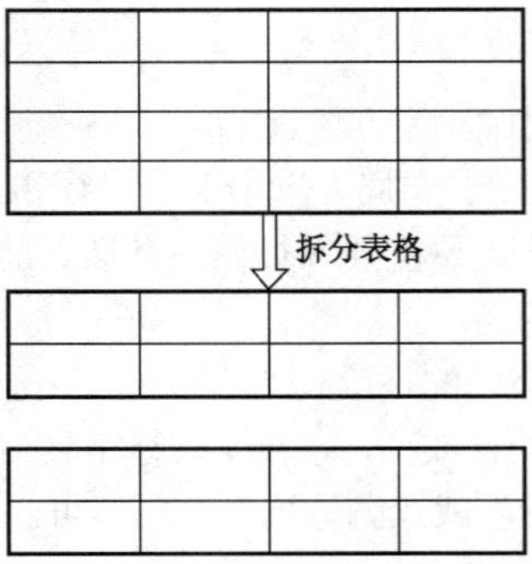

图 3-63　拆分表格

（7）缩放表格

当鼠标指针移动到表格中时，表格的右下角将出现“□”（表格缩放手柄），鼠标指针指向表格缩放手柄，按下左键拖动即可缩放表格。

（8）删除表格

单击“表格工具 布局”选项卡→“行和列”组→“删除”下拉按钮，在展开的列表中选择“删除表格”命令；或选定整个表格，单击“开始”选项卡→“剪贴板”组→“剪切”按钮，也可删除表格。

3.6.3 表格的格式化

表格的格式化包括表格内文字的格式化及表格外观的格式化操作。

1．表格内文字的格式化

表格内文字的格式化包括字体、段落格式化，与表格外的文字及段落的格式化操作相同。

图 3-64　对齐按钮

2．单元格文本对齐方式

前面介绍过文字的水平对齐方式，相关操作在表格中仍然适用。另外，在表格中还增加了垂直方向的对齐操作，操作方法如下：

选定表格或表格中的部分单元格后，单击“表格工具 布局”选项卡→“对齐方式”组中对应的对齐按钮（见图 3-64）即可。

3．单元格文字方向

除了设置表格中文本的位置外，还可以灵活设置文字方向。例如，要设计如图 3-65 所示的类似表格，一般希望有些单元格的文字竖向排列。方法如下：

选定表格或表格中的部分单元格后，单击“表格工具 布局”选项卡→“对齐方式”组→“文字方向”按钮（见图 3-66）即可。

姓名		性别		籍贯	
学历		职位		联系电话	
学习工作经历	起始日期	终止日期		所在单位	

竖排

图 3-65　表格中的竖排文字

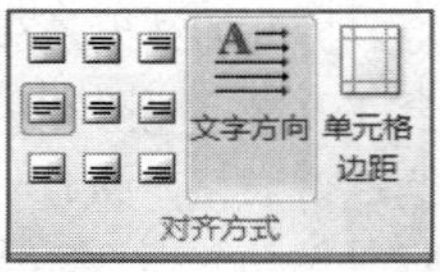

图 3-66　“文字方向”按钮

4. 设置单元格边距

单元格边距是指单元格中的内容与边框之间的距离。在编辑表格时，可以根据实际需要自定义单元格的边距和间距，方法如下：

选择整个表格，单击“表格工具 布局”选项卡→“对齐方式”组→“单元格边距”按钮，打开如图 3-67 所示的“表格选项”对话框进行设置。

5. 表格边框和底纹

（1）设置表格边框

选定表格或表格中的部分单元格后，单击“表格工具 设计”选项卡→“表格样式”组→“边框”下拉按钮，选择所需选项即可。

提示： *若要设置更复杂的边框样式，可在“边框”下拉列表中单击“边框和底纹”命令，打开“边框和底纹”对话框进行设置。*

（2）设置表格底纹

若要设置表格的底纹效果，则只需单击“表格样式”组→“底纹”下拉按钮，选择所需颜色即可。

6. 表格自动套用格式

选定表格后，选择“表格工具 设计”选项卡→“表格样式”组中的表格样式，可方便快捷地设置表格格式。

7. 标题行重复

标题行指表格的首行，一般为说明表格各列内容的标题。当一个大型表格需要排在多页显示时，可以设置在各页自动重复表的标题行，方法如下：

首先选定作为表格标题的一行或几行文字，其中必须包含表格的第一行，然后单击“表格工具 布局”选项卡→“数据”组→“重复标题行”按钮，如图 3-68 所示。

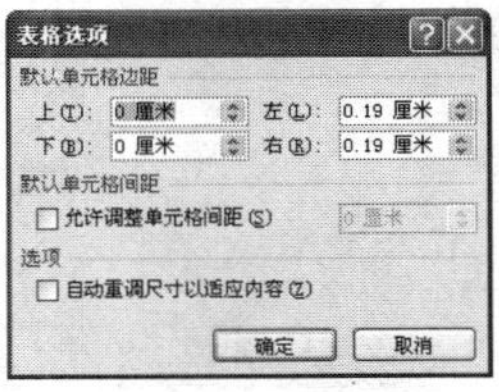

图 3-67 “表格选项”对话框

图 3-68 “标题行重复”按钮

3.6.4 表格中数据的计算及排序

1. 表格的计算

Word 提供了对表格中的数据进行计算的功能。在图 3-69 所示的表格中，利用求和函数（SUM）和求平均值函数（AVERAGE）可计算出个人的总分及科目平均分，操作步骤如下。

（1）将插入点置于欲求值的单元格中，例如表格中最后一行第 2 个单元格。

（2）单击“表格工具 布局”选项卡→“数据”组→“公式”按钮，弹出“公式”对话框，如图 3-70 所示。

（3）在“公式”文本框中输入公式“=AVERAGE（B2:B7）”或“=AVERAGE（ABOVE）”，单击“确定”按钮后，该单元格中将显示出计算结果，如图 3-69 所示。

姓名	数学	英语	计算机	总分
刘小明	80	74	77	
王晓莉	94	92	89	
李志强	90	94	88	
林晓丹	57	67	60	
王霖	85	74	84	
程平	75	83	81	
平均分	80.17			

图 3-69　示例表格

图 3-70　“公式”对话框

提示：公式应以等号“=”开头；公式中的“B2:B7”表示从第 2 列第 2 行到第 2 列第 7 行的单元格区域，字母“B”表示列号。

与 Excel 电子表格相比，Word 表格的计算功能较弱，自动化能力差。当公式中所使用的单元格数据改变时，结果不能自动重新计算。此外，Word 没有像 Excel 那样的公式复制功能，使得制作功能相同的公式时效率较低。所以，建议使用者在建立此类需要进行较多运算的表格时，执行“插入”选项卡→“表格”下拉列表→“Excel 电子表格”命令来插入表格，利用 Excel 的工作环境进行表格制作及数据计算。

2．表格的排序

在 Word 的表格中，可以对数据进行排序，步骤如下。

（1）单击“表格工具 布局”选项卡→“数据”组→“排序”按钮，弹出“排序”对话框，如图 3-71 所示。

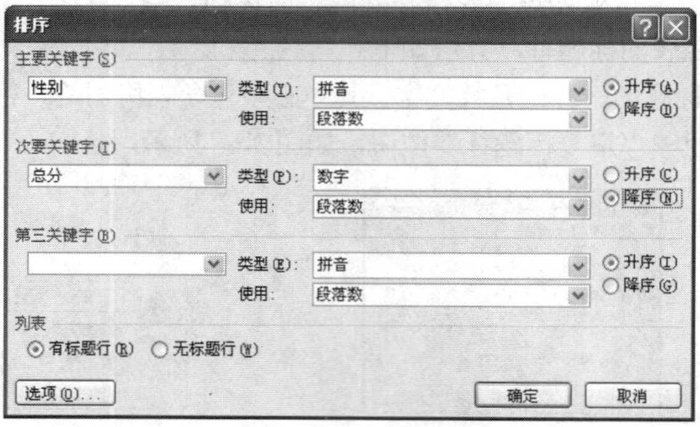

图 3-71　“排序”对话框

（2）在对话框中设置各主要、次要关键字及排序方向，单击“确定”可完成排序。

例如，图 3-72 所示为排序前的学生成绩表，在“排序”对话框中设置排序的主要关键字是“性别”（升序）、次要关键字是“总分”（降序），排序后的学生成绩表如图 3-73 所示。

姓名	性别	数学	英语	计算机	总分
刘小明	男	80	74	77	231
王晓莉	女	94	92	89	275
李志强	男	90	94	88	272
林晓丹	女	57	67	60	184
王霖	男	85	74	84	243
程平	男	75	83	81	239

图 3-72　排序前的表格

姓名	性别	数学	英语	计算机	总分
刘小明	男	90	94	88	272
王晓莉	男	85	74	84	243
李志强	男	75	83	81	239
林晓丹	男	80	74	77	231
王霖	女	94	92	89	275
程平	女	57	67	60	184

图 3-73　排序后的表格（按性别及总分排序）

3.6.5　由表格生成统计图表

在 Word 中，可利用表格中的部分或全部数据生成各种统计图表。操作步骤如下：

（1）单击“插入”选项卡→“插图”组→“图表”按钮，在弹出如图 3-74 所示的“插入图表”对话框中选择要插入的图表类型，如选择“簇状柱形图”，单击“确定”按钮，即可将图表插入到文档中。

（2）选择要更新数据的图表，单击“图表工具设计”选项卡→“数据”组→“编辑数据”按钮。然后，将光标置于 Excel 窗口数据的右下角，当光标变成↘形状时，向下拖动鼠标，增大数据区域。在增大的数据区域输入更新的数据（如输入如图 3-75 所示的数据）。

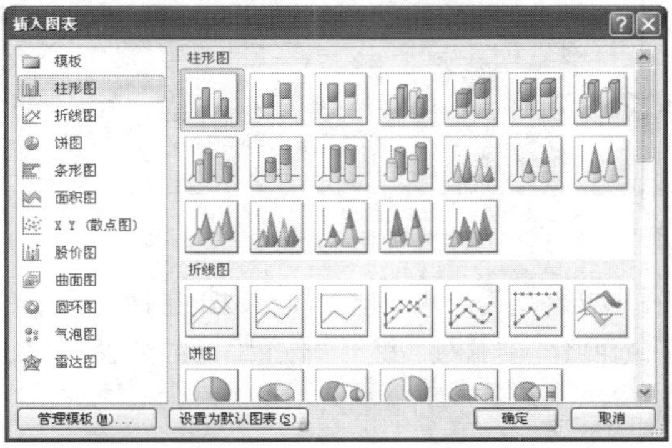

图 3-74　“插入图表”对话框

姓名	数学	英语	计算机
刘小明	80	74	77
王晓莉	94	92	89
李志强	90	94	88
林晓丹	57	67	60
王霖	85	74	84
程平	75	83	81

图 3-75　数据表

（3）关闭“数据表”窗口，更新后的图表如图 3-76 所示。

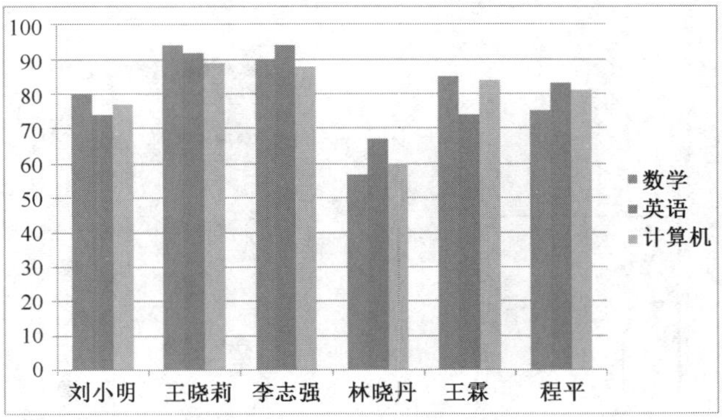

图 3-76　生成的图表

3.7　图形对象的插入及格式化

Word 2010 除了能够处理文字、表格外，还能在文档中插入各种图形对象，实现图文混排。插入的图形对象主要有：剪贴画、各种图形文件、自绘图形、艺术字、数学公式等。其中，数学公式的插入需利用“插入”选项卡→“符号”组→“公式”选项实现，其余可利用“插入”选项卡→“插图”组中的相关命令按钮（见图 3-77）实现。

图 3-77　“插图”组的命令按钮

3.7.1 图片和剪贴画

1. 图片

单击“插图”组→“图片”按钮，打开“插入图片”对话框，可将图片文件的图形插入到文档中的插入点位置。也可以利用“拖曳法”直接将文件夹中的图片拖曳到文档中需要插入图片的位置。

图片的格式化操作通常有：缩放图片、裁剪、改变图片的亮度及对比度、设置文字的环绕方式等。这些操作可选定图片，在“图片工具 格式”选项卡的相应组中选择对应的命令按钮（见图3-78）来完成。

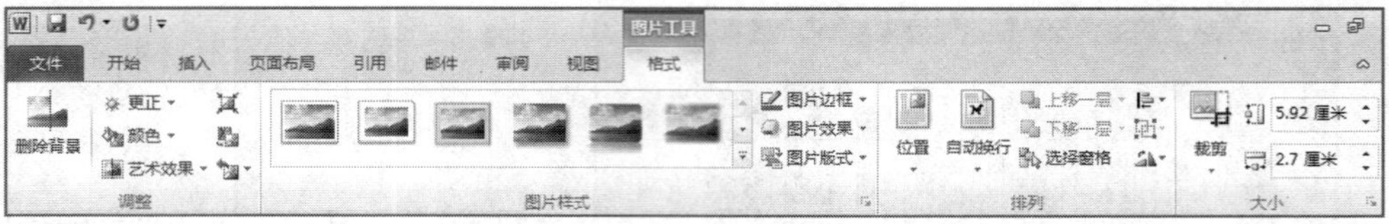

图3-78 “图片工具 格式”选项卡

默认情况下，在Word中插入的剪贴画和图形文件均为嵌入型插入，嵌入型的图片嵌入在文字中间，相当于段落中的字符。单击“图片工具 格式”选项卡→“排列”组→“位置”下拉列表→“文字环绕”按钮（见图3-79）可修改图片与文字的位置关系。

2. 剪贴画

单击“插图”组→“剪贴画”按钮，屏幕出现“剪贴画”任务窗格（见图3-80），单击“搜索”后，该任务窗格中将罗列出剪辑库中所有剪贴画。单击一幅剪贴画，该剪贴画即插入到文档中插入点的位置。

图3-79 “文字环绕”按钮

图3-80 “剪贴画”任务窗格

3.7.2 自绘图形

Word中提供了很多基本图形，如矩形、圆以及各种线条和连接符等，用户可以利用这些基本图形来绘制自己所需的各种组合图形。

1．绘制图形

若要在文档中绘制图形，只需单击“插入”选项卡→“插图”组→“形状”下拉按钮，在展开的列表（见图3-81）中选择所需形状，拖动鼠标即可开始绘制。

例如，在“形状”下拉列表中选择“横卷形”，拖动鼠标可绘制出一个“横卷形”的形状，如图3-82所示。

提示： 绘制图形时，按住Shift键拖动鼠标可绘制规则图形。例如，绘制直线时可绘制出水平、竖直直线或与水平方向成15°、30°、45°等的直线；绘制圆时可绘制出正圆；绘制矩形时，可绘制出正方形。

2．设置图形格式

在文档中绘制图形之后，可以像设置图片格式一样来设置自绘图形的格式，如应用图形样式、调整其大小或者设置其排列方式等。

（1）设置图形样式

Word 2010 提供了多种可直接应用于图形的样式以美化图形。用户只需选择自绘图形，在“绘图工具 格式”选项卡→“形状样式”列表组（见图3-83）中选择所需的样式。

例如，选择“横卷形”图形，在“形状样式”列表组中选择“细微效果-蓝色，强调颜色1”，效果如图3-84所示。

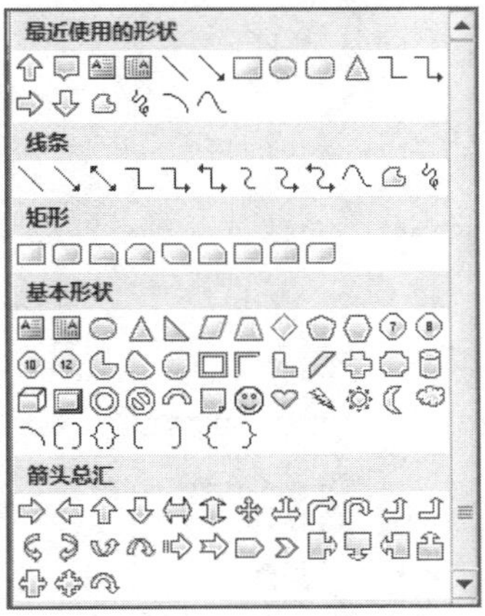

图3-81　“形状”下拉列表

图3-82　“横卷形”的形状

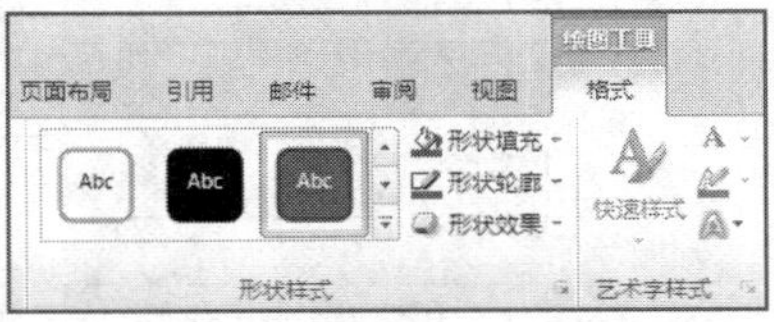

图3-83　“形状样式”列表组

（2）设置图形填充和轮廓

- 除了应用系统内置的样式快速美化图形外，有时还需要设置图形的填充。单击“绘图工具 格式”选项卡→“形状样式”组→“形状填充”下拉按钮，在颜色区域中选择相应的颜色即可。
- 若要设置形状的轮廓，单击“形状样式”组→“形状轮廓”下拉按钮，在相应的列表中选择即可。

例如，选择“横卷形”图形，然后在“形状轮廓”下拉列表→“粗细”子列表中选择“2.25 磅”选项，效果如图3-84所示。

（3）设置形状效果

在Word 2010中，还可以为图形添加阴影、映像、发光、柔化边缘等效果。要为图形设置形状效果，只需单击“形状样式”组→“形状效果”下拉按钮，在展开的子列表中选择相应的效果样式即可。

例如，选择“横卷形”图形，选择“形状效果”下拉列表→“三维旋转”→“平行”分组→“离轴 2 左”，效果如图 3-84 所示。

（4）添加文字

有些图形可以添加文字，用鼠标右键单击自绘图形，在弹出菜单中选择“添加文字”按钮，在光标处输入文字即可。

例如，选择“横卷形”图形，添加文字“横卷形”，效果如图 3-84 所示。

3. 排列和组合图形

默认情况下，Word 会根据插入的对象（非嵌入型的图片、自绘图形、文本框和艺术字等）的先后顺序确定对象的叠放层次，即先插入的对象在最下面，最后插入的图形在最上面，这样处在上层的图形将遮盖下面的图形。

要改变对象的叠放次序，可选中要改变叠放次序的图形，单击“绘图工具 格式”选项卡→“排列”组→“上移一层”或“下移一层”按钮，在其展开的列表中选择所需选项即可。

当在文档中的某个页面上绘制了多个图形时，为了统一调整位置、尺寸、线条和填充效果，可将它们组合为一个图形单元。步骤如下：

（1）选中第一个图形，然后按下 Shift 键并单击其他要参与组合的图形。

（2）单击“绘图工具 格式”选项卡→“排列”组→“组合”下拉按钮，在展开的列表中选择“组合”，即可将所选图形组合为一个图形单元。

例如，将“矩形、下拉箭头、一个菱形”组合成为一个图形单元，如图 3-85 所示。

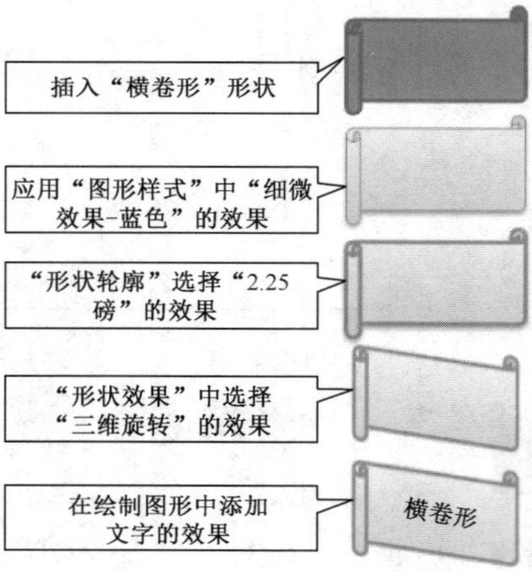

图 3-84 “横卷形”图形相关效果

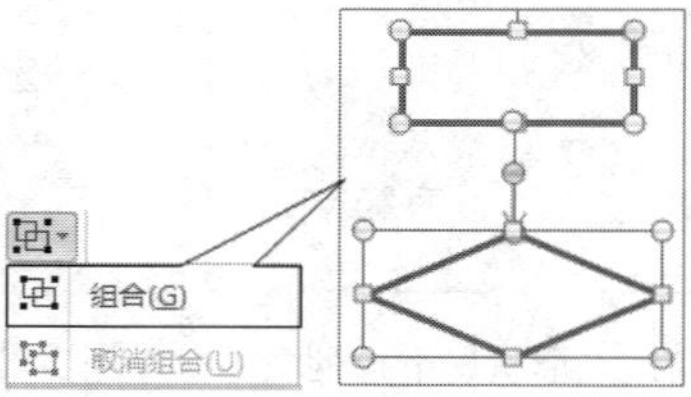

图 3-85 组合图形

提示： 在文档中绘制图形时，为了避免随着文档中其他文本的增删而导致插入图形的相互位置发生错乱，最好在画布中进行。单击“插入”选项卡→“插图”组→“形状”下拉按钮，在展开的列表中选择“新建绘图画布”，接下来开始绘制图形，所绘制的图形均放置在一张画布上。

例如，将“矩形、下拉箭头、一个菱形”均放置在一张画布上，如图 3-86，这些图形可以视作一个图形单元，进行整体操作。

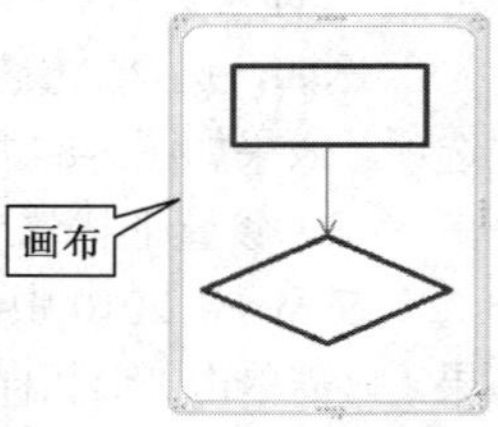

图 3-86 画布的使用

3.7.3 SmartArt 图形

SmartArt 图形是微软为办公人员制作标准流程图、结构图、关系图等图形提供的模板，让用户通过简单的单击鼠标操作就能创建具有专业设计师作图水准的图表。Word 2010 提供的 SmartArt 图形类型包括“列表”、“流程”、“循环”、“层次结构”、“关系”、“矩阵”、“棱锥图”和“图片”等，每种类型的图形有各自的作用。

- 列表：用于显示非有序信息块或者分组的多个信息块或列表的内容，该类型中包括 36 种布局样式。
- 流程：用于显示组成一个总工作的几个流程的行径或一个步骤中的几个阶段，该类型中包括 44 种布局样式。
- 循环：用于以循环流程来表示阶段、任务或事件的过程，也可以用于显示循环行径与中心点的关系，该类型中包括 16 种布局样式。
- 层次结构：用于显示组织中各层的关系或上下层关系，该类型中包括 13 种布局样式。
- 关系：用于比较或显示若干个观点之间的关系。有对立关系、延伸关系或促进关系等，该类型中包括 37 种布局样式。
- 棱锥图：用于显示比例关系、互联关系或层次关系，按照从高到低或从低到高的顺序进行排列，该类型中包括 4 种布局样式。
- 图片：包括一些可以插入图片的 SmartArt 图形，该类型中包括 31 种布局样式。

1. 插入 SmartArt 图形

插入 SmartArt 图形的操作步骤如下。

（1）将光标定位到需要插入图形的位置，单击“插入”选项卡→“插图”组→“SmartArt”按钮，打开“选择 SmartArt 图形”对话框，如图 3-87 所示。

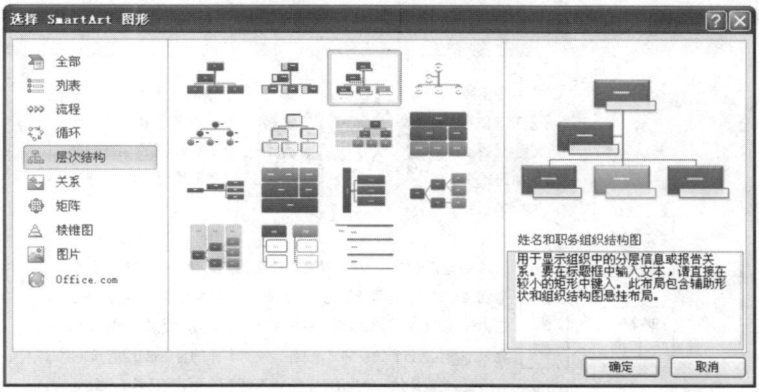

图 3-87 “选择 SmartArt 图形”对话框

（2）在该对话框的左侧列表框中选择 SmartArt 图形的类型，然后在中间选择一种布局。例如，选择“层次结构”选项中的“姓名和职务组织结构图”，单击“确定”按钮，即可在文档中插入选择的 SmartArt 图形。

（3）单击 SmartArt 图形中的文本占位符号，输入所需的文本，如图 3-88 所示。

2. 在 SmartArt 图形中删除或添加形状

前面已经创建了一个组织结构图的样例，但是在实际建立组织结构图的时候，一般都要在该样本组织结构图的基础上再删除或添加一些图框，具体操作步骤如下。

（1）单击选定要删除的图框，然后按 Delete 键。

（2）单击组织结构图中要添加新图框的图框，单击“SmartArt 工具 设计”选项卡→“创建图形”组→“添加形状”下拉按钮，在展开的列表中选择添加形状的位置，比如选择“在后面添加形状”，效果如图 3-89 所示。

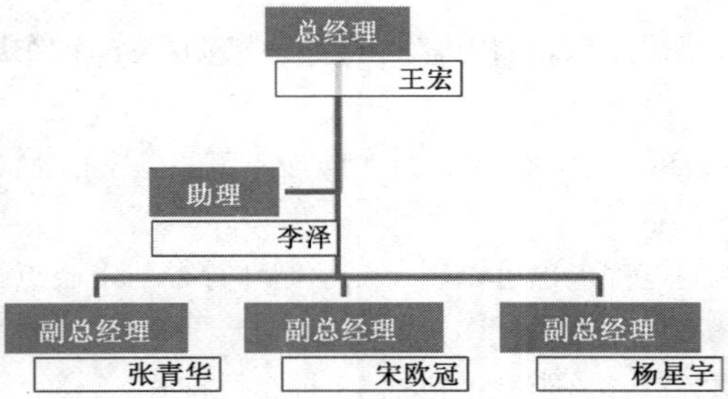

图 3-88 “姓名和职务组织结构图”样例

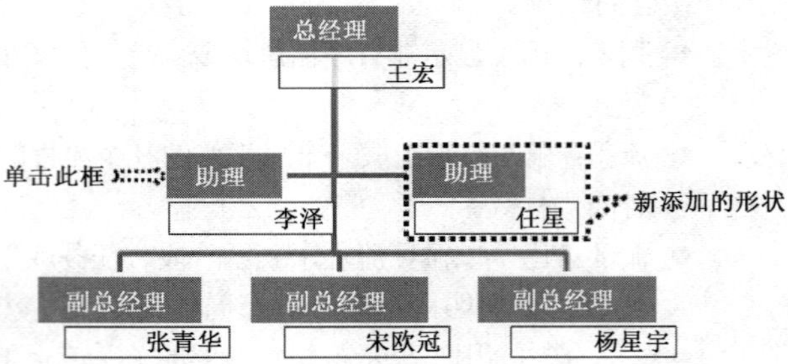

图 3-89 添加形状后的组织结构图

提示：右击要添加新图框的图框，在弹出的菜单中单击“添加形状”下拉按钮也可完成添加形状的操作。

3.7.4 文本框和艺术字

在制作文档的过程中，为了突出显示文本，可以使用文本框或艺术字。

1. 文本框

文本框是 Office 提供的能输入文本的框架。文本框可以使输入其中的文字独立起来，突出显示也便于编辑，同时还可以满足用户在特殊目标位置输入文本的需求。根据文字排列的方向，文本框分为“横排”和“竖排”（见图 3-90）两种。

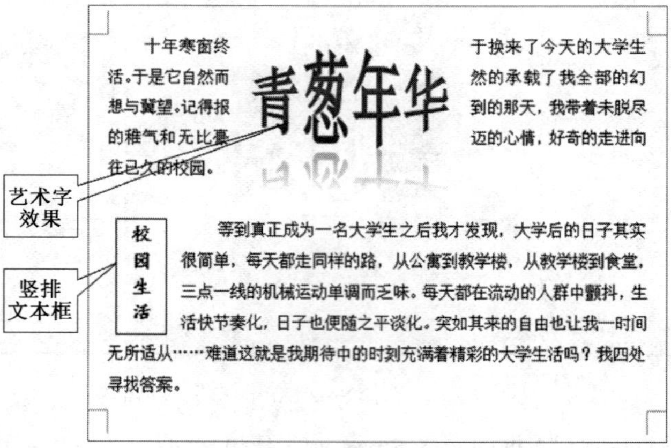

图 3-90 竖排文本框和艺术字效果

在 Word 文档中，用户可以插入内置的文本框，也可以通过执行命令绘制带有方向的文本框。

（1）若要插入系统内置的文本框，单击“插入”选项卡→“插图”组→“文本框”下拉按钮，选择“内置”栏中的任意一种文本框样式，并在插入的文本框内输入文字即可。

（2）若要绘制文本框，只需在“文本框”下拉列表中单击“绘制文本框”或者“绘制竖排文本框”按钮，随即在文档中拖动鼠标来绘制相应方向的文本框，然后输入文字即可。

2. 艺术字

艺术字可将文字以艺术化形式展示，用户可以将新颖、别致、醒目的艺术字（见图 3-90）添加到文档中，从而达到美化文档的目的。

要插入艺术字，单击“插入”选项卡→“文本”组→“艺术字”下拉按钮，选择一种艺术字样式，然后在提示框中输入文字内容即可。

提示：也可以直接选择文档中已有的文字，然后单击“艺术字”下拉按钮，选择一种艺术字样式，即可将所选文字转换为艺术字。

设置文本框和艺术字的格式与设置自选图形一样，可使用“图片工具 格式”选项卡的相关命令按钮来设置。

3.7.5 公式

在编辑科技类文档时，常常需要输入及编辑复杂的数学公式，操作步骤如下。

（1）将插入点移到文档中需要插入公式的位置。

（2）单击“插入”选项卡→“符号”组→“公式”下拉按钮，执行“插入新公式”命令，打开“公式工具 设计”选项卡（见图3-91），进入公式编辑状态。

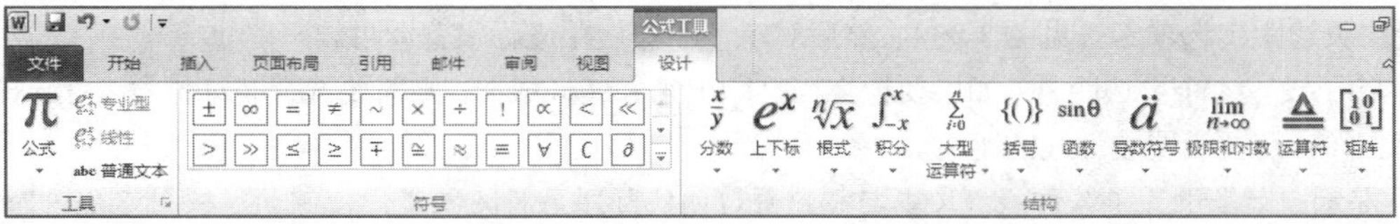

图3-91 “公式工具 设计”选项卡

（3）利用“公式工具 设计”选项卡中提供的各种模板和符号在公式输入框中编辑公式。

（4）公式编辑完毕后，在公式输入框外单击，即可完成输入，退出公式编辑状态，单击公式可再次进入公式编辑状态对公式进行编辑。

3.8 页面排版及打印

在实际工作中，完成文档编辑后，还需要将文档打印到纸上，以方便传阅与保存。要想打印出美观的文档，就必须熟练使用Word 2010 的文档页面排版功能。页面排版包括页面设置、分页与分节、添加页眉和页脚等内容。

3.8.1 页面设置

页面设置就是要对文档页面的纸张大小、纸张方向、页边距、装订线的位置、页眉和页脚的位置以及每页的行数和每行的字数等进行设置。

选择“页面布局”选项卡，单击“页面设置”组中的相关按钮（见图3-92），可以对纸张、边距等进行设置。

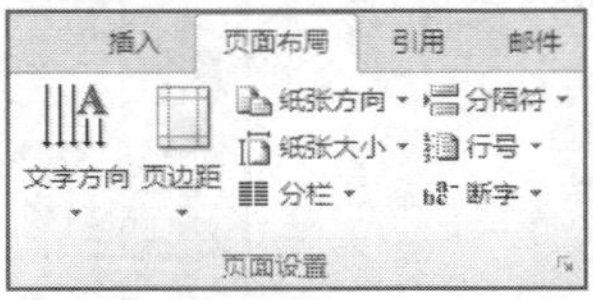

图3-92 “页面设置”组按钮

1. 设置纸张大小和方向

（1）纸张大小是指用于打印文档的纸张幅面，例如平时打印个人简历和公司文档一般都用A4纸，有的也用B5规格，另外还有诸如16开、32开等纸张规格。

Word 系统默认的纸张大小为A4纸（21cm×29.7cm），用户可以根据自己的需要对其进行更改。若要更改纸张大小，只需单击“页面设置”组→“纸张大小”下拉按钮，在其列表中选择要使用的选项即可。

（2）纸张方向一般分为横向和纵向两种。通常打印的文档要求纸张是纵向的，但有时也会用横向纸张，例如要打印一个很宽的表格，采用横向纸张可以确保表格的所有列均被显示出来。

提示：默认情况下，Word的文档的纸张方向是“纵向”的，若要更改纸张方向，只需单击“页面设置”组→“纸张方向”下拉按钮，在其列表中选择要使用的选项即可。

2．设置页边距

页边距是指文本与纸张边界间的距离，又叫“页边空白”。为文档设置合适的页边距，不仅可以充分利用纸张空间，也可以使文档看起来更加赏心悦目。

默认情况下，Word创建的文档，顶端和底端各留有2.54cm的页边距，左右各留有3.17cm的页边距。用户也可以使用系统内置的其他页边距选项，或者自定义页面边距。

（1）若要使用系统内置的页边距选项，只需单击“页面设置”组→“页边距”下拉按钮，在其列表中选择所需的选项即可。

（2）若要自定义页面边距，只需单击“页面设置”组→对话框启动器，打开“页面设置”对话框，选择“页边距”选项卡（见图3-93），然后对上下左右边距进行设置即可。

除了设置4个页边距外，如果要把文档打印出来并装订成册，则需要选择装订位置（可选择“左”或“上”），还要设置装订线的距离。

提示：如果设置了装订线，文本与相应页边的实际距离将随之变化。例如，按图3-93中的设置，则文本与纸张左边界的实际距离应为3cm。

3．设置版式和文档网格

在“页面设置”对话框中还可以对版式和文档网格进行设置。

（1）“版式”选项卡（见图3-94）：可设置页眉和页脚“奇偶页不同”或“首页不同”，设置页眉、页脚与纸张边界的距离，设置页面的对齐方式，还可为每行添加行号。

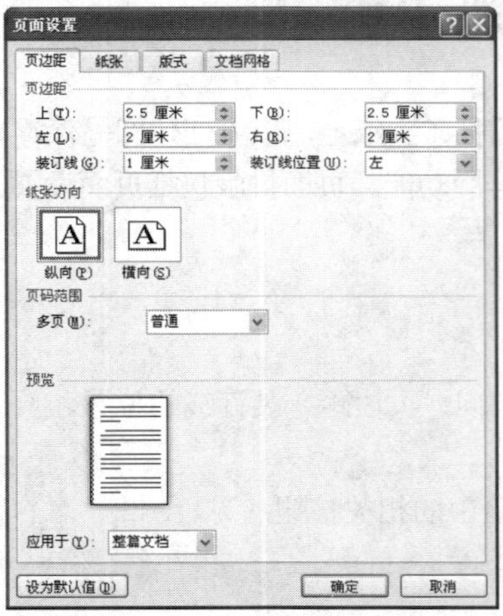

图3-93 “页边距”选项卡

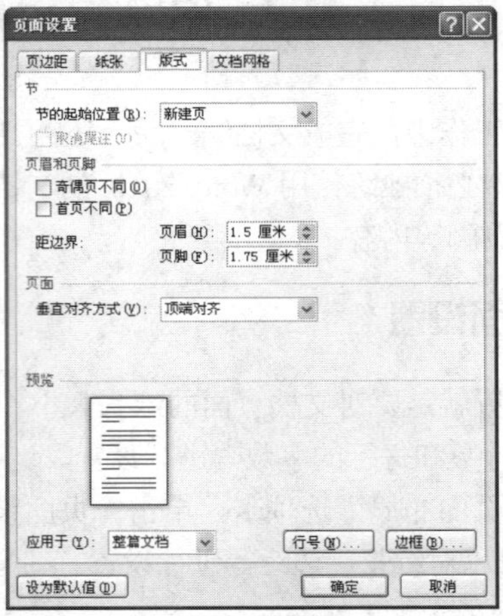

图3-94 “版式”选项卡

（2）“文档网格”选项卡（见图3-95）：可设置文字方向（水平或垂直）、分栏、文档中每页的行数及每行中字符的个数，还可设置是否显示网格线、设置文档的字体格式。

提示：在“文档网格”选项卡中进行的字体、每行字符数及每页行数的设置，改变的是文档的默认格式，即“正文”样式的格式（有关样式内容将在3.9.1节中介绍）。

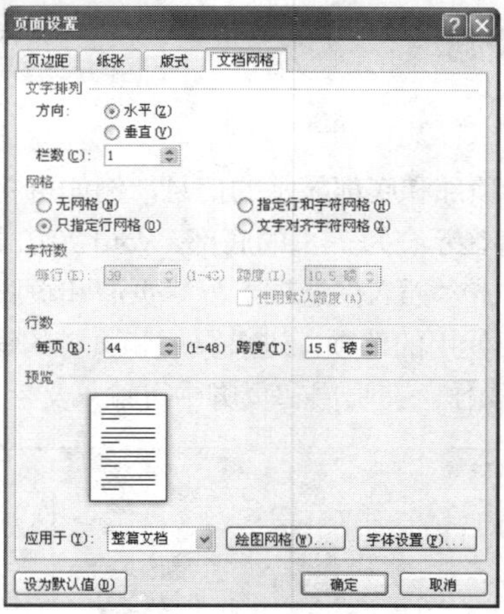

图 3-95 “文档网格”选项卡

3.8.2 文档的分页与分节

在编辑 Word 文档时，系统会为文档自动分页。而为了美化文档的视觉效果，或者便于在同一个文档中为不同部分的文本设置不同格式，则可以利用 Word 2010 提供的强制分页和分节功能。

1. 分页

若要对文档进行人工分页，只需将光标置于要进行分页的位置，单击“页面布局”选项卡→“页面设置”组→“分隔符”下拉按钮，执行“分页符”命令即可。

另外，用户也可以将光标定位于要分页的指定位置，单击“插入”选项卡→“页”组→“分页”按钮，也可进行分页。

2. 分节

所谓节是指 Word 文档中用来划分文档的一种方式，而分节符则是一节内容的结束符号。默认情况下，Word 将整个文档视为一“节”，故对文档的页面排版是应用于整篇文档的。但在文档编辑过程中，可能需要对一个文档的不同部分采用不同效果的版面设置（如，一本书的目录和正文会分别应用不同的页码样式，不同的页眉页脚文字），这时就需要对文档进行分节。

若要在文档中插入分节符，只需将光标置于指定的位置，单击“页面设置”组→“分隔符”下拉按钮，选择“分节符”列表下的相应命令即可。在该列表下，有 4 种不同的分节符可供选择（见图 3-96），分别是“下一页”、“连续”、“偶数页”和“奇数页”。

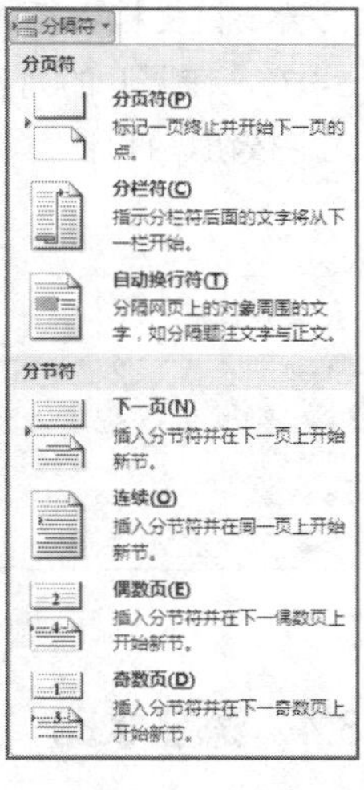

图 3-96 “分隔符”下拉列表

（1）下一页：强制分页，在下一页上开始新节。

（2）连续：不分页，在同一页上开始新节。

（3）偶数页：将在下一偶数页上开始新节。

（4）奇数页：将在下一奇数页上开始新节。在编排长文档时，习惯将新的章节标题排在奇数页上，此时可插入奇数页分节符。

提示： 单击“开始”选项卡→“段落”组→“显示/隐藏编辑标记”按钮，即可显示插入的“……分页符……”或“……分节符(连续)……”编辑标志，删除此编辑标记，即可取消分页或分节。

3.8.3 添加页眉、页脚和页码

1. 页眉和页脚

页眉和页脚是指在每一页的顶部和底部显示的信息，例如可将文章的标题作为页眉内容显示在每一页的顶部；将页码作为页脚内容显示在每一页的底部。Word 2010 提供了许多漂亮的页眉、页脚格式。

创建页眉页脚的方法是：单击“插入”选项卡→“页眉和页脚”组→“页眉”或“页脚”下拉按钮（见图 3-97），在列表中选择要使用的选项，进入页眉和页脚的编辑界面，此时插入点在页眉或页脚位置，正文部分颜色暗淡，不能操作。在页眉和页脚中可输入文字，设置文字格式。

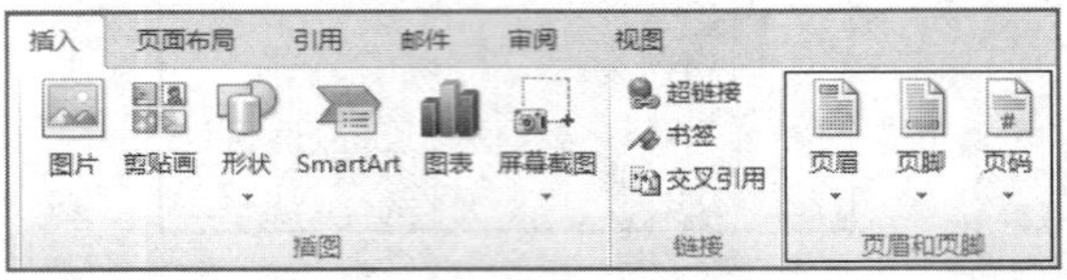

图 3-97 “页眉和页脚”组命令按钮

提示： *在对页眉和页脚进行操作时，窗口中会出现“页眉和页脚工具 设计”选项卡，如图 3-98 所示。利用该选项卡的工具，可以为页眉或者页脚设置更多效果，例如用户可以根据需要在其中添加日期和时间、图片、文档部件等内容。*

页眉或页脚中的文字输入完成之后，单击“页眉和页脚工具 设计”选项卡→“关闭”组→“关闭页眉页脚”按钮（见图 3-98），即回到正文编辑状态。双击页眉页脚位置，可再次使其进入编辑状态。

2. 页码

一篇文章由多页组成时，为了便于按顺序排列与查看，希望每页都有页码。

若要在文档中插入页码，只需单击“插入”选项卡→“页眉页脚”组→“页码”下拉按钮（见图 3-97），在展开的列表中选择插入的位置即可。如果要设置页码的格式可在此列表中单击“设置页码格式”按钮，打开“页码格式”对话框（见图 3-99），在此进行页码格式的设置。

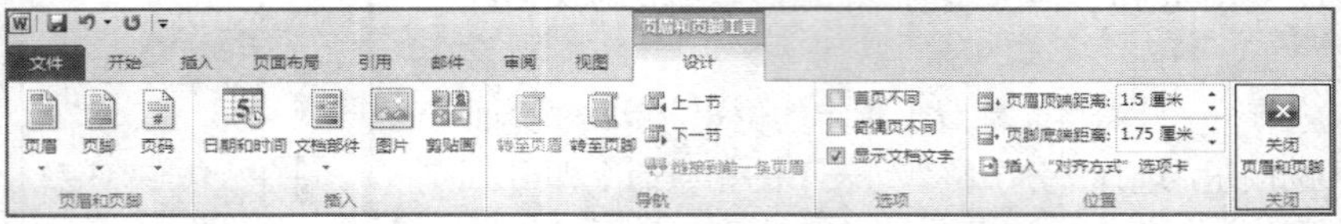

图 3-98 “页眉和页脚工具 设计”选项卡

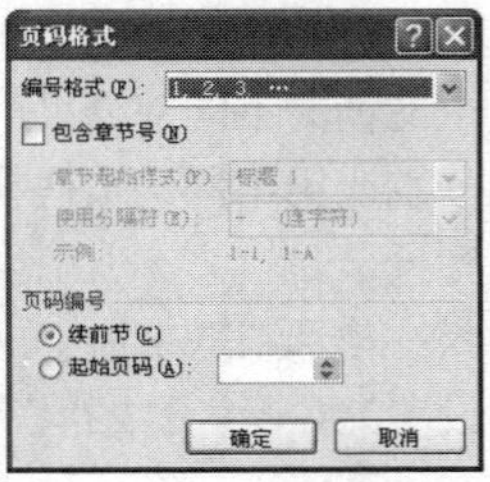

图 3-99 “页码格式”对话框

3.8.4 添加水印

水印是衬于文档内容下方的一种文本或图片形式，通常用于增加趣味或标识文档状态。例如，为一些重要的文档添加水印“绝密”或“保密”字样，可以让获得文档的人知道该文档的重要性。Word 的水印有两种类型，一种是文字水印，另一种是图片水印。

1. 添加文字水印

在 Word 2010 中，系统预设了三大类 12 种文字水印样式供用户使用。用户可以通过文档的特点或

者重要性，来选择合适的水印效果。具体的设置方法如下：

打开要添加水印的文档，单击“页面布局”选项卡→“页面背景”组→“水印”下拉按钮，在展开的列表中选择水印的样式，如选择“机密”栏中的“严禁复制 1”选项（见图 3-100），添加水印后的文档效果如图 3-101 所示。

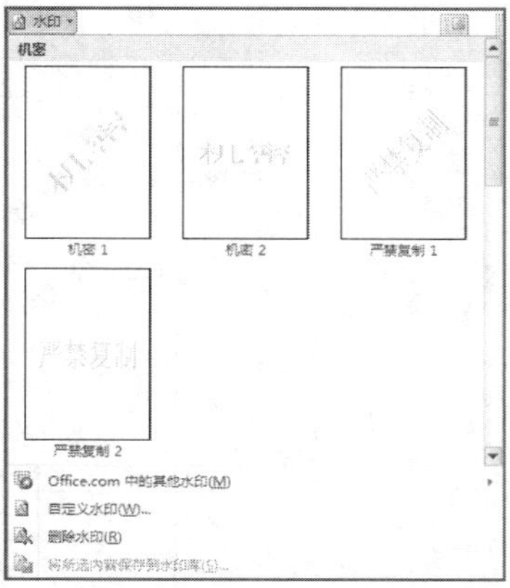

图 3-100 “水印”下拉列表

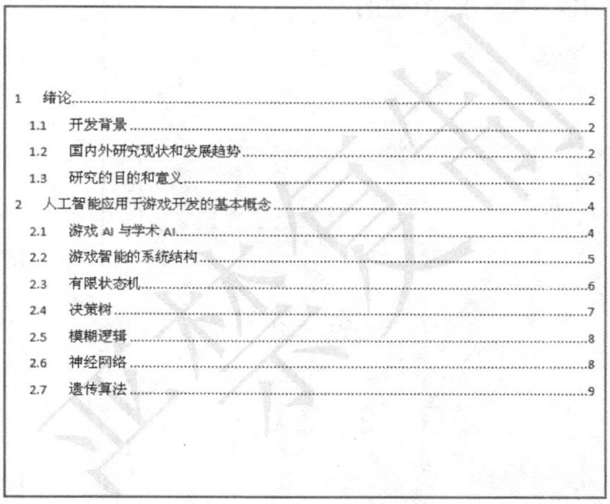

图 3-101 添加水印后的文档效果

除了系统内置的水印效果之外，用户还可以使用其他文字效果作为文档水印。单击“页面背景”组→“水印”下拉列表→“自定义水印”按钮，可弹出“水印”对话框，如图 3-102 所示。在该对话框中，用户可根据自己的需要设置自己满意的文字水印效果。

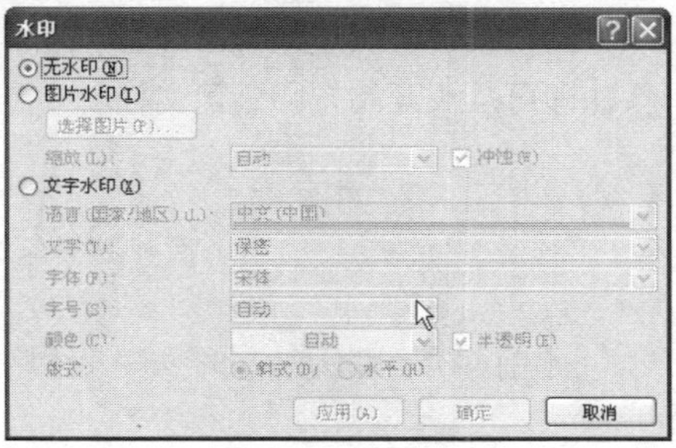

图 3-102 “水印”对话框

2．添加图片水印

在“水印”对话框中，选择“图片水印”并单击“选择图片”按钮，在弹出的对话框中选择要作为水印的图片即可。

3.8.5　打印预览与输出

文档经过编辑及格式化处理后，为确保屏幕显示的内容能正确打印输出到纸张上，需先通过打印预览确定打印效果，然后再实施打印操作。

1．打印预览

打印预览是一种所见即所得的文档显示方式，在打印预览方式下，可以很方便地放大或缩小显示比例，查看文档的页面效果。

单击“文件”选项卡→“打印”按钮，此时在文档窗口中将显示所有与打印有关的命令，在最右侧的窗格中能够预览打印效果，通过拖动窗格右下角的“显示比例”滑块的位置来调整文档的显示大小，如图 3-103 所示。

2．打印

如果确认文档中无错误文本或者文档的各项设置都符合要求，则可以开始打印文档。在打印文档之前首先要确保打印机与用户的电脑相连，其次要在用户的电脑上安装打印机驱动程序，并且要对打印份数等进行详细的设置，设置完毕并且确认无误即可进行打印。

执行“文件”选项卡→“打印”命令，在中间窗格的“份数”文本框中设置打印的分数。Word 默认打印文档中的所有页面，单击“打印所有页”按钮，在弹出的列表中选择要打印的范围，例如，要打印当前页，只需选择“打印当前页面”选项，如图 3-104 所示。另外，如果打印的页是不连续的，可以在“页数”文本框中输入打印的页码。例如，要打印文档的第 1 页，第 3 页以及 5～12 页，就输入“1, 3, 5-12”，如图 3-105 所示。

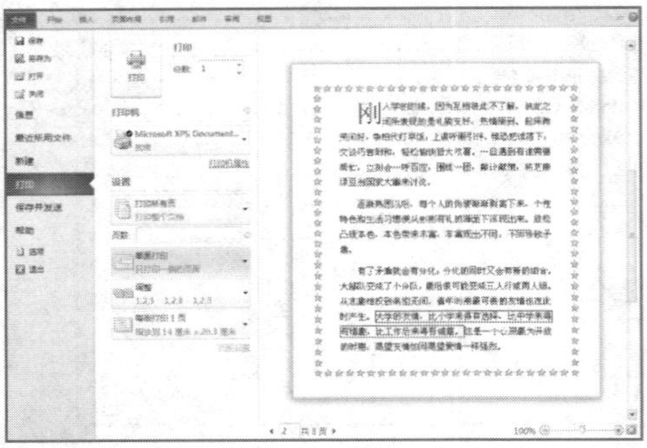

图 3-103　打印预览效果

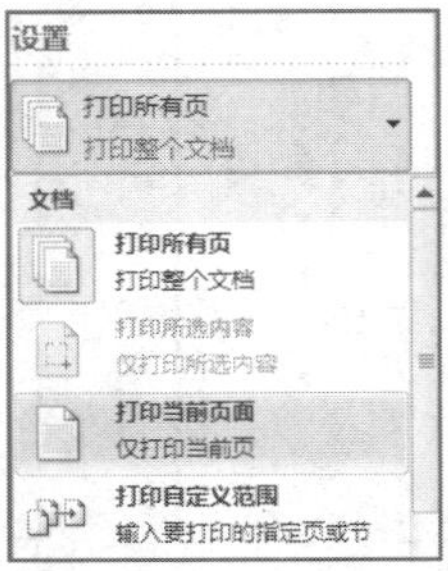

图 3-104　“打印当前页面”选项

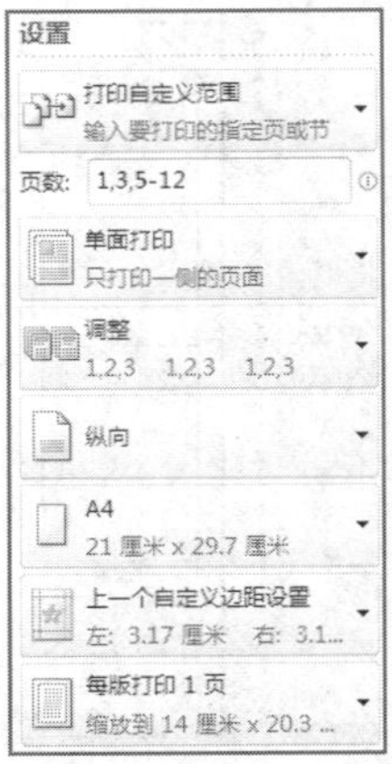

图 3-105　设置打印页码

在“打印”命令的列表窗格中还提供了常用的打印设置按钮，如设置页面的打印顺序、页面的打印方向以及设置页边距等，只需单击相应的选项按钮，选择相应参数即可。设置完毕后，单击“打印”按钮即可从头开始打印整篇文档。

3.9　Word 的高级应用

除前面介绍的基本功能外，为提高办公效率，Word 还提供了一系列的高级应用。

3.9.1　样式

样式是用名字标识的一组字符和段落格式的组合，它是 Word 中最强有力的工具之一。使用样式，可以很方便快捷地对使用同一格式的字符或段落进行排版，并且利于修改。样式的类型主要有两种：字符样式和段落样式。字符样式中只包含字符格式，如字体、大小、字型等；段落样式包含字符和段落格式，如字体、大小、对齐方式、间距等。

样式的作用在于：当文档中有多处文字或段落的格式需要保持一致时，可定义一个样式，并对这些文字或段落使用这个样式。之后，当修改该样式时，文档中所有使用这种样式的文字或段落的格式都会自动调整。

对样式的操作主要有：新建样式、修改删除样式、使用样式。

1. 新建样式

在 Word 中，系统为用户提供了多种内置样式，诸如“正文”、“标题 1”、“标题 2”和“标题 3”等，在“开始”选项卡的“样式”列表框（见图 3-106）中可以看到。用户在编排文档时，可直接套用这些样式，当这些样式不能满足需要时，可以建立一个新样式，操作方法如下。

(1) 单击“开始”选项卡→“样式”组→单击对话框启动器，打开“样式”任务窗格（见图 3-107），单击左下角的“新建样式”按钮。

图 3-106　“样式”列表框

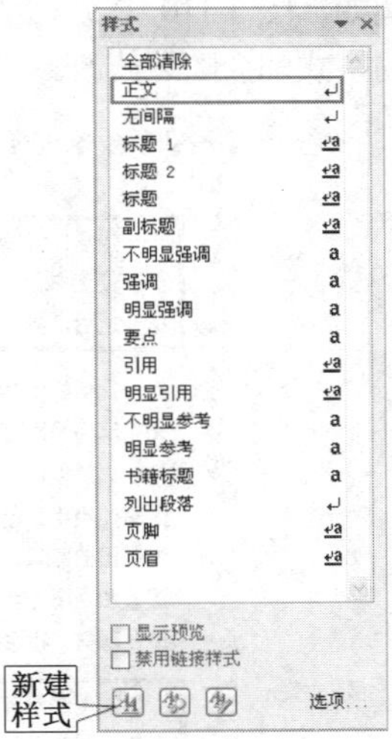

图 3-107　“样式”任务窗格

（2）在打开如图 3-108 所示的对话框中依次输入样式名称、样式类型等，并设置样式所包含的各种格式。设置好后，单击“确定”按钮即可创建新的样式。

例如，图 3-108 所示对话框中新建了名为“带边框段落”的段落样式，并设置了样式所包含的字体、段落及边框格式。另外，还选中了“自动更新”复选框，其好处是：以后修改样式时，除了在此对话框中修改外，还可以直接在使用了这个样式的段落中修改，根据段落中所做的修改会自动更新样式的格式。

2. 修改样式

将插入点移到应用了样式的文本处，在“开始”选项卡“样式”列表中可看到该文本所对应的样式已经呈选中状态，用鼠标右键单击此样式，在下拉列表中选择“修改”选项（见图 3-109），打开“修改样式”对话框，其内容和操作与“新建样式”对话框相同，不再赘述。

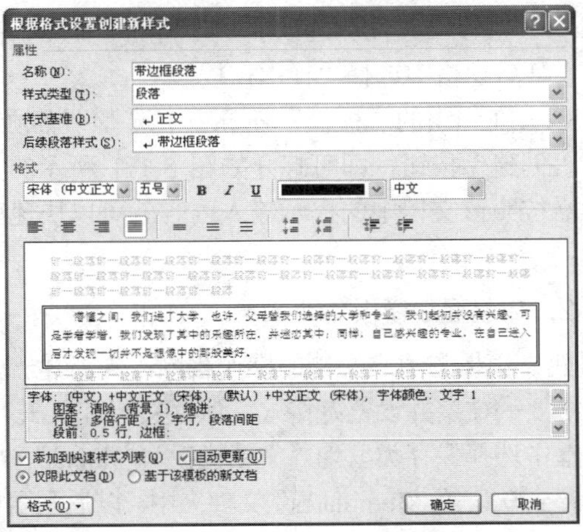

图 3-108　新建样式

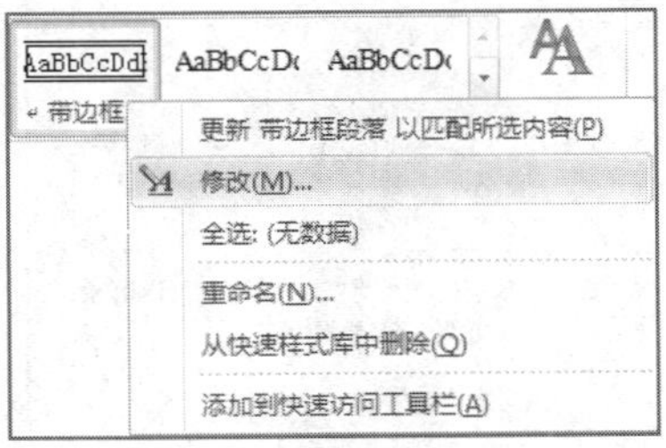

图 3-109　“修改”选项

3. 使用样式

首先选定需要使用样式的段落，在“样式”列表框中选择样式，选中的样式所包含的格式就会作用于所选的段落。例如，图 3-110 中文章的第 1、3 段都使用了“带边框段落”样式，此时，若修改样式，则这两个段落的格式都会随之修改。

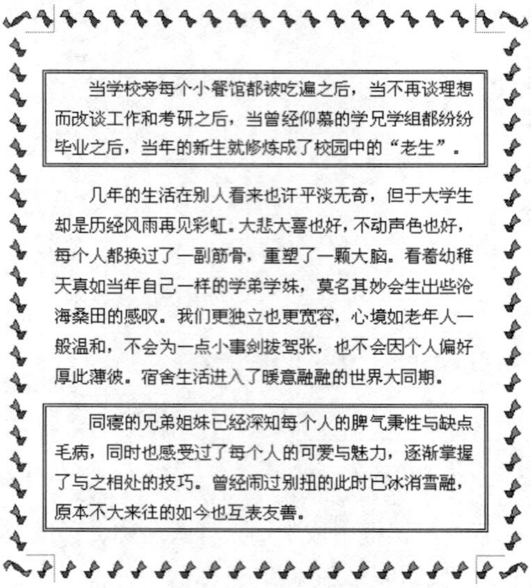

当学校旁每个小餐馆都被吃遍之后，当不再谈理想而改谈工作和考研之后，当曾经仰慕的学兄学姐都纷纷毕业之后，当年的新生就修炼成了校园中的“老生”。

几年的生活在别人看来也许平淡无奇，但于大学生却是历经风雨再见彩虹。大悲大喜也好，不动声色也好，每个人都换过了一副筋骨，重塑了一颗大脑。看着幼稚天真如当年自己一样的学弟学妹，莫名其妙会生出些沧海桑田的感叹。我们更独立也更宽容，心境如老年人一般温和，不会为一点小事剑拔弩张，也不会因个人偏好厚此薄彼。宿舍生活进入了暖意融融的世界大同期。

同寝的兄弟姐妹已经深知每个人的脾气秉性与缺点毛病，同时也感受过了每个人的可爱与魅力，逐渐掌握了与之相处的技巧。曾经闹过别扭的此时已冰消雪融，原本不大来往的如今也互表友善。

图 3-110　使用样式的效果

3.9.2　模板

在 Word 的使用中，利用模板功能可制作一系列文体风格一致，文章内容各异的文档。Word 本身已提供了各种专业型模板供用户使用，同时还允许用户自己制作模板。

1. 利用模板建立文档

新建文档时，除建立空白文档外，还可利用模板建立文档。下面以建立一份“简历”文档为例介绍利用模板建立文档的过程。

（1）执行“文件”选项卡→“新建”命令，在“可用模板”任务窗格中选择“样本模板”。

（2）在弹出的“模板”任务窗中选择“黑领结简历”，单击“创建”按钮，即可打开如图 3-111 所示的文档，用户只需按照该文档中的提示输入内容就可以快速建立简历文档。

图 3-111　“黑领结简历”模板

2. 自己建立模板文件

建立模板与建立文档的操作相同。先新建一个文档，输入必要的文字并设置好格式。保存文档时，在“另存为”对话框中选择保存类型为“文档模板（*.dotx）”，将模板文件保存到默认的“Templates”文件夹中。以后利用模板建立文件时，可在“可用模板”列表框的“我的模板”选项卡中见到此模板文件。

3.9.3　邮件合并

在日常办公事务处理中，经常会遇到把一些内容相同的公文、信件或通知发送给不同的地址、单位或个人，这时就可以利用 Word 中的“邮件合并”功能来方便地解决这个问题。

执行邮件合并涉及两个文档：主文档和数据源。主文档是邮件合并中内容固定不变的部分，即信函中通用的部分。数据源主要用于保存联系人的相关信息。下面以制作录取通知书为例介绍邮件合并的过程。

1. 建立主文档

首先将邮件文档的固定内容准备好，创建主文档的方法与创建普通文档相同，图 3-112 所示为所建立的邮件合并主文档。

2. 建立数据源

数据源就是一个数据表格，该表格可以是一个 Word、Excel 或 Access 文件。图 3-113 所示的数据源是被录取学生的名单文件。

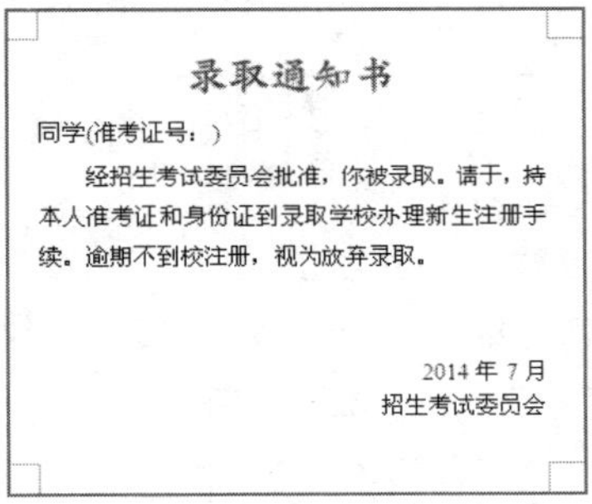
录取通知书
同学(准考证号：)
经招生考试委员会批准，你被录取。请于，持本人准考证和身份证到录取学校办理新生注册手续。逾期不到校注册，视为放弃录取。
2014 年 7 月
招生考试委员会

图 3-112　邮件合并主文档

姓名	准考证号	录取学校	注册时间
刘飞来	010530441	第七中学	2014年8月21日
陈欣荣	020823140	第十六中学	2014年8月10日
沈卫国	010620203	华侨中学	2014年8月18日
万明	030818202	第四十四中学	2014年8月15日

图 3-113　邮件合并数据源

3. 将主文档与数据源合并

主文档和数据源都创建好之后，就可以进行邮件合并了，具体步骤如下。

（1）打开已创建好的主文档文件，单击“邮件”选项卡→“开始邮件合并”组→“开始邮件合并”下拉按钮，在展开的列表中选择“普通 Word 文档”（见图 3-114），表示当前编辑的主文档类型为普通 Word 文档。若在列表中选择“信函”、“电子邮件”、“信封”、“标签”或“目录”选项，表示创建相应类型的文档。

（2）单击“开始邮件合并”组→“选择收件人”下拉按钮（见图 3-114），在展开的列表中选择“使用现有列表”。

（3）打开“选取数据源”对话框，找到数据源文件并打开。

（4）首先将插入点设置在要添加数据的位置，例如“同学”的前面，单击“插入合并域”按钮（见图 3-115），在展开的列表中选择要插入的域（如“姓名”），插入点的位置就会出现相应的合并域。反复操作，直到所有要插入的合并域插入完毕。

主文档录取通知书中插入合并域后的效果如图 3-116 所示。

（5）单击“预览结果”组→“预览结果”按钮（见图 3-117），可看到每一个邮件合并收件人的文档输出效果。

（6）单击“完成”组→“完成并合并”按钮，在展开的列表中选择“编辑个人文档”，系统将产生的邮件放置到一个新文档，合并到新文档后的打印预览效果如图 3-118 所示。

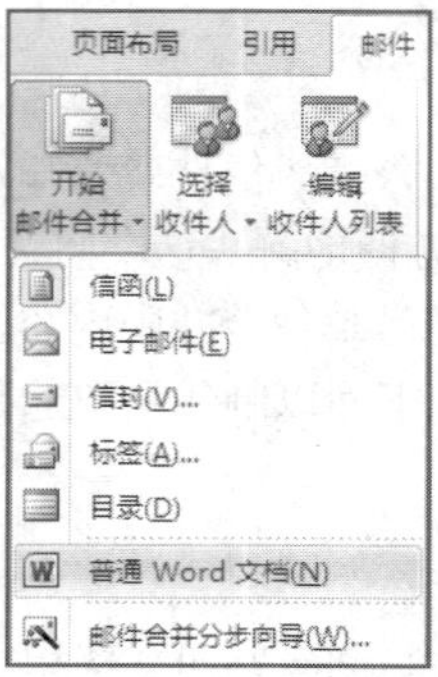

图 3-114　选择“普通 Word 文档”

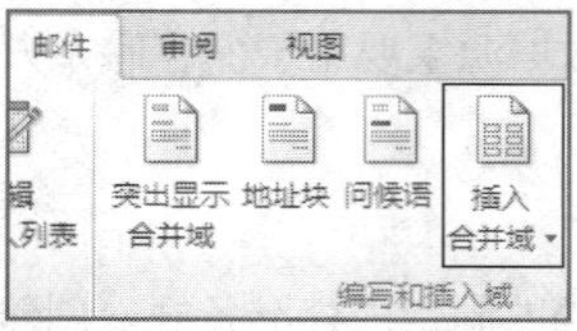

图 3-115　“插入合并域”按钮

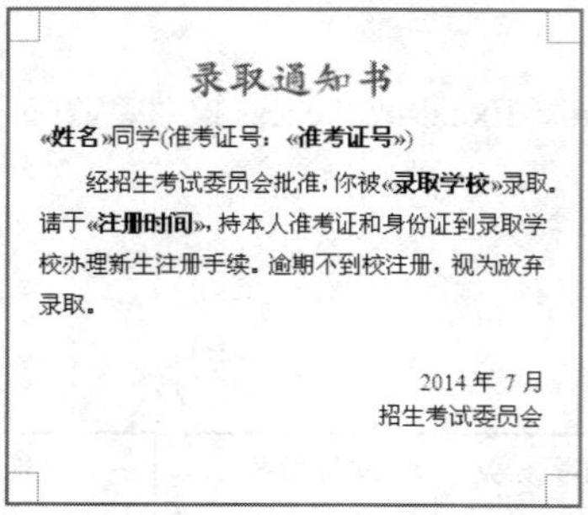

图 3-116　插入合并域后的主文档

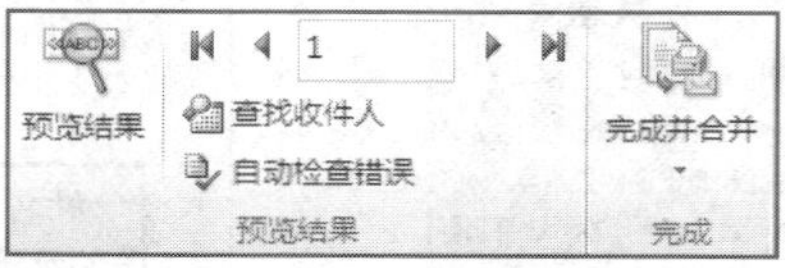

图 3-117　“预览结果”组和“完成”组按钮

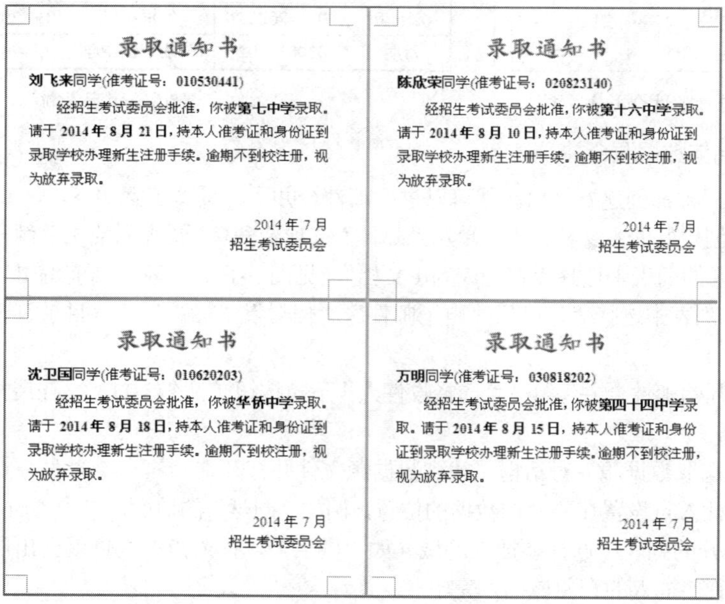

图 3-118　邮件合并后的新文档

3.9.4　域和宏的使用

1．域

所谓域，实际就相当于文档中可能发生变化的数据。域的最大特点就是其内容会随着引用内容的变化而变化，因此在文档中插入域，就是插入各种自动信息并使这些信息保持最新状态。在文档中插入域的步骤如下：

（1）单击“插入”选项卡→“文本”组→“文档部件”下拉按钮，在展开的列表中选择“域”命令（见图3-119），打开“域”对话框。

（2）在如图3-120所示的“域”对话框中选择域类别及具体的域。根据具体域的不同，还可以选择域的格式（例如，“域类别”选择“全部”，“域名”选择“SaveDate”，“日期格式”选择“yyyy年M月d日”），单击“确定”按钮，可在文档插入一个“保存日期”的域来记录文档的保存日期。每次更新文档重新保存时，该域中的日期会自动随之更新。

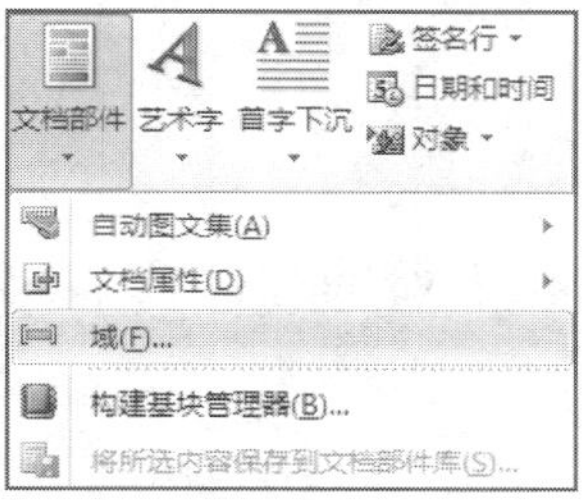

图3-119 “域”命令

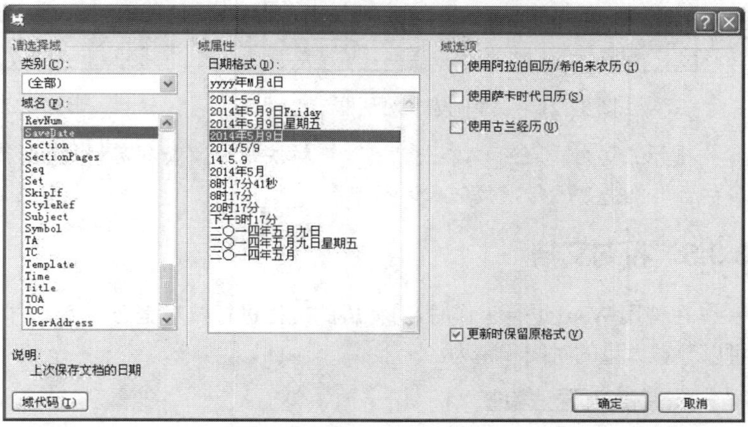

图3-120 “域”对话框

提示： 为了使域内容始终与其对应内容一致，需要选中域按F9键更新域内容。另外，还有一种针对打印输出前自动更新域的方法：执行“文件”→“选项”命令，在打开的“Word选项”对话框中选中“显示”→“打印选项”→“打印前更新域”复选框。

2. 宏

宏就是将一系列的操作命令和指令组合在一起，形成一个命令。在Word中，如果经常要重复某些操作，可使用宏自动执行这些操作，提高工作效率。建立宏的方法有两种：一是录制宏，即将操作的过程录制下来；二是使用Visual Basic编辑器直接编写宏，这里介绍第一种方法。

下面以建立一个“快速建立表格”的宏为例介绍录制宏的过程。

（1）单击“视图”选项卡→“宏”组→“宏”下拉按钮，执行“录制宏”命令，打开“录制宏”对话框，如图3-121所示。

（2）在对话框的“宏名”文本框中输入要录制宏的名称，在“将宏保存在”下拉列表框中选择录制后宏的保存位置，在“说明”文本框中可以输入对要录制宏的说明内容。

（3）单击“键盘”图标，打开如图3-122所示的“自定义键盘”对话框，将光标移至“请按新快捷键”文本框中，并按Alt+C组合键（表示同时按这两个按键即可执行这个宏程序），单击“指定”按钮，使快捷键出现在“当前快捷键”列表框中。单击“关闭”按钮后，开始录制该宏。

（4）进入“录制宏”状态后，即可开始制作表格，此时所进行的一切操作均将被录制。表格制作完成后，单击“宏”下拉按钮→“停止录制”命令。

宏录制完成后，按Alt+C组合键运行该宏，就可以快速建立一张表格。

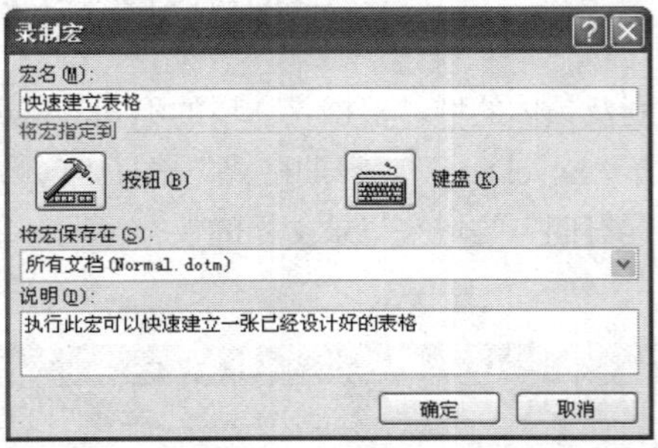

图 3-121 “录制宏”对话框

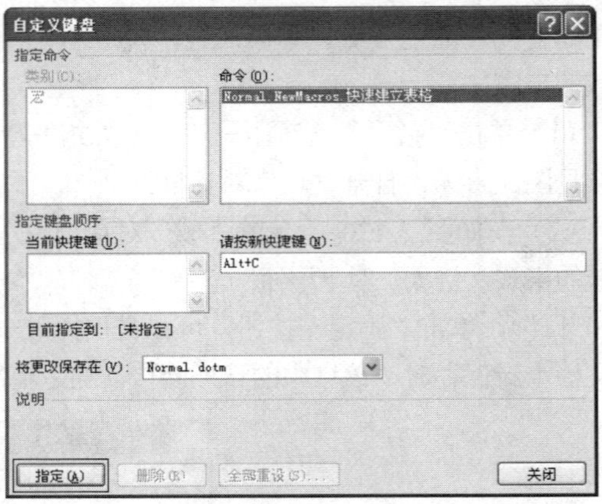

图 3-122 “自定义键盘”对话框

提示： 另外，还可以单击“宏”下拉按钮→“查看宏”命令，打开“宏”对话框。选择录制的宏名称后，单击“运行”按钮来运行宏。

3.9.5 校对文档

在使用 Word 进行工作时，对完成的文档进行校对是必不可少的环节。利用 Word 提供的校对功能，可以节省大量的时间和精力。

1. 拼写和语法检查

在默认情况下，Word 在用户输入内容的同时会自动进行拼写和语法检查，并用红色波形下划线的形式表示可能出现的拼写问题；用绿色的波形下划线表示可能出现的语法问题。当文档中出现拼写和语法检查的错误标记时，右击该内容，即可在弹出的快捷菜单中选择要使用的修改建议，如图 3-123 所示。

若要关闭拼写和语法检查功能，只需执行“文件”→“Word 选项”命令，在弹出的“Word 选项”对话框中选择“校对”选项，禁用“在 Word 中更正拼写和语法时”栏下所有的复选框即可，如图 3-124 所示。

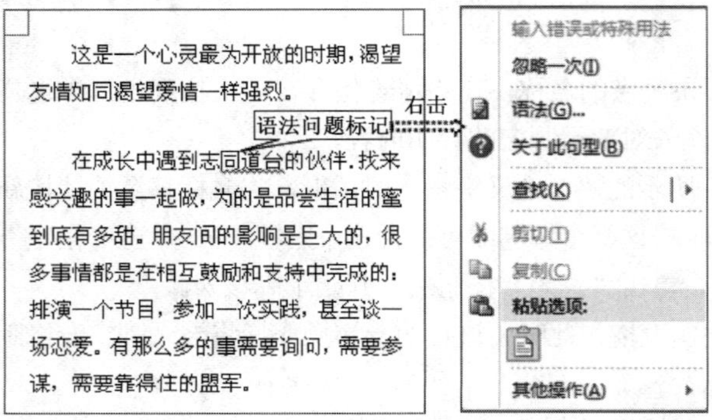

图 3-123 语法问题标记及修改建议示例

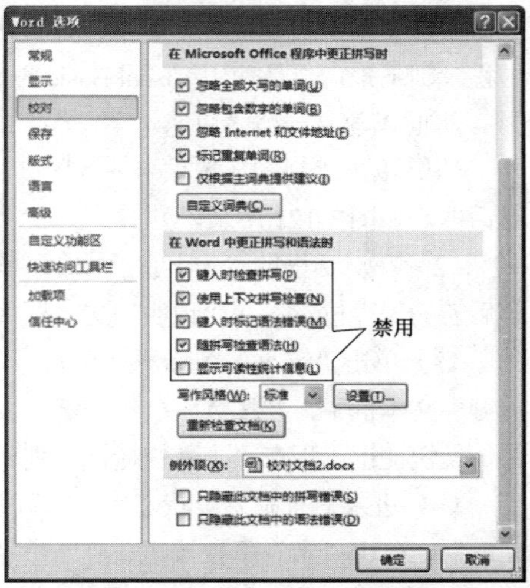

图 3-124 “Word 选项”对话框

2. 字数统计

在利用 Word 编辑文档时，往往要用到其字数统计的功能。当用户在文档中输入内容时，系统会自动统计文档的页数和字数，并将其显示在状态栏中。除了可以在状态栏中查看文档中的总字数之外，还可以精确地查看文档中标点、空格、字符数，以及行数等具体内容，方法如下：

单击“审阅”选项卡→“校对”组→“字数统计”按钮，即可在弹出的对话框中显示，如图 3-125 所示。

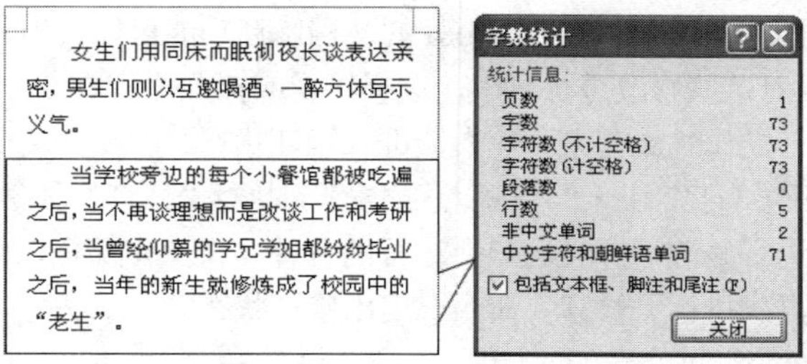

图 3-125　“字数统计”对话框

3.9.6　审阅文档

某些文档会在相关人员之间进行传阅、修改。为此，Word 提供了审阅文档的功能。它主要包括两方面，一是文档审阅者通过为文档添加批注的方式，对文档的某些内容提供自己的看法和建议，而文档原作者可据此决定是否修改文档；二是文档审阅者在文档修订模式下修改原文档，而文档作者可决定是拒绝还是接受修订。

1. 为文档添加批注

批注是附加到文档中的说明内容，将显示在文档的右边空白处或者“审阅”窗格中，每一个批注名称都是由 Word 用户名的缩写开头，后面跟一个批注号。批注不会影响文档的格式，也不会被打印出来。在文档中创建批注的方法如下。

（1）选择要插入批注的文本或者对象。

（2）单击“审阅”选项卡→“批注”组→“新建批注”按钮（见图 3-126），此时在文档右侧边距位置显示批注框。

（3）用户只需在批注框中输入相应内容即可，如图 3-127 所示。用户不仅可以在批注框中输入文字内容，还可以插入图片等对象。

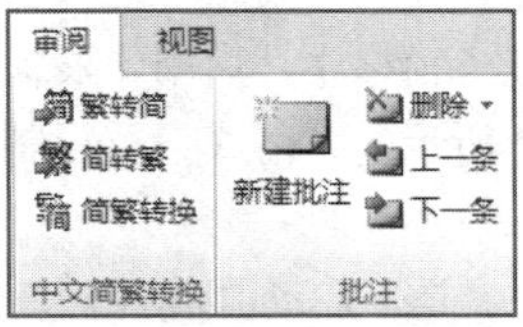

图 3-126　“新建批注”按钮

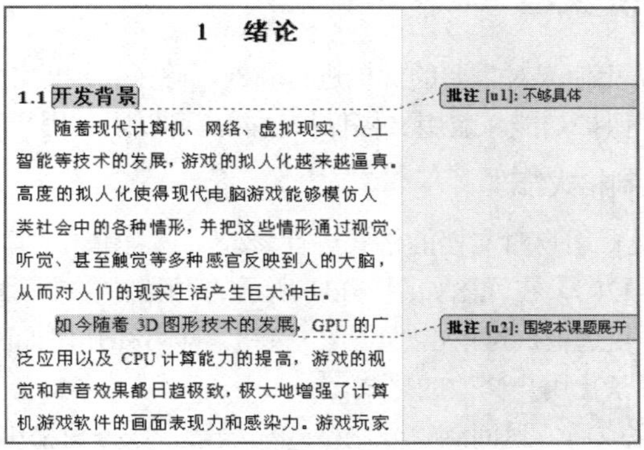

图 3-127　批注框

另外，当在文档中创建了两个或者两个以上批注时，用户可以通过单击“批注”组→“上一条”或者“下一条”按钮，在各个批注之间进行切换。

提示：若要删除文档指定的批注，只需选择要删除的批注框，单击“批注”组→“删除”下拉按钮，执行“删除”命令即可。若执行“删除文档中的所有批注”命令，则可以同时删除文档中的所有批注。

2. 修订文档

修订是直接在文档中进行的修改。使用Word的文档修订功能可以突出显示审阅者对文档所做的修改，而文档的创建者可以对这些修改进行复审，选择接受或拒绝修订。

- 在对文档进行修订操作时，首先要使文档进入修订状态。若要使文档进入修订状态，只需单击“审阅”选项卡→“修订”组→“修订”下拉按钮，执行“修订”命令，如图3-128所示。此时，即可开始对文档进行修改，并且用户所进行的各种编辑操作都将以修订的形式显示。
- 修订结束后，可再次执行“修订”命令，退出修订状态。

当文档创建者拿到一篇经过修改的文档后，可查看修订内容，并决定拒绝或接受修订，具体操作如下。

（1）打开修订后的文档，切换至“审阅”选项卡。

（2）单击“更改”组→“上一条”或“下一条”命令，可以查看各条修订内容。

（3）当插入符位于某个修订处时，单击“更改”组→“接受修订”按钮，可接受修订；单击“更改”组→“拒绝修订”按钮，可拒绝修订，并且插入符移至下一处修订。

（4）如果决定接受全部修订，可执行“更改”组→“接受”下拉按钮→“接受对文档的所有修订”命令（见图3-129）；如果决定全部拒绝修订，可执行“更改”组→“拒绝”下拉按钮→“拒绝对文档的全部修订”命令。

图3-128 “修订”命令

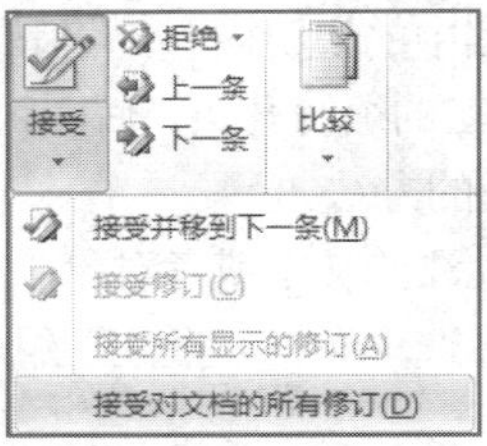

图3-129 选择“接受对文档的所有修订”

3.9.7 保护文档

为了防止他人对重要的文档进行修改，除了常用的设置文档为只读属性外，Word 2010还提供了强大的文档保护功能。启用文档保护功能，可以限制用户对文档的编辑、格式设置等。

1. 限制格式修改

若要设置用户对文档的格式进行修改，只需单击“审阅”选项卡→“保护”组→“限制编辑”按钮（见图3-130），在弹出如图3-131所示的“限制格式和编辑”任务窗格中，启用“限制对选定的样式设置格式”复选框，再单击“设置”按钮，即可在弹出如图3-132所示的“格式设置限制”对话框中设置允许或者禁止用户修改的格式。

设置完成后，返回到“限制格式和编辑”任务窗格中，单击“是，启动强制保护”按钮，并在弹出的如图3-133所示对话框中设置密码后，文档即处于“限制格式修改”的保护状态。

图 3-130　“限制编辑”按钮

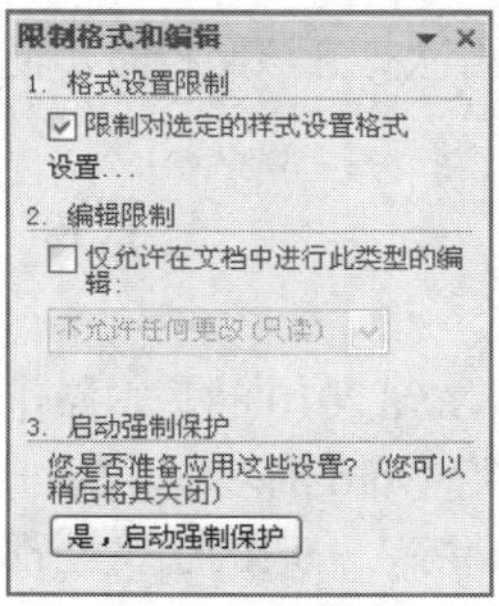

图 3-131　“限制格式和编辑”任务窗格

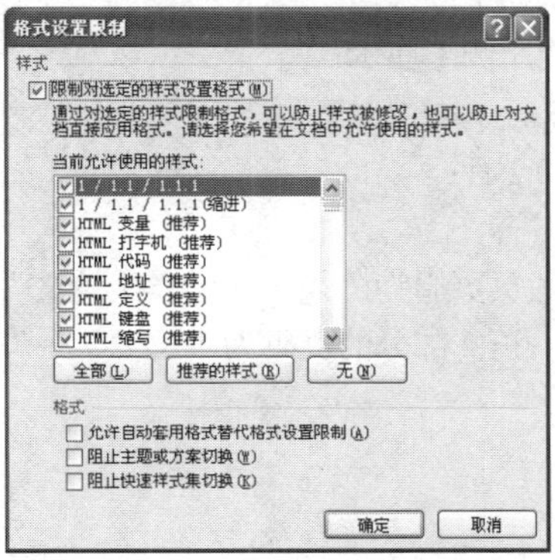

图 3-132　“格式设置限制”对话框

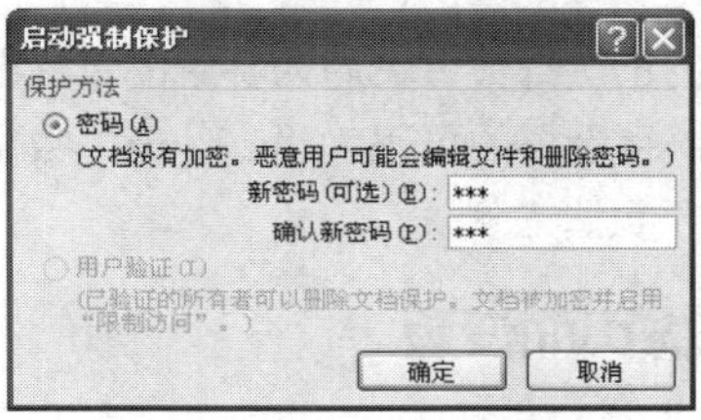

图 3-133　“启动强制保护”对话框

2. 设置编辑权限

若要设置编辑权限，只需在“限制格式和编辑”任务窗格中，启用“仅允许在文档中进行此类型的编辑”复选框，并在其下拉列表中选择所需选项（见图 3-134），如选择“批注”选项，即表示“只允许在文档中编辑批注”。

3. 给文档加密

在 Word 2010 中，除了提供“限制格式修改”和“设置编辑权限”这两种文档保护措施之外，用户还可以通过为文档添加密码来增强文档的安全性。

若要为文档加密，单击“文件”→“信息”→“保护文档”下拉按钮，选择“用密码进行加密”选项，如图 3-135 所示。然后，在弹出如图 3-136 所示的“加密文档”对话框中设置密码。

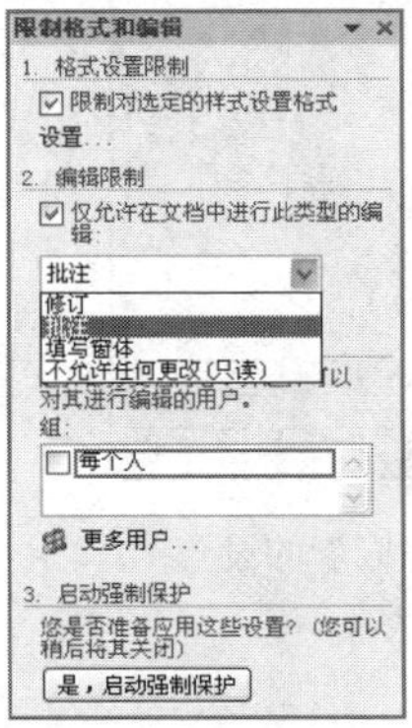

图 3-134　设置编辑权限

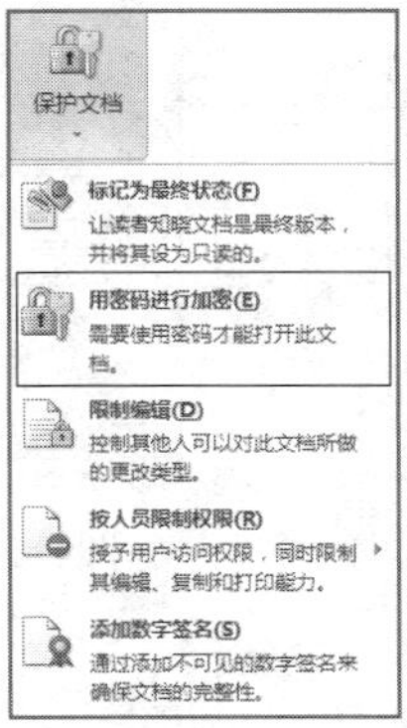

图 3-135　“保护文档”下拉列表

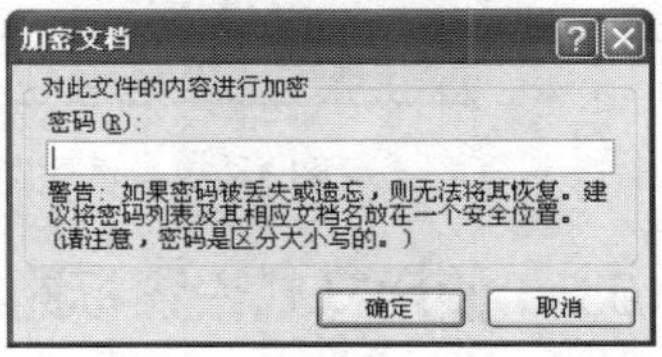

图 3-136　“加密文档”对话框

设置完成后，当再次打开该文档时，便需要先输入正确的密码，否则将不能打开该文档。

3.10 长文档的编排

前面已经介绍了 Word 2010 的基本操作，本节将要介绍长文档的编排。

长文档是综合运用 Word 的多项功能排版制作的长度达几十页甚至几百页的文档，如产品说明书、研究报告、论文或书籍等。一般的长文档都有特定的格式要求，所以长文档的高效编排不仅需要一些特殊的技巧，还需要按照一定的步骤进行。下面就以论文编排为例说明如何处理长文档。

例如，我们要撰写一篇几十页的论文，格式要求如下：

- 页边距：上下 2.5 厘米，左右 2 厘米，装订线左侧 1 厘米；
- 章标题：三号黑体加粗，段前、段后均为 0.5 行，居中对齐；
- 节标题：小四号黑体加粗，段前、段后均为 0.2 行；
- 正文：五号宋体，1.5 倍行距，首行缩进 2 字符；
- 页眉：正文奇数页页眉为各章的章标题，偶数页页眉为“××大学学士论文”；
- 页码：目录页的页码为“i, ii, …”数字格式，正文部分的页码为“1、2、…”数字格式，页码均位于页脚右侧。

3.10.1 先做页面设置

当我们完成了论文的录入，准备排版之前，最好先做页面设置。页面设置后再进行文字、段落、图片的排版就比较容易确定每页的内容。根据本论文的格式要求，在“页面设置”对话框→“页边距”选项卡做好页边距的设置，如图 3-137 所示。

另外，由于按要求奇数页和偶数页的页眉不同，所以要在“页面设置”对话框→“版式”选项卡→“页眉和页脚”分组中选中“奇偶页不同”的复选框，如图 3-138 所示。

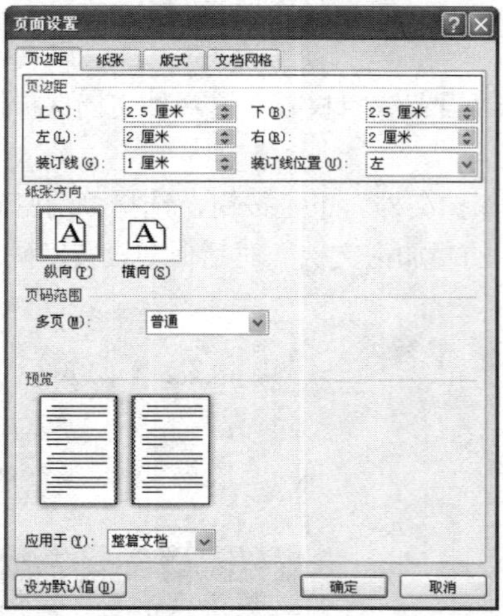

图 3-137 页边距的设置

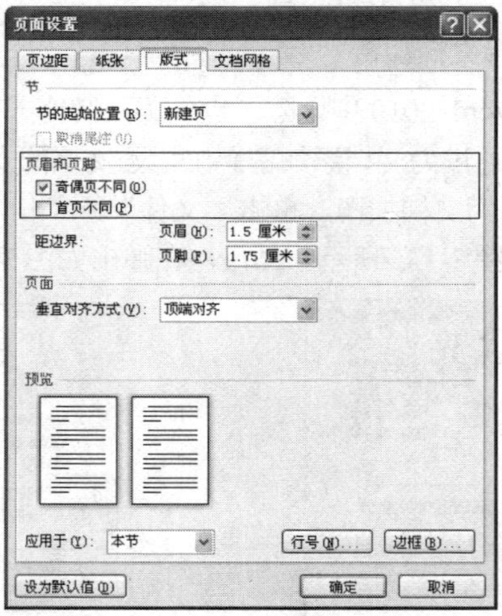

图 3-138 “奇偶页不同”的设置

3.10.2 使用样式设置标题格式

完成页面设置后，就可利用 Word 中的“标题”样式对文章中的大小标题进行排版。例如，1 级标题使用“标题1”样式；2级、3级分别使用“标题2”、“标题3”样式，这样做的好处：一是方便建立目录；二是修改格式方便。当然，Word提供的内置的各标题样式的格式可能和实际要求不符，可以通过修改样式的方法进行修正。

使用样式设置标题格式的具体步骤如下。

（1）在“开始”选项卡→“样式”列表中找到“标题 1”样式，单击鼠标右键，在列出的菜单中选择“修改”，然后根据本论文的格式要求将其修改为“章标题”的格式，如图3-139所示。同样的方法，将“标题2”样式的格式修改为“节标题”的格式；将“正文”样式的格式修改为“五号宋体，1.5倍行距，首行缩进2字符”。

提示：“正文”样式的格式修改后，文档中的所有文字会自动套用“正文”样式的格式，如图3-140所示。

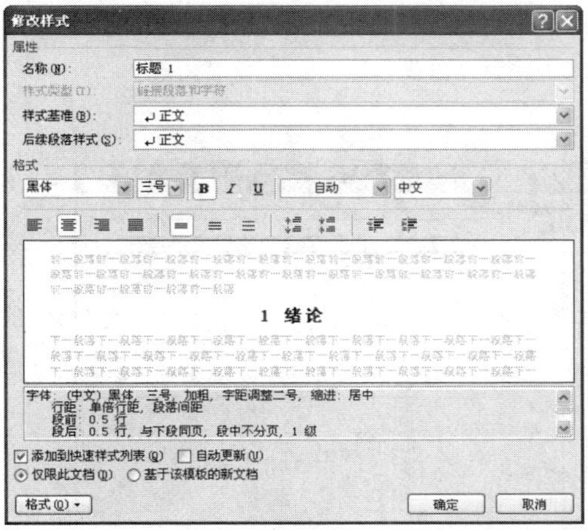

图3-139　“标题1”样式修改

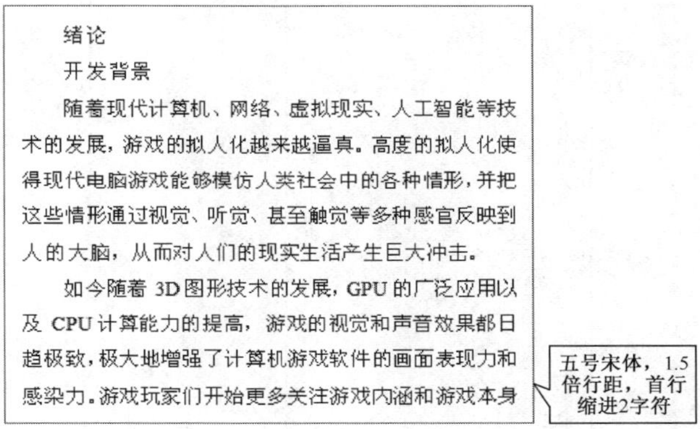

绪论

开发背景

随着现代计算机、网络、虚拟现实、人工智能等技术的发展，游戏的拟人化越来越逼真。高度的拟人化使得现代电脑游戏能够模仿人类社会中的各种情形，并把这些情形通过视觉、听觉、甚至触觉等多种感官反映到人的大脑，从而对人们的现实生活产生巨大冲击。

如今随着3D图形技术的发展，GPU的广泛应用以及CPU计算能力的提高，游戏的视觉和声音效果都日趋极致，极大地增强了计算机游戏软件的画面表现力和感染力。游戏玩家们开始更多关注游戏内涵和游戏本身

图3-140　自动套用“正文”样式

（2）选中文档中所有属于“章标题”的文字（如“绪论”两字），应用“样式库”中的“标题 1”样式修改其格式；同理选中文档中所有属于“节标题”的文字（如“开发背景”四字），应用“样式库”中的“标题2”样式修改其格式。修改后的文档效果如图3-141所示。

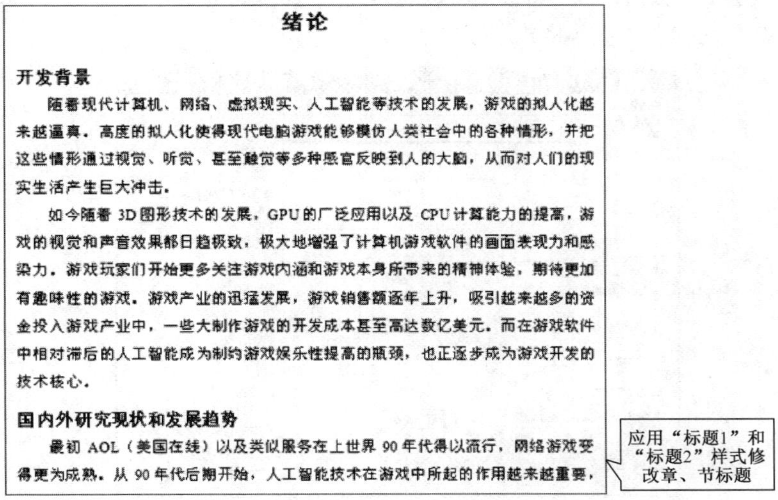

绪论

开发背景

随着现代计算机、网络、虚拟现实、人工智能等技术的发展，游戏的拟人化越来越逼真。高度的拟人化使得现代电脑游戏能够模仿人类社会中的各种情形，并把这些情形通过视觉、听觉、甚至触觉等多种感官反映到人的大脑，从而对人们的现实生活产生巨大冲击。

如今随着3D图形技术的发展，GPU的广泛应用以及CPU计算能力的提高，游戏的视觉和声音效果都日趋极致，极大地增强了计算机游戏软件的画面表现力和感染力。游戏玩家们开始更多关注游戏内涵和游戏本身所带来的精神体验，期待更加有趣味性的游戏。游戏产业的迅猛发展，游戏销售额逐年上升，吸引越来越多的资金投入游戏产业中，一些大制作游戏的开发成本甚至高达数亿美元。而在游戏软件中相对滞后的人工智能成为制约游戏娱乐性提高的瓶颈，也正逐步成为游戏开发的技术核心。

国内外研究现状和发展趋势

最初AOL（美国在线）以及类似服务在上世界90年代得以流行，网络游戏要得更为成熟。从90年代后期开始，人工智能技术在游戏中所起的作用越来越重要，

图3-141　应用标题样式后的效果

3.10.3 为各级标题设置自动编号

使用样式设置好长文档的标题格式之后，可以使用“多级符号”为各级标题设置自动编号，步骤如下。

（1）单击“开始”选项卡→“段落”组→“多级列表”按钮，在下拉菜单中选择“定义新的多级列表”命令，如图 3-142 所示。

（2）在打开如图 3-143 所示的“定义新多级列表”对话框中，选择当前要定义的列表级别，在“输入编号的格式”框中，指明编号或项目符号及其前后紧接的文字；在“此级别的编号样式”列表框中，选择要用的项目符号或编号样式。

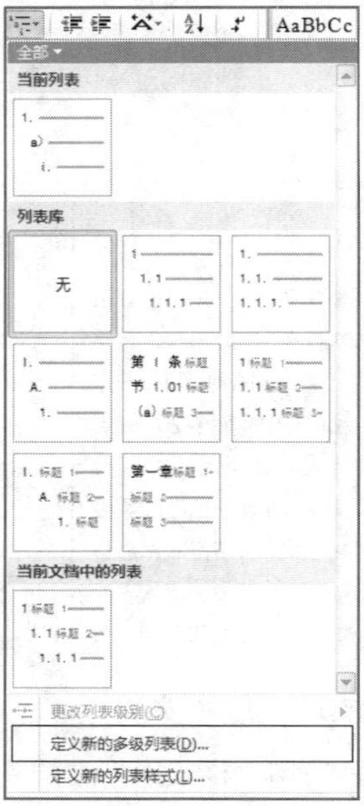

图 3-142 “多级列表”下拉菜单

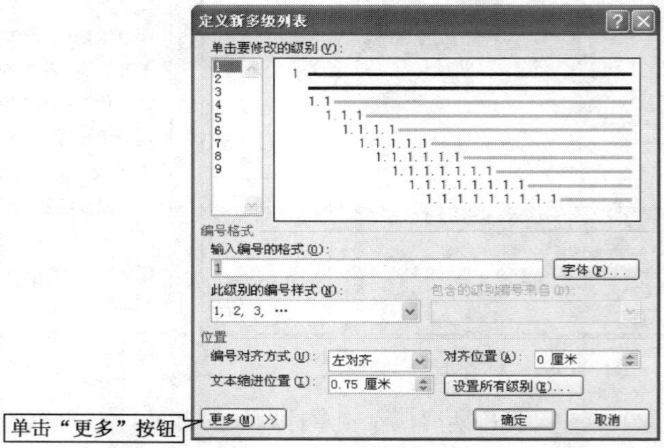

图 3-143 “定义新多级列表”对话框

（3）单击“更多”按钮，在“将级别链接到样式”列表框中选择“标题 1”（见图 3-144），使“标题 1”样式应用“级别 1”的编号格式进行编号。

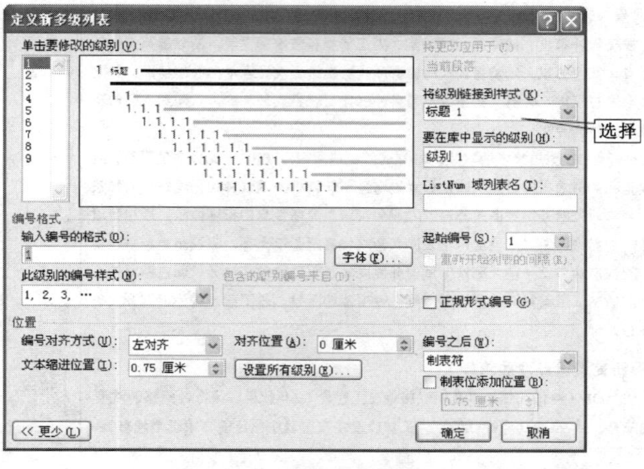

图 3-144 “定义新多级列表”对话框的“更多”选项

（4）要修改其他列表级别的样式，可以重复步骤（2）～（3）。本例，还需要修改“级别 2”，将其编号格式设为“1.1”的形式，并将该级别链接到“标题 2”样式。

（5）设置完毕后，单击“确定”按钮，文档中的各级标题已经按照“多级列表”的格式设置进行了自动编号，效果如图 3-145 所示。

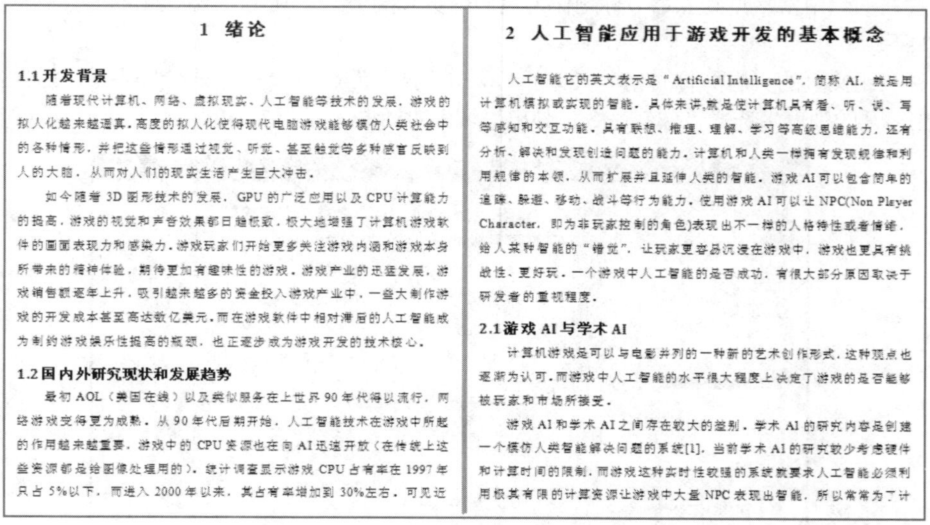

1 绪论

1.1 开发背景

随着现代计算机、网络、虚拟现实、人工智能等技术的发展，游戏的拟人化越来越逼真。高度的拟人化使得现代电脑游戏能够模仿人类社会中的各种情形，并把这些情形通过视觉、听觉、甚至触觉等多种感官反映到人的大脑，从而对人们的现实生活产生巨大冲击。

如今随着 3D 图形技术的发展，GPU 的广泛应用以及 CPU 计算能力的提高，游戏的视觉和声音效果都日趋极致，极大地增强了计算机游戏软件的画面表现力和感染力。游戏玩家们开始更多关注游戏内涵和游戏本身所带来的精神体验，期待更加有趣味性的游戏。游戏产业的迅猛发展，游戏销售额逐年上升，吸引越来越多的资金投入游戏产业中，一些大制作游戏的开发成本甚至高达数亿美元。而在游戏软件中相对滞后的人工智能成为制约游戏娱乐性提高的瓶颈，也正逐步成为游戏开发的技术核心。

1.2 国内外研究现状和发展趋势

最初 AOL（美国在线）以及类似服务在上世界 90 年代得以流行，网络游戏变得更为成熟。从 90 年代后期开始，人工智能技术在游戏中所起的作用越来越重要，游戏中的 CPU 资源也在向 AI 迅速开放（在传统上这些资源都是给图像处理用的）。统计调查显示游戏 CPU 占有率在 1997 年只占 5%以下，而进入 2000 年以来，其占有率增加到 30%左右，可见近

2 人工智能应用于游戏开发的基本概念

人工智能它的英文表示是“Artificial Intelligence”，简称 AI，就是用计算机模拟或实现的智能，具体来讲，就是使计算机具有看、听、说、写等感知和交互功能，具有联想、推理、理解、学习等高级思维能力，还有分析、解决和发现创造问题的能力。计算机和人类一样拥有发现规律和利用规律的本领，从而扩展并且延伸人类的智能。游戏 AI 可以包含简单的追踪、躲避、移动、战斗等行为能力。使用游戏 AI 可以让 NPC(Non Player Character，即为非玩家控制的角色)表现出不一样的人格特性或者情绪，给人某种智能的“错觉”，让玩家更容易沉浸在游戏中，游戏也更具有挑战性、更好玩。一个游戏中人工智能的是否成功，有很大部分原因取决于研发者的重视程度。

2.1 游戏 AI 与学术 AI

计算机游戏是可以与电影并列的一种新的艺术创作形式，这种观点也逐渐为认可。而游戏中人工智能的水平很大程度上决定了游戏的是否能够被玩家和市场所接受。

游戏 AI 和学术 AI 之间存在较大的差别。学术 AI 的研究内容是创建一个模仿人类智能解决问题的系统[1]，当前学术 AI 的研究较少考虑硬件和计算时间的限制，而游戏这种实时性较强的系统就要求人工智能必须利用极其有限的计算资源让游戏中大量 NPC 表现出智能，所以常常为了计

图 3-145　各级标题自动编号效果

3.10.4　自动生成目录

目录的作用是列出文档中的各级标题及其所在的页码，以方便读者查阅。编制目录是长文档编排中的一项非常重要的工作。Word 具有自动创建目录的功能，但在创建目录之前，需要先为要提取为目录的标题文字设置标题级别（不能设置为正文级别），并且为文档添加页码。下面介绍创建目录的步骤。

（1）一般目录和正文要设置不同的页码格式，所以首先需要在正文之前，例如在本文档的“1 绪论”之前插入一个“下一页”类型的分节符。

（2）将插入点放在空白的目录页中，单击“引用”选项卡→“目录”组→“插入目录”按钮，弹出“目录”对话框，在“目录”选项卡中选择目录的显示级别等，如图 3-146 所示。

（3）单击“确定”按钮后，目录就自动生成了，效果如图 3-147 所示。

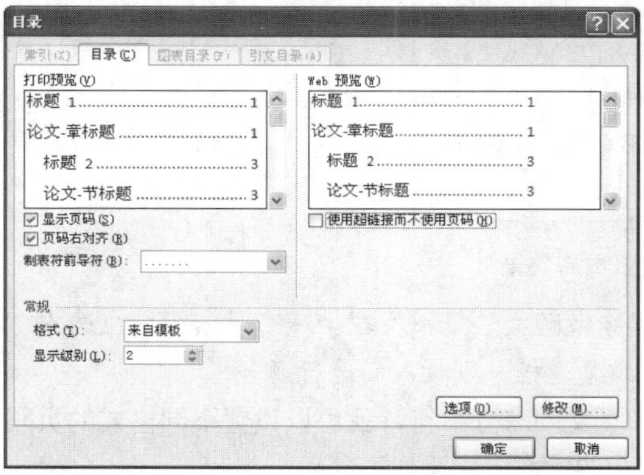

图 3-146　“目录”对话框

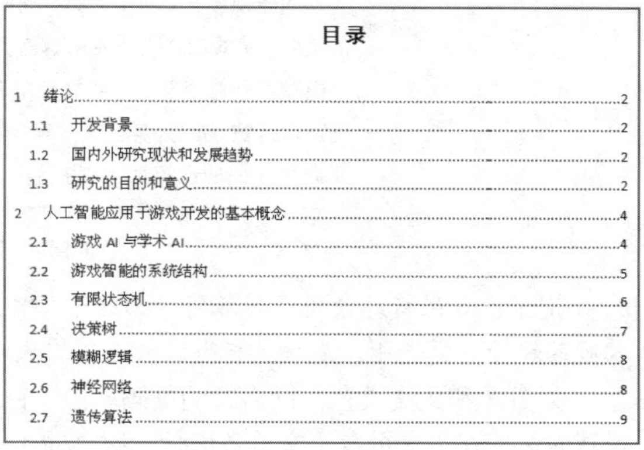

目录

图 3-147　目录效果

3.10.5 使用域来设置页眉或页脚

如果在页面设置中选择了“奇偶页不同”，并且目录和正文之间又进行了分节设置，就需要为目录及正文各自的奇偶页分别设置不同的页眉和页脚。

一般在书籍中常常见到以章节标题作为页眉或页脚的情况，利用“域”就可以实现这个操作，具体步骤如下：

（1）在正文页的页眉页脚的编辑状态下，单击“插入”选项卡→“文本”组→“文档部件”下拉按钮，在展开的列表中选择“域”命令，弹出“域”对话框，如图3-148所示。

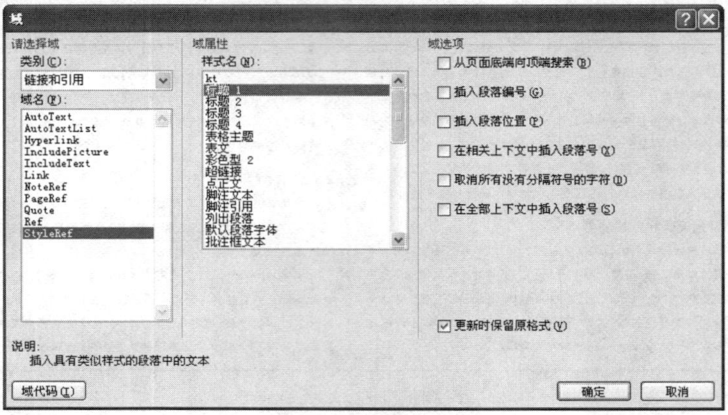

图3-148 “域”对话框

（2）在“类别”中选择“链接和引用”，在“域名”中选择“StyleRef”，然后选择要插入标题的样式名（如选择“标题1”），单击“确定”按钮后，标题1就会出现在各自章节范围内的页眉或页脚中。按此方式，将本文档正文奇数页页眉设置为各章的章标题，效果如图3-149所示。

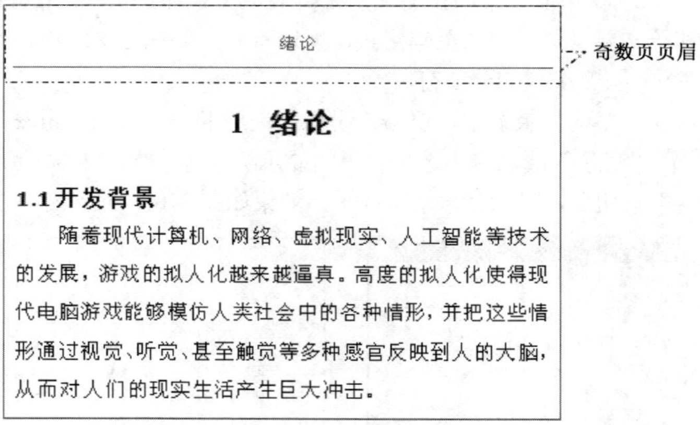

图3-149 奇数页页眉效果

提示： 如果标题使用了多级符号，这个操作须连续做两次。第一次在“域”对话框中应选中“插入段落编号”复选框，先插入标题编号；第二次不选该复选框，则插入的是标题。

为目录和正文设置不同格式的页码。由于目录和正文间有分节符，就可以设置不同格式的页码。设置时，应在目录页及正文页各进行一次“插入页码”的操作，步骤如下：

（1）单击“插入”选项卡→“页眉页脚”组→“页码”下拉列表→“设置页码格式”按钮，打开

“页码格式”对话框，如图 3-150 所示。

（2）要设置不同格式，关键在于“页码格式”对话框的设置，除了选择好各自页码的数字格式，还应注意起始页码均应从第 1 页开始，而不是“续前节”。

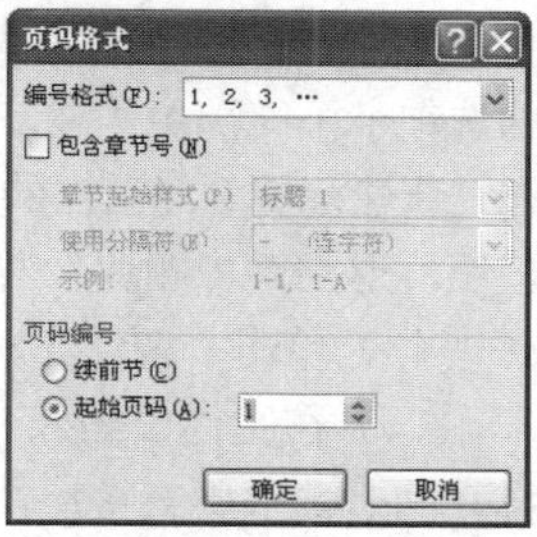

图 3-150　“页码格式”对话框

3.10.6　插入脚注、尾注和题注

1. 脚注和尾注

脚注和尾注用于为文档添加注释。两者的不同之处在于：脚注的注释位于页面底端或文字下方，而尾注的注释位于文档或节的结尾。将插入点置于文档中需要进行注释的地方，单击“引用”选项卡→“脚注”组→“插入脚注”或“插入尾注”按钮（如图 3-151 所示），可直接插入脚注或尾注。

若要设置注释的位置（脚注或尾注）、编号格式、起始编号及编号方式等，则需要单击“脚注”组→对话框启动器，在弹出如图 3-152 所示的“脚注和尾注”对话框中进行设置。

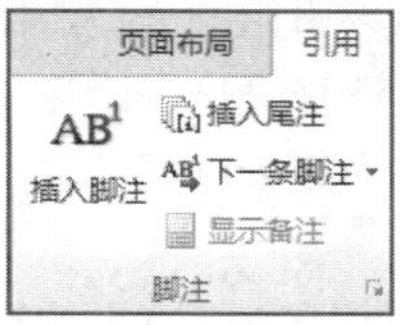

图 3-151　“脚注”按钮

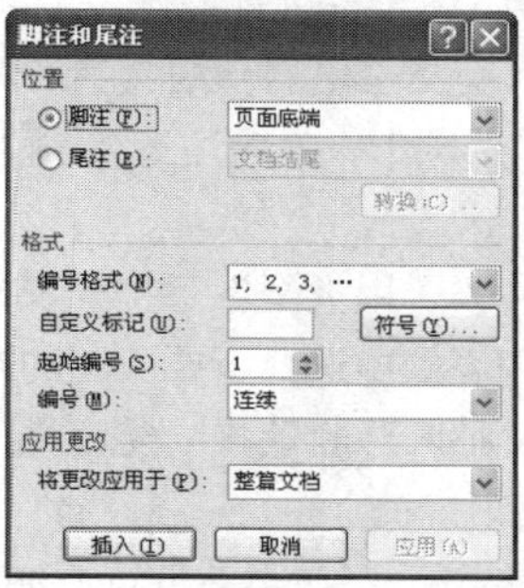

图 3-152　“脚注和尾注”对话框

2. 题注

题注是添加到表格、图片或其他项目上的编号选项卡，例如“图表 1”等。使用题注功能，可以保证长文档中的图片、表格或图表等项目按照顺序自动编号。如果移动、添加或删除带题注的某个项目，Word 将自动更新题注的编号。

一旦为图表内容添加题注，相关正文内容就需要设置引用说明。例如，在创建图片题注（如“图表 1”）后，相应的正文内容就需要建立引用说明（如“见图表 1”），以保证图片与文字的对应关系，这一引用关系就称为“交叉引用”。

插入题注的步骤如下：

（1）单击“引用”选项卡→“题注”组→“插入题注”按钮（见图 3-153），打开如图 3-154 所示的“题注”对话框。

图 3-153　“插入题注”按钮

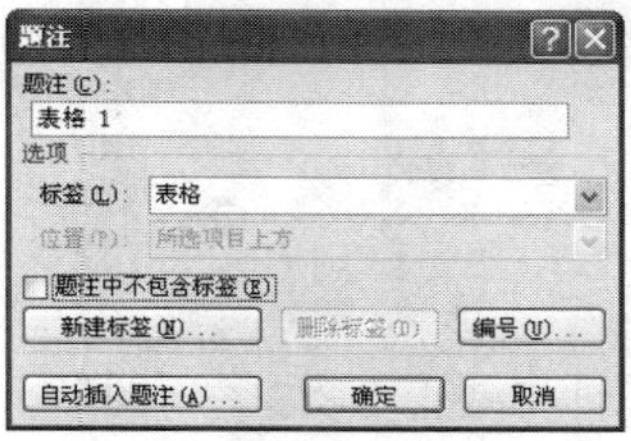

图 3-154　“题注”对话框

（2）在“标签”下拉列表框中选中所需的选项，如“图表”、“表格”或“公式”等。如果所提供的选项卡不能满足需要，则可以单击“新建标签”按钮，出现如图 3-155 所示的“新建标签”对话框。在“新建标签”对话框的“标签”文本框中输入自定义的标签名（如输入“图 2-”），然后单击“确定”按钮，返回到“题注”对话框中。此时，新建的选项出现在“标签”列表框中。

（3）单击“题注”对话框的“确定”按钮，返回到文档编辑窗口。

（4）在文档中插入一张图片，然后右击该图片，在弹出的快捷菜单中选择“插入题注”命令，在打开的对话框中直接单击“确定”按钮，即可在该图片下方自动插入标签和图号。如果要添加文字说明，只需在该题注的尾部输入文字内容即可。

提示：如果要删除某个题注，可以先选择它，然后用剪切的方法清除。清除此题注后，Word 自动更新其余题注的编号。

3. 交叉引用。

交叉引用可以将文档插图、表格等内容与相关正文的说明内容建立对应关系，既方便阅读，也为编辑操作提供自动更新手段。例如，文档中经常用“如图 2 所示”这类说明指出参考对象。如果要创建交叉引用，可以按照下述步骤进行操作。

（1）在文档中输入交叉引用的介绍文字，例如“如所示”，并将插入点置于“如”字后面。

（2）单击“引用”选项卡→“题注”组→“交叉引用”按钮，出现如图 3-156 所示的“交叉引用”对话框。

（3）在该对话框的“引用类型”下拉列表框中选择所要引用的类型，比如选择新创建的标签“图 2-”；在“引用内容”列表框中选择所要引用的内容，这里选择“只有标签和编号”。

提示：如果选中“插入为超链接”复选框，则引用的内容会以超链接的方式插入到文档中，单击它即可直接跳到引用的内容处。

（4）单击“插入”按钮，可在当前位置添加相应图片的引用说明（即出现“如图 2-1 所示”字样）。

（5）如果还要插入其他的交叉引用，请单击文档并输入所需的附加文字，然后重复步骤（2）～（4）。插入后的交叉引用与普通文本没什么区别，只是用鼠标单击引用文本时，文本将会显示灰色的底纹，如图 3-157 所示，这是 Word 域的作用结果。

图 3-155 “新建标签”对话框

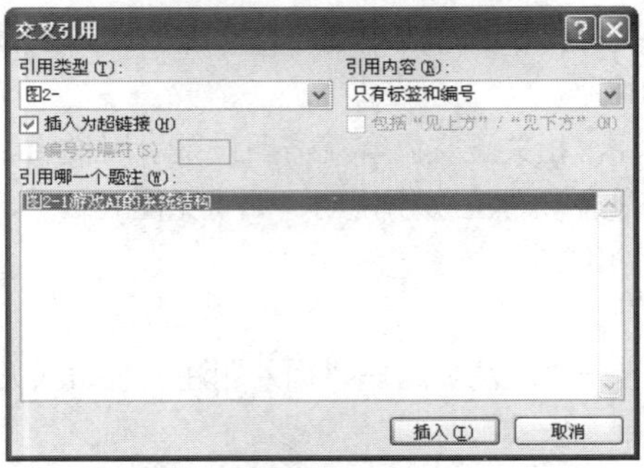

图 3-156 “交叉引用”对话框

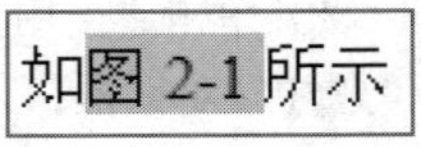

图 3-157 引用文本

本 章 小 结

文字处理软件 Word 主要用于将文字、图形、表格等各种数据输入到计算机，进行存储、编辑、排版等处理，并以各种所需的形式显示或打印。本章介绍了办公软件 Office 2010 中 Word 的使用，主要内容包括文档的输入与编辑、文档格式化、表格处理、图形对象的插入及格式化、页面排版及打印等。

习题与思考

一、单选题

1. 在 Word 2010 中，选择（　　）视图，可以使文档的内容按文档的标题层次显示。
   A. 页面视图　　B. 大纲视图　　C. 阅读版式视图　　D. Web 版式视图
2. 在 Word 的编辑状态，段落对齐方式的“悬挂缩进”调整的是（　　）。
   A. 段落中首行的起始位置
   B. 文档中除了首行以外的其他行的起始位置
   C. 文档中首行的起始位置
   D. 段落中除了首行以外的其他行的起始位置
3. 下列选项不属于段落缩进方式的是（　　）。
   A. 首行缩进　　B. 悬挂缩进　　C. 左缩进　　D. 字符间距
4. 设置段落的缩进方式，下面（　　）方法不可以使用。
   A. 水平标尺　　B.“字体”对话框
   C.“段落”对话框　　D.“页面布局”选项卡→“段落”组命令
5. 在 Word 2010 中，想要插入图片，可以单击（　　）组中的“图片”按钮。
   A. 形状　　B. 插图　　C. 图表　　D. 剪贴画
6. 在 Word 文档中，可以通过设置文字环绕方式调整图片的位置，下列（　　）选项不属于文字环绕方式。
   A. 嵌入型　　B. 紧密型　　C. 左右型　　D. 四周型
7. 在 Word 2010 中，选择（　　）选项卡，在“页”组中单击“分页”按钮，即可进行分页。
   A.“开始”　　B.“引用”　　C.“插入”　　D.“审阅”
8. （　　）是衬于文档内容下方的一种文本或图片形式，通常用于增加趣味或标识文档状态。
   A. 水印　　B. 背景　　C. 漂亮图片　　D. 渐变颜色
9. 下列（　　）操作方式可以为 Word 文档添加目录。
   A. 在“插入”选项卡中添加
   B. 选择“引用”选项卡，单击“目录”组中的“目录”下拉按钮
   C. 选择“引用”选项卡，单击“目录”组中的“更新目录”按钮
   D. 选择“引用”选项卡，单击“引文目录”组中的“插入引文目录”按钮
10. 当要阅读一篇较长的文档时，为其添加（　　）可以统计文档的页数，便于读者的检索。
    A. 分节符　　B. 页脚　　C. 页码　　D. 分页符

二、填空题

1. 在 Word 文档中，要选择一个连续的文本区域，可将光标置于该区域的第一个字符前，按______键不放，再到该区域最后一个字符后单击即可。

2. 在 Word 2010 中，要设置字符格式，可以通过“字体”组、浮动工具栏和____________对话框 3 种方式进行设置。

3．在编辑 Word 文档时，常在每页的顶部或底部显示章节名、页码及一些其他信息，这些信息若打印在文件每页的顶部，就称为____________。

4．在 Word 文档中，段间距分为____________间距和____________间距。

5．在 Word 文档中，根据文本在文本框中的排列方向，可以将文本框分为____________文本框和____________文本框两种。

6．在 Word 2010 中，要设置图片的格式，应该右击图片，执行____________命令，在弹出的对话框中进行设置。

7．在 Word 文档中，分节符的功能主要在于____________。

三、判断题

1．给段落加边框，其四边均可不同。（ ）

2．艺术字是图形对象，不是文本。（ ）

3．在 Word 文档中进行替换操作，输入"替换为"内容时可以使用通配符。（ ）

4．在 Word 中插入页码，起始的页码只能为 1。（ ）

5．复制文本时，先选定要复制的文本，再按住鼠标左键拖到新位置即可。（ ）

四、思考题

1．Word 2010 有哪几种视图方式？请比较它们的不同。

2．简述在 Word 2010 中，将所有字符串" computer "替换为"计算机"的过程。

3．简述 Word 文档中，页眉和页脚的作用。

4．简述如何在文档中插入 SmartArt 图形。

5．简述如何在 Word 2010 中使用批注。

第 4 章　电子表格处理软件 Excel 2010

电子表格处理是计算机在办公自动化应用中的另一个重要方面。本章介绍 Microsoft Excel 2010 的常用功能，包括工作环境、工作簿文件的创建、数据的输入与编辑、工作表格式化、公式与函数的使用、数据图表化、数据分析及管理、页面设置及打印等内容。

4.1　Excel 2010 概述

4.1.1　Excel 2010 功能介绍

Microsoft Excel 2010 是 Microsoft Office 2010 系列办公软件的一个重要组件。它不仅可以用于个人事务的处理，也被广泛用于财务、统计和分析等领域，是一个功能强大、技术先进、使用方便的电子表格系统。其主要功能是能够方便地制作出各种电子表格，可使用公式对数据进行各种简单或复杂的运算，还可把数据用各种统计图表的形式表现得直观明了，甚至可以进行一些数据分析工作。由于 Excel 具有十分友好的人机界面和强大的计算功能，它已成为国内外广大用户管理公司和个人财务、统计数据、绘制各种专业化表格的得力助手。

4.1.2　Excel 2010 工作环境

Excel 2010 启动后的窗口如图 4-1 所示，除了标题栏、快速访问工具栏、选项卡、功能区、滚动条、状态栏等与 Word 2010 窗口类似的组成部件外，Excel 窗口中还包含着编辑栏、工作表编辑区、工作表标签等 Excel 特有的组成部件。

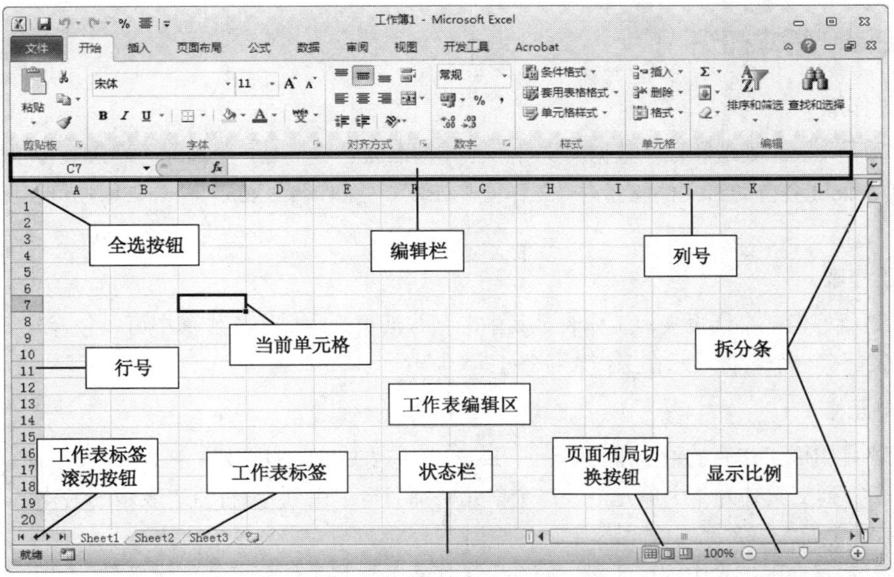

图 4-1　Excel 2010 窗口

1. 编辑栏

编辑栏由名称框、编辑按钮和编辑栏组成：左边的名称框，用于显示选定单元格的地址或选定区域的名称；右边的编辑栏，用于显示或编辑选定单元格的内容；中间的编辑按钮，一般情况下只有一个“插入函数”按钮 fx，当用户对单元格进行输入或编辑操作时，按钮变成 × ✓ fx，增加了“取消”、“输入”两个按钮。

2. 工作表编辑区

工作表编辑区是 Excel 窗口的主体，是一个由单元格构成的区域。每张工作表的左端是由数字组成的行号，顶端是由字母组成的列号。

3. 工作表标签

工作表标签 Sheet1 Sheet2 Sheet3 用于对工作表进行切换，每一个标签上显示着工作表的名称，默认的标签名为 Sheet1、Sheet2、Sheet3……，该名称可以修改。当工作表太多不能全部显示时，可使用标签栏左侧的 ⏮ ◀ ▶ ⏭ 4 个按钮滚动工作表标签。

4. Excel 的功能区

Excel 2010 窗口的功能区中包括了“文件”、“开始”、“插入”、“页面布局”、“公式”、“数据”等选项卡，功能区可帮助用户快速找到要完成某一任务所需要的命令。

5. 状态栏

Excel 2010 窗口的状态栏上包含了窗口或一些正在操作对象的状态信息，还提供了录制宏按钮、视图切换按钮（分别是普通视图、页面布局视图、分页预览视图）、显示比例滑块给用户使用。

6. 快捷菜单

在使用 Excel 2010 时，选定对象后，单击鼠标右键时会出现快捷菜单，快捷菜单提供了对该对象操作的常用命令，读者在学习过程中可以尝试使用快捷菜单进行操作。

4.1.3 Excel 基本知识

1. 工作簿

工作簿是 Excel 处理和存储数据的文件。工作簿名就是文件名，扩展名为“.xlsx”。对于新建的工作簿文件，Excel 会自动给文件取名为“工作簿 1.xlsx”、“工作簿 2.xlsx”……，用户可在保存文件时更改文件名。

2. 工作表

工作簿就好像一个活页夹，工作表是其中一张张活页纸。一个工作簿中可以包含若干个工作表，每个工作表都有一个名称显示在工作表标签上。

3. 单元格

单元格是组成工作表的最小单位。一张 Excel 工作表由 16384（列）×1048576（行）个单元格组成，每一个行列交叉处为一个单元格。每个单元格都有一个由列号+行号来表示的名称（或称地址），如 C8 表示第 3 列、第 8 行的单元格。

如要表示其他工作表中的单元格，应加上工作表名，且工作表名和单元格名之间用感叹号分隔，如 Sheet2!C8 表示 Sheet2 工作表中的 C8 单元格。

4. 当前单元格

当前单元格也称为活动单元格，是指工作表中正在操作的单元格。活动单元格的边框为粗线黑框，例如图 4-1 中的 C7 单元格。当用户需对某一单元格进行操作时，应首先将其激活（或称选定），再进行输入或编辑操作，此时编辑栏的名称框中将显示该单元格的地址，编辑框中显示该单元格的内容。

5. 单元格区域

单元格区域是指由两个以上相邻的单元格组成的矩形区域，区域习惯上用“区域左上角单元格地址:区域右下角单元格地址”的格式表示。例如，“A3:E7”表示左上起于 A3 右下止于 E7 的 25 个单元格。此外，还可用“E7:A3”、“A7:E3”、“E3:A7”表示这个区域。

如要表示其他工作表的单元格区域，还应加上工作表名，如 Sheet2!A3:E7 表示 Sheet2 工作表中的 A3:E7 区域。

4.2　Excel 2010 的文件及窗口的操作

4.2.1　新建 Excel 文件

新建 Excel 工作簿的操作与新建一个 Word 文档的操作相似。执行“文件”→“新建”命令，选择“空白工作簿”或其他模板，可以建立一个新的工作簿文件。

在默认情况下，一个新建的 Excel 空白工作簿中包含 3 个名称分别为 Sheet1、Sheet2、Sheet3 的工作表。如果要改变新工作簿中所包含的工作表的数量，可执行“文件”→“选项”命令，在“Excel 选项”对话框的“常规”选项中，可根据需要设置新建的工作簿中包含的工作表数，此值最大可设为 255，如图 4-2 所示。

图 4-2　设置新工作簿中工作表的数量

4.2.2　Excel 2010 文件的打开、保存与关闭

Excel 2010 文件的打开、保存与关闭操作与 Word 2010 相似。

1. 打开

执行“文件”→“打开”命令，可在“打开”对话框中选择工作簿文件，完成打开文件的操作。

2. 保存

（1）执行“文件”→“保存”命令，可使文件按原名保存。

（2）执行“文件”→“另存为”命令，可改变文件的保存位置及文件名。

3．关闭

执行“文件”→“关闭”命令，可将已打开的文件关闭。

说明：以上仅仅简单介绍了在Excel 2010窗口中的一些文件操作方法，实际上，每一个操作要求都可以通过多种操作方法完成。在第2、3章的相关章节中，关于文件的操作已有详细介绍，这里就不再赘述。

4.2.3 保护Excel工作簿

通过不同的保护操作，可以保护文件不能被打开或者不能被修改。

1．为工作簿文件加密

单击“文件”→“信息”命令→“保护工作簿”按钮→“用密码进行加密”命令，打开“加密文档”对话框，如图4-3所示。设置密码后，以后再打开文件时必须正确输入密码，否则文件无法打开。

如要取消密码，需重复上述操作，在“加密文档”对话框中，将密码删除后单击“确定”按钮即可。

提示：工作簿文件加密后，必须保存才能起作用。

2．保护工作簿结构

单击“文件”→“信息”命令→“保护工作簿”按钮→“保护工作簿结构”命令，打开“保护结构和窗口”对话框，选中相应的保护对象，可设置密码，如图4-4所示。

选择保护结构后，工作簿的结构被锁定，用户无法对工作簿进行插入、删除、移动、重命名工作表等操作；选择保护窗口后，用户无法放大缩小Excel窗口中的工作簿窗口。

如要取消保护，需重复上述操作。

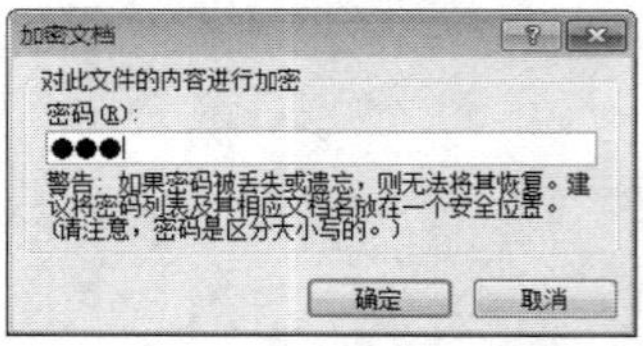

图4-3 为文档加密

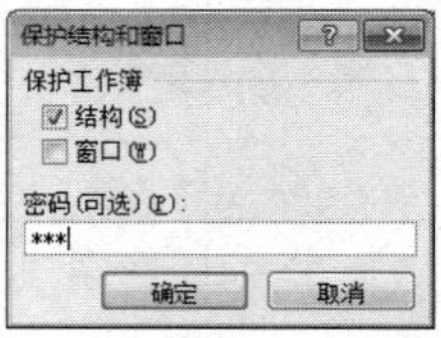

图4-4 保护工作簿结构和窗口

4.2.4 窗口的切换及排列窗口

1．文件窗口的切换

当已打开多个Excel文件时，如要进行当前操作文件的切换，除了在任务栏上的Excel按钮处进行切换之外，在Excel窗口中，单击“视图”选项卡→“窗口”组→“切换窗口”命令，也可看到所有已打开文件的列表（见图4-5），选择后进行当前窗口的切换。

2．排列窗口

排列窗口操作可使Excel中所有已经打开的文件都在Excel窗口中显示出来。单击“视图”选项卡→“窗口”组→“全部重排”命令，打开“重排窗口”对话框，可选择多种排列方式，例如图4-6中3个文件窗口选择了层叠排列方式。

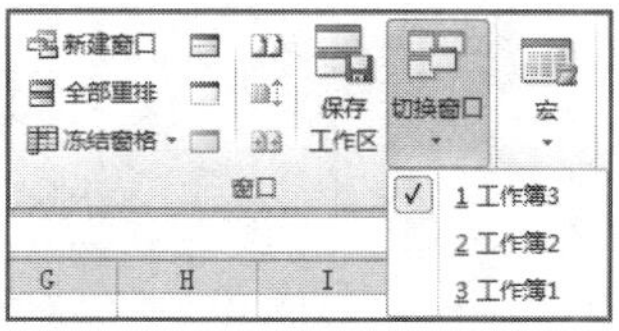

图 4-5　切换文件窗口

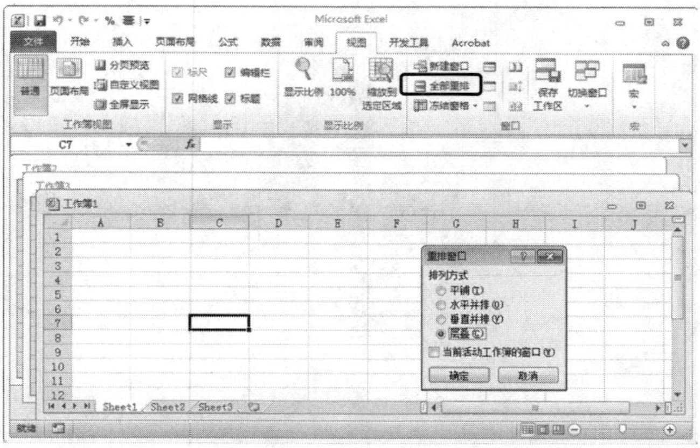

图 4-6　多个 Excel 文件窗口的排列

4.2.5　新建窗口

一个 Excel 窗口只能显示一个工作簿文件，当需要同时浏览同一文件中不同工作表的数据时，通过新建窗口的方法可以实现。

新建窗口的操作是：单击“视图”选项卡→“窗口”组→“新建窗口”命令，可打开同一文件的一个新窗口。新建窗口后，一般需要重新排列窗口，才能同时看到两个窗口。如图 4-7 所示，图中两个窗口显示的是同一文件中不同工作表的数据，图中采用的是“垂直并排”的窗口排列方式。

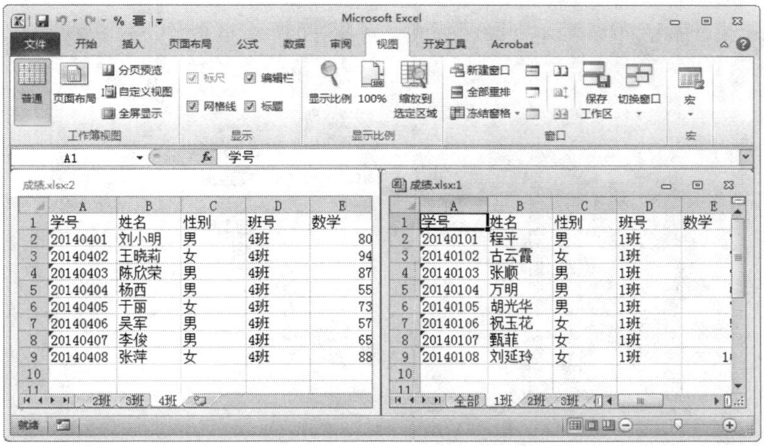

图 4-7　新建窗口

4.2.6　工作表窗口的拆分

Excel 可将窗口拆分成多个窗格，便于同时浏览同一工作表的不同位置，如图 4-8 所示是设置了水平拆分条后的显示效果。

窗口拆分的操作是：选定某行、某列或某个单元格后，单击“视图”选项卡→“窗口”组→“拆分”命令后，选定的位置上会出现拆分条。再次执行“拆分”命令，可取消操作。

快捷的操作方法是直接拖动窗口拆分条（见图 4-1），可以随意地设置拆分位置，双击拆分条或将拆分条拖回原位，可取消拆分。

图 4-8　窗口的拆分

4.2.7　冻结窗格

在 Excel 窗口中，当通过滚动条滚动屏幕时，如果希望标题行或标题列不随着屏幕的滚动而消失，可使用窗格的冻结功能。

窗格冻结的操作是：选定单元格以确定冻结位置，单击“视图”选项卡→“窗口”组→“冻结窗格”→“冻结拆分窗格”命令，可将当前单元格的左侧和上侧窗格冻结，冻结窗格后，滚动条滚动时，被冻结的区域仍然可见。如图 4-9 所示，冻结窗格后，滚动条滚动时，第 1 行和 A、B 两列仍固定在原来位置。

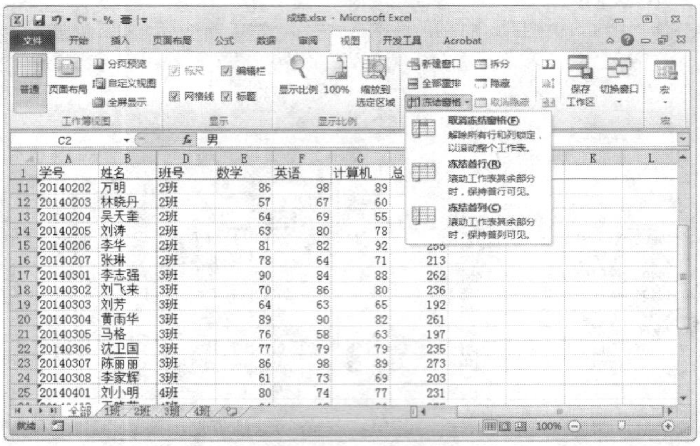

图 4-9　冻结窗格

如果执行“冻结拆分窗格”命令前选定的是行或列，则冻结位置会固定在该行的上侧或列的左侧。如果要冻结的是工作表的第 1 行或第 1 列，可直接使用图 4-9 中“冻结首行”或“冻结首列”命令。

冻结窗格后，原“冻结拆分窗格”命令被“取消冻结窗格”命令取代（见图 4-9），用于取消窗格的冻结状态。

4.3　工作表的管理操作

一个 Excel 工作簿中含有多张工作表，学习并掌握工作表的编辑管理操作有助于更好地管理数据。

4.3.1　选取工作簿中的工作表

一个工作簿中包含有多张工作表。本节针对工作表的操作都要求首先对工作表进行选定，另外，当选取多张工作表时，可以同时对它们进行单元格的输入、编辑操作。选取工作表的操作如下。

（1）选取单个工作表：单击要选取的工作表标签。

（2）选取相邻的多个工作表：先单击第一个工作表标签，然后按住 Shift 键再单击最后一个工作表标签。

（3）选取不相邻的工作表：先单击第一个工作表标签，然后按住 Ctrl 键再依次单击其他工作表的标签。

（4）选取工作簿中的所有工作表：在工作表标签处单击鼠标右键，在弹出的快捷菜单（见图 4-10）中选择“选定全部工作表”命令。

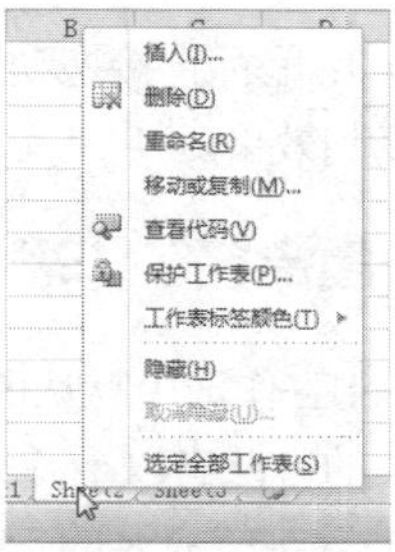

图 4-10　对工作表进行操作的快捷菜单

4.3.2　插入工作表

插入工作表的方法有以下多种。

（1）单击工作表标签最右端的 标签，可在所有工作表之后插入一个新工作表。

（2）按 Shift+F11 组合键。

（3）单击“开始”选项卡→“单元格”组→“插入”→“插入工作表”命令，如图 4-11 所示。

（4）在图 4-10 所示的快捷菜单中，选择“插入”命令。

提示：除第一种方法外，后面 3 种操作方式均可一次插入一个或多个工作表，插入前若先选定了多个连续的工作表，执行命令后，将插入与选定数目相当的新工作表，如图 4-12 所示是插入工作表前后的比较。

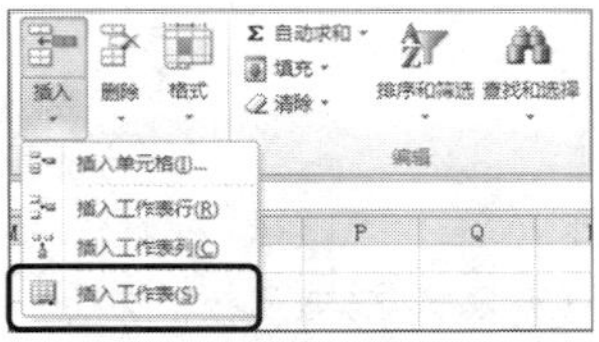

图 4-11　插入工作表命令

（a）插入前　（b）插入后

图 4-12　插入工作表

4.3.3　删除工作表

删除工作表的方法主要有以下两种。

（1）单击“开始”选项卡→“单元格”组→“删除”→“删除工作表”命令，如图 4-13 所示，可将所有选定的工作表删除。

（2）在图 4-10 所示的快捷菜单中，选择“删除”命令。

提示：删除工作表后，不能通过“撤销”按钮 恢复被删除的工作表，因此执行删除工作表的操作应谨慎，如果被删除的工作表里有数据，执行删除时会出现提示信息。

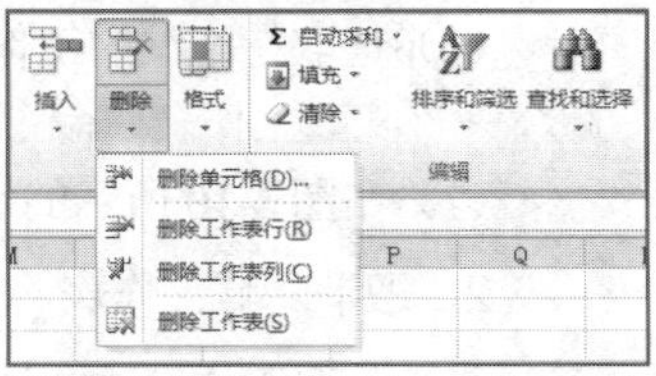

图 4-13　“删除”菜单

4.3.4　移动、复制工作表

常用的移动或复制工作表的方法有以下几种。

（1）单击“开始”选项卡→“单元格”组→“格式”→“移动或复制工作表”命令，如图 4-14 所示，打开“移动或复制工作表”对话框，如果在该对话框中选中 “建立副本”，操作结果为复制工作表，否则为移动工作表操作。移动或复制的目标位置可以是本工作簿，也可以是其他工作簿文件。

（2）在图 4-10 所示的快捷菜单中，选择“移动或复制”命令，也可打开“移动或复制工作表”对话框。

（3）用鼠标直接拖动工作表标签到目标位置，可实现移动工作表操作；拖动的同时按下 Ctrl 键，则产生复制效果。

4.3.5 重命名工作表

Excel 工作簿中默认的工作表名称为 Sheet1、Sheet2 等，通过重命名操作可以给工作表改名。重命名工作表的方法有以下几种。

（1）双击待命名的工作表标签后，直接输入。

（2）单击“开始”选项卡→“单元格”组→“格式”→“重命名工作表”命令，然后在工作表标签处修改工作表名称。

（3）在图 4-10 所示的快捷菜单中，选择“重命名”命令。

图 4-15 所示为执行了“重命名”命令时的工作表标签状态。

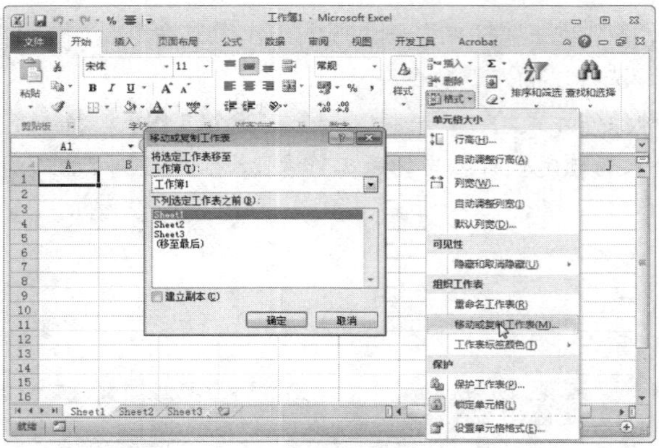

图 4-14 移动或复制工作表

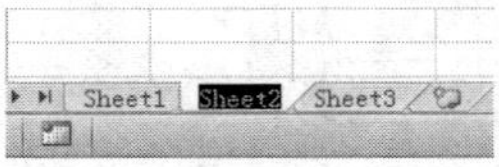

图 4-15 工作表的重命名

4.3.6 隐藏工作表及取消隐藏

1. 隐藏工作表

Excel 工作表可以在需要的时候隐藏起来不显示，隐藏的方法有以下两种。

（1）选取待隐藏的工作表后，单击“开始”选项卡→“单元格”组→“格式”→“隐藏和取消隐藏”→“隐藏工作表”命令。

（2）在图 4-10 所示的快捷菜单中，选择“隐藏”命令。

2. 取消隐藏工作表

取消隐藏工作表的方法有以下两种。

（1）单击“开始”选项卡→“单元格”组→“格式”→“隐藏和取消隐藏”→“取消隐藏工作表”命令，在弹出如图 4-16 所示的对话框中选择工作表，单击“确定”按钮。

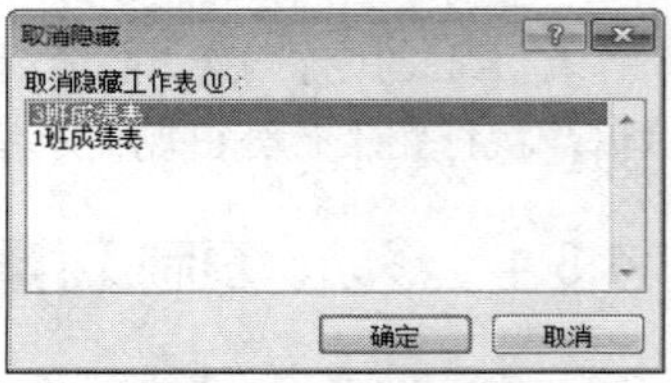

图 4-16 “取消隐藏”对话框

（2）在图 4-10 所示的菜单中选择“取消隐藏”命令。

4.3.7　保护工作表

在与其他用户共享工作簿时，可能需要保护特定工作表中的数据，以防被修改，通过保护工作表的操作可以达到此目的。

单击“文件”→“信息”→“保护工作簿”按钮→“保护当前工作表”命令，可打开“保护工作表”对话框，如图 4-17 所示，完成设置后单击“确定”按钮，工作表可被保护。

对话框中的选项说明如下。

（1）在“保护工作表”对话框中，如设置了密码，则撤销保护时，需要输入密码。

（2）在“保护工作表”对话框中，必须选中“保护工作表及锁定的单元格内容”复选框，才能实现保护操作。工作表保护后，所有锁定的单元格的内容不能修改，在“允许此工作表的所有用户进行”列表框中未被选中的项目也不能操作。

（3）单元格的锁定操作是在“设置单元格格式”对话框中的“保护”选项卡中进行的，默认的设置是所有单元格都为“锁定”状态，如图 4-18 所示。该对话框通过单击“开始”选项卡→“单元格”组→“格式”→“设置单元格格式”命令打开。

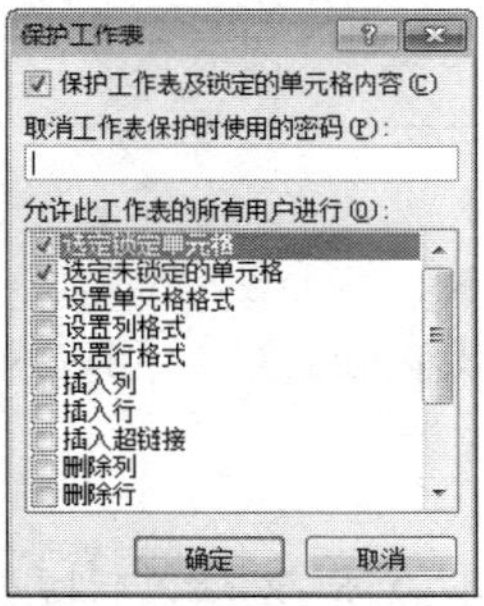

图 4-17　“保护工作表”对话框

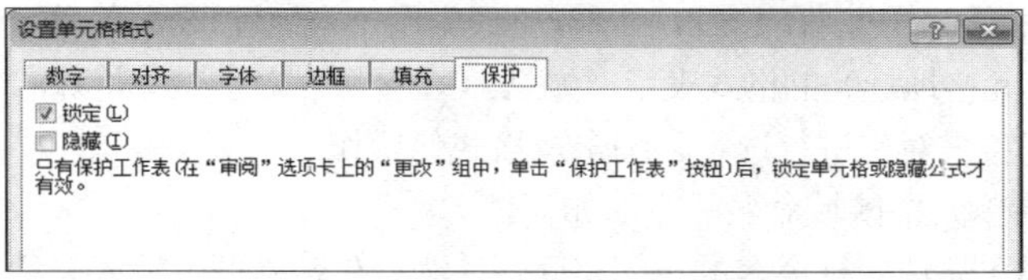

图 4-18　设置单元格的保护

如要撤销工作表保护，可再次执行前面所述的“保护当前工作表”命令，或单击“审阅”选项卡→“更改”组→“撤销工作表保护”命令。

提示： 打开“设置单元格格式”对话框的方法有多种，后面学习工作表的格式化时还会介绍。

4.4　工作表中数据的输入及编辑

4.4.1　单元格及单元格区域的选定

1. 单元格的选定

在 Excel 中，工作表数据的输入和编辑都是针对当前单元格进行的，因此在输入前应选定单元格。

最简单的选定单元格操作就是使用鼠标单击选择。此外，在名称框中输入单元格地址后，按 Enter 键，也可选定单元格。

利用键盘也可将当前单元格移动，在输入过程中常使用的按键有 Enter 键（向下移动当前单元格）、Tab 键（向右移动）、↑↓←→方向键（向相邻的箭头所指方向移动）。其他可用的按键还有 Home、Page Up、Page Down 等，此外，还可结合 Ctrl 键构成组合键，如组合键 Ctrl+↓可将当前单元格移到数据区或工作表的边缘。

如要对单元格中的部分内容进行选取，那么先选定单元格，然后在编辑栏中进行文本的选定。

2. 单元格区域的选定

Excel 中对不同的单元格区域有不同的选定方法。表 4-1 中列出了针对不同区域的选定操作。

表 4-1 单元格区域的选定操作

选择内容	操作方法
连续区域	（1）按住鼠标左键并拖动，所选择的区域会出现一个黑框 （2）单击区域的第一个单元格（左上角），然后按住 Shift 键再单击区域的最后一个单元格（右下角） （3）在名称框中输入区域地址（如 A3:C8），然后按 Enter 键
整行	单击行号
整列	单击列号
连续的多行（或多列）	（1）在行号或列号中拖动鼠标 （2）先选定第一行（或第一列），然后按住 Shift 键再单击最后一行的行号（或最后一列的列号）
不相邻的单元格或单元格区域	先选定第一个单元格或单元格区域，然后再按住 Ctrl 键用鼠标依次选定其他的单元格或单元格区域
工作表中所有单元格	单击行号列号交界处的“全选”按钮（见图 4-1）
已命名的单元格区域	在名称框下拉列表中，选择区域的名称

3. 单元格或单元格区域的命名

前面介绍过，在 Excel 中单元格通常用一个地址来表示，如 A3 单元格，单元格区域使用（单元格地址：单元格地址）的格式表示，如 A3:C8 区域。对于一些特殊的单元格或单元格区域，可以为之命名，以方便将来对它进行选定、编辑及格式化操作。

给单元格区域命名的方法如下。

（1）先选定欲命名的单元格区域，然后在名称框中输入名称，如图 4-19 所示，输入后按 Enter 键。

（2）选定单元格区域，单击“公式”选项卡→“定义的名称”组→“定义名称”命令，在打开的“新建名称”对话框（见图 4-20）中设置。

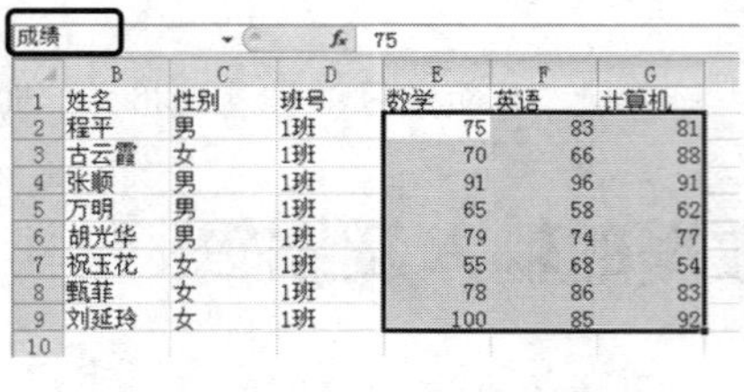

图 4-19 用名称框给单元格区域命名

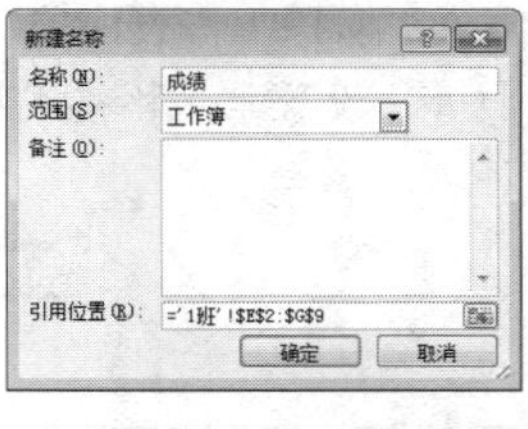

图 4-20 “新建名称”对话框

4.4.2 数据的输入

在 Excel 的工作表中输入数据时，可逐个单元格直接输入数据，也可以利用 Excel 的自动填充功能快速输入有规律的数据。在输入数据前应先了解 Excel 的数据类型。

1. Excel 的数据类型

Excel 常用的数据类型有文本、数字、日期时间、逻辑等。输入数据时，Excel 会自动根据所输入的内容判断其数据类型，并设置默认的对齐格式：文本数据在单元格中左对齐，数字、日期时间右对齐，逻辑值数据居中对齐。

（1）文本型

文本是指键盘上可以输入的任何文字、数字、符号的组合。文本输入后自动左对齐。一些数字形式的文本，如编号、学生学号、电话号码、身份证号码等，输入时应在数字前加单引号（'）（结果如图 4-21 中的 A2 单元格），否则直接输入会被 Excel 自动判别为数字类型（如图 4-21 中的 A1 单元格）。

当输入文本的长度超过单元格的宽度时，默认情况下不会自动换行，如果此时右边的单元格是空的，则超长部分扩展到右边的单元格显示（如图 4-21 中的 A3 单元格），如果右边的单元格不空，超长的部分将被遮盖而不能显示。输入文本过程中如要换行，则每按一次 Alt+Enter 组合键，可换行一次（如图 4-21 中的 A4 单元格）。

（2）数字型

在 Excel 中，数字可包含 0～9 字符，此外还可以包含正负符号（+、–）、左右括号、千位分隔符（,）、小数点（.）、分数符号（/）、百分号（%）、货币符号（$）和科学记数法符号（E、e）等特殊符号。

图 4-22 中显示了一些数字在输入后的显示的格式。

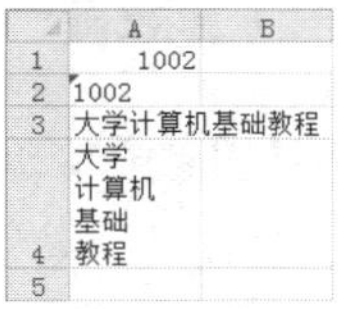

图 4-21　文本的输入

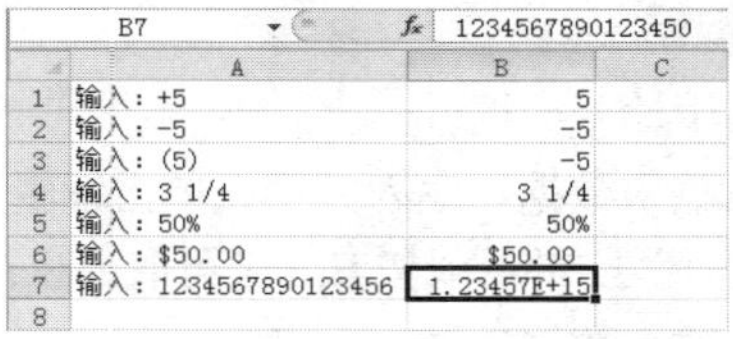

图 4-22　数字的输入

输入数字时应注意以下情况。

- 正数的符号不显示；
- 负数的输入可以在负数前输入减号"–"，或将其置于括号中，如输入"(5)"，得到的是"–5"；
- 分数的输入应先输入分数的整数部分和空格，再输入分数，如"3 1/4"；
- 输入百分数时应在输入的数字后加百分号，如"50%"，实际值是"0.5"；
- 输入货币值时应先加货币符号，如"$50.00"；
- 当输入的数据太长时，Excel 会自动以科学计数法表示；
- Excel 的数字精度是 15 位，如图 4-22 中 B7 单元格输入的是"1234567890123456"，在编辑栏上看到的是"1234567890123450"，显然第 16 位的精度丢失了。

（3）日期时间型

Excel 内置了一些日期时间的格式，当输入的数据与这些格式相匹配时，Excel 将会识别它们，并当作日期时间型数据处理，数据在单元格中右对齐。对于不能识别的格式，Excel 将视作文本，左对齐。常见的日期时间格式有"yy-mm-dd"、"yy/mm/dd"、"yyyy 年 mm 月 dd 日"、"hh:mm am|pm"，其中"am|pm"与时间之间应有空格。如果同时输入日期和时间，则日期和时间之间也应该有空格。

在 Excel 中如果要输入当前的系统日期及时间，可通过组合键完成，组合键（Ctrl+;）可输入当前日期，组合键（Ctrl+Shift+;）可输入当前时间。

提示：Excel 是将日期和时间视为数字处理的。工作表中的时间或日期的显示方式取决于所在单元格中的数字格式。如果将显示方式改为"常规"格式，则会将日期显示为一个序列数，将时间显示为一个小数。其中日期的序列数表示为从 1900 年 1 月 1 日开始的天数。例如"1900 年 1 月 3 日"对应的序列数为"3"，"2014 年 7 月 1 日"对应的序列数为"41821"。

（4）逻辑型

逻辑型的数据只有两个值：TRUE（表示真）、FALSE（表示假）。逻辑型的数据在单元格中居中对齐。逻辑型数据一般在逻辑运算后出现。

（5）错误值

当单元格中无法显示正确的结果时，会以一些错误值显示，错误值以“#”开头。不同的错误值对应不同的含义，常见的错误值及所表达的含义如表 4-2 所示。

表 4-2　常见的错误值含义

错 误 值	含 义
####	表示单元格宽度不够
#DIV/0!	表示公式中有除数为 0 的运算
#REF!	表示公式中有无效的单元格引用
#N/A	表示有数据缺失
#NAME?	表示公式中包含无法识别的文本
#NUM!	表示公式中含有无效的数值
#VALUE!	表示公式中某个值使用了错误的数据类型

2. 直接输入数据

（1）在单元格中输入数据

选定单元格后输入数据，输入完毕，单击编辑栏上的“输入”按钮✓或移动当前单元格可完成输入操作；单击“取消”按钮×或按 Esc 键可取消正在输入的内容。

（2）在区域中输入数据

选定区域后输入数据，每个单元格输入完毕后按 Enter 或 Tab 键，进行区域内下一单元格的输入。

如果输入完第一个单元格的数据后按 Ctrl+Enter 组合键，会使区域内所有单元格显示同一数据。

（3）在多个工作表中输入相同的数据

先选定一组工作表，然后在其中一张工作表中进行输入、编辑或格式化操作，则其他工作都会进行相同的操作。

3. 自动填充数据

利用 Excel 的自动填充数据的功能，可以复制数据或输入有规律的数据。

（1）使用填充柄填充

填充柄位于选定区域右下角，当鼠标指向它时，鼠标变成+形状，按下鼠标左键拖动填充柄可以实现数据的自动填充。例如，在图 4-23（a）中的两个单元格内已输入数字，选定这两个单元格后，向下拖动填充柄，可产生等差序列，结果如图 4-23（b）所示。操作结束后，填充区域的右下角会出现“自动填充选项”按钮，单击此按钮弹出填充选项菜单（见图 4-24），默认的操作是“填充序列”，由于图 4-23 中初始的两个数据为数值型数据，因此填充序列的结果为等差序列。

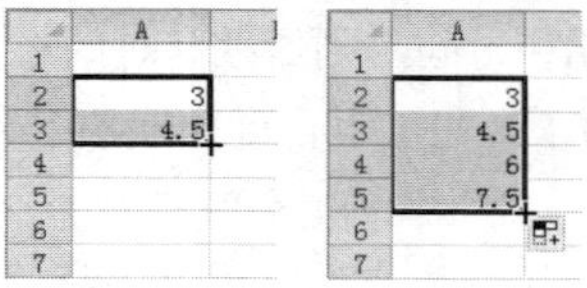

（a）　（b）

图 4-23　拖动填充柄产生等差序列

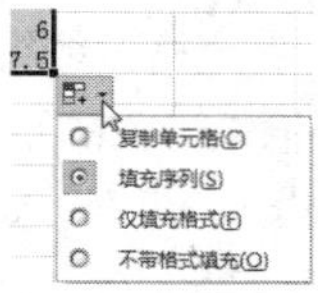

图 4-24　填充选项菜单

如果只输入一个单元格的数据，也可以使用填充柄进行自动填充。填充时根据选定单元格中初始的数据类型的不同，填充的结果也不一样，例如图 4-25 中首先输入了第 1 行的数据，然后对第 1 行每个单元格依次使用填充柄向下填充数据，得到如下结果。

图 4-25　不同初始值的填充的效果

- 当初始值为包含数字的文本数据，填充时最右边的数字会递增，如图 4-25 中的 A 列；
- 当初始值为 Excel 预设的自动填充序列中的一员，则按预设的序列填充，如图 4-25 中的 B 列；
- 当初始值为日期数据，填充结果是按日递增的日期序列，如图 4-25 中的 C 列；
- 当初始值为时间数据，填充结果是按小时递增的时间序列，如图 4-25 中的 D 列；
- 初始值为不符合以上情况的普通数据，填充的结果是复制，如图 4-25 中的 E 列。

如要查看 Excel 预设的自动填充序列，可单击“文件”→“选项”命令，打开“Excel 选项”对话框，选择“高级”选项→单击“编辑自定义列表”按钮，打开“自定义序列”对话框，图 4-26 中可看到“自定义序列”列表中所列出的 Excel 预设的自动填充序列。

用户可以自己添加序列，方法如下：先在“自定义序列”列表框中选择“新序列”，然后在“输入序列”文本框中依次输入序列成员，如图 4-26 中的“春天、夏天、秋天、冬天”，输入完毕单击“添加”按钮。

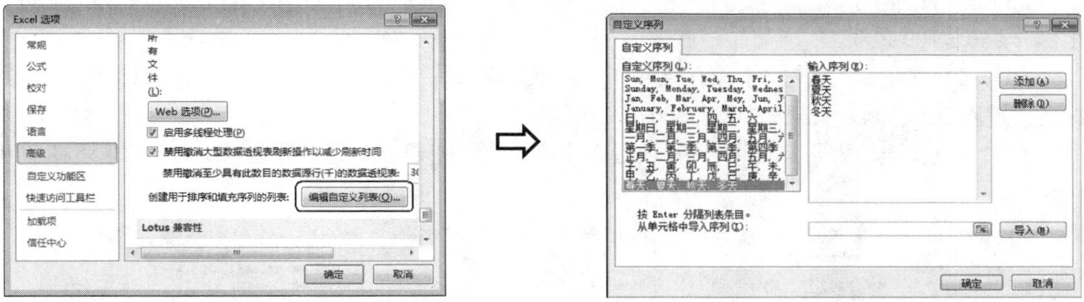

图 4-26　自定义序列

除了用鼠标左键拖动填充柄，常用的对填充柄的操作还有以下三种方法。

① 按下 Ctrl 键后拖动填充柄。这种方法对于文本型数据，通常可以得到复制的结果，而数字型数据，会得到差值为 1 的等差序列。

② 双击填充柄。这种方法填充的结果与直接拖动填充柄的填充结果相同，但更为快捷，填充的结束位置自动与其相邻列的结束位置对齐。

③ 用鼠标右键拖动填充柄。用鼠标右键拖动填充柄后，会弹出快捷菜单（见图 4-27），菜单中提供了多种填充方式。例如，图中如选择等比序列，将会产生初始值是 3，比值是 1.5（比值的计算：4.5/3=1.5）的等比序列。

（2）使用填充命令

输入初始值并选定以该初始值开始的填充区域后，单击“开始”选项卡→“编辑”组→“填充”命令，打开如图 4-28 所示的菜单。

- 选择“向下”、“向右”、“向上”、“向左”命令可以进行单元格的复制。
- 选择“系列”命令，可打开“序列”对话框（见图 4-29），通过设置可产生等差、等比数字序列或日期序列。例如，初始单元格的数据是 1，按图 4-29 设置后会产生以“1”开头，比值是“2”，最大值小于“100”的等比序列。

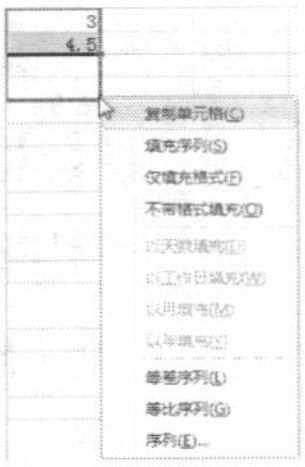

图 4-27 使用鼠标右键拖动填充柄

图 4-28 “填充”菜单

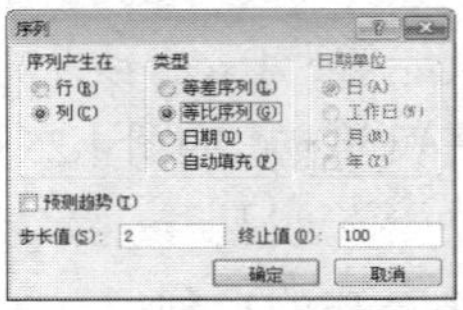

图 4-29 “序列”对话框

4.4.3 设置输入数据的有效性

输入数据前预先设定有效数据范围，可以避免用户输入错误的数据，提高用户输入数据的准确率。例如，当输入成绩时，为避免输入错误，可对需输入成绩的区域按如下步骤进行设置。

（1）选定需设置有效数据的单元格或单元格区域。

（2）单击“数据”选项卡→“数据工具”组→“数据有效性”按钮→“数据有效性”命令，即出现“数据有效性”对话框，如图 4-30 所示。

（3）在对话框的“设置”选项卡中设置有效性条件。如图 4-30（a）中设置了允许数据为小数，且范围介于 0～100 之间。

（4）可在对话框的“输入信息”选项卡中，设置输入数据时的提示信息。如图 4-30（b）中设置了标题“输入成绩”，输入信息“请输入 0-100 之间的数值”。

（5）可在“出错警告”选项卡中，设置出错警告的图形样式、警告标题以及错误信息，如图 4-30（c）所示。

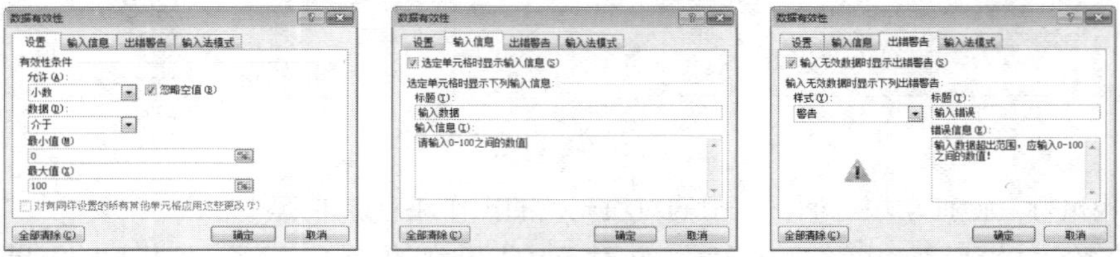

（a） （b） （c）

图 4-30 “数据有效性“对话框

设置后，选定单元格时，与“输入信息”选项卡对应的提示信息会出现在单元格旁（见图 4-31），如果输入的数据不符合有效性条件，输入完毕后会弹出警示信息窗口，如图 4-32 所示，弹出窗口的标题及内容与“出错警告”选项卡中设置的内容一致。

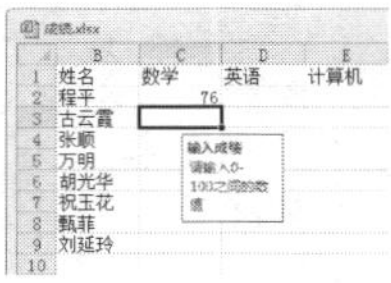

图 4-31 输入时的提示信息

图 4-32 输入错误数据时的出错警告

4.4.4 单元格内容的修改及清除

1. 修改单元格的内容

在 Excel 中，选定单元格后，直接输入新内容可替换原单元格中的内容。如果只是修改部分内容，可将插入点置于编辑栏中进行编辑，也可以双击单元格或按 F2 功能键，将插入点置于单元格中修改内容。

2. 清除单元格的内容、格式或批注

选定单元格或单元格区域后，按 Delete 键，可清除选定区域的单元格内容，但是单元格的格式仍然保留。

单击“开始”选项卡→“编辑”组→“清除”按钮，在菜单（见图 4-33）中选择清除对象。选择“全部清除”命令可清除选定单元格的内容、格式、批注、超链接等所有属性；选择菜单中的其他命令，仅清除单元格的某个属性。

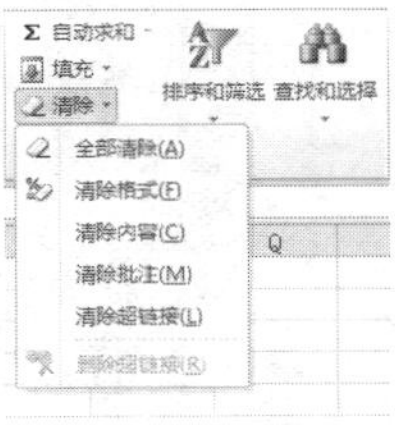

图 4-33　“清除”菜单

4.4.5　移动或复制单元格

1. 直接移动或复制

使用“开始”选项卡→“剪贴板”组→“剪切”、“复制”、“粘贴”命令，可以实现选定区域的移动和复制操作。

用鼠标拖动也可以实现移动或复制，方法如下：将鼠标移到选定区域的边框上，当鼠标变成形状时，按下鼠标左键将选定区域拖到目标位置，放开鼠标后完成移动；拖动鼠标的同时按着 Ctrl 键，则产生复制的结果。

提示：执行移动或复制后目标区域的数据将会被替换。例如，在图 4-34（a）中，选定第 2 行后，执行“剪切”命令，再选定第 6 行后，执行“粘贴”命令后，原第 6 行的数据被替换，结果如图 4-34（b）所示。

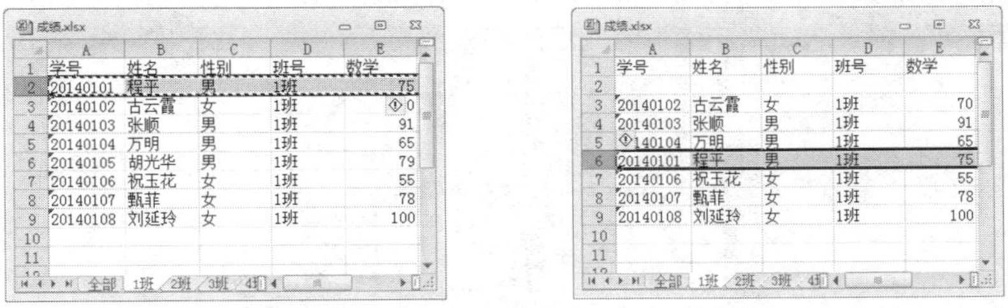

（a）　　（b）

图 4-34　将第 2 行数据剪切粘贴至第 6 行

2. 插入剪切或复制的数据

如果将“剪切”或“复制”命令后的数据插入到目标区域，而不是替换目标区域中原有的数据，则应在执行了“剪切（或复制）”命令后，选定目标位置，单击“开始”选项卡→“单元格”组→“插入”→“插入剪切（复制）的单元格”命令。

图 4-35 所示的是将图 4-34（a）中第 2 行内容剪切后，插入到第 6 行之前的效果。

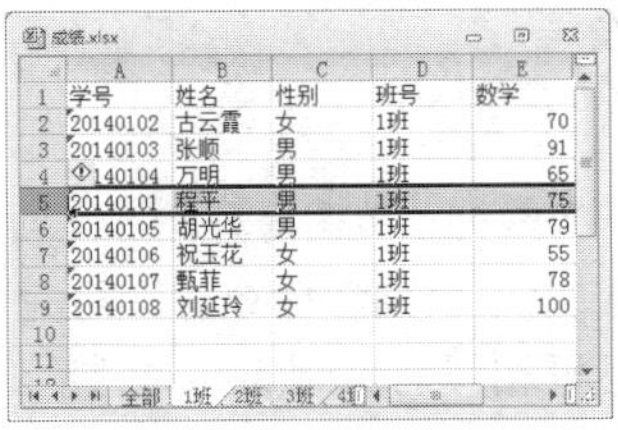

图 4-35　将第 2 行数据移动插入至第 6 行之前

3. “粘贴”菜单

剪切或复制后，如直接单击“开始”选项卡→“剪贴板”组→“粘贴”按钮，是将源区域的内容及格式原样粘贴到目标区域，而使用“粘贴”菜单中的命令，可以对粘贴的项目进行选择。

粘贴时，打开“粘贴”按钮的下拉菜单（见图 4-36），可以选择需要粘贴的项目。如图 4-37 是将 A2 单元格复制后，分别粘贴至 A5 及 B5 单元格后的效果，粘贴至 A5 时，选择的是“值”，而粘贴

至 B5 时，选择的是“格式” 。

“粘贴”菜单中最后一项“选择性粘贴”命令，执行后会打开“选择性粘贴”对话框（见图 4-38），可在该对话框中对粘贴内容进行选择，如选中“转置”复选框后，粘贴时会将原数据的行列位置互换。

图 4-36 “粘贴”菜单

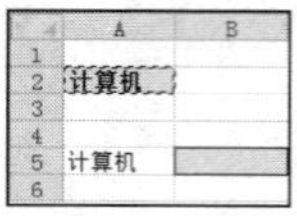

图 4-37 选择不同粘贴命令的复制效果

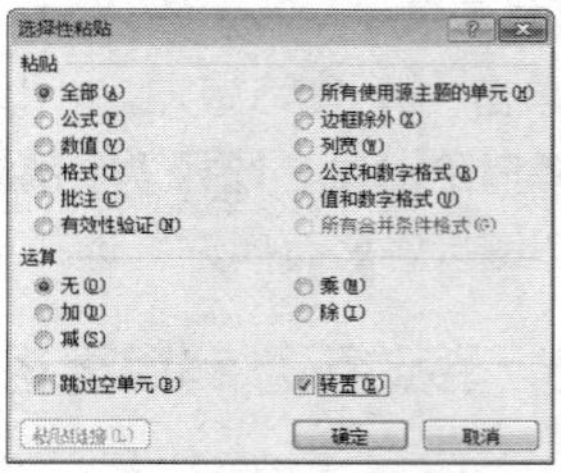

图 4-38 “选择性粘贴”对话框

4.4.6 插入或删除行、列及单元格

1. 插入

插入单元格、行或列的操作是：在希望插入的位置选取一定数量的单元格、行或列，单击“开始”选项卡→“单元格”组→“插入”→“插入单元格”、“插入工作表行”或“插入工作表列”命令（见图 4-39），即可依命令完成插入单元格、插入行或列的操作。另一种方法是：选取单元格或单元格区域，执行“插入单元格”命令时，将会弹出“插入”对话框（见图 4-39），可选择原单元格数据的移动方向。图 4-39 中的数据可看到“活动单元格下移”后的插入效果。

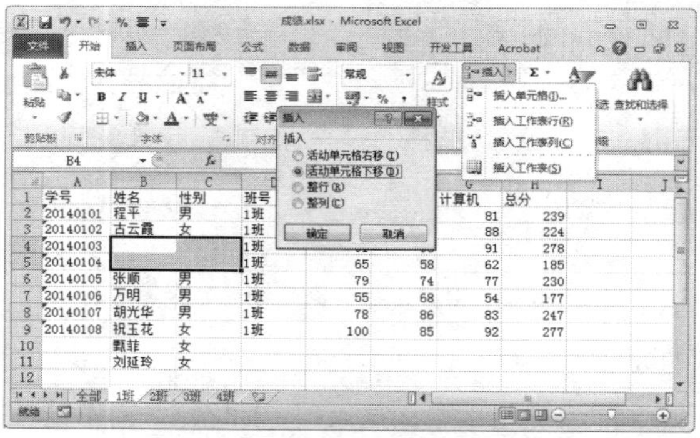

图 4-39 插入行、列或单元格操作

2. 删除

删除单元格、删除行或列的操作是：选取需要删除的单元格、行或列，单击“开始”选项卡→“单元格”组→“删除”→“删除单元格”、“删除工作表行”或“删除工作表列”命令，即可完成删除操作。选取单元格执行“删除单元格”命令时会弹出与“插入”对话框相似的“删除”对话框。

提示：在 Excel 中，应注意删除单元格与清除的区别。执行删除操作后，Excel 将从工作表中移去这些单元格，并调整周围的单元格填补删除后的空缺；而清除操作则只是清除了单元格中的内容、格式或批注等，但是单元格仍然保留在工作表中。

4.4.7 改变单元格的大小

单元格的大小通过设置行高、列宽来改变。用鼠标直接拖动行号或列号的分隔线，可直接改变行高和列宽；双击行号或列号的分隔线，可设置为最合适的行高和列宽。

选定行、列或单元格区域后，单击“开始”选项卡→“单元格”组→“格式”按钮，在打开的菜单中包含了可设置单元格大小的“行高”和“列宽”命令，用于精确设置行高、列宽值；“自动调整行高”和“自动调整列宽”命令用于设置最合适的行高和列宽；菜单中的“隐藏和取消隐藏” →“隐藏行”、“隐藏列”命令，可使选定区域的行或列被隐藏起来。

4.4.8　单元格的查找和选择

在 Excel 2010 中，单击“开始”选项卡→“编辑”组→“查找与选择”命令，打开如图 4-40 所示菜单，可进行如下操作。

1. 查找和替换

在图 4-40 的菜单中，选择“查找”或“替换”命令，可打开“查找和替换”对话框，如图 4-41 所示，里面有“查找”和“替换”两个选项卡，操作基本相同。例如，在“替换”选项卡中可输入查找内容、替换内容，可设置查找及替换的格式，可设置查找范围、搜索方向等。

2. 定位

定位实际上就是根据条件选择符合条件的单元格或单元格区域。除了“查找”方法，Excel 2010 还提供了多种定位方法（如图 4-40 所示的菜单）。

（1）“转到”命令可打开“定位”对话框（见图 4-42），通过已经定义的单元格区域的名称来定位。在对话框中单击“定位条件”按钮可打开“定位条件”对话框，设置定位条件。

（2）当单元格中包含公式、批注、条件格式等内容时，可以通过图 4-40 所示的菜单中相应的命令去查找并选定包含这些内容的单元格。

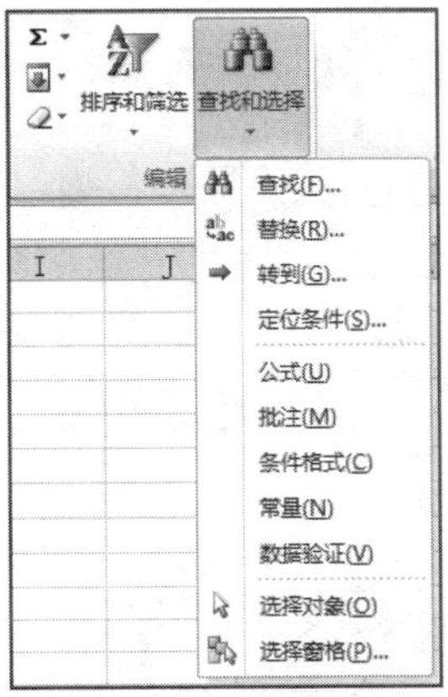

图 4-40　“查找和选择”菜单

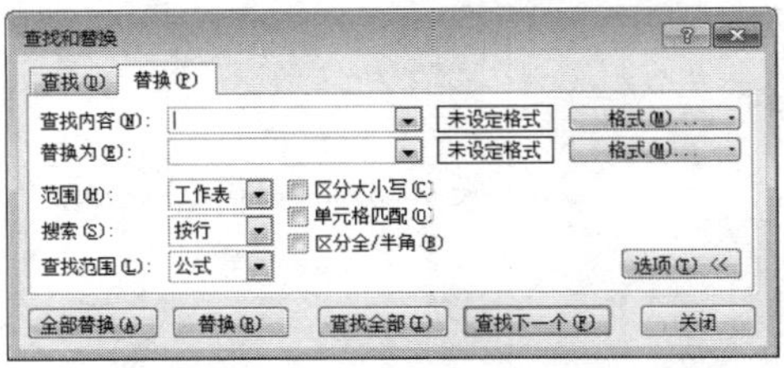

图 4-41　“查找和替换”对话框

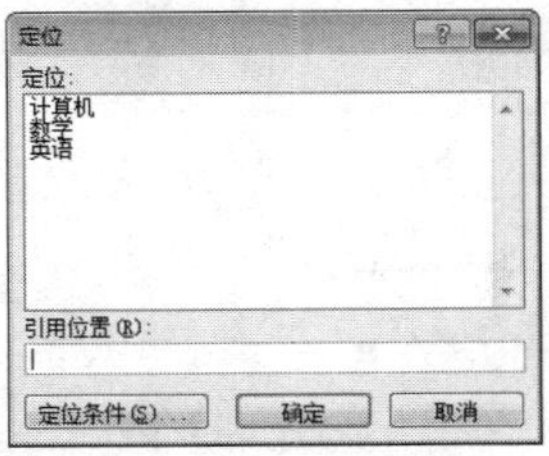

图 4-42　“定位”对话框

4.4.9　插入批注

与 Word 一样，Excel 中也可以插入批注，用于对单元格的内容进行说明。

插入批注的操作是：单击“审阅”选项卡→“批注”工具组（见图 4-43）→“新建批注”按钮，可以为选定的单元格建立批注。

建立批注后，当鼠标指向含有批注的单元格时，批注会显示出来（见图 4-44），选中“批注”组中的“显示/隐藏批注”命令按钮，可以使批注长久显示而不被隐藏；在“批注”组中，“删除”按钮可将选定单元格的批注删除，“上一条”、“下一条”按钮，可移位显示工作簿中的其他批注，“显示所有批注”按钮可将工作簿中所有的批注都显示出来。

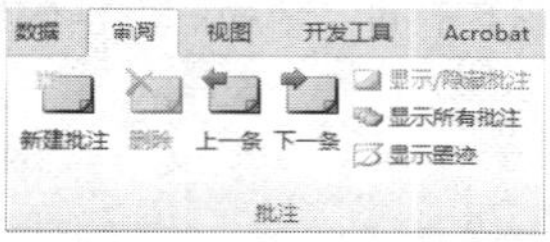

图 4-43　“批注”工具组

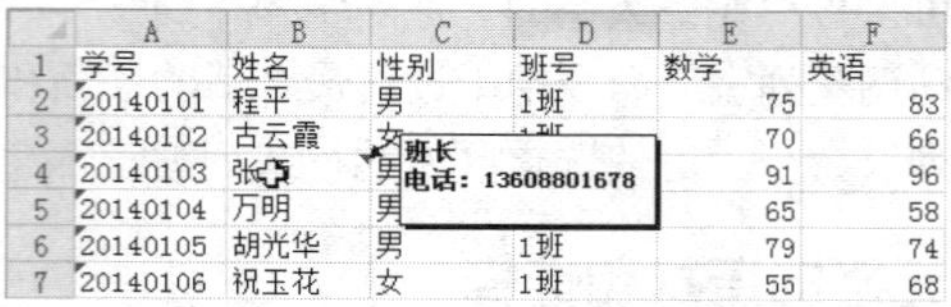

图 4-44　插入批注

打印时，是否打印批注信息，可在“页面设置”对话框中进行设置，默认情况不打印批注。

4.5　工作表的格式化

工作表的格式化主要包括设置单元格格式、自动套用格式、设置条件格式等。格式化操作主要在“开始”选项卡中完成。

4.5.1　字体格式

在“开始”选项卡→“字体”工具组中，包含了设置单元格字体的各种格式按钮，如图 4-45 所示，可以对选定单元格设置字体、字号、增大字号、减小字号、加粗、倾斜、下划线、边框、填充颜色、字体颜色。

单击“字体”组右下角按钮，可以展开“设置单元格格式”对话框的“字体”选项卡，如图 4-46 所示，可在对话框中设置字体格式。

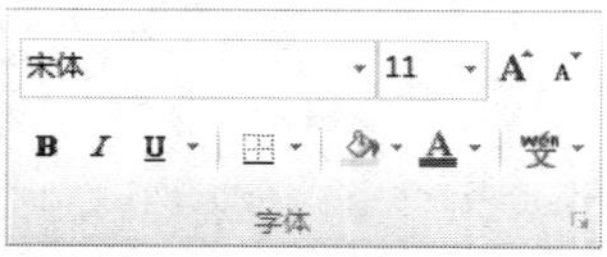

图 4-45　“字体”工具组

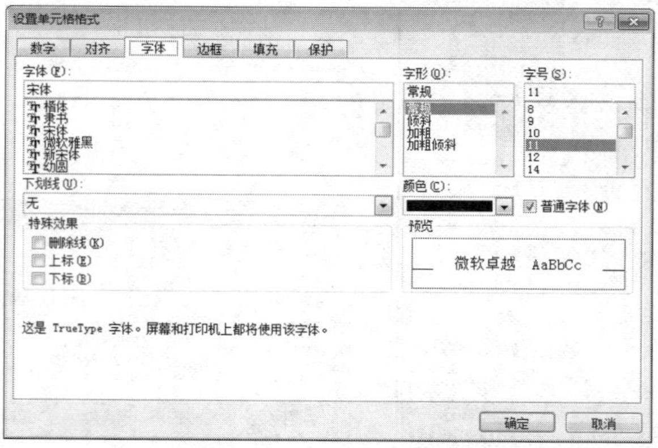

图 4-46　“字体”选项卡

4.5.2　对齐格式

在“开始”选项卡→“对齐方式”工具组中，包含多种设置单元格对齐格式的命令按钮，如图 4-47 所示，可以对选定单元格中的文字设置垂直对齐方式、水平对齐方式、改变文字方向、减少或增加缩进量、自动换行及合并后居中。

通过“设置单元格格式”对话框中的“对齐”选项卡，同样可以对单元格的对齐格式进行设置。图 4-48 所示是单元格设置了不同对齐格式后的效果。

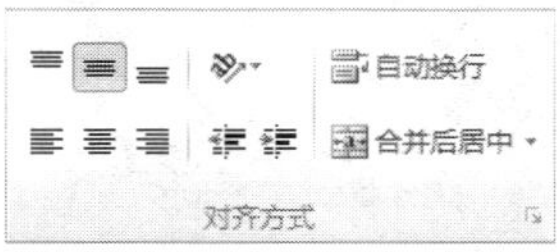

图 4-47　“对齐方式”工具组

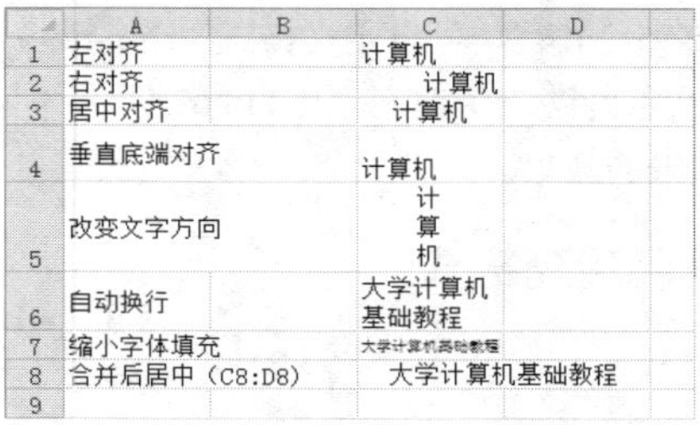

图 4-48　不同对齐方式的效果

4.5.3　数字格式

在“开始”选项卡→“数字”工具组中，提供了设置数字格式的命令按钮，如图 4-49 所示，除了可以选择数字格式类型的下拉列表 常规 外，工具组中还包含了会计数字格式、百分比样式、千位分隔样式、增加小数位数、减少小数位数命令按钮。

单击“数字”工具组右下角按钮，可以打开“设置单元格格式”对话框的“数字”选项卡，如图 4-50 所示，这里提供了更为丰富的数字格式。其中：

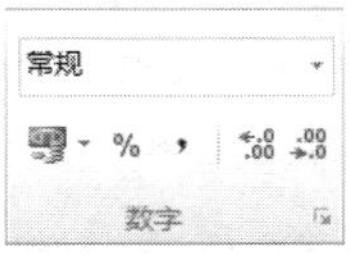

图 4-49　“数字”工具组

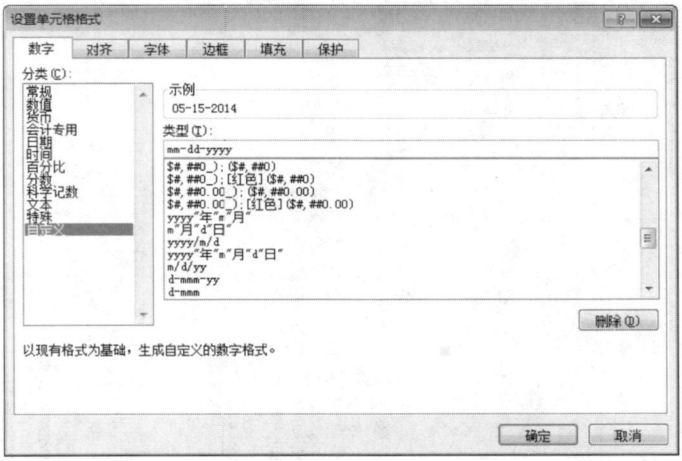

图 4-50　“数字”选项卡

（1）常规格式下，数字以不超过 12 位（含符号位）的数值格式或科学记数格式显示；

（2）数值格式可设置小数点位数、千位分隔符、负数的格式；

（3）货币格式用于表示货币数值，可设置小数位数、货币符号、负数格式；

（4）会计专用格式可设置小数位数、货币符号。与货币格式不同的是，会计专用格式的货币符号和小数点是对齐的；

（5）日期、时间格式中包含了多种不同类型的日期、时间样式；

（6）分数格式可选择不同的分母值；

（7）科学记数格式中可设置小数位数；

（8）文本格式可将数字作文本处理；

（9）特殊格式可以根据所选择的区域（国家）提供特殊的数字格式，如中文格式提供了邮政编码、中文小写数字、中文大写数字 3 种格式；

（10）自定义格式为用户提供了自己设计所需格式的便利。例如，要将“2014 年 5 月 15 日”的格式设置为“05-15-2014”，可自定义格式“mm-dd-yyyy”。

图 4-51 所示为同一个数字“12345.678”在不同的数字格式下显示出来的效果。

	A	B	C
1	常规格式		12345.678
2	数值(设置千位分隔符、2位小数位数)		12345.68
3	货币		¥12,345.68
4	会计专用		¥ 12,345.68
5	日期格式		1933/10/18 16:16
6	百分比		1234567.80%
7	科学记数		1.23E+04
8	文本		12345.678
9	自定义(0000000.00)		0012345.68
10			

图 4-51 不同数字格式的显示效果

4.5.4 边框和填充格式

1. 边框

Excel 工作表中如果未设置边框，用户所看到的表格框线都是虚框线，打印时这些虚框线默认情况下是无法打印出来的。绘制边框的方法如下。

（1）选定单元格区域后，打开“开始”选项卡→“字体”组→“边框”菜单（见图 4-52），在“边框”命令组中有多种边框样式供用户直接使用。

（2）在图 4-52 的“绘制边框”命令组中，单击“绘图边框”命令，使鼠标变成✎形状，可以自行绘制边框。在绘制边框前应先使用“线条颜色”命令选择边框颜色，使用“线型”命令选择边框的线型。

（3）打开“设置单元格格式”对话框中的“边框”选项卡也可对选定单元格区域的边框进行设置。

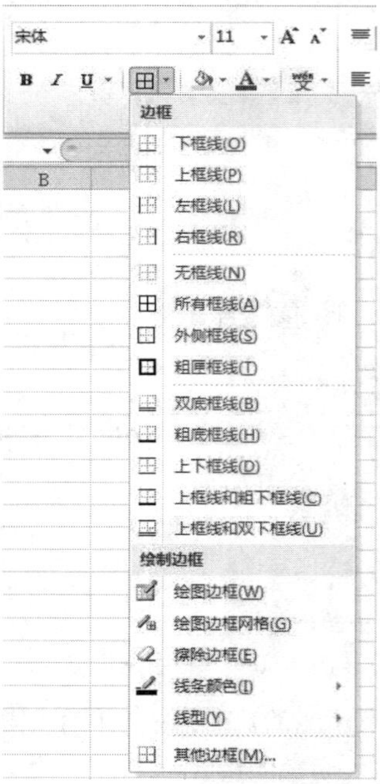

图 4-52 “边框”菜单

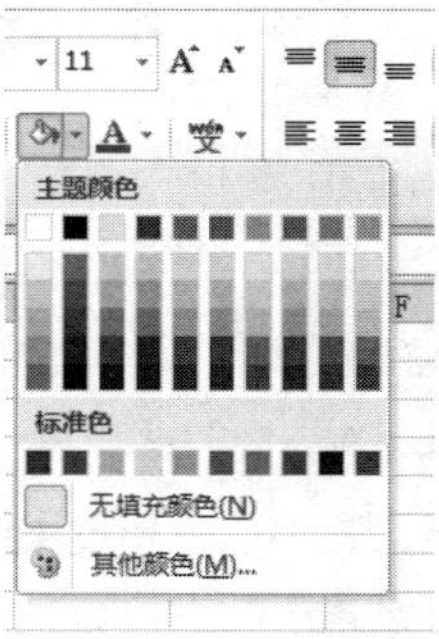

图 4-53 填充颜色

2. 填充颜色

填充颜色是指单元格区域的背景颜色。在“开始”选项卡→“字体”组→“填充颜色”的下拉列表中（见图 4-53），有多种主题颜色和标准色供用户直接使用，此处用户也可以单击“其他颜色”，打开“颜色”对话框进行颜色的选择。

使用“设置单元格格式”对话框中的“填充”选项卡，还可以设置填充效果及图案。

4.5.5 条件格式

条件格式用于动态地为选定区域中的各单元格设定格式，使得满足不同条件的数据以不同的格式显示。使用条件格式可以突出显示所关注的单元格或单元格区域的异常值，还可以使用数据条、色阶和图标集等直观地显示数据。

例如，在图 4-54 所示的学生成绩表中，如果希望对不及格的成绩用醒目的方式突出显示，使用条件格式则非常方便。首先选取要设置条件格式的成绩区域 B2:D9，单击“开始”选项卡→“样式”组→“条件格式”菜单→“突出显示单元格规则”→“小于”命令（见图 4-54），在弹出的“小于”对话框（见图 4-55）中，设置数值及格式，完成后可看到选定区域中，满足小于 60 分的单元格的填充颜色变成了所设置的浅红色，如图 4-55 所示。

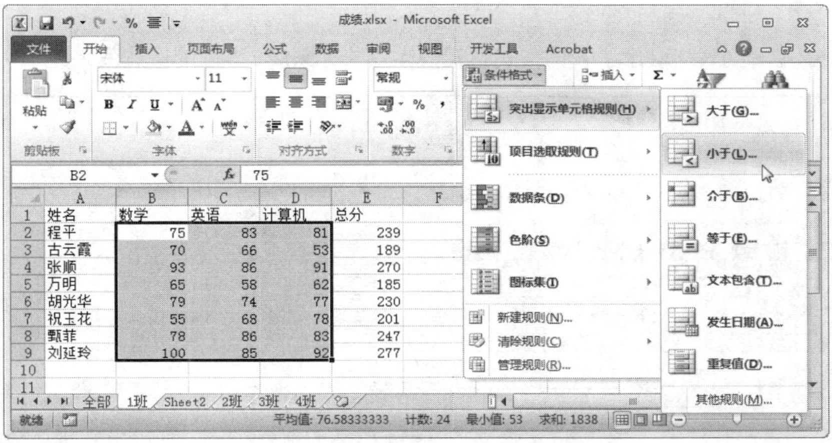

图 4-54 “条件格式”菜单

可以在原条件格式的基础上继续添加条件格式，如继续设置成绩大于或等于 90 的单元格字体加粗倾斜，设置后的整体的格式效果如图 4-56 所示。

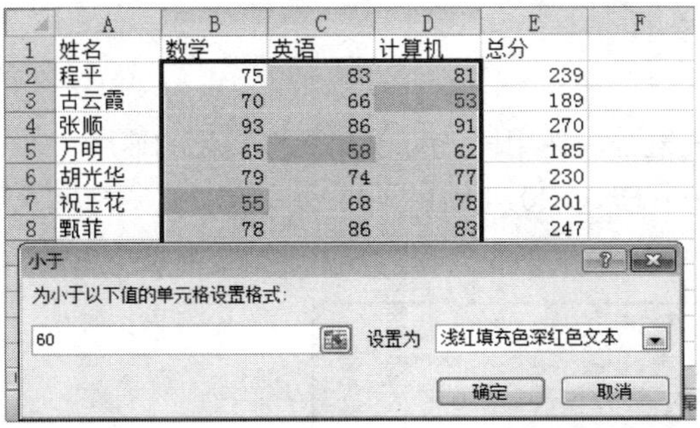

图 4-55 设置条件格式的对话框及设置后的结果

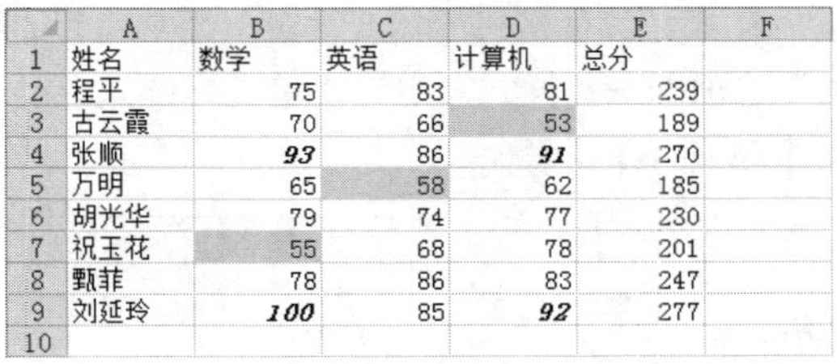

图 4-56 条件格式的设置结果

“条件格式”菜单中其他命令的功能如下。

（1）项目选取规则：该命令提供了一些已设定的规则，可方便用户直接使用。

（2）数据条：该命令提供了多种数据条格式，使用后单元格中会出现不同长度的数据条，表示数值的大小。

（3）色阶：该命令提供了多种色阶格式，使用后由单元格值的大小决定单元格的填充颜色。

（4）图标集：该命令提供了多种式样的图标集，使用后单元格中会根据单元格的值（高、中、低）出现不同的图标。

（5）新建规则：该命令使用后会出现“新建格式规则”对话框，用户可使用该对话框建立新规则。

（6）清除规则：该命令的下一级菜单提供了多个清除条件格式规则的命令。

（7）管理规则：该命令使用后会出现“条件格式规则管理器”对话框，可用于新建、修改或删除条件格式。

4.5.6 套用表格格式

选定要套用表格格式的单元格区域后，单击“开始”选项卡→“样式”组→“套用表格格式”命令，在下拉列表框（见图 4-57）中选择一种表格样式，即可方便快捷地为所选区域按系统提供的表格样式排版。

图 4-57 中可看到表格套用了表格格式“表格样式中等深浅 1”后的格式效果。

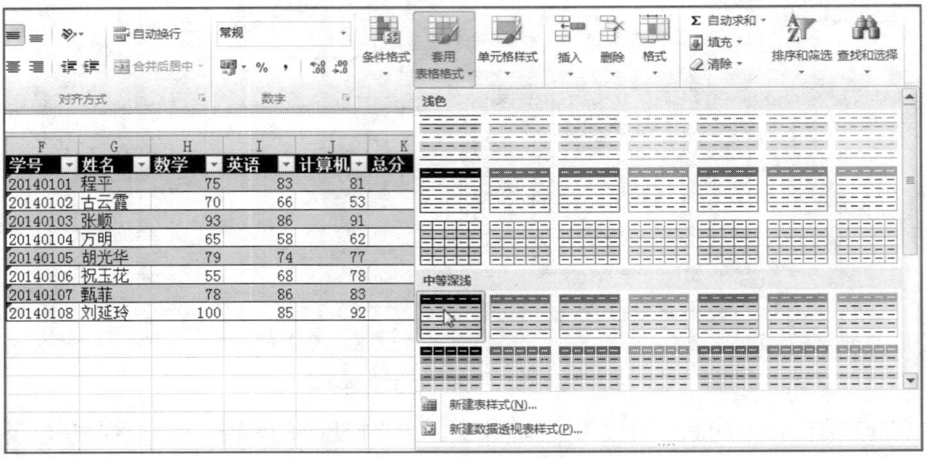

图 4-57　套用表格格式

4.5.7 设置样式

样式是各种格式的集合。对于经常用到的格式组合，使用样式可以加快格式化的速度。在“开始”选项卡→“样式”组→“单元格样式”列表中，Excel 2010 提供了可直接使用的多种样式，如图 4-58 所示。

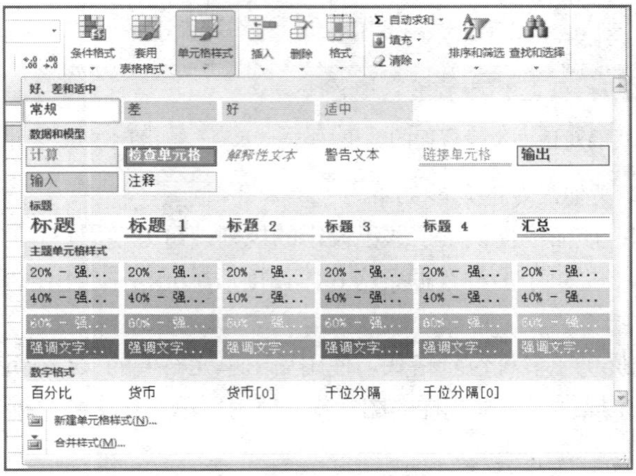

图 4-58　“单元格样式”下拉列表框

（1）新建样式

单击图 4-58 所示的下拉列表框中的“新建单元格样式”按钮，可打开 “样式”对话框（见图 4-59），先输入样式名后，单击“格式”按钮，打开“设置单元格格式”对话框，在“设置单元格格式”对话框中所做的格式设置就是该样式的内容。

（2）应用样式

样式的应用操作是：选定单元格区域后，打开“单元格样式”列表（见图 4-58），选择样式名。

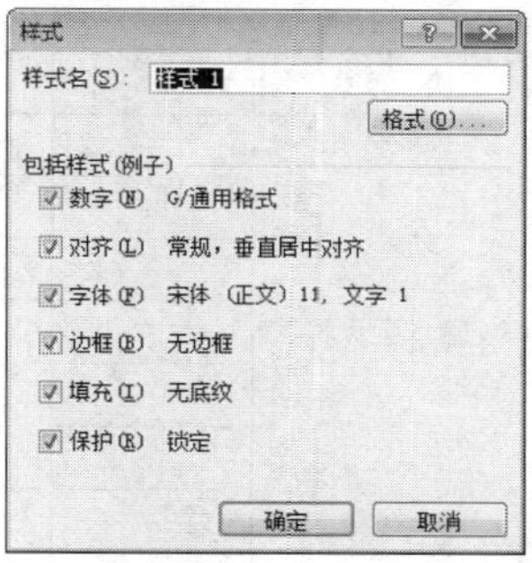

图 4-59　“样式”对话框

4.5.8　格式的复制和清除

对已格式化的数据区域，如果其他区域也要使用该格式，不必重复设置格式，可以通过格式复制来快速完成。同样，也可以清除不满意的格式。

1．格式的复制

要复制格式，最简单的方法是使用“格式刷”。此外，在前面介绍的 “粘贴”菜单中选择“格式”命令也可实现格式的复制。

2．格式的清除

选定需要清除格式的单元格，单击“开始”选项卡→“编辑”组→“清除”→“清除格式”命令，可清除所选定单元格的格式。格式清除后单元格中的数据以常规格式来显示。

4.6　公式及函数

4.6.1　输入公式

Excel 的一个很重要的特点就是可以用公式和函数对表格中的数据进行计算。Excel 中除了可以使用各种运算符进行算术运算、比较运算及文字连接运算，还可以使用各种函数对数据进行处理。

Excel 的公式以“=”开头，由运算符、常量、单元格引用及函数等元素构成。

公式的输入步骤如下。

① 选择要输入公式的单元格。

② 输入“=”及公式内容。

③ 输入完毕按 Enter 键或单击编辑栏中的“输入”按钮。

4.6.2　常量

常量是指在单元格或公式中，值不会发生变化的量。例如，直接在单元格中输入的数据，或是在公式中直接输入的数值，如“100”、“计算机”等，它们都是常量。

4.6.3　运算符

Excel 的公式中包含 4 种类型的运算符：算术运算符、文本连接运算符、比较运算符、引用运算符，它们的使用方法及运算符的优先级，如表 4-3 所示。

表 4-3 Excel 中的运算符及优先级

类型	运算符	说明	优先级	示例	结果
算术运算符	–	负号	2	=–12	–12
	%	百分比	3	=50%	0.5
	^	乘幂	4	=2^3	8
	*	乘	5	=3*8	24
	/	除		=5/4	1.25
	+	加	6	=25+48	73
	–	减		=38–13	25
文本连接运算符	&	连接两个文本字符串，运算结果为文本型数据	7	="Micro" & "soft"=13 & 24	Microsoft 1324
比较运算符	=	等于	8	=3=5	FALSE
	>	大于		=3>5	FALSE
	<	小于		=3<5	TRUE
	>=	大于等于		=3>=5	FALSE
	<=	小于等于		=3<=5	TRUE
	<>	不等于		=3<>5	TRUE
引用运算符	:	区域运算符，连接两个单元格地来址表示一个区域	1	A3:B5	
	,	联合运算符，用于连接多个常量、单元格或单元格区域		SUM（3, 5, –2） =SUM（A3, B3:C4）	6 结果略
	（空格）	交集运算符，运算结果为两个引用中的共同区域		A3:C8 B5:D10	相当于 B5:C8

说明：

（1）算术运算符用于算术运算，其结果为数字型数据。

（2）比较运算符用于对两个数进行比较，产生的结果为逻辑值 TRUE（真）或 FALSE（假），默认情况下逻辑值居中对齐。

（3）公式中如果有文本数据，应使用双引号将文本括起来。

（4）当公式有多个运算符时，由运算符优先级决定运算顺序，优先级相同时，按从左到右顺序计算。

（5）公式中所使用的符号（包括等号、运算符、标点符号等）一律为英文符号，这是当公式中要输入中文文本时需特别注意的。

4.6.4 公式中单元格的引用和公式的复制

在公式中通过使用单元格的地址使得单元格中的数据参与运算的这种方式称为单元格的引用。

公式中单元格的引用分三种方式：相对引用、绝对引用和混合引用。

这三种引用方式使用时的输入格式不同，以引用 A1 单元格为例。

（1）相对引用的格式是“A1”。

（2）绝对引用的格式是“$A$1”。

（3）混合引用的格式是“A$1”或“$A1”。

三种引用方式的区别在于，将公式复制到其他单元格时，被引用单元格的地址会根据引用方式的不同发生不同规律的变化。

（1）相对引用的变化规律：公式复制时，公式中的相对引用单元格地址会根据公式所在位置的改变而自动变化，保持公式所在的单元格与被引用单元格之间的相对位置不变。例如，在图 4-60（a）中，A5 单元格使用的是相对引用方式“=A2+B1”，将公式复制到 C6 单元格后，公式变成“=C3+D2”。

（2）绝对引用的变化规律：公式复制时，公式中的绝对引用地址不会发生变化。例如，图 4-60（b）中，A5 单元格的公式为“=$A$2+$B$1”，复制后，公式仍然是“=$A$2+$B$1”。

（3）混合引用的变化规律：公式复制时，公式中的混合引用地址中，绝对部分（带“$”符号）不会变化，而相对部分（无“$”符号）会随位置的改变而自动变化。例如，图 4-60（c）中，A5 单元格的公式为“=A$2+$B1”，将公式复制到 C6 单元格后，公式变成“=C$2+$B2”。

以上几种引用方式在输入时可以通过 F4 功能键进行切换。

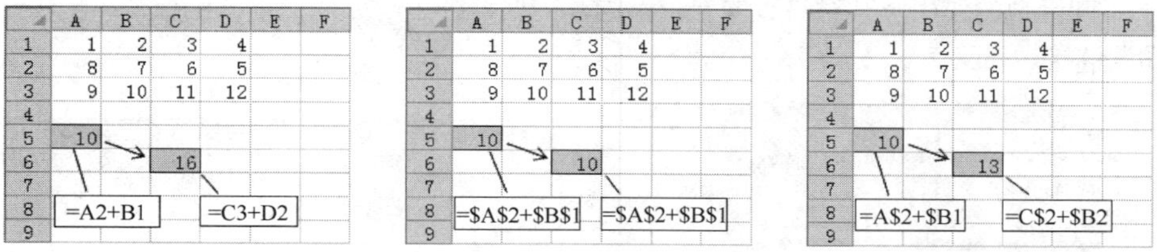

（a）相对引用　　（b）绝对引用　　（c）混合引用

图 4-60　单元格的引用和公式的复制

4.6.5　函数的格式及输入

Excel 提供了许多内置函数，为用户对数据进行运算和分析带来了极大的方便。Excel 内置函数包括财务、时间与日期、数学与三角函数、统计、查找与引用、数据库、文本、逻辑、信息等 200 多个函数。下面介绍函数的格式、输入及一些常用函数的使用。

1. 函数的格式

函数由函数名及用括号括起来的参数组成，在公式中使用。其语法格式如下：

函数名称（参数 1，参数 2，……）

其中的参数可以是常量、单元格引用、区域、名称或其他函数。

2. 函数的输入

Excel 提供了多种输入函数的方法。

（1）直接输入法

对于比较熟悉的函数，可以在单元格中按函数格式直接输入函数及其参数。输入时，Excel 会在单元格下方显示一个与输入内容匹配的动态下拉列表框（见图 4-61），便于函数的输入。

（2）使用“自动求和” Σ 工具

有两处位置可以使用“自动求和”工具。一是“开始”选项卡→“编辑”组→“Σ 自动求和”按钮（见图 4-62）；另一处是“公式”选项卡→“函数库”组→“Σ 自动求和”按钮。在自动求和下拉菜单中可看到求和、平均值、计数、最大值、最小值等函数命令，这些是 Excel 中经常会使用到的函数，Excel 2010 为它们提供了便捷的操作途径。

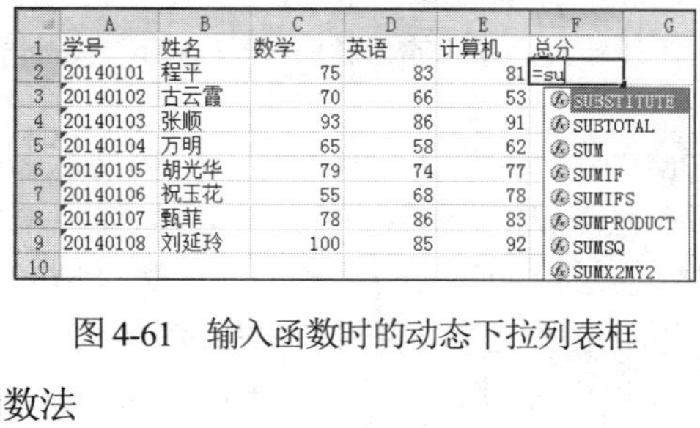

图 4-61　输入函数时的动态下拉列表框

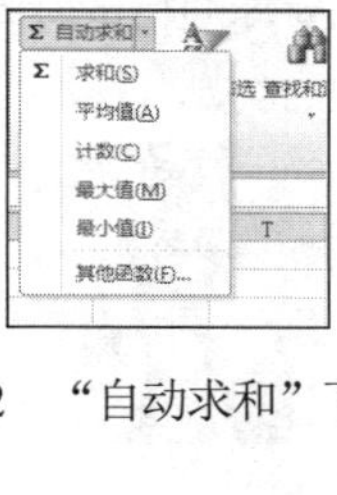

图 4-62　“自动求和”下拉菜单

（3）插入函数法

由于 Excel 有几百个函数，用户要全部记住这些函数及函数中的参数难度很大。为此，Excel 提供了“插入函数”的方法，引导用户正确输入函数。

单击 Excel 窗口“编辑栏”中的“插入函数”按钮或单击功能区“公式”选项卡→“插入函数”按钮，弹出“插入函数”对话框[见图 4-63（a）]，先选择类别及函数名，单击“确定”按钮后，弹出的“函数参数”对话框[见图 4-63（b）]，输入参数后，在对话框中可看到计算结果。

由于不同函数的作用及其对参数的要求不同，需要详细了解如何使用该函数时可单击“有关该函数的帮助”链接。

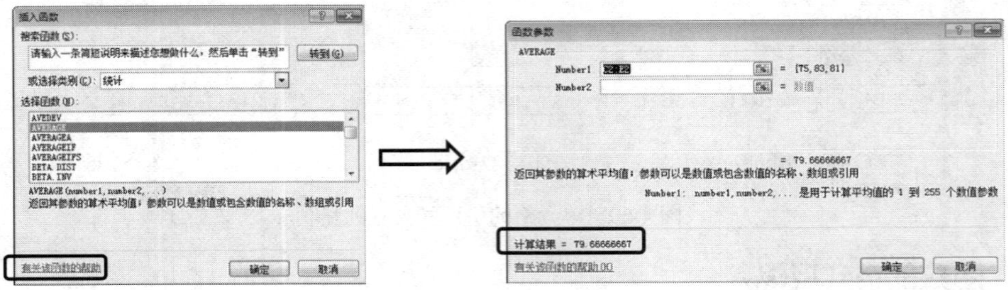

（a）　　　　（b）

图 4-63　“插入函数”及“函数参数”对话框

（4）使用函数库

当用户对 Excel 中的函数的类别比较了解时，可以使用函数库插入函数。

在“公式”选项卡→“函数库”组中，包含了按类别划分的所有函数，如图 4-64 所示，单击函数类别名称后，可打开该类别下的所有函数列表，用户可直接从列表中选择所需的函数。

图 4-64　函数库

4.6.6　常用函数的介绍

1. 财务函数

财务函数可以进行财务计算，如确定贷款的支付额、投资的未来值，以及债券或息票的价值等。比较典型的函数有 PMT、FV 函数（见表 4-4）等。

表 4-4　常用财务函数

函 数 格 式	函 数 用 途
PMT（rate, nper, pv, [fv], [type]）	计算在固定利率下，贷款的等额分期偿还额
FV（rate, nper, pmt, [pv], [type]）	基于固定利率和等额分期付款方式，返回某项投资的未来值

参数说明：rate 为各期利率，nper 为总投资期或贷款期，pv 为投资开始计算时已经入账的款项，fv 为最后一次付款后希望得到的现金余额，pmt 为各期支出的金额，type 用于表示付款期在期初还是期末，值为 0 表示每期的付款时间为期末，值为 1 表示每期的付款时间为期初，缺省值是 0；带方括号的参数表示可以缺省。

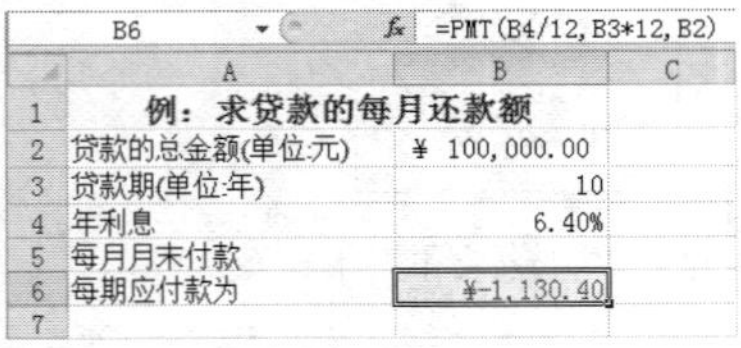

图 4-65　PMT 函数

PMT 函数举例：求贷款的月还款额，各项参数如图 4-65 所示。

在 B6 单元格中输入公式：=PMT（B4/12, B3*12, B2），计算结果为“¥–1, 130.40”，表示每个月应还款 1130.40 元。

注意：因为是按月付款，所以利率 rate 为年利率/12，而总贷款期 nper 则为年数*12；因为是支出，所以计算结果是负值。

FV 函数举例：计算零存整取的未来收益。每月月初存款 1000

元，年利率为 2.25%，存期为 3 年，求 3 年后的总值。

输入公式=FV（2.25% /12，3*12，–1000，0，1），计算结果是“¥37, 276.51”，表示到期后的收益为 37276.51 元。

2. 日期与时间函数

前面介绍过，在 Excel 中日期和时间实际上是作为数字处理的，数字“12345.678”转换成日期格式后，可得到“1933-10-18 16:16:19”。Excel 提供的日期与时间函数，用于处理日期类型的数据，或将数字与对应的日期时间进行转换。常用的日期与时间函数如表 4-5 所示。

表 4-5　常用日期与时间函数

函数格式	函数用途	示　例	结　果
DATE(year，month，day)	返回代表特定日期的序列号	=DATE(2014, 5, 10)	41769（常规格式）
TODAY()	返回日期格式的系统当前日期	=TODAY()	当前系统日期
NOW()	返回日期时间格式的系统当前日期和时间	=NOW()	当前系统日期时间
YEAR(serial_number)	分别返回某大于等于 1 的序列数对应的年、月、日、时、分、秒	=YEAR(12345.678)	1933
MONTH(serial_number)		=MONTH(12345.678)	10
DAY(serial_number)		=DAY(12345.678)	18
HOUR(serial_number)		=HOUR(12345.678)	16
MINUTE(serial_number)		=MINUTE(12345.678)	16
SECOND(serial_number)		=SECOND(12345.678)	19

应用举例：在图 4-66 中可根据“出生日期”数据计算年龄（假设当前系统日期是 2014-5-10）。

可用公式：=YEAR(TODAY())-YEAR(C2)。

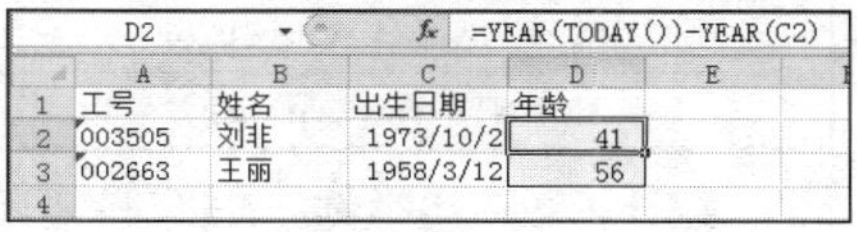

图 4-66　YEAR 函数举例

3. 数学与三角函数

在 Excel 中，通过数学和三角函数，可以处理简单或复杂的数学计算。常用的数学与三角函数如表 4-6 所示。

表 4-6　常用数学与三角函数

函数格式	函数用途	示　例	结　果
ABS(number)	返回给定数的绝对值	=ABS(–3.5)	3.5
PI()	返回圆周率 π 的值（15 位精度）	=PI()	3.14159265358979
SIN(number)	返回给定角度（弧度数）的正弦值	=SIN(30*PI()/180)	0.5
COS(number)	返回给定角度（弧度数）的余弦值	=COS(30*PI()/180)	0.866025404
TAN(number)	返回给定角度（弧度数）的正切值	=TAN(30*PI()/180)	0.577350269
LOG(number, [base])	根据给定底数 base（默认值是 10），返回 number 的对数	=LOG(8, 2) =LOG(100)	3（计算 $\log_2 8$） 2（计算 lg100）
EXP(number)	返回 e 的 number 次方	=EXP(3)	20.08553692
INT(number)	向下取整为最接近的整数	=INT(3.5) =INT(–3.5)	3 –4
SQRT(number)	返回数值的平方根	=SQRT(9)	3
SUM(number1, [number2], ...)	计算参数中所有数字之和	=SUM(3, 5, D3:D5)	略
SUMIF(range, criteria, [sum_range])	对满足条件的单元格求和		
ROUND(number, num_digits)	按指定的小数位数对数值进行四舍五入	=ROUND(76.384, 1)	76.4

SUMIF 函数应用举例：SUMIF 函数用于对满足条件的单元格求和。其参数中，range 是用于进行条件判断的单元格区域，criteria 是条件，sum_range 是需要求和的单元格区域，如缺省 sum_range，默认 range 为求和区域。

D10 =SUMIF(C2:C8,"生产部",D2:D8)

	A	B	C	D
1	编号	姓名	部门	应发工资
2	1126	石同	生产部	8000
3	1127	李小琴	设计室	10000
4	1128	孙兵	设计室	6800
5	1129	赵静	生产部	9800
6	1130	杨胜	设计室	12000
7	1131	李戈	销售部	15000
8	1132	朱圆	生产部	9500
9				
10		生产部工资总额		27300
11				

图 4-67 使用 SUMIF 函数实例

SUMIF 函数举例：在图 4-67 中计算生产部工资的总额。

显然，用于条件判断的单元格区域就是 C2:C8，条件是“生产部”，求和的区域是 D2:D8。因而使用公式：=SUMIF (C2:C8, "生产部", D2:D8)，计算的结果是 27300。

4．统计函数

Excel 提供了大量的统计函数，可完成各种数理统计计算。常用统计函数如表 4-7 所示。

表 4-7 常用统计函数

函数格式	函数用途
AVERAGE(number1, [number2], ...)	返回其参数的算术平均值
AVERAGEIF(range, criteria, [average_range])	对满足条件的单元格区域求算术平均值，如缺省 average_range，则计算区域是 range 区域
MAX(number1, [number2], ...)	返回一组数值中的最大值
MIN(number1, [number2], ...)	返回一组数值中的最小值
COUNT(value1, [value2], ...)	计算包含数字的单元格以及参数列表中的数字的个数
COUNTA(value1, [value2], ...)	返回参数列表中非空值的单元格个数
COUNTIF(range, criteria)	计算区域中满足给定条件的单元格数目

统计函数应用举例：在图 4-68 所示的学生成绩表中，C13～C19 单元格分别用下列公式计算出了各统计数据：

求平均分：=AVERAGE(C2:C11)，结果为 74.75。

求最高分：=MAX(C2:C11)，结果为 91。

求最低分：=MIN(C2:C11)，结果为 55。

求男同学平均分：=AVERAGEIF(B2:B11, "男", C2:C11)，结果为 70.2。

求考试人数：=COUNT(C2:C11)，结果为 8。

求学生人数：=COUNTA(C2:C11)，结果为 10。

求不及格人数：=COUNTIF(C2:C11, "<60")，结果为 1。

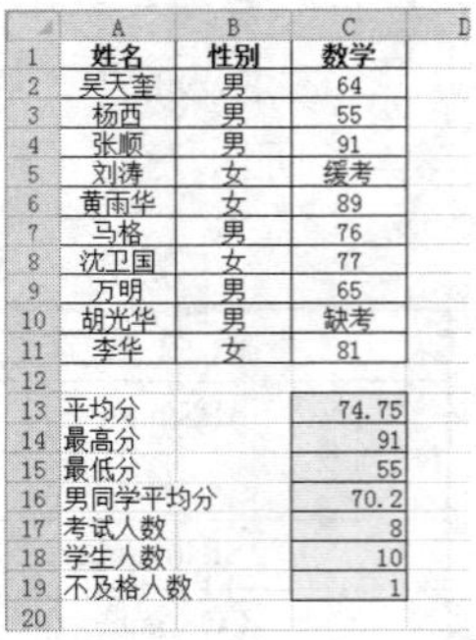

	A	B	C
1	姓名	性别	数学
2	吴天奎	男	64
3	杨西	男	55
4	张顺	男	91
5	刘涛	女	缓考
6	黄雨华	女	89
7	马格	男	76
8	沈卫国	女	77
9	万明	男	65
10	胡光华	男	缺考
11	李华	女	81
12			
13	平均分		74.75
14	最高分		91
15	最低分		55
16	男同学平均分		70.2
17	考试人数		8
18	学生人数		10
19	不及格人数		1
20			

图 4-68 统计函数举例

5．逻辑函数

Excel 提供了 6 个逻辑函数，如表 4-8 所示。

表 4-8 逻辑函数

函数格式	函数用途	示例	结果
TRUE()	返回逻辑值 TRUE	=TRUE()	TRUE
FALSE()	返回逻辑值 FALSE	=FALSE()	FALSE
AND(logical1, [logical2], ...)	当所有参数的逻辑值为 TRUE 时，返回 TRUE，否则返回 FALSE	=AND(true, true) =AND(3>5, 5>3)	TRUE FALSE
OR(logical1, [logical2], ...)	任何一个参数为 TRUE 时，返回 TRUE；当所有参数为 FALSE 时，返回 FALSE	=OR(false, false) =OR(3>5, 5>3)	FALSE TRUE

续表

函数格式	函数用途	示　例	结　果
NOT(logical)	对参数的逻辑值求反	=NOT(true) =NOT(3>5)	FALSE TRUE
IF(logical_test, [value_if_true], [value_if_false])	执行真假值判断，根据逻辑计算的真假值，返回不同结果	=IF(3>5, 10, 20) =IF(3<5, 10, 20)	20 10

其中 IF 函数很常用，其作用是：计算 logical_test 的值，如为真（TRUE），以 value_if_true 作为函数的值，否则以 value_if_false 作为函数的值，如果后两个参数缺省，则返回 logical_test 的逻辑值。

逻辑函数举例：在图 4-69 显示的成绩表中，需要在“通过否”列判断每一个学生是否所有成绩均通过，在“评优”列给平均分大于等于 90 的学生评定“优秀”。

根据题意，在 F2 和 G2 单元格输入公式，然后用填充柄复制公式，结果如图 4-69 所示。所输入的公式如下：

F2 单元格：=AND(B2>=60, C2>=60, D2>=60)

G2 单元格：=IF(E2>=90,　"优",　"")

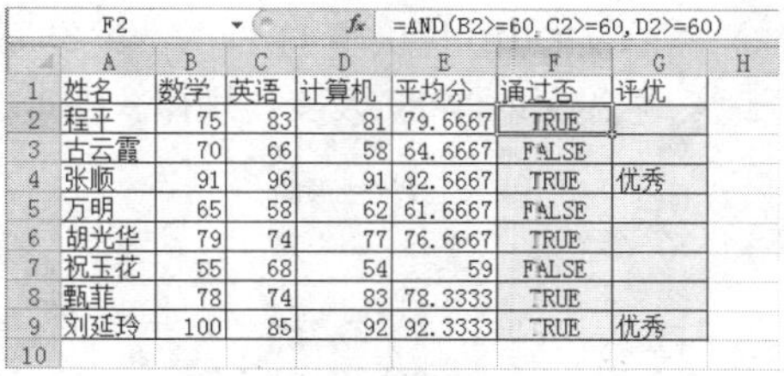

F2　　=AND(B2>=60,C2>=60,D2>=60)

	A	B	C	D	E	F	G
1	姓名	数学	英语	计算机	平均分	通过否	评优
2	程平	75	83	81	79.6667	TRUE	
3	古云霞	70	66	58	64.6667	FALSE	
4	张顺	91	96	91	92.6667	TRUE	优秀
5	万明	65	58	62	61.6667	FALSE	
6	胡光华	79	74	77	76.6667	TRUE	
7	祝玉花	55	68	54	59	FALSE	
8	甄菲	78	74	83	78.3333	TRUE	
9	刘延玲	100	85	92	92.3333	TRUE	优秀

图 4-69　逻辑函数举例

4.6.7　函数的嵌套

在使用函数时，函数的参数中又引用了函数，这种结构称为函数的嵌套。

函数嵌套举例：在图 4-69 的下列中，如果需要对所计算的平均分的小数部分四舍五入，可在 E2 单元格使用公式：

```
=ROUND(AVERAGE (B2:D2), 0)
```

如要使用文字“通过”或“不通过”来表示通过否，可在 F2 单元格使用公式：

```
=IF(AND (B2>=60, C2>=60, D2>=60), "合格", "不合格")
```

如要在 G 列中将“评优”改为计算“等级分”，可在 G2 单元格使用公式：

```
=IF(E2>=90, "优秀", IF(E2>=80, "良好", IF(E2>=70, "中等", IF(E2>=60, "及格", "不及格"))))
```

结果如图 4-70 所示，以上公式都使用了函数的嵌套。

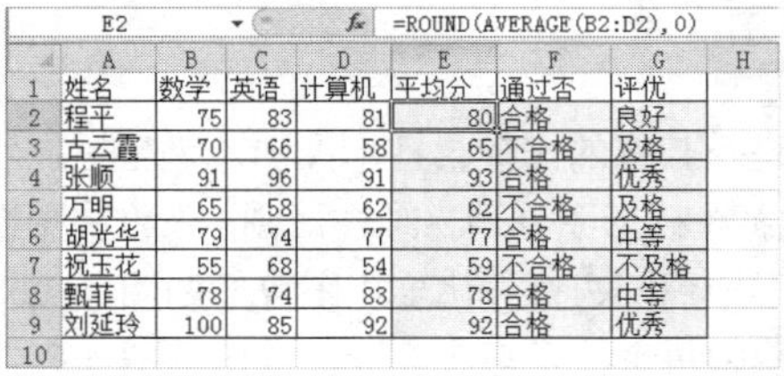

E2　　=ROUND(AVERAGE(B2:D2),0)

	A	B	C	D	E	F	G
1	姓名	数学	英语	计算机	平均分	通过否	评优
2	程平	75	83	81	80	合格	良好
3	古云霞	70	66	58	65	不合格	及格
4	张顺	91	96	91	93	合格	优秀
5	万明	65	58	62	62	不合格	及格
6	胡光华	79	74	77	77	合格	中等
7	祝玉花	55	68	54	59	不合格	不及格
8	甄菲	78	74	83	78	合格	中等
9	刘延玲	100	85	92	92	合格	优秀

图 4-70　函数嵌套举例

提示：

（1）函数的嵌套中要注意左右括号的匹配。

（2）函数中内嵌套函数的返回值，必须符合它所处位置的参数所规定的数据类型。

4.6.8　自动计算

Excel 的自动计算功能，可以自动计算选定单元格区域的数值总和、平均值、计数、最大值、最小值等，并将结果显示在状态栏中，如图 4-71 所示。在状态栏上单击鼠标右键，可以选中状态栏上的显示项目。

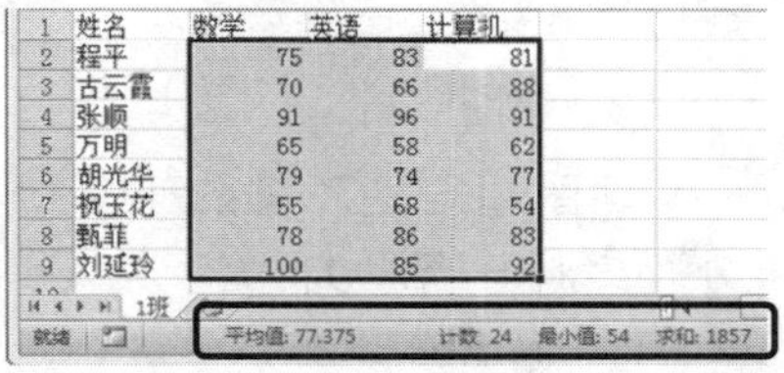

	姓名	数学	英语	计算机
2	程平	75	83	81
3	古云霞	70	66	88
4	张顺	91	96	91
5	万明	65	58	62
6	胡光华	79	74	77
7	祝玉花	55	68	54
8	甄菲	78	86	83
9	刘延玲	100	85	92

平均值: 77.375　计数: 24　最小值: 54　求和: 1857

图 4-71　自动计算

4.7 图表

Excel 2010 的图表功能强大，使用图表功能，可以将工作表中的数据以各种统计图表的形式显示，使数据更加直观、易于比较。另外，当工作表中的数据源发生变化时，图表中对应项也会相应地自动更新。

4.7.1 图表的类型

Excel 2010 提供了 11 种图表类型，每一类又包含若干子类型，选择合适的图表类型才能直观形象地反映出数据的特点及变化规律。图 4-72 显示了一些常用的图表类型。

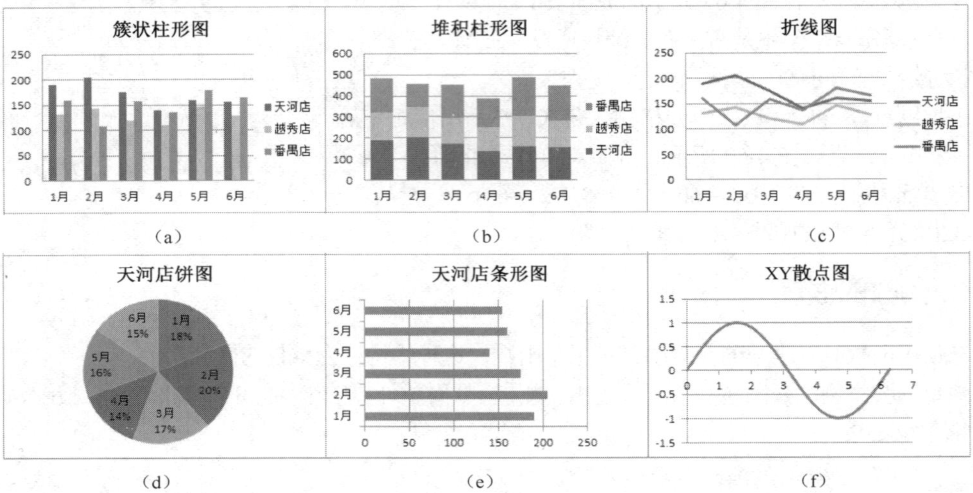

图 4-72 常用的图表类型

1. 柱形图

柱形图用于排列数据表中列或行中的数据，主要用来进行数据的比较。柱形图中，横坐标显示类别，纵坐标显示数值，每一个柱形块对应数据表中的一个数据。柱形图分为二维柱形图、三维柱形图、圆柱图、圆锥图、棱锥图 5 类，每一类又分为柱形图、柱形堆积图、百分比堆积图等。如图 4-72（a）和图 4-72（b）都是柱形图。图 4-72（a）是簇状柱形图，图中每个柱子都对应一个数据；图 4-72（b）是堆积柱形图，图中将同一组的数据堆积，除了可比较数值大小，还可比较数据的总和的差异。

2. 折线图

折线图适用于显示随时间而变化的连续数据，可以反映出数据的变化趋势。折线图中，横坐标通常为一组等间隔的时间值，纵坐标表示数值的大小。折线图分为二维和三维两类，其中二维折线图还有更多子类型。图 4-72（c）为 3 个系列数据的二维折线图。

3. 饼图

饼图用于显示数据系列中每一项占该系列数值总和的比例关系，一般只显示一个数据系列。饼图也分为二维和三维两类，每一类又分紧密型和分离型等子类别。图 4-72（d）为一个系列数据的二维饼图。

4. 条形图

条形图就像一个横轴和纵轴对调位置的柱形图，它的子类别与柱形图也相似。图 4-72（e）为一个系列数据的二维条形图。

5. XY 散点图

XY 散点图是将两组数值显示为 XY 坐标系中的一个个坐标点，主要用于绘制科学实验数据或数学函数等图形。图 4-72（f）所示是一个正弦函数的带平滑线的散点图。

除以上常用的图表类型，Excel 还提供了面积图、股价图、曲面图、圆环图、气泡图、雷达图等图表类型以反映不同性质的数据系列。

4.7.2　图表的创建

1. 快捷创建图表

使用快捷创建方式是基于默认的图表类型的，Excel 2010 的默认图表类型是簇状柱形图。有两种方法可以快速创建图表。

（1）选定要创建图表的数据区域后，按 Alt+F1 组合键，即可在当前工作表中嵌入一个图表。

（2）选定要创建图表的数据区域后，按 F11 功能键。与上述不同的是，F11 功能键所创建的是一个独立的图表工作表，即图表存在的位置不同。

2. 使用图表工具创建

在“插入”选项卡的“图表”组中，包含了常用的 6 个图表类别和“其他图表”类别，每一个类别的下拉列表框中又含有若干子类别，如图 4-73 所示，通过这些图表工具可以快速插入不同类别的图表。操作步骤是：首先选定用于创建图表的数据区域（见图 4-74），然后在图表工具中选择图表类型→子类型，即可完成图表的创建，图表位置位于当前工作表内。

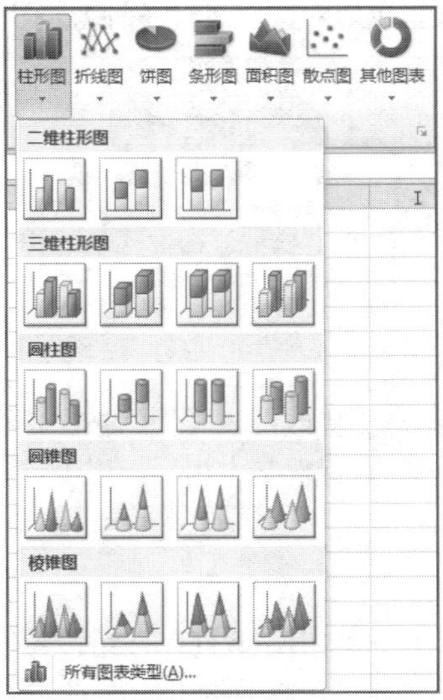

图 4-73　“图表”组及子类型列表

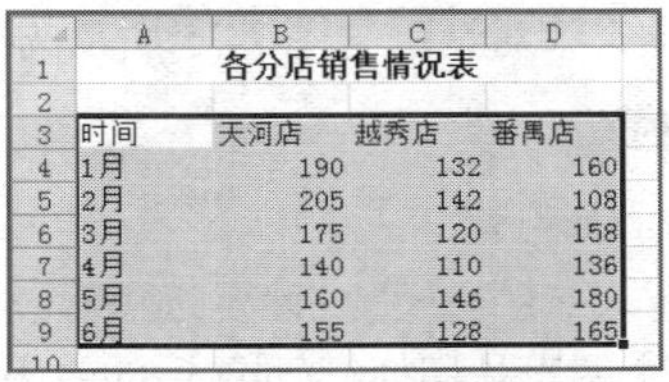

	A	B	C	D
1	各分店销售情况表			
2				
3	时间	天河店	越秀店	番禺店
4	1月	190	132	160
5	2月	205	142	108
6	3月	175	120	158
7	4月	140	110	136
8	5月	160	146	180
9	6月	155	128	165

图 4-74　选定数据源

3. 使用“创建图表”对话框

选定用于创建图表的数据区域（见图 4-74），单击“插入”选项卡→“图表组”右下角 按钮，打开“插入图表”对话框（见图 4-75），选择图表类型后，单击“确定”按钮，即可完成图表创建，如图 4-76 所示。

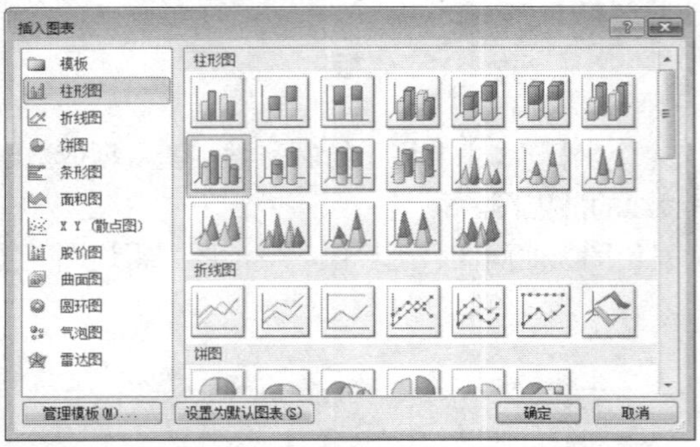

图 4-75 “插入图表”对话框

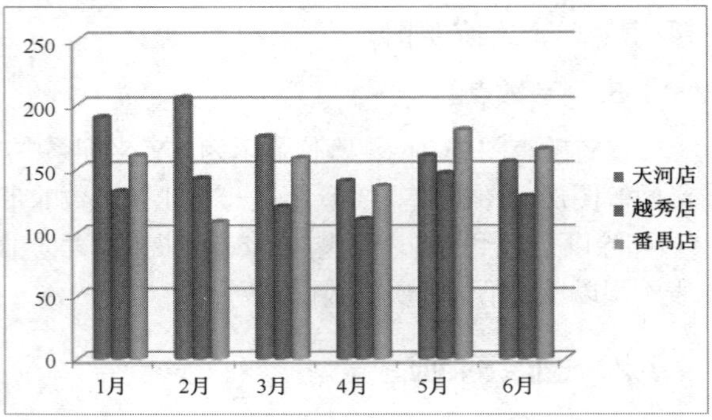

图 4-76 创建的簇状圆柱图

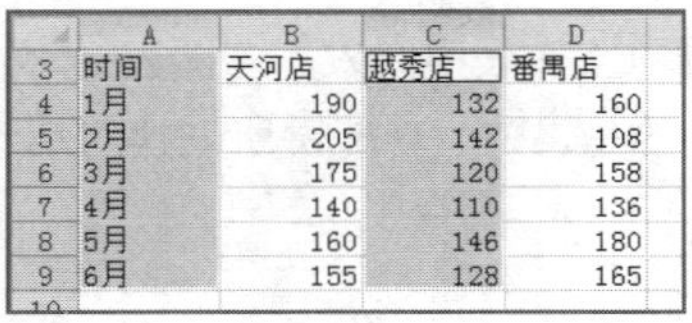

	A	B	C	D
3	时间	天河店	越秀店	番禺店
4	1月	190	132	160
5	2月	205	142	108
6	3月	175	120	158
7	4月	140	110	136
8	5月	160	146	180
9	6月	155	128	165

图 4-77 选定不连续区域

提示：

（1）创建图表选择数据区域时，应将能表示数据含义的行标题及列标题一起选定（例如图 4-74 中的第 3 行及 A 列），否则创建的图表仅有数据而没有说明文字是毫无意义的。

（2）在选定数据时，如果数据不连续，应按下 Ctrl 键后，逐个区域选定。例如，选定图 4-77 所示的区域后，将仅创建越秀店的销售情况图表。

4.7.3 图表的编辑

选定已创建的图表后，Excel 2010 窗口的功能区将出现“图表工具”选项卡，里面包含了“设计”、“布局”及“格式”三个选项卡，如图 4-78 所示，在这里可以对图表进行各种编辑和格式操作。

图 4-78 图表工具

1. 修改图表类型

单击“图表工具”→“设计”选项卡→“类型”组→“更改图表类型”按钮，可以打开“更改图表类型”对话框，该对话框与图 7-75 所示的“插入图表”对话框基本相同，用于重新选择图表类型。

2. 修改数据源

（1）切换行/列位置

单击“图表工具”→“设计”选项卡→“数据”组→“切换行/列”按钮，图表将发生变化，如图 4-79 中的两个图表是切换行/列前后的效果，切换行/列相当于将数据表的行列转置。

（2）修改数据源

图 4-76 所示的图表是由图 4-74 所示的数据创建的，如果需要修改数据区域，可单击“图表工具”→“设计”选项卡→“数据”组→“选择数据”按钮，打开“选择数据源”对话框（见图 4-80），在此对话框中可以重新选择图表数据区域、切换行/列、改变图例项（系列）、修改水平（分类）轴标签。

例如，将图 4-80 中“越秀店”选中，而后单击“删除”按钮，则图表将去掉“越秀店”系列，结果如图 4-81 所示。

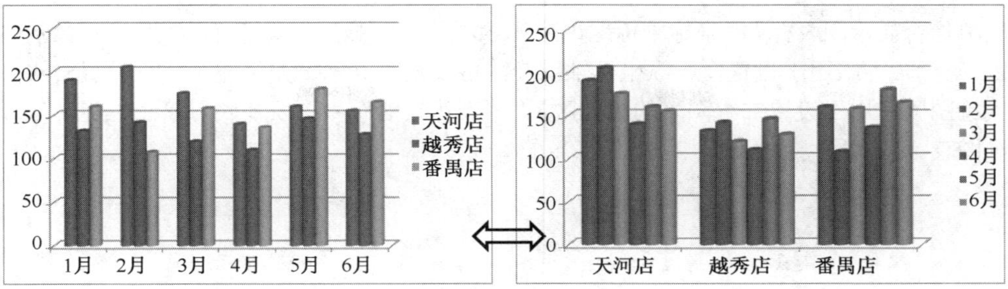

图 4-79　切换行/列位置

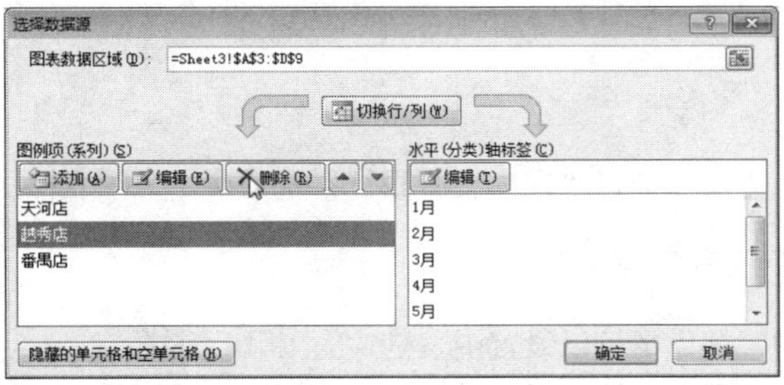

图 4-80　“选择数据源”对话框

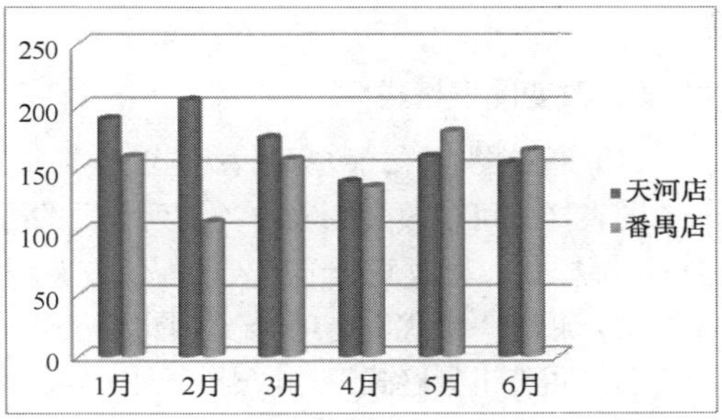

图 4-81　删除“越秀店”系列后效果图

3. 改变图表位置

若要改变图表位置，可单击“图表工具”→“设计”选项卡→“位置”组→“移动图表”命令，打开“移动图表”对话框，如图 4-82 所示，可以重新选择放置图表的位置。

4. 改变图表布局

（1）通过布局样式修改图表布局

图表布局是指图表中所包含的图表元素及其位置。通过“图表工具”→“设计”选项卡→“图表布局”组→选择布局样式，可快速改变图表布局。

图 4-83 所示是选择了布局 2 后的效果图，与图 4-76 所示的图表不同的是，图 4-83 增加了“图表标题”和“数据标签”元素，去掉了垂直轴及网络线，图例放在了图表标题之下。

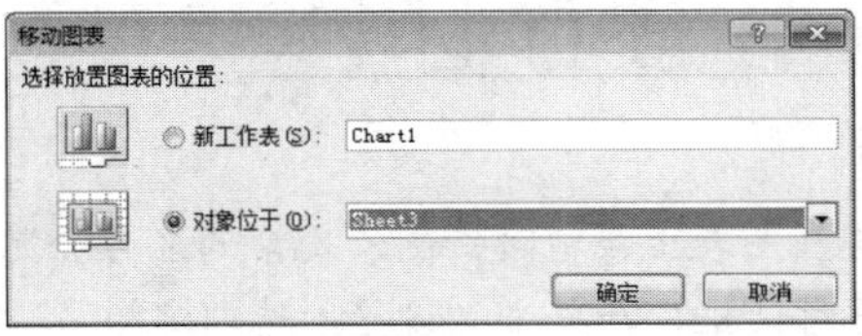

图 4-82　“移动图表”对话框

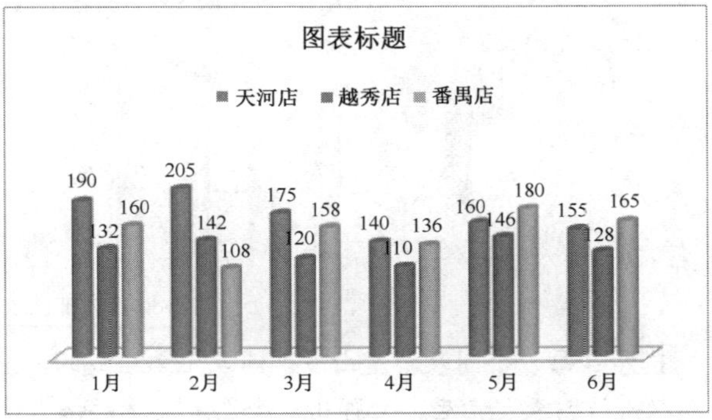

图 4-83　“布局 2”样式效果图

（2）通过“布局”选项卡工具修改图表布局

使用布局样式可以快速进行布局的修改，而“布局”选项卡中的工具则可以细致地进行每一项图表内容的布置。图 4-84 所示为图表工具中的“布局”选项卡，其中“标签”组中的按钮用于设置图表中是否显示图表标题、坐标轴标题、图例、数据标签、模拟运算表等内容，以及显示的位置、格式；“坐标轴”组用于设置横、纵坐标轴以及网格线是否显示，如果显示，可设置格式；“背景”组的“绘图区”用于设置二维图表的绘图区，“图表背景墙”、“图表基底”、“三维旋转”均用于设置三维图表。

图 4-84 “布局”选项卡

5. 改变图表格式

（1）通过图表样式改变图表格式

图表样式可以改变图表中各系列数据的配色方案。通过“图表工具设计”选项卡→“图表样式”组→选择样式，可改变所选图表的配色方案。

（2）通过“格式”选项卡改变图表格式

在“图表工具格式”选项卡（见图 4-85）中，提供了可以设置图表格式的工具，其中：

- “当前所选内容”组中，单击图表元素下拉列表中的元素名，可以选定图表中需设置格式的图表元素；单击“设置所选内容格式”按钮，可打开对话框，对所选的图表元素进行格式设置；单击“重设以匹配样式”按钮，可以将图表格式还原至原来的图表样式。
- “形状样式”组中，可以设置图表中的数据项的形状格式，图 4-86 所示为不同图表形状样式的对比。
- “艺术字样式”组可以设置图表标题等的艺术字样式。
- “大小”组可以设置图表的尺寸。

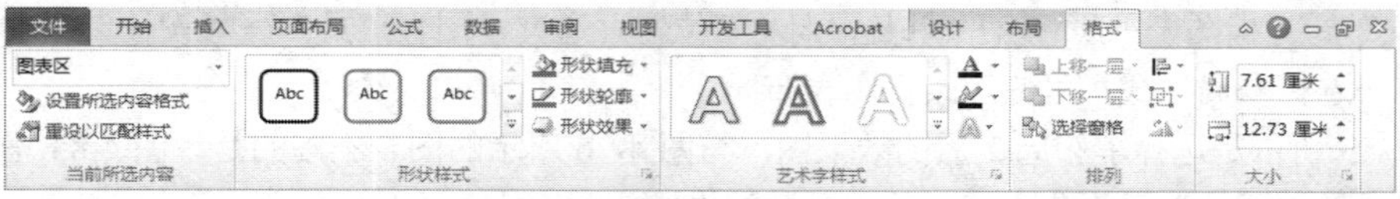

图 4-85 “图表工具格式”选项卡

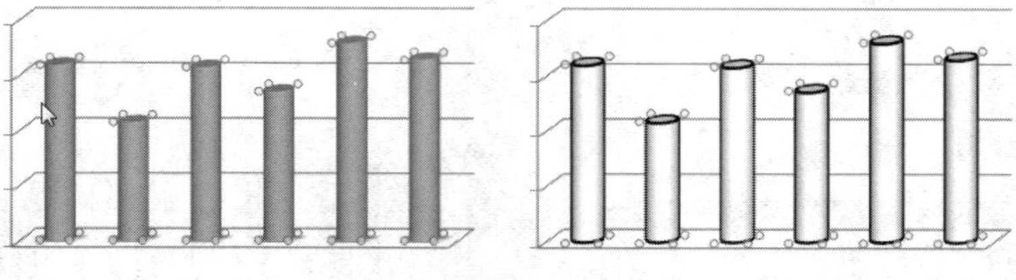

图 4-86 两种图表形状样式

提示： 每一个图表都是由多个图表元素组成的，鼠标在图表上停留时，图表元素的名称会显示出来，双击该图表元素后，会弹出这个图表元素的格式设置对话框，与单击“设置所选内容格式”按钮所弹出的对话框相同。

6. 产生组合图表

有时，用单一的图表无法贴切地呈现多种数据的特征，这时可以使用组合图表。例如，图 4-87（a）中有两组数值差异较大的数据，在同一图表中呈现时，显然数值较小的一组数据的图表显得很不突出。

如果将图表变化，让两组数据使用不同的图表类型及坐标轴，如图 4-87（b）所示，则数据可以得到完美地呈现。

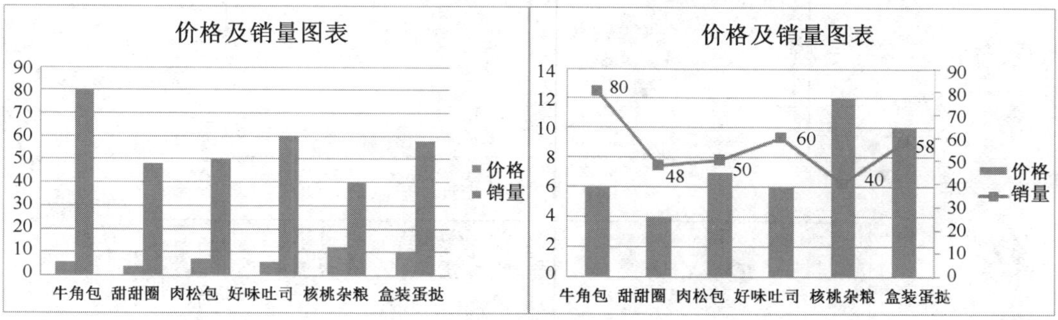

（a）　　　　　　　　　　　　（b）

图 4-87　将图表改为组合图表

将图表改为组合图表的操作步骤如下。

① 选定系列。单击图表中要更改类型的系列，使之被选定，如选定图 4-87（a）中的“销量”系列；

② 为这个系列另外设置坐标轴。单击“图表工具格式”选项卡→“当前所选内容”组→“设置所选内容格式”，打开与所选内容相关的“设置数据系列格式”对话框（见图 4-88），选择系列绘制在“次坐标轴”；

③ 改变所选系列的图表类型。单击“图表工具设计”选项卡→“类型”组→“更改图表类型”按钮，打开“更改图表类型”对话框，选择图表类型（如选择“带数据标记的折线图”），即可完成组合图表的制作。

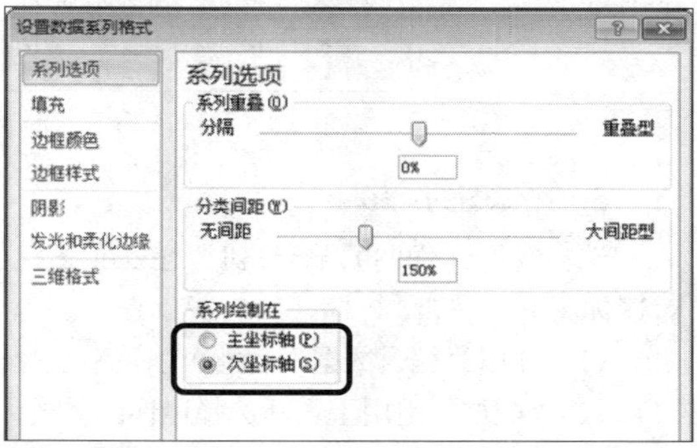

图 4-88　“设置数据系列格式”对话框

4.7.4　迷你图

Excel 2010 的迷你图是一种微型图表，可直观地表示数据。它位于单元格中，类似于单元格中的背景图案。对包含迷你图的单元格可以移动复制，还可以输入、编辑数据。

Excel 2010 提供了有三种类型的迷你图：折线图、柱形图和盈亏。其中折线图侧重表示数据的变化趋势，柱形图着重反映数据值的大小，盈亏图主要反映数据的正负变化。

1. 创建迷你图

创建迷你图的方法很简单。选定需要创建迷你图的单元格后，单击“插入”选项卡→“迷你图”组，选择迷你图类型后，弹出“创建迷你图”对话框。在对话框中选择所需的数据范围，单击“确定”按钮后，迷你图即可创建好。如图 4-89 所示，图中选择在 N2 单元格中创建 B2:M2 数据的迷你折线图。

第一个单元格的迷你图建好之后，可以使用填充柄，复制迷你图。例如，图 4-90 显示了将 N2 单元格的迷你图复制到 N3、N4 单元格后的结果。

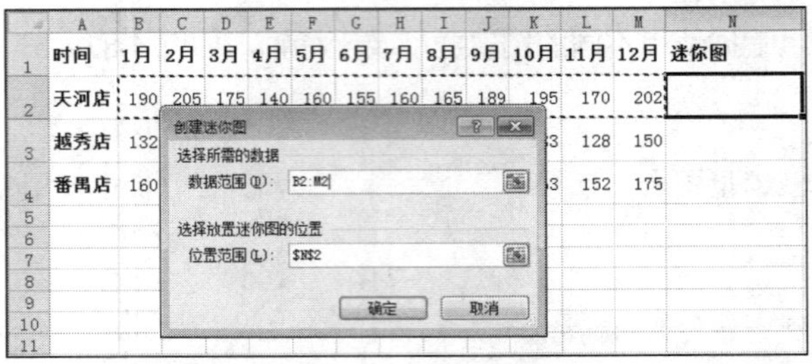

图 4-89 创建迷你图

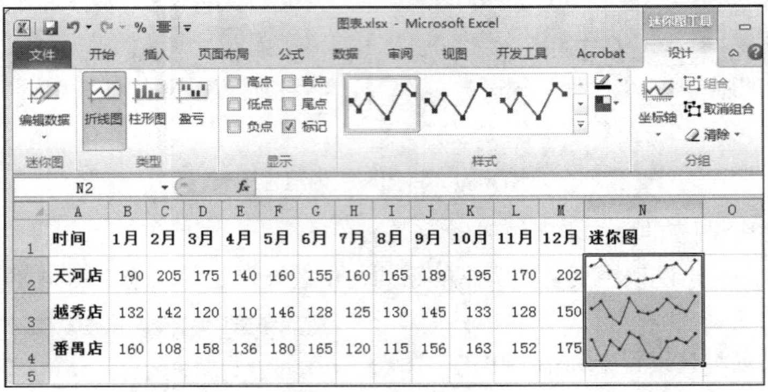

图 4-90 迷你图

2. 迷你图的编辑

选择含有迷你图的单元格时，Excel 窗口出现“迷你图工具”选项卡（见图 4-90），利用它可以对迷你图进行编辑。

（1）使用“编辑数据”功能可以重新选择绘制迷你图的数据区域；

（2）“类型”组用于重新选择迷你图类型；

（3）“显示”组工具用于选择迷你图中要突出显示的数据点标记；

（4）“样式”组提供了多种迷你图样式（不同颜色）直接使用，用户通过“迷你图颜色”和“标记颜色”命令自行进行颜色的选择；

（5）“分组”组中有可以设置坐标轴的命令、清除命令，以及将若干迷你图组合或取消组合的命令；

3. 迷你图的清除

单击“迷你图工具”→“分组”组→“清除”命令，可清除选定单元格中的迷你图。

4.8 数据分析和管理

Excel 2010 不仅具有简单的数据计算及处理能力，还具有数据的分析和管理功能。

4.8.1 数据排序和筛选

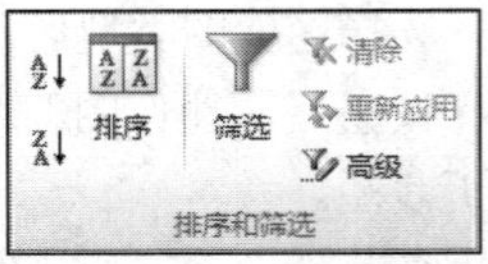

图 4-91 “排序和筛选”工具组

排序就是按照一定的规则排列表格中的数据顺序。筛选就是从数据表中找出满足条件的数据。在 Excel 2010 窗口的“数据”选项卡→“排序和筛选”组（如图 4-91 所示）包含了排序和筛选的操作命令按钮，利用这些命令，可以完成排序和筛选操作。

1. 按单列数据排序

按单列数据排序就是依照某一列的内容排列数据表中数据的顺序。

首先，选定这列数据中的一个单元格，然后单击“数据”选项卡→“排序和筛选”组→“升序”或“降序”命令，即可完成按单列数据的排序操作。

“开始”选项卡中也有同样的排序命令按钮。单击“开始”选项卡→“编辑”组→“排序和筛选”命令→在下拉菜单中选择“升序”或“降序”命令，也可进行排序。

2. 按多列数据排序

按多列数据排序可以设置多个排序条件，排序时先按主要关键字的列排序，如果有数据相同的，再按次要关键字列排序，以此类推。

排序的操作步骤是：首先在数据表中任选一个单元格，单击“数据”选项卡→“排序和筛选”组→“排序”按钮，打开“排序”对话框，如图 4-92 所示。该对话框可对排序条件进行添加、删除、复制操作。例如，图 4-92 中设置了“班号”为主要关键字，再分别添加了“性别”和“总分”两个次要关键字，完成排序操作后，数据表中的数据将首先按班号“1 班、2 班……”的顺序排列（升序），同一个班级的按“男、女”顺序排列（升序），同班同性别的，再按总分由高到低排列（降序）。

图 4-92　“排序”操作

3. 自动筛选

Excel 的筛选功能可使数据表中只显示满足条件的数据，其他不满足条件的数据隐藏。

单击“数据”选项卡→“排序和筛选”组→“筛选”按钮，进入筛选状态，此时每一个列标题旁都有一个下拉列表符号，单击它可打开筛选菜单（见图 4-93），勾选筛选值，单击“确定”按钮后可立刻得到筛选结果。图 4-94 所示是筛选了“3 班”后的数据表，其他不符合筛选条件的数据被隐藏。

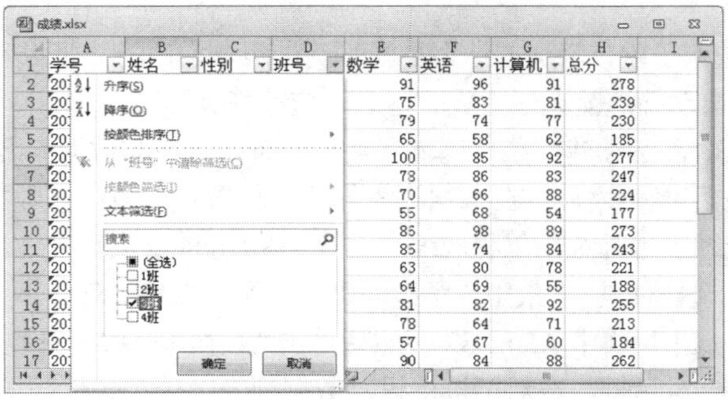

图 4-93　自动筛选

如果再做进一步的筛选，例如，在图 4-94 的筛选结果中继续在性别列筛选“女”，可得到图 4-95 所示的结果，显然最终显示的数据是同时满足班号“3 班”和性别“女”这两个条件的。

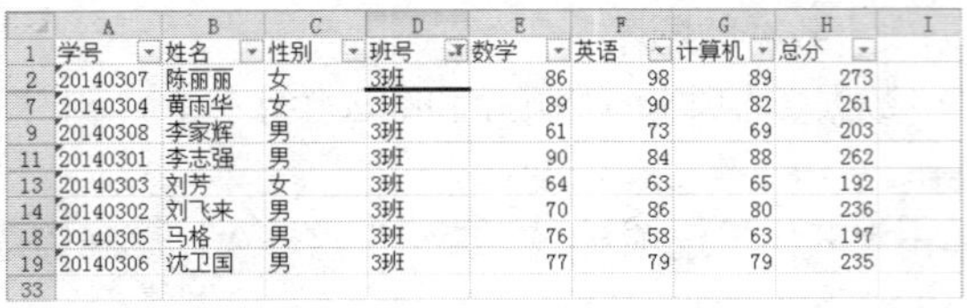

	学号	姓名	性别	班号	数学	英语	计算机	总分
2	20140307	陈丽丽	女	3班	86	98	89	273
7	20140304	黄雨华	女	3班	89	90	82	261
9	20140308	李家辉	男	3班	61	73	69	203
11	20140301	李志强	男	3班	90	84	88	262
13	20140303	刘芳	女	3班	64	63	65	192
14	20140302	刘飞来	男	3班	70	86	80	236
18	20140305	马格	男	3班	76	58	63	197
19	20140306	沈卫国	男	3班	77	79	79	235

图 4-94 筛选“3 班”的结果

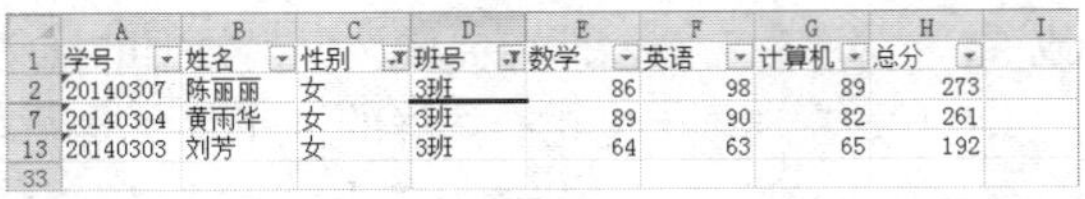

	学号	姓名	性别	班号	数学	英语	计算机	总分
2	20140307	陈丽丽	女	3班	86	98	89	273
7	20140304	黄雨华	女	3班	89	90	82	261
13	20140303	刘芳	女	3班	64	63	65	192

图 4-95 以班号和性别筛选的结果

4．自定义自动筛选

有时筛选条件是一定范围内的值，并非唯一的确定值，例如筛选“总分≥270”的数据，这时需要对筛选条件做进一步设置。操作方法是：在筛选列（如总分列）的筛选下拉菜单中，单击“数字筛选”→“大于或等于”，如图 4-96 所示，弹出“自定义自动筛选方式”对话框（见图 4-97），设置条件并单击“确定”按钮后，得到筛选结果，如图 4-98 所示。

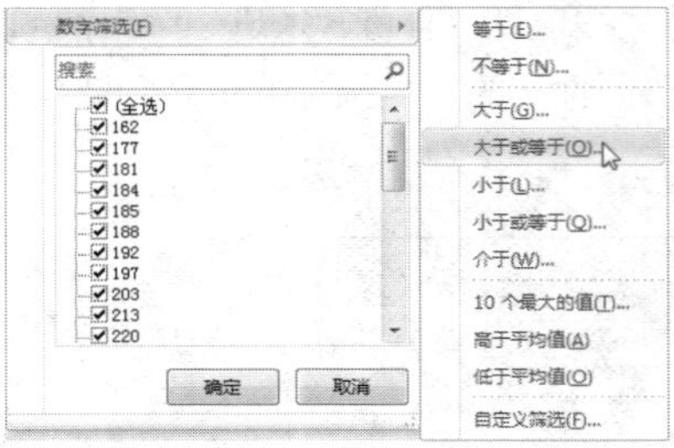

图 4-96 筛选菜单

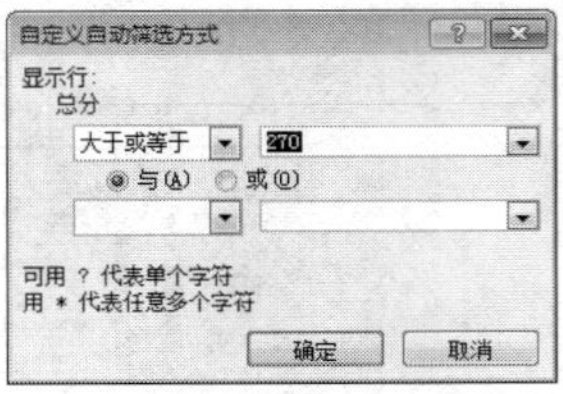

图 4-97 “自定义自动筛选方式”对话框

	学号	姓名	性别	班号	数学	英语	计算机	总分
2	20140307	陈丽丽	女	3班	86	98	89	273
17	20140108	刘延玲	女	1班	100	85	92	277
21	20140202	万明	男	2班	86	98	89	273
23	20140402	王晓莉	女	4班	94	92	89	275
30	20140103	张顺	男	1班	91	96	91	278

图 4-98 自定义自动筛选结果

提示：根据筛选列的数据类型不同，筛选下拉菜单中会出现的命令是不同的，图 4-96 可见在数字列进行筛选时出现菜单命令“数字筛选”，但如果是文本数据列，此菜单命令则会变成“文本筛选”，如果是日期数据列，命令会变为“日期筛选”。虽然菜单命令不同，但操作方法大同小异。

5．高级筛选

图 4-95 所示的筛选例子中，筛选的结果是同时满足两个条件的，即两个条件是逻辑与的关系。当要实现逻辑或关系时，自动筛选就无法完成了，必须依靠高级筛选。

使用“高级筛选”时，必须建立条件区域（注意，条件区域与数据表之间应至少间隔一空白行或空白列），另外，筛选结果既可以显示在数据列表的原来位置，也可以在数据列表以外放置筛选结果。

例如，要在学生成绩表中筛选出单科成绩大于等于 90 分的学生数据。

通过分析可得到筛选条件是：“数学成绩≥90”或“英语成绩≥90”或“计算机成绩≥90”。依照题意首先建立条件区域（图 4-99 中 A34:C37），然后单击“数据”选项卡→“排序与筛选”组→“高级”命令，弹出“高级筛选”对话框，在对话框中设置数据列表区域、条件区域以及筛选结果显示方式，单击“确定”按钮后完成筛选。如图 4-99 中，可看到高级筛选结果及“高级筛选”对话框的设置。

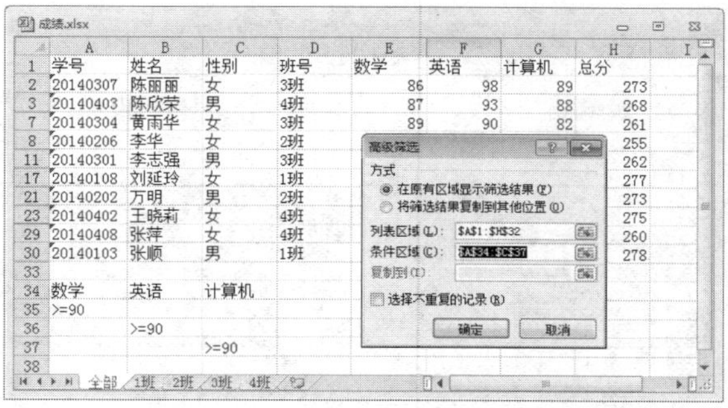

图 4-99　高级筛选

设置筛选条件时应注意：在条件区域的第一行应放置筛选条件所在列的列标题，列标题下放置该列的条件。条件的位置与条件之间的逻辑关系有关，同在一行的条件之间是“与”逻辑关系，不在同行的条件之间是“或”逻辑关系。

如果上例中条件区域的设置如下表，则筛选条件是：2 班且单科成绩大于等于 90 分。

班号	数学	英语	计算机
2 班	≥90		
2 班		≥90	
2 班			≥90

6．取消筛选

筛选后，不符合筛选条件的数据会被隐藏。单击“数据”选项卡→“排序和筛选”组→“清除”命令，可取消筛选，使数据区恢复为原来的样子。

4.8.2　分组及分类汇总

1．分组

当数据表中的数据太多时，通过创建组操作可便于管理数据。例如，在成绩数据表里，为了分组管理各班的数据，可以先在最左端插入空列，在班与班之间插入空行，然后将班名写入第 1 列每班之后的单元格中（即建立组名），如图 4-100 所示，然后进行分组。

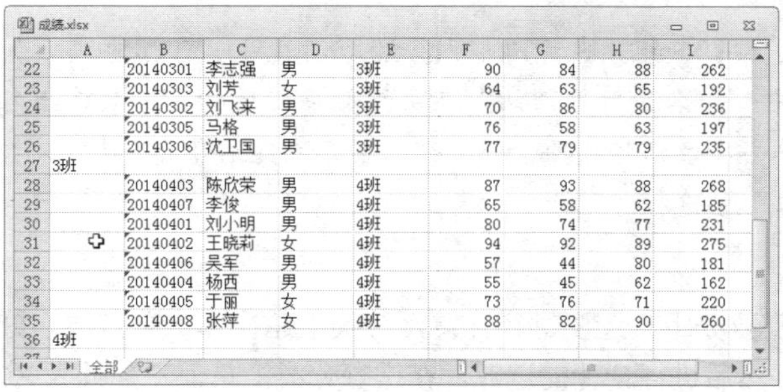

图 4-100　在数据表中插入空行并写上组名

（1）创建组

选定同一组的数据行（不含组名行），单击“数据”选项卡→“分级显示”工作组→“创建组”命令，即可为选定数据建立组。以同样的方式完成其余各组的创建操作，结果如图 4-101 所示。

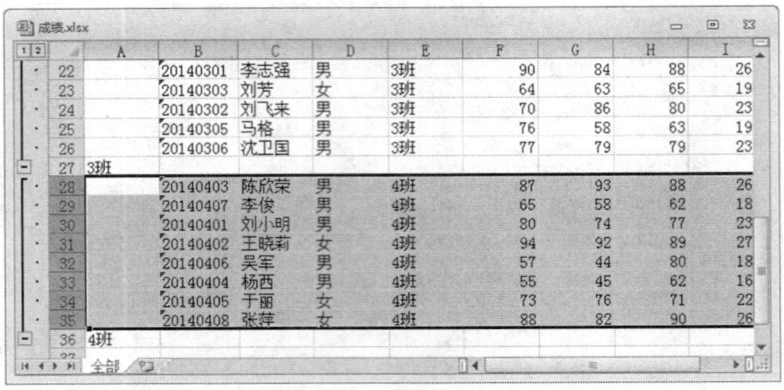

	A	B	C	D	E	F	G	H	I
22		20140301	李志强	男	3班	90	84	88	26
23		20140303	刘芳	女	3班	64	63	65	19
24		20140302	刘飞来	男	3班	70	86	80	23
25		20140305	马格	男	3班	76	58	63	19
26		20140306	沈卫国	男	3班	77	79	79	23
27	3班								
28		20140403	陈欣荣	男	4班	87	93	88	26
29		20140407	李俊	男	4班	65	58	62	18
30		20140401	刘小明	男	4班	80	74	77	23
31		20140402	王晓莉	女	4班	94	92	89	27
32		20140406	吴军	男	4班	57	44	80	18
33		20140404	杨西	男	4班	55	45	62	16
34		20140405	于丽	女	4班	73	76	71	22
35		20140408	张萍	女	4班	88	82	90	26
36	4班								

图 4-101　分组操作

（2）使用组

创建组完成后，窗口行号的左端会出现分级显示控制区。单击控制区上方的数字按钮1 2可以分级显示数据；单击分级控制区中的+或-按钮可展开或折叠该组数据。也可使用“数据”选项卡→“分级显示”组→“显示明细数据”或“隐藏明细数据”命令展开或折叠分组的数据。图 4-102 是仅展开“3班”组，折叠其他组后效果。

	A	B	C	D	E	F	G	H	I
1		学号	姓名	性别	班号	数学	英语	计算机	总分
10	1班								
18	2班								
19		20140307	陈丽丽	女	3班	86	98	89	27
20		20140304	黄雨华	女	3班	89	90	82	26
21		20140308	李家辉	男	3班	61	73	69	20
22		20140301	李志强	男	3班	90	84	88	26
23		20140303	刘芳	女	3班	64	63	65	19
24		20140302	刘飞来	男	3班	70	86	80	23
25		20140305	马格	男	3班	76	58	63	19
26		20140306	沈卫国	男	3班	77	79	79	23
27	3班								
36	4班								
37									
38									

图 4-102　折叠或展开分组数据

（3）取消组

如要取消组，可选定该组数据后，单击“数据”选项卡→“分级显示”组→“取消组合”命令。执行“取消组合”→“清除分级显示”可将所有创建的组取消。

提示：

（1）分组操作除了按行分组，也可以按列分组，读者可以自己尝试。

（2）上面的例子中，组名的位置默认是在每组数据之后的。如果将组名写在了每组数据之前，则在分组操作前，应先单击“数据”选项卡→“分级显示”组右下角按钮，打开“设置”对话框，取消选中“明细数据的下方”复选框。

2．分类汇总

如果数据表除了需要分组，还要进行计算，分类汇总操作十分方便。分类汇总就是按数据表中的某一列进行分类小计，然后进行合计的运算。在进行分类汇总前，数据表必须先按分类字段排序。

例如，要将学生成绩表中的数据按班号分类，汇总计算各班的平均成绩。操作步骤如下：

① 先按班号排序。

② 单击“数据”选项卡→“分级显示”工具组→“分类汇总”命令，打开如图 4-103 所示的“分类汇总”对话框，在对话框中分类字段选择“班号”、汇总方式选择“平均值”、汇总项选中“英语”、

"数学"、"计算机"及"总分"，其余按图中所示设置。分类汇总的结果如图 4-104 所示。

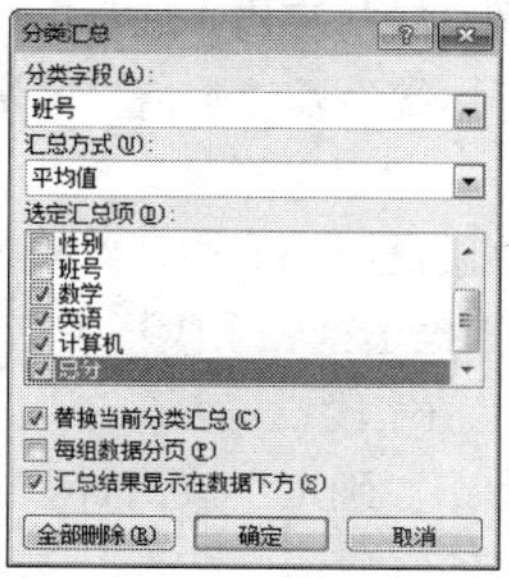

图 4-103　"分类汇总"对话框

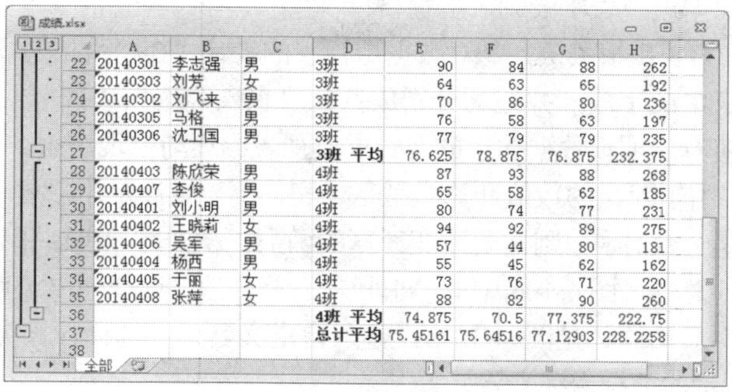

	A	B	C	D	E	F	G	H
22	20140301	李志强	男	3班	90	84	88	262
23	20140303	刘芳	女	3班	64	63	65	192
24	20140302	刘飞来	男	3班	70	86	80	236
25	20140305	马格	男	3班	76	58	63	197
26	20140306	沈卫国	男	3班	77	79	79	235
27				3班 平均	76.625	78.875	76.875	232.375
28	20140403	陈欣荣	男	4班	87	93	88	268
29	20140407	李俊	男	4班	65	58	62	185
30	20140401	刘小明	男	4班	80	74	77	231
31	20140402	王晓莉	女	4班	94	92	89	275
32	20140406	吴军	男	4班	57	44	80	181
33	20140404	杨西	男	4班	55	45	62	162
34	20140405	于丽	女	4班	73	76	71	220
35	20140408	张萍	女	4班	88	82	90	260
36				4班 平均	74.875	70.5	77.375	222.75
37				总计平均	75.45161	75.64516	77.12903	228.2258
38								

图 4-104　分类汇总结果

如果希望在此基础上再做进一步的分类汇总，例如统计各班的人数，可再次执行"分类汇总"命令，选择"计数"汇总方式，以"姓名"（或其他字段）为汇总项，取消选中"替换当前分类汇总"复选框，即可进行叠加分类汇总。

分类汇总后，数据表中的数据呈分级显示状态，此时行号的左侧出现分级显示控制区，用于展开或折叠分类汇总后的数据。

取消分类汇总可在"分类汇总"对话框中单击"全部删除"按钮，数据表将恢复原状。

4.8.3　数据透视表

分类汇总一般适用于按一列数据进行分类，对一列或多列数据进行汇总的情况，其汇总结果显示在原数据表上。而数据透视表可以按多列进行分类，且汇总的结果将产生一个新的表格。因此，数据透视表是一个进行数据分析的更有力的工具。

例如，学生成绩表中要统计不同班号不同性别的学生中各综合评定等级的人数，对于这种既要按班号、又要按性别及综合评定等级进行汇总的要求，使用数据透视表就可以快速地得到所需的统计数据。

创建数据透视表的操作步骤如下。

① 单击"插入"选项卡→"表格"工具组→"数据透视表"→"数据透视表"命令，打开"创建数据透视表"对话框，如图 4-105 所示，设置好数据区及放置数据透视表的位置（如图选择位置为"新工作表"）。

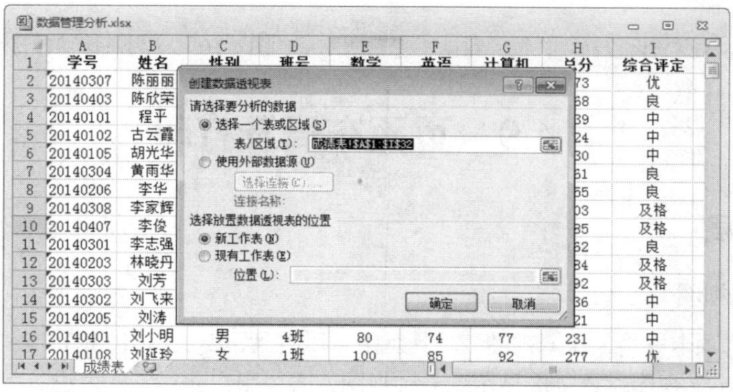

图 4-105　创建数据透视表

② 完成第 1 步单击“确定”按钮后，工作簿中出现一个新工作表，同时 Excel 2010 窗口的右侧出现了“数据透视表字段列表”窗格；

③ 第 3 步很关键，是对数据透视表的设计，在“数据透视表字段列表”窗格中选择需要呈现在数据透视表中的字段，并拖动分别放置在“报表筛选”、“列标签”、“行标签”及“数值”区域中。可以看到，随着一项项数据的摆放，数据透视表已逐渐显现出来。

④ 由于默认的数值计算类型是求和，不一定满足用户要求。例如在图 4-106 中，希望统计的是人数而不是分数总和，则需要改变计算的函数，方法是：单击图 4-106“数据透视表字段列表”→“数值”区域中计算项（图 4-106 中的“求和项、总分”），选择弹出菜单中的“值字段设置”命令，打开“值字段设置”对话框（见图 4-107），输入自定义名称，选择计算类型，单击“确定”按钮后，可得到如图 4-108 所示的数据透视表。

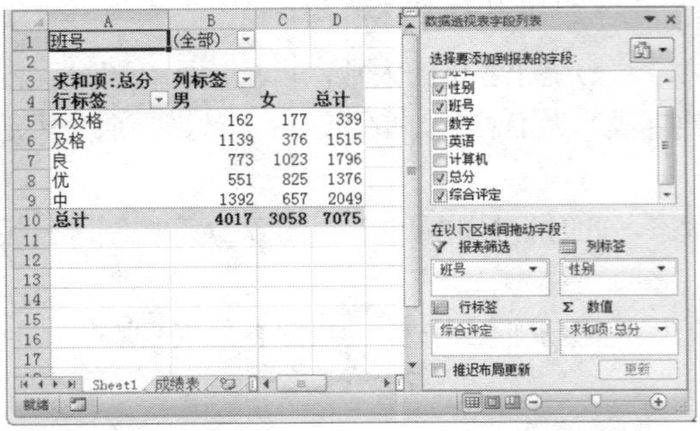

图 4-106 数据透视表的设计

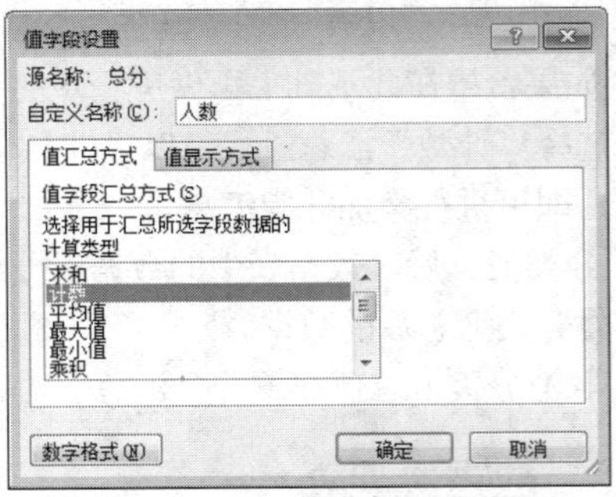

图 4-107 “值字段设置”对话框

图 4-108 中显示的是全部数据的汇总报表，单击图中的下拉列表按钮，可获得不同的报表。

要注意的是，在此数据透视表中，行标签并非按理想的“优、良……”顺序排列的，原因在于系统默认的是按汉字的拼音顺序排列。如要改变顺序，可直接拖动综合评定中要调整位置的单元格到理想的位置就可以了，例如，选定 A8（“优”所在的单元格），拖曳其边框到 A5 位置，即可将“优”放在第 1 位，按此法调整其他数据的位置，可得到满意的效果，如图 4-109 所示。

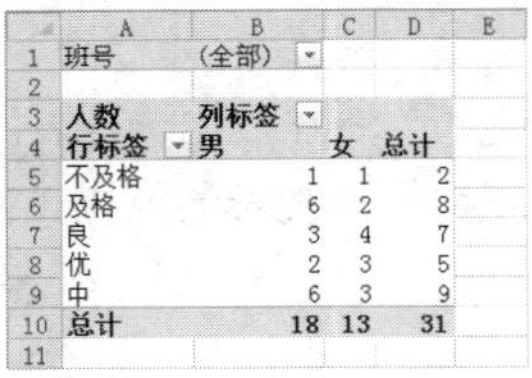

图 4-108 重新设置计算类型的数据透视表

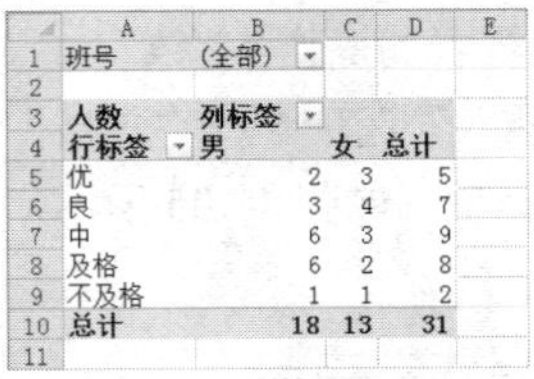

图 4-109 调整后的数据透视表

4.9 页面布局及打印

4.9.1 页面布局

1. 页面布局视图

在“视图”选项卡→“工作簿视图”工具组中可以看到，Excel 2010 提供了“普通”、“页面布局”、“分页预览”、“自定义视图”、“全屏显示”5 种视图方式，用户在对工作表进行编辑操作时一般使用的都是“普通”视图，而在打印之前应使用“页面布局”视图查看分页情况及页面效果。图 4-110 所示为在页面布局视图上所看到的学生成绩表数据。在页面布局视图下，数据表以页的方式显示，可以看到标尺，可以添加或更改页眉页脚。

图 4-110　“页面布局”视图

2. 页面设置

Excel 2010 的“页面布局”选项卡→“页面设置”组中的工具（见图 4-111），可以对页边距、纸张方向、纸张大小、打印区域、分隔符、是否添加背景、是否重复打印标题等进行设置，使打印能达到满意的效果。

单击“页面布局”组右下角按钮，可以展开“页面设置”对话框（见图 4-112），可完成对“页面”、“页边距”、“页眉/页脚”、“工作表”的详细设置。

图 4-111　“页面设置”组

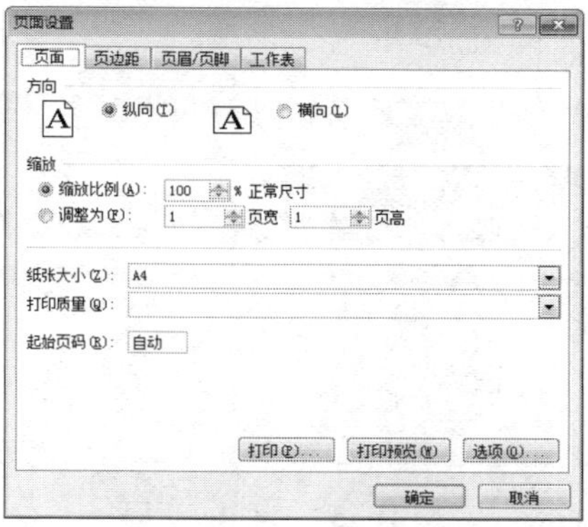

图 4-112　“页面设置”对话框

（1）设置纸张方向、纸张大小及缩放比例

“页面设置”对话框中的“页面”选项卡主要用于设置纸张大小、纸张方向、缩放、打印质量及起始页码。其中缩放操作既可以通过直接输入打印时的缩放比例（设置范围为 10%～400%）进行设置，也可以通过设定工作表的宽和高所占的页面数量，让系统自动调整。

使用图 4-111 中“纸张大小”和“纸张方向”命令也可以完成纸张的设置。

（2）设置页边距

“页面设置”对话框中的“页边距”选项卡，可设置边距以及工作表打印时是否在页面居中。也可以用图 4-111 中“页边距”命令直接设置页边距。

（3）设置页眉页脚

在“页面布局”视图中可以直接输入页眉和页脚，也可以通过“页面设置”对话框中的“页眉页脚”选项卡设置比较复杂的页眉和页脚。

在“页眉页脚”选项卡中单击“自定义页眉”或“自定义页脚”按钮后，屏幕出现相应对话框（图4-113所示为“页眉”对话框)。在此对话框中可分别在“左”、“中”、“右”三个文本框中直接输入页眉或页脚的内容。另外，对话框中间有10个按钮，从左到右依次是“格式文本”、“插入页码”、“插入页数”、“插入日期”、“插入时间”、“插入文件路径”、“插入文件名”、“插入数据表名称”、“插入图片”、“设置图片格式”，这些按钮可以方便用户插入相关内容并设置显示格式。例如在图4-113中，设置了在页眉中部放置工作表标签名，字体为“隶书”，右侧放置页码。

（4）设置工作表的打印区域、打印标题、打印选项、打印顺序

打开“页面设置”对话框的“工作表”选项卡（如图4-114所示）可对打印区域及标题等进行设置。其中：

打印区域：用于选择打印的数据表范围，如果不选，默认为整个工作表。另外图4-111中“打印区域”命令也可完成此设置，但在执行该命令前应先选定好单元格区域。

打印标题：当工作表过大而分成多页打印时，后面的页将会看不到标题列或标题行，为了避免这种情况，可在“顶端标题行”和“左端标题列”中指定行标题和列标题的位置，这样打印时，标题行列会自动出现在后续页中。

网格线：该复选框选中时，即使工作表中没有设置边框，打印时也会打印出表格线。

行号列标：该复选框被选中时，打印工作表时将同时打印出行号和列号。

打印顺序：选择“先行后列”或“先列后行”是用于控制超过一页的工作表的打印顺序。

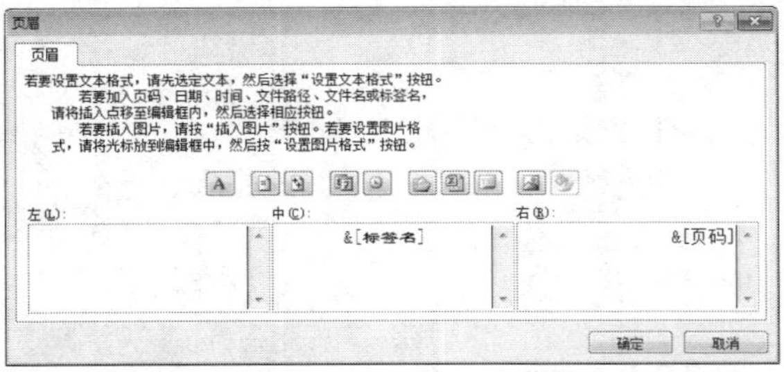

图4-113 自定义页眉

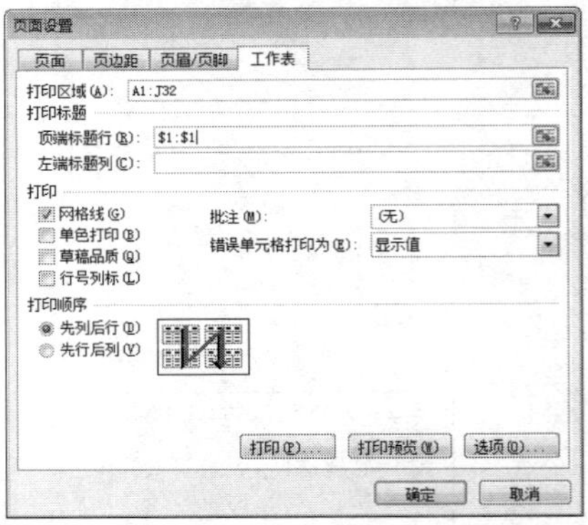

图-114 设置工作表

4.9.2 分页及打印

1. 分页及分页预览

（1）分页

当要打印的数据超过一页时，Excel会自动分页。当然，用户也可通过插入分页符的方法自己设置分页位置。插入分页符的操作步骤如下。

① 选定要另起一页的行（或列)。

② 单击“页面布局”选项卡→“页面设置”工具组→“分隔符”→“插入分页符”命令。完成后，分页位置出现的虚线即为分页符。

如果插入分页符前选择的是单元格，则插入的分页符有两条，分别在该单元格的左边线和上边线位置。

当要删除人工分页符时，应先选择插入分页符时所选的行、列或单元格，再单击“页面布局”选项卡→“页面设置”组→“分隔符”→“删除分页符”命令。如要删除所有的人工分页符，可单击“页面布局”选项卡→“页面设置”组→“分隔符”→ “重设所有分页符”命令。

（2）分页预览

执行菜单“视图”→“分页预览”命令后，窗口呈现“分页预览”视图显示方式，如图 4-115 所示，图中白色区域为打印区域，中间的蓝色粗线为分页位置。

使用分页预览的好处在于可以很方便地调整打印区域和分页位置，调整方法是直接用鼠标拖动图中的蓝色粗线。

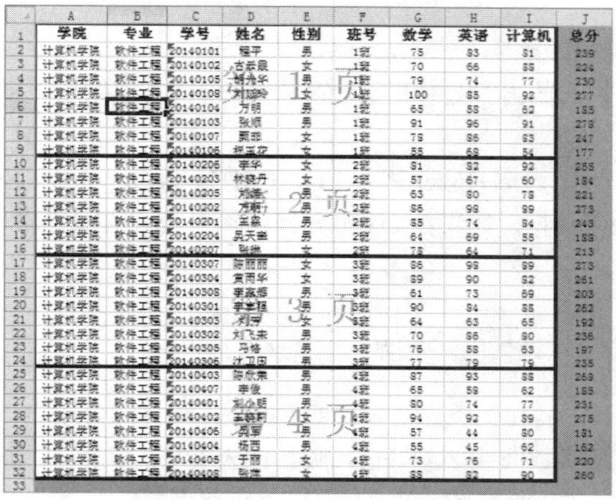

图 4-115　“分页预览”视图

2. 打印

进行了设置打印区域、页面设置等一系列操作后，工作表可正式打印了。

执行“文件”→“打印”命令后，可在窗口中预览打印效果、选择打印机、设置打印份数、打印内容及打印页码范围，还可以设置纸张方向、纸张大小、边距、缩放等。单击“打印”按钮可开始打印操作。

本 章 小 结

本章主要介绍了 Excel 2010 的工作窗口、工作簿、工作表和单元格的基本操作，包括工作簿窗口的操作、工作表的管理、数据的输入及编辑、工作表的格式化、公式和函数的使用、图表、数据分析和管理、页面设置和打印等，可以帮助读者由浅入深学习和掌握 Excel 2010 的操作。

习题与思考

一. 单选题

1．Excel 2010 启动后默认的文件类型是（　　）。

A．.bmp　　B．.xlsx　　C．.txt　　D．.xls

2．在 Excel 2010 中，如果在单元格中输入数据“3/8”，则该单元格显示的值为（　　）。

A．0.375　　B．3/8　　C．2014-3-8　　D．3 月 8 日

3．Excel 中，如向一单元格输入公式“=50*50%”，则单元格显示（　　）。

A．=50*50%　　B．#VALUE!　　C．2500%　　D．25

4．在 Excel 中，如 A1 单元格的值为 10，选定该单元格，按下 Ctrl 键后，再向下拖动填充柄，则 A2、A3、A4 单元格的值分别为（　　）。

A．11、12、13　　B．10、10、10

C．维持原来的值不变　　D．值不变，单元格的格式变为 A1 单元格的格式

5．在 Excel 公式中，引用在表示同一工作簿内不同工作表的单元格时，工作表名与单元格名之间应使用（　　）分开。

A．!　　B．:　　C．,　　D．;

6．在 Excel 工作表中，选定区域并在第 1 个单元格中输入数据后，按（　　）组合键，可使区域中所有单元格都有一样的数据。

A．Alt+Enter　　B．Del+Enter　　C．Ctrl+Enter　　D．Shift+Enter

7． Excel 中已有如下数据，如果在 D3 单元格中输入公式=IF(A3>20, B3, C3)，该单元格将显示（　　）。

	A	B	C	D
3	15	100	200	
4				

A．15　　B．100　　C．200　　D．FALSE

8．要绘制光滑连续的函数曲线，最好选用哪种图表类型。（　　）

A．曲面图　　B．折线图　　C．XY 散点图　　D．雷达图

9．在 Excel 的数据表中，若要求根据某列数据对数据表进行排序，可以利用工具栏上的“升序”或“降序”按钮，此时用户应先（　　）。

A．选取该列数据　　B．选取整个数据表

C．单击该列数据中任一单元格　　D．单击数据表中任一单元格

10．在 Excel 数据表中，按某一列内容进行归类，并对每一类做出统计的操作是（　　）。

A．分类排序　　B．分类汇总　　C．筛选　　D．分组

二、填空题

1．一个 Excel 工作簿默认有____________个工作表，新建工作簿时最多可以包含____________个工作表。

2．在 Excel 中，如某单元格中输入数据“(145)”，则单元格中显示的是____________。

3．在 Excel 的工作表中输入当天日期用____________组合键，输入当前时间用____________组合键。

4．在 Excel 工作表的一个单元格中输入公式时，应先输入____________号。

5．在 Excel 工作表中已输入的数据如下所示：

	A	B	C	D	E
1	1	2	3		
2	10	20	30		

（1）在 D1 单元格中输入公式“=A1+B1”，将公式复制到 E2 单元格，E2 单元格的公式为______，E2 单元格的值为____________。

（2）在 D1 单元格中输入公式“=A$1+$B1”，将公式复制到 E2 单元格，E2 单元格的公式为_____

______，E2 单元格的值为__________。

（3）在 D1 单元格中输入公式“=$A$1+B1”，将公式复制到 E2 单元格，E2 单元格的公式为__________，E2 单元格的值为__________。

三、判断题

1．在 Excel 中，文本数据只能按拼音字母顺序排序，不能按笔画数排序。（　）

2．在 Excel 中，在输入文字型常量时，如果文字串的首字符是等号（=），则应首先输入单引号符号。（　）

3．在 Excel 中进行“分类汇总”前，必须先按分类字段排序。（　）

4．在 Excel 中，按 Delete 键可清除选定区域的内容及格式等。（　）

5．在 Excel 中进行高级筛选时，如条件区域为如下数据，则表示要筛选“英语”、“数学”、“计算机”均为 90 分以上的记录。（　）

英语	数学	计算机
>=90	>=90	
		>=90

四、思考题

1．如何在工作表的 A1:I9 区域建立九九表？

2．写出 Excel 中“清除”和“删除”命令的区别。

3．如何将日期格式“1999-7-1”改为“1999 年 7 月 1 日”格式？请写出操作步骤。

4．如果一张工作表比较大，如何采用一种简单的方法将它打印在一张纸上？

5. 要筛选成绩表中数学成绩低于 60 分的学生，如何操作？怎样取消筛选，显示出原来的数据表？

第 5 章　演示文稿软件 PowerPoint 2010

PowerPoint 是专门用于制作和演示幻灯片的软件，能够根据用户的需要组织幻灯片，制作出集文字、图形、图像、声音以及视频剪辑等多媒体元素于一体的演示文稿。PowerPoint 常用于产品展示、项目汇报、学术交流和教学内容的讲解中。

PowerPoint 2010 在以往版本基础上进行了较大的提高和改进，这体现在：

- 它提供了全新的工作界面，更加直观和易于操作；
- 在图片处理，视频处理和动画效果等方面功能更加完善、易用，还新增了不少全新的幻灯效果，使得用户可以轻松制作出更为精美的幻灯片；
- 它提供了多种比以往版本更加轻松地广播和共享演示文稿的方式。

5.1　PowerPoint 2010 概述

5.1.1　演示文稿和幻灯片

利用 PowerPoint 2010 创建的文件被称为“演示文稿”，一个完整的演示文稿是由一张或多张幻灯片组成的。PowerPoint 的主要工作就是设计和制作幻灯片。用户要演示的全部信息，包括文字、图形、表格、图表、声音和视频等都要以幻灯片为单位组织起来再形成演示文稿。

5.1.2　PowerPoint 2010 视图

PowerPoint 2010 能够以不同的视图方式来显示演示文稿的内容，使演示文稿易于浏览、便于编辑。PowerPoint 2010 视图分为演示文稿视图和母版视图两大类。

演示文稿视图包括普通视图、幻灯片浏览视图、备注页视图、阅读视图和幻灯片放映视图。

母版视图包括幻灯片母版、讲义母版和备注母版，具体内容在后面介绍。

单击 PowerPoint 窗口右下角的“视图切换”按钮可在视图之间轻松地进行切换，也可通过单击“视图”选项卡，选择不同的视图实现切换，如图 5-1 所示。

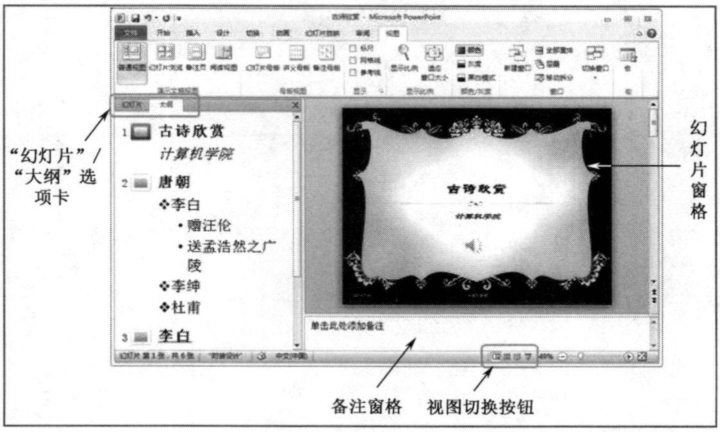

图 5-1　普通视图

1．普通视图

在默认状态下，PowerPoint 2010 启动后就直接进入普通视图模式，如图 5-1 所示。普通视图是 PowerPoint 2010 主要的编辑视图，在普通视图模式下可以完成演示文稿大部分的编辑工作，例如，在此视图下可以方便地调整幻灯片的总体结构，添加或删除幻灯片，编辑单张幻灯片中的内容。普通视图包含：“大纲”/“幻灯片”选项卡、幻灯片窗格和备注窗格。

（1）幻灯片窗格：用于显示和编辑幻灯片，在这里用户可以对幻灯片进行插入文字、插入图片、插入艺术字、添加音乐和设置动画等操作，并可直观地看到幻灯片的外观效果。这个窗格是整个工作界面的核心区域。

（2）“大纲”选项卡：分级显示演示文稿中所有标题和正文，幻灯片的图片、底纹等幻灯片的外观将不被显示，这有利于用户确定整个演示文稿结构。使用大纲选项卡可编辑演示文稿的内容，还可在此调整演示文稿中内容的组织形式，确定文字的不同等级。

注意：这里的文本必须是在幻灯片版式设计中输入的文本，用户通过文本框添加的内容在这里是看不到的。

（3）“幻灯片”选项卡：列出当前演示文稿中所有幻灯片的缩略图，使用户方便地观看所有幻灯片设计的效果，也可以在此重新排列、添加或删除幻灯片。

（4）备注窗格：在该窗格中可以为幻灯片添加解释说明，如提供幻灯片展示内容的背景和细节等，以使放映者能够更好地掌握和了解幻灯片展示的内容。在此窗格中不显示图形对象和图片，在实际播放演示文稿时观众看不到备注窗格中的信息。

2．幻灯片浏览视图

在幻灯片浏览视图中，用户可以在屏幕上同时看到演示文稿中的多张幻灯片，了解演示文稿的整体效果。在该视图模式下用户可以调整演示文稿的显示效果、背景、幻灯片排列顺序、添加或删除幻灯片、复制幻灯片，但不能对幻灯片中的内容进行编辑，如图 5-2 所示。

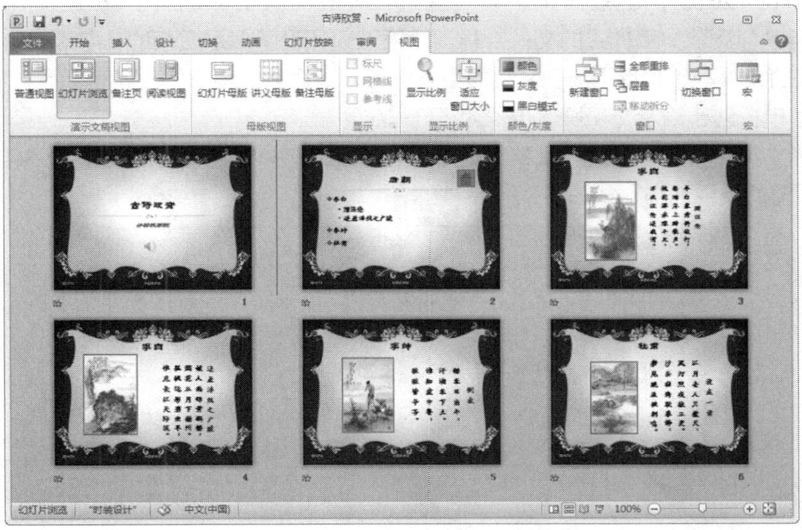

图 5-2　幻灯片浏览视图

3．幻灯片放映视图

单击图 5-1 所示的 PowerPoint 2010 窗口右下角状态栏的“视图切换”按钮，可以把视图切换为“幻灯片放映视图”，在该视图中用户可以预览和排练演示文稿。演示文稿将以全屏方式进行展示，并显示所有的动画和切换效果，以便用户及时对在放映过程中不满意的地方进行修改，测试插入的动画、更改声音等效果，还可以在放映过程中标注出重点，观察每张幻灯片的切换效果等。

4. 备注页视图

在备注页视图中，一张幻灯片分成幻灯片内容和备注内容两部分。窗口上半部分用于显示幻灯片的内容，此时幻灯片中的内容处于不可编辑状态；窗口的下半部分用于编辑备注信息。

图 5-3　备注页视图

普通视图的备注窗格只能看到备注的文本，若备注中包含图片，只有在备注视图下才能看到效果，如图 5-3 所示。

5. 阅读视图

在该视图下，演示文稿中的幻灯片将以窗口大小进行放映，该视图仅显示标题栏、阅读区和状态栏，主要用于浏览幻灯片的内容。如果用户希望在一个设有简单控件以方便审阅的窗口中查看演示文稿，而不想使用全屏的幻灯片放映视图，则应该使用阅读视图。

5.2　演示文稿的创建及保存

5.2.1　创建演示文稿

在 PowerPoint 2010 中，常用的创建演示文稿的方法主要有以下几种。

1. 根据样本模板创建演示文稿

对 PowerPoint 2010 不太熟悉的用户，可利用 PowerPoint 2010 提供的模板创建演示文稿。

模板是指包含演示文稿样式的文件，样本模板不仅预设了演示文稿的文字版式、图片、背景、外观等相关格式的设置，还预置了演示文稿的主要内容，用户只需稍作修改就可满足自己的要求。

根据样本模板创建演示文稿操作步骤如下。

（1）选择“文件”→“新建”命令，在打开的窗口中选择“样本模板”，如图 5-4 所示，在打开的页面中选择所需的模板选项，如图 5-5 所示。

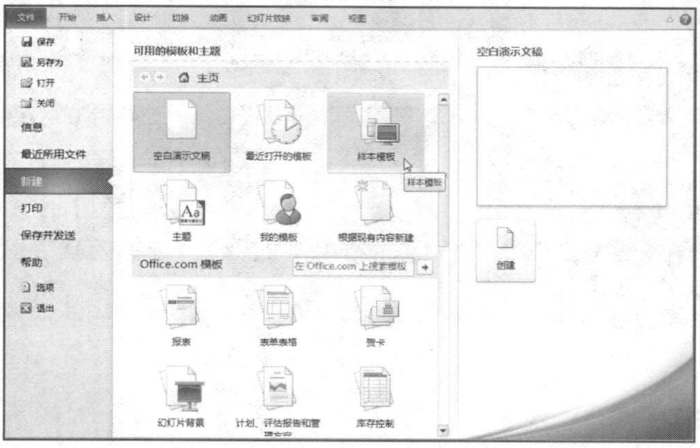

图 5-4　根据样本模板创建演示文稿

图 5-5　选择样本模板

（2）单击“创建”按钮，就可返回 PowerPoint 2010 工作界面，即可看到新建的演示文稿效果，如图 5-6 所示。

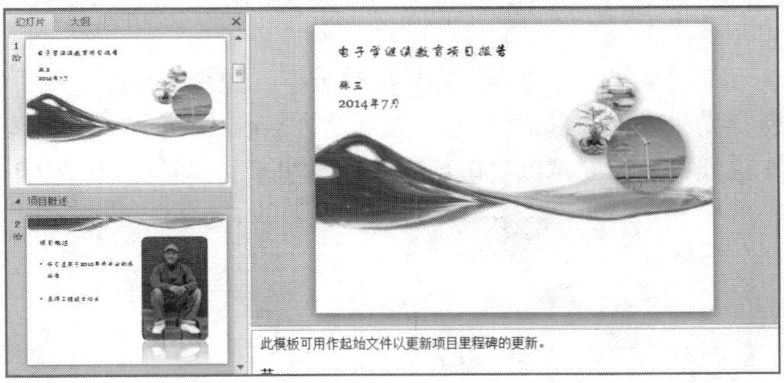

图 5-6　利用样本模板创建的演示文稿效果

从图 5-6 可以看到，利用样本模板建立的演示文稿已经含有多张幻灯片，而且幻灯片的外观及内容框架已经设计好，用户只需要在每张幻灯片中按提示输入内容，演示文稿的新建就可以快速完成。

如果 PowerPoint 2010 中自带的模板不能满足用户的需要，用户可以通过图 5-4 所示的“Office.com 模板”栏目搜索下载合适的 PowerPoint 2010 模板。

2．利用主题创建演示文稿

主题与样式模板类似，都预设了演示文稿的外观、文本图形格式、颜色、效果等样式。值得注意的是，与利用样本模板创建的演示文稿不同，使用这种方式创建演示文稿，系统只提供演示文稿的样式，每张幻灯片的内容需用户自己设计，此时，默认状态下演示文稿只包含一张幻灯片。

操作步骤如下。

（1）选择“文件”→“新建”命令，打开如图 5-4 所示的窗口。在“可用的模板和主题”栏目中选择“主题”，在打开的页面中选择所需的主题选项。

（2）单击“创建”按钮，就可返回 PowerPoint 2010 工作界面，即可创建一个带有文字格式、背景颜色的演示文稿，如图 5-7 所示。

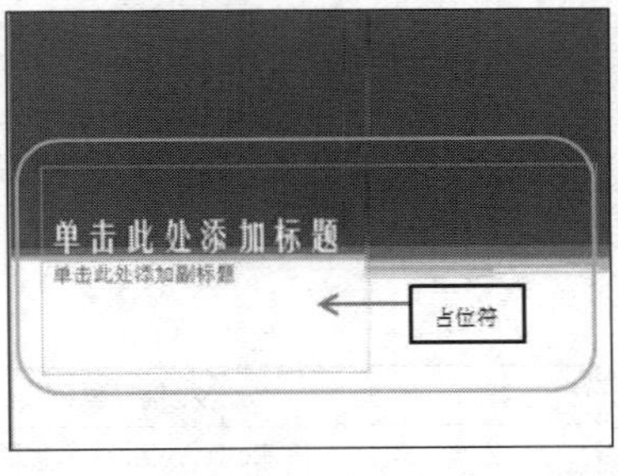

图 5-7　利用主题创建的演示文稿效果

在第一张幻灯片中单击“占位符”，输入标题和文本。所谓“占位符”，就是指在新建的幻灯片中出现的虚线方框。在这些方框中可以输入文本、图表、表格、图片等。

注意： 文本框与占位符外形相似，但效果不同，占位符是包含格式的虚线方框，文本框不包含格式。

此时，创建了演示文稿的第一张幻灯片，若演示文稿由多张幻灯片组成，还需添加新幻灯片，才能完成演示文稿的创建。

3．创建空白演示文稿

采用这种方式创建的演示文稿不包含任何内容和格式，用户可以根据自己的需要输入内容和设置格式。操作步骤如下。

（1）选择“文件”→“新建”命令，打开如图 5-4 所示的窗口。

（2）单击“可用的模板和主题”→“空白演示文稿”→“创建”按钮，即可生成新演示文稿。

5.2.2 保存演示文稿

操作步骤如下。

（1）单击“文件”→“保存”命令或单击快速访问工具栏中的“保存”按钮；

（2）选择保存位置及文件名保存文件。保存时默认的保存类型为“PowerPoint 演示文稿”，文件扩展名是“.pptx”。

PowerPoint 2010 还可以将文件保存为幻灯片放映类型、图片、设计模板等类型，如表 5-1 所示。

- 将演示文稿保存为“PowerPoint 模板”（扩展名为.potx）：为了提高工作效率，可根据需要将制作好的演示文稿保存为模板，以备以后制作同类演示文稿时使用，如图 5-8 所示。

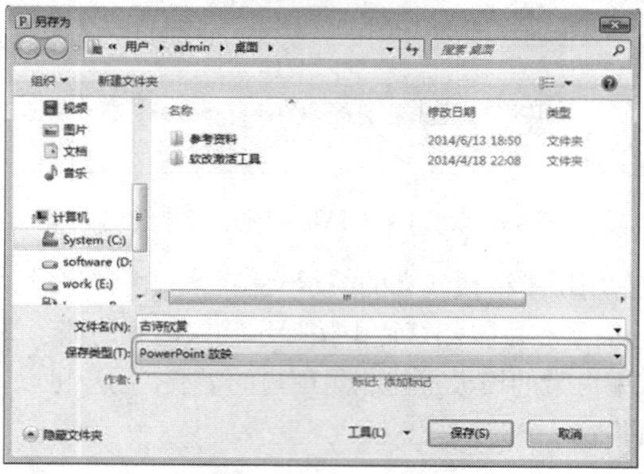

图 5-8 将演示文稿保存为“PowerPoint 模板”类型

- 如果希望在没有安装 PowerPoint 的环境下观看演示文稿，可以把演示文稿保存为“幻灯片放映”类型。
- 将演示文稿保存为“幻灯片放映”类型（扩展名为.ppsx）：当用户在桌面上打开这类文件时，文件会被自动放映。放映结束时，PowerPoint 会自动关闭，而保存为“演示文稿”类型文件的演示文稿，在放映结束时，演示文稿仍保持打开状态。

表 5-1 常见的演示文稿保存类型

文 件 类 型	扩 展 名
PowerPoint 演示文稿	.pptx
PDF	.pdf

续表

文 件 类 型	扩 展 名
PowerPoint 模板	.potx
PowerPoint 放映	.ppsx
GIF 可交换的图形格式	.gif
JPEG 文件交换格式	.jpg
PowerPoint XML 演示文稿	.xml
网页	.htm

5.3 演示文稿的编辑

5.3.1 使用普通视图的“大纲”选项卡编辑演示文稿

在演示文稿中，文字的编辑主要在普通视图中进行。为了使主题内容表达条理清楚，通常幻灯片的文字段落采用分级列示。用户可通过对普通视图的“大纲”选项卡来改变文字的层次。

在“大纲”选项卡中，演示文稿会以大纲形式显示，大纲由每张幻灯片的标题和正文组成。每张幻灯片的标题都出现在幻灯片图标的旁边，正文以分层缩进形式显示在标题的下面。

1．改变幻灯片中文本的级别

操作步骤：选定要改变级别的标题或正文，单击鼠标右键，在弹出的快捷菜单中选择“升级”或“降级”按钮，如图 5-9 所示。

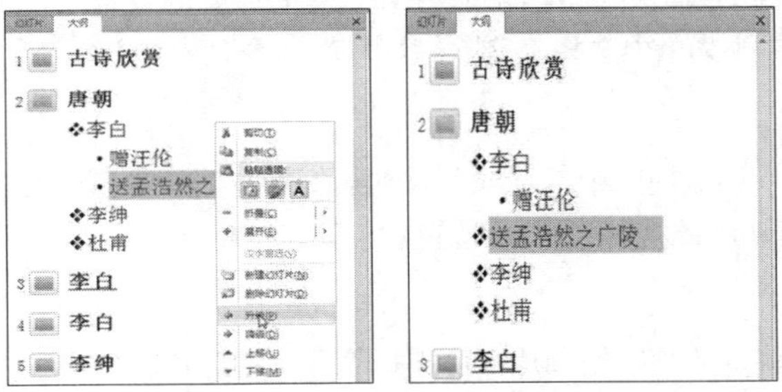

图 5-9 文字“升级”前后的效果

2．更改幻灯片的次序

操作步骤：

（1）在相应的文字旁单击鼠标，按图 5-9 中所示的“折叠”按钮，折叠演示文稿中的所有正文；

（2）选定要移动的幻灯片，单击“上移”或“下移”按钮，就可以改变幻灯片的出现顺序。

提示：

在执行此操作前必须先执行“折叠”下“全部折叠”操作，否则达不到效果。

5.3.2 更改幻灯片版式

在 PowerPoint 2010 中，所谓版式，就是预置好固定格式的幻灯片模板，在图 5-10 所示的占位符中输入文字后，会看到这些文字自动添加了格式。

更改幻灯片版式，可以方便地调整文字、图片等幻灯片对象的排列方式，字体格式。操作步骤如下。

（1）选择要处理的幻灯片，单击“开始”选项卡→“版式”。

（2）在打开的如图 5-11 所示的版式菜单中单击所需的版式。

图 5-10　利用版式输入文字

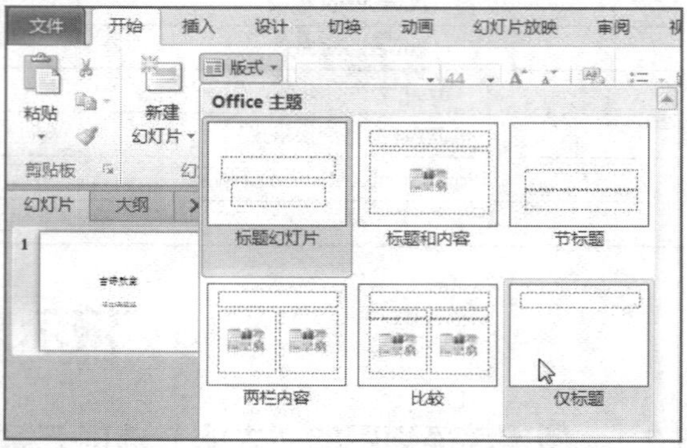

图 5-11　更改幻灯片版式

5.3.3　幻灯片的基本编辑操作

1．插入新幻灯片

操作步骤：单击“开始”选项卡→“新建幻灯片”按钮，在弹出的下拉列表中选择新建幻灯片的版式，如图 5-12 所示，插入一张带有版式的幻灯片。

2．删除幻灯片

操作步骤：在普通视图或幻灯片浏览视图中，选择要删除的一张或多张幻灯片，按 Delete 键或单击鼠标右键，在弹出的快捷菜单中选择“删除幻灯片”命令。

3．移动幻灯片

操作步骤：在幻灯片浏览视图中，选取要移动的幻灯片。按住鼠标左键把幻灯片拖动到所要放的位置，然后释放鼠标，即可将幻灯片放到新位置。

4．隐藏幻灯片

若不想放映演示文稿中的某些幻灯片，可选择隐藏该幻灯片。

操作步骤：在幻灯片浏览视图中，选取要隐藏的幻灯片，单击鼠标右键，在弹出的快捷菜单中选择“隐藏幻灯片”。

此时，被隐藏的幻灯片旁边显示隐藏幻灯片图标，图标中的数字为幻灯片的编号，如图 5-13 所示。

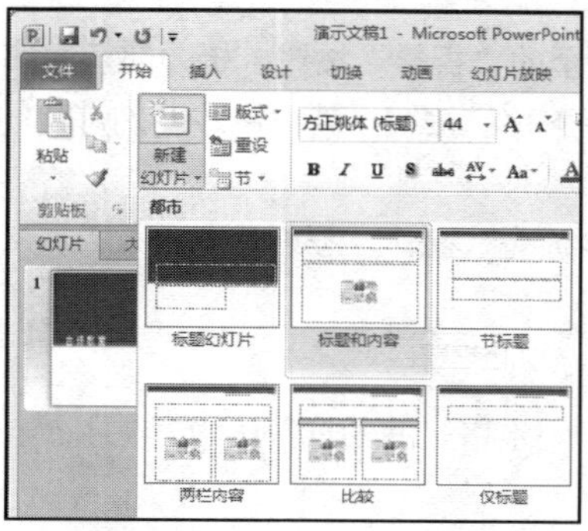

图 5-12　新建幻灯片

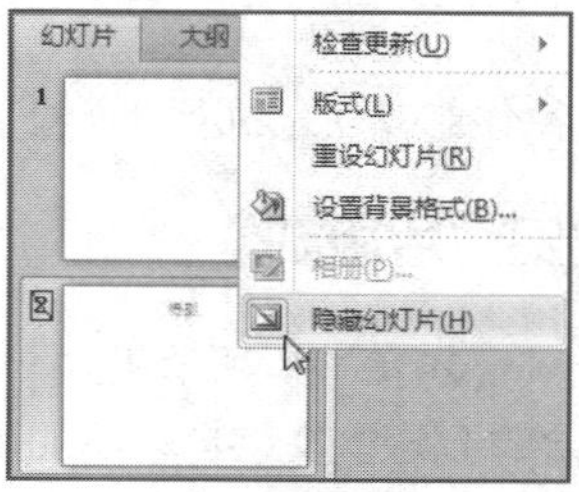

图 5-13　隐藏幻灯片

5.3.4 使用“节”管理幻灯片（新功能）

当演示文稿包含了太多张幻灯片时，可以把幻灯片按照主题分成节，每一节包含一个主题，这样，有利于演讲者明确幻灯片间的逻辑关系，清晰地组织演示文稿的结构，也有利于观众更好地理解演示者的意图，分节后的演示文稿如图 5-14 所示。

1. 插入“节”

操作步骤如下。

（1）选中某一张幻灯片，单击“开始”选项卡→“节”→“新增节”选项，如图 5-15 所示。

（2）默认状态下新增加的节没有标题，若要为新增节自定义名称，右击“无标题节”，在弹出的快捷菜单中选择“重命名节”选项，如图 5-16 所示，输入重命名。

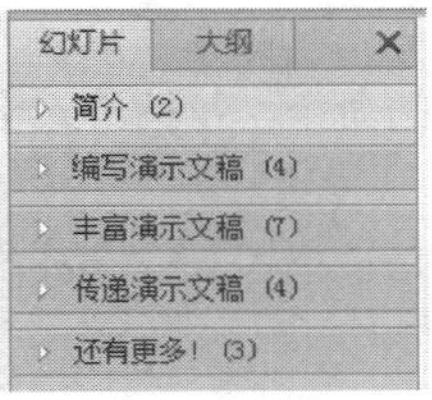

图 5-14　分节后的演示文稿

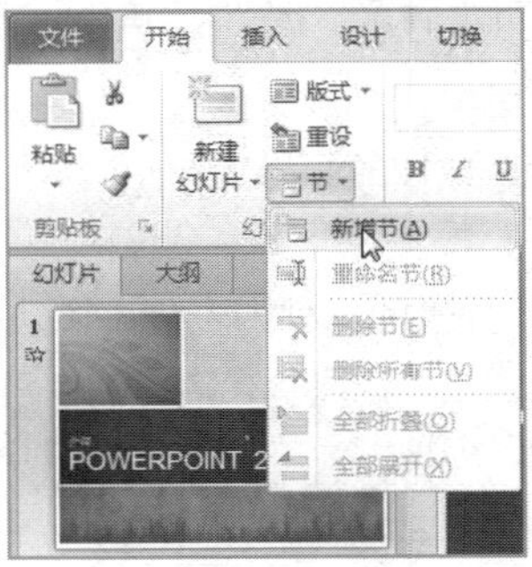

图 5-15　新增节

图 5-16　重命名节

2. 编辑“节”

操作步骤：在完成“节”的设置后，单击“开始”选项卡→“节”按钮下的“全部折叠”、“全部展开”、“删除”、“移动”等选项，可实现对节的进一步的编辑，如图 5-15 所示。

5.3.5 图片的插入和编辑

1. 插入剪贴画和本地图片

在幻灯片中插入剪贴画、图片和艺术字等内容，能使演示文稿生动有趣，更富有吸引力。在 Word 2010 中，已经介绍了如何插入来自剪辑库和来自文件的图片。现在着重介绍如何利用幻灯片的版式插入图片。

若幻灯片的版式中包含剪贴画，如图 5-17 所示，插入图片操作步骤如下。

（1）单击幻灯片中的“插入剪贴画”图标，弹出“剪贴画”对话框。

（2）在对话框中输入查找的关键字“车”，单击“搜索”按钮。在搜索的结果中单击所需的图片。

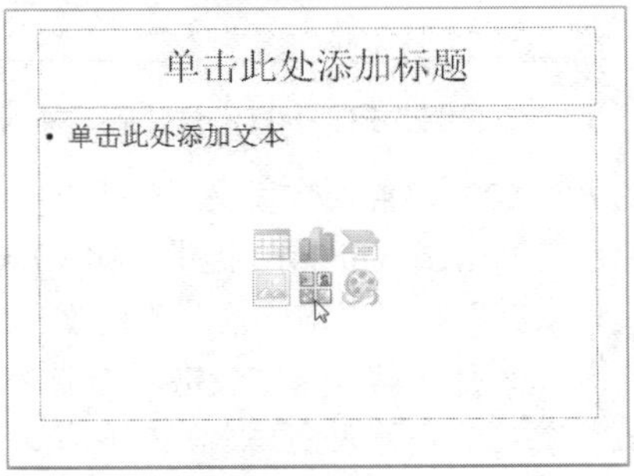

图 5-17　利用幻灯片版式插入剪贴画

2. 添加自选图形和插入艺术字

PowerPoint 2010 中绘制自选图形的方法、插入艺术字及对艺术字的设置方法和 Word 2010 中是相同的，这里就不做介绍了。

3. 插入屏幕截图

快速向 PowerPoint 2010 演示文稿中添加屏幕截图的方法和 Word 2010 中是相同的，这里就不做介绍了。

5.3.6 表格的插入和设置

1. 插入表格

在 Word 2010 中，已经介绍了插入表格的多种方法。这里着重介绍如何利用幻灯片的版式插入表格。

操作步骤如下。

（1）单击幻灯片中的“插入剪贴画”图标，弹出“插入表格”对话框。

（2）在对话框中输入行数列数，单击“确定”按钮，如图 5-18 所示。

2. 设置表格

本节着重介绍与 Word 2010 中设置表格不同的一些功能。

（1）设置表格效果

表格效果是 PowerPoint 2010 为用户提供的一种为表格添加外观效果的命令，包括单元格的凹凸、阴影、映像等效果。

操作步骤：选中表格，单击“设计”选项卡→“效果”→“单元格凹凸效果”→“棱台”选项，如图 5-19 所示。

图 5-18 利用幻灯片版式插入表格

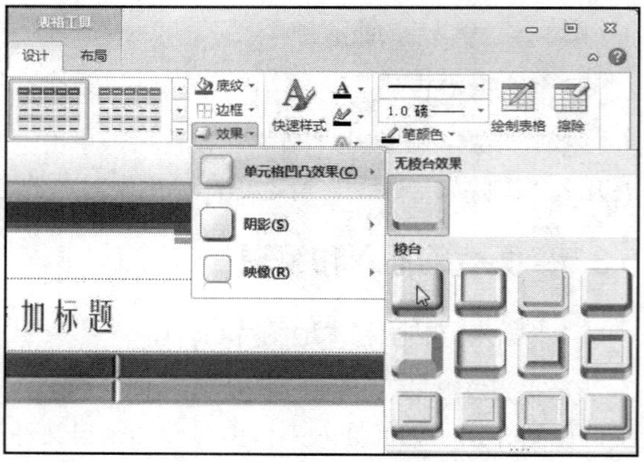

图 5-19 设置表格效果

（2）设置表格底纹填充效果

PowerPoint 2010 提供了比 Word 2010 更多的底纹填充效果，增加了“图片填充”、“渐变填充”、“纹理填充”和“表格背景”填充效果。

操作步骤：选中表格，单击“设计”选项卡→“底纹”，如图 5-20 所示。

（3）设置表格文本的对齐方式

PowerPoint 2010 中表格文本的对齐方式的设置与 Word 2010 是不一样的，没有了 Word 2010 中的“垂直水平都居中”按钮。

操作步骤：选中表格或单元格，在如图 5-21 所示的“布局”选项卡的“对齐方式”选项组中分别设置“水平居中”、“垂直居中”。

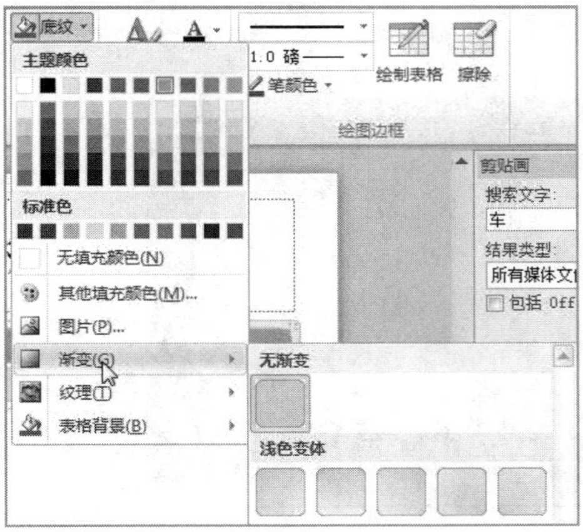

图 5-20　设置底纹填充效果

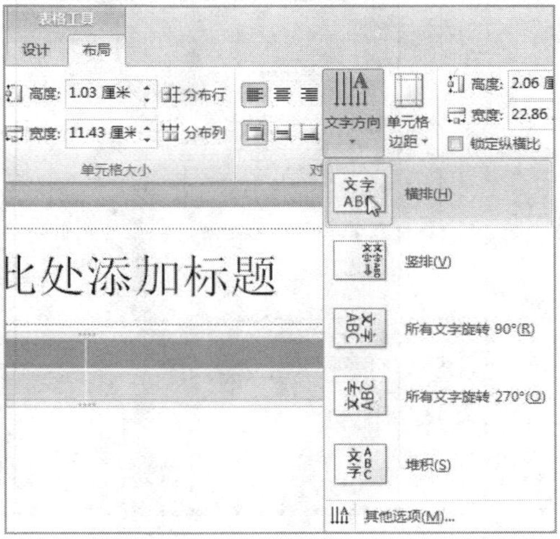

图 5-21　设置文本的对齐方式和设置文本显示方向

除此以外，还可以先选中表格，单击鼠标右键，选择“设置形状格式”选项，在弹出的“设置形状格式”对话框中选择“文本框”，在“文本框”选项中也可以设置文本对齐方式，如图 5-22 所示。

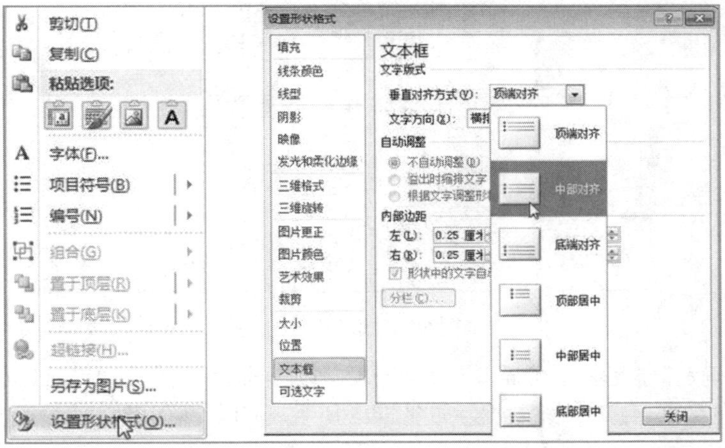

图 5-22　设置形状格式

（4）设置表格文本显示方向

Word 2010 中文本显示方向只有横排和竖排两种，而在 PowerPoint 2010 中可以对文本的显示方向做更多的设置，如图 5-21 所示。

5.3.7　图表的插入和编辑

PowerPoint 2010 自带了一系列图表样式，每种类型可以分别用来表示不同的数据关系，使得制作图表的过程更加简便。

操作步骤如下。

（1）单击“插入”选项卡→“图表”按钮，或单击如图 5-23 所示的幻灯片中的“图表”图标。

（2）在弹出的“插入图表”对话框中，选择“柱形图”选项区下的相应的图表样式，如图 5-24 所示。

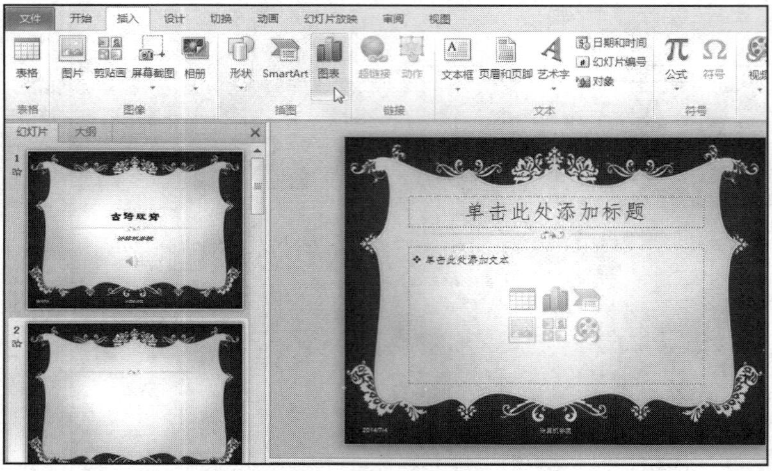

图 5-23 插入图表

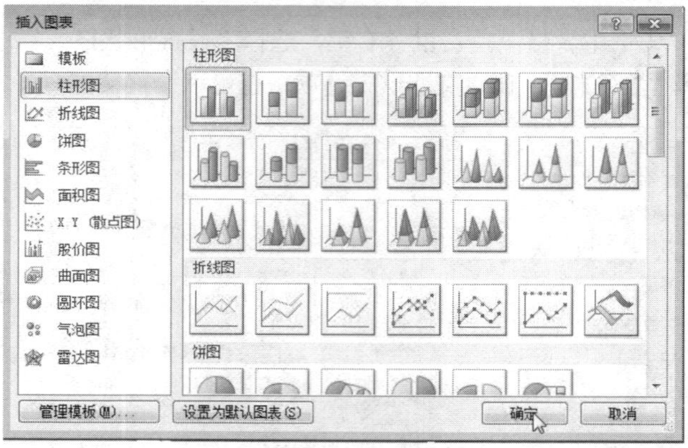

图 5-24 选择图表类型

（3）单击“确定”按钮，即可插入选择的图表样式，同时系统会自动启动 Excel 2010 应用程序，表中显示了图表的数据，修改表格数据，如图 5-25 所示，演示文稿中图表的数据也会相应发生变化，如图 5-26 所示。

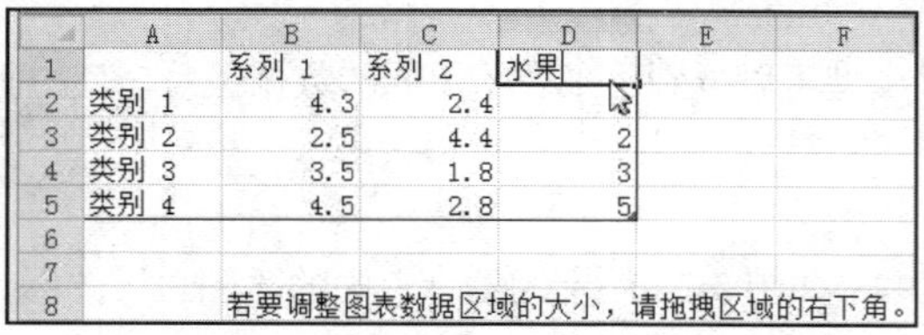

图 5-25 修改表中数据

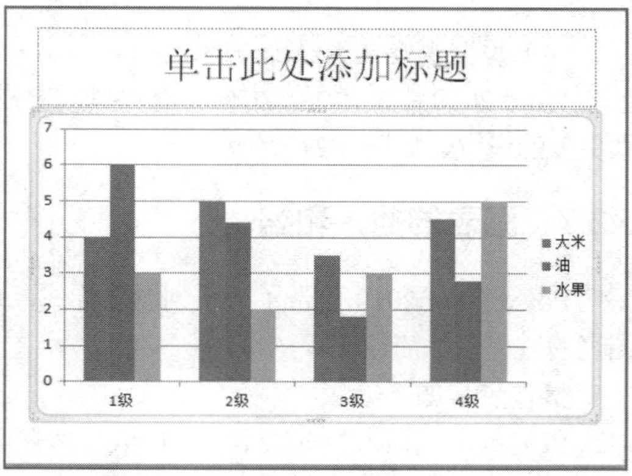

图 5-26 修改后的图表

5.3.8 SmartArt 图形的插入和编辑

PowerPoint 2010 提供的 SmartArt 功能使用户通过简单几步操作即可创建具有专业设计师水准的插图。

1．创建 SmartArt 图形

在 PowerPoint 2010 中创建 SmartArt 图形的方法与 Word 2010 中类似，这里不多做介绍。

2．将文本转换为 SmartArt 图形

在 PowerPoint 2010 中，用户可以把现有的幻灯片文本转换为 SmartArt 图形，使幻灯片更具吸引力。

操作步骤如下。

（1）选中相应文字，再单击“开始”选项卡→“转换为 SmartArt 图形”按钮，如图 5-27 所示。

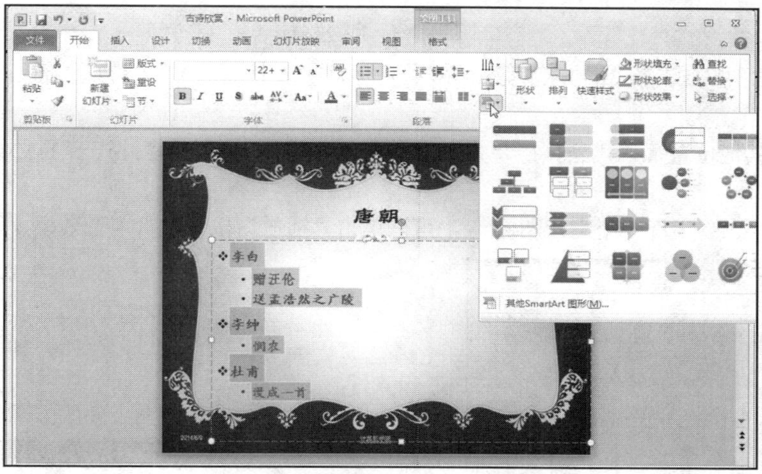

图 5-27　文本转换为 SmartArt 图形

（2）选中“蛇形图片重点列表”选项，单击“确定”按钮后，效果如图 5-28 所示。

图 5-28　文字转换图形后的效果

5.3.9 声音的插入和编辑

用户可以在幻灯片中插入音乐、声音或视频，使演示文稿有声有色，更具有感染力。

1. 在幻灯片中插入音乐或声音

在幻灯片中插入音乐或声音操作步骤如下。

（1）单击“插入”选项卡→“音频”按钮，如图 5-29 所示。

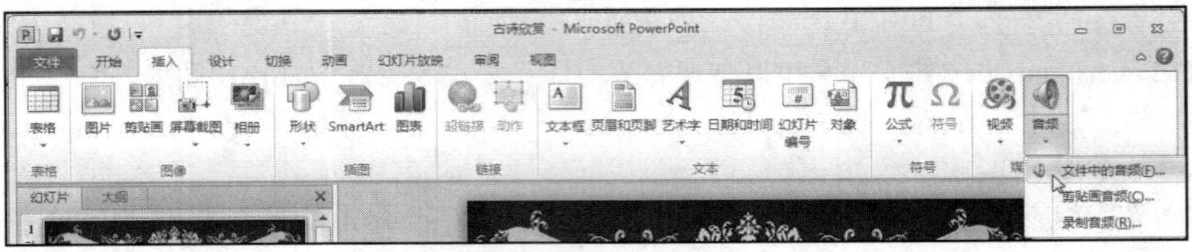

图 5-29 插入声音

（2）选择“剪贴画音频”，再从“剪贴画”任务窗格中选中一种声音，选择“插入”选项，如图 5-30 所示。

如果要从其他位置插入声音，应单击“文件中的声音”，找到包含此声音的文件夹，再双击所需声音。

此时幻灯片上会出现一个声音图标，可以单击“播放”按钮试听声音效果，如图 5-31 所示。

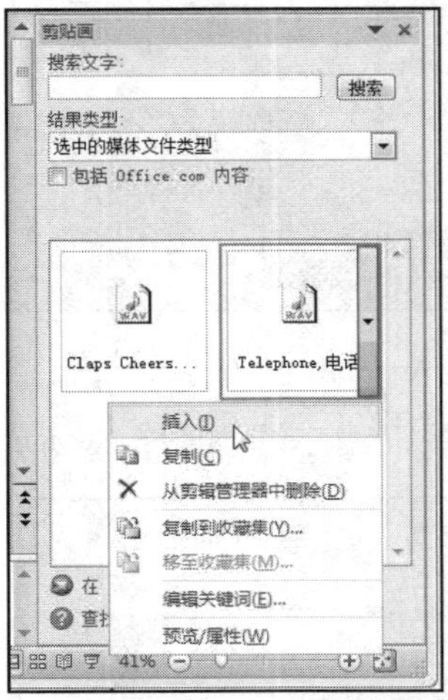

图 5-30 利用“剪贴画音频”插入声音

图 5-31 幻灯片插入声音后的效果

2. 设置声音属性

如果要对该音频进行编辑，其操作步骤是：选中声音按钮，选择“播放”选项卡的各种按钮，就可以对音频文件进行各种设置，例如，设置声音是否跨幻灯片播放、声音是否循环播放等，如图 5-32 所示。

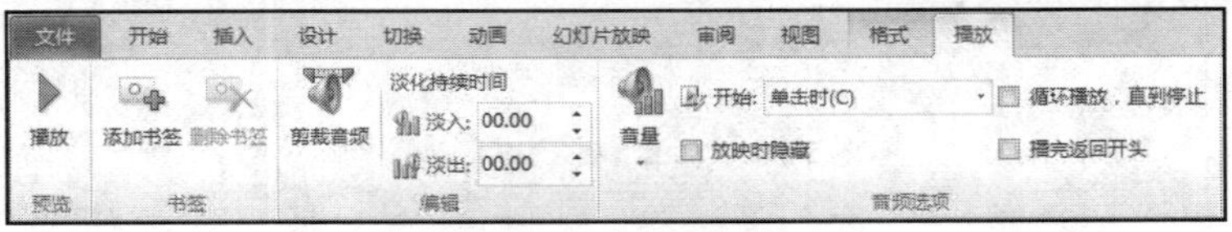

图 5-32 设置声音属性

3. 剪裁声音（新功能）

操作步骤如下。

（1）选中声音按钮，单击“播放”选项卡→“剪裁音频”按钮，如图 5-32 所示。

（2）在弹出的“裁剪音频”对话框中调整绿色滑块（音频的开始）和红色滑块（音频的结束）的位置，如图 5-33 所示。

图 5-33　剪裁音频

5.3.10　视频的插入和编辑

1. 插入视频

在幻灯片中可以插入视频文件，所插入的视频文件类型主要包括.avi、.asf、.mpeg、 .wmv 等格式的文件。添加视频前要确保计算机上安装了 Flash Player 软件。

插入视频的操作步骤如下。

（1）单击“插入”选项卡→“视频”→“来自网站的视频”，如图 5-34 所示。

图 5-34　插入视频文件

（2）在弹出的“从网站插入视频”对话框中输入网络视频的地址，然后单击“插入”按钮，如图 5-35 所示。

大部分的视频网站都提供了视频的地址。用户可以找到一个视频，在视频下方有一个“转贴到 BLOG 或 BBS”的按钮。单击此按钮，在展开的窗口中选择“复制 HTML 代码”，即可把视频插入到 PowerPoint 2010 中了，如图 5-36 所示。

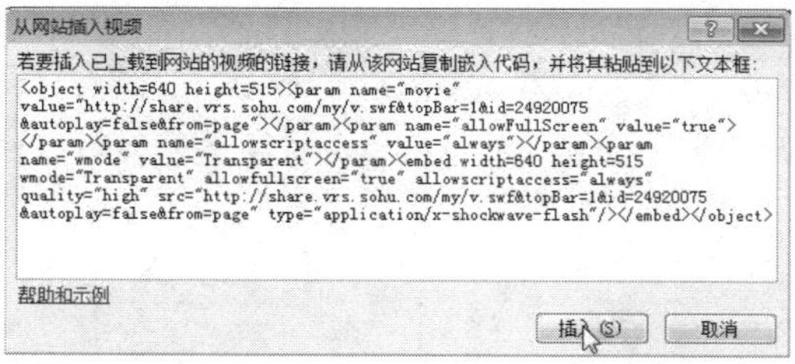

图 5-35　粘贴插入视频地址

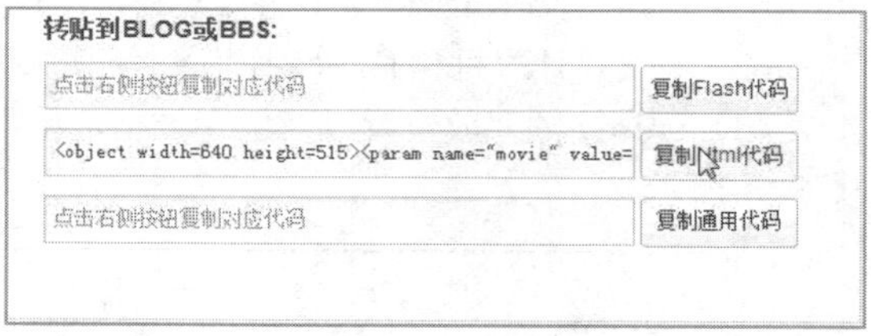

图 5-36　视频地址

（3）此时在幻灯片中出现一个黑色视频框，可以用鼠标通过 8 个控点来调整视频的大小，单击“播放”选项卡→“播放”按钮，查看播放效果，如图 5-37 所示。

图 5-37　播放视频

2. 设置视频属性

如要对视频的播放效果进行编辑，可以选择在图 5-37 所示的“播放”选项卡中进行操作，例如，添加书签，使用书签可触发动画或跳转至视频中的特定位置。全部设置完成后播放视频将看到如图 5-38 所示的效果。

3. 剪裁视频（新功能）

如果视频类型符合 PowerPoint 2010 的要求，且插入的是来自本地的视频，则插入视频后可以对视频做剪裁。

操作步骤：在如图 5-37 所示的“播放”选项卡中的“剪裁视频”按钮，在弹出的对话框中调整绿色和红色图标的位置，如图 5-39 所示。

图 5-38　最终视频播放效果

图 5-39　剪裁视频

4. 将演示文稿转换为视频（新功能）

在将演示文稿录制为视频后，观看者无须在其计算机上安装 PowerPoint 都可观看视频。此操作执行的前提是插入的视频来源于本地。

操作步骤如下。

（1）单击“文件”→“保存并发送”→“创建视频”按钮。

（2）单击“计算机和 HD 显示”→“创建视频”按钮，如图 5-40 所示 。

（3）选择视频存放位置以及保存类型，单击“保存”按钮后，就可以看到生成的视频图标，如图 5-41 所示。

图 5-40　创建视频

图 5-41　视频图标

5.4　演示文稿外观的修饰

演示文稿包括内容和幻灯片外观两部分。前面介绍的都是关于演示文稿内容的制作。本节主要介绍如何制作幻灯片的外观。PowerPoint 2010 的一大特色就是可以使演示文稿的所有幻灯片具有统一的外观。控制幻灯片外观的方法有三种：主题、背景和母版。

5.4.1　主题

在 PowerPoint 2010 中预设了多种主题样式，用户可根据需要选择所需的主题样式，这样可快速为演示文稿设置统一的外观。主题是由主题颜色、主题字体和主题效果三者组合而成的。在 PowerPoint 2010 中将某个主题应用于演示文稿时，该演示文稿中所涉及的字体、背景、效果等都会自动发生变化。如果用户不喜欢默认的主题方案，还可以单独对主题颜色、字体以及效果进行自定义设置。

1．应用预设的主题样式

操作步骤如下。

（1）单击“设计”选项卡，在“主题”组中单击右侧下拉箭头所指向的“其他”按钮，如图 5-42 所示。

（2）在弹出的“所有主题”对话框中单击一种主题，此时，演示文稿的所有幻灯片的外观都会发生变化，如图 5-43 所示。

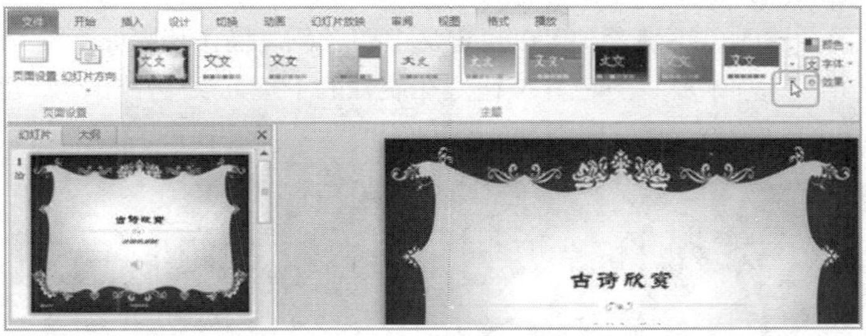

图 5-42　选择主题

图 5-43　应用新主题后的效果

若只想将主题样式应用于选定的幻灯片，操作步骤：选中需应用主题样式的幻灯片；在需要应用的主题样式上单击鼠标右键，在弹出的快捷菜单中选择“应用于选定幻灯片”命令，如图 5-44 所示，对第二张幻灯片应用不同的主题。

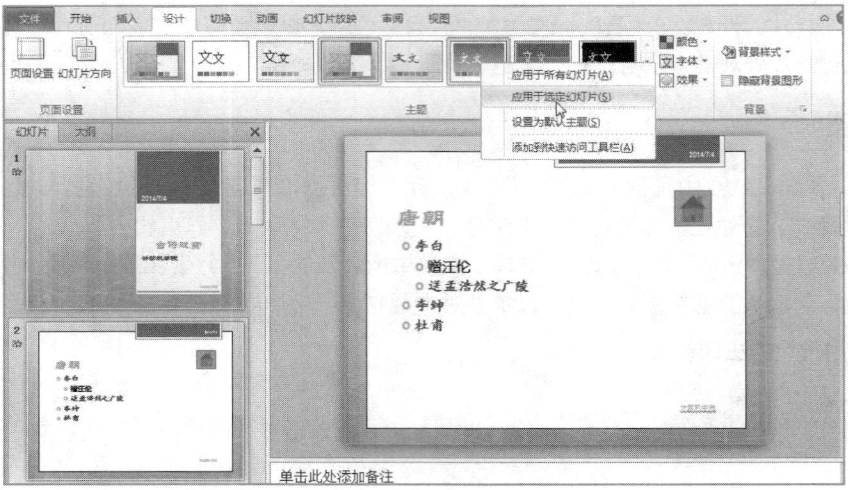

图 5-44 对指定幻灯片应用主题

2．自定义主题颜色

若对系统提供的主题颜色不满意，可以自定义主题颜色，操作步骤如下。

（1）单击“设计”选项卡→“颜色”按钮，在展开的下拉列表中单击“新建主题颜色”按钮，如图 5-45 所示。

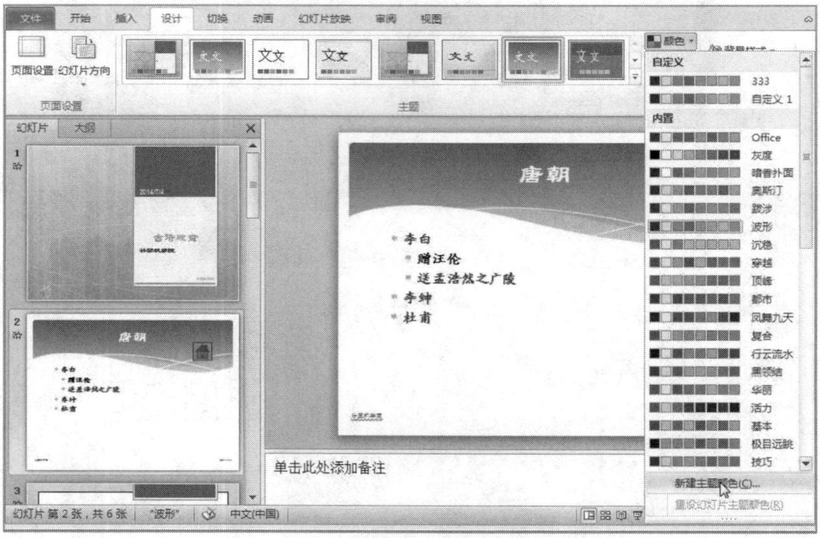

图 5-45 新建主题颜色

（2）在弹出的“新建主题颜色”对话框中可以对幻灯片中各个元素的颜色进行单独设置。例如，对“文字/背景-浅色 1”做了修改，修改后的效果如图 5-46 所示。

（3）如果要长期使用此配置，还可以把此配置自定义名称保存，如图 5-46 所示，保存后，主题框中会长期出现此配置。

3．自定义主题字体

操作步骤：单击“设计”选项卡→“字体”按钮，在展开的下拉列表中单击“新建主题字体”按钮，如图 5-47 所示。此时，用户会发现演示文稿中的字体发生了变化。

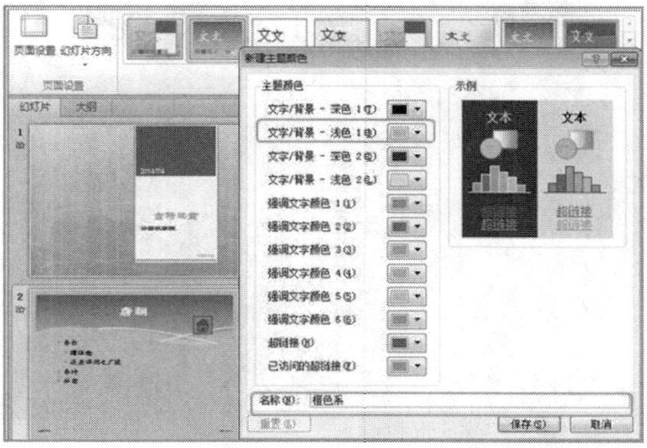

图 5-46　修改后的主题颜色

图 5-47　新建主题字体

4．自定义主题效果

主题效果是线条与填充效果的组合，如阴影效果和三维效果。用户可以从不同的效果组合中进行选择，使演示文稿的样式保持一致。通过使用主题效果库，可以快速更改幻灯片中不同对象的外观，使其看起来更加专业、美观。

操作步骤：单击“设计”选项卡→“效果”按钮，在展开的下拉列表中单击“暗香扑面”图标，如图 5-48 所示。

5．保存自定义主题

如果对现有主题的颜色、字体或者线条与填充效果做出了更改，可以将该主题保存，以便以后应用到其他文档或演示文稿。

操作步骤如下。

（1）单击“设计”选项卡，在“主题”组中单击右侧下拉箭头所指向的“其他”按钮，如图 5-42 所示。在弹出的“所有主题”对话框中单击“保存当前主题”按钮，如图 5-49 所示。

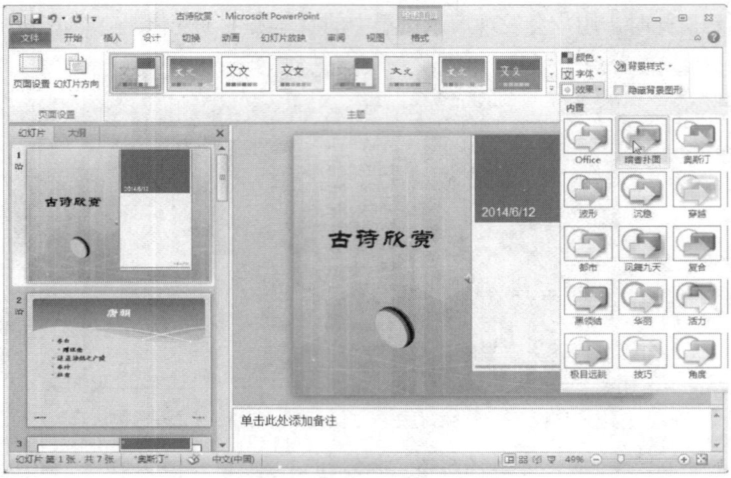

图 5-48　设置主题效果

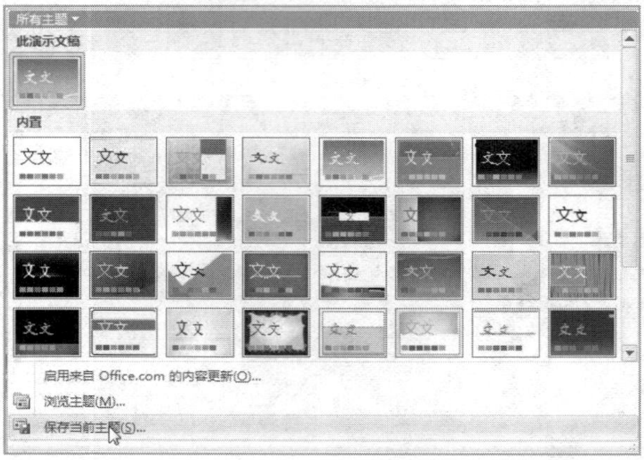

图 5-49　保存自定义主题

（2）在弹出的对话框中输入文件名，然后单击“保存”按钮。修改后的主题放在本地驱动器上的 Document Themes 文件夹中，被保存为 .thmx 文件，并将自动被添加到“主题”组中的自定义主题列表中。

5.4.2　母版

1. 认识母版

母版是一种样本幻灯片，用于设置每张幻灯片的预设格式，这些格式包括每张幻灯片上要出现的文本或图形，文本的格式、位置、效果、主题颜色、背景等。

使用母版的最大好处是：在母版中设置的字体、图片、背景、动作等将反映在使用该母板的每张幻灯片中。此时，就不需要对每张幻灯片逐一进行设置。PowerPoint 将根据母版的变化自动更新已有的幻灯片，并对以后新添加的幻灯片应用这些更改。

母版分为幻灯片母版、讲义母版和备注母版三类。

- 幻灯片母版：控制幻灯片中所输入的标题和文本的格式与类型（如字体、字号和颜色）、背景和效果。

- 备注母版：幻灯片的备注可以单独打印出来，此母版格式可以用来设置备注的格式。
- 讲义母版：用于控制演示文稿以讲义形式打印时的格式。例如，演示文稿作为讲义使用时，要求每页显示 4 张幻灯片。为了实现这个功能，操作步骤如下。

（1）单击“视图”选项卡→“讲义母版”按钮，如图 5-50 所示。

（2）单击“讲义母板”选项卡→“每页幻灯片数量”，在下拉选项中选择“4 张幻灯片”，如图 5-51 所示。单击“关闭母版视图”按钮回到页面视图状态。

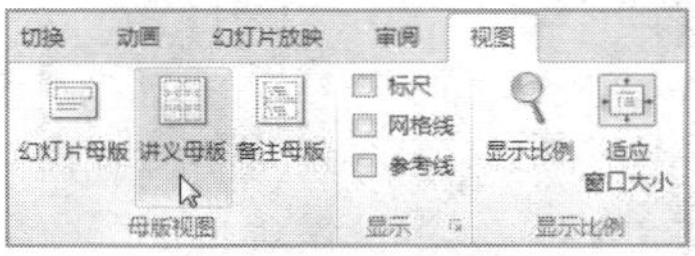

图 5-50　讲义母板

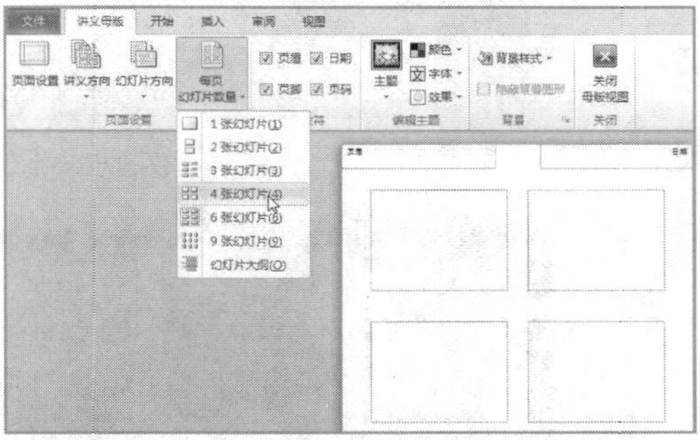

图 5-51　设置每页打印的幻灯片数量

2．编辑幻灯片母版

（1）修改母版内容

操作步骤如下。

① 单击“视图”选项卡→“幻灯片母版”按钮，在左侧幻灯片列表中选择第一张幻灯片（即母版），如图 5-52 所示。

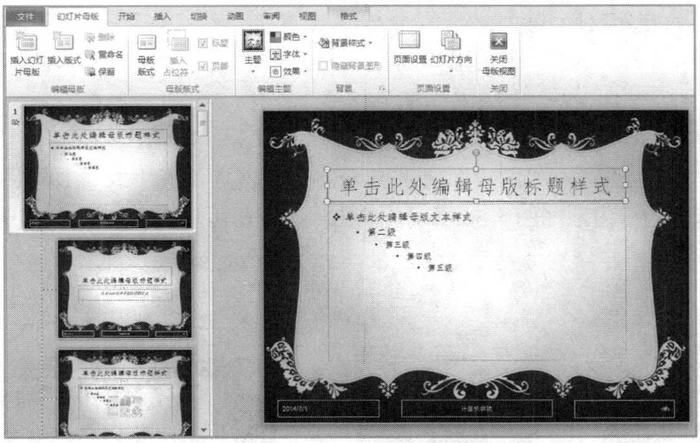

图 5-52　修改标题

② 选中标题占位符，单击“开始”选项卡，修改标题字体为隶书，设置倾斜，加粗效果。

③ 单击“插入”选项卡→“图片”，选择插入准备好的图片，并拖动鼠标调整图片的大小和位置，如图 5-53 所示。

④ 单击“视图”选项卡→“幻灯片母版”视图，单击“关闭母版视图”按钮，退出母版视图编辑状态。此时，用户可以发现演示文稿中的所有幻灯片的标题发生了修改，右下角增加了一张图片“古诗欣赏”，如图 5-54 所示。

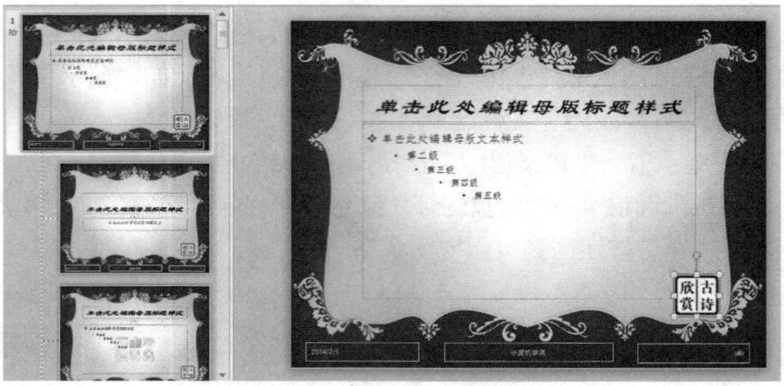

图 5-53　添加图片

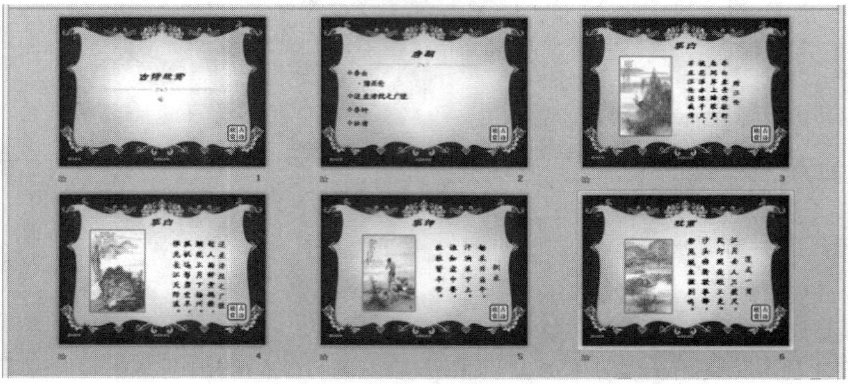

图 5-54　修改幻灯片母版后的演示文稿

（2）添加幻灯片自定义版式

操作步骤如下。

① 单击“视图”选项卡→“幻灯片母版”按钮。

② 单击“幻灯片母版”选项卡→“插入版式”，如图 5-55 所示。

③ 单击“插入占位符”→“图片”，在图 5-56 中可以看到幻灯片中增加了图片标志，把页脚的日期由页面下方提升到边框内，如图 5-56 所示，单击“关闭母版视图”按钮，退出母版视图编辑状态。

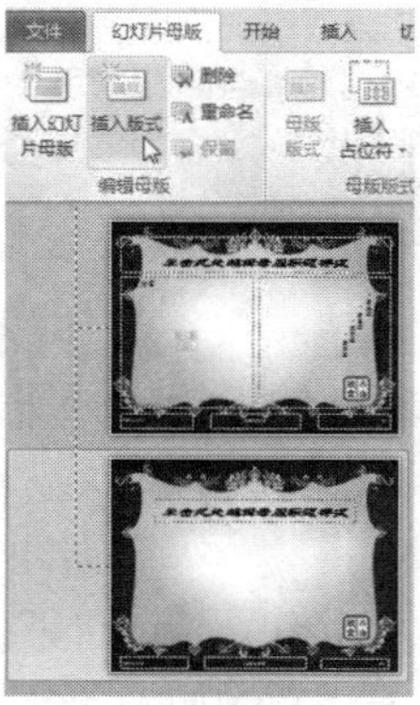

图 5-55　插入版式

图 5-56　插入“图片”占位符，修改页脚位置

④ 单击“幻灯片母版”→“重命名”，在弹出的对话框中为新生成的版式重命名“图片版式”，如图 5-57 所示。

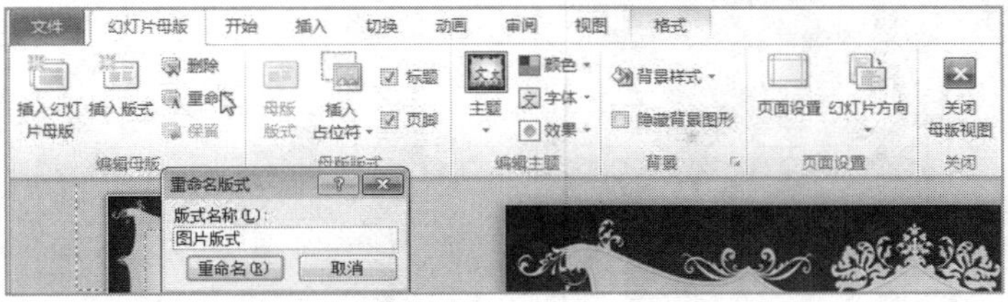

图 5-57　重命名版式

⑤ 单击“开始”选项卡→“版式”按钮，就可以在弹出的版式选项中找到刚生成的“图片版式”，如图 5-58 所示。

图 5-58　查看新生成的幻灯片版式

5.4.3　背景

操作步骤如下。

（1）选定一张幻灯片，单击“设计”选项卡→“背景格式”→“设置背景格式”，如图 5-59 所示。

（2）在弹出的“设置背景格式”对话框中，可以设置纯色填充、渐变填充、图片或纹理填充等。本次选择“纹理”填充，如图 5-60 所示。

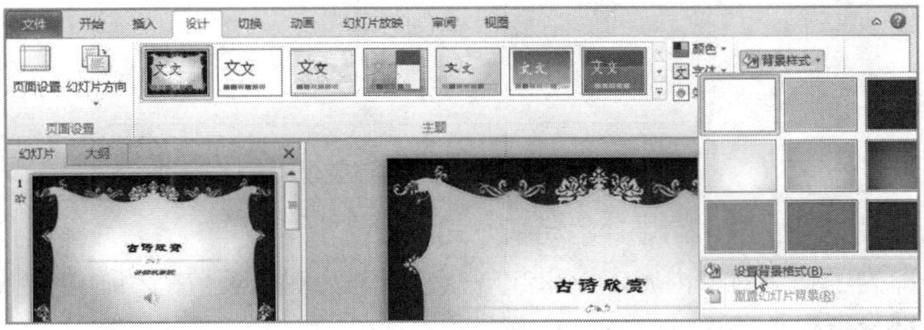

图 5-59　设置背景格式

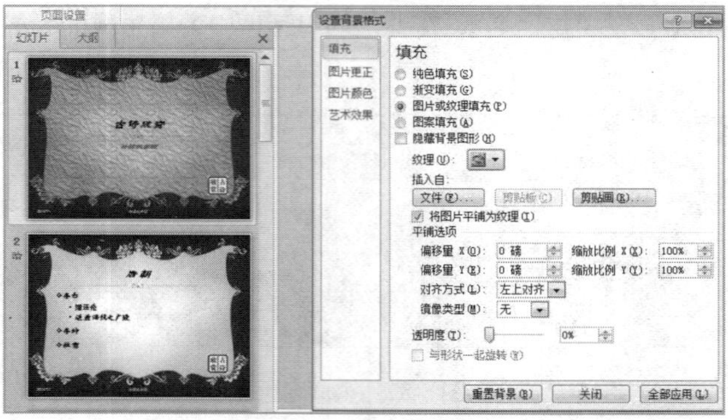

图 5-60　选择图片填充

（3）如果在图 5-60 中单击“关闭”按钮，则此背景只应用于当前幻灯片，如果单击“全部应用”按钮，则背景将应用于全部幻灯片中，在图 5-60 中可以看到应用了不同背景的幻灯片。

5.5　演示文稿动画效果的实现

在幻灯片中添加动画效果，可以突出重点、控制信息的流程，并提高演示文稿的趣味性。在 PowerPoint 中，可以设置文本或对象出现在幻灯片上的方式。

5.5.1　设置幻灯片内动画效果

1. 添加动画效果

在 PowerPoint 2010 中可以针对幻灯片内部的每个对象设置动画效果，动画效果分为进入、强调、退出和路径四种，如图 5-61 所示。

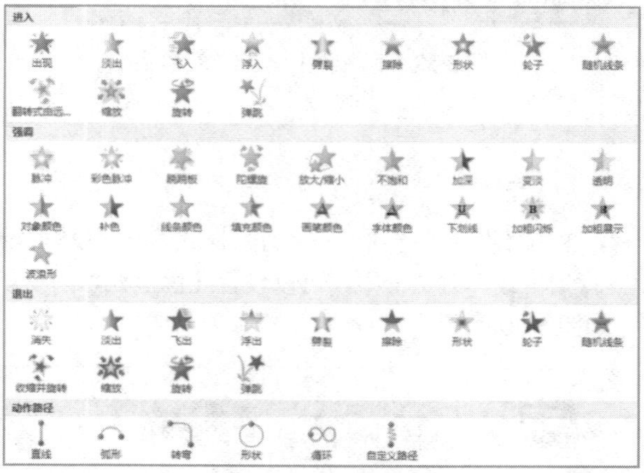

图 5-61　动画种类

（1）进入：即设置对象进入幻灯片的动画方式。

（2）强调：即为了强调对象内容，以引起观众注意而为对象设置的动画方式。

（3）退出：即设置对象退出幻灯片的动画方式。

（4）路径：即设置对象的行动线路。该选项不仅提供了多达数十种的路径选项，而且还允许用户对这些路径进行修改或自定义直线、曲线、任意多边形和自由曲线的路径。

添加动画的操作步骤如下。

（1）单击第一张幻灯片，选中标题文本框，再选中“动画”选项卡→“飞入”动画效果，如图 5-62 所示。单击工具栏中的“预览”按钮，即可预览动画效果。

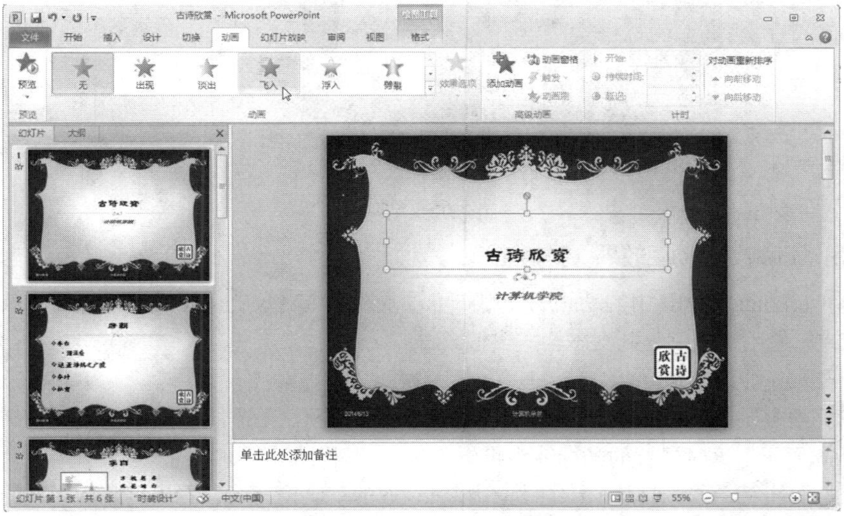

图 5-62　“飞入”动画效果

（2）在“动画”选项卡中的“动画”选项组单击右侧的“其他”下拉按钮，在弹出的下拉列表中可以选择其他动画选项，如图 5-63 所示；

（3）选中标题文本框，单击如图 5-63 所示的“高级动画”组中的“添加动画”按钮。

（4）选择“强调”组中的“放大/缩小”效果，如图 5-64 所示；单击图 5-63 中的“动画窗格”按钮，就可以看到所添加的动画效果，如图 5-65 所示。

（5）选中第二张幻灯片中的图表，再单击 “动画”选项卡→“飞入”效果，为图表添加动画效果。

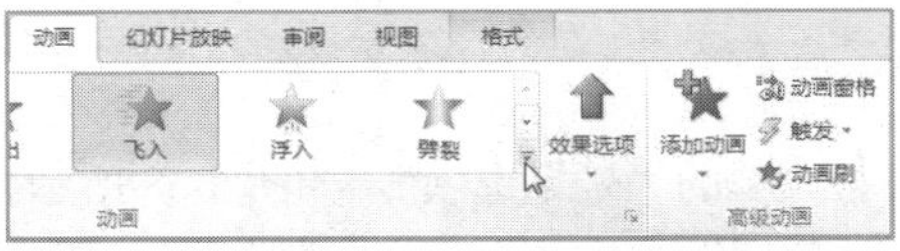

图 5-63　单击“其他”按钮

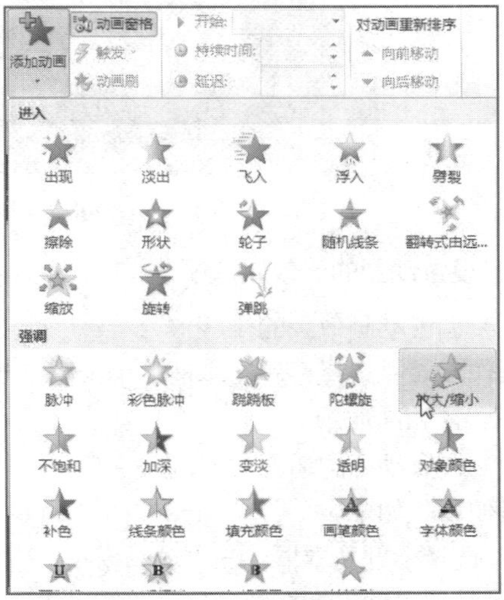

图 5-64　添加强调效果

图 5-65　动画窗格

2．使用动画刷复制动画效果（新功能）

通过 PowerPoint　2010 中的动画刷，用户可以复制某个对象的动画效果，然后将其粘贴到其他对象。复制方式与使用格式刷复制文本格式类似。

操作步骤如下。

（1）选择要复制的动画对象，例如第一张幻灯片的标题，单击“动画”选项卡→高级动画→动画刷，如图 5-66 所示。这时鼠标的光标箭头将更改为形状；

（2）鼠标单击第一张幻灯片的副标题，从图 5-66 的动画窗格可以看出，此时标题的动画格式就被复制到副标题中。

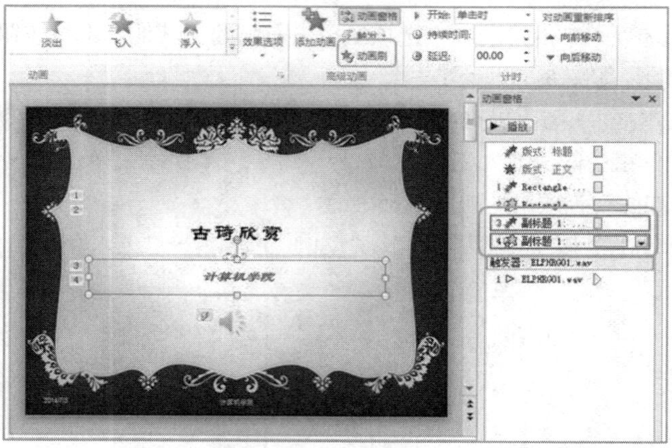

图 5-66　使用“动画刷”复制动画效果

3．设置动画的“效果选项”

（1）调整动画效果的排序

操作步骤：选择标题文本框，单击图 5-63 所示的“动画窗格”按钮，单击动画窗格中的“下移”按钮，如图 5-67 所示。

（2）设置动画的运行方式

操作步骤如下。

① 选择标题文本框，在“动画窗格”中选择下拉菜单的“效果选项”，如图 5-68 所示。

② 在弹出的对话框中选择“左侧飞入”，“动画播放后”选择“下次单击时隐藏”，“动画文本”选择“按字/词”出现，如图 5-69 所示。

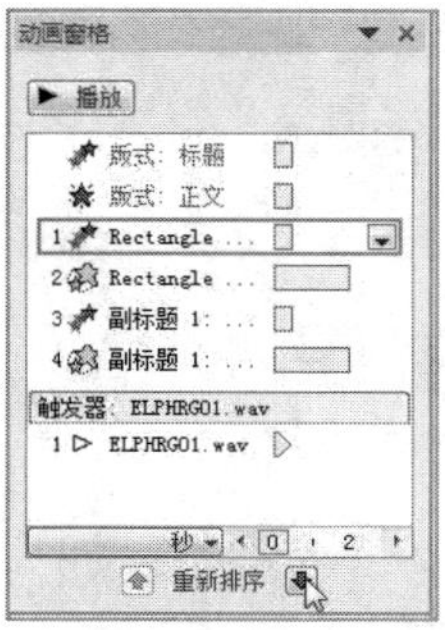

图 5-67　调整动画出现顺序

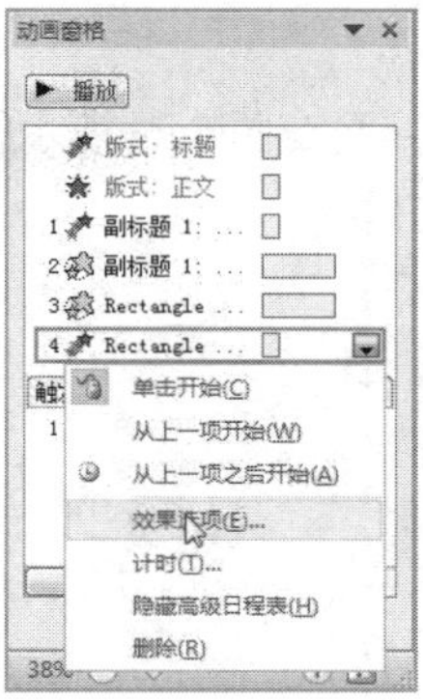

图 5-68　设置动画效果

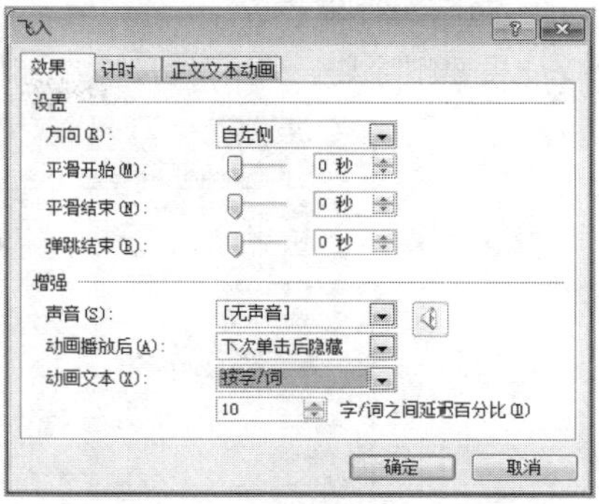

图 5-69　设置动画出现效果

（3）设置计时方式

幻灯片对象动画的出现方式有以下三种。

- 单击时：表示用单击鼠标控制动画播放。
- 与上一动画同时：当前动画效果跟前一个动画一起播放。
- 在上一动画之后：是在前一个动画播放后再播放当前的动画。

操作步骤如下。

① 选择标题文本框，在“动画窗格”中选中下拉菜单的“效果选项”，如图 5-68 所示。

② 单击“计时”选项卡，“开始”为“单击时”，“延迟”为“1”秒出现，动画运行时为“中速”，如图 5-70 所示。

（4）设置图表的动画效果

设置效果选项时，不同的对象的动画“效果选项”对话框会有差异，例如，对图表设置动画效果可以看到如图 5-71 所示的“图表动画”选项卡；可以在其中设置动画效果“按系列中的元素”出现，此时，会看到图表动画是按照不同的系列出现。

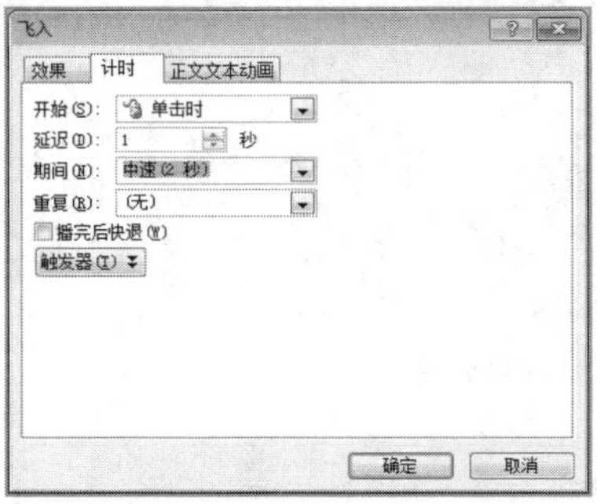

图 5-70　设置计时方式

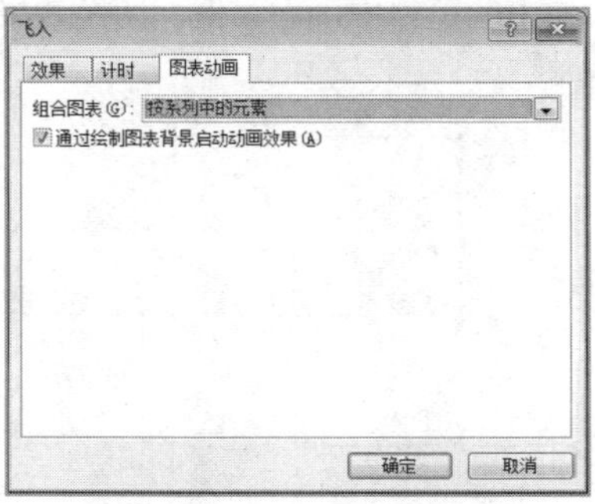

图 5-71　设置图表的动画效果

（5）设置声音的动画效果

在演示文稿添加声音后，系统会自动为声音添加动画效果，还可以修改此动画效果。

操作步骤如下。

① 选择声音图标，单击“动画窗格”，可以看到自动添加的动画效果；在任务窗格中选中下拉菜单的“效果选项”；

② 在弹出的对话框中，可以设置声音开始播放及停止播放的位置，这样在放映多张幻灯片时，声音能够跨越多张幻灯片持续播放，如图 5-72 所示。

4．删除动画效果

如果要删除某一动画，可选中要删除的对象，再在图 5-73 所示的菜单中选择“删除”命令。

图 5-72　设置声音跨幻灯片连续播放

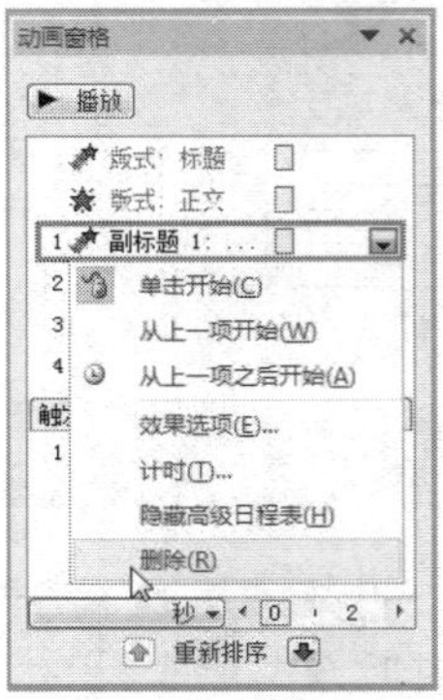

图 5-73　删除动画效果

5.5.2　幻灯片间的切换效果

在演示文稿放映过程中由一张幻灯片进入另一张幻灯片时的动画效果就是幻灯片之间的切换。为了使演示文稿更生动，可以为不同的幻灯片设置不同的切换效果。

1．添加转换效果

操作步骤如下。

（1）选择要添加切换效果的幻灯片，例如第一张幻灯片；单击“切换”选项卡→“覆盖”效果，如果要将此切换效果应用于全部幻灯片，则需单击“全部应用”按钮，如图 5-74 所示。

（2）选中第二张幻灯片，单击“切换”选项卡→“切换到此幻灯片”右下角的“其他”按钮，如图 5-74 所示。

（3）在弹出的窗口中选中“框”切换效果，如图 5-75 所示，单击图 5-74 所示的“预览”按钮，观看切换效果。

图 5-74　插入幻灯片切换效果

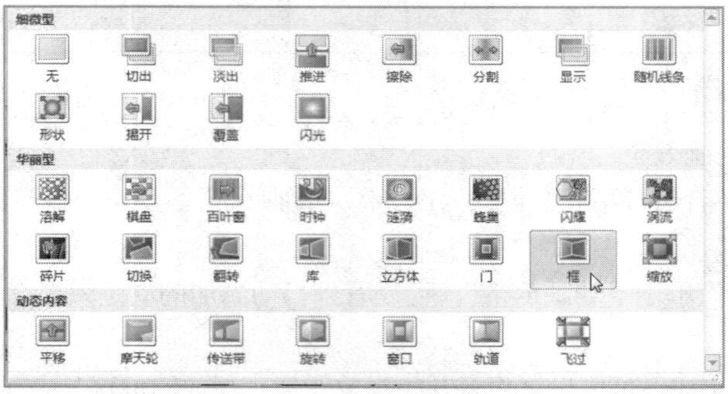

图 5-75　选中“框”切换效果

2．设置切换效果

操作步骤如下。

（1）选择添加了切换效果“框”的幻灯片，单击“切换”选项卡→“框”切换效果的方向：自右侧。

（2）设置切换时的声音：爆炸。

（3）设置切换持续时间：2 秒。

（4）设置换片方式：单击鼠标时，如图 5-76 所示。

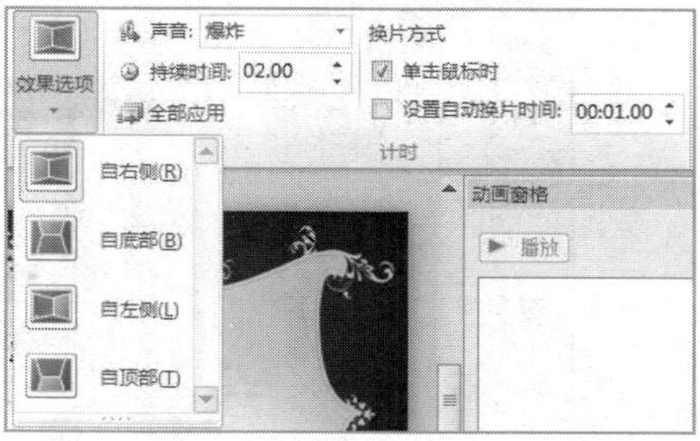

图 5-76　设置幻灯片切换效果

5.5.3　幻灯片间的链接

在演示文稿中，各张幻灯片之间能实现自由的跳转是靠幻灯片的链接实现的。在 PowerPoint 2010 中实现链接有两种办法。

1．添加超链接

在演示文稿中可以添加超链接，超链接提供了一个从演示文稿快速链接到本地文件、Internet、其他演示文稿或对象（包括文本、形状、表格、图形和图片）的方式。代表超链接的文本会被添加下划线，并且显示成配色方案指定的颜色。单击超链接跳转到其他位置后，文本颜色就会被改变；因此可以通过文本颜色分辨超链接是否被访问过。

添加的超链接的对象只在放映幻灯片时才被激活。用户可以通过单击“幻灯片放映”选项卡→从当前幻灯片开始，预览超链接在幻灯片放映中的显示效果。

添加超链接的操作步骤如下。

（1）选中用于超链接的文本或对象，如选中图 5-77 所示的文字“赠汪伦”。

（2）单击“插入”选项卡→超链接，如图 5-77 所示。

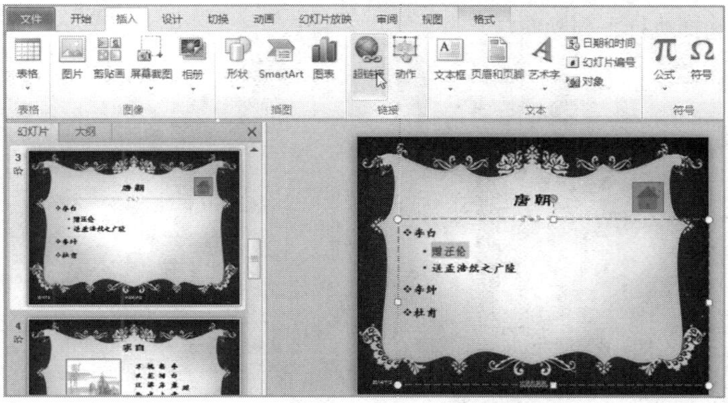

图 5-77　插入超链接

（3）在弹出的“插入超链接”对话框中，如果选择链接到“原有文件或 Web 页”，则链接的目标位置是本机中的已有文件或 Web 页。如果选择链接到 “本文档中的位置”，则链接的目标位置是同一演示文稿中的其他幻灯片或自定义放映，如图 5-78 所示。如果选择链接到“新建文档”，则链接的目标位置是尚未被创建的文件。如果选择链接到“电子邮件地址”，则可把演示文稿作为电子邮件附件发送。

（4）单击“幻灯片放映”选项卡→从当前幻灯片开始，可以看到添加了超链接的文本如图 5-79 所示，从图 5-79 可以看出，文字颜色发生变化，增加了下划线，鼠标移动到此文本时，鼠标会变成手掌形状。

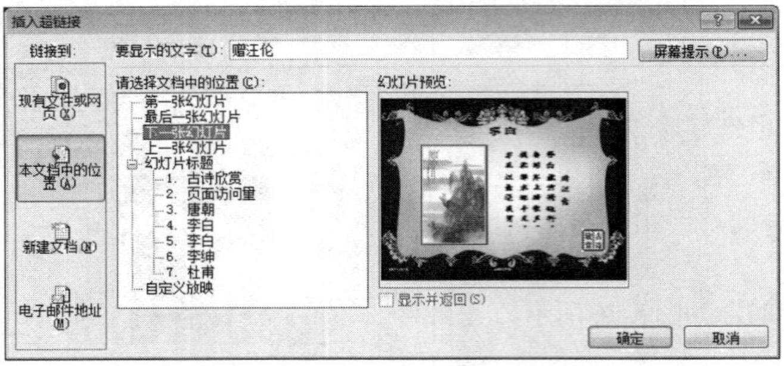

图 5-78 超链接到下一张幻灯片

图 5-79 使用了超链接的文本

2. 添加动作按钮

（1）使用 PowerPoint 2010 提供的按钮

PowerPoint 2010 带有一些制作好的动作按钮，在幻灯片放映时单击这些动作按钮会呈现“按下”效果。用户可以将动作按钮插入到演示文稿并为之定义超链接，就可以实现跳转到某一张幻灯片，激活某个应用程序，播放声音等功能。动作按钮包括一些形状，如左箭头和右箭头。可以使用这些常用的易于理解形状跳转到下一张、上一张、第一张和最后一张幻灯片。如果希望同样的按钮出现在每张幻灯片上，可将其置于幻灯片母版上。

操作步骤如下。

① 选择要放置按钮的幻灯片（如果要将按钮放置在每张幻灯片上，可在“幻灯片母版”上进行此操作）。

② 单击“插入”选项卡→形状→动作按钮，从中选择所需的按钮，如“第一张”，如图 5-80 所示。

③ 在弹出如图 5-81 所示的“动作设置”对话框中选择“单击鼠标”时发生操作或“鼠标移过”时发生操作，然后选择执行下列操作。

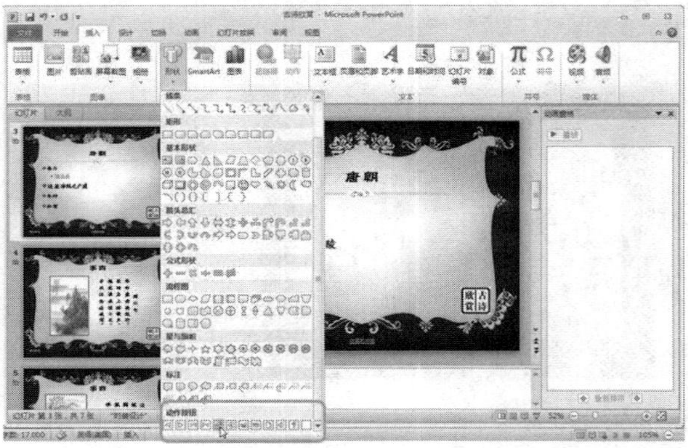

图 5-80 添加动作按钮

图 5-81 “动作设置”对话框

- 若要在按下按钮时，转到其他幻灯片或其他文件，可选中“超链接到”单选按钮，在链接列表中选择所需的动作选项。
- 若要在按下按钮时，运行设置的程序，可选中“运行程序”单选按钮，通过“浏览”按钮，选择要运行的程序。
- 若要在单击按钮时，播放声音，可选中“播放声音”复选框，在声音列表中选择所需的声音。

④ 单击“确定”按钮后，幻灯片中就出现了动作按钮。在放映幻灯片时，单击此按钮可跳转到第

一张幻灯片。

（2）自定义动作按钮

PowerPoint 2010 中还允许使用由用户制作的动作按钮。例如，任何图形对象添加适当的动作设置，图形对象就变成了一个动作按钮。

操作步骤如下。

① 选择要放置按钮的幻灯片（如果要将按钮放置在每张幻灯片上，可在“幻灯片母版”上操作）。

② 画一个文本框（下一页），在文本框处单击“插入”选项卡→“动作”，如图 5-82 所示，在弹出的“动作设置”对话框中进行相应设置。

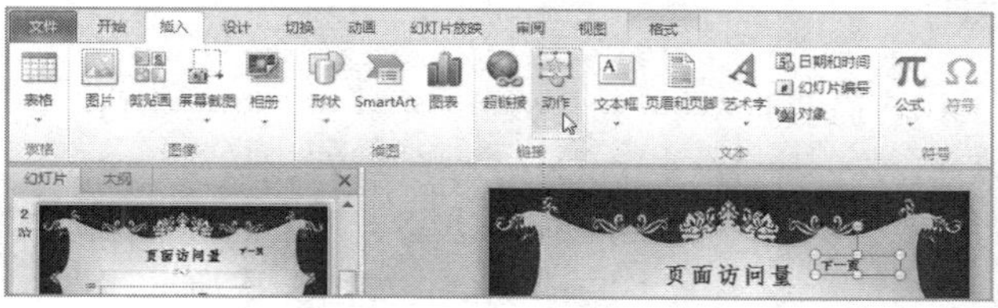

图 5-82　把文本框变为动作按钮

3. 编辑超链接

操作步骤如下。

（1）选择添加了超链接的文本，例如，图 5-79 所示的“赠汪伦”；单击鼠标右键，在弹出的快捷菜单中选择“编辑超链接”选项；

（2）在弹出的“编辑超链接”对话框中，选择链接到网页，在图 5-84 所示的图中输入百度的网址。

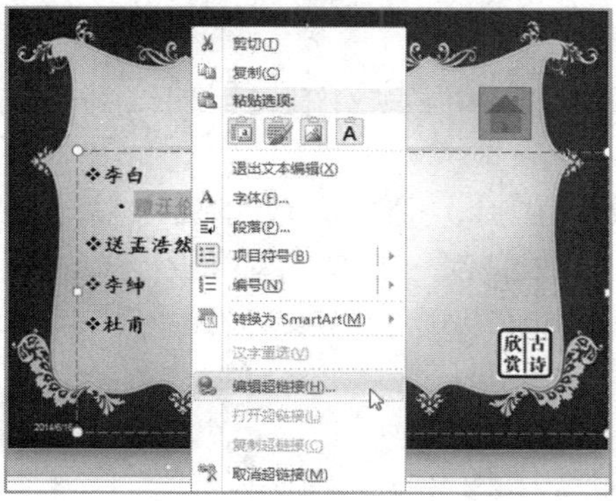

图 5-83　编辑超链接

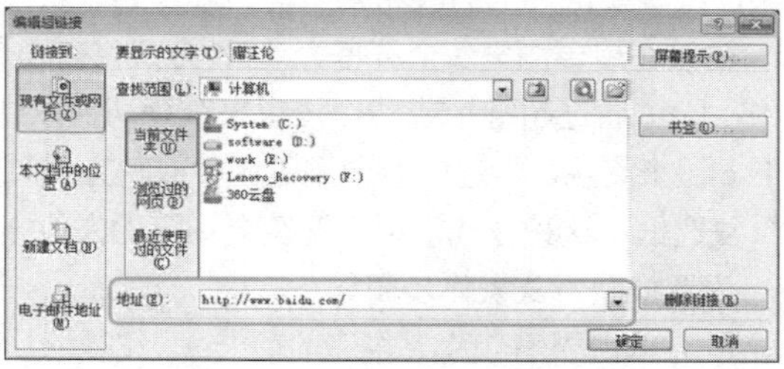

图 5-84　超链接到百度网站

4. 删除超链接

操作步骤：选择添加了超链接的文本，在图 5-83 所示的对话框中选择“取消超链接”选项。

5.6　演示文稿的放映

5.6.1　启动幻灯片放映

1. 在 PowerPoint 2010 中启动幻灯片放映

在 PowerPoint 2010 中打开演示文稿后，启动幻灯片放映的方法有以下两种。

（1）使用“幻灯片放映”选项卡放映。

（2）按 F5 键。

2．在桌面上激活幻灯片放映

在不进入 PowerPoint 2010 的情况下，也可以放映幻灯片，方法包括：

（1）在“计算机”或“Windows 资源管理器”中找出要放映的文件。在文件名上单击鼠标右键，在弹出的快捷菜单中选择“显示”选项。

（2）若文件是幻灯片放映类型（后缀名是 ppsx），还可以通过双击图标播放演示文稿。

5.6.2 设置放映范围

PowerPoint 2010 为用户提供了从头开始、从当前幻灯片开始与自定义幻灯片放映三种放映方式。一般情况下，用户可以通过这三种方法来定义幻灯片的播放范围。

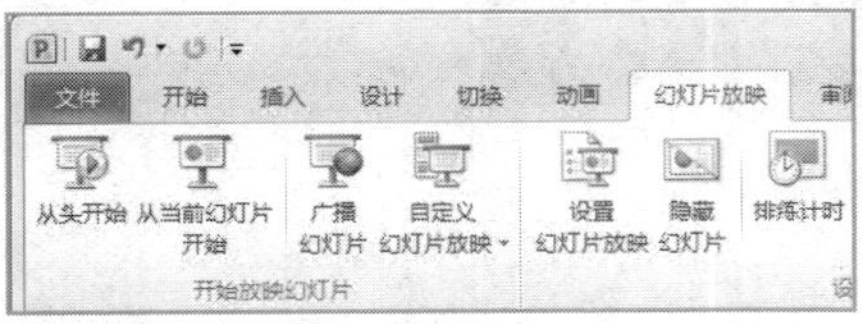

图 5-85 设置放映范围

操作步骤：单击“幻灯片放映”选项卡，然后选择相应的放映方式，如图 5-85 所示。

5.6.3 设置放映方式

在 PowerPoint 2010 中用户可按照需要，使用以下三种不同的幻灯片放映方式进行幻灯片的放映。

（1）演讲者放映（全屏幕）：选择此选项可运行全屏显示的演示文稿，这是默认的放映方式。在放映过程中将以全屏显示幻灯片。演讲者能控制幻灯片的放映，暂停演示文稿，添加会议细节，还可以录制旁白，但放映过程需要人工控制。这种方式主要用于公司会议时将幻灯片放映投射到大屏幕上、主持联机会议或广播演示文稿时使用。

（2）观众自行浏览（窗口）：可以在标准窗口中放映幻灯片。在放映幻灯片时，可以拖动右侧的滚动条，或滚动鼠标上的滚轮来实现幻灯片的放映。

（3）在展台浏览（全屏幕）：这种方式将自动全屏放映幻灯片，并且循环放映演示文稿，在放映过程中，除了通过超链接或动作按钮来进行切换以外，其他的功能都不能使用，如果要停止放映，只能按 Esc 键来终止。当选中展台浏览这种放映方式时，PowerPoint 2010 会自动设定“循环播放，Esc 键停止”复选框。这种方式常用于展览会场等无人值守放映的场合中。

设置放映方式操作步骤如下。

（1）单击“幻灯片放映”选项卡→“设置幻灯片放映”，如图 5-86 所示。

（2）在弹出的“设置放映方式”对话框中的“放映类型”中选择一种放映方式，如图 5-87 所示，还可以在此设置放映选项、放映幻灯片的张数、换片方式等。

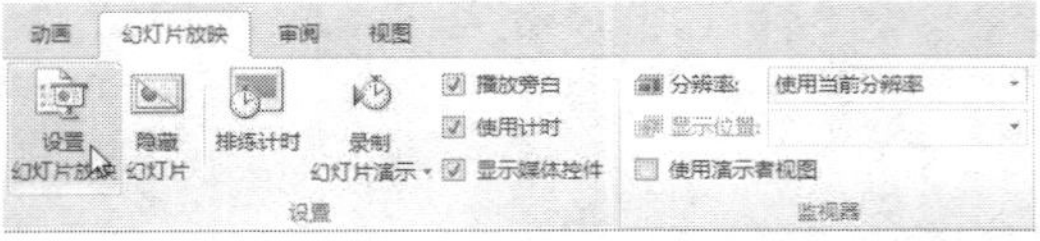

图 5-86 设置放映方式

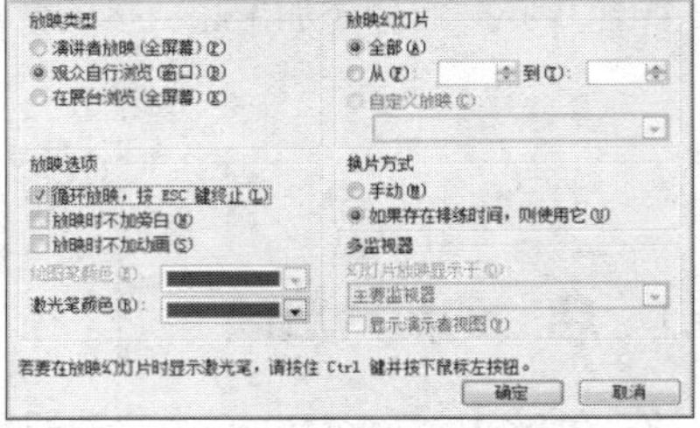

图 5-87 用观众自行浏览方式放映幻灯片

5.6.4　设置幻灯片放映的时间

幻灯片的放映分为人工控制和自动放映两种：人工控制放映时，用户可以通过键盘和鼠标的各种操作控制幻灯片显示的时间；而自动放映则不需人工干预，演示文稿按照预先设置的顺序自动放映。

设定自动放映的时间可以使用以下三种方法。

1. 人工设置幻灯片放映时间

操作步骤：选择要设置放映时间的幻灯片。选择“切换”选项卡→“持续时间”复选框，输入希望幻灯片在屏幕上出现的秒数，若要全部应用，可以单击“全部应用”按钮，如图 5-88 所示。

2. 排练计时

在放映幻灯片时，用户可以根据幻灯片的内容为每张幻灯片设置不同长度的放映时间。为了能够更准确地设置每张幻灯片在屏幕上的停留时间，PowerPoint 2010 提供了排练计时功能。

操作步骤如下。

（1）单击“幻灯片放映”选项卡→“排练计时”，如图 5-86 所示。用户可以通过如图 5-89 所示的“录制”对话框控制录制过程。

（2）放映到最后一张幻灯片时，屏幕上弹出一个消息框，询问是否保存排练时间，如图 5-90 所示，如单击“是”按钮，接受预演时间安排，屏幕上将会出现幻灯片浏览视图，在每张幻灯片的下面将会显示该幻灯片放映的时长，每张幻灯片放映的时长可能是不一样的，如图 5-91 所示；

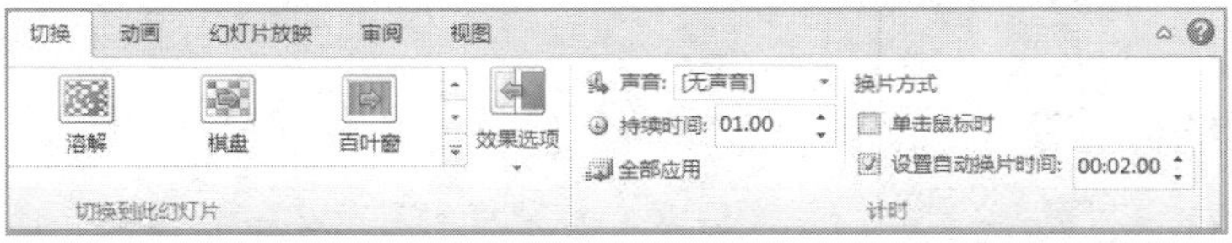

图 5-88　设置幻灯片换片时间

图 5-89　录制对话框

图 5-90　保留排练时间

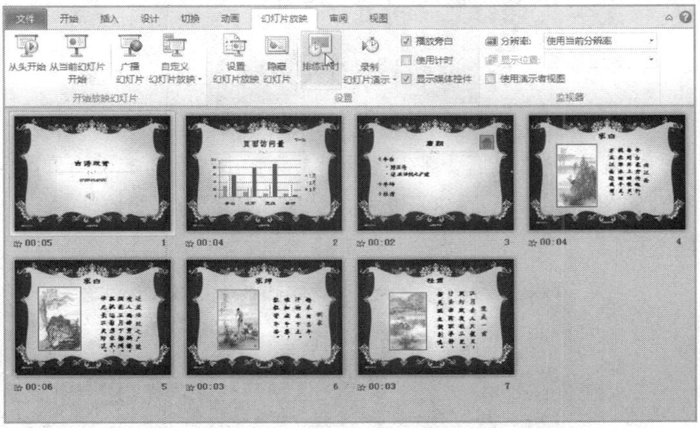

图 5-91　查看排练计时效果

（3）单击“幻灯片放映”选项卡→设置幻灯片放映，如图 5-86 所示。在弹出的对话框中选择“换片方式”为“如果存在排练时间，则使用它”，如图 5-87 所示。

3. 录制幻灯片演示

该功能与排练计时功能类似，都可以记录幻灯片的放映时间，除此以外，录制幻灯片演示功能还允许用户使用鼠标或激光笔或麦克风为幻灯片加上注释，使得演示文稿的互动性能大大提高。录好的幻灯片可以脱离讲演者来放映。

操作步骤如下。

（1）单击“幻灯片放映”选项卡→“录制幻灯片演示”→“从头开始录制”，如图5-92所示。

（2）弹出“录制幻灯片演示”对话框，默认是选中“幻灯片和动画计时”与“旁白和激光笔”复选框，用户也可以根据需要重新选择，如图5-93所示。

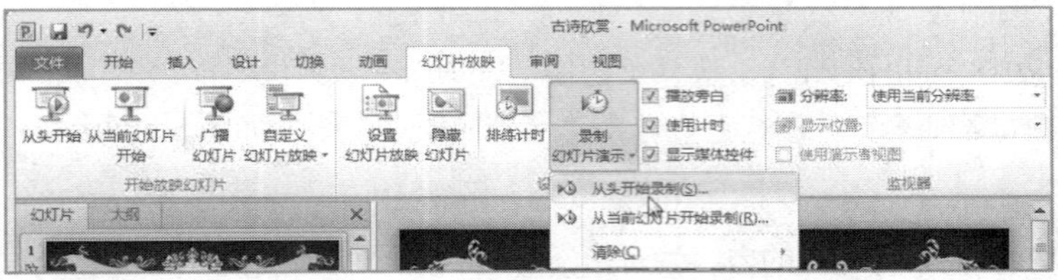

图5-92 从头开始录制幻灯片演示

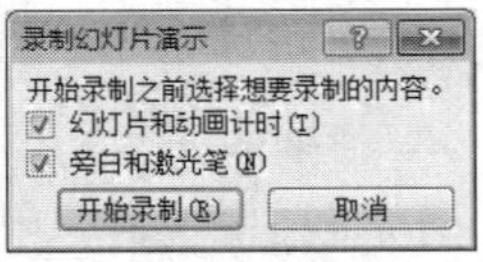

图5-93 设置录制幻灯片演示选项

提示：录制语音旁白，必需有较好的声卡和话筒。

（3）此时，会弹出“录制”对话框，在某张幻灯片上单击鼠标右键，在弹出的快捷菜单中选择“指针选项”→“笔”选项，可以在幻灯片上增加注释，如图5-94所示。

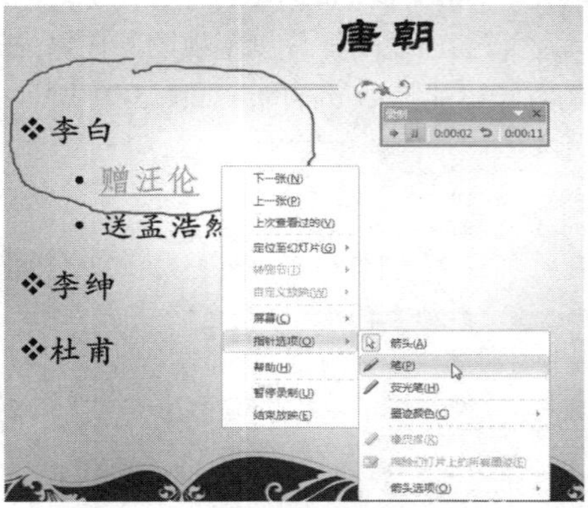

图5-94 增加注释

图5-95 保留注释

（4）放映到最后一张幻灯片时，会弹出如图5-95所示的对话框，选择保留注释，结束录制后，可以看到如图5-96所示的演示文稿，从中可以看出，墨迹注释被保留下来，每张幻灯片的放映时长是不一样的。

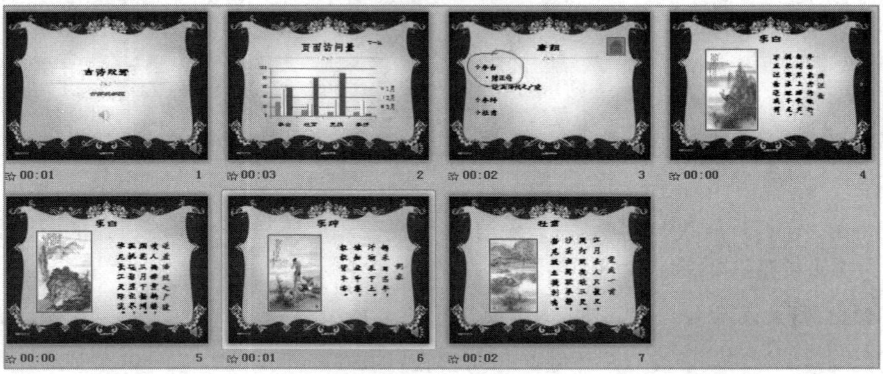

图5-96 使用了录制幻灯片演示功能的演示文稿

5.6.5 自定义放映

自定义放映可以将不同的幻灯片组合起来，创建多个内容大致相同，但又不完全相同的演示文稿并加以命名，然后在演示过程中针对不同的观众播放这些内容不完全相同的幻灯片系列。使用自定义放映，不仅能够选择性地放映演示文稿中的部分幻灯片，还可以根据需要调整幻灯片的放映顺序，而不改变源演示文稿。

操作步骤如下。

（1）单击“幻灯片放映”选项卡→“自定义幻灯片放映”，在弹出的“自定义放映”对话框中单击“新建”按钮，如图 5-97 所示。

（2）在弹出的对话框中输入自定义放映的名称，从左边的源演示文稿幻灯片中选取要添加到自定义放映的幻灯片，再单击“添加”按钮，如图 5-98 所示。

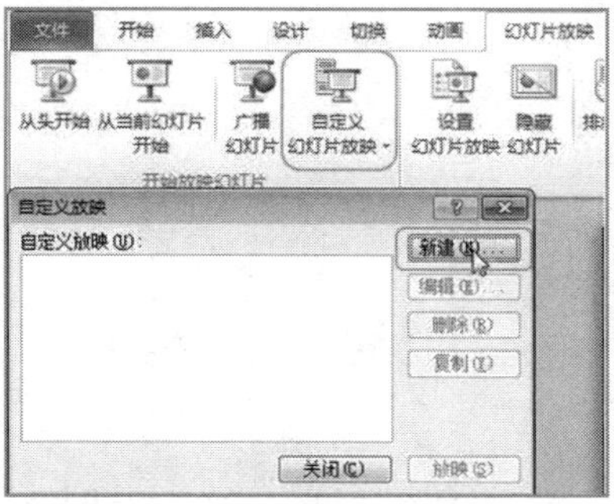

图 5-97　新建自定义放映

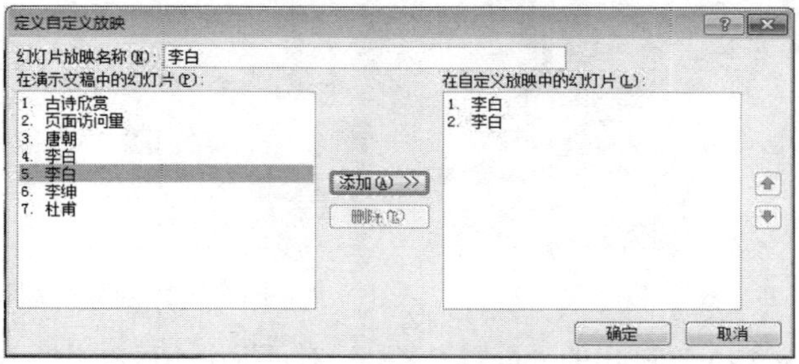

图 5-98　自定义放映

（3）单击“幻灯片放映”选项卡→“设置幻灯片放映”，如图 5-86 所示。

（4）在弹出的“设置放映方式”对话框中的“放映幻灯片”中选择自定义放映，并在列表中选择所需放映的内容，如图 5-99 所示。

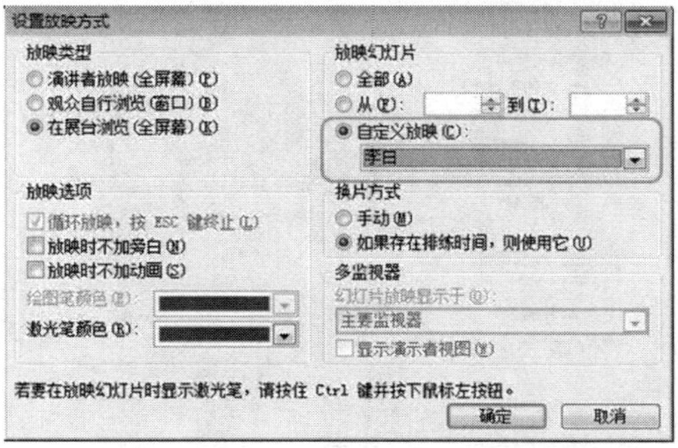

图 5-99　使用自定义放映方式

5.7 演示文稿的页面设置和打印

5.7.1 幻灯片的页面设置

操作步骤：单击“设计”选项卡→“页面设置”，如图 5-100 所示。在弹出的“页面设置”对话框中可以设置幻灯片大小、幻灯片编号的起始值、幻灯片的方向等，如图 5-101 所示。

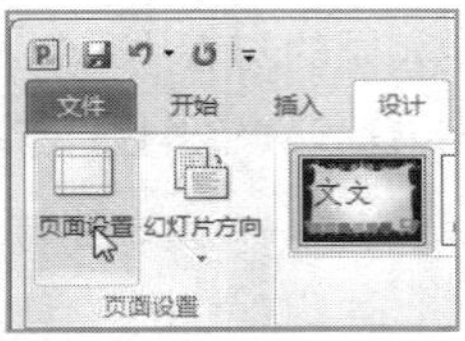

图 5-100　选择页面设置

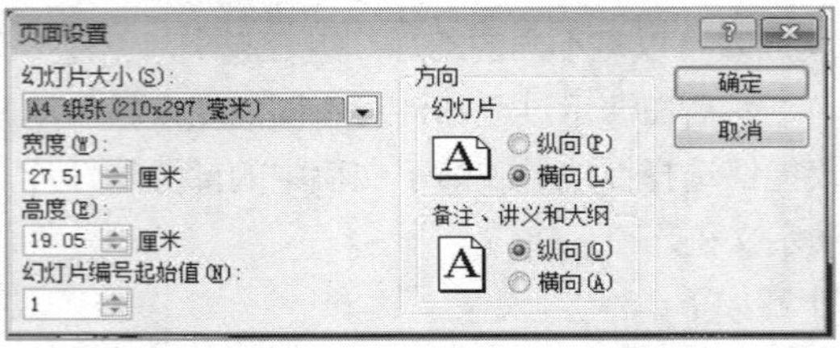

图 5-101　“页面设置”对话框

5.7.2　设置页眉与页脚

操作步骤如下。

（1）单击“插入”选项卡→“页眉和页脚”，如图 5-102 所示。

图 5-102　插入页眉和页脚

（2）在弹出的“页眉和页脚”对话框中，可以根据需要选中“日期和时间”、“幻灯片编号”、“页脚”复选框，如图 5-103 所示。 若用户只需要在所选幻灯片上显示页眉和页脚，则单击“应用”按钮，若想在全部幻灯片上显示，可以单击“全部应用”按钮。设置完以后，不管在放映还是在预览幻灯片，底部都会有页码和时间显示。

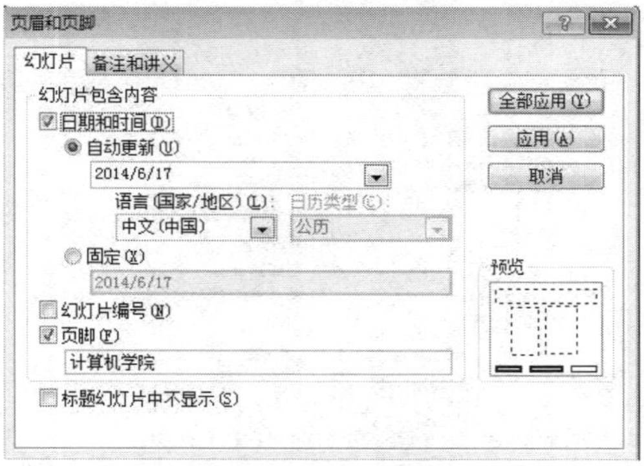

图 5-103　设置页眉页脚的内容

5.7.3　演示文稿的打印

1. 设置打印范围

操作步骤如下。

（1）单击“文件”菜单→“打印”，此时可以在预览窗口中预览幻灯片，选择打印份数，选择打印机。

（2）选择“设置”下拉菜单中的“自定义范围”选项，如图 5-104 所示，输入幻灯片编号“1-3，4”，从图 5-105 可以看出，幻灯片页数会由原来的“7”变为现在的“4”。

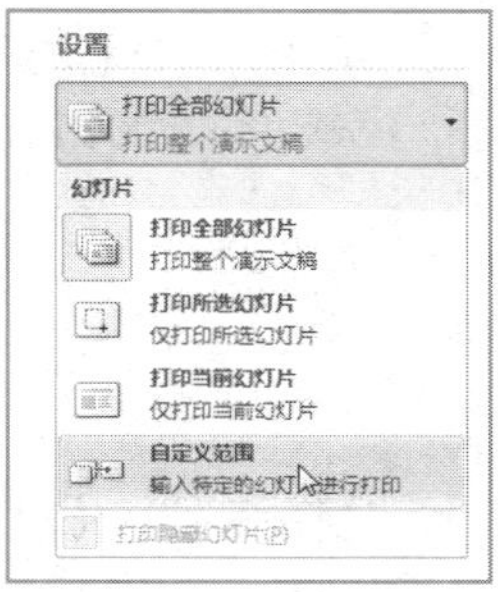

图 5-104　选择自定义范围打印

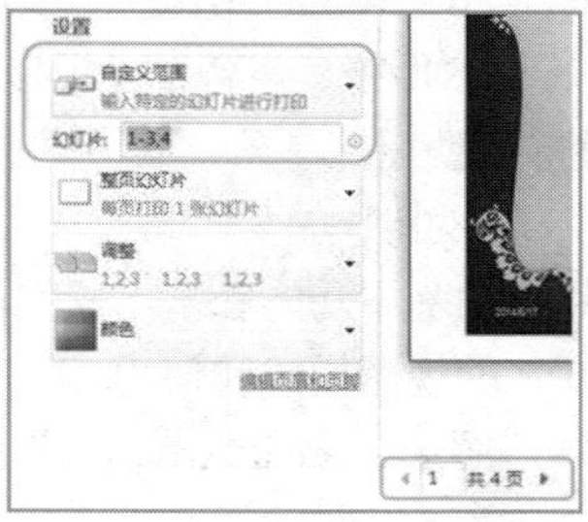

图 5-105　输入幻灯片编号

2．打印讲义

打印的内容包括幻灯片、备注页、讲义等内容。若选择打印讲义，其操作步骤如下：单击如图 5-106 所示的下拉菜单，在弹出的对话框中设置：打印 4 张水平放置的幻灯片，幻灯片加边框，根据纸张调整大小，如图 5-107 所示；在图 5-108 中，可以预览打印讲义的效果。

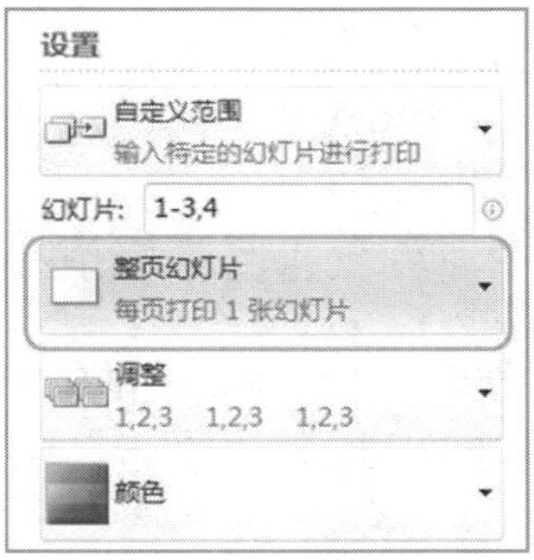

图 5-106　设置打印版式

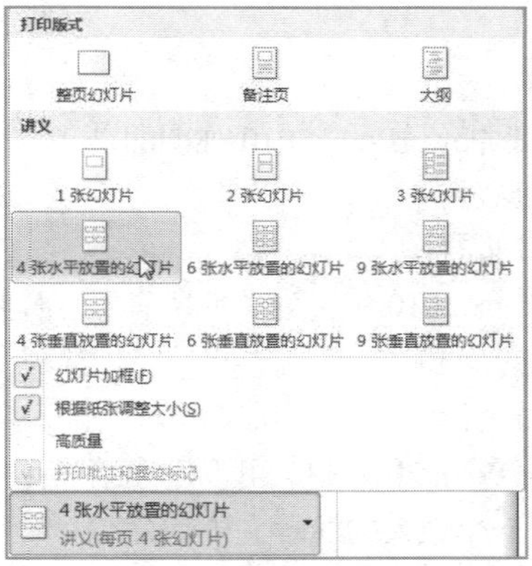

图 5-107　打印讲义

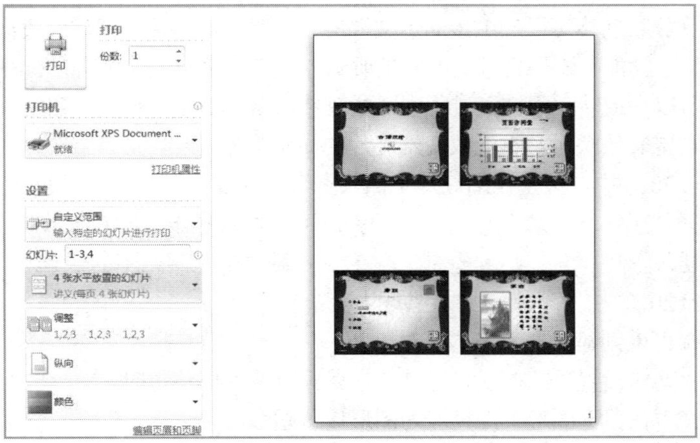

图 5-108　预览打印讲义效果

本 章 小 结

演示文稿制作软件 PowerPoint 2010 专门用于制作演示文稿，演示文稿由多张幻灯片构成，通过各种幻灯片展示文字、图形、图像、声音、视频等多媒体信息，PowerPoint 2010 在课堂教学、学术报告、演讲、产品介绍中被广泛使用。

本章主要介绍了以下知识点：

- PowerPoint 2010 的基本功能和基本操作；
- PowerPoint 2010 的视图模式和使用；
- 幻灯片中文本、图形、SmartArt、图表、表格、音频、视频等幻灯片对象的编辑和使用；
- 演示文稿外观的设置方法；
- 幻灯片中对象的动画效果、幻灯片切换效果、超链接、动作按钮等交互效果的设置；
- 幻灯片的放映设置及自定义放映的设置；
- 演示文稿的页面设置和打印。

习题与思考

一、单选题

1．下列不是 PowerPoint 2010 视图的是（　　）。

A．普通视图　　B．幻灯片浏览视图

C．备注页视图　　D．大纲视图

2．PowerPoint 2010 中，为了使所有幻灯片具有一致的外观，可以使用母版，PowerPoint 2010 母版视图有幻灯片母版和（　　）。

A．备注母版　　B．讲义母版　　C．普通母版　　D．A 和 B 都对

3．在 PowerPoint 2010 中，可以创建某些（　　），在幻灯片放映时单击它们，就可以跳转到特定的幻灯片或运行一个嵌入的演示文稿。

A．动作按钮　　B．过程　　C．替换　　D．粘贴

4．PowerPoint 2010 中，有关自定义放映的说法中错误的是（　　）。

A．自定义放映功能可以产生该演示文稿的多个版本，避免浪费磁盘空间

B．通过这个功能，不用再针对不同的听众创建多个几乎完全相同的演示文稿

C．用户可以在放映演示文稿过程中，通过单击鼠标右键，切换到自定义放映

D．创建自定义放映时，不能改变幻灯片的显示次序

5．PowerPoint 2010 中，关于在幻灯片中插入多媒体内容的说法中错误的是（　　）。

A．可以插入声音（如掌声）　　B．可以插入音乐（如 CD 乐曲）

C．可以插入影片　　D．不可以插入网站中的视频

6．PowerPoint 2010 中，下列说法中错误的是（　　）。

A．超链接可以创建在任何文本或对象上

B．激活“动作设置”的方式可以是单击鼠标时或鼠标移过时

C．如果文本在自选图形中，只能为图形设置超级链接

D．代表超级链接的文本会被添加下划线

二、填空题

1．在 PowerPoint 2010 中，可以对幻灯片进行移动、删除、复制、设置切换效果，但不能对单独的幻灯片的内容进行编辑的视图是____________。

2．在____________和____________视图下可以改变幻灯片的出现顺序。

3．用 PowerPoint 2010 应用程序所创建的用于演示的文件称为_________，其扩展名为_________；模板文件的扩展名为________。

4．PowerPoint 2010 可利用背景来修改演示文稿的外观，除此之外，还可以通过母版、_________修改演示文稿的外观。

5．用 PowerPoint 2010 制作好幻灯片后，可以根据需要使用三种不同的放映方式放映幻灯片，这三种放映方式是________、________和________。

三、判断题

1．在 PowerPoint 2010 中，幻灯片只能按建立时的顺序连续播放。　　（　　）

2．PowerPoint 2010 插入的声音能够在幻灯片放映时自动播放。　　（　　）

3．在 PowerPoint 2010 的任何视图下都能改变幻灯片的顺序。　　（　　）

四、思考题

1．如何为演示文稿添加声音，如何使被添加的声音在整个演示文稿中循环播放？

2．在 PowerPoint 2010 中创建演示文稿有哪些方法？

3．在 PowerPoint 2010 中改变幻灯片的外观设置有哪些方法？

4．PowerPoint 2010 提供哪些母版？分别说明各种母版的应用范围。

第 6 章　网络技术基础

随着计算机科学与技术的发展以及人们对信息传输与处理的要求，计算机网络应运而生。计算机网络从 20 世纪 60 年代的 ARPAnet 网到现今覆盖全球的 Internet，以其迅猛的发展速度渗透到各行各业和社会的各个角落，成为人们工作生活中不可或缺的一部分。

本章将首先介绍网络技术的基础知识、局域网的组成部分及小型局域网的组建、Internet 的概念及基本应用；接着以一个简单的网页制作例子，介绍网页制作的基本操作；最后，通过几个综合操作实例，让读者更直观地感受和掌握 WWW、电子邮件、搜索引擎和局域网的使用方法。

6.1　计算机网络基础知识

6.1.1　计算机网络概述

计算机网络就是利用通信线路和通信设备将不同地理位置的、具有独立功能的多个计算机系统或共享设备互联起来，并配以功能完善的网络软件（即网络操作系统、网络通信协议、信息交换方式等），使之实现资源共享、互相通信和分布式处理的整个系统。计算机网络的精确定义并未统一，另一种最简单的定义是：一些互相连接的、自治的计算机的集合。

最简单的计算机网络就只有两台计算机和连接它们的一条通信信道，即两个节点和一条链路。如果存在第三台计算机，则存在数据交换的问题。

计算机网络的发展是从 20 世纪 60 年代开始，由以单个计算机为中心的远程终端联机系统，发展到现在第四代的国际互联网与信息高速公路、多媒体智能化网络。计算机网络的主要功能是实现硬件资源共享、软件和数据资源共享，以及用户之间的信息交换。

6.1.2　计算机网络的分类

1. 按网络的覆盖范围

（1）广域网

广域网（Wide Area Network，WAN）作用范围大约在几十至几千公里，也称为远程网。它可以覆盖一个国家或地区，甚至跨越几个洲。Internet 就是典型的广域网。

（2）城域网

城域网（Metropolitan Area Network，MAN）的设计目标常常是一个城市范围内大量的企业、机关、学校等多个局域网络互联。

（3）局域网

局域网（Local Area Network，LAN）的地理范围较小，约在几百米至几公里，覆盖范围一般是一个单位、一幢大楼、一个校园。由于传输距离较短，局域网传输速率一般较高。局域网目前已被广泛使用。

（4）个人局域网

个人局域网（Personal Area Network，PAN）也称为个人区域网，就是在个人可及的范围内，把属于个人使用的电子设备（如蓝牙耳机、无线鼠标、便携式电脑、智能手机等）用无线技术连接起来的网络，因此也常称为无线个人局域网（Wireless PAN，WPAN）。

无线个人局域网（WPAN）是一种与无线广域网（WWAN）、无线城域网（WMAN）、无线局域网（WLAN）并列但覆盖范围相对较小的无线网络。在网络构成上，WPAN 位于整个网络链的末端，用于实现同一地点终端与终端间的连接，如连接手机和蓝牙耳机、计算机及附属设备等。WPAN 所覆盖的范围一般在 10 m 半径以内，必须运行于许可的无线频段。WPAN 设备具有价格便宜、体积小、易操作和功耗低等优点。支持无线个人局域网的技术包括蓝牙、ZigBee、超频波段（UWB）、IrDA、HomeRF 等，其中蓝牙技术在无线个人局域网中使用得最广泛。

2．按不同的使用者

（1）公用网

公用网（Public Network）即所有向网络运营公司（如电信等）交纳费用的人都可以使用的网络，因此也可称为“公众网”。如日常生活中用的电话拨号、宽带网络和有线电视网络等均为公用网。

（2）专用网

专用网（Private Network）是指某些部门为本单位的特殊业务需要而建造的网络，不向本单位以外的人提供服务。例如，军队、铁路、电力等系统均有本系统的专用网。

根据信道带宽的大小，可分为窄带网络和宽带网络；根据传输介质不同，可分为有线网络和无线网络。总之，按照不同的分类标准，计算机网络有多种分类的方法。

6.1.3　网络传输介质

计算机网络连接的对象是各种类型的计算机（如小型机、服务器、工作站、微型计算机等）或其他数据终端设备；计算机网络的连接介质就是通信设备（Modem、网卡、交换机、路由器等）和通信线路（如双绞线、同轴电缆、光纤、卫星通信、无线网络等）。

1．双绞线

双绞线的外形与电话线很像，但双绞线由 4 对共 8 条铜线组成（电话线只有 4 条）。双绞线作为一种价格低廉、性能优良、连接可靠、维护简单的传输介质，被广泛应用于各种类型和规模的网络中。双绞线可提供高达 100Mbps 甚至 1000Mbps（1Gbps）的传输速率，不仅可用于数据传输，而且还可以用于语音和多媒体传输。图 6-1 所示为双绞线的外观与铜线编号。

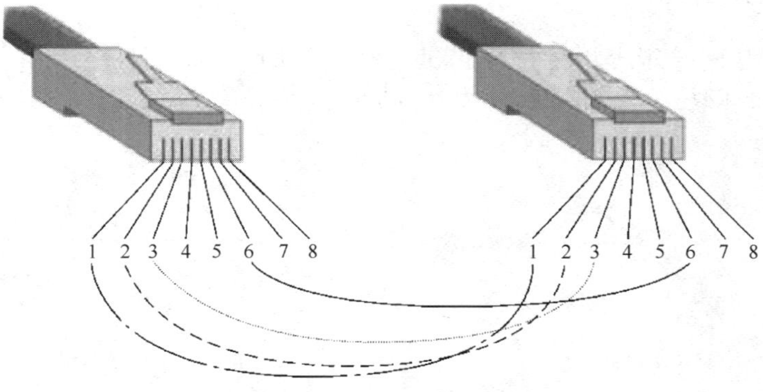

图 6-1　双绞线的外观与铜线编号

2. 同轴电缆

同轴电缆从内到外依次由内导体（芯线）、绝缘线、屏蔽层铜线网及外保护层的结构制造，从横截面看这四层构成了 4 个同心圆（见图 6-2），因此而得名。

同轴电缆外面加了一层屏蔽铜线网（金属滤网），是为了防止外界的电磁干扰而设计的，因此它比双绞线的抗外界电磁干扰能力要强。同轴电缆可分为基带同轴电缆和宽带同轴电缆，基带同轴电缆适用于距离较短的局域网，数据传输速率可达 10Mbps；宽带同轴电缆传输距离长，常用于有线电视（CATV）的传输介质，可同时传输几十路电视信号。

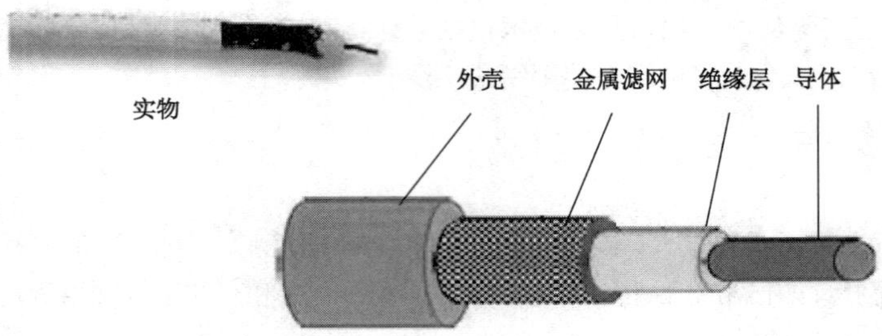

图 6-2　同轴电缆的外观与结构

3. 光纤

光纤是光导纤维的简写，是一种由玻璃或塑料经特殊工艺拉成细丝制成的纤维，这种细丝的直径比头发丝还要细，可作为光传导工具，其传输原理是‘光的全反射’。由于光在光导纤维的传导损耗比电在电线传导的损耗低得多，光纤常应用于远距离、高速地传输大量信息。光纤所传输的是数字的光脉冲信号，具有不受电磁干扰、不怕雷击、重量轻、不易被窃听、数据传输安全性好、传输距离长、频带宽及传输速度快等优点，因而一般被用于构建网络主干。

4. 无线传输

无线网络与有线网络的用途十分类似，最大的不同在于无线网络不需要有形的传输媒介。无线传输主要包括无线电传输、射频通信、地面微波通信、卫星通信、移动通信、红外线、激光通信等。日常生活中已经大量地使用了无线通信技术，如无线电收音机、红外通信的家电遥控器、射频通信的商品 RFID 标签、移动通信技术的手提电话、GPS 卫星定位是单向接收卫星信号的卫星通信应用，以及工作和生活中大量使用的 Wi-Fi 和蓝牙通信等。

6.1.4 网络拓扑结构

计算机网络的拓扑结构是用网络中的节点与链路的几何关系表示网络结构。网络的拓扑结构主要有星型、总线型、环型、树型和网状型，如图 6-3 所示。

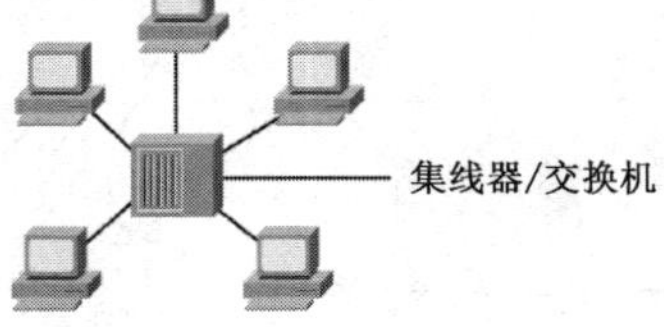

（a）星型

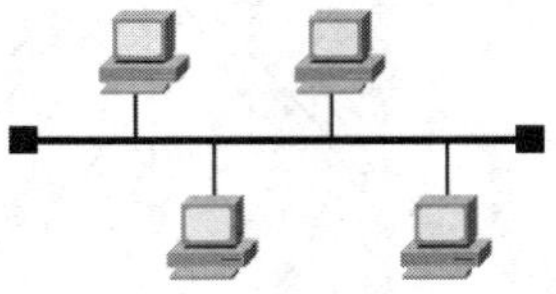

（b）总线型

图 6-3　网络拓扑结构

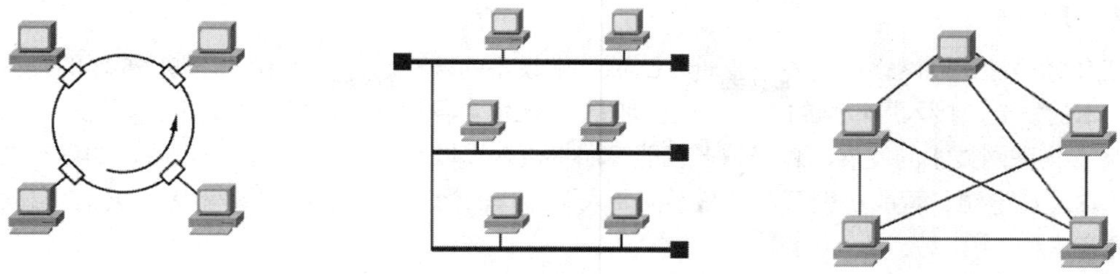

（c）环型　（d）树型　（e）网状型

图 6-3　网络拓扑结构（续）

目前，大部分局域网一般采取星型和总线型结构；环型和总型形可用于连接大型局域网和城域网；Internet 采用网状型结构，由数量庞大的各种网络混合构成，结构异常复杂。

6.1.5　网络协议

1. 关于网络协议

网络协议（Protocol）是指计算机网络中互相通信的对等实体之间交换数据或通信时所必须遵守的规则或标准的集合，其本质是规则，即各种硬件和软件必须遵循的共同守则，是计算机网络实现其功能的最基本机制。网络协议是一种特殊的软件而并不是一套单独的软件，它融合于其他所有的软件系统中。计算机或网络之间要进行对话（信息交换）必须使用相同的协议，否则无法通信。可以把网络协议理解为人类沟通用的语言，语言不同就无法交流了。

常用的网络协议有 NetBEUI、IPX/SPX、TCP/IP 等，在不同的局域网络中可使用各种不同的协议，但计算机要连接到 Internet，则必须统一安装和应用 TCP/IP。

2. Internet 的核心协议

传输控制协议/互联网协议（Transmission Control Protocol / Internet Protocol，TCP/IP）是 Internet 的核心协议，随着 Internet 的普及，TCP/IP 成为最流行的网络协议。实际上 TCP/IP 是一个协议系列，包含了 100 多个协议，TCP 和 IP 是其中最基本、最重要的两个协议。

目前广泛使用的 IP 协议是 IPv4（Internet Protocol Version 4 的缩写），它的下一个版本就是 IPv6。IPv6 是 IETF（Internet Engineering Task Force，互联网工程任务组）设计的用于替代 IPv4 的下一代 IP 协议。IPv4 的最大问题是网络地址资源有限，严重地制约了互联网的应用和发展。IPv6 地址长度为 128 位，不但解决了网络地址资源数量的问题，同时也为除计算机外的设备连入互联网扫清了数量限制上的障碍。如果说 IPv4 实现的只是人机对话，而 IPv6 则扩展到任意事物之间的对话，它不仅可以为人类服务，还将服务于众多硬件设备，如家用电器、传感器、远程照相机、汽车等。另外，IPv6 可以从技术上解决网络使用实名制问题，也就是保证一个真实用户对应一个唯一的 IP 地址。

6.2　局域网及其组建

6.2.1　局域网的组成

局域网是由计算机、网络设备、传输介质、网络操作系统和局域网应用软件组成的，不同类型和不同应用的局域网，其网络操作系统和网络应用软件是不同的。以下所列为构成局域网常见的硬件设备。

1. 工作站

工作站是连接到网络上的各种普通 PC 或终端设备的统称，通常指由用户进行操作的终端。随着硬件技术的发展，接入局域网的设备不仅仅是 PC，还包含各种智能手机、平板电脑等。

随着物联网技术的发展，越来越多智能终端将进入局域网。各种智能家电设备，如基于网络的安防系统、遥控电源、智能电表等，可在不需要人工操作的情况下，通过局域网进行通信，自动完成其工作内容。

2. 服务器

服务器为网络上的其他服务器和工作站提供各种服务，按应用可分为文件服务器、应用程序服务器、通信服务器、数据库服务器、打印服务器、事务处理服务器等。需要何种类型的服务器是根据实际需要进行配置的。

3. 网络适配器

不同的设备需要接入网络，需要安装相应的网络适配器硬件，如各种网络接口卡（NIC）和无线通信模块等设备，并在操作系统中安装网络适配器的驱动程序。

网络接口卡简称网卡，是计算机连接网络安装的一个硬件。有线网卡通过连接器（如同轴电缆的T型头或双绞线以太网的 RJ-45 接头）连接到电缆（网线）上。目前大部分的 PC 主板上已集成了带 RJ-45 接头的网卡，这样用户在使用以双线为通信介质的星型局域网时就不需要另外再购买网卡了。图 6-4 所示为带 RJ-45 接头的网卡外观。

图 6-4 带 RJ-45 接头的网络接口卡

随着无线网络、手持智能终端的普及，越来越多用户使用无线方式进行通信。目前常用的无线通信技术包括 Wi-Fi、蓝牙、NFC 等。随着集成度的提高，以往 PC 中称为网卡的可插拔硬件设备，更多时候已经被集成到主机硬件上，并成为其中的一个通信模块。如果需要额外增添通信模块，一般采用 USB 方式外置使用。

4. 集线器

集线器（Hub）用于作为星型局域网的中央节点，局域网内的多台主机均通过双绞线与集线器连接，实现整个局域网内主机间的通信。集线器通过广播方式实现局域网内的数据通信，随着网络中节点数的增加，网络性能会越来越低甚至迅速崩溃。

5. 交换机

集线器曾经是局域网中重要的部件之一，但随着交换机的普及，集线器已被交换机所替代。从外观和在局域网的位置上看，交换机和集线器是非常类似的（见 6.2.2 节中的图 6-6），但交换机比起集线器，其优点在于：采用了以太网交换技术，节点之间的通信独占传输通道及带宽，让多对节点同时通信而不互相影响，因此提高了网络的整体性能。

6. 路由器

路由器是一种连接多个网络或网段的网络互联设备，能将不同网络或网段之间的数据信息进行转发或转换，从而构成一个更大的网络。如果一个局域网中，多个终端希望连接 Internet，那么就必须增添路由器设备或带路由转发功能的主机。

7. 传输介质

双绞线和同轴电缆性能良好、价格便宜，是局域网普遍采用的传输介质。随着无线局域网技术的逐步流行，各种频段的无线电波也成为局域网的重要传输介质。

6.2.2　组建小型局域网（LAN）

以下以建立一个小型办公室有线局域网为例，介绍局域网的组建，该局域网由约 10 台计算机组成。

1．拓扑结构的选择

6.1.4 节中阐述了网络的拓扑结构，局域网一般采用的拓扑结构有星型、总线型和环型。在小型办公局域网的组建中，可采用如图 6-5 所示的星型局域网结构，也可采用如图 6-6 所示的总线型局域网结构。

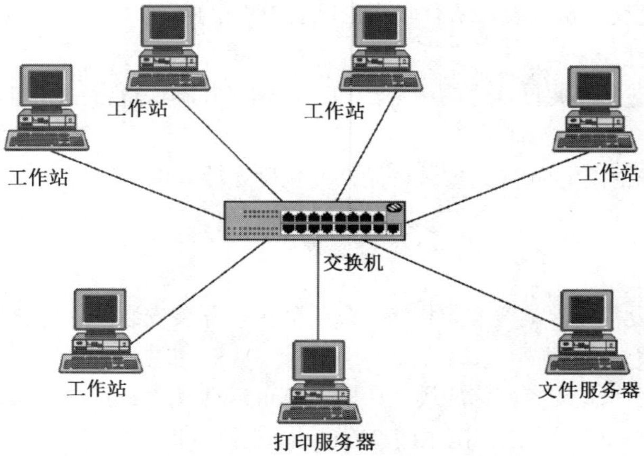

图 6-5　星型局域网

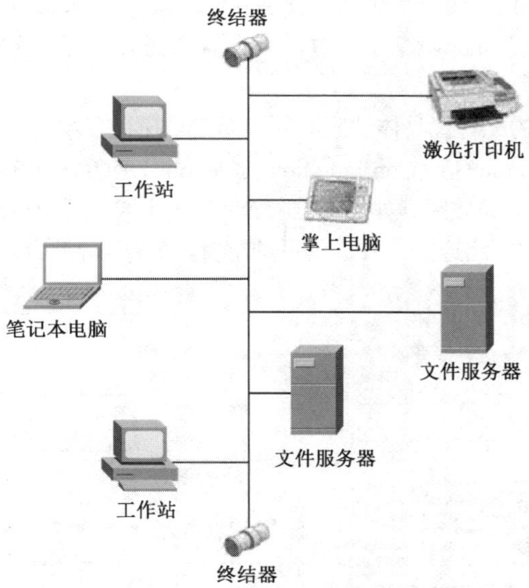

图 6-6　总线型局域网

由于星型局域网结构简单、可靠性高、便于管理和维护、易于实现结构化布线、易于扩充和升级，是目前占据市场份额最大的局域网技术。因此以星型局域网为例，阐述组建局域网的方法和步骤。

2．硬件的安装

局域网的硬件安装一般包括以下几个内容。

（1）网络布线

调查布线的地理环境，根据建筑资料计算线材的用量、信息插座的数目、交换机放置的位置，得出综合布线的方案。

网络布线需要对所在环境进行改造和装修，但并非是必需的操作，如果仅仅是临时搭建或对布线没有要求的话，那就只需用网线（双绞线）把交换机和各台主机的网卡进行连接即可。

（2）购置并安装交换机

根据网络主机的数量，选购合适的交换机，可选择 8 端口、16 端口或 24 端口的 10/100Mbps 自适应交换机，并尽可能把交换机安装在所有联网主机的中央位置。

（3）安装主机和网卡

根据网络的使用需要，购置合适的服务器和工作站，并确保每台主机均安装有与本局域网技术相适配的网卡。

硬件安装的过程无固定的顺序，安装好硬件并正确连接即可。

3. 软件的配置

（1）软件安装

安装好系统硬件设备后，就要安装相应的软件环境。需要安装的软件包括网络操作系统、网卡驱动程序及网络通信协议。

目前流行的操作系统均支持网络应用，在此以 Windows 为系统应用环境。计算机中每个硬件都需要安装相应的驱动程序，才能正常使用，由于 Windows 支持“即插即用”，在很多情况下系统自动安装，而不需要用户手工安装驱动程序。驱动程序安装好后，Windows 系统默认使用 TCP/IP 作为网络通信协议，用户不需手工安装该协议（用户也可自行安装其他协议，如 NetBEUI、IPX/SPX 等）。因此，只要安装好计算机操作系统（如 Windows 7），基本上就不需要另外处理网络软件的安装问题了。

（2）IP 地址配置

在局域网中，IP 地址的配置视具体的应用环境而定。在很多场合，网络管理员已配置好交换机上的动态主机分配协议（Dynamic Host Configuration Protocol，DHCP）服务，用户只需要连接网线就可自动获取 IP 地址信息并连接至局域网。如需要自行配置 IP 地址，用户可选择“控制面板”的“网络和 Internet”功能，选择对应的网络连接，并进行手动配置，如图 6-7 所示。

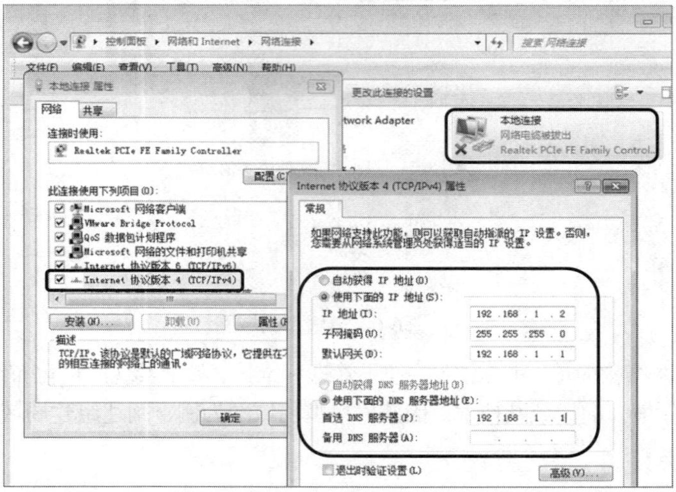

图 6-7　指定 IP 地址

在日常应用中，局域网 IP 地址一般设置为“192.168.x.x”（如 192.168.1.1），这种就是局域网保留 IP 地址，网络软件遇到这种类型地址时，就知道是局域网内的 IP 地址了。保留用于局域网的地址有三段：“192.168.x.x”、“10.x.x.x”、“172.16.x.x～172.31.x.x”，广泛流行的“192.168.x.x”形式仅仅是一个普遍的使用习惯，而不是一种绝对的规定。

在网络硬件正常连接、网络软件和配置均正常的情况下，局域网内的计算机就可以互相进行访问和共享资源了，有关局域网的具体使用方法，将在 6.6.4 节中进行介绍。

6.2.3　组建无线局域网（WLAN）

无线局域网络（Wireless Local Area Networks，WLAN）是指应用无线通信技术将计算机设备互联起来，构成可以互相通信和实现资源共享的网络体系。无线局域网的本质特点是不再使用通信电缆将计算机与网络连接起来，而是通过无线的方式连接，从而使网络的构建和终端的移动更加灵活。采用无线局域网方式组网不需进行网络布线，不过要注意无线网络的有效覆盖范围，考虑交换机与主机终端的距离、障碍物等因素。无线网络与有线网络的差别在于通信信道的介质是有形的线缆还是无形的电波，软件上的使用方法基本一致，除了初始化安装过程（驱动程序安装、网络连接设置），用户甚至不需要知道用的是什么类型的网络。如图 6-8 所示为通过无线网络将 PC、智能手机、平板电脑和服务器等构建为一个无线局域网。

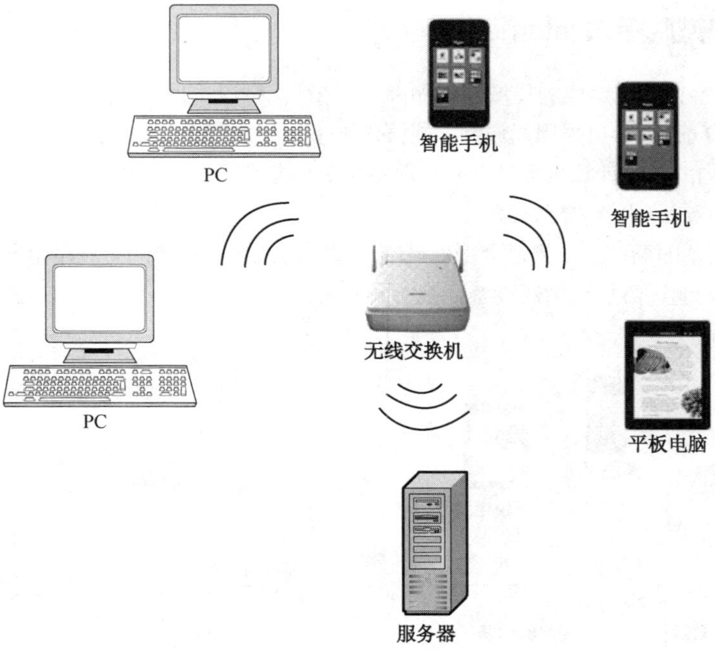

图 6-8　无线局域网

6.2.4　组建混合型局域网

更多时候，需要将有线网络和无线网络结合在一起，如 PC 和服务器仍然使用稳定高速的有线网络，而其他智能终端设备使用无线网络，构成一个混合型局域网络。如图 6-9 所示，需要增加一个无线路由器，将两个不同的网络连接起来。

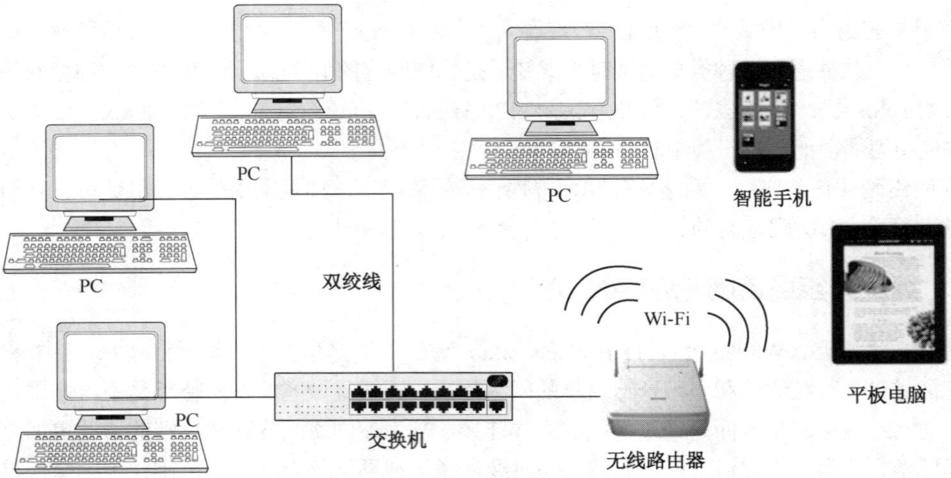

图 6-9　混合式局域网

在实际应用中，很多无线路由器产品都集成了有线交换机的功能（包括网络接口），不需要购买两个网络设备（交换机和无线路由器），因此在“物理”上可能是一个硬件，但“逻辑”上其实是两个不同功能的部件。

6.2.5　通过局域网接入 Internet

对于拥有多台计算机组成的局域网，如果希望在局域网上的所有用户（如学校机房、企业办公楼等）能同时访问 Internet，可采用局域网方式接入 Internet：要求有一台路由器同时连接 Internet 和局域网，并为局域网内的其他计算机提供上网代理服务。路由器相当于一台专用的服务器，有关 Internet 的各种连接参数均应在路由器中配置。

如图 6-10 所示的局域网 1 为混合型局域网通过带有线交换功能的无线路由器，接入 Internet；局域网 2 为有线局域网通过添加路由器设备，接入 Internet。

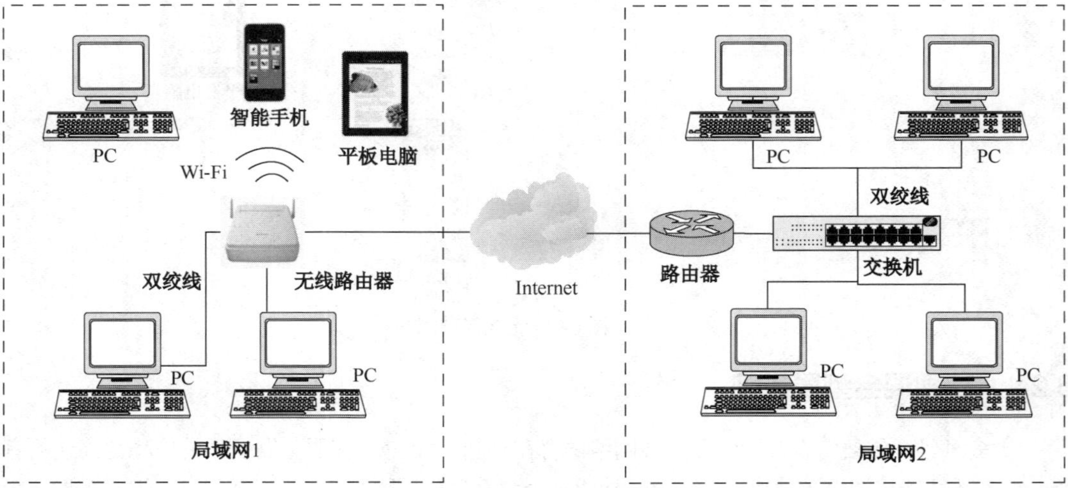

图 6-10　局域网方式接入 Internet

6.3　Internet 基础知识

6.3.1　Internet 的起源

起源于美国的 Internet 现已发展成为世界上最大的国际性计算机互联网。Internet 中文是“因特网”，也称“国际互联网”，是全球计算机和计算机网络通过统一的技术协议（TCP/IP）连接在一起的集合，网上计算机用户能够共享各种信息资源。网络把许多计算机连接在一起，而 Internet 则把许多网络连接在一起。Internet 的主要功能包括资源共享、交流信息、获取和发布信息等。

Internet 起源于 20 世纪 60 年代末美国国防部 ARPAnet，设计主导思想是军事上的需要，当网络中一部分被破坏时，也能保障网络其他部分运行并能维持正常通信而不会瘫痪。经过不断发展变化形成了现在的大规模互联网，提供的服务由原来的军事、教育和科研活动，迅速扩展到社会生活的各个方面。

6.3.2　Internet 在国内的发展

中国是在 1983 年开始与国外的计算机和网络进行通信，从此拉开了中国 Internet 建设的帷幕；1994 年，由原邮电部投资建设的中国公用计算机互联网（CHINANET）开始启动。

1. 网民规模

截至 2013 年底，中国网民规模达到 6.18 亿人，全年共计新增网民 5358 万人。互联网普及率为 45.8%，较 2012 年底提升 3.7%，如图 6-11 所示。

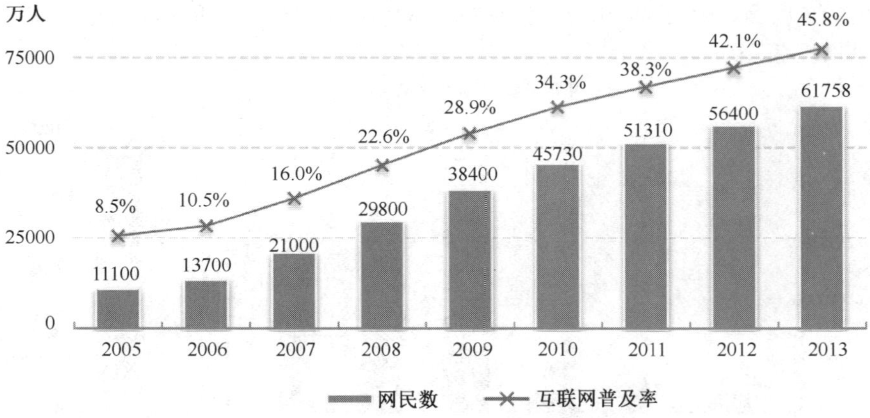

图 6-11　中国网民规模与互联网普及率

与此同时，手机网民继续保持良好的增长态势，规模达到 5 亿人，年增长率为 19.1%，手机继续保持第一大上网终端的地位。而新网民较高的手机上网比例也说明了手机在网民增长中的促进作用。2013 年中国新增网民中使用手机上网的比例高达 73.3%（见图 6-12），远高于其他设备上网的网民比例。在智能终端快速普及、电信运营商网络资费下调和 Wi-Fi 覆盖逐渐全面的情况下，手机上网成为互联网发展的主要动力，不仅推动了中国互联网的普及，更催生出更多新的应用模式，重构了传统行业的业务模式，带来互联网经济规模的迅猛增长。

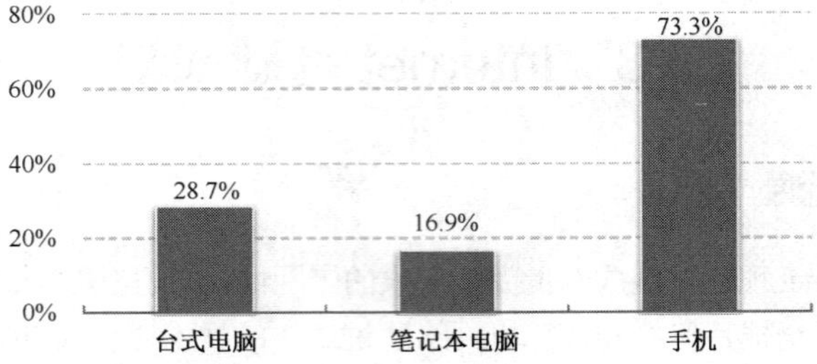

图 6-12　2013 年新增网民上网设备使用情况

2．基础资源

截至 2013 年 12 月，我国 IPv4 地址总数共计有 3.30 亿个。IPv6 地址数量为 16670 块/32，较去年同期增长 33.0%，位列世界第二位。

截至 2013 年 12 月，中国“.cn”域名总数为 1083 万个，相比去年同期增长了 46.2%，占中国域名总数比例为 58.7%；“.com”域名数量为 631 万，占比为 36.2%。另外，“.中国”域名总数达到 27 万。2012—2013 年中国互联网基础资源数据如表 6-1 所示。

表 6-1　2012—2013 年中国互联网基础资源对比

	2012 年 12 月	2013 年 12 月	年增长量	年增长率
IPv4（个）	330 534 912	330 308 096	-226 816	-0.1%
IPv6（块/32）	12 535	16 670	4 135	33.0%
域名（个）	13 412 079	18 440 611	5 028 532	37.5%
网站（个）	2 680 702	3 201 625	520 923	19.4%
国际出口带宽（Mbps）	1 899 792	3 406 824	1 507 032	79.3%

截至 2013 年 12 月，中国国际出口带宽为 3 406 824Mbps，图 6-13 所示为 2006—2013 年中国国际出口带宽及其增长率。

图 6-13　2006—2013 年中国国际出口带宽及其增长率

截至 2013 年底，我国主要骨干网络国际出口带宽情况如表 6-2 所示。

表 6-2　主要骨干网络国际出口带宽数

骨干网	国际出口带宽数（Mbps）
中国电信	2190878
中国联通	850215

续表

骨　干　网	国际出口带宽数（Mbps）
中国移动	287629
中国教育和科研计算机网	55500
中国科技网	22600
中国国际经济贸易互联网	2
合计	3406824

需要了解各个网络的情况和最新信息，可以进入相应的主页浏览，如在学校和科研机构常用的中国教育和科研计算机网（CERNET）域名地址是“www.edu.cn”。

6.3.3　Internet 地址

为了实现 Internet 上不同计算机的通信，除了必须使用相同的通信协议 TCP/IP 外，每台连入 Internet 的计算机必须有一个全球唯一的地址，Internet 地址有 IP 地址和域名地址两种表示方式。

1．IP 地址

IP 地址的作用是标识上网计算机、服务器或者网络中的其他设备，是互联网中的基础资源，只有获得 IP 地址，才能和互联网相连。IPv4 地址由 4 段共 32 位二进制数组成，为了简化记忆，实际使用 IP 地址时，一般把 32 位二进制数记为 4 个十进制数（0～255）表示，每段间以英文句点分隔。例如，将二进制 IP 地址 11001010 01110100 10000000 00000110 写成点分十进制数就是 202.116.128.6，表示网络中某台主机的 IP 地址。

配合 IP 地址的使用，还需要配置如子网掩码、DNS、网关地址等网络配置信息，这些配置信息可从网络管理员处获取，或者在连接到 Internet 时由服务提供商自动分配。

2．域名地址

人们的习惯是记住一个人的姓名而不是他的身份证号码，同样，在上网的时候要记住大量数字与字符组合形式的网址是很不方便的。由于数字形式的 IP 地址不便于记忆，从 1985 年开始，在 IP 地址的基础上开始向 Internet 用户提供域名系统（Domain Name System，DNS）服务，用字符为计算机命名。例如，域名地址“http://www.gdut.edu.cn”，表示的是用 HTTP 方式访问中国教育网里的广东工业大学的主页站点，如果用 IP 地址来表示，则为“http://202.116.128.6”。记住有意义的字符，总比记住无意义的数字容易。

域名系统实际上就是一个数据库，记录的是主机名（域名）和 IP 地址的对应关系，类似于常用的电话本，用户只需要按照姓名查找，就可以查到具体的电话或地址，然后就可以找到需要找的人。上网浏览网页的时候，在浏览器中输入域名地址，浏览器一开始并不知道访问的是网络上的哪台主机，因此浏览器首先访问的并不是该域名对应的主机，而是先访问 DNS 服务器，从数据库获得相应的 IP 地址，然后再通过该 IP 地址访问目的主机。例如，访问“http://www.gdut.edu.cn”实际就是访问“http://202.116.128.6”。有了 DNS 系统，用户访问站点就不需要记住一大串数字了。

DNS 域名空间是由树状结构组织的分层域名组成的集合。DNS 域名空间树最上面是一个根域（root），在根域下面是顶级域名，如图 6-14 所示，包括 com、edu、gov、org、mil、net、cn 等域名。在实际使用和功能上，国际域名与国内域名没有任何区别，都是互联网上的具有唯一性的标识。只是在最终管理机构上，国际域名由美国商业部授权的机构 ICANN（The Internet Corporation for Assigned Names and Numbers，互联网名称与数字地址分配机构）负责注册和管理；而国内域名则由 CNNIC（China Internet Network Information Center，中国互联网络管理中心）负责注册和管理。

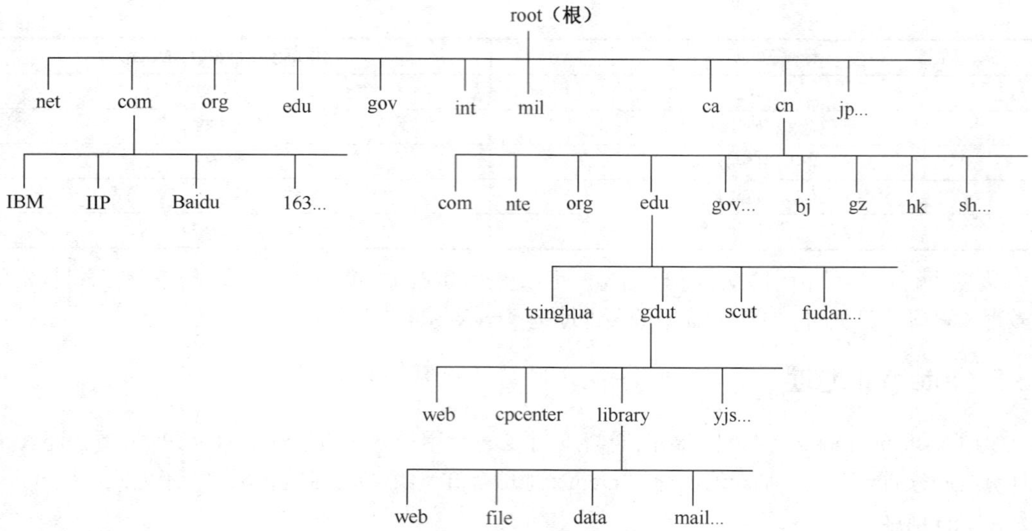

图 6-14 域名的树状结构

顶级域名一般分成两类：组织上的顶级域名（见表 6-3）和地理上的顶级域名（见表 6-4）。

表 6-3 组织上的顶级域名

顶级域名	含义	顶级域名	含义
com	商业机构	info	信息提供
net	网络服务机构	mobi	专用手机域名
edu	教育机构	travel	旅游网站
gov	政府机构	pro	医生，会计师
org	非营利性组织	museum	博物馆
int	国际组织	aero	航空机构
mil	军事机构	post	邮政机构
biz	商业机构	rec	娱乐机构
name	个人网站	asia	亚洲机构

表 6-4 地理上的顶级域名

顶级域名	国家或地区	顶级域名	国家或地区
au	澳大利亚	at	奥地利
be	比利时	ca	加拿大
cn	中国	fl	芬兰
dk	丹麦	de	德国
fr	法国	ie	爱尔兰
in	印度	it	意大利
il	以色列	nl	荷兰
jp	日本	ru	俄罗斯
no	挪威	es	西班牙
gb	英国	se	瑞士
hk	中国香港	us	美国
tw	中国台湾	kr	韩国
br	巴西	……	共 150 多个国家和地区

我国修订的域名体系允许直接在 cn 的顶级域名下注册二级域名，为我国的 Internet 用户提供了很大的方便。例如，某公司 abc 以前要注册为三级域名“abc.com.cn”，但现在可以注册为二级域名“abc.cn”。2013 年 12 月，我国拥有国际域名 18 440 611 个，其中.cn 域名 10 829 480 个。根据信息产业部域名体系公告，“.中国”是在互联网上标识中的中文顶级域名，“.CN”是在互联网上标识中国的英文顶级域名。中国域名是指以中文国家代码顶级域“.中国”结尾的域名，如访问“http://人民网.中国”，相当于访问“http://www.people.cn”。

域名的书写是把级别最低的写在最左边，级别最高的写在最右边，从左到右级别逐级提高，这跟欧美国家写人名的习惯一样，即把姓写在名字的后面一样的道理。如可用“web.jsjxy.gdut.edu.cn”表示中国（cn）教育网（edu）中广东工业大学（gdut）计算机学院（jsjxy）的一台名为“web”的主机（web），这样就保证了主机名的唯一性。整个域名的长度不超过 255 个字符。

6.3.4　Internet 的接入

提供 Internet 接入服务的运营商，称为互联网服务提供商，简称 ISP（Internet Service Provider）。作为 ISP 一般需要有专线与 Internet 连接，有运行各种 Internet 服务程序的主机可以随时提供各种服务，还要有 IP 地址资源以便给申请接入的计算机设备分配 IP 地址。我国三大基础运营商是中国电信、中国移动和中国联通。

在学校或者企事业工作学习的人员，一般是通过校园网或企业网上网，有专人负责，可以不必关心具体如何接入 Internet，只需学会如何使用 Internet 即可。但如果是个人用户，或者负责网络方面的具体工作，那么就需要了解各种入网的方式、设备购置和软件设置等相关知识。

常用的 Internet 接入方法包括拨号方式、专线方式、局域网接入方式、有线电视网络及无线网络接入等。

1．拨号方式

拨号方式一般采用电话线连接 Internet，采用点到点协议（Point to Point Protocol，PPP）及其派生协议拨号上网。56Kbps Modem、ISDN（综合业务数字网）、ADSL 等均为拨号方式。个人用户一般不需要很高的带宽，也没必要 24 小时连接 Internet，因此更多的是选择相对便宜的拨号方式来连接 Internet。利用电话线和调制解调器（Modem），采用拨号的方式登录到 ISP 的主机，获得动态分配的 IP 地址信息后连接到 Internet，上网完毕后断开连接并释放资源，这样可以节约有限的 IP 地址和上网成本。

（1）拨号上网。通过电话网拨号上网的传输速率最高为 56Kbps，主机通过调制解调器（Modem），连接普通电话线就可以上网。随着宽带技术的发展和迅速普及，窄带的电话拨号上网方式已基本被淘汰。

（2）ISDN。综合业务数字网（Integrated Services Digital Network，ISDN）提供端到端的数字连接（可选择 64Kbps 或 128Kbps 的传输速率），可承载包括语音和非语音在内的多种电信业务。国内的 ISDN 业务曾经投入使用，被称为“一线通”，但随着宽带技术的发展，还没得到广泛应用就被 ADSL 和其他宽带技术所取代。

（3）ADSL。非对称数字用户线路（Asymmetric Digital Subscriber Line，ADSL）因为上行（用户到 ISP 方向，如上传）和下行（从 ISP 到用户的方向，如下载）带宽不对称（即上行和下行的速率不相同）而得名。它采用频分复用技术把普通的电话线分成了电话、上行和下行 3 个相对独立的信道，从而避免了相互之间的干扰。

56Kbps Modem 是通过串行口连接计算机主机的；而 ADSL Modem 则通过双绞线连接主机的网卡，再把 ADSL Modem 连接到现有的电话网中就可以实现宽带上网了。用户需要安装的设备包括 ASDL Modem、分离器，主机需安装网卡。分离器的作用是通过滤波手段，隔离话音和 ADSL 信号，使得正常的电话通话不受影响。

ADSL 的优点如下。

① 传输速率高：最大可支持 1Mbps 的上行速率、12Mbps 的下行速率。

② 由于利用现有的电话线网，并不需要对现有网络进行改造，因此其实施所需投入的资金不大。

③ 语音信号和数字信号互不干扰，用户可以一边上网一边打电话。

④ 每个 ADSL 用户独占线路带宽。

2. 专线方式

通过租用专用通信线路与 Internet 进行直接的、24 小时不间断的连接，用户拥有固定的 IP 地址，不需要拨号连接 ISP。这种方式的费用较大，适合于用户量大、数据通信量大、网络稳定性要求高的情况。企事业网和校园网的骨干网络一般是通过专线接入 Internet，如目前许多院校是使用专用光纤线路高速接入教育和科研网的。

数字数据网（Digital Data Network，DDN）利用光纤、数字微波或卫星等数字传输信道提供永久或半永久性连接线路以连入 Internet，提供高质量的数据传输通道，传送各种业务数据，它可以为用户提供各种速率的高质量数字专用电路和其他新业务，以满足用户多媒体通信和组建中高速计算机通信网的需要。由于费用高，所以 DDN 主要是一些单位用户使用。

3. 局域网方式

目前，很多单位已经建立了局域网，通过局域网方式接入 Internet，单位内的所有用户就能接入并访问 Internet，并可有效节约 IP 地址资源、降低局域网内用户连接 Internet 的成本。有些 ISP 提供的连接 Internet 服务，也是通过专线连接到区域（大楼或小区），然后该区域的用户都通过局域网方式上网。

局域网方式连接 Internet，终端可以是连接有线网络的 PC，也可以是连接无线局域网络的移动设备。局域网方式接入 Internet 的实现方法已在 6.2.5 节中介绍。

4. 有线电视网络

Cable Modem（电缆调制解调器）是利用现有的有线电视网，提供高速数据传送的设备。Cable Modem 的优点如下。

① 传输速率快。其上行速率可达 10Mbps，下行最高速率可达 40Mbps 以上。

② 成本低廉。Cable Modem 利用了现有的有线电视（CATV）网络。

③ 上网无须拨号，也就是可以时刻连接在 Internet 上。

④ 支持宽带多媒体应用包括视频会议、远程教学、视频点播、音乐点播等。

由于 Cable Modem 网络结构是总线共享结构，因此上网的速度会随着区域上网用户的增加而下降，这是 Cable Modem 方式上网的不足之处。

5. 无线 Internet

近年来，随着笔记本电脑、上网本、智能手机及平板电脑的普遍使用，无线计算机网络发展迅速，加之移动电话、智能手机的普及和 Internet 人口的急速增长，无线网络必将成为未来信息产业的主流。移动通信技术从 GSM、GPRS 和 CDMA，发展到 3G，以至 4G 概念的提出和快速发展。

3G 是第三代移动通信技术，是指将无线通信与国际互联网等多媒体通信结合的新一代移动通信系统，主要特征是可提供移动宽带多媒体业务。3G 服务能够同时传送声音及数据信息，速率一般在几百 Kbps 以上（3G 下行速度峰值理论可达 3.6Mbps，上行速度峰值也可达 384Kbps）。国际电联确定三个 3G 无线接口标准，分别是美国 CDMA2000、欧洲 WCDMA、中国 TD-SCDMA。2014 年，已有 500 多个 WCDMA 运营商在 246 个国家和地区开通了 WCDMA 网络，3G 商用市场份额超过 80%，而

WCDMA 向下兼容的 GSM 网络已覆盖近 200 个国家，遍布全球，WCDMA 用户数已超过 6 亿。

4G 通常被用来描述相对于 3G 的下一代通信网络，但其定义并不明确。实际上，4G 在开始阶段也是由众多自主技术提供商和电信运营商合力推出的，技术和效果也参差不齐。后来，国际电信联盟（ITU）重新定义了 4G 的标准——达到 100Mbps 数据传输速度的无线通信技术，理论上都可以称为 4G。

目前，除了 3G 和 4G，部分 ISP 提供了无线宽带上网服务，如中国移动的名称为 CMCC 的中国移动 WLAN 热点上网，是在人群较密集的地方（如商业区、旅游区）构建了 Wi-Fi 网络，提供用户临时接入并连接 Internet 的服务，其本质是通过无线局域网方式连入 Internet，而不是终端设备直接连接 Internet。

6.4 Internet 的主要应用

6.4.1 国内 Internet 应用发展情况

随着 Internet 的使用越来越广泛，应用领域不断扩大，新颖的思想和新奇的软硬件不断推出。电子商务（E-Commerce）、电子政府（E-Government）、网络教育、网络娱乐等应用飞速地发展变化，深入并快速地改变着人们的工作与生活。在移动互联网的推动下，契合手机使用特性的网络应用进一步增长。近年来国内 Internet 应用发展情况呈现以下情况。

（1）高流量手机应用发展迅速：手机端视频、音乐等对流量要求较大的服务增长迅速，其中手机视频用户规模增长明显，截至 2013 年 12 月，我国在手机上在线收看或下载视频的用户数为 2.47 亿人，与 2012 年底相比增长了 1.12 亿人，增长率高达 83.8%。手机视频跃升至移动互联网第五大应用。

（2）以社交为基础的综合平台类应用发展迅速：微博、社交网站及论坛等互联网应用使用率均下降，而类似即时通信等以社交为基础的平台应用发展稳定。2013 年，微博用户规模下降 2783 万人，使用率降低 9.2%；而即时通信用户规模在移动端的推动下提升至 5.32 亿人，较 2012 年底增长 6440 万人，使用率高达 86.2%，继续保持上网应用首位的位置。

（3）网络购物用户规模持续增长：商务类应用继续保持较高的发展速度，其中网络购物以及团购尤为明显。2013 年，中国网络购物用户规模达 3.02 亿人，使用率达到 48.9%，相比 2012 年增长 6%。团购用户规模达 1.41 亿人，团购的使用率为 22.8%，相比 2012 年增长 8%，用户规模年增长 68.9%，是增长最快的商务类应用。

表 6-5 所示为各类网络应用使用状况的统计。

表 6-5 2012—2013 中国各类网络应用使用状况的统计

网络应用	2013 年		2012 年		年增长率（用户规模）
	用户规模（万）	网民使用率	用户规模（万）	网民使用率	
即时通信	53215	86.2%	46775	82.9%	13.8%
网络新闻	449132	79.6%	46092	78.0%	6.6%
搜索引擎	48966	79.3%	45110	80.0%	8.5%
网络音乐	45312	73.4%	43586	77.3%	4.0%
博客/个人空间	43658	70.7%	37299	66.1%	17.0%
网络视频	42820	69.3%	37183	65.9%	15.2%
网络游戏	33803	56.7%	33569	59.5%	0.7%
网络购物	30189	48.9%	24202	42.9%	26.7%
微博	28078	45.5%	30861	56.7%	-9.0%
社交网站	27769	45.0%	27505	48.8%	1.0%

续表

网络应用	2013 年		2012 年		年增长率（用户规模）
	用户规模（万）	网民使用率	用户规模（万）	网民使用率	
网络文学	27441	46.4%	23344	41.4%	17.6%
网上支付	26020	42.1%	22065	39.1%	17.9%
电子邮件	25921	42.0%	25080	46.5%	3.4%
网上银行	25006	40.5%	22148	39.3%	12.9%
旅行预订	518077	29.3%	11167	19.8%	61.9%
团购	14067	22.8%	8327	14.8%	68.9%
论坛/BBS	12046	19.5%	14925	26.5%	-19.3%

6.4.2 WWW 浏览

万维网（World Wide Web，WWW）是 Internet 的主要应用之一，基于超文本（Hypertext）技术，用链接的方法非常方便地从 Internet 上的一个站点访问另一个站点（一个页面到另一个页面），从而使得用户能主动地按需获取丰富的信息。超文本是万维网的基础，是包含指向其他文档的链接的文本，其中的链接称为“超链接”。

正是由于万维网的出现，使 Internet 从仅由少数计算机专家使用变为普通百姓也能利用的信息资源，万维网的出现是 Internet 发展中的一个重要的里程碑。

1. 关于 WWW

万维网（WWW）涉及以下几个基础知识。

（1）统一资源定位

统一资源定位（Uniform Resource Locator，URL）是用来表示从 Internet 上得到的资源位置和访问这些资源的方法，这里的资源是指在 Internet 上可以被访问的任何对象，包括文件目录、文件、文档、图像、声音等。例如，广东工业大学主页的 URL 是 http://www.gdut.edu.cn，百度 Logo 图片的 URL 是 http://www.baidu.com/img/bdlogo.gif。

（2）超文本传输协议

超文本传输协议（HyperText Transfer Protocol，HTTP）是一种通过 Internet 传递信息的协议，利用该协议，用户在浏览器输入 URL，并从 Web 服务器获取文本、图形、声音以及其他数字信息。

（3）超文本标记语言

超文本标记语言（Hypertext Markup Language，HTML）是一种制作网页页面的标准语言，它消除了不同计算机之间信息交流的障碍，容易掌握且实施简单。

在了解上述概念后，用户使用 WWW 的过程可以描述为：用户打开浏览器软件，通过超链接或输入地址，访问相应的 URL；通过 HTTP 把该 URL 相关的资源传递回来；其中网页资源均由 HTML 编写，浏览器把这些标准化的文本代码“翻译”为网页的形式，直观地显示出来。

2. 常用浏览器

Internet Explorer（简称 IE）是 Windows 系统内置的浏览器软件，由于 Windows 具有庞大的用户群，IE 不需另外购买和安装，故 IE 成为最多人使用的浏览器产品之一。

IE 窗口中，标准按钮栏包括了常用的后退（返回之前查看的页）、前进（移到下一页）、刷新（重新下载并显示当前页）、停止 × （停止下载当前页）等按钮；地址栏显示正在浏览的 Web 文档地址，也可输入地址并浏览，该地址既可以是 Internet 地址（如“http://www.gdut.edu.cn/”），也可以是

本地路径（如“c:\homepage\index.html”）等。IE的界面如图6-15所示。

Internet的发展日新月异，更新、更多功能的浏览器不断出现。其他流行的浏览器产品有Firefox、360浏览器、Chrome、Opera等，支持多种新概念和新功能，如多页面浏览、弹出窗口拦截、仿冒网页过滤、鼠标手势等。随着硬件技术的发展，不同的硬件平台也加入到Internet中，使得浏览器的运行平台和产品设计变得多样化，如苹果上的Safari、安卓平台上的UC浏览器等，其操作方式、运行界面都有很大的不同。图6-16所示为在安卓智能手机上使用UC浏览器。

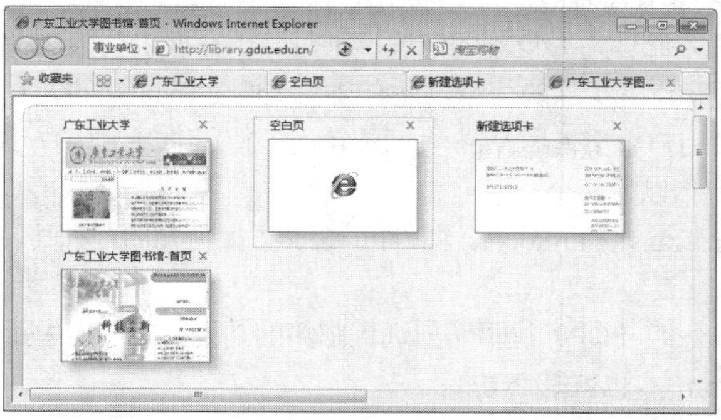

图6-15　Internet Explorer

图6-16　在智能手机上使用UC浏览器

另外，由于网页制作兼容性、不同浏览器产品、浏览器版本差异、不同屏幕大小、具体功能设置等原因，导致同样的网页，在不同的环境打开，可能会有不同的显示和浏览效果；基于不同的硬件平台，也要根据实际因素，如操作系统、屏幕尺寸、控制方式（鼠标/触控）等，制作不同的页面及交互功能。

6.4.3　电子邮件

电子邮件（Electronic-mail，E-mail）是Internet最基本、最重要的服务之一。类似于寄普通信件，发送电子邮件需要知道发送方和接收方的地址，需要填写信件的内容。不同的是，电子邮件并不需要贴上邮票，也不需要漫长的等待，只要填写的邮件地址和网络没有出现错误，发出的邮件很快（视网络及服务器状况）就发送到对方的邮箱里。因为信件是保存在连接到Internet的服务器硬盘上，用户需要“钥匙”（即密码）才可以打开私有的邮箱，所以不管发信人或收信人在哪里，只要能够接入Internet，就可以安全便捷地发送和接收信件。

1．电子邮件格式

E-mail地址的格式为：用户名@邮件服务器域名。例如，gdutcpc@126.com、12345678@qq.com。

其中用户名由英文字符和数字组成，不分大小写，用于鉴别用户身份；“@”的含义和读音与英文单词“at”相同；邮件服务器域名是该邮箱所在电子邮件服务器的域名。

2．电子邮箱的类型

电子邮箱并不像传统的邮箱一样放在家里，也并不是一个有形的箱子，而是存放在服务器上、每个用户拥有的一块带权限访问的私人硬盘空间。除了可以利用电子邮箱相互发E-mail外，许多人还当成自己的网络硬盘使用，既方便又安全，因此很多邮箱服务提供商还提供了文件云存储等拓展服务。

按照电子邮件的收发方式，电子邮箱分为Web页面邮箱和POP3邮箱。

（1）Web 页面邮箱

Web 页面邮箱的特点是用户需要收发邮件时，都要登录到该网站才行。邮箱的登录会耗费一些上网时间，不过由于不需要特定的软件支持，在任何地方只要能够用浏览器上网就可以使用，而且直观易用，因此是许多用户的首选。

（2）POP3 邮箱

提供Web页面邮箱的网站，大多会同时支持POP邮箱。这种方式需要使用邮件收发软件，如Outlook Express、Foxmail 等，POP 邮箱的优点是在不需登录网站的情况下就能直接收发邮件，可以离线读信和写信，大大节省了上网时间，适合很多邮件需要处理的情况。不过由于需要专门的邮件收发软件，还要设置如邮箱地址、服务器地址等让初学者头痛的信息，还有某些恶性 E-mail 病毒是针对 Outlook 的漏洞进行传播和发作，因此也有许多用户宁愿使用 Web 页面邮箱而不使用 POP 邮箱方式。

E-mail 系统专有的应用性协议包括以下两个。

简单邮件传输协议（Simple Mail Transfer Protocol，SMTP）定义了如何在用户间传输邮件。在应用中，SMTP 是负责邮件发送的。

电子邮局协议（Post Office Protocol，POP）提供访问远程邮箱的功能。在应用中，POP 是负责邮件接收的。流行的 POP 版本是 Version 3，也就是 POP3。

6.4.4 网络资源检索

1. 获得有用的网址

上网查找某个方面的资讯，需要获得相关站点的网址，获取的方法有各种媒介的宣传、他人的推荐、网站之间的超链接、网址收藏夹等许多方法。如果忘记了网址或者不知道有什么好用的网址，可以通过一些专门搜集优秀网址的网站进行查找，如“www.5566.org”、“www.hao123.com”等。有了这些“地址本”的帮助，就不需要记住大量的网址了。图 6-17 所示为网址搜集网站“www.5566.org”的“名站”栏目。

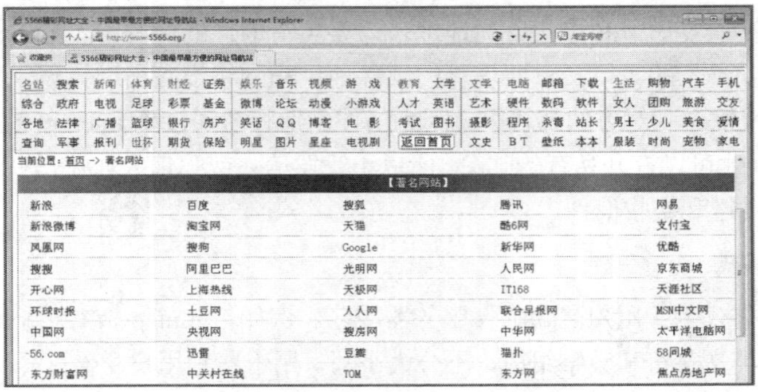

图 6-17 网址搜集网站

2. 全文检索搜索和分类目录搜索

有人说，网络的最大优点就是信息量大，而最大的缺点也是信息量大。海量的站点包含着无数或真或假的信息，如何在“大海”里面准确地“捞针”，快速有效地找到所需的信息呢？我们需要借助搜索引擎（Search Engine）的帮助。

目前，最著名的中文搜索引擎有 Google（www.google.com.hk）、百度（www.baidu.com）等。搜索引擎可分为全文检索搜索引擎和分类目录搜索引擎。

（1）全文检索搜索引擎

搜索引擎也是一个 WWW 网站，用户可在查询框输入查询关键字、词组或句子，搜索引擎在其索引数据库中查找相关信息并返回结果。全文检索搜索引擎的工作原理是通过搜索软件（Spider，也称为“蜘蛛”或“网络机器人”）在 Internet 上收集各网站信息，找到一个网站后可从这个网站再链接到另一个网站（像蜘蛛爬行一样），建立起一个庞大的在线数据库并周期性进行更新。用户输入查询关键字，就从建立好的索引数据库里进行查询，而并不是实时地在 Internet 上检索。因此搜索的速度很快，但查到的信息有可能是失效或过时了的。

（2）分类目录搜索引擎

目录服务是将各种信息按树形结构组织，用户按大类、子类、子类的子类……一步步深入，直到相关信息的网址，类似于图书馆按分类目录查找图书。图 6-18 为著名开放式分类目录网站 Dmoz，是由来自世界各地的志愿者共同维护与建设的最大的全球目录社区，其内容的审核、更新和维护都是人工进行的。

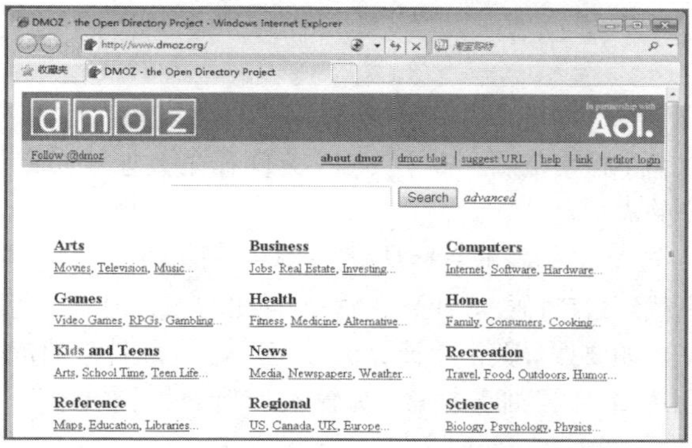

图 6-18　“Dmoz”分类目录搜索

分类目录的好处就是用户可根据网站原来设计好的目录有针对性地逐级查询所需要信息，但内容比较有限；而全文检索可以检索出大量信息，用户有时会因为信息量太大而很难迅速筛选出所需的信息。

除了常见的全文检索和分类目录，还有垂直搜索引擎（Vertical Search Engine）和元搜索引擎（Meta Search Engine）。垂直搜索引擎针对某一特定领域、特定人群或某一特定需求提供搜索服务，返回的结果倾向于信息、消息、条目等。目前，热门的垂直搜索行业有购物、旅游、汽车、求职、房地产、交友等。元搜索引擎把用户提交的检索要求发送到多个独立的搜索引擎上搜索，并把检索结果集中统一处理。元搜索引擎一般都没有自己网络机器人及数据库，它们的搜索结果是通过调用、控制和优化其他多个独立搜索引擎的搜索结果并以统一的格式在同一界面集中显示。

3. 搜索技巧

（1）模糊查询

在默认情况下，搜索引擎都是使用模糊查询方式。模糊查询又称为“智能查询”，搜索引擎不但查出包含关键字的网址，同时也返回与关键字意义相近的内容。例如，查询“计算机”时，会连同“计算机程序”、“计算机网络”、“电脑”等内容一同反馈。

（2）精确查询

搜索引擎会对用户输入的关键字进行“分词”操作，如输入“计算机网络技术”，搜索引擎会将“计算机网络技术”、“计算机”、“网络”、“网络技术”和“计算机网络”等相关的内容都进行搜索，往往返回大量无用信息，如果需要精确的查询，只需要加上双引号就行了（见图6-19），这一方法在查找名言警句或专有名词时显得格外有用。此外，一些标点符号如“-”、“\”、“+”、“=”、“,”和“'”也可作为短语连接符。例如，尽管没有加上引号，mother-in-law仍作为专用语处理。

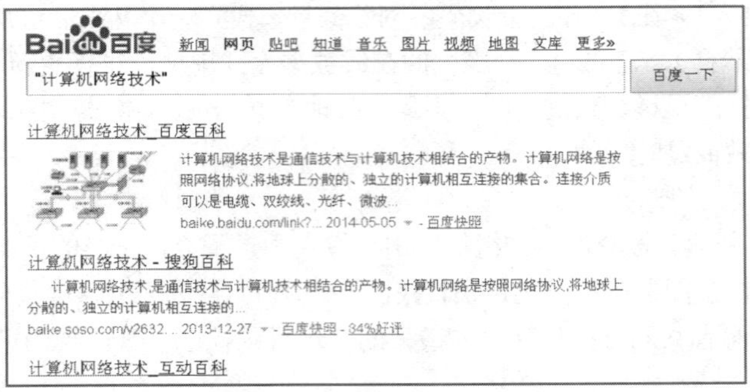

图6-19 精确搜索

（3）逻辑查询

仅仅是一个关键字的查询不能有效地缩小搜索范围，因此搜索引擎大都提供了逻辑查询功能，用户可以输入多个关键字以缩小搜索范围，多个关键字之间存在“与”、“或”、“非” 的逻辑关系，使得搜索的结果更加符合用户的需求。

可用空格表示逻辑“与”，如想找的目标是：“计算机方面的中文电子书下载观看”，可以输入查询词“计算机电子书中文下载”。有时候，排除一些关键词比增加关键词更有利于缩小查询范围，可用减号“−”来表示逻辑“非”，如要搜寻关于“计算机”，但不含“软件”的资料，可使用查询词“计算机 –（软件）”。另外，还可用逻辑“或”加强搜索，如输入“（计算机 | 软件）”，搜索结果是含有“计算机”或“软件”的所有网页。

（4）使用高级搜索

为了提供更有效的搜索，大多搜索引擎会提供高级检索功能，用户可以指定查询返回网页的编码类型（简体、繁体等）、指定查询结果中网页的生成时间、指定文档的格式、将搜索范围限制在某个特定的网站中、排除某个特定网站的网页以及指定关键词所在位置等。

（5）在搜索结果中继续搜索

搜索得出的结果可能有几千上万项，用户不可能全部都浏览一遍，这时需要继续缩小搜索范围，用户可以输入更多的关键字，然后选择 “在结果中搜索”，进一步筛选搜索结果。

（6）利用“快照”查看已失效的链接

单击搜索结果中的链接，有时会显示“找不到该页”。出现这种情况的原因，可能是单击访问的这个站点非常得忙，刷新几次或者过一段时间再试就可以了；原因也可能是该站点做了一些设置拒绝了用户的登录；也有可能是这个站点由于各种原因已经不存在了，但在搜索引擎的数据库中仍然存在，则可以单击搜索引擎提供的“快照”查看。

（7）判别信息准确度

搜索引擎会根据用户输入的关键字串与数据库的分类类目及网站信息的相关程度来排列出相关的类目和网站，相关程度越高，排列位置越靠前。有些搜索引擎为广告客户提供有偿服务，使得结果页面的排序可能会有一些变化。另外，Internet上存在大量良莠不齐的信息，用户必须根据实际情况进行思考，分析信息准确度。

提示：每个搜索引擎的技术水平和具体使用方法略有不同，使用时请参考该网站的相关说明。

6.4.5 文件下载

1. 通过浏览器直接下载

在网络上可以找到许多有用的资源，如学习教程、最新杀毒软件等，通常是通过"下载"来获取这些资源。提供文件下载的站点也会提供相应的超链接，通常将鼠标指针指向相应的链接单击就可以下载该文件。不过有些格式的文件（如文本文件、图片文件等）会直接在浏览器里面打开而不是下载，如果需要下载，可以将鼠标指针指向相应的超链接右击，在弹出的快捷菜单中，选择"目标另存为"。这两种操作方式实现的下载功能是一样的。

2. 通过下载软件下载

通过浏览器直接下载文件方式使用方法简单，但如果下载的文件较大，或网络速度慢都可能导致下载的时间比较长，这期间如果出现网络故障或者死机，那么劳动成果就白费了。可以使用专门的下载软件避免这种问题，如网际快车（Flashget）、迅雷（Thunder）等，这些软件支持断点续传、文件分段下载(多线程)、下载任务管理、下载加速等许多快速下载的功能，可以大大提高下载的效率。操作方法是：将鼠标指针指向超链接右击，在弹出的快捷菜单中，选择"使用迅雷下载"选项（见图 6-20），然后按相应的提示操作即可下载（该计算机应先安装迅雷软件）。

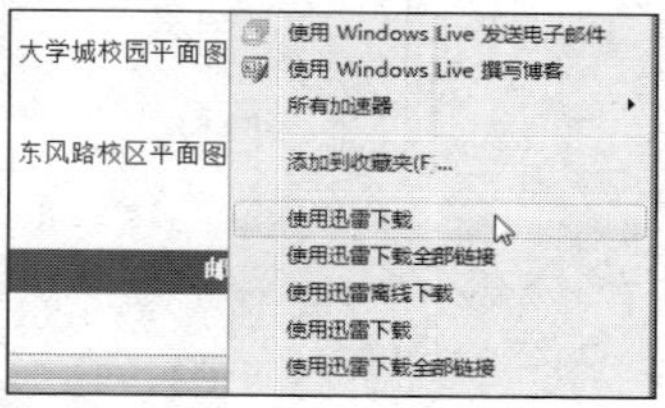

图 6-20　使用"迅雷"下载指定资源

6.4.6 网络交流与通信

通过网络交流与通信，是用户使用 Internet 的主要活动之一。在网络上交流比较自由、环境宽松，因此网络交流话题较为广泛和轻松，深得年轻一代的青睐。网络交流有多种方式，新的软件也层出不穷。

电子公告板（Bulletin Board System，BBS）是一个可以提供给用户发布消息的服务。BBS 开辟了一块"公共"空间供所有用户获取和发布信息，里面划分了各种各样的主题供大家进行讨论，进入 BBS 后可以查看和发送留言。

网上聊天提供了一种实时网上沟通的方式，参加交谈的人要在同一时间登录到同一聊天站点，在一个虚拟的房间里面进行，在 "聊天室"里可以实时地发布和阅读其他人发出的信息。与 BBS 会保存下所有发布的信息不同，聊天方式的信息滚屏显示，一般不在服务器上保存用户发布的信息，适合小范围的即时聊天。

即时通信（Instant Messaging，IM）是一种基于互联网的即时交流消息的业务。ICQ 是三个以色列青年在 1996 年开发出来的，从此开启了即时通信的序幕。即时通信允许两人或多人通过网络进行即时的文字、语音、文件与视频交流。随着移动互联网技术的发展，即时通信从 PC 端快速地转至智能手持终端，如智能手机、平板电脑等。即时通信方式需要安装和运行即时通信软件，人们可使用文字、图片、语音和视频方式进行聊天，还可以进行文件传送、远程协作等进行交流，因此许多人不光使用即时通信软件来联系亲朋，还把它当成工作必需的网络工具。"QQ"是国内使用非常广泛的一款即时通信软件，既可运行于 PC，也有可在安卓、苹果系统上运行的版本；"微信"是亚洲地区最大用户群体的移动即时通信软件，支持跨通信运营商、跨操作系统平台通过网络快速发送免费（需使用少量网络流量）语音短信、文字、图片和视频。

6.5 网页制作基础

截至 2013 年 12 月，中国网站数量为 320 万个，全年增长 52 万个，增长率为 19.4%。网页是 Internet 内容资源的直接载体，海量的网页使得 Internet 的内容异常丰富。截至 2013 年 12 月，中国网页数量为 1500 亿个，相比 2012 年同期增长了 22.2%。图 6-21 所示为 2007—2013 年中国网页规模变化。可见，网页制作技术被广泛应用并具有广阔的发展前景，掌握一定的网页制作技术，对于现代人来说是很有必要的。

图 6-21 2007—2013 年中国网页规模变化

6.5.1 网页设计基础——超文本标记语言

在设计网页之前，用户需要了解网页设计的基础语言——超文本标记语言（HTML）。Internet 上绚丽多彩的众多网页，就是由 HTML 描述和标记而成的，HTML 代码是一种描述文档结构的语言，并不描述实际的表现形式，通过浏览器的“翻译”，变成人们平常熟悉的多媒体网页。

HTML 也在不断地发展中，2012 年 12 月，万维网联盟（W3C）正式宣布凝结了大量网络工作者心血的 HTML5 规范已经正式定稿。HTML5 的理念是设计一个统一的网络浏览方式，无论是笔记本，台式机，还是智能手机都应该很方便地浏览基于 HTML5 的网站，使得这个网站对任何硬件设备都通用。HTML5 让浏览器直接绘制矢量图，这意味着用户可以脱离 Flash，直接在浏览器中显示图形或动画。

6.5.2 Web 页面的构成

Web 页面依照 HTML 格式编写，不含任何与平台和程序相关的信息，可以用任何文本编辑软件（如“记事本”）读取和编辑，网页文件实际上是一个普通的文本文档，只是文件后缀为 htm 或 html。

由 HTML 编写的 Web 页面包含以下多种标签。

（1）基本标签。基本标签包括：标记 HTML 文件的开头和结尾的“<HTML>…</HTML>”标签；标记文档页头和描述文件信息的“<HEAD>…</HEAD>”标签；标记文档主体和正文内容的“<BODY>…</BODY>”标签；设置文档标题与在浏览器的标题上显示的“<TITLE>…</TITLE>”标签。

（2）题头标签、结构相关标签。包括了标题、对齐方式、区段、引文区段及强调等多种标签。

（3）区段标签。包括多种区段标签，如表示段落的“<P>…</P>”标签、表示换行的“
”标签、表示水平线的“<HR>”标签等。

（4）图形标签、链接标签。包括表示图形的“<IMG SRC="URL">”标签、表示图形位置的“<IMG SRC="URL" ALIGN=…>”标签、表示图形尺寸的“<IMG SRC="URL" WIDTH=? HEIGHT=?>”标签、表示超链接的“<A HREF="URL">…</A>”标签等。

（5）其他元素。包括列表、字体字形、字体效果等标签元素。

以下以手工输入 HTML 方式制作一个简单网页，启动“记事本”，输入以下内容：

```
<html>
    <head>
    <title>我的主页</title>
    </head>
    <body>
       <p>欢迎光临我的主页！</p>
       <p>你好！<br>
       广东工业大学计算机学院欢迎你！</p>
    </body>
</html>
```

选择“文件”→“另存为”命令，把文件名保存为“homepage.htm”，注意不要保留原来的“txt”文件后缀。用浏览器打开刚才保存的网页文件，可以看到如图 6-22 所示的效果。

图 6-22　简单网页制作

6.5.3　网页制作工具

虽然 HTML 语言简洁易懂，但编写一个网页文件，需要大量的 HTML 代码，如果都用手工录入的方式编写，工作量是非常巨大的。很多软件都有将其文件转换为 HTML 网页文件的功能，如 Word、Excel、PowerPoint 等软件制作的文档，均可另存为网页文件。

网页制作工具让用户可以使用可视化的方式编辑网页，不需编写代码即可制作丰富多彩的网页，使用“所见即所得（WYSIWYG）”方式，使得网页制作跟使用 Word 进行排版一样直观方便。下面以 Dreamweaver 为例，介绍使用网页制作工具制作简单网页的方法。

6.5.4　网页创建与编辑

1．创建空白网页

进入 Dreamweaver，通过启动窗口（见图 6-23），选择“新建 HTML”，创建一个空白页面。

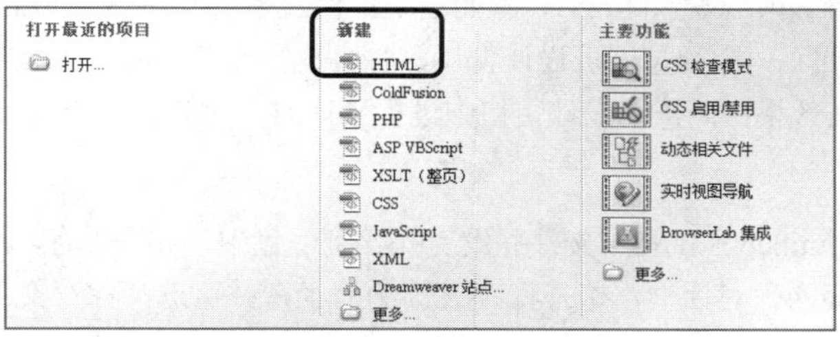

图 6-23　新建 HTML

2．通过模板创建网页

也可选择“文件”菜单中的“新建”命令，可选择不同的模板和布局方式创建新网页。在此选择“HTML”页面类型的不同布局，如图 6-24 所示，单击“创建”按钮，则新建了网页文件，里面已包含一定的内容，如图 6-25 所示。

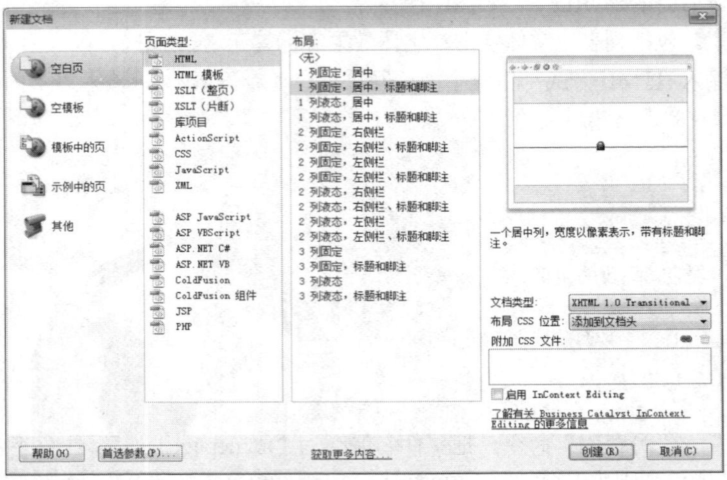

图 6-24　选择创建网页的方式

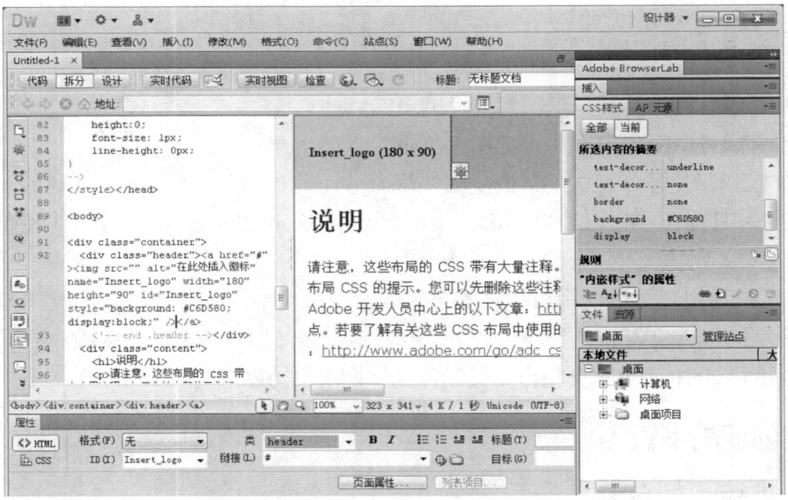

图 6-25　Dreamweaver 软件界面

在 Dreamweaver 界面中（见图 6-25），上面是菜单栏及多页面标签，下面是“属性”工具栏；左边是网页文件的 HTML 代码，中间是网页设计窗口，右边是各种工作窗口。用户改变了 HTML 代码，设计窗口中会马上显示其效果；同样在设计窗口中进行了修改，对应的 HTML 代码也会自动更新。

3．保存网页

此时，新建的“Untitled_1.html”文件并没有保存到磁盘中，如需保存，选择“文件”菜单的“保存”命令，弹出“另存为”对话框，选择保存文件的路径，并可选择保存文件的类型，网页文件常用的扩展名为“htm”或“html”。

4．打开网页

选择“文件”菜单中的“打开”命令，选择保存在磁盘上的网页文件，可打开原有网页进行编辑。在此打开前面保存的“homepage.htm”文件。

接下来希望不再编辑 HTML，而只通过可视化操作进行网页制作，可单击“设计”按钮，切换至“设计视图”，如图 6-26 所示，原来在“拆分”视图里的 HTML 代码被隐藏起来了。

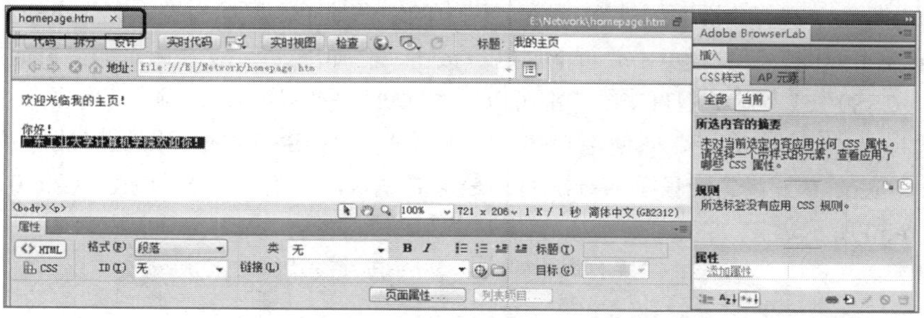

图 6-26　打开网页文件并切换至“设计”视图

5．设置字体格式

选择要设置的文字，选择“属性”工具栏中的“CSS”选项卡，可设置相应的字体格式和段落格式，如图 6-27 所示。

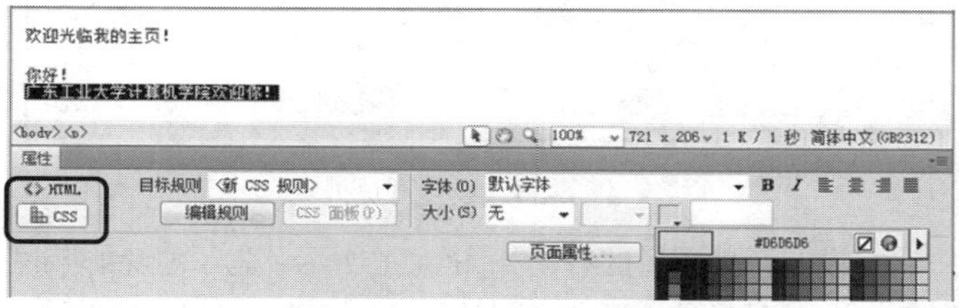

图 6-27　通过 CSS 选项卡设置字体格式

与 Office 软件相似，网页制作中也大量地使用样式。在此要修改字体的显示效果，必须新建一个 CSS 规则，如图 6-28 所示，输入规则名称，然后设置对应的字体格式。与 Word 中的字体样式类似，设定的 CSS 格式可以很方便地应用于别的文本，只需选中文字后，在“属性”工具栏中选择设定的目标规则，如图 6-29 所示。

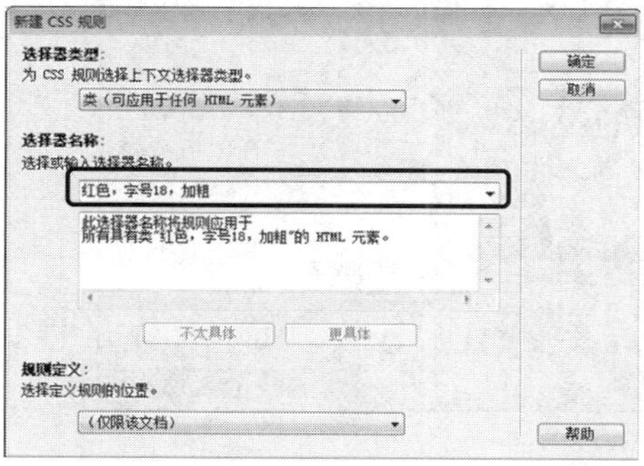

图 6-28　新建 CSS 规则

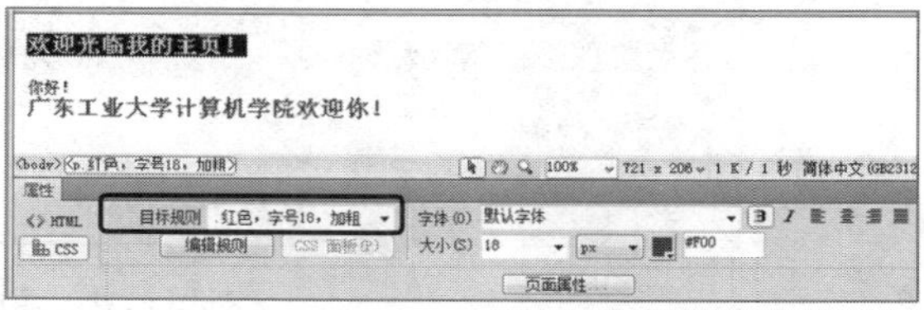

图 6-29　CSS 应用于别的文本

CSS（Cascading Style Sheets，层叠样式表）是能够真正做到网页表现与内容分离的一种样式设计语言，目前最新版本为 CSS3。CSS 能够对网页中的对象的位置排版进行像素级的精确控制，支持几乎所有的字体字号样式，是目前基于文本展示最优秀的表现设计语言，有较强的易读性。

6.5.5 页面属性设置

1．设置网页背景

在“修改”菜单选择“页面属性”，或对着网页的空白处单击鼠标右键，在弹出的菜单中选择“页面属性”，或在“属性”工具栏单击“页面属性”按钮，会弹出如图 6-30 所示的“页面属性”对话框，选择“外观（CSS）”或“外观（HTML）”都可以修改网页背景图片、背景颜色、离页面的边距等属性。

在此选择“外观（CSS）”，即使用 CSS 方式而不是 HTML 方式标记网页属性，并在“重复”选项中选择“no-repeat”，背景图只贴入一次而不是重复贴入，背景色设置为绿色（#0F0），边距都设置为 0，如图 6-30 所示。

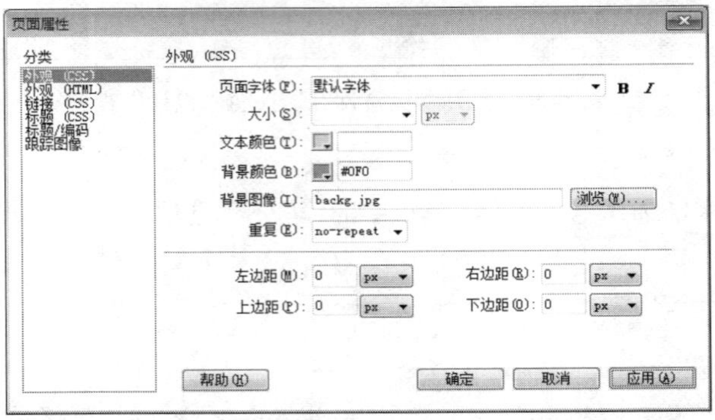

图 6-30　设置网页外观

单击“确定”按钮，设置背景图后的效果如图 6-31 所示。为了避免影响网页整体效果，一般采用颜色较淡的图片和颜色作为网页背景。可留意修改页面属性参数前后的差别。在右边的工具栏中会显示目前页面设置的相关参数信息。

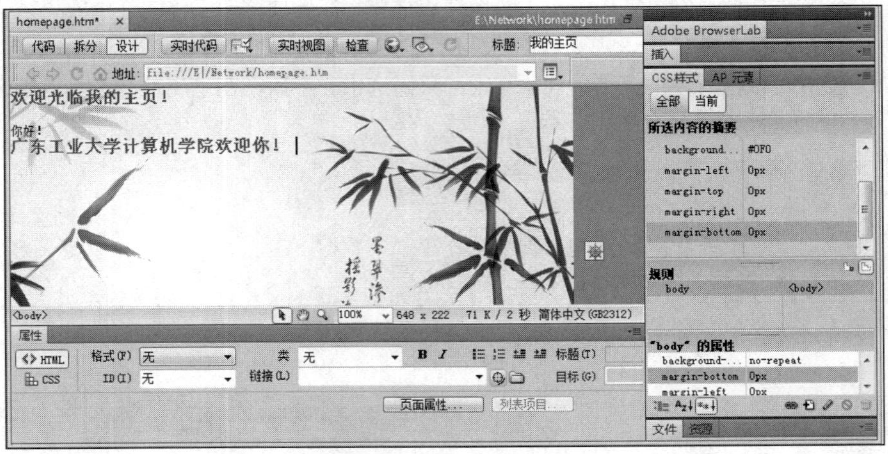

图 6-31　网页设计效果

单击“拆分”按钮，可在代码区看到包含在“<style>……</style>”之间的代码，就是通过刚才的操作自动生成的 CSS 代码，如图 6-32 所示。

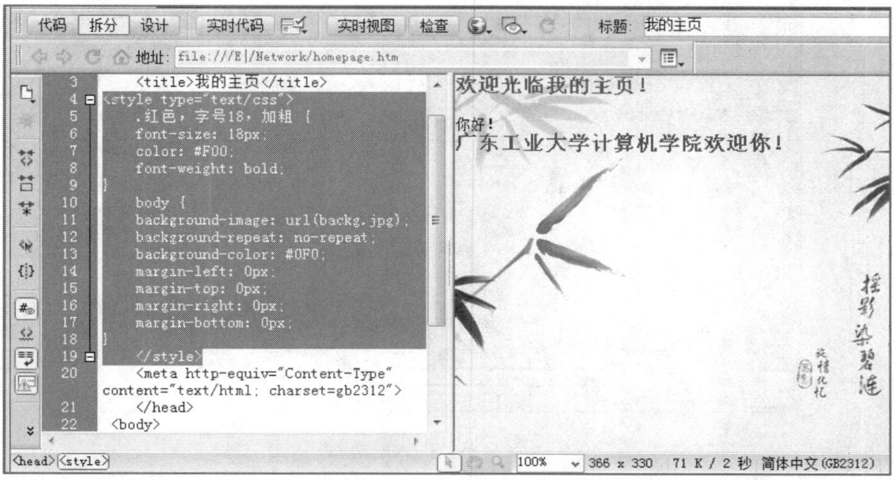

图 6-32　自动生成代码

2. 设置网页标题

在“页面属性”对话框中，选择“标题/编码”分类，可设置网页的标题及编码方式。在此设置网页标题为“广东工业大学”，编码方式为“Unicode（UTF-8）”，如图 6-33 所示。

在浏览器中查看网页显示效果，在浏览器标题栏会显示所设置的网页标题，如图 6-34 所示。

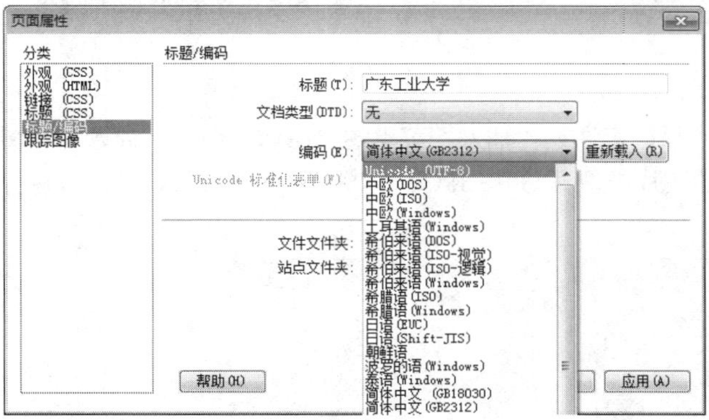

图 6-33　修改网页标题及编码

图 6-34　修改网页标题

6.5.6　在网页中创建超链接

可以为各种对象（文本、图片、形状等）创建超链接，通过超链接可以实现对象之间的链接与跳转，这是网页技术能够被广泛应用的基础。选择相应文字或图片后，选择“属性”工具栏的“HTML”选项卡，在“链接”项后直接输入超链接的 URL，或单击“浏览文件”按钮，在弹出的“选择文件”对话框中找到所需的文件地址或输入超链接，如图 6-35 所示。

单击“实时视图”按钮，可切换到实时视图预览网页的实际运行效果，但如果需要在实际的浏览器中查看实际效果（不同的浏览器查看同一个网页，有时也会出现不同的显示效果），可在“文件”菜单中选择“在浏览器中预览”命令，再选择相应的浏览器，如图 6-36 所示。

在浏览器中可看到“广东工业大学”的超链接已建立成功（见图 6-37），鼠标指针指向的时候，鼠标指针的箭头形状变成手形，单击即可访问该地址。

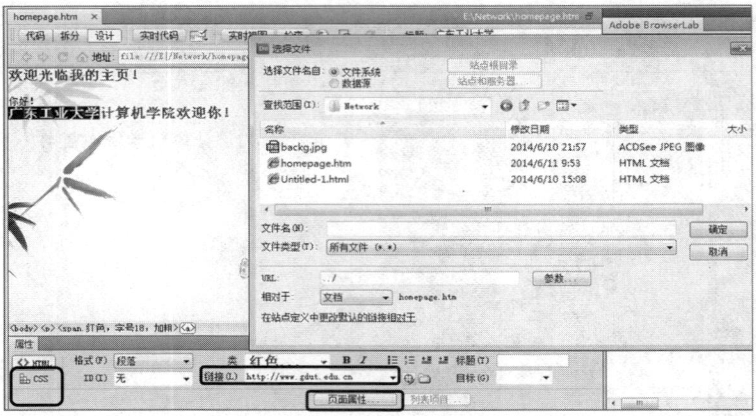

图 6-35 插入超链接

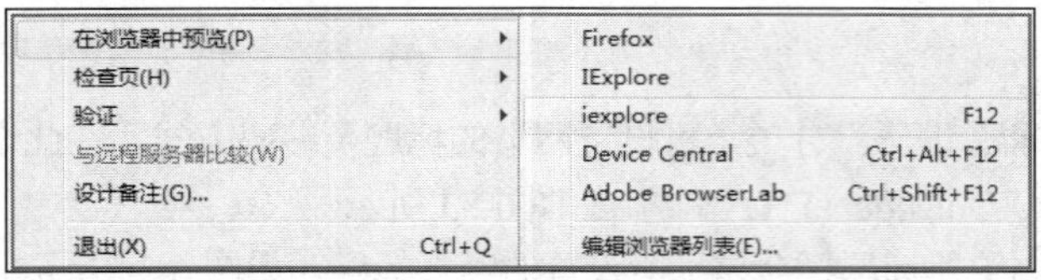

图 6-36 “在浏览器中预览”命令

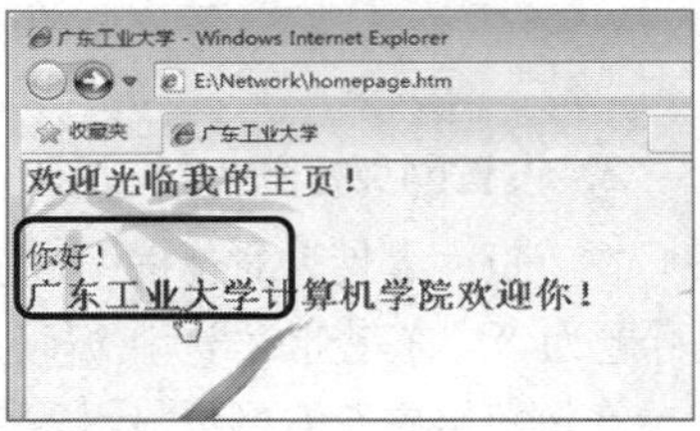

图 6-37 预览网页运行效果

6.5.7 在网页中添加图形

与其他软件的操作类似，选择插入点后，可通过“插入”菜单的“图像”命令，插入各种图片文件，如图 6-38 所示。一般适合用于网页的图片类型有 GIF、JPG、PNG，这些格式可以对图片进行压缩并使得文件大小适合在互联网上传输。

图 6-38 插入图片

6.5.8 在网页中创建表格

可通过“插入”菜单的“表格”命令，在网页中插入表格 1，设置边框粗细为 1 像素，如图 6-39 所示。

与 Office 其他软件不一样的是，在网页中插入表格很多时候是为了实现不同的网页布局效果。在这种情况下，网页制作者并不希望表格的边框显示出来。

为了对比显示效果，在表格 1 的下面再插入另一个相同的表格 2。通过单击表格线条，选择表格 2 后，在“属性”工具栏中设置其表格边框（粗细）为 0，如图 6-40 所示。

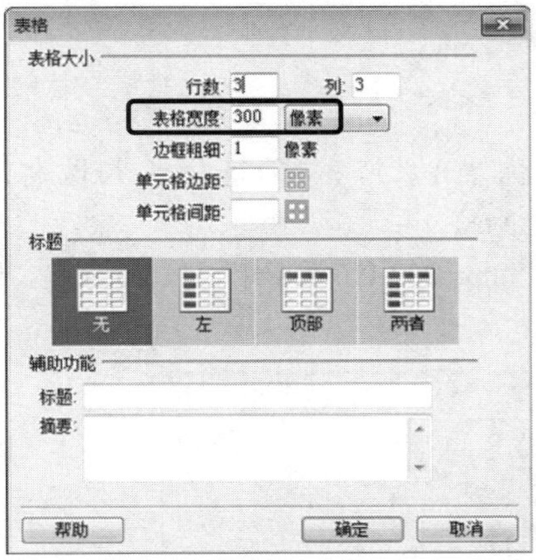

图 6-39　网页中插入表格

图 6-40　表格属性设置

网页实际运行效果如图 6-41 所示，可看到表格 1 的边框还在，表格 2 的边框并没有显示出来。通过无边框表格的属性进行设置（表格位置、宽度、高度等），可达到有效定位和精确进行页面布局的目的。

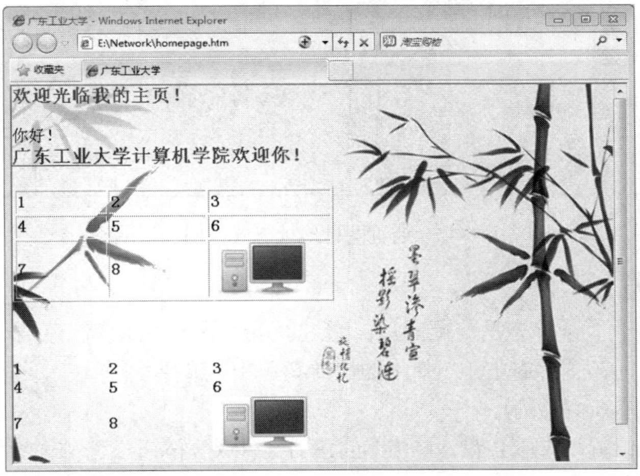

图 6-41　网页显示效果

在设计和布局网页时，很多时候可以通过无边框的表格来实现网页中各种元素的布局，但这不是唯一方法，专业的网页设计人员一般通过 DIV 标签配合 CSS 进行布局操作。篇幅所限，在此不详细介绍，有兴趣的读者可参考相关资料。

6.6　综合操作实例

前面介绍了 Internet 的一些基本知识，但对于现代人来说，掌握 Internet 的实际应用更为重要。下面介绍的操作内容包括上网的基本操作、电子邮件的使用、搜索引擎的使用以及局域网的设置与使用。本节内容作为对本章前述内容的补充，可作为读者自学之用。

6.6.1 WWW 操作

1. 访问网站

通过域名地址和 IP 地址两种方式访问同一个网站。

（1）打开一个“Internet Explorer”窗口（以下简称“IE”），在地址栏输入域名地址“http://www.gdut.edu.cn”，按 Enter 键，进入“广东工业大学”网站。

（2）另外打开一个新的 IE 窗口，在地址栏输入 IP 地址“http://202.116.128.6/”，按 Enter 键，同样进入了“广东工业大学”网站，如图 6-42 所示。

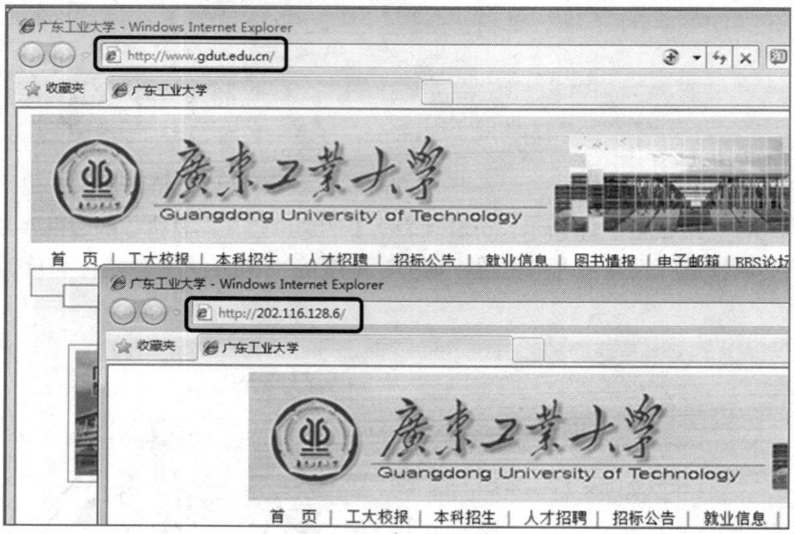

图 6-42　通过两种地址方式访问同一网站

2. 保存页面图片

页面上的广东工业大学标志是一幅图片，通过以下步骤把该图片保存到一个指定地方。

（1）鼠标指针指向该图片右击，在弹出的快捷菜单中，选择“图片另存为”选项，如图 6-43 所示。

（2）选择保存的位置，选择 E 盘，单击“创建新文件夹”按钮，改变刚才新建的文件夹的名字，如“3115123456_计算机 105 班_张三”（学号+班级+姓名），并进入该文件夹。

（3）改变文件名为“gdut_logo”，单击“保存”按钮。

图 6-43　选择“图片另存为”选项

3. 下载文件

（1）单击超链接“办公服务”，进入办公服务页面，该页面提供了多个文件可下载。

（2）鼠标指针指向超链接“大学城校园平面图”，单击鼠标右键，在弹出的快捷菜单中，选择“目标另存为”选项，如图 6-44 所示。

（3）出现保存文件对话框，指定文件保存的路径为刚才创建的文件夹（“E:\3115123456_计算机 105 班_张三”），同时修改文件名为“大学城图.jpg”，单击“保存”按钮。

（4）如下载成功，则出现“下载完毕”提示框，并给出文件名称、下载位置、传输逗度等提示。

4．获取页面文字

在页面所需文字上拖动鼠标，选中需要保留的文字，单击鼠标右键并选择“复制”选项，如图 6-45 所示，那么这段文字就保存到系统“剪贴板”中，用户可以粘贴到其他的文本编辑器保存下来。

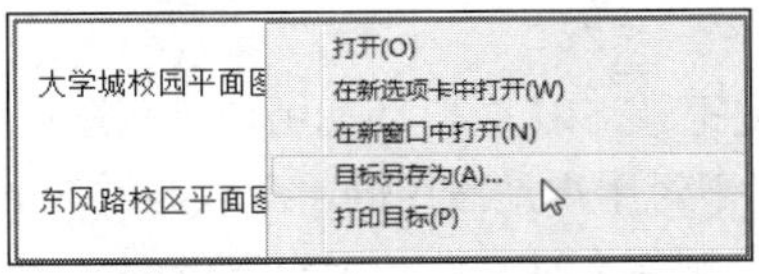

图 6-44　下载文件

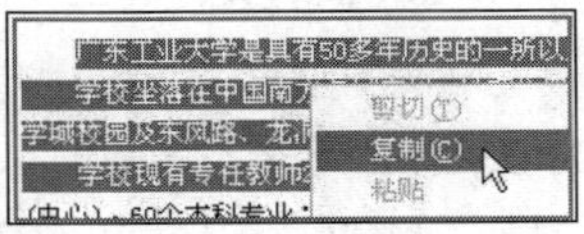

图 6-45　选中需要的文字并“复制”

5．保存当前页面

（1）单击 IE 的“文件”菜单，选择“另存为”选项。如果在 IE 窗口中看不到菜单，可按一下 Alt 键，菜单就会出现了。

（2）选择路径。进入刚才创建的文件夹（“E:\3115123456_计算机 105 班_张三”），在这里改变文件名为“广东工业大学”，保存类型为网页（*.htm,*.html），最后单击“保存”按钮。

整个页面就被保存起来了。这种方法不仅把图片和文字保存下来，还把许多相关的文件和信息都保留下来，如该页原来所在的 URL、页面样式表等，使得以后在本机打开时能够正常显示出跟原来一样的页面，不过这种方法对于不少的 Web 页面无法正常保存，Flash 等格式的文件也不能保存下来。

除了当前页面被保存外，页面上的图片、样式表和和 JavaScript 脚本等相关文件都会被保存下来，在指定的目录会生成相应的文件和子目录（见图 6-46），如果不希望出现该目录和里面的文件，可在保存的时候选择*.mht 格式，将所有元素都保存到单个网页文件中。以后就可以在不连接 Internet 的情况下，在本地磁盘上打开该页面查看了。

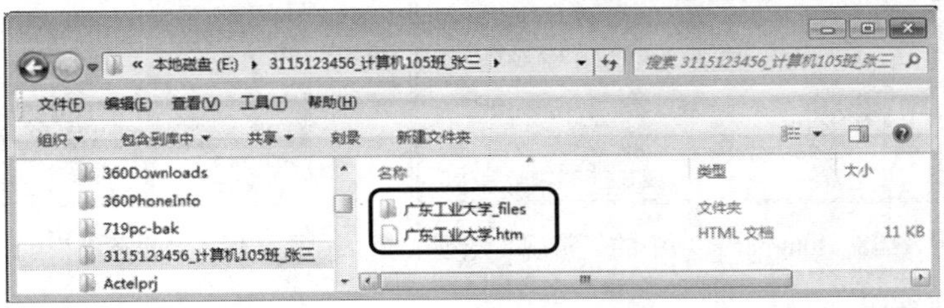

图 6-46　保存后的 Web 页文件及子目录

（3）双击打开文件“广东工业大学.htm”，网页在本地打开，不需要连接到服务器上就可再次浏览该页面了，如图 6-47 所示。

图 6-47　离线打开保存在本地的网页

6. 设置主页

（1）选择“工具”菜单下面的“Internet 选项”，出现如图 6-48 所示的窗口，输入网址，或者直接单击“使用当前页”按钮，把主页设置为“www.gdut.edu.cn”。以后每次打开 IE，都会首先进入设定的主页。

（2）关掉 IE 窗口，重新打开 IE 程序，IE 将打开默认网址“http://www.gdut.edu.cn”。

7. 删除 Internet 临时文件和上网历史记录

为了加快上网浏览速度，方便用户查看上网历史记录，IE 会自动把用户上网过程中许多的临时文件和浏览历史记录保留下来，这些信息在大部分情况下对用户是没用的，可以通过 Internet 选项中的设置删除这些信息。在图 6-48 中，单击“删除”按钮，删除临时文件和历史记录。

8. 加入收藏夹

在 Windows 系统中，常常建立某些应用程序的快捷方式以方便用户快速打开。同样，IE 浏览器的“收藏夹”里面放置的就是若干指向用户喜爱和经常使用的站点的快捷方式，用户需要再次访问这些站点的时候，只要在“收藏夹”菜单中直接选择就行了，不需要记忆和重复输入难记和长串的网址。

添加地址到收藏夹列表中的操作步骤如下。

（1）在“收藏夹”菜单中选择“添加到收藏夹”，如图 6-49 所示，把当前页面的网址保留在收藏夹里。

（2）关掉 IE 并重新打开，或跳转到别的页面。

（3）单击“收藏夹”菜单，或工具栏上的“收藏夹”按钮，浏览栏中显示出收藏夹列表，在站点名称上单击相应的站点名，即可重新进入该地址，如图 6-49 所示。

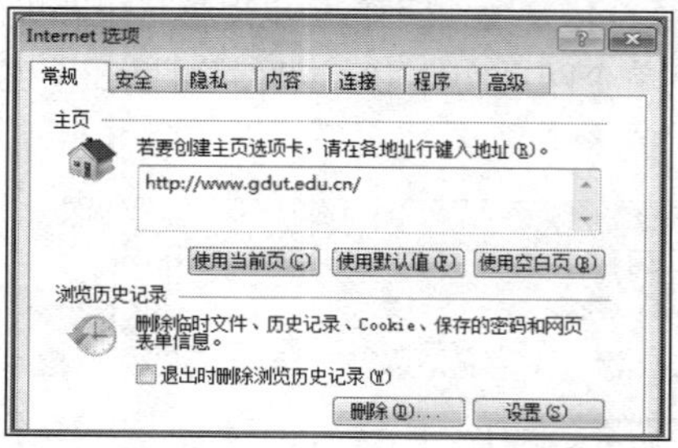

图 6-48 Internet 选项中的“常规”选项卡

图 6-49 “收藏夹”的使用

9. 选择语言编码

打开“查看”菜单，在“编码”子菜单选择“简体中文”，如果浏览的是繁体中文站点，则在“其他”子菜单中选择“繁体中文”即可，如图 6-50 所示。

图 6-50 手工选择显示编码

让浏览器自动选择语言，可以打开“查看”菜单，在“编码”子菜单选择“自动选择”。

6.6.2　电子邮件的使用

Internet 上有许多免费邮箱，下面以网易 126.com 免费邮箱的使用为例，介绍 Web 邮箱的申请和使用方法。对于其他的网站和邮箱，其操作方法大同小异。

1. 申请免费邮箱

（1）启动 IE，在地址栏输入网址“126.com”，打开 126 邮箱的首页，单击“注册”按钮。

（2）进入电子邮件注册页面，填写用户名、密码等资料，如图 6-51 所示。

（3）邮箱注册成功，会出现注册成功提示，并提示邮件账号等相关信息。

2. Web 页面邮箱的使用

下面以上述申请的网易 126 免费电子邮箱为例，说明 Web 页面邮箱的使用。

（1）发送邮件

① 进入网易 126 邮件系统首页（http://126.com），输入之前注册好的用户名和密码，登录邮箱。

② 单击“写信”，进入新邮件编辑页面，填写接收者 E-mail 地址、邮件主题、邮件正文内容等，如图 6-52 所示。

图 6-51　填写用户资料

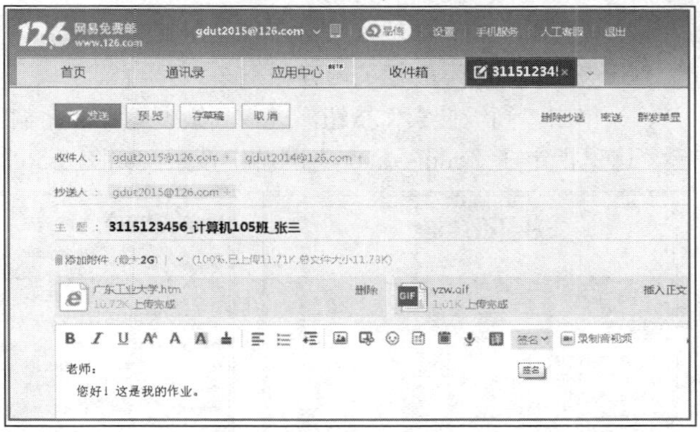

图 6-52　编写新邮件

作为例子，这里填写的邮箱地址包括两个，其中一个是自己的邮箱地址，一个是别人的邮箱地址；另外还添加一个抄送人为自己的邮箱地址。

③ 如果在邮件中需要附带文件，可使用“附件”功能。

单击“添加附件”按钮，指定前面下载的“广东工业大学.htm”和图片文件作为附件文件，如图 6-52 所示，一封邮件可携带多个附件。

④ 邮件填写完毕后，单击“发送”按钮，邮件发送成功。

（2）阅读信件

① 邮箱登录成功，出现如图 6-53 所示的画面。如果收到新邮件，则系统会提示新邮件的数目。

② 进入“收件箱”，单击邮件的主题，就可以查看收到的电子邮件了，如图 6-54 所示。

（3）处理邮件

单击“回复”按钮可回复邮件给该邮件的发送者，单击“转发”按钮可把邮件转发到别的电子邮箱；另外还可以作“移动”、“删除”等操作，此处不作详述。

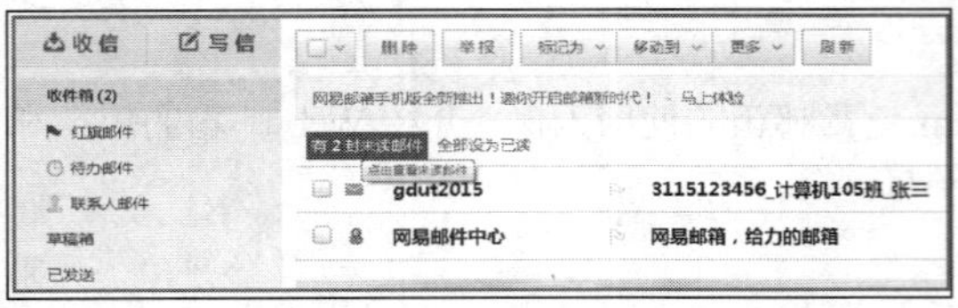

图 6-53　收件箱

图 6-54　查看邮件内容

6.6.3　搜索资源

下面以搜索引擎百度（Baidu）为例子介绍搜索引擎的使用。

（1）打开 IE 浏览器，在地址栏输入地址“www.baidu.com”，进入百度首页，在搜索框中输入“广东工业大学”，搜索框还会自动提示相关的搜索关键字，如图 6-55 所示。

单击“百度一下”按钮，进入搜索结果页面，注意搜索到的网页篇数及搜索到内容，单击相应的超链接可进入查看。

（2）依次输入“广东工业大学 计算机”、“广东工业大学 计算机学院”作为查询关键字，留意查询出来的结果及网页篇数的变化。

（3）模拟输入错误，输入关键字“广东省工业大学”，留意查询的结果。发现搜索引擎还是可以查询出“广东工业大学”的相关内容。

（4）单击“高级搜索”按钮，进入高级搜索页面，输入关键字“广州大学城”，可以指定时间、语言等，这里指定在“gdut.edu.cn”网站中搜索，如图 6-56 所示。

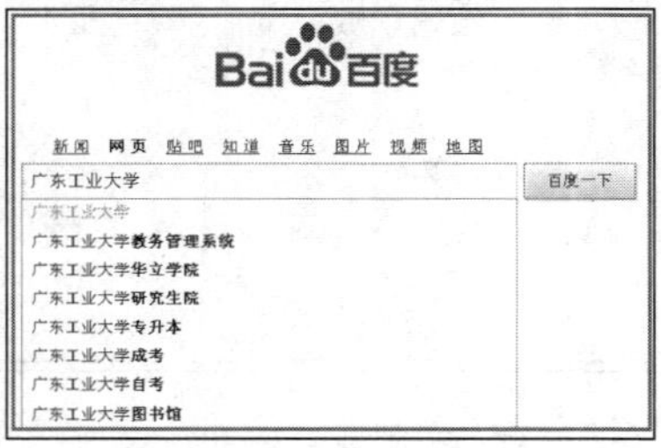

图 6-55　百度搜索

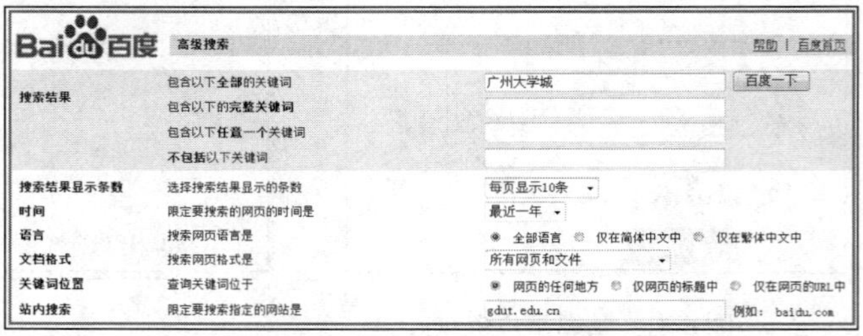

图 6-56　高级搜索

（5）单击“百度一下”按钮，查到在域名“gdut.edu.cn”的网站中有关“广州大学城”的内容，如图 6-57 所示。

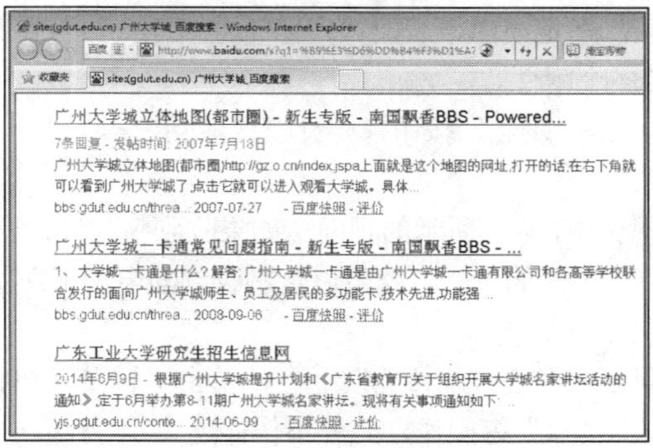

图 6-57　指定网站内搜索的结果

（6）可以在搜索栏输入所需解决的问题，如“如何安装公式编辑器”、“什么是 CPU”等，均可搜索到需要的资料，更多的时候是因为资料太多，需要进行调整关键字的组合及对资料进行整理，才能得到最佳结果。

6.6.4　局域网的设置与使用

1．检查网络配置及运行状态

（1）检查是否已安装网卡及驱动程序

通过“控制面板”中的 “设备管理器”和“网络连接”，查看网卡及其驱动程序是否正确安装。图 6-58 所示表明网卡及其驱动程序已正确安装。

（2）检查是否已连接网络

进入“网络连接”窗口，可看到网络连接的情况。图 6-59 表明该计算机可以连接有线网络和无线网络，其中无线网络已连接至名为“etdomi692”的 Wi-Fi 网络，而有线网络（名为“本地连接”）正常工作但还没有连接网线。

图 6-58　“设备管理器”查看网卡安装情况

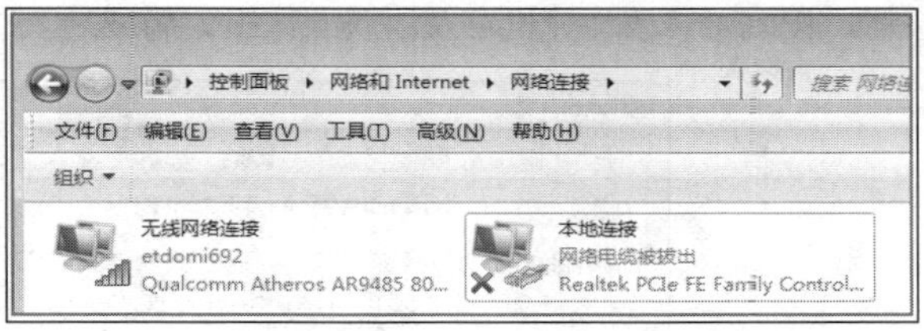

图 6-59　网卡能正常工作

也可从物理连接上观察，通过查看交换机和网卡的工作指示灯情况，检查交换机和网卡的工作是否正常。

（3）查看和修改 IP 地址配置

在手动配置“静态”IP 地址的情况下，如何查看和修改 IP 地址的操作已在 6.2.2 节中介绍。

在自动获取“动态”IP 地址的情况下，网卡的 IP 地址是网卡每次连接网络时，自动从 DHCP 服务器获取的，这时无法从网卡配置的“Internet 协议（TCP/IP）的属性”中查看到目前被分配的 IP 地址信息。可以在“命令提示符”下，输入“IPConfig”命令，即可看到相应的网络配置信息（见图 6-60），如果还要查看更详细的信息，可输入“IPConfig /all”命令。

2．检查网络的连通状态

用户可以使用“ping”命令，测试本机与网络中其他计算机的连通状态。在“命令提示符”环境下，输入“ping 192.168.1.1”，如系统返回的提示信息为“来自 192.168.1.1 的回复：字节=32 时间=?ms TTL=?”，表示网络通信正常；输入“ping 192.168.1.123”，系统返回的提示信息为“来自……的回复：无法访问目标主机。”，则表示目前无法与该主机通信，如图 6-61 所示。

也可使用 ping 命令，测试是否能连接 Internet。如图 6-61 所示，输入“ping www.163.com”运行后，可看到本机可正常连接域名为“www.163.com”的服务器，并看到该网站主机的 IP 地址。

图 6-60 使用“IPConfig”命令查看网络配置信息

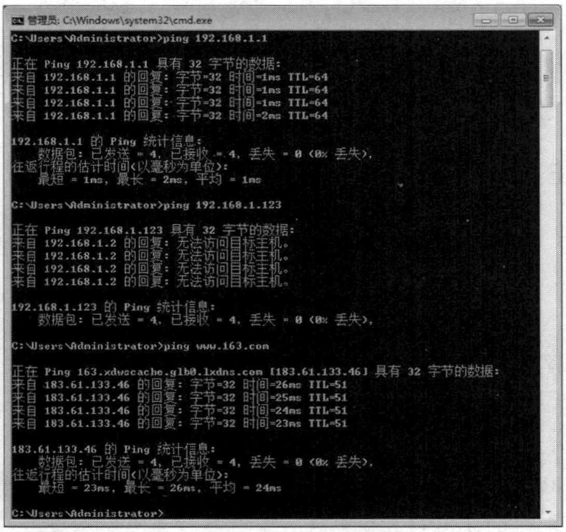

图 6-61 ping 命令的使用

3. 计算机名和工作组设定

计算机名及工作组的设置是在安装 Windows 的过程中进行的，安装后需要更改的话，可选择“控制面板”中的“系统”，打开“系统属性”窗口（见图 6-62），选择“计算机名”选项卡，单击“更改”按钮，在此可修改计算机名及所属工作组。局域网上别的主机可通过这些信息找到和识别本机。

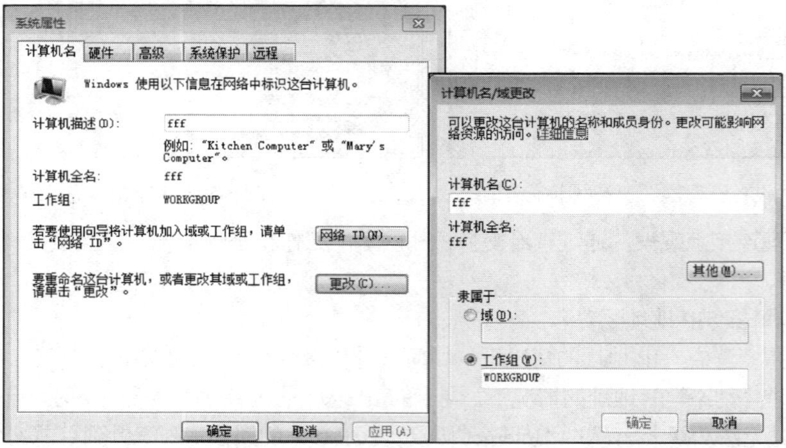

图 6-62 修改计算机名及工作组信息

4. 共享本机的文件夹和打印机

共享本机硬盘中文件夹或磁盘驱动器，可通过以下步骤进行。

（1）选择相应的文件夹（注意并非文件）或盘符，单击鼠标右键，在弹出的快捷菜单中选择“共享”中的“高级共享”选项，如图 6-63 所示。

（2）在相应文件夹的“属性”窗口中，单击“共享”选项卡中的“高级共享”按钮，选择“共享此文件夹”复选框，可设置能允许多少个用户同时访问，如图 6-64 所示。

（3）单击“权限”按钮，可指定文件夹的共享权限，如果只想共享读取而不希望被修改，可以修改权限的分配。还可以按照实际需要，指定多个不同的用户具有不同的权限。注意，当权限设置为“完全控制”和“更改”时，别的用户在访问这个共享文件夹时，可以对该文件夹内的内容进行修改、删除、新建等操作，故请慎重选择此选项。在此选择所有人（“everyone”）可以读取但不可以更改，如图 6-65 所示。

图 6-63　共享文件夹

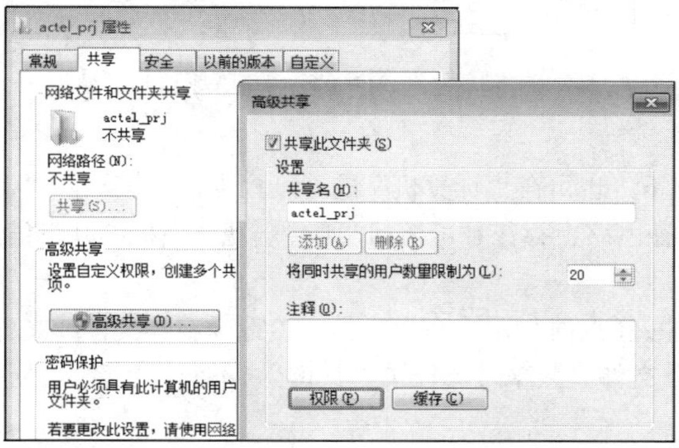

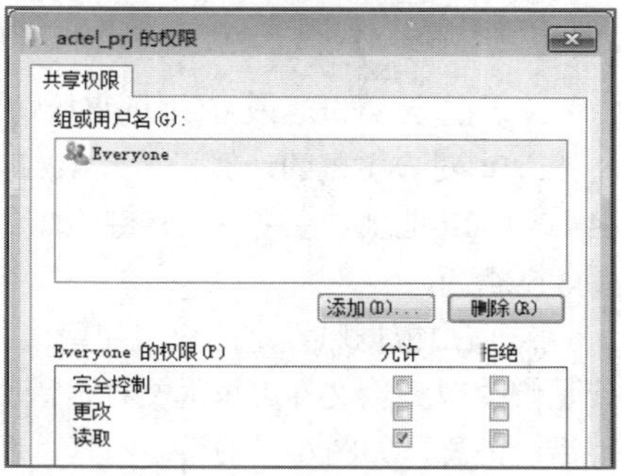

图 6-64　设置共享　　　　图 6-65　设置共享权限

共享打印机，需要在控制面板中，在相应打印机设备的属性窗口中，选择“共享这台打印机”复选框，并设置共享出来的名字，如图 6-66 所示。

图 6-66　共享打印机

5. 访问局域网中的共享资源

访问局域网中的主机，可以使用以下两种操作方式。

（1）在“网络”中寻找其他计算机

双击桌面的“网络”（相当于早期 Windows 版本的“网上邻居”功能），可看到如图 6-67 所示的主机和设备信息，双击并输入正确的用户名和密码，即可使用相应的网络共享资源。

可看到之前操作中共享的文件夹和打印机（见图 6-68），并可进行调用。

图 6-67 查看网络上的主机和设备

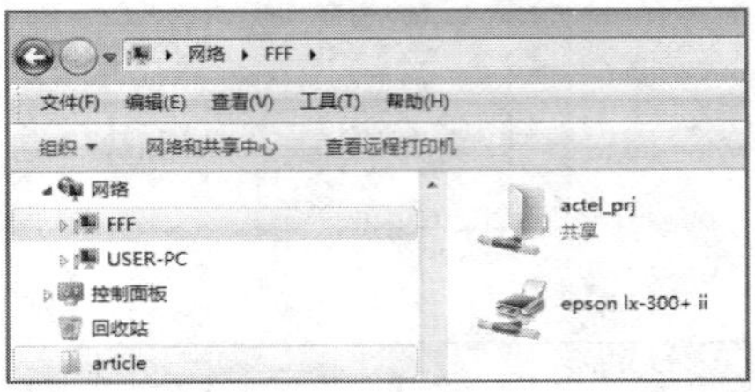

图 6-68 工作组内的计算机

（2）通过计算机名或 IP 地址直接访问

在知道对方主机的计算机名或 IP 地址情况下，也可在“计算机”的地址栏上，直接输入“\\计算机名”或“\\IP 地址”，并按 Enter 键。如果该主机在网络上存在并可访问，则会出现该主机的共享信息，如图 6-69 所示。

网络用户根据原设定的权限使用该共享文件夹，此时如用户在该文件夹内选择新建文件或文件夹，又或是修改或删除文件夹里的文件，因为在设置文件夹共享时选择了“只读”（不允许更改），所以会出现错误信息，如图 6-70 所示。

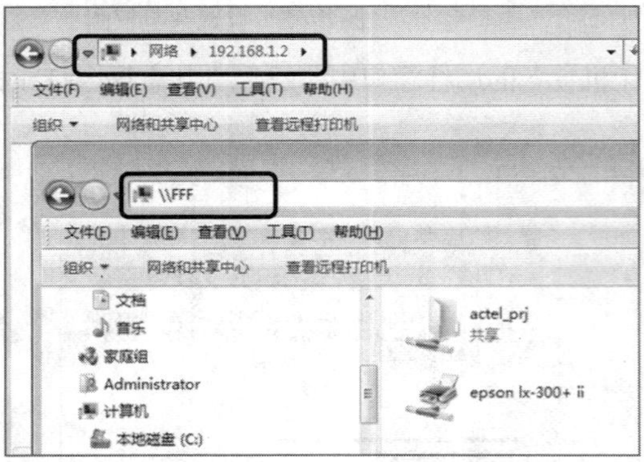

图 6-69 通过地址直接访问对方主机

图 6-70 共享文件夹设置了“只读”

6. 通过家庭组方式共享局域资源

Windows 7 中，新增了家庭组功能，可以方便地实现局域网中多台计算机的资源共享。以下操作过程实现了在计算机 A 创建家庭组，然后处于同一个局域网的计算机 B 加入到该家庭组中，并可互相访问各自的资源。过程如下。

（1）在计算机 A 的“网络和共享中心”功能（可通过“控制面板”找到）中，单击“选择家庭组和共享选项”，如图 6-71 所示。在之后的对话框中，选择“创建家庭组”按钮。

（2）在弹出的“创建家庭组”对话框中（计算机 A），选择需要共享的内容，如图 6-72 所示，单击“下一步”按钮。

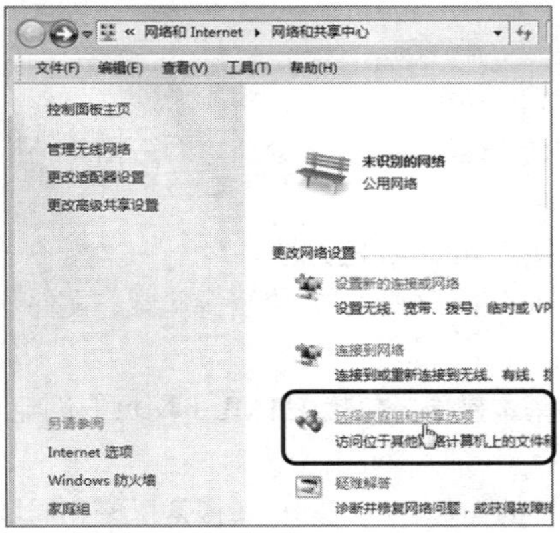

图 6-71　选择家庭组和共享选项

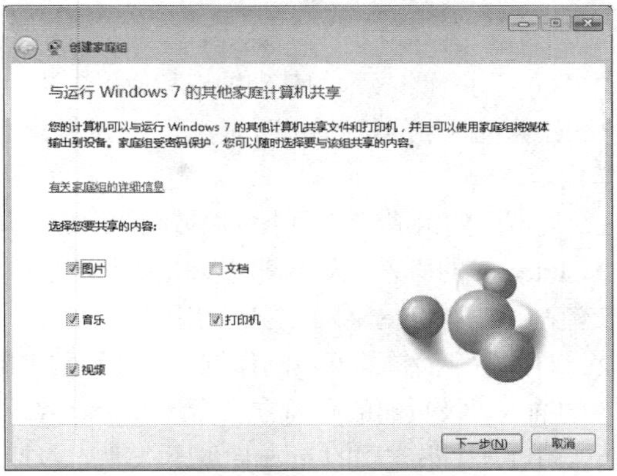

图 6-72　选择共享内容

（3）记录下系统（计算机 A）自动生成的家庭组密码（见图 6-73），别的计算机加入到家庭组时需要使用该密码。

（4）在计算机 B 上，同样地找到“网络和共享中心”功能，单击“选择家庭组和共享选项”（见图 6-71），刚刚创建的家庭组已经被自动识别出来，单击“立即加入”按钮，如图 6-74 所示。

图 6-73　自动生成家庭组密码

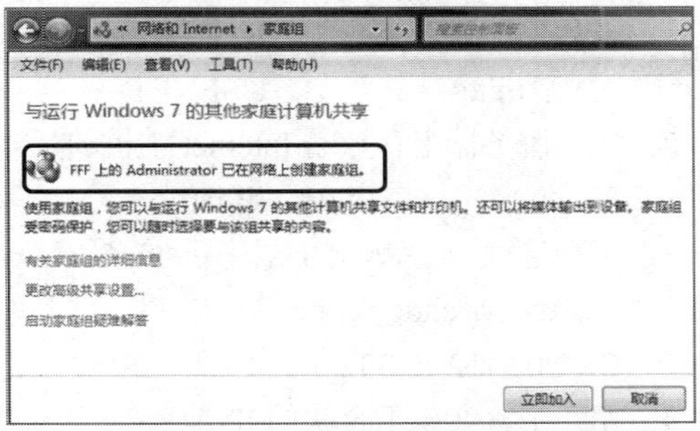

图 6-74　加入已创建的家庭组

（5）输入之前生成的密码（在计算机 B 上操作），如图 6-75 所示。

（6）家庭组加入成功，计算机 A 和计算机 B 可以互相访问对方共享的资源。打开资源管理器，在“家庭组”项目中可看到局域网中已加入到家庭组的计算机及其共享资源。图 6-76 所示为在计算机 A（计算机名为“FFF”）上访问计算机 B（计算机名为“USER-PC”）的共享资源。

图 6-75　输入家庭组密码

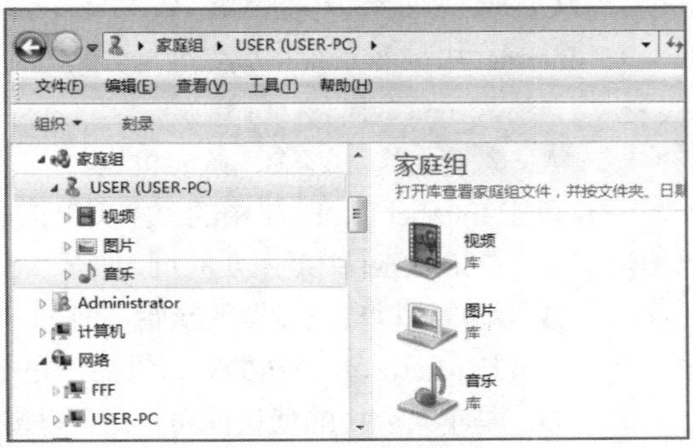

图 6-76　访问共享资源

本章小结

本章介绍了网络技术的基础知识和使用方法，包括以下内容。

1．计算机网络的基础知识，包括网络的概念、网络的分类、网络传输介质、网络拓扑结构和网络协议等内容。

2．局域网的组成、几种小型局域网的组建及局域网接入 Internet 的方法。

3．Internet 的概念、发展情况及相关基础知识；WWW、电子邮件、网络资源检索、文件下载以及网络交流与通信等 Internet 的主要应用。

4．通过一个简单的网页制作例子，介绍网页制作的基本操作，包括 HTML、网页的创建和编辑、超链接的插入以及页面的布局方法等。

5．通过几个最常用的 Internet 应用案例，包括 WWW 的操作、电子邮件、搜索引擎和局域网的使用 4 个例子，使读者可以简单直观地掌握网络的基本使用方法。

习题与思考

一、单选题

1．下列单词代表电子邮件的是（　　）。

A．E-mile　　B．USENET　　C．E-mail　　D．Telnet

2．域名服务器上存放着 Internet 主机的（　　）。

A．域名　　B．IP 地址　　C．电子邮件地址　　D．域名和 IP 地址的对应关系

3．下列选项中，域名的结构正确的是（　　）。

A．www.yahooo.com　　B．www,com,gov

C．202.112.10.33　　D．book@263.net

4．哪一个答案属于合法的 IP 地址？（　　）

A．202:144:200:65　　B．202.112.146.70

C．202,112,144,70　　D．202.112.70

E．202.116.185,70　　F．202.116.128.260

5．下列按网络的范围和计算机之间的距离划分的是（　　）。

A．NetWare 和 Windows NT　　B．WAN 和 LAN

C．星型网络和环型网络　　D．公用网和专用网

6. Internet 中域名系统将域名地址分为几个级别，一级、二级、三级和各个子级。常见的域名“com”代表（　　），“edu”代表（　　）。

A．教育机构　　B．政府机构　　C．网络机构　　D．商业机构

7．单击 Internet Explorer 中的“主页”按钮，打开的页面（　　）。

A．是 Internet 中最主要的页，是不能重新设置的

B．用户可以自己设置的起始页面

C．是 Microsoft 公司的默认页面，是不能重新设置的

D．是苹果公司的默认页面，是可以重新设置的

8．采用 ADSL 拨号方式接入 Internet，一般需要有计算机、普通电话、通信软件和（　　）。

A．鼠标　　B．CD-ROM　　C．调制解调器　　D．扫描仪

9．在上网输入地址时，一般要开头写上 http，其含义是（　　）。

A．一种修饰没有意义　　B．表示在中国上网

C．TCP/IP　　D．超文本传输协议

10．超文本的最基本的含义是（　　）。

A．该文本中包含有图像

B．该文本中包含有声音

C．该文本中包含有二进制字符

D．该文本中包含有链接到其他文本的链接点

11．在浏览 Web 网的过程中，当用户发现有自己喜欢的 Web 页，并希望以后多次访问该页面时，最简单最方便的方法是为这个页面（　　）。

A．建立地址簿　　B．建立浏览历史列表

C．用笔抄写到笔记本上　　D．添加到收藏夹

12．以下 URL 的写法正确的是（　　）。

A．http://www.mcp.com\que\que.html　　B．http//www.mcp.com\que\que.html

C．http://www.mcp.com/que/que.html　　D．http//www.mcp.com/que/que.html

13．一封电子邮件可以发给（　　）。

A．使用不同类型的计算机，和不同类型的操作系统的，同类型网络结构下的用户

B．不同类型的网络中，使用不同操作系统的，使用相同类型的计算机的用户

C．不同类型的网络中，不同类型计算机上，使用相同操作系统的用户

D．不同类型的网络中，不同类型的计算机上，使用不同的操作系统的用户

14．对于一个宽带网络方式接入的用户，如果当他的电子邮件到达时，该用户的计算机没有开机，那么已到达的电子邮件将（　　）。

A．退回给发信人

B．保存在该用户服务商的主机上

C．过一会儿对方再重新发送

D．该邮件被丢弃掉并永远不再发送

15．用户的电子邮件地址中必须包括以下哪一项所给出内容才算是完整？（　　）

A．用户名，用户口令，电子邮箱所在的主机域名

B．用户名，用户口令

C．用户名，电子邮箱所在的主机域名

D．用户口令，电子邮箱所在的主机域名

16．通过 Internet 或其他网络，从其他计算机向自己的计算机系统中传送文件的过程称为（　　）。

A．download（下载）　　B．upload（上载）

C．Get Mail（接收邮件）　　D．Post Article（张贴消息）

二、填空题

1．计算机网络是把许多具有独立功能的计算机通过传输介质相互链接，通过________（网络操作系统、网络协议等）逻辑的相互联系到一起而实现________的计算机集合。

2．计算机网络按网络的地理位置可分为__________、城域网和广域网，Internet 属于__________。Internet 中文是________，也称“国际互联网”，是全球计算机和计算机网络通过统一的技术协议

(________________协议）链接在一起的集合，使得这些网上计算机用户能够共享信息资源并互通信息。

3．HTML（Hypertext Markup Language）的中文名为________________。

4．统一资源定位器的英文缩写是____________。

5．IPv4 地址是由一组____________位的二进制数字组成。

6．主机域名 web.gdut.edu.cn 是由 4 个子域组成的，其中____________子域表示最高层域。

7. Internet 提供的服务功能中，FTP 的中文含义是____________，IM 的中文含义是____________，BBS 的中文含义是____________。

8．假设个人计算机以 PPP 方式接入 Internet 后，账号为 abc，电子邮件服务器为 gdut.edu.cn，则该用户的电子邮件地址为____________。

三、判断题

1．Internet 上各种网络和各种不同类型的计算机相互通信的基础是 TCP。（ ）

2．Internet 是一个网络的集合，也是一个国际性组织。（ ）

3．主机域名 web.gdut.edu.cn 由 4 个子域组成，其中 Web 子域代表主机名。（ ）

4．如果想把一文件传送给别人，既可以用 E-mail，也可以用 FTP。（ ）

5．ISP 是指 Internet 内容提供商，ICP 是指 Internet 服务提供商。（ ）

6．在 IE 浏览器中，用户用来输入 Web 页面或其他文件的统一资源定位器（URL）的地方叫收藏夹。（ ）

7．在命令提示符下，可通过 ping 命令，获知本机的 IP 地址。（ ）

8．网页中，文字、图片、表格均可以插入超链接。（ ）

9．在 IE 浏览器中输入网址“http://www.163.com”不能访问，则表明该计算机目前不能上网。（ ）

10．个人计算机申请了账号并采用 PPP 拨号方式接入 Internet 网后，该机拥有自己的唯一且不固定的 IP 地址。（ ）

四、思考题

1．你在使用免费电子邮箱时遇到了哪些问题？在申请免费电子邮箱时，为什么要设置“密码提示问题”这一项？用户应如何回答？

2．如何利用电子邮件系统将一封邮件同时发送给多人收？不同的发送方法有什么不同？

3．除了用 Web 方式收发电子邮件外，你还懂得用 POP 方式收发电子邮件吗？这两种方式有什么不同？

4．在 IE 浏览器地址栏中输入“http://www.gdut.edu.cn/”，IE 提示不能访问，但是输入“http://202.116.128.6/”，却能正常进入广东工业大学的主页，请问是什么原因造成的？

5．在没有经过同意，进入了网络上某台计算机查看里面的资料，并没有做任何破坏，这样的行为是否违法？

6．获知了局域网上某一台计算机的 IP 地址，却无法通过“网络”访问，有哪些原因可造成这种现象呢？

7．除了用教材里所提到的搜索引擎外，你还知道其他搜索引擎吗？比较各不同搜索引擎有什么不同？

8．除了用教材里所提到的网页制作工具外，你还懂得其他软件工具吗？比较各不同网页制作软件有什么不同？

第 7 章　数据库技术基础

数据库技术是计算机科学与技术的一个重要分支，经过60多年的发展，其应用已遍及各个领域，成为21世纪信息化社会的核心技术之一。本章首先通过一个数据处理的例子，让读者理解数据处理及数据库的作用，然后介绍数据库的基础知识和基本理论，接着介绍Microsoft Access 2010数据库系统的基本应用。

7.1　关于数据处理

日常生活中，人们经常面对很多数据（Data），例如，“55”是一个数据，根据不同的情况，它可以表示学生某门课的成绩、某人的体重、某专业学生人数等。人工操作很难对数据进行有效的管理，因此人们使用计算机来对数据进行处理。前面章节中，读者学习了如何用Excel软件，对有规则的数据进行统计、分析、排序、筛选等操作。现实生活中，人们习惯使用Excel或类似的表格类软件来处理生活工作上的数据，如成绩表、通讯录、销售记录、财务记录等。

本章将引入的数据库技术，也是对数据进行管理的一种技术。读者可能会产生疑惑，既然已经有了“强大的”Excel，为何还要用数据库技术来对数据进行处理呢？以下将通过一些简单的例子，让读者了解到，什么时候用Excel就够了，什么时候需要用到数据库系统。

（1）基本数据处理

例如，目前已有“学生信息表”（见表7-1）的数据，存放在一个Excel文件中。

表 7-1　学生信息表

学　号	姓　名	性　别	年　龄	班　级	数　学	英　语	计算机
201503	李志强	男	19	3班	90	84	88
201516	刘小明	男	19	4班	80	74	77
201522	王晓莉	女	20	4班	94	92	89
201521	王霖	男	20	2班	85	74	84
201502	刘飞来	男	19	1班	70	86	80
……							

使用Excel软件，可以很方便地对以上结构的数据进行总分、单科平均分、个人平均分、班级平均分、图表等数据处理操作。要注意的是，其中“年龄”一列的设置是不合理的，因为年龄是一个动态增长的数据，不应该用固定数据的方式进行存储，该如何处理请读者思考。

（2）加入系别数据

在表7-1数据的基础上，希望加入学生所在系的信息，其中1、2班学生属于“计算机系”，3、4班属于“网络工程系”。一般的方法是加入一个“系别”列，结果如表7-2所示。

表 7-2　修改后的学生信息表

学　号	姓　名	性　别	班　级	系　别	数　学	英　语	计算机	总　分
201503	李志强	男	3班	网络工程系	90	84	88	262
201516	刘小明	男	4班	网络工程系	80	74	77	231

续表

学 号	姓 名	性 别	班 级	系 别	数 学	英 语	计算机	总 分
201522	王晓莉	女	4 班	网络工程系	94	92	89	275
201521	王霖	男	2 班	计算机系	85	74	84	243
201502	刘飞来	男	1 班	计算机系	70	86	80	236
……								

但读者会发现，“计算机系”和“网络工程系”的数据会出现非常多次，这种重复并且很多“无用”数据，就称为“冗余数据”，其带来的主要问题是：

① 每个学生都记下系别信息，冗余数据过多，占用存储空间；

② 一旦某个学生的系别信息错了（如“1 班”的系别录入误为“网络工程系”），会带来整个表格数据的理解和计算错误问题；

③ 用户有可能会输入错误（如“班级”列录入为“5 班”，而目前没有 5 班），会导致班级和系别对应关系的错误理解，并且多了一个不存在的班级信息；

④ 信息过于依赖表里的数据，如果其中一个系还没开始招生，则根本无法从数据获知系信息。

举一反三，其他如“所在学院”、“学校”、“通信地址”、“邮编”等许多共同的数据，也都存在类似的问题。

（3）加入关系数据

既然在“学生信息表”里加入系别列会带来这么多的问题，那能不能直接把“其中 1、2 班学生属于计算机系，3、4 班属于网络工程系”这句话用数据的方式表现出来呢？因此设计了“系别表”，如表 7-3 所示。

表 7-3 系别表

班 别	系 名
1 班	计算机系
2 班	计算机系
3 班	网络工程系
4 班	网络工程系

该表的含义很清晰，其数据与“学生信息表”的数据是有关联的（即数据库技术中常说的“关系”），不存在冗余数据，不会产生理解上的误会和偏差，解决了数据的一致性问题。但是带来的问题是：数据放在不同的数据表中，在 Excel 中无法很方便地对数据进行统计筛选等操作，如要查“计算机系学生的语文平均分”这种操作，就要人工分步进行处理了。

（4）查询统计数据

如果查询要求稍复杂，Excel 将难以一步处理完成，如希望进行“查与 201521 号同学同年出生的学生的成绩，并按平均分倒序排序”、“查成绩最高（包含各门课）的学生学号和课程名”的操作，在 Excel 中是无法一步到位查询出来的，而只能通过手工方式，分成若干步骤进行。而一旦依赖操作者手工、多步进行处理的事情，就容易出错。

（5）增加考试科目

一个学生在读期间需要参加很多门课程的学习，计算机系所学的科目与网络工程系的又有所不同，因此这些列都要加入到“学生信息表”中。可以想象，如果该表集合了不同的学院众多学生信息，表中的科目列将非常多，查看和操作很不方便；并且对于每一条学生记录来说，有很多列的数据是无用的（一个学生不可能学习所有科目）。

（6）增加学生人数

一个学校的学生人数，考虑所有在校的、毕业了的，有可能超过几万，甚至几十万。Excel 并不是专门针对海量数据进行处理的工具，如果数据量达到十几万条以上，数据统计分析操作将会变得很慢（与用户执行的操作类型也很有关系）。

（7）加强安全管理

在实际应用中，很多时候还希望实现各课程的科任老师才能录入对应课程的成绩，并且对数据负责，可以追查操作历史。这种多人同时访问、有严格权限控制以及保留操作记录的要求，在 Excel 中也是无法实现的。

总结如下。

① 从步骤（2）、（3）可看到，如果想避免冗余数据和解决数据不一致问题，建立有“关系”的表是很好的办法。通过给每个对象（数据库技术中称为“实体”）单独建立一个表格存放，可以解决一个数据表中包含多个对象的混乱问题。如表 7-2 中包含“学生”和“系别”两个实体，可以改为“学生信息表”（见表 7-1）和“系别表”（见表 7-3）两个单独的表。

② 从步骤（4）可看到，当数据是存放在若干个有“关系”的数据表时，数据的结构很清晰，但在 Excel 中无法一步到位进行查询统计，需要人工分步进行。而通过数据库技术，可以做到跨表的关联数据查询。因此当要求数据准确性高、不要人工分步操作的时候，需要使用数据库技术实现。

③ 从步骤（5）、（6）可看到，Excel 用于日常数据的处理是很方便实用的，但如果数据量很大（如超市销售记录）的时候，对数据计算的数量级或精度要求非常高（如 π 的运算）的时候，也需要使用数据库技术解决。

④ 从步骤（7）可看到，需要实现数据共享、并发数据处理、用户权限控制、数据安全性等方面的时候，Excel 都是不能满足的，而需要通过数据库系统来应对这些更高级的使用需要。

本例子只是简单说明了 Excel 在更高要求的数据处理中的局限性和存在问题，而未对如何使用数据库技术解决以上问题的方法进行说明。在实际应用中，开发一套数据库系统来管理数据，需要投入更大的技术、人力、时间和维护成本。因此读者应根据实际情况和需要，选择文档式管理方法（Excel 类表格软件），还是数据库技术来进行数据的处理。

7.2　数据库基础

数据库起源于 20 世纪 50 年代，美国把军事数据存储在计算机内，称为 Information Base 或 DataBase。1963 年，美国 HoneyWell 的 IDS（Integrated Data Store）揭开了数据库的序幕。1965 年，阿波罗登月火箭利用了数据库技术。

数据库的发展与计算机硬件技术，尤其是存储器的发展关系密切，1956 年，第一台磁盘存储器容量仅为 5MB，而现在，普通微机的硬盘存储容量已达到了 TB 级，可以存储海量数据。数据库的发展经历了人工管理阶段、文件管理阶段、数据库管理阶段和高级数据库系统阶段。

7.2.1　基本概念

1．数据

数据（Data）是数据库中基本的存储单位，数据的形式本身并不能完全表达其内容，需要经过语义解释，数据与其语义是不可分的。数据库数据可以是数字、文字，也可以是图形、图像及声音等多媒体数据。

从实体“大学生”中抽取出大学生的特征，可形成关于大学生的数据。例如，学生（学号，姓名，性别，出生年月，学历），与此数据结构对应的一条记录，学生（201501，李明，男，1995，本科）就是数据。

2．数据库

数据库（DataBase，DB）是长期存储在计算机内、有组织的、可共享的数据集合。

数据库具有较小的冗余度、较高的数据独立性和易扩展性的特点。

（1）较小的冗余度：在使用 DB 以前，数据附加在应用程序上，数据不可共享，冗余度高。在数据库系统中数据单独存放，减少了数据的冗余。

（2）较高的数据独立性：在使用 DB 以前，应用程序决定数据的结构，应用程序的改变直接影响数据的组织形式，程序员不但要考虑程序设计，还要考虑数据的组织结构，加重了开发难度和工作量。在 DB 中，数据独立于程序而存在，只要接口未变，程序的改变与数据的改变是独立的，保证了数据较高的独立性。

（3）易扩展性：数据独立性决定了数据易扩展性。不需要修改数据库的结构，也可以扩展数据库的内容。

3．数据库管理系统

数据库管理系统（Database Management System，DBMS）是位于用户与操作系统之间的一层数据管理软件。数据库的建立、运用和维护由数据库管理系统统一管理、统一控制。数据库管理系统使得用户能方便地定义和操纵数据，并能够保证数据的安全性、完整性、多用户对数据的并发使用及发生故障后的系统恢复。

4．数据库系统

数据库系统（Database System，DBS）是指在计算机系统中引入数据库后的系统构成，一般由数据库、数据库管理系统（及其开发工具）、应用系统、数据库管理员和用户构成，如图 7-1 所示。

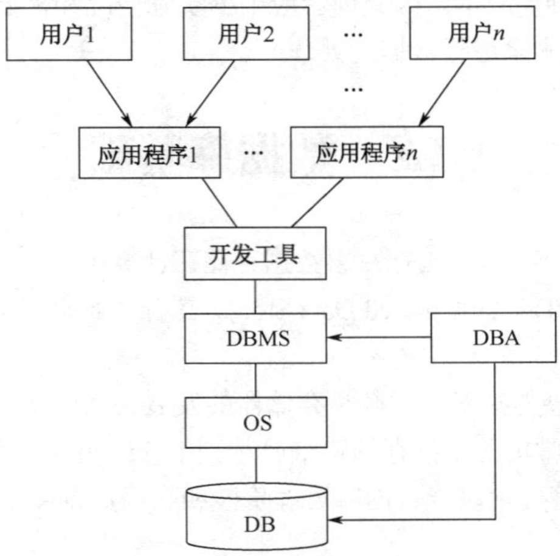

图 7-1　数据库系统结构

图 7-1 中各部分说明如下。

① DB 表示数据库，可以是 Access、SQL Server、Oracle、Sybase 等数据库。

② OS（Operating System）表示操作系统，如 Windows、Linux、UNIX、OS/2 等操作系统。

③ DBMS 表示数据库管理系统，如 Access、SQL Server、Oracle 等。

④ 开发工具指 Java、Visual Basic、C#、PowerBuilder、Delphi 等开发语言及其编程环境。

⑤ 应用程序是由专门的开发人员根据实际需求对数据库进行设计，利用开发工具设计开发的应用系统，如学籍管理系统、成绩管理系统、学生选课系统等，提供不同的用户使用。

⑥ DBA（Database Administrator）指数据库管理员。负责数据库的建立、使用和维护的专门的人员，负责全面管理和控制数据库系统，他们是数据库系统中最重要的人员。

⑦ 用户是使用应用程序的人，如学生、教师、教务管理人员等。

7.2.2 常用数据库产品

以下是一些常见的数据库产品及其简介。

1. Oracle

Oracle（甲骨文）公司成立于 1977 年，1979 年推出的 Oracle 第一版是世界上首批商用关系数据库管理系统之一，Oracle 当时就采用了 SQL 语言作为数据库语言。世界上的所有行业几乎都在应用 Oracle 技术，《财富》100 强中的 98 家公司都采用 Oracle 技术。2013 年，Oracle 公司已超越 IBM，成为 Microsoft 后全球第二大软件公司。

Oracle 数据库经过 30 多年的发展，由于其优越的安全性、完整性、稳定性，以及支持多种操作系统、多种硬件平台等特点，得到了广泛的应用。从工业领域到商业领域，从大型机到微型机，从 UNIX 操作系统到 Windows 操作系统，到处都可以发现成功的 Oracle 应用案例。

2. DB2

DB2 由 IBM 公司研制，主要用于大型应用系统开发，具有较好的可伸缩性，可支持从单用户到大型机环境，可应用于 OS/2、Windows、UNIX 等操作系统平台。它既可以用主/从方式独立运行，也可以在客户/服务器环境中运行。DB2 提供了高层次的数据利用性、完整性、安全性、可恢复性，具有与平台无关的基本功能和 SQL 命令，适用于大型、分布式、多并发访问的应用系统。DB2 率先实现了可扩展标记语言（XML）和关系数据间的无缝交互，而无须考虑数据的格式、平台或位置。

3. Informix

Informix 是在 1981 年发布的，目的是为 UNIX 等开放操作系统提供专业的关系型数据库产品，Informix 便是取自 Information 和 UNIX 的结合。后来 Informix 公司给 IBM 公司收购，作为一个集成解决方案，Informix 被定位为作为 IBM 在线事务处理（OLTP）旗舰级数据服务系统。

4. Sybase

美国 Sybase 公司成立于 1984 年，其研制的关系型数据库系统，是一种典型的基于“客户/服务器体系结构”的大型数据库系统，支持 UNIX 或 Windows NT 平台，是一个分布式数据库管理系统。一般的关系数据库都是基于主/从式模型的，所有的应用都运行在一台机器上，用户只是通过终端发命令或查看应用运行的结果。而在客户/服务器体系结构中，应用被分在了多台机器上运行。一台机器是另一个系统的客户，或是另外一些机器的服务器。Sybase 通常与 Sybase SQLAnywhere 用于客户机/服务器环境，前者作为服务器数据库，后者为客户机数据库，采用该公司研制的 PowerBuilder 为开发工具，在大中型系统中具有广泛的应用。2010 年，Sybase 被 SAP 公司收购。

5. FoxPro

Visual FoxPro 原名 FoxBASE，最初是由美国 Fox Software 公司于 1988 年推出的数据库产品，在 DOS 上运行，与 xBase（DBASE、FoxBASE 的统称）系列兼容。FoxPro 是 FoxBASE 的加强版。1992 年，Fox Software 公司被 Microsoft 收购，加以发展，开发出可以在 Windows 上运行的 Visual FoxPro。

作为历史上曾经非常有名、使用非常广泛的数据库软件，FoxPro 产品即将走到尽头。

6．SQL Server

SQL Server 最初是由 Microsoft Sybase 和 Ashton-Tate 三家公司共同开发的，于 1988 年推出了第一个 OS/2 版本。在 Windows NT 推出后，Microsoft 将 SQL Server 移植到 Windows 系统上。对于熟悉 Windows 系统和 Access 的用户来说，SQL Server 的使用比较简单易学，非常适合中小型企业使用。SQL Server 成为世界上使用非常广泛、著名的关系数据库管理系统。

7．MySQL

MySQL 是一个轻型关系型数据库管理系统，由瑞典 MySQL AB 公司开发，在 2005 年 1 月被 Sun 公司收购。MySQL 是跨平台的数据库管理系统，可运行于 Linux、UNIX、Windows 等操作系统。由于其体积小、系统资源占用少、速度快、成本低，尤其是开放源码这一特点，在全世界得到了广泛的使用。

8．PostgreSQL

PostgreSQL 是以美国加州大学伯克利分校计算机系开发的 Postgres 为基础的对象关系型数据库管理系统（ORDBMS）。PostgreSQL 支持大部分 SQL 标准并且提供了许多其他现代特性并可以用许多方法扩展。并且任何人都可以以任何目的，不管是私用、商用，还是学术研究，免费使用、修改和分发 PostgreSQL。

9．SQLite

SQLite 是一款轻型的数据库，诞生于 2000 年，其设计目标是嵌入式设备中的数据库应用，目前已经在很多嵌入式产品使用了它。它占用资源非常低，在嵌入式设备中，可能只需要几百 KB 的内存就够了。它能够支持 Windows/Linux/Android 等主流的操作系统，同时能够跟很多程序语言相结合，如 C#、PHP、Java 等。SQLite 可移植性好，容易使用，容量很小，高效可靠。

10．Access

Access 是美国 Microsoft 公司于 1994 年推出的微机数据库管理系统，它具有界面友好、易学易用、开发简单、接口灵活等特点，是典型的桌面数据库管理系统。作为 Office 组件的一部分，可以与 Office 其他组件进行集成，实现无缝连接。

7.2.3 数据库的选择

在数据库系统结构中（见图 7-1），可看到数据库系统是一个分层的体系，用户可以自由选择不同的环境和产品，如用户可以选择 Windows 2008 为操作系统、SQL Server 2008 为系统数据库和 DBMS、Visual Basic 为开发工具和语言，也可以选择 Linux 操作系统、MySQL 为数据库、Java 为开发语言、Eclipse 为开发工具。那么，如何选择合适自己的数据库产品呢？

1．从系统规模选择

如果是大型系统级应用，应选择功能强大、服务完善的大型数据库产品，如 Oracle、DB2 等，但起点高，投资大；如果是中小型企业，则可选择 SQL Server、Access、MySQL 等；考虑投资费用角度，可以选择免费开源的 MySQL、PostgreSQL，如目前 Internet 上的许多中小型网站为了降低网站总体成本而选择了 MySQL 作为网站数据库。

2．从运行平台选择

用户可以根据使用的操作系统来进行选择合适的数据库产品。大部分的数据库产品支持各种不同的操作系统平台，但也有类似 SQL Server 这种只支持微软操作系统的产品。

传统数据库系统大部分基于 PC 体系开发，运行于 Windows、UNIX、Linux 等操作系统平台上。但随着嵌入式技术的急速发展，迫切需要可以在嵌入式设备中使用数据库。Android 作为一种新生的操作系统，SQL Server、Access、MySQL 等数据库均无法在 Android 上运行。

SQLite 已经是世界上部署得非常广泛的 SQL 数据库引擎，被用在无以计数的桌面计算机应用中，还有消费电子设备中，如移动电话、掌上电脑和 MP3 播放器等。SQLite 是轻量级、嵌入式、开源的关系数据库，目前已经在 iPhone、Android 等手机系统中被广泛使用。

3．从学习角度选择

对于一般的学习者来说，因为学习基础和投入费用的门槛很高，很少有机会接触到大型数据库产品，所以应从简单易用、低成本的数据库产品开始学习，可以学习 Access、MySQL 等轻型数据库系统。基于 Windows 平台的大型数据库系统 SQL Server，功能完善，界面友好，很多操作跟 Access 类似，也是不少专业类初学者的选择。

Access 在很多地方得到广泛使用，如小型企业、大公司的各部门。Access 有强大的数据处理、统计分析能力，利用 Access 的查询功能，可以方便地进行各类汇总、平均等统计，并可灵活设置统计的条件。在统计分析十几万条记录或更多的数据时速度快且操作方便，这一点是 Excel 无法与之相比的。另外，VB、.net、C#等开发语言工具对于非计算机专业人员来说太难了。Access 易学易用，可供非计算机专业的人员开发软件，如生产管理、销售管理、库存管理等各类企业管理软件，同时满足了从事企业管理工作的人员的管理需要。

本章将介绍 Access 的使用方法，是因为微软的 Windows 和 Office 拥有广泛的应用基础，而 Access 是 Office 套件的其中一员，有 Office 基础的用户很容易掌握 Access；虽然同样是微软的数据库产品，SQL Server 比 Access 要强大得多，但作为入门和简单数据库应用，Access 也是不错的选择。而随着学习的深入，熟悉 Access 的用户很容易进一步掌握 SQL Server。

7.2.4　关系数据库模型

关系数据库是支持关系模型的数据库，是目前最流行、应用最广泛的数据库数据模型。

关系数据库的结构相当简单易懂，在用户看来，关系模型中数据的逻辑结构是一张张的二维表，如同 Excel 中的数据列表，如表 7-4 和表 7-5 所示。关系模型的这种简单的数据结构能够表达丰富的语义，描述出现实世界的实体以及实体间的各种联系。

表 7-4　“Student”关系

学　号	姓　名	性　别	专　业	出 生 年 月
2015101	王桃	女	物理	92-01-21
2015102	庄钱	男	物理	92-09-21
2015201	丁华	女	数学	91-04-18
2015202	姜齐	男	数学	91-12-02
2015301	黎惠	女	计算机	92-11-14

表 7-5　“Scores”关系

学　号	课　程	成　绩
2015101	计算机文化基础	52
2015102	高等数学	76
2015201	计算机文化基础	90

续表

学　号	课　程	成　绩
2015201	高等数学	77
2015301	计算机文化基础	65
2015301	C/C++程序设计	55

1. 关系模型相关概念

关系模型中有以下相关概念。

① 关系：一个关系对应于一张二维表，每个关系有一个关系名，也称为表名。

② 关系模式：关系的描述，如 Scores（学号，课程，成绩）。

③ 元组：也称为记录，表中的一行。

④ 属性：也称为字段，表中的一列。

⑤ 关键字：用来标识或存取特定记录的字段，又称“键”，如“学号”、“姓名”字段。

⑥ 主关键字：又称“主键”，其值能够唯一地标识表中的一条记录，主键可由一个或多个字段组成，如“学号，课程”可作为成绩表中唯一标识每条成绩的主键。

⑦ 外部关键字：又称“外键”。在表 7-4 和表 7-5 中，“Stuednt”和“Score”表中都有“学号”字段，可以通过学号字段将两个表建立关联：在“Stuednt”表中，学号字段是主键；在“Score”表中，学号字段是外键。

⑧ 值域：属性的取值范围，如成绩的取值范围为 0～100。

2. 关系模型的基本要求

建立关系模型应满足以下基本要求。

① 关系必须规范化，每个属性必须是不可分割的数据项，即表中不能再包含表。例如，表 7-6 所示是不规范的形式，而表 7-7 所示是规范的形式。

② 关系中不能出现相同的记录。

③ 关系中不能出现相同的字段。

④ 关系中每一列的数据必须为同一类型。

表 7-6　工资表（非关系模型）

工　号	姓　名	工　资	
		应发工资	实发工资
91026	王建	1656	1455
97045	杨兵	1532	1764

表 7-7　工资表（关系模型）

工　号	姓　名	应发工资	实发工资
91026	王建	1656	1455
97045	杨兵	1532	1764

7.3　Access 数据库

Access 2010 是 Microsoft 公司推出的 Office 2010 家族的一个成员，其操作界面和使用环境与 Word、Excel 和 PowerPoint 等相同，深受广大用户喜爱，能够方便地利用各种数据源生成窗体、查询、报表和应用程序等。作为 Office 2010 的组件之一，用户安装 Office 2010 时可选择安装 Access 2010。

7.3.1　Access 2010 用户界面

与以前的版本相比，尤其是与 Access 2007 之前的版本相比，Access 2010 的用户界面发生了重大变化。Access 2007 中引入了两个主要的用户界面组件：功能区和导航窗格；而在 Access 2010 中，不仅对功能区进行了多处更改，而且还新引入了第三个用户界面组件 Microsoft Office Backstage 视图。

Access 2010 用户界面包括以下三个主要组件如下。

（1）Backstage 视图：是功能区的“文件”选项卡上显示的命令集合（见图 7-2）。在打开 Access 但未打开数据库时，所见到的就是 Backstage 视图。Backstage 视图是 Access 2010 中的新功能。它包含早期版本中“文件”菜单的命令，如“打开”、“保存”、“打印”等，以及应用于整个数据库的命令和信息，如“压缩和修复”等。

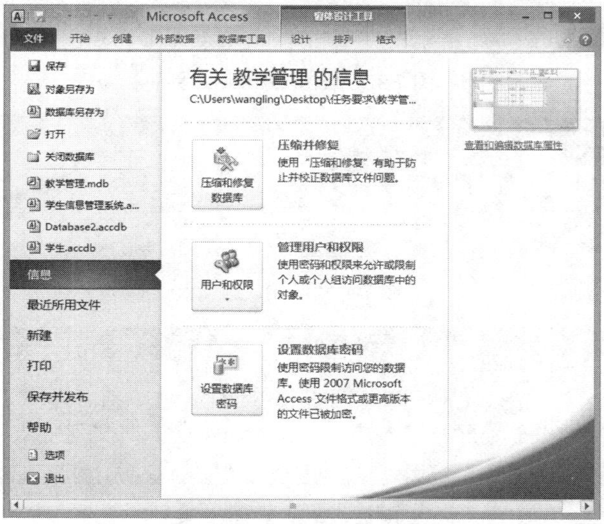

图 7-2　Backstage 视图

（2）功能区：是一个包含多组命令且横跨程序窗口顶部的带状选项卡区域，如图 7-3 所示。功能区是替代 Access 2007 之前的版本中存在的菜单和工具栏。功能区由多个选项卡组成，这些选项卡上有多个按钮组，它将通常需要使用菜单、工具栏、任务窗格和其他用户界面组件才能显示的任务或入口点集中在一个地方。除标准选项卡之外，Access 2010 还有工具选项卡，根据进行操作的对象以及正在执行的操作的不同，标准选项卡旁边可能会出现一个或多个工具选项卡，如图 7-3 所示。

（3）导航窗格：是 Access 程序窗口左侧的窗格（见图 7-3），可以在其中使用数据库对象。导航窗格取代了 Access 2007 中的数据库窗口。导航窗格可帮助组织归类数据库对象，并且是打开或更改数据库对象设计的主要方式。

功能区中，主要的命令选项卡包括“文件”、“开始”、“创建”、“外部数据”和“数据库工具”，各选项卡被选择后，将列出对应的功能项目，如图 7-4～图 7-7 所示。

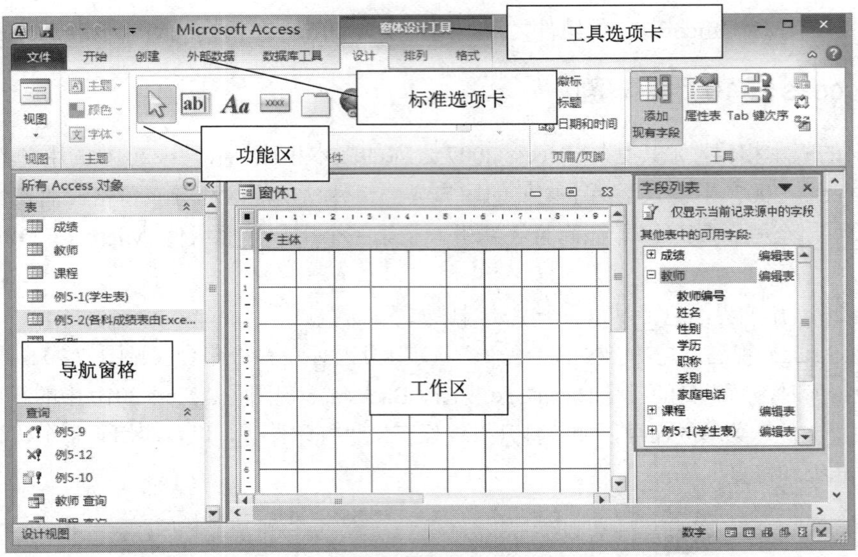

图 7-3　Access 2010 用户界面

图 7-4　“开始”选项卡

图 7-5　“创建”选项卡

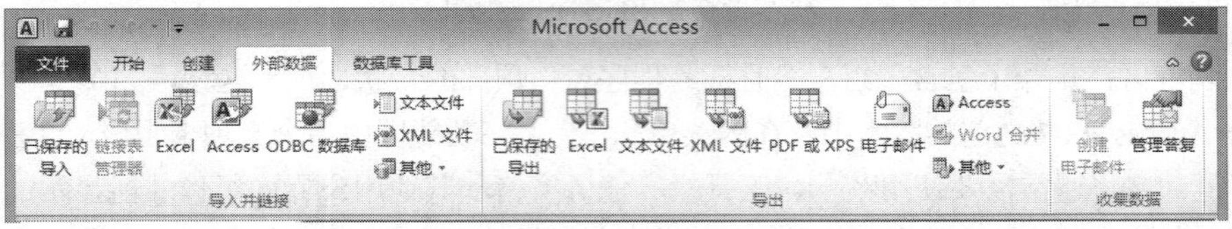

图 7-6　“外部数据”选项卡

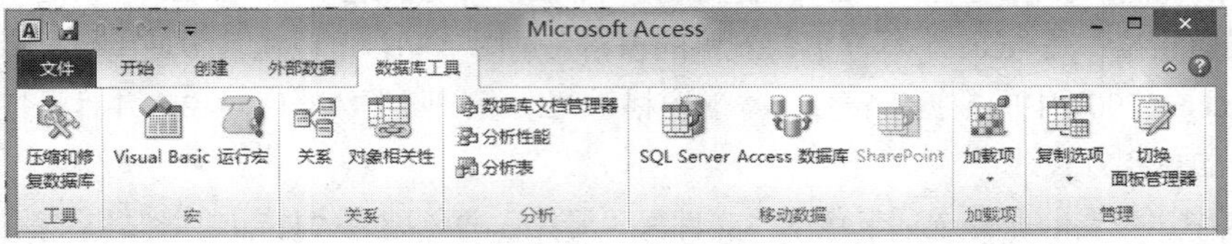

图 7-7　“数据库工具”选项卡

表 7-8 列出了选项卡的典型样例以及每个选项卡上的可用命令。选项卡和可用命令会随着用户所执行的操作而有所变化。

表 7-8　选项卡及命令

命令选项卡	可以执行的常用操作
开始	选择不同的视图
	从剪贴板复制和粘贴
	设置当前的字体特性
	设置当前的字体对齐方式
	对备注字段应用格式文本格式
	使用记录（刷新、新建、保存、删除、汇总、拼写检查及更多）
	对记录进行排序和筛选
	查找记录
创建	插入新的空白表
	使用表模板创建新表
	在 SharePoint 网站上创建列表，在链接至新创建的列表的当前数据库中创建表
	在设计视图中创建新的空白表
	基于活动表或查询创建新窗体
	创建新的数据透视表或图表
	基于活动表或查询创建新报表
	创建新的查询、宏、模块或类模块
外部数据	导入或链接到外部数据
	导出数据
	通过电子邮件收集和更新数据
	创建保存的导入和保存的导出
	运行链接表管理器
数据库工具	将部分或全部数据库移至新的或现有 SharePoint 网站
	启动 Visual Basic 编辑器或运行宏
	创建和查看表关系
	显示/隐藏对象相关性
	运行数据库文档或分析性能
	将数据移至 Microsoft SQL Server 或 Access（仅限于表）数据库
	管理 Access 加载项
	创建或编辑 Visual Basic for Applications （VBA）模块

7.3.2　Access 数据库中的对象

Access 是一个面向对象的可视化数据库管理系统，所有的操作都在 Access 程序窗口中完成。Access 2010 数据库扩展名为*.accdb（Access 2003 为*. mdb）。Access 数据库中包含表、查询、窗体、报表、宏、模块 6 种对象，它们在数据库应用中起不同的作用。

表（Table）：也称为数据表，是数据库的核心与基础，存放数据库中的全部基本数据，一个数据库可建立一个或多个表。

查询（Query）：是数据库中用于检索数据的对象，基于“表”或“查询”对象而建立。用于从一个或多个表（或查询）中找出用户需要的记录或统计结果。

窗体（Form）：是用户与数据库进行交互的界面，通过窗体可方便地输入、查看或编辑表中的数据。

报表（Report）：用于数据的打印输出，它可以按用户要求的格式和内容打印数据库中的各种信息。窗体和报表对象的数据来源可以是表，也可以是查询。

宏（Macro）：是一个或多个操作命令的集合，每个操作实现特定的功能。利用宏可以使大量的重复性操作自动完成。

模块（Module）：是存放 VBA（Visual Basic for Applications）代码的对象，其主要作用是建立 VBA 程序以完成宏不能完成的任务。宏和模块是强化 Access 数据库功能的有力工具，可以在窗体或报表中被调用。

7.3.3 创建数据库

创建数据库就是创建数据库应用系统。Access 2010 提供了两种创建数据库的方法：其一是通过使用模板创建数据库，模板中已经包含了多个表格、查询、窗体等对象，用户可直接使用，这是初学者创建数据库最简单的方法；其二是先建立一个空数据库，然后再逐步添加表、查询、窗体、报表等对象，这种方法比较灵活，适合有一定基础的使用者。

1. 使用样本模板创建数据库

使用样本模板创建数据库，就是使用在 Access 2010 提供的数据库模板快速地建立一个数据库，模板可以调用本地文件，也可通过网络获取。用这种方式创建数据库操作非常简单，只要单击 Access 2010 启动页面中的“样本模板”命令，就可以看到 Access 2010 中内置的“教职员”、“学生”、“任务”等多个模板（见图 7-8），选中其中一个模板，单击界面右侧的“创建”命令，即可创建一个已经包含多个表、查询、窗体、报表等对象的数据库。

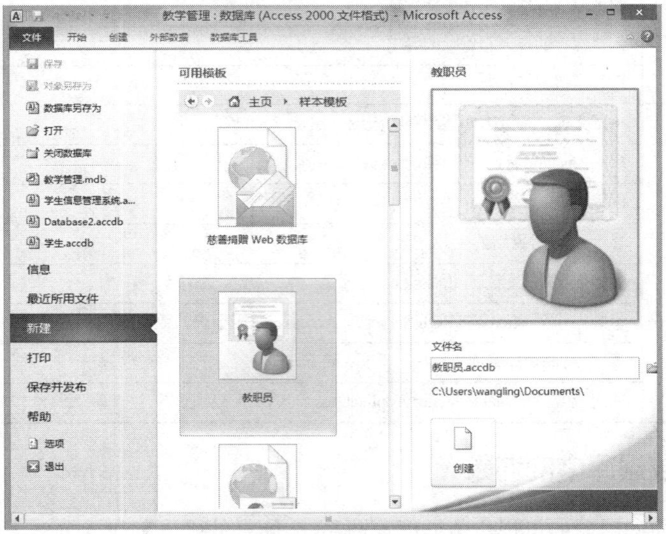

图 7-8 样本模板

2. 创建空数据库

使用直接创建空数据库的方法过程较为简单，但表、窗体等数据库对象都必须由用户自己创建。

启动 Access 2010 后，选择“空数据库”，在右侧的对话框中设置数据库的名称后，单击“创建”按钮，便创建出一个空数据库。

图 7-9 所示为用此方法创建的名为“学生信息管理系统”的数据库窗口，该数据库中还没有表、查询等数据库对象，需要用户进一步建立。

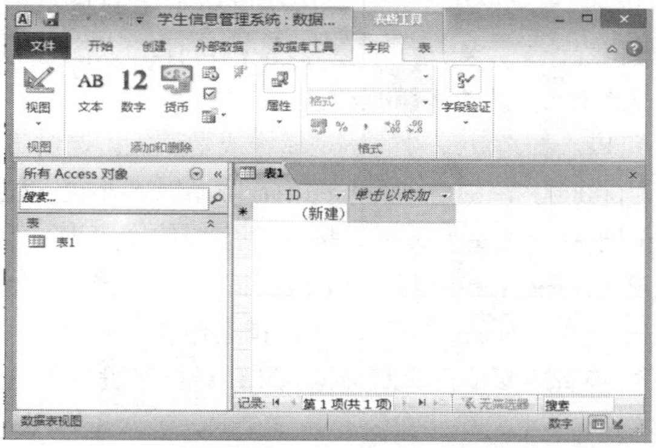

图 7-9　创建空数据库

7.3.4　数据表的操作

数据表是数据库中最重要、最基本的对象，设计一个数据库的关键就在于基本表的建立。

1．表的组成

在 Access 中，数据表以行列格式存储数据项（类似 Excel 表格）。在一个数据表中，列被称为“字段”，它决定着数据表的结构；行被称为“记录”，记录是数据表中的数据。若干张表存储在一个数据库文件中，通过表的名字来区分它们。

2．字段的类型和属性

Access 中，所有的数据表中都包括表结构和表数据两部分。要创建表，首先要确定表的结构，也就是定义表中的各个字段的名称、类型及属性。字段名由 1～64 个西文或中文字符构成，可以包含字母、数字、空格和一些特殊符号，但不能以空格开头，不能包含控制字符（ASCII 码为 0～31）。

（1）字段的类型

字段的类型取决于所存放数据的类型，Access 允许如下 10 种数据类型。

① 文本型。文本型可存放文本数据，如姓名（纯文本）、地址（文本与数字相结合），或者不需要计算的数字，如电话号码（当文本处理的数字）等。这种类型最多允许 255 个字符，默认的大小是 50 个字符，可通过设置“字段大小”属性控制可输入的最大字符长度。

② 备注型。备注类型用来保存长度较长的文本，备注型字段能够存储长达 64000 个字符的内容。Access 可以对文本字段进行排序和索引（可以加快查询数据的运行速度），但不能对备注字段进行排序或索引。

③ 数字型。数字类型用于存储进行算术计算的数字数据。

数字型数据可通过设置“字段大小”属性定义一个特定的数字类型，选择一种数字类型决定了相应的字段所占据的存储空间，占用的存储空间越大，能表示的数据范围越大。例如，“字节型”字段大小为 1 字节，“整型”字段为 2 字节，“长整型”及“单精度型”字段为 4 字节、“双精度型”字段为 8 字节。

④ 日期/时间型。日期/时间型用来存储日期和时间，如出生日期。该类型字段占 8 个字节。

通过“格式”属性，可设置日期和时间的显示格式。

⑤ 货币型。货币型用于存放货币值，计算期间禁止四舍五入。货币型字段占 8 个字节，精确度为

小数点左方 15 位数及右方 4 位数。通过“格式”属性，可设置货币型数据的显示格式。

⑥ 自动编号型。自动编号型类型较为特殊，用于对数据表中的记录进行编号。每次在表里添加新记录时，自动编号型字段的值会自动产生，该值为依次自动加 1 或随机值。自动编号一旦被指定，就会永久地与记录连接，如果删除记录，Access 不会为表格中的自动编号字段重新编号；当添加记录时，Access 也不再使用已被删除的自动编号字段的数值。

通过“新值”属性，可以选择自动编号的值是递增或是随机；通过“格式”属性，可以设置自动编号的格式，如设置格式“000000”，则自动编号的值在显示时，不足 6 位的编号左边填充“0”。

⑦ 是/否型。是/否型用于存放逻辑型数据。是/否型字段的宽度为 1 个二进制位。

⑧ OLE 对象型。OLE（Object Linking and Embedding，对象链接与嵌入）对象型字段是指字段允许单独地“链接”或“嵌入”OLE 对象。OLE 对象是指其他使用 OLE 协议程序创建的对象，如 Word 文档、Excel 电子表格、图像、声音或其他二进制数据。OLE 对象字段最大可为 1GB（受磁盘空间限制）。

⑨ 超链接型。超链接型字段主要是用来保存超链接的，包含作为超链接地址的文本。当单击一个超链接时，Web 浏览器或 Access 将根据超链接地址到达指定的目标。超链接地址最多包含 3 个部分：一是在字段或控件中显示的文本；二是到文件或页面的路径；三是在文件或页面中的地址。

⑩ 查阅向导型。查阅向导型字段类型为用户提供了一个建立字段内容的列表，可以在列表中选择所列内容作为添入字段的内容。一般为 4 个字节，实际的字段类型和长度取决于数据的来源。

（2）字段的属性

在设置字段数据类型的同时，还应设置字段属性才能更准确地确定数据的特征，不同类型的字段可设置的属性内容不同。除前面介绍的字段大小、格式等属性外，常见的属性还有如下几个。

① 小数位数。用于指定数字和货币型数据的小数位数。如商品价格一般保留 2 位小数位。

② 标题。设置的标题将取代原来的字段名在表中显示。如某字段的名称为“name”，不容易准确理解，可设置标题为“姓名”，则查询结果中列标题会显示“姓名”。

③ 默认值。添加新记录时自动输入的值。如“学生信息”表中“入学状态”字段，1 表示在读，0 表示退学，那么绝大部分的数据都应该是 1，如果设置了该字段默认值为“1”，那么在没有特别指定为 0 的情况下，就不需要重复地输入“1”了。

④ 有效性规则。用于设置数据的有效范围，输入时可检查字段中所输入的值是否符合要求。如成绩字段的数据类型设置为整型了，还可以加入 0～100 的有效性规则，使得在插入数据到表里的时候，已经保证了数据是在有效范围内。

⑤ 有效性文本。用于设置当输入的数据不符合有效性规则时所显示的信息。如用户在设置了 0～100 的有效性规则的“成绩”字段中，输入“3000”，可以提示“您的输入数据超出了 0～100，请重新输入”等信息。

⑥ 必填字段。用于设置字段值是否允许为空。如果设置了字段是必填，那么添加记录时，必须录入该字段的内容，否则该记录无法存入数据表中。

⑦ 索引。用于确定某字段是否作为索引。索引的作用类似书本的目录，可以让数据库更快地找到所需要的数据。设置了索引可以加快对索引字段的查询、分组、排序等操作。

3. 创建表

在 Access 中，创建表可以采用下列方法。

（1）输入数据创建表

通过输入数据创建表是以“先输入数据，再确定字段”的方式，来实现数据表的创建。

可以通过如下步骤实现输入数据创建表。

① 选择“创建”选项卡中的“表格”组中的“表”命令，就会打开空白数据表（见图 7-9）。默认情况下，字段名是用“字段 1、字段 2、字段 3……”来表示，如果需要重新命名，只需双击表中各字段名，输入新的名字后按 Enter 键即可。修改字段名并输入数据后的效果如图 7-10 所示。

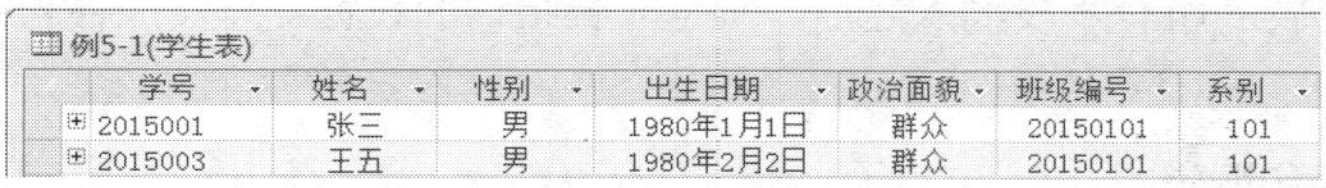

图 7-10　修改字段名并输入数据

② 数据输入完毕后，执行“文件”→“保存”命令。在弹出的“另存为”对话框里，输入数据表的名称，单击“确定”按钮保存。

（2）使用表设计器创建表

如果想要自己创建基本表结构和定义所有字段名称和数据类型，可以利用表设计器来创建表。下面以实例来介绍使用表设计器创建数据表的方法。

例 7-1　*在“教学管理”数据库中建立名为“学生表”的基本表。*

① 首先确定表的结构，如表 7-9 所示。

表 7-9　“学生表”的结构

字段名称	数据类型	字段大小	备　注
学号	文本	10	主键
姓名	文本	8	
性别	文本	1	
出生日期	日期/时间		长日期格式
政治面貌	文本	8	
班级编号	文本	10	
系别	数字	长整型	

② 启动 Access 应用程序，建立名为“教学管理”的空数据库。

③ 打开“创建”选项卡，在“表格”组中执行“表设计”命令，打开表设计视图，如图 7-11 所示。表设计器由两部分组成：上半部分表格中，每行对应一个字段，需在这里输入字段名及选择字段的数据类型；下半部分用于设置该字段的属性。

④ 依照表 7-9 所示的内容输入各个字段的信息，结果如图 7-11 所示。

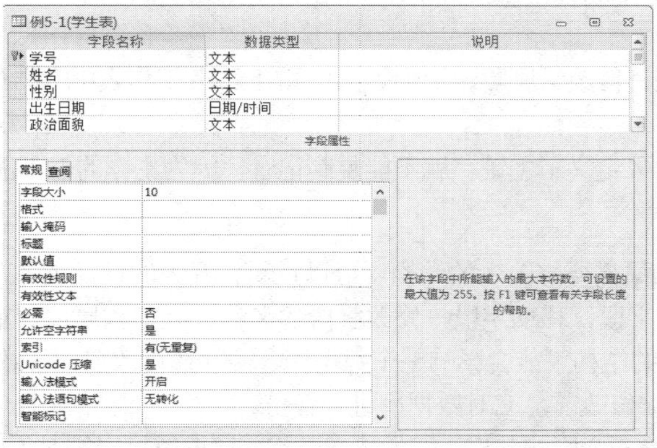

图 7-11　“学生表”的设计视图

⑤ 定义“学号”为主键。虽然主键不是必需的，但数据表中定义了主键后才可与数据库中其他表

建立关系，并可避免重复数据的录入，因此应该进行定义。定义“学号”为主键的方法是：将插入点放在“学号”行，执行功能区上的“主键”命令，或单击鼠标右键后执行“主键”命令。设置主键后，可看到图 7-11 中主键字段（学号）左边的标志。

⑥ 完成该数据表的所有字段输入之后，即完成表结构的设计，需要保存表结构才能开始往数据表中输入数据。

4. 数据的输入和编辑

对数据表中数据的处理，也就是对记录的输入、保存及编辑操作。

（1）输入记录

在数据库窗口中，以下几种操作都可以打开数据表视图：双击要输入记录的表对象（如“学生”表）；选中要输入记录的表对象，然后单击鼠标右键，选择“打开”选项；单击功能区中的“视图”按钮，打开一个下拉列表，选择“数据表视图”选项，如图 7-12 所示。通过以上操作打开数据表后界面如图 7-13 所示，在数据表视图中即可完成数据记录的输入。

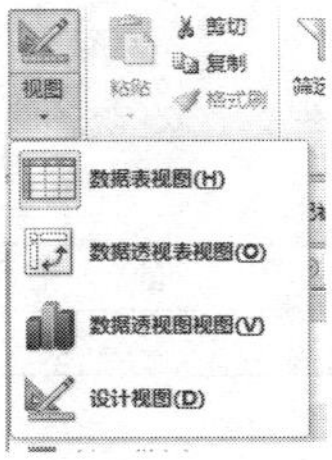

图 7-12 选择视图

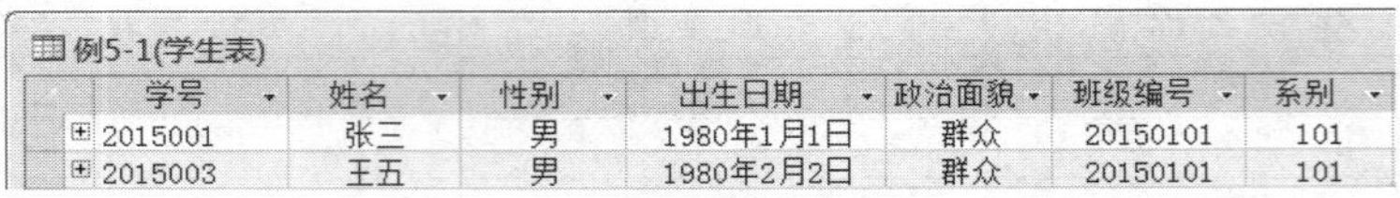

图 7-13 数据表视图

一般类型的字段，直接在单元格中输入数据即可。但有些类型字段输入的方法是不一样的，如对于自动编号类型的字段，其值由系统自动生成，用户不能更改；而 OLE 对象类型的字段，需选中要插入对象的单元格，单击鼠标右键后执行“插入字段”命令。

（2）保存记录

一般情况下，当光标从上一条记录移至下一条记录时，系统自动保存上一条记录。也可以在输入过程中选择“保存”命令来保存。

在数据表视图中，若该记录前方显示为笔状，表示所在记录正处于编辑状态，按下 Esc 键，可取消刚才对该记录的编辑操作，也就是不保存该记录的修改。

（3）编辑记录

记录的添加、复制、修改、删除、切换等操作和 Excel 工作表中数据列表的操作相似，都可在数据表视图中完成。

需要注意的是：如果定义了主键，就不能复制记录，因为主键的值不能有重复。

5. 表结构的修改

对已存在的表，如果需要修改表的结构，可以重新打开表的设计视图，进行字段的编辑。可进行的操作有：添加、删除字段，移动字段，修改字段的名称、类型和属性，重新设置主键等。由于表是数据库的核心，修改表的结构可能会影响整个数据库，因此在修改前应注意以下问题。

① 为了确保安全，修改前，应对数据库进行备份。

② 修改字段的名称不会影响数据，但如果在查询、窗体或报表等对象中使用了这个字段，那么在这些对象中也要做相应修改。

③ 修改字段类型时有可能使数据丢失，这种修改应慎重。例如，假设“价格”字段原来保存了

12.34 的数据，但是后来将该字段的类型改为整型，那么该记录的值将变为 12（取整），将有可能导致数据错误。

④ 正在被其他的对象打开使用的表不能被修改，应先关闭再进行修改。

⑤ 与其他表建立了关系的字段不能被修改，如要修改，应先将关系去掉，修改后，再重新建立关系。

6．数据的导入和导出

在日常生活中，比较常见的是用 Excel 文档来存放数据，也有可能需要用到其他文件格式文件里的数据，这些不同来源的数据，如果希望统一用 Access 进行处理的话，就需要从别的数据源中导入数据进入 Access 数据库。Access 软件提供的数据导入、导出功能可以很方便地导入其他数据库或文件中的表格，也可将 Access 数据表以另一种文件格式保存到磁盘。

（1）导入数据

导入是指将其他表或其他格式文件中的数据导入到 Access 当前打开的数据库中。

例 7-2　将一 Excel 成绩表导入到“教学管理”数据库中。

① 打开“教学管理”数据库，选择“外部数据”选项卡→选择“导入并链接”组中的“Excel”命令，弹出“获取外部数据-Excel 电子表格”对话框，如图 7-14 所示。

② 在该对话框中，通过“浏览”找到要导入的文件。一般选择“指定数据在当前数据库中的存储方式和存储位置”。单击“确定”按钮，弹出“导入数据表向导”对话框。

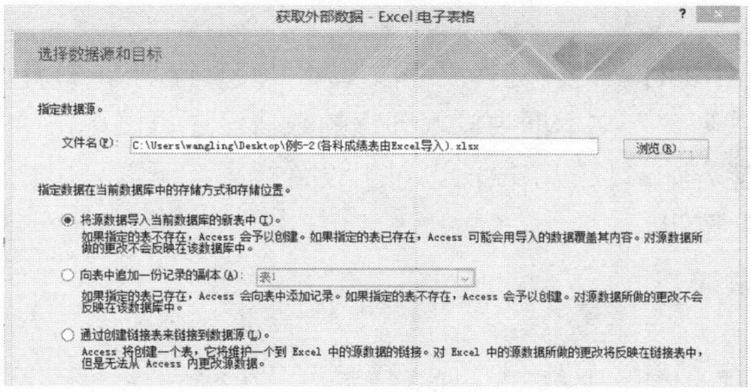

图 7-14　导入 Excel 文件数据

③ 向导第 1 步是选择合适的工作表或区域。

④ 向导第 2 步是确定 Excel 工作表中的第 1 行是否为列标题。如果 Excel 文件中第一行是标题行，但选择了“否”，那么第一行标题行将作为数据导入到数据库中，成为一条记录，那么数据就产生了错误。

⑤ 向导第 3 步是选择要导入的字段，如图 7-15 所示。这一步中如果某一字段选择了“不导入字段（跳过）”复选框，则相关字段的数据不会被导入。

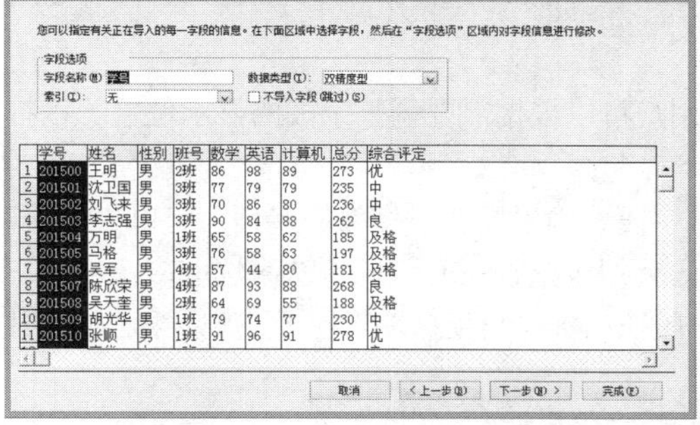

图 7-15　导入数据表向导

⑥ 向导第 4 步是为新数据表设置主键。如果选择“让 Access 添加主键”，则 Access 会自动添加一个 ID 字段作为主键；如果选择“我自己选择主键”，则由用户自己手动指定（或不指定）作为主键的字段。应确保作为主键的字段中无重复数据。

⑦ 向导最后一步是为新表命名，在这里给工作表命名为“各科成绩表”。

⑧ 单击“完成”按钮后，“各科成绩表”将出现在数据库窗口的“表”列表中。

打开“各科成绩表”数据表可看到原来 Excel 工作表中的数据，数据导入成功，如图 7-16 所示。

（2）导出数据

导出是将表、查询等数据库对象输出到其他数据库、电子表格或文件格式中。导出数据的操作较为简单，首先在数据库窗口中选中要导出的数据库对象，然后选择“外部数据”选项卡→“导出”组中的“Excel”命令，在打开的对话框中选择文件的类型、存储路径和文件名即可。

7. 表的外观格式调整

在 Access 中，表的外观调整操作与 Excel 类似。

（1）调整表的行高和列宽

改变表的默认行高和列宽有使用鼠标拖动和使用菜单命令两种方法。

① 使用鼠标拖动：鼠标拖动比较直观，也是常用的方法，具体操作是将鼠标指针移动到网格线附近，当鼠标指针变为水平或垂直的双向箭头时，按住鼠标左键左右或上下拖动便可直观地改变行高或列宽。

② 选中列或行，单击鼠标右键，选择“字段宽度”或“行高”，打开如图 7-17 所示的“列宽”对话框，用户可以直接在“列宽”文本框中输入列宽的数值，还可以单击“最佳匹配”按钮，系统会自动调整列宽，使得刚好能容纳最长的字段值。对于设置行高，可以采用相同的方法，只是“行高”对话框中没有“最佳匹配”按钮。

例5-2(各科成绩表由Excel导入)

学号	姓名	性别	班号	数学	英语	计算机	总分	综合评
201500	王卫国	男	2班	86	98	89	273	优
201501	沈卫国	男	3班	77	79	79	235	中
201502	刘飞来	男	3班	70	86	80	236	中
201503	李志强	男	3班	90	84	88	262	良
201504	万明	男	1班	65	58	62	185	及格
201505	马格	男	3班	76	58	63	197	及格
201506	吴军	男	4班	57	44	80	181	及格
201507	陈欣荣	男	4班	87	93	88	268	良
201508	吴天銮	男	2班	64	69	55	188	及格
201509	胡光华	男	1班	79	74	77	230	中
201510	张顺	男	1班	91	96	91	278	优
201512	李华	女	2班	81	82	92	255	良
201513	刘芳	女	3班	64	63	65	192	及格
201514	刘涛	男	2班	63	80	78	221	中
201515	程平	男	1班	75	83	81	239	中
201516	刘小明	男	4班	80	74	77	231	中
201517	古云霞	女	1班	70	66	88	224	中

记录: 第 31 项(共 31 项) 无筛选器 搜索

图 7-16 导入的数据表

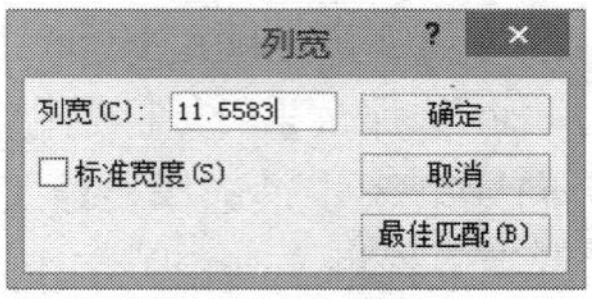

图 7-17 “列宽”对话框

（2）调整字段顺序

在表的编辑过程中，用户可以根据需要调整字段的显示位置。以打开的“学生信息表”为例，说明如何调整字段顺序。

① 选中“政治面貌”字段。如果要选中相邻的多列，可以先单击某列字段，然后按住鼠标不放，拖动到选定范围的末尾。或者采用按住 Shift 键的方法来选取多个字段。

② 将“政治面貌”字段拖动到“出生日期”字段左侧，释放鼠标左键。

（3）隐藏和显示字段

① 隐藏指定列：选定要隐藏的字段，如隐藏“出生日期”字段，选中该列，单击鼠标右键，选择“隐藏字段”，如图 7-18 所示，“出生日期”字段内容被隐藏起来了。

图 7-18　隐藏“出生日期”字段

② 显示隐藏列：单击鼠标右键，选择“取消隐藏字段”命令（见图 7-19），隐藏列就会显示出来。

（4）设置表的外观及字体格式

设置表的外观，可选择“文本格式”组中的“设置数据表格式”命令，打开“设置数据表格式”对话框。在该对话框中主要包括“单元格效果”、“网格线显示方式”、“背景色”、“网格线颜色”等功能设置，如图 7-20 所示。

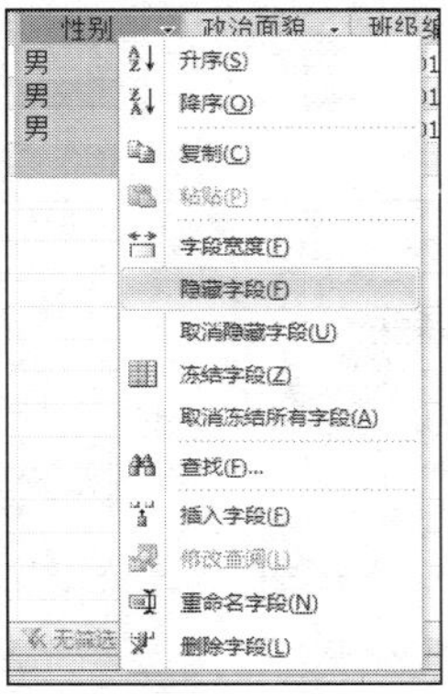

图 7-19　“取消隐藏字段”命令

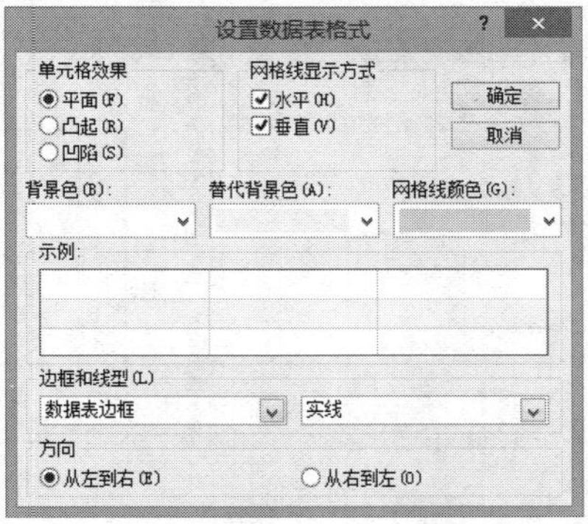

图 7-20　“设置数据表格式”对话框

设置字体格式通过选择“开始”菜单的“文本格式”框可直接设置。

（5）冻结列和解冻列

选定要冻结的列，然后单击鼠标右键，选择“冻结”命令，列一旦被冻结，就总是会显示在最左侧的位置。如果要解除列的冻结，单击鼠标右键，选择“取消对所有列的冻结”命令。

7.3.5　创建表关系

一个数据库应用系统通常包括多个表。为了把这些不同的表的数据连接成一个有机的整体，必须定义表间的关系。在表之间建立关系，不仅确立了表之间的关联，还保证了数据库的参照完整性。

1. 理解参照完整性

参照完整性是一种系统规则，确保相关表中记录之间关系的有效性，保证不会被意外地删除或错误更改相关数据。

如在“教学管理.accdb”数据库中，可设置“学生表”和“学生成绩表”中“学号”字段的参照完整性（“学生表”为主表，“学生成绩表”为从表），实现在“学生成绩表”中，不可能出现一个学号，是在“学生表”中没有出现过的；还可以设置当“学生表”中学号发生变化（修改/删除）的同时，“学生成绩表”中相应记录的学号也自动修改。

在符合以下条件时，才能实施参照完整性：主表的匹配字段是主键或唯一；两个表中相关联的字段具有相同的数据类型；两个表属于同一数据库。使用参照完整性时要遵循下列规则：在两个表之间设置参照完整性后，如果在主表中没有对应记录，就不能把与之相关的记录添加到从表中；反之，在从表中存在匹配的记录时，则在主表中不能删除对应记录。

2. 创建关系

例 7-3 在“教学管理”数据库中已存在成绩表、教师表、课程表、授课表、系别、选课表、学生表等基本表，其中学生表、教师表、系别 3 个数据表中均存在系别 ID 字段，需要创建它们的关系。

① 打开“教学管理.accdb”数据库。

② 选择“数据库工具”→“关系”命令，打开“关系”窗口。在没有建立关系的情况下，“关系”窗口里显示空白。

③ 单击“关系”组中的“显示表”按钮，弹出“显示表”对话框，如图 7-21 所示。选中“学生表”、“教师表”、“系别表”数据表（可按 Ctrl 键复选），单击“添加”按钮，把 3 个数据表添加到关系视图中。

④ 单击“关闭”按钮，此时“关系”窗口显示出 3 个表，如图 7-22 所示。

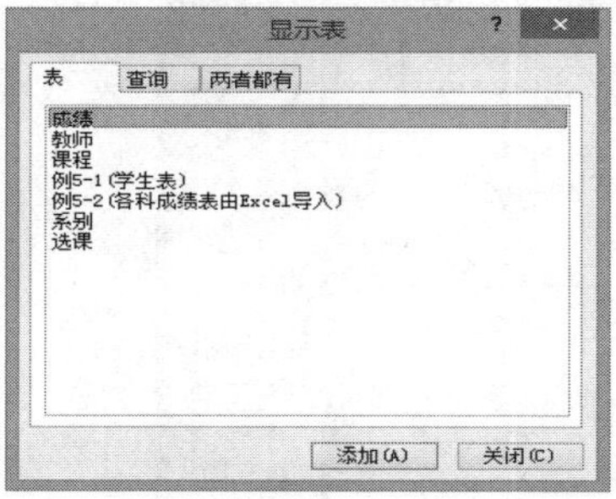

图 7-21 “显示表”对话框

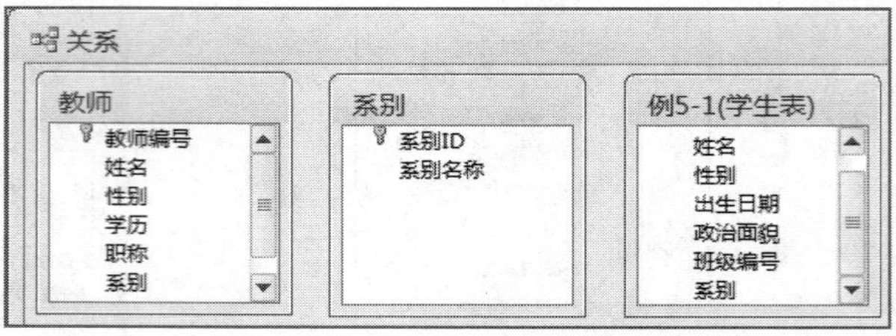

图 7-22 添加数据表后的“关系”窗口

⑤ 在“系别”表中，选中“系别 ID”字段，按住鼠标左键拖曳，光标移到“教师表”的“系别”字段上，放开鼠标左键，“编辑关系”对话框将打开，如图 7-23 所示。

⑥ 单击“创建”按钮，即可建立两个表之间的关系，使用同样的办法创建“系别”表与“学生表”之间的关系，完成后关系视图如图 7-24 所示。

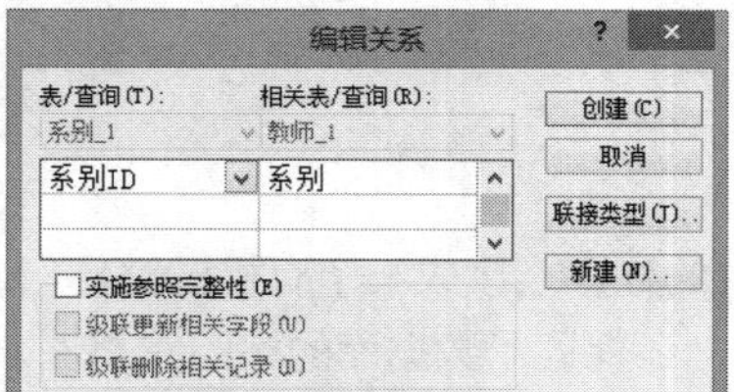

图 7-23 “编辑关系”对话框

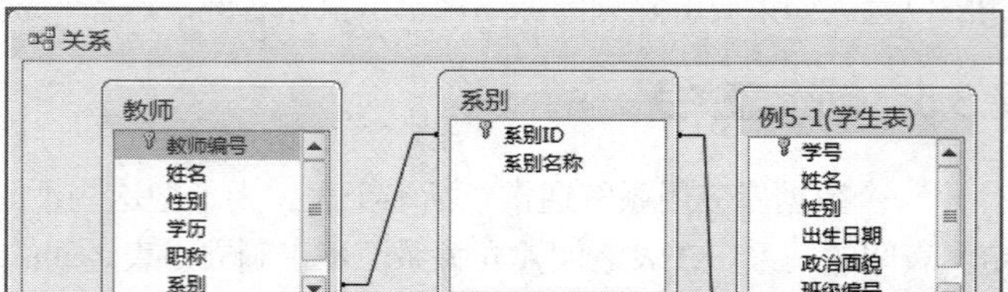

图 7-24 创建表间关系

⑦ 关闭“关系”视图，此时打开是否保存关系布局的提示框，单击“是”按钮，保存所创建的表关系及关系图布局。

7.3.6 Access 查询及表达式

查询是处理数据和分析数据的工具，是在一个或多个表（或查询）中根据给定的条件从中筛选所需要的信息，供使用者查看、更改和分析使用。查询作为 Access 数据库中的一个重要的对象，通过查询筛选出符合条件的记录，构成一个新的数据集合。从中获取数据的表或查询称为该查询的数据源。

可根据用户的需求，用一些限制条件来查询目标数据（记录）。按照查询的方式，Access 的查询可以分为选择查询（参数查询、交叉表查询）、操作查询、SQL 查询、汇总查询和重复查询和不匹配查询等。篇幅所限，以下将只介绍其中最常用的选择查询、操作查询和 SQL 查询。

1. 选择查询

选择查询是最常用，也是最基本的查询。选择查询是根据指定的查询条件，从一个或多个表中获取数据并显示结果。还可以使用选择查询来对记录进行分组，并且对记录做总计、计数、平均值以及其他类型的计算。选择查询又包含参数查询、交叉表查询等。

2. 操作查询

操作查询用于对数据库进行复杂的数据管理操作，它能够通过一次操作完成多个记录的修改。操作查询包括更新查询、生成表查询、追加查询以及删除查询。

3. SQL 查询

SQL 语言是在各种关系数据库产品中被广泛使用的一种标准，Access 也支持 SQL 语言的运行。SQL 查询是用户使用 SQL 语句创建的查询。SQL 语句可用于查询、更新和管理 Access 数据库。

4. 表达式的组成

需要查询某些特定条件的记录，可在查询中设置各种条件，即条件表达式，或称表达式。

表达式是一个或以上字段、函数、运算符、变量或常量的组合，表达式可以是简单的算术表达式（如“1+2”），也可以是复杂的数据运算及其他操作。Access 中的表达式相当于 Excel 中的公式，但功能更为强大。有了 Excel 章节中公式和函数的知识基础，对于 Access 中的运算符、表达式和函数也较为容易理解。

（1）运算符

表达式中常用的运算符包括算术运算符、比较运算符、连接运算符、逻辑运算符和特殊运算符等。表 7-10 所示为一些常用的运算符。

表 7-10　常用运算符

类　型	运 算 符	含　义	示　例	结　果
算术运算符	+	加	1+3	4
	-	减，用来求两数之差或是表达式的负值	4-1	3
	*	乘	3*4	12
	/	除	9/3	3
	^	乘方	3^2	9
	\	整除	17\4	4
	mod	取余	17 mod 4	1
比较运算符	=	等于	2=3	False
	>	大于	2>1	True
	>=	大于等于	“A” >= “B”	True
	<	小于	1<2	True
	<=	小于等于	6<=5	False
	<>	不等于	3<>6	True
连接运算符	&	字符串连接	“计算” & “机”	计算机

续表

类　型	运 算 符	含　义	示　例	结　果
连接运算符	+	当表达式都是字符串时与&相同；当表达式是数值表达式时，则为加法算术运算	“计算机”+“基础”	计算机基础
逻辑运算符	And	与	1<2 And 2>3	False
	Or	或	1<2 Or 2>3	True
	Not	非	Not 3>1	False
	Xor	异或	1<2 Xor 2>1	True
特殊运算符	Is（Not） Null	“Is Null”表示为空，“Is Not Null”表示不为空：		
	Like	判断字符串是否符合某一样式，若符合，其结果为True，否则结果为False		
	Between A and B	判断表达式的值是否在指定A和B之间的范围，A和B可以是数字型、日期型和文本型		
	In（string1,string2...）	确定某个字符串值是否在一组字符串值内	In（"A,B,C"） 等价于"A" Or "B" Or "C"	

一个表达式可以包含多个运算符，每个运算都有其执行的先后顺序，与Excel类似，Access中也有运算符的优先级。

运算符的使用根据实际需要变化，如比较运算符可用于数字、日期等类型数据的对比：查找不及格的学生可表示为“期末成绩<60”；查找1989年以后出生的学生可以表示为“出生日期>=#1989-1-1#”等。又如查找在1990年出生的条件表达式为“出生日期 Between #1990-1-1# And #1990-12-31#”；又如Like运算符中可使用通配符查找指定模式的字符串，查找姓“李”的学生可表示为“姓名 Like "李%"”。

注意：表达式中，字符型的数据需用双引号（"）括起来，日期型数据需用（#）括起来。

（2）函数

Access 2010提供了许多内置函数，为用户对数据进行运算和分析带来极大方便，函数的理解和使用方法也和Excel中的大同小异。Access 2010内置函数包括数学与三角函数、时间与日期、字符串函数、SQL聚合函数等。表7-11～表7-13所示为部分常用函数。

表7-11　数学与三角函数

函　数	含　义	示　例	结　果
Abs（number）	返回绝对值	Abs（-1）	1
Int（number）	返回数字的整数部分	Int（-7.4）	-6
Fix（number）	返回数字的整数部分	Fix（-7.4）	-5
Sin（number）	返回指定角度的正弦值	Sin（3.14）	0.00159265291645653
Sgn（number）	返回整数，该值指示数值的符号	Sgn（2009）	1

表7-12　时间/日期函数

函　数	含　义	示　例	结　果
Date（）	返回系统当前日期	Date（）	10-6-26（注：随系统日期变化）
Now（）	返回系统当前日期和时间	Now（）	10-6-26 13:12:16（注：随系统日期时间变化）
Time（）	返回系统当前时间	Time（）	13:12:16（注：随系统时间变化）
Year（）	返回某日期时间序列数所对应的年份数	Year（20153）	1955

表 7-13　字符串函数

函　数	含　义	示　例	结　果
InStr（[start,]string1, string2[, compare]）	一个字符串在另一个字符串中第一次出现时的位置	InStr（“tu”, “student”）	2
Asc（string）	string 中首字母的 ASCII 码	Asc（“Abs”）	65
Left（string, length）	截取字符串左侧起指定数量的字符	Left（“studen”, 3）	stu
Len（string）	字符串长度	Len（Microsoft）	9

限于篇幅，其他 Access 函数的说明和使用方法请参阅 Access 帮助及其他相关文档。

7.3.7　创建 Access 查询

1. 创建选择查询（使用向导）

创建选择查询有两种方法：查询向导和查询设计。使用查询向导是较为简单的创建查询的方法。

（1）从单个表中查询所需的数据

所谓单表查询，是指在一个数据表中完成查询工作，而不需要引用其他表中的数据。下面以实例来介绍创建简单的单表查询的方法。

例 7-4　从“教师表”中查询“姓名”、“性别”、“职称”、“系别”字段的内容。具体操作步骤如下。

① 打开“教学管理.accdb”数据库。

② 在数据库窗口中打开“创建”选项卡（见图 7-25），选择“查询向导”命令。

③ 在打开的“简单查询向导”窗口的“表/查询”下拉列表框中，选择要使用的“表：教师”表。

④ 在“可用字段”列表框中，选中“姓名”，单击 > 按钮，把它发送到“选定的字段”列表框中。然后用同样的方法把“性别”、“职称”、“系别”字段发送到“选定的字段”列表框中，如图 7-26 所示，单击“下一步”按钮。

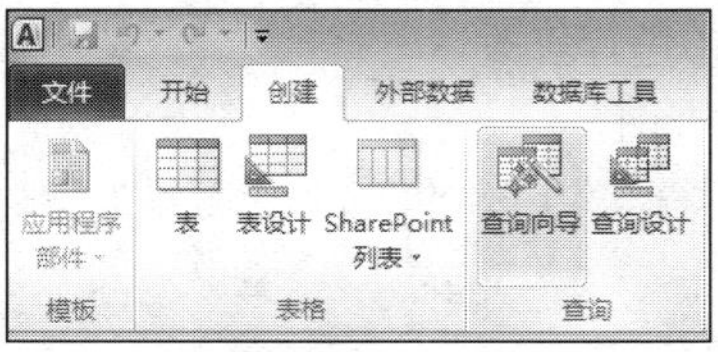

图 7-25　创建查询

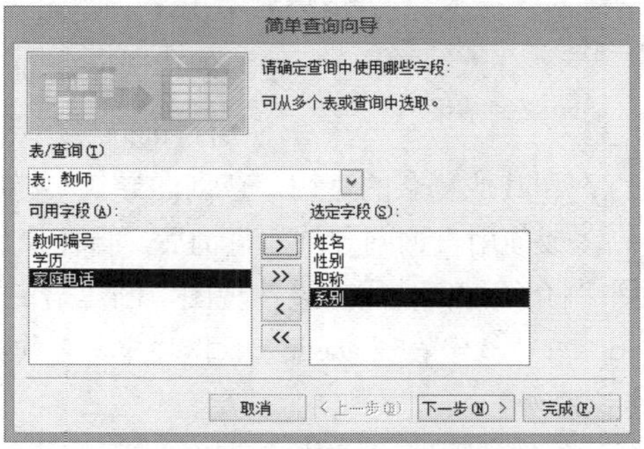

图 7-26　添加查询字段

⑤ 向导对话框中提示“请确定采用明细查询还是汇总查询”，这里选择默认的“明细”选项，单击“下一步”按钮。

⑥ 向导对话框中提示“请为查询指定标题”，可自行输入查询标题。在此使用默认标题“教师表 查询”，选择“打开查询查看信息”单选按钮，单击“完成”按钮。

⑦ 查询向导结束，在“视图”菜单，选择“数据表视图”命令，打开该新建查询的数据表视图，就可以看到查询的结果，如图 7-27 所示。

（2）从多个表中查询所需的数据

如果要查询的信息来源为多个数据表（或查询），则查询时应分别选择不同数据表（或查询）中的多个字段。

例 7-5 查询学生的选课信息，包括“学号”、“姓名”、和“课程名”等数据，数据需要从“学生表”、“选课表”和“课程表”中取出，具体操作步骤如下。

① 打开“教学管理.accdb”数据库。

② 在数据库窗口中选择“查询”组（见图 7-25）中的“查询向导”命令，打开“简单查询向导”对话框，如图 7-28 所示。在“表/查询”下拉列表框中，选择“表：选课”表，在“可用字段”列表框中，双击“学号”字段，将该字段发送到“选定的字段”列表框中；然后，再分别选择“学生表”和“课程表”，把两个表中的“姓名”字段和“课程名”字段发送到“选定的字段”列表框中。然后单击“下一步”按钮。

图 7-27 显示查询结果

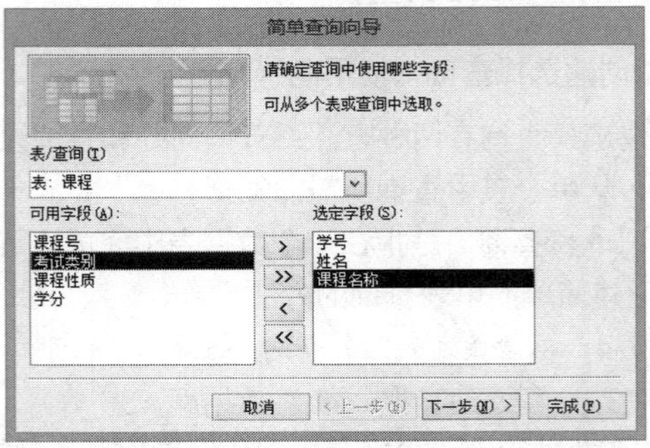

图 7-28 从多个表中选择查询字段

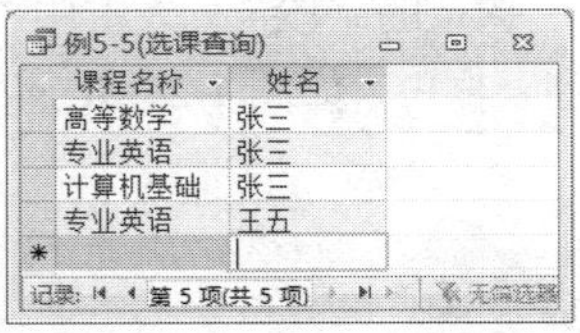

图 7-29 显示查询结果

③ 在打开的“请为查询指定标题”对话框中，设置标题为“学生选课 查询”。单击“完成”按钮。

④ 在“查询”列表中，可看到刚才新建的查询，双击运行查询并将结果显示出来，如图 7-29 所示。

2. 创建选择查询（使用设计视图）

使用查询向导虽然可以快速地创建查询，但是对于创建指定条件的查询、参数查询和其他复杂的查询，查询向导就不能胜任了。在这种情况下，可以使用“设计视图”直接创建查询，或使用查询向导创建查询后，再在设计视图中进行修改。

下面举例介绍如何使用“设计视图”创建指定条件的查询。

例 7-6 在“教学管理.accdb”数据库中，查询成绩优秀的学生的“学号”、“姓名”、“课程”和“成绩”。操作步骤如下。

① 打开“教学管理.accdb”数据库。

② 在图 7-25 所示的“创建”选项卡中，选择“查询设计”命令，打开“查询设计”窗口和“显示表”对话框，如图 7-30 所示。

③ 在“显示表”对话框中，选中“成绩表”、“课程表”、“学生表”，然后单击“添加”按钮（或直接双击相应表），把这 3 个表添加到设计网格上部的“数据源区域”窗格中。最后单击“关闭”按钮，关闭“显示表”对话框。

④ 在“学生表”中，把“学号”、“姓名”字段拖到设计网格中（或直接双击相应字段）。用同样的方法把“课程表”中的“课程名”字段和“成绩表”中的“期末成绩”字段，添加到设计网格中，如图 7-31 所示。

⑤ 在设计网格的“期末成绩”列“条件”行的单元格中，输入条件“>=90”。

⑥ 单击工具栏上的“保存”按钮，弹出“另存为”对话框，输入查询名称“成绩优秀学生”，单

击“确定”按钮。

⑦ 单击工具栏上的“运行”按钮，显示查询结果，如图 7-32 所示。

图 7-30　查询设计窗口和“显示表”对话框

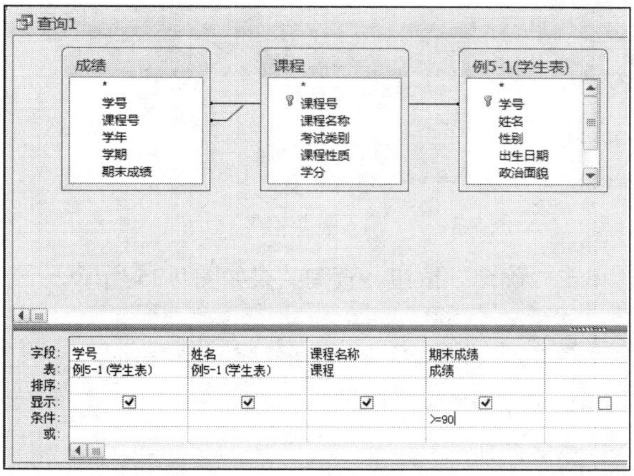

图 7-31　设置查询条件

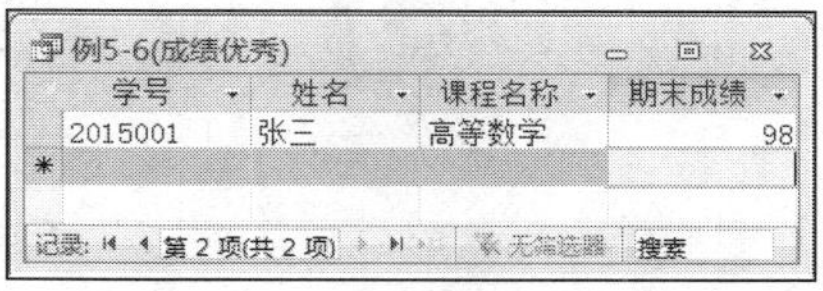

图 7-32　显示查询结果

设置查询条件操作上的一些说明如下。

① 在查询中，若有多个查询表达式，那么在设计网格的同一行中，所添加的表达式之间是一种“与”关系，即必须同时满足所有条件；不同行中所添加的表达式之间则是“或”关系，即不要求同时满足所有条件（该点与 Excel 中“高级筛选”功能类似）。另外，这种用行的位置所表示的逻辑关系也可以在同一个单元格中，用逻辑表达式来表示。

② 对于单个表达式，条件两端的引号不必输入，系统会根据需要自动添加。如果人工输入引号，则只能使用英文标点。

3. 创建单参数查询

参数查询是在运行时弹出对话框，提示使用者输入参数，Access 检索符合条件的记录并给出查询结果。可以建立单个参数提示的查询，也可以建立多个参数提示的查询。

单参数查询就是在查询中指定一个参数，执行查询中使用者需要输入一个参数值。

例 7-7　以在“教师表”中查找教师学历信息为例子，说明单参数查询的步骤。

① 打开“教学管理.accdb”数据库。

② 在数据库窗口的“查询”组中，选择“查询设计”命令，打开“查询设计”窗口和“显示表”对话框。

③ 添加“教师表”，将“*”行添加到设计网格中作为第一列，把“学历”字段添加第二列，同时取消“学历”列“显示”行单元格中复选框的选定状态，如图 7-33 所示。

④ 在“学历”列“条件”行单元格中输入“[请输入学历：]”（注：显示给用户看的提示文本需用方括号括起来，故此处方括号不能删除），如图 7-33 所示。

⑤ 单击工具栏上的“运行”按钮，弹出“输入参数值”对话框，如图 7-34 所示。

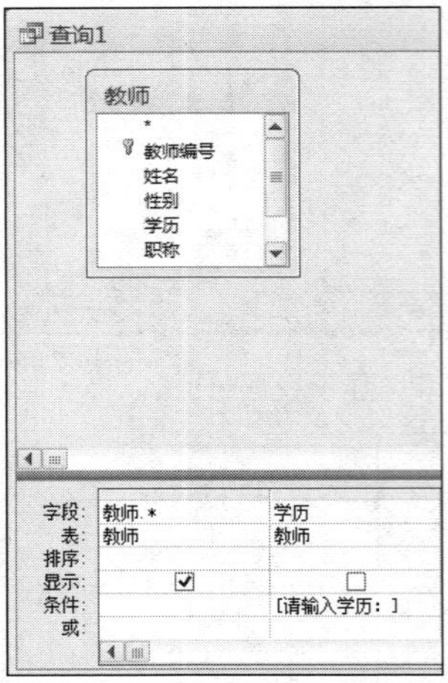

图 7-33 参数查询设计

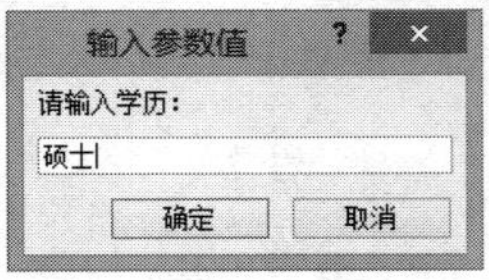

图 7-34 “输入参数值”对话框

⑥ 输入要查找的学历，如输入“硕士”，单击“确定”按钮。查询结果如图 7-35 所示。

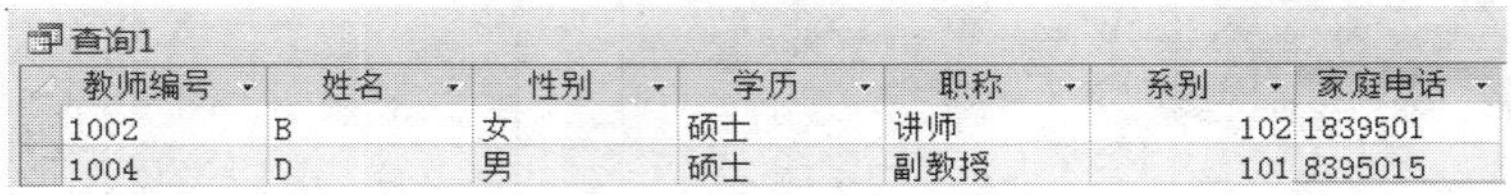

查询1

教师编号	姓名	性别	学历	职称	系别	家庭电话
1002	B	女	硕士	讲师	102	1839501
1004	D	男	硕士	副教授	101	8395015

图 7-35 参数查询结果

⑦ 单击工具栏上的“保存”按钮，弹出“另存为”对话框，输入查询名称“按学历查询”，单击“确定”按钮。

4．创建多参数查询

两个及两个以上的参数查询称为多参数查询。查询时在作为参数的多个字段下的“条件”单元格中，输入参数的条件表达式。

例 7-8 利用“教师表”和“系别”数据表中的数据，按指定的系别和职称查询教师信息。具体步骤如下。

① 打开“教学管理.accdb”数据库。

② 新建一个查询，添加“教师表”和“系别”数据表。

③ 将“教师表”中的“*”添加到设计网格中第 1 列，然后把“系别表”中“系别名称”字段添加到第 2 列，把“职称”字段添加到第 3 列，同时取消 2、3 列的“显示”单元格中复选框的选定状态。

④ 在“系别”条件中输入“[请输入系别：]”，在“职称”条件中输入“[请输入职称：]”。

⑤ 将所设计的查询以“按系及职称查询”为名称保存。

⑥ 单击工具栏上的“运行”按钮，将弹出两次“输入参数值”对话框，如图 7-36（a）和图 7-36（b）所示。

⑦ 依次在两个对话框中，输入要查找的系别和职称信息，单击“确定”按钮。查询结果如图 7-37 所示。

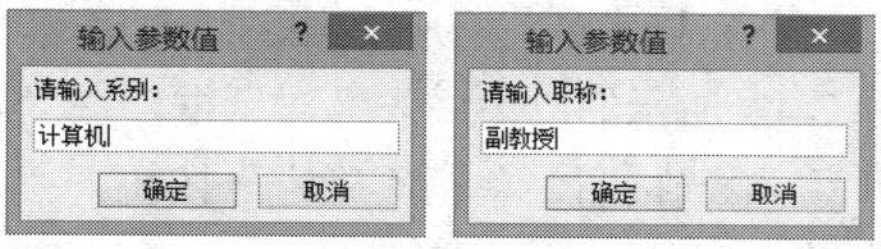

（a）　（b）

图 7-36　“输入参数值”对话框

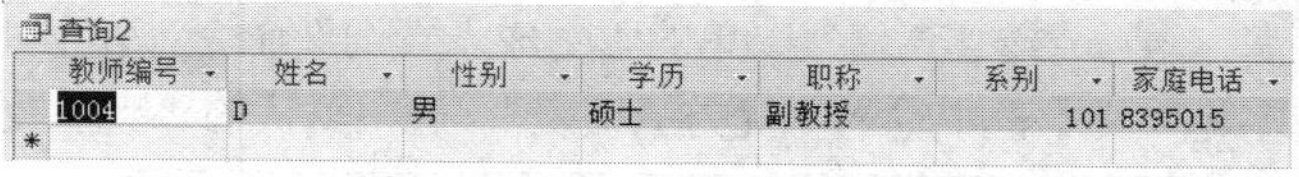

图 7-37　多参数查询结果

5．创建更新（操作）查询

使用更新查询可以修改一条或多条现有记录中的数据。可以将更新查询视为一种功能强大的“查找和替换”功能，可以输入选择条件和更新条件（大致相当于搜索字符串和替换字符串）。与“查找和替换”对话框不同的是，更新查询可接受多个条件，使用户可以一次更新大量记录，甚至可以一次更改多个表中的记录。

例 7-9　将“成绩表”中学号不是“201502”的同学的期末成绩加上 3 分。此查询中应包含查找和更新两种操作具体操作步骤如下。

① 打开“教学管理.accdb”数据库。

② 新建一个设计查询，将“成绩表”添加到查询设计视图窗口中，将“学号”及“期末成绩”字段作为查询字段，如图 7-38 所示。

③ 选择“查询类型”选项卡的“更新”命令，此时查询设计视图窗口的“显示”行将变为 “更新到”，如图 7-39 所示。在“学号”字段的“条件”文本框输入表达式“<>"201502"”，在“期末成绩”字段下的“更新到”文本框中输入表达式“[成绩表]![期末成绩]+3”。

④ 单击工具栏“运行”按钮，将打开如图 7-40 所示的提示框，单击“是”按钮，则更新完成，可打开成绩表查看更新后的结果。

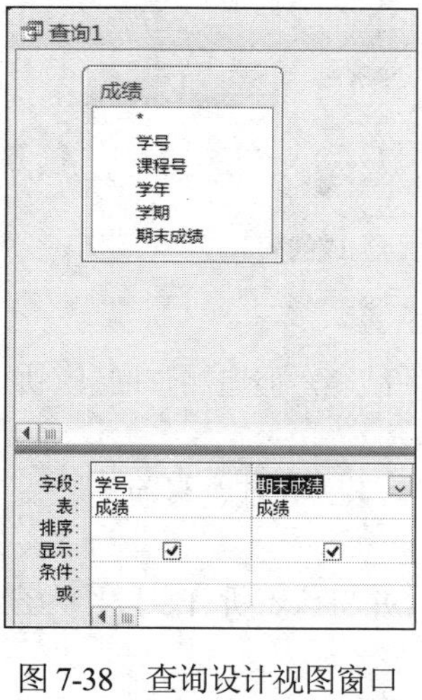

图 7-38　查询设计视图窗口

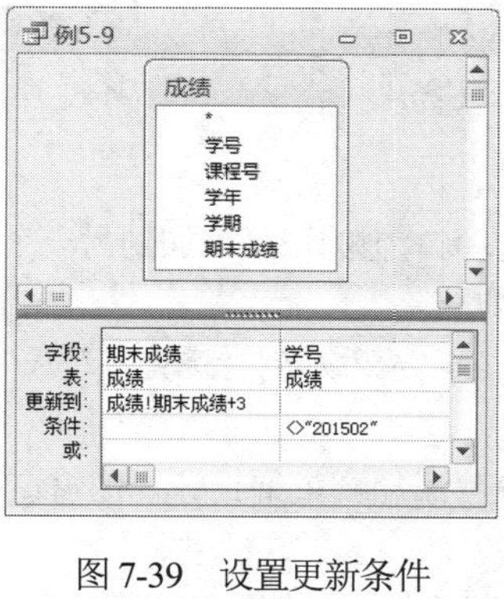

图 7-39　设置更新条件

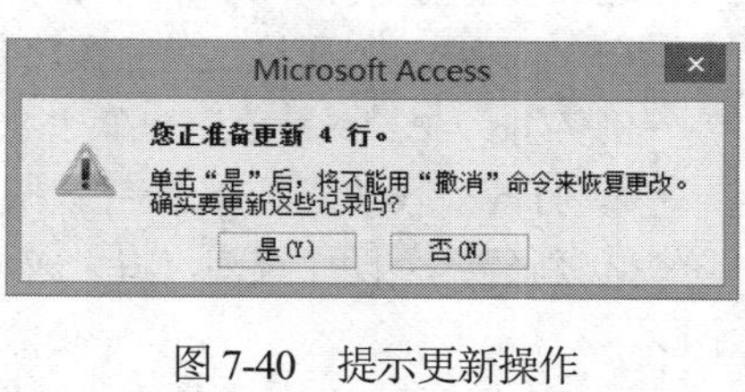

图 7-40　提示更新操作

6．创建生成表（操作）查询

生成表查询可以根据一个或多个表（或查询）中的全部或部分数据来建立一个新的数据表；可将

查询所得到的数据的结构，构成一个新的数据表。

例 7-10 生成一个期末成绩高于 90 分的“优秀成绩表”数据表。具体操作步骤如下。

① 打开“教学管理.accdb”数据库。

② 新建一个设计查询，将“成绩表”添加到查询设计窗口中，并将该表所有字段作为查询字段。

③ 在“成绩表”的“期末成绩”字段下的“条件”文本框中输入表达式“>=90”，如图 7-41 所示。

④ 选择“查询”菜单的“生成表查询”命令，弹出如图 7-42 所示的“生成表”对话框，在“表名称”文本框中输入“优秀成绩表”，选中默认的“当前数据库”单选按钮，单击“确定”按钮。

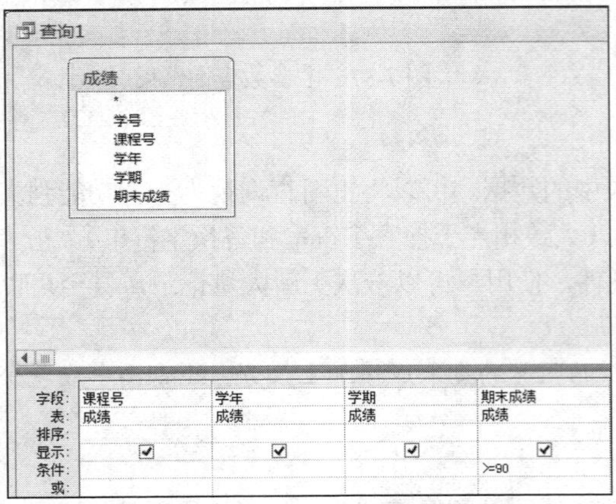

图 7-41 设置查询条件

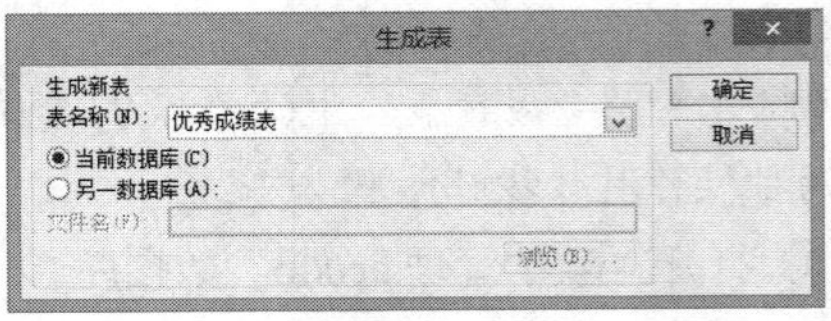

图 7-42 “生成表”对话框

⑤ 在工具栏中单击“运行”按钮，打开如图 7-43 所示的提示框，单击“是”按钮，确认创建新表并插入数据操作。

⑥ 在数据库窗口选择“表”页，可看到通过该查询新建的“优秀成绩表”，如图 7-44 所示。

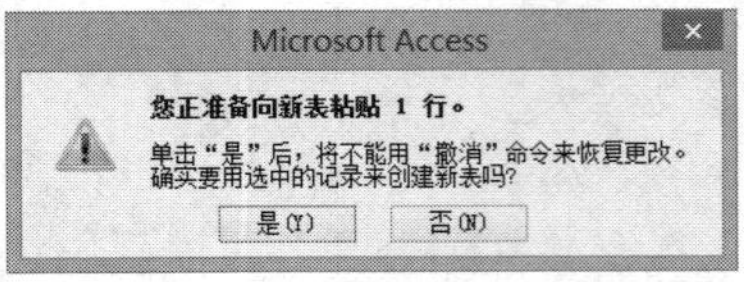

图 7-43 生成表提示

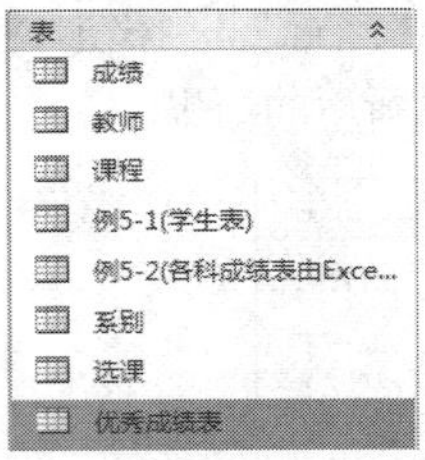

图 7-44 通过查询生成的表

7. 创建追加（操作）查询

追加查询用于将一个或多个表（或查询）中的记录添加到另一个表的结尾，但追加查询只添加相互匹配的字段内容，不匹配的字段将被忽略。

例 7-11 把“成绩表”中低于 80 分的记录添加到“优秀成绩表”中。具体操作步骤如下。

① 打开“教学管理.accdb”数据库。

② 新建一个设计查询，将“成绩表”添加到查询设计视图窗口中，并将该表所有字段作为查询字段。

③ 在“成绩表”的“期末成绩”字段下的“条件”文本框输入条件“<80”，如图 7-45 所示。

④ 选择“查询”菜单的“追加”命令，弹出“追加”对话框，在“表名称”下拉列表框中选择“优秀成绩表”，如图 7-46 所示。

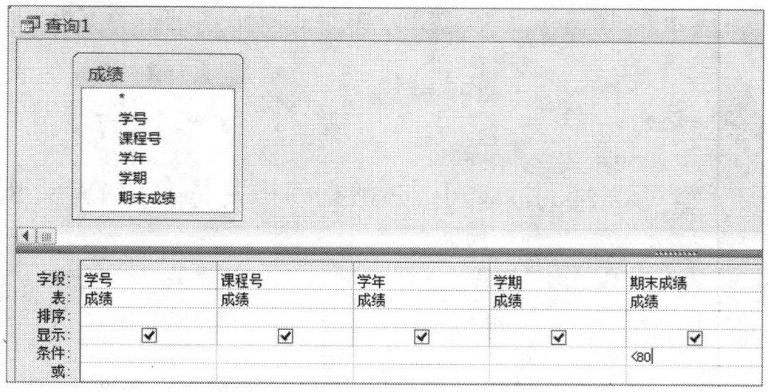

图 7-45　设置查询字段和条件

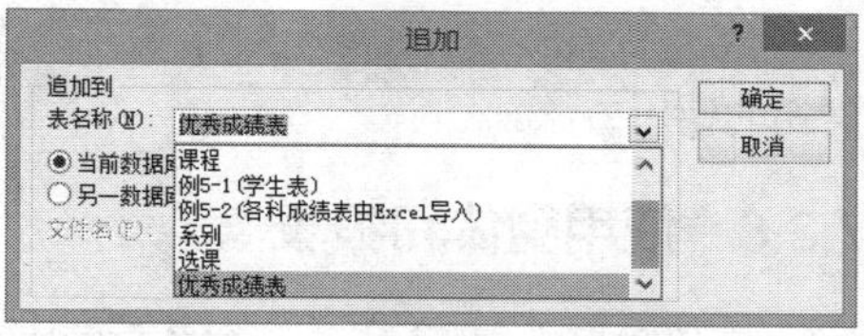

图 7-46　“追加”对话框

⑤ 单击“确定”按钮，再单击“运行”按钮，将打开警告消息框，提示追加的记录数，单击“是”按钮，进行追加。追加后，打开“优秀成绩表”可查看到表中添加了期末成绩小于 80 分的记录。

8．创建删除（操作）查询

删除查询是将符合删除条件的记录删除，注意是删除整条记录而不是只删除查询所使用的字段。删除查询可以删除一个表内的记录，也可以在多个表内利用表间关系删除相互关联的记录。

例 7-12　删除“优秀成绩表”中“期末成绩”在 60～80 分之间的记录，具体操作步骤如下。

① 打开“教学管理.accdb”数据库。

② 新建一个设计查询，将“优秀成绩表”添加到查询设计视图窗口中，并将该表所有字段作为查询字段。

③ 在“期末成绩”字段下的“条件”文本框中输入“Between 60And 80”。

④ 单击“查询”菜单中的“删除查询”命令。

⑤ 单击工具栏的“运行”按钮，将弹出删除警告消息，单击“是”按钮确认删除。删除后，打开“优秀成绩表”查看记录是否被删除。

9．SQL 查询

Access 交互查询功能多样，操作简便，就算没有学习过 SQL 语言，也能很方便地设计和使用查询。事实上，这些交互查询功能都有相应的 SQL 语句与之对应，当在查询设计视图中创建查询时，Access 将自动生成等效的 SQL 语句。当查询设计完成后，就可以通过“SQL 视图”查看对应的 SQL 语句。

（1）SQL 视图

SQL 视图主要应用于以下两种场合。

① 用户已经创建了一个查询，如果要查看或修改该查询对应的 SQL 语句，可以在查询视图中打开该查询，然后选择“视图”→“SQL 视图”命令。

② 通过 SQL 语句直接创建查询：可以新建一个设计查询，在打开“显示表”对话框时可直接关闭，然后选择“视图”→“SQL 视图”命令，切换到 SQL 视图。在该窗口中，可直接输入 SQL 语句创建查询。

（2）SQL 语句

在 SQL 视图窗口中，用户可以通过直接编写 SQL 语句来实现查询功能。

SQL 语句中，查询数据最基本的语法结构是“SELECT...FROM...[WHERE]...”，其中，“SELECT”表示要选择显示哪些字段，“FROM”表示从哪些表（或查询）中查询，“WHERE”说明查询的条件。如前述“生成表查询”例子中所生成的查询，其对应 SQL 语句为：

```
SELECT 成绩表.成绩 ID, 成绩表.学号, 成绩表.课程号, 成绩表.学年, 成绩表.学期, 成绩表.期末成绩 INTO 优秀成绩表
    FROM 成绩表
    WHERE  (((成绩表.期末成绩) >=90)) ;
```

限于篇幅，此处不展开 SQL 语言的详细描述，有兴趣的读者可通过数据库相关书籍了解有关 SQL 语句的使用方法。

7.3.8 使用窗体和报表

窗体和报表都是 Access 中的重要对象。窗体提供人机交互界面，可以方便用户添加、删除、修改、查询记录，便于数据的维护和管理。报表用于将表、查询甚至窗体中的数据以特有形式生成报表，供打印时使用。

1. 创建窗体

在 Access 中，创建窗体的方法主要有自动创建窗体、使用向导创建窗体及在设计视图中创建窗体。

（1）自动创建窗体

例 7-13 创建用于管理学生表的窗体，具体操作步骤如下。

① 打开“教学管理.accdb”数据库。

② 单击左侧的“表”列表中的“学生表”。

③ 单击数据库窗口中的“创建”选项卡，选择“窗体”命令，窗体即已建立好，如图 7-47 所示。利用窗体，用户可以添加、删除、修改“学生表”中的记录。

（2）使用向导创建窗体

使用向导创建窗体的过程也非常简单，可选择窗体使用的布局，如图 7-48 所示。Access 所提供的窗体向导与前面介绍的查询向导类似，这里不再赘述。

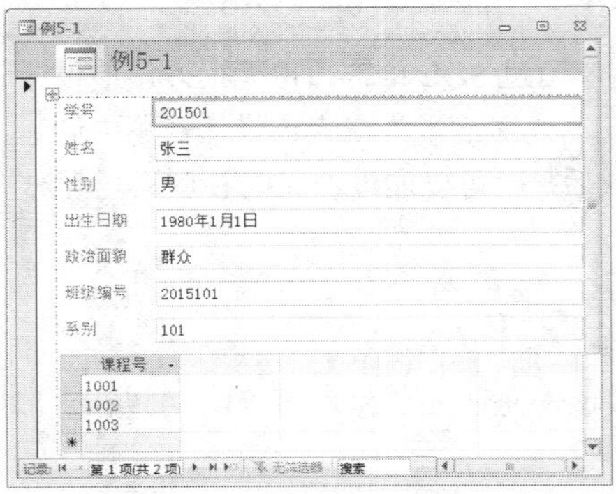

图 7-47 “学生表”窗体

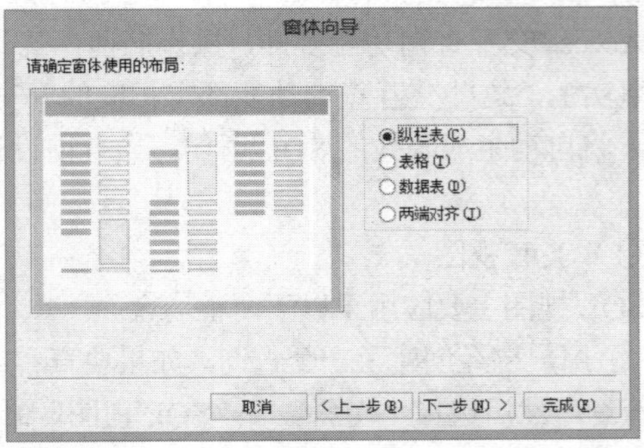

图 7-48 “新建窗体”对话框

（3）使用设计视图创建窗体

例 7-14 创建用于管理教师表的窗体，具体操作步骤如下。

① 打开“教学管理.accdb”数据库。

② 单击界面右侧的“表”列表，单击“教师表”。

③ 在数据库窗口中打开“创建”选项卡，单击“窗体设计”命令，弹出“窗体设计”窗口，单击“添加现有字段”命令，选中“教师表”，逐个将所需字段从“教师表”的字段列表窗口（工作区右上

方）拖至窗体的主体内，一一摆放好位置，如图 7-49 所示。

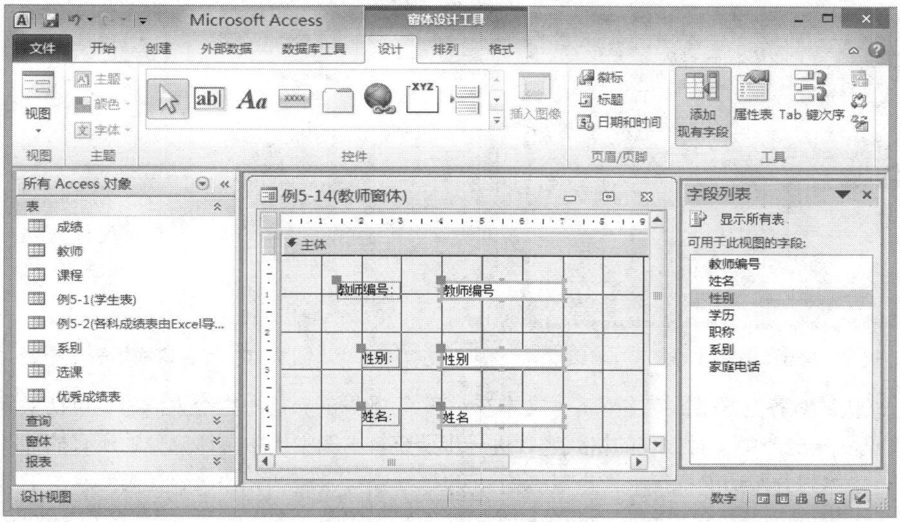

图 7-49　窗体的设计窗口

⑤ 利用“窗体控制工具”组中的“格式”工具栏可以设置各字段标题和文本框的格式，“设计”工具栏还可添加控件。

⑥ 完成后给窗体命名并保存，关闭窗体设计视图。在数据库窗口的“窗体”页中双击窗体名，即可打开并使用该窗体。

2. 创建报表

与创建窗体类似，创建报表也主要有 3 种方法：自动创建报表、使用向导创建报表、在设计视图中创建报表。

（1）自动创建报表

在数据库窗口中选中所需的表，打开“创建”选项卡，双击“报表”命令，报表即已建好。可在功能区中的“页面设置”命令中选择纵向或横向排列。使用自动方式创建报表操作简单，报表的格式是默认的格式，报表中的数据顺序与原表或查询中的数据顺序相同。

（2）使用向导创建报表

例 7-15　使用向导创建“各科成绩表”报表。具体操作步骤如下。

① 打开“教学管理.accdb”数据库。

② 在数据库窗口中打开“创建”选项卡，单击报表菜单栏中的“报表向导”命令，弹出“报表向导”对话框，如图 7-50 所示。

③ 向导第 1 步是选择创建报表所使用的表以及要显示在报表中的表的字段。

④ 向导第 2 步是选择是否添加分组级别。本例中按班级分组，将班号添加至分组级别中。

⑤ 向导第 3 步是选择排序及汇总信息。本例中选择按学号升序排序。

⑥ 向导第 4 步是选择布局及纸张方向。本例中选择“递阶”布局，“纵向”。

⑦ 向导第 5 步是选择报表样式。本例中选择“随意”。

⑧ 向导第 6 步是设置报表的标题。本例中设置标题为“各班成绩表”。

完成后的报表如图 7-51 所示。

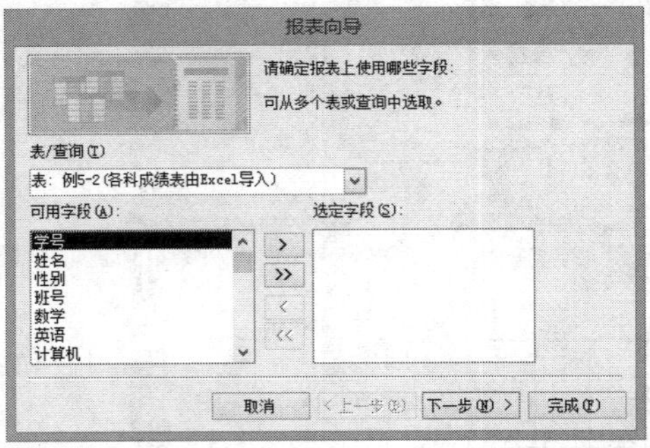

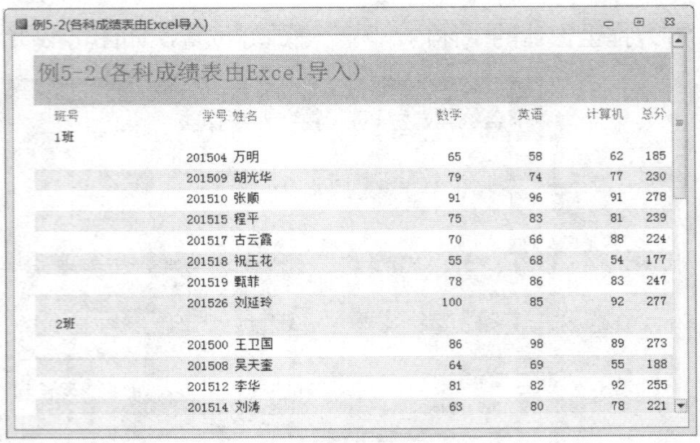

图 7-50 报表向导　　　　图 7-51 “各班成绩表”报表

由于默认的对齐方式（数字右对齐、文本左对齐），数据的布局不太令人满意，可切换到报表的“设计视图”（见图 7-52）中，对报表的格式进行进一步调整。本例中选中主体部分的所有控件（方法是将鼠标指针移至主体部分左边的标尺上，当鼠标指针变成 ➡ 形状时，单击鼠标左键），单击工具栏中的“居中”按钮。用同样的方法将页面页眉中的各标题控件设置为居中对齐。调整布局后的报表如图 7-53 所示。

图 7-52 报表的设计视图

图 7-53 调整布局后的报表

（3）使用设计视图创建报表

使用设计视图创建报表主要应用在对报表形式和功能要求比较复杂的场合。

例 7-16　在设计视图中创建一个成绩单报表。具体操作步骤如下。

① 打开"教学管理"数据库。

② 在数据库窗口中打开"创建"选项卡，单击"报表"菜单中的"报表设计"命令，单击工具栏中"添加现有字段"命令，双击窗口右侧的"各科成绩表"，将"学号"、"姓名"、"英语"、"数学"、"计算机"、"总分"、"综合评定"字段拖到主体节区域中，删除"学号"、"姓名"控件的标签，调整控件的位置和大小，如图 7-54 所示。

③ 进行页面设置，设置纸张大小为 A4。用鼠标拖动垂直标尺上的滑块，适当调整页眉、主体、页脚区域的大小。

④ 单击工具箱面板中的"标签"按钮，在报表页眉区域添加一个标签，输入"成绩单"，并设置字体大小为 22，字体颜色为蓝色，加粗，加下划线。

⑤ 单击工具箱面板中的"文本框"按钮，在页面页脚区域插入一文本框，里面输入"= Now ()"，选中文本框，利用文本框的属性窗口设置文本框内日期的格式为"长日期"格式。

⑥ 单击"主体"节，在"节：主体"的属性窗口中设置"强制分页"为"节后"。

⑦ 保存后打开报表，即可看到生成的报表最终效果如图 7-55 所示，由于设置了分页，因而每一条记录对应报表中的一页。

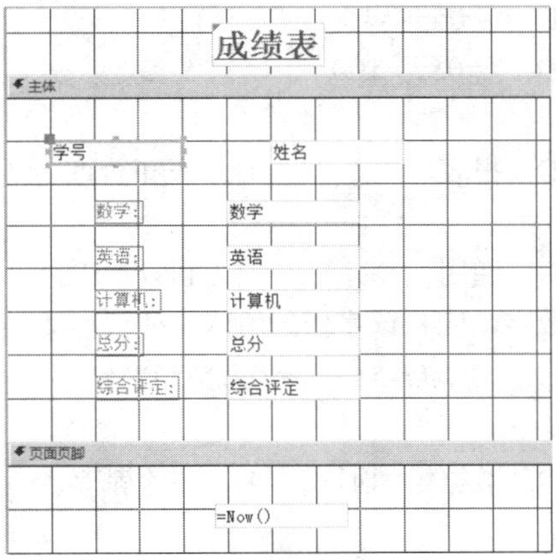

图 7-54　创建"成绩单"报表

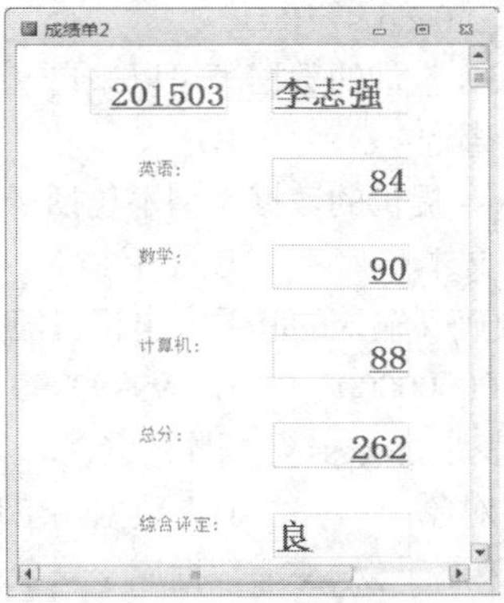

图 7-55　打印预览视图

本 章 小 结

本章主要介绍了数据库的基本概念和 Access 2010 的基本操作。Access 2010 作为 Office 2010 的一部分，和其他的应用程序（如 Excel 2010）有一些相似之处。读者在学习过程中应善于总结，举一反三，从而熟练掌握表、查询、报表的基本操作。

习题与思考

一、单选题

1．下列四项中说法不正确的是（　　）。

A．数据库减少了数据冗余　　　　B．数据库中的数据可以共享

C．数据库避免了一切数据的重复　　D．数据库具有较高的数据独立性

2．下列四项中，不属于数据库特点的是（　　）。

A．数据共享　　B．数据完整性　　C．数据冗余很高　　D．数据独立性高

3．利用 Access 2010 创建的数据库文件，其扩展名是（　　）。

A．.adp　　B．.dbf　　C．.frm　　D．.accdb

4．数据类型是（　　）。

A．字段的另一种说法

B．决定字段能包含哪类数据的设置

C．一类数据库应用程序

D．一类用来描述 Access 表向导允许从中选择的字段名称

5．假设用户想把学生的照片存入教务管理数据库中，那么该字段应该选择下列哪种数据类型？（　　）

A．查询向导　　B．自动编号　　C．OLE 对象　　D．备注

6．在成绩表中，要使成绩字段的取值范围设在 0～100 之间，则在“有效性规则属性框中输入下列哪个表达式？（　　）

A．>=100and <=0　　B．>=0or <=100

C．>=0and <=100　　D．>=0&<=100

7．Access 查询的数据源可以来自（　　）。

A．查询　　B．表　　C．报表　　D．表和查询

8．Access 提供的数据类型不包括（　　）。

A．文本　　B．备注　　C．通用　　D．日期/时间

9．若要确保输入的联系人电话只能为 8 位数字，应将该字段的输入掩码设置为（　　）。

A．00000000　　B．99999999　　C．########　　D．********

10．报表是 Access 数据库的（　　）。

A．对象　　B．数据输出形式　　C．数据组织形式　　D．以上都是

11．以下属于 Access 数据库子对象的是（　　）。

A．查询　　B．表　　C．报表　　D．A，B，C 都是

12．可以改变“字段大小”的属性的数据类型是（　　）。

A．文本　　B．备注　　C．是/否　　D．日期/时间

二、填空题

1．Access 数据库的 6 个对象是________________________________。

2．Access 系统中，可以同时打开____________个数据库。

3．在查询设计器中，写在“条件”栏同一行的条件之间是____________关系，写在“条件”不同行的条件之间是____________关系。

4．Access 数据库的报表对象的数据来源可以是____________。

5．Access 数据表的字段不能以____________开头。

6．建立表间关系时，若连接字段在两个表中均为主键，则两个表之间是__________关系，若只在一个表中为主键，则两个表之间是____________关系。

7．如果要在报表中插入页码，可以选择____________菜单中的“页码”命令。

8．将 Access 中的数据发布到 Internet 上可以通过____________。

三、判断题

1．一个表可以创建多个主键。（　）
2．生成表查询所建立的新表随查询数据的变化而动态更新。（　）
3．查询属于 Access 数据库对象。（　）
4．在报表中用户可以进行排序但不能进行分组操作。（　）
5．主关键字用于唯一标识表中每条记录的字段或字段组合。（　）
6．数据库设计的目标是要解决大量数据的存储问题。（　）
7．Access 数据表中的字段类型不包括通用型。（　）
8．Access 数据库中数据表是其他数据库对象的基础。（　）

四、思考题

1．什么是数据库，数据库系统由哪些部分组成？
2．简述 Access 数据库的 6 个对象的功能。
3．Access 数据表中的字段有哪几种数据类型？
4．简述表和查询的异同。
5．使用向导创建数据库与创建空数据库有何不同？
6．Access 中可实现哪几种类型的查询？
7．简述使用查询设计器建立查询的一般过程。
8．如何在报表设计视图中设计报表?
9．简述窗体和报表的异同。
10．简述 Excel 和 Access 的异同。

第 8 章　多媒体技术基础及图像处理

在技术发展史上，计算机、通信和广播电视一直是三个互相独立的技术领域，各自有着互不相同的技术特征和服务范围。但是，近几十年来，随着电子技术和大规模集成电路技术的发展，这三大原本各自独立并得到极大发展的领域，相互渗透、相互融合，进而形成了一门崭新的技术即多媒体技术。多媒体技术最直接、最简单的体现是配之以声卡、视卡的多媒体计算机。多媒体计算机一出现，立即在全世界的家庭教育和娱乐方面得到了广泛的应用，并由此激发了小型激光视盘（VCD 和 DVD）、数字电视和高清电视（HDTV）的迅速发展。多媒体技术的应用与发展，又反过来进一步加速了这三个领域的结合。多媒体技术已成为当前最受计算机界关注的热点技术之一。

本章将介绍多媒体技术的基本概念、多媒体信息数字化的原理和方法以及常见的图像处理工具和经典范例等。

8.1　多媒体技术基础

为了对多媒体技术有一个较全面的初步了解，首先需要了解媒体和多媒体的概念、多媒体技术的基本特征、多媒体技术的发展及应用领域。

8.1.1　多媒体技术的基本概念

“多媒体”（Multimedia），其核心词是“媒体”（Media）。

1．媒体与媒体的分类

媒体一词来自拉丁文，即媒介、媒质的意思，它是信息的载体。

根据国际电信联盟（International Telecommunication Union，ITU）对媒体所做的定义，媒体可以分为以下 5 类。

（1）感觉媒体（Perception Medium）：是指能直接作用于人的感觉器官从而能使人产生直接感觉的媒体，包括视觉媒体（如文字、图像、动画等）和听觉媒体（如语言、音乐以及自然界中的各种声音等）。

（2）表示媒体（Representation Medium）：是指为了传送感觉媒体而人为地研究出来的媒体，即用于数据交换的编码。通过这种媒体，可以更加有效地存储和传送感觉媒体。如图像编码（JPEG、MPEG 等）、文字编码（ASCII 码、GB2312 等）、声音编码、语言编码、电报码、条形码等。

（3）显示媒体（Presentation Medium）：是指在通信中，用于使电信号和感觉媒体之间产生转换的媒体，如键盘、鼠标、显示器、打印机等输入/输出设备。

（4）存储媒体（Storage Medium）：是指用于存放表示媒体的媒体，如纸张、磁带、磁盘、光盘等。

（5）传输媒体（Transmission Medium）：是指用于传送表示媒体的媒体，如双绞线、同轴电缆、光纤、微波、激光等。

2. 计算机中媒体的含义

媒体在计算机中具有两层含义：一种是用来存储信息的设备，如硬盘、光盘、内存等，称为媒质；另一种是用来传递信息的载体（即计算机中的数据），如数字、文字、声音、图形、图像和视频等，称为媒介。在计算机多媒体技术中的媒体指的是后者。

3. 多媒体的定义

人们普遍认为：多媒体是指能够同时获取、处理、编辑、存储和显示两个以上不同类型信息媒体的技术，这些信息媒体包括文字、声音、图形、图像、动画、视频等。事实上，也正是由于计算机技术和数字信息处理技术的实质性进展，才使我们今天拥有了处理多媒体信息的能力，才使得“多媒体”成为了现实。所以，现在所谓“多媒体”常常不是指多媒体本身，而主要是指处理和应用它的一整套技术。从这个意义上，可以把多媒体和多媒体技术视作同义词。

因此，可以将多媒体定义为：多媒体是一种以计算机为中心的多种媒体的有机结合，这些媒体包括文本、声音、图形、图像、动画、视频等，并且人们在接受这些媒体信息时有一定的主动性和交互性。

这一定义有以下三层含义。

① 以计算机为中心，因为多媒体技术是建立在计算机技术基础上的。

② 多媒体是各种媒体的有机结合，意味着媒体与媒体之间有着内在的逻辑关系，并不是说任何几种媒体组合在一起就可以称为多媒体，这样结合的媒体只能称为多种媒体。

③ 人机交互是计算机固有的技术特征，也是多媒体技术所具有的一个基本特征。

8.1.2　数据压缩与编码技术

数据压缩与编码技术是多媒体技术的关键技术之一。

1. 数据压缩的必要性

在普通情况下，一幅像素为 352×240 的真彩色图像，15 位/像素（b/pixel）在数字化后的数据量为（352×240）pixel×15b/pixel = 1267200b。在动态视频中，采用 NTSC 制式的帧率为 30 帧/秒，那么要求视频信息的传输率为 1267200b×30/s = 38016000b/s。因此，在一张容量为 700MB 的光盘上全部存放视频信息，最多存储的动态视频数字信号所能播放的时间最大也只有 700×1024×1024×8/38016000= 154.46s，即 2.57 分钟。由此可知，不采用压缩技术，一张 700MB 的光盘存放动态视频数字信号只能播放 2.57 分钟。

以计算机的 150KB/s 传输率，在没压缩的前提下，是无法处理 38016000b/s 的大数据量的。在处理音频信号时也会遇到类似的需要处理大数据量的问题。所以要把音频和视频信号在有限的空间上存储和在现行的个人计算机总线上正确传输，必须采用数据压缩与编码技术。这就是多媒体计算机发展的关键技术。

如果采用 MPEG-1 标准的压缩比 50∶1，则 700MB 的 VCD 光盘，在同时存放视频和音频信号的情况下，其最大可播放时间能达到 96 分钟，而一张 4.7GB 的 DVD 可放下超过 450 分钟的节目。

2. 数据压缩的可能性

（1）原始数据存在大量的冗余。以图像为例，图像大致可分为两大类，一类是单张的画面，另一类是由一连串的画面组成的。在单张的画面中很多部分都是同一种颜色，这种密切相关性称为“空间相关”或“空间重复”；在连续的节目中，活动目标的动作在短暂时间内（1/25 秒）的变化很小，这中间又存在着大量重复的“数据”，这称为“时间相关”或“时间重复”。

（2）数据压缩可能性的另一个原因，就是多媒体信息的主要接收端——人类视觉、听觉器官具有某种不敏感性。

3．常见的数据压缩及编码技术

目前所采用的多媒体数字信息图像压缩标准为 JPEG 和动态 MPEG 的两个标准，这两个标准是有国际标准化组织 ISO 和 CCITT 于 1986 年成立的联合图片专家组（Joint Photographic Experts Group，JPEG）运动图像专家组（Moving Picture Experts Group，MPEG）来完成。

（1）静态图像信息压缩标准 JPEG

静态图像专家组的主要任务是研究静态图像压缩算法的标准化，到 1992 年正式完成了用于各种分辨率和格式的连续色调图像的 ISO/IEC10918 标准，简称 JPEG 标准。

JPEG 是用于静态图像压缩的标准算法，可用于灰度图像和彩色图像的压缩。JPEG 标准主要采用了两种基本的压缩算法，一种是采用以预测技术为基础的无损压缩算法，另一种是采用以离散余弦变换算法为基础的有损压缩算法。前者不会产生失真，但压缩比很小；后者进行图像压缩时信息虽有损失，但压缩比可以很大。例如，压缩 20 倍时，人眼基本上看不出失真。JPEG 可用硬件、软件或两者相结合的方法实现，广泛应用于彩色图像传真、多媒体 CD-ROM、图文档案管理等领域。

（2）动态图像信息压缩标准 MPEG

动态图像专家组 MPEG 的主要任务是制定各种动态图像及其伴音信号的数字压缩编码国际标准。

MPEG 是用于动态图像压缩的标准算法，它主要由以下 3 部分组成：

① MPEG 影视图像，它是关于影视图像数据的压缩编码技术。

② MPEG 声音，它是关于声音数据的压缩编码技术。

③ MPEG 系统，它是关于图像和声音同步播放以及多路复合的技术。

MPEG 自 1988 年成立至今已颁布了 5 个国际标准，包括 MPEG-1、MPEG-2、MPEG-4、MPEG-7 及 MPEG-21。该专家组专门负责为 CD 建立视频和音频标准，成员均为视频、音频及系统领域的技术专家。他们成功将声音和影像的记录脱离了传统的模拟方式，建立了 ISO/IEC11172 压缩编码标准，并制定出 MPEG-X 格式，使视听传播进入了数码化时代。MPEG 标准的视频压缩编码技术，主要利用了具有运动补偿的帧间压缩编码技术以减小时间冗余度，利用离散余弦变换 DCT 技术以减小图像的空间冗余度，利用熵编码则在信息表示方面减小了统计冗余度。这几种技术的综合运用，大大增强了压缩性能。

8.1.3 数字图像技术

在图像、文字和声音这三种形式的媒体中，图像所包含的信息量是最大的。人们的知识绝大部分是通过视觉获得的。图像的特点是只能通过人的视觉感受，并且非常依赖于人的视觉器官。数字图像技术就是对图像进行计算机处理，使其更适合人眼或仪器的分辨，并拾取其中的信息。

数字图像处理的过程包括输入、处理和输出。输入即图像采集和数字化，就是对模拟图像信号进行抽样、量化处理后得到数字图像信号，并将其存储到计算机中以待进一步处理。处理是按一定的要求对数字图像进行诸如滤波、锐化、复原、重现和矫正等一系列处理，以提取图像中的主要信息。输出则是将处理后的数字图像通过显示、打印等方式表现出来。

8.1.4 数字音频技术

多媒体技术中的数字音频技术包括声音采集、回放、识别及合成等技术。这几种技术在计算机的硬件上都是通过声卡来实现的。声卡具有将模拟的声音信号数字化的功能，数字化后的信号可作为计算机文件进行存储或处理。同时，声卡还具有将数字化音频信号转换成模拟音频信号而回放出来的功能。而数字声音处理、声音识别和声音合成则是通过计算机软件来实现的。

8.1.5　数字视频技术

数字视频技术与数字音频技术相似，只是视频的带宽更高，大于 6MHz，而音频的带宽只有 25kHz。数字视频技术一般应包括视频采集、回放、视频编辑和三维动画视频制作。

视频采集及回放与音频的相似，需要有图像采集卡和相应软件的支持。不同的是在视频采集时要考虑制式（NTSC/PAL）和每秒帧数（NTSC 制 30 帧/秒；PAL 制 25 帧/秒）的问题。视频采集数据在磁盘上存放时的文件格式多为 AVI 和 MPG，其中 MPG 文件的存储量大约是 AVI 文件的 1/5～1/10。

8.1.6　多媒体通信技术

多媒体通信技术突破了计算机、通信、广播和出版的界限，使它们融为一体，向人们提供了如多媒体电子邮件、视频会议等全新的信息服务。多媒体通信技术是指利用通信网路综合性地完成多媒体信息的传输和交换的技术，这包括如下两个关键技术。

1．多媒体传输技术

在多媒体技术中，信息的传输是实现多媒体通信的关键，多媒体信息的传输又以图像的传输为核心。多媒体信息传输技术主要包括静态图像传输、动态视频图像传输、图像信息的模数 A/D 和数模 D/A 转换、调制/解调等多方面的技术。

2．多媒体同步技术

在 MPEG-1 标准中，包含了 MPEG 视频、MPEG 音频和 MPEG 系统三部分，在音频视频回放时必须实现同步输出。因此，同步技术是多媒体通信的又一关键技术。

多媒体通信是多媒体技术和通信技术相结合的产物，它将计算机的交互性、通信的分布性和广播电视的真实性融为一体。多媒体系统要通过通信网路传送文本、图形、图像、动画、音频和视频等不同媒体，这些媒体对通信网的要求各有不同。

8.1.7　多媒体数据库技术

多媒体数据库是一种包括文本、图形、图像、动画、音频和视频等多种媒体信息的数据库。由于一般的数据库管理系统处理的是字符、数值等结构化的信息，无法处理图形、图像、声音等大量非结构化的多媒体信息，因此这就需要一种新的数据库管理系统对多媒体数据进行管理。这种多媒体数据库管理系统（MDBMS）能对多媒体数据进行有效的组织、管理和存取，而且还可实现多媒体数据库对象的定义，多媒体数据存取，多媒体数据库运行控制，对媒体数据组织、存储和管理，对媒体数据库的建立和维护，对媒体数据库在网络上的通信等功能。

近年来，大容量光盘、高速 CPU、宽带网络等硬件技术的发展，为多媒体数据库从研究到应用提供了良好的基础，多媒体数据库被广泛应用于办公系统、商业营销系统、计算机辅助设计和辅助制造系统、期刊出版系统、医疗信息系统以及军事应用系统中。

8.1.8　超文本和超媒体

多媒体系统中的媒体种类繁多且数据量巨大，各种媒体之间既有差别又有信息上的关联。处理大量的多媒体信息主要有两种途径：一是利用上述所讲的多媒体数据库系统，以存储和检索特定的多媒体信息；二是使用超文本和超媒体，它一般采用面向对象的信息组织和管理形式，是管理多媒体信息的一种有效方法。

超文本和超媒体允许以事物的自然联系组织信息，实现多媒体信息之间的连接，从而构造出能真正表达客观世界的多媒体应用系统。超文本和超媒体的数据模型是一个复杂的非线性网络结构，结构中包含的三要素是节点、链和网络。节点是表达信息的单位，链将节点连接起来，网络是由节点和链构成的有向图。在超文本和超媒体中，信息的组织将不再是线性的，而是以非线性的形式进行存储、管理和浏览。这样，用户对信息的使用将更加灵活方便。

8.1.9 虚拟现实技术

虚拟现实（Virtual Reality，VR）又称为人工现实或灵境技术，它是在许多相关技术（如仿真技术、计算机图形学、多媒体技术等）的基础上发展起来的一门综合技术，是多媒体技术发展的更高境界。虚拟现实技术提供了一种完全沉浸式的人机交互接口，用户处在计算机产生的虚拟世界中，无论看到的、听到的还是感觉到的，都像在真实的世界中一样，并通过输入和输出设备可以同虚拟现实环境进行交互。虚拟现实的本质是人与计算机之间或人与人借助计算机进行交流的一种方式，这种方式具有相当逼真的三维虚拟世界，即具有三维交互接口。虚拟现实具有多感知性、临场感、交互性和自主性等特征。

虚拟现实技术推动了通用计算机设备的发展，在输入/输出方面也由普通的键盘和二维鼠标发展为三维球、三维鼠标、数据手套、数据衣服以及头盔显示器等。

总之，多媒体技术是一种基于计算机的综合技术，它包括信号处理技术、音频和视频技术、计算机硬件和软件技术、通信技术、图像压缩技术、人工智能和模式识别技术等，是处于发展过程中的一门跨学科的综合性高新技术。

8.2 图像、音频及视频的基础知识

8.2.1 图像的基础知识

图像是人类获得信息最重要的来源，可以从图形和图像中理解许多其他形式难以表达的内涵。人类有 80%的信息来源于视觉，而人眼睛看到的事物都是这些事物在眼睛视网膜上形成的图像。

1．图形与图像的基本概念

计算机屏幕上显示出来的画面与文字，通常有两种描述方法：一种方法称为矢量图形或几何图形方法，简称图形（Graphics）；另一种描述画面的方法称为位图图像或点阵图像方法，简称图像（Image）。

（1）矢量图形

矢量图形是用一个指令集合来描述的。这些指令描述构成一幅图的所有点、直线、圆、弧、矩形、曲线等的位置、维数和大小、形状、颜色等。显示时需要相应的软件读取这些指令，并将其转变为屏幕上所显示的形状和颜色。

产生矢量图形的程序通常称为绘图（Draw）软件，如 AutoCAD、CorelDRAW、Adobe Illustrator 等。绘图软件可以分别产生和操作矢量图形的各个部分，并可任意移动、缩放、旋转和扭曲各个部分，即使相互覆盖或重叠，也依然保持各自的特性。

（2）位图图像

位图图像是由许多描述图像的点组成的，这些点称为像素（Pixel），可以逼真地表现自然界的景物。

每个像素用若干个二进制位记录色彩、亮度等反映该像素属性的信息，并将每个像素的内容按一定规则排列起来组成文件的内容。在对位图图像编辑处理时，以像素为单位，可以实施调整亮度、对比度等操作，并可以进行特殊效果的处理。图像的显示通常按像素从上到下、从左到右的顺序显示。

创建位图图像最常见的方法就是对照片进行扫描或利用数码相机直接获取，也可以利用绘图（Paint）软件来创建，如 Windows 的“画图”程序、Photoshop 等。

图形和图像是两种表现客观事物的不同形式，在制作一些标志性的简单内容或一些真实感要求不是很强的内容时，可以选择图形方法，另外制作动画也是以图形为基础的。而需要反映真实场景时，应该使用图像方法。

2．分辨率

分辨率是图像处理中的一个重要参数，它可分为屏幕分辨率、图像分辨率、像素分辨率等。

（1）屏幕分辨率

屏幕分辨率是指屏幕上的最大显示区域，一般屏幕分辨率是由计算机的显卡所决定的。例如，XGA（Extended Graphics Array），是现在笔记本电脑普遍采用的一种 LCD 屏幕，它支持最大 1024×768 分辨率，屏幕大小从 10.4 英寸、12.1 英寸、13.3 英寸到 14.1 英寸、15.1 英寸都有。比较高端的 UVGA（Ultra Video Graphics Array）屏幕应用在 15 英寸屏幕笔记本电脑上，最大支持 1600×1200 分辨率。

（2）图像分辨率

图像分辨率是指图像中存储的信息量，即每英寸图像内所包含的像素数量，分辨率的单位为 PPI（Pixels Per Inch）。在平面设计中，图像的分辨率以 PPI 来度量，它和图像的宽、高尺寸一起决定了图像文件的大小及图像质量。

不过需要注意的是，在不同的书籍中，甚至在同一本书中的不同地方，对图像分辨率的叫法不同。除图像分辨率这种叫法外，也可以称为图像大小、图像尺寸、像素尺寸和记录分辨率。在这里，“大小”和“尺寸”一词的含义具有双重性，它们都可以既指像素的多少（数量大小），也可以指画面的尺寸（边长或面积的大小），因此很容易引起误解。由于在同一显示分辨率的情况下，分辨率越高的图像像素点越多，图像的尺寸和面积也越大，因此往往有人会用图像大小和图像尺寸来表示图像的分辨率。

例如，假设一幅图像的分辨率为 320×240，计算机屏幕的分辨率为 640×480，则该图像在屏幕上显示时只占据了屏幕的 1/4。图像分辨率与屏幕分辨率相同时，所显示的图像正好占满整个屏幕区域；而图像分辨率大于屏幕分辨率时，屏幕上只能显示出图像的一部分，这时要求显示软件具有卷屏功能，使人能看到图像的其他部分。

人们日常所使用的数码相机，通常有 1000 万像素、800 万像素、500 万像素等不同的规格型号，用这些相机拍出来的照片，图像分辨率也会有所不同。例如，照片的图像分辨率为 6000×4000，则对应的相机规格为 2400 万像素。

（3）像素分辨率

像素分辨率是指一个像素的长和宽之比，在像素分辨率不同的机器间传输图像时会产生图像变形。例如，现在有些电视台播放的节目，其像素分辨率是 16∶9 的，如果在款式比较旧的 4∶3 电视机上收看，若还是满屏播放，则该节目图像就会发生变形。

3．色彩的基本概念

图像处理离不开色彩处理，在使用颜色之前，需要了解色彩原理以及 Photoshop 中定义色彩空间的方法。

人们对颜色感觉的形成有四要素，即光源、物体、眼睛和大脑。人们除了可以用波长来对颜色进行描述外，还可以通过大脑对不同颜色的感觉来描述颜色。这些感觉已由国际照明委员会做了定义，用颜色的三个特性来区分颜色，分别是色调、饱和度和亮度，这些特性是颜色所固有的并且是截然不同的特性。另外，对比度、色阶等概念也是在 Photoshop 的使用过程中非常重要的概念。

（1）色调

引起视觉的色光，可能是由数种波长的光波混合而成的，但正常人眼均能感受出它最接近红、橙、黄、绿等纯光谱色中的哪一种，这种属性称为色调（Hue），也可称为色相。黑色、白色以及介于黑白中间的灰色，都没有色彩。色调有一个自然的顺序：红、橙、黄、绿、青、蓝、紫。在这个次序中，当人们混合相邻颜色时，可以获得在这两种颜色之间连续变化的色调。

（2）饱和度

饱和度（Saturation）也可称为彩度，是指颜色的强度或纯度。调整饱和度也就是调整图像彩度。将一个彩色图像的饱和度降低到最低的 0%时，就会变成一个灰色的图像；增加饱和度就会增加其彩度，最大值为 100%，意味着该色彩不掺杂任何白光。可以通俗地把饱和度为 100%理解为画水彩画时不用水去稀释颜料，相反饱和度为 0%表示水加得太多，以至于已经看不出颜料的色彩，而变成了一片空白。

（3）亮度

亮度（Brightness）就是色彩的明暗度。亮度的调整也就是明暗度的调整，范围是 0%～100%。也可以这么理解，假设用黑白胶卷去拍摄景物，冲印后的照片就是被拍摄物亮度的写照，100%的亮度意味着全白，而亮度为 0%表示全黑。

（4）对比度

对比度（Contrast）是指不同颜色之间的差异。对比度越大，两种颜色之间的反差就越大；相反，对比度越小，两种颜色之间的反差就越小，颜色越相近。例如，将一幅灰度的图像增加对比度后，会变得黑白更鲜明，当对比度增加到极限时，则变成了一幅黑白两色的图像；反之，将图像的对比度减到极限时，就成了灰度图像，也就看不出图像效果，只是一幅灰色的底图。

（5）色阶

色阶（Levels）是指各种图像色彩模式下图像原色（如 RGB 模式下的原色为 R、G、B 和 RGB 等 4 种）的明暗度，色阶的调整也就是明暗度的调整。色阶的范围为 0～255，即总共包含 256 种色阶。例如，将红色的色阶加大就成了深红色。而对于灰度模式，就是将白色到黑色间连续划分为 256 种色阶，即由白到灰，再由灰到黑。

4. 图像的颜色模式

在 Photoshop 中，颜色模式决定了用来显示和打印 Photoshop 文档的色彩模型。常见的颜色模式有 HSB、RGB、CMYK 和 Lab 等，在 Photoshop 的拾色器对话框中可以根据以上四种颜色模式来选择颜色。不同的颜色模式所定义的颜色范围不同，其颜色通道数和文件大小也不同，所以它们应用的方法也就各不相同。

（1）HSB 模式

HSB 是 Hue（色调）、Saturation（饱和度）和 Brightness（亮度）三个英文单词的首字母缩写。HSB 模式是一种基于人的感觉的颜色模式，它利用三种基本矢量来表示颜色。其中色调用于调整颜色，取值范围为 0°～360°；饱和度是指颜色的深浅，取值范围为 0%（灰色）～100%（纯色）；亮度指颜色明暗程度，取值范围为 0%（黑色）～100%（白色）。使用 HSB 模式可以表示 360 万种以上不同的色彩。在 Photoshop 中并不直接支持这种模式，只是提供了一个调色板而已。

（2）RGB 模式

RGB 模式是在计算机中最常用的一种颜色模式，它非常适合用于表现在显示器上显示的图像。不管是扫描输入的图像，还是绘制的图像，几乎都是以 RGB 的模式存储的。这是因为在 RGB 模式下处理图像较为方便，而且 RGB 的图像比 CMYK 图像文件要小得多，可以节省内存和存储空间。在该模式下，还能够使用 Photoshop 中所有的命令和滤镜。

RGB 模式由红（Red）、绿（Green）、蓝（Blue）三种原色组合而成，然后由这三种原色混合产生出成千上万种颜色。在该模式下的图像是三通道图像，每一个像素由 24 位二进制数据表示，其中 RGB 三种原色各使用了 8 位，每一种原色都可以表现出 $2^8=256$ 种不同的色阶，所以三种原色混合起来就可以生成 1670 万种颜色，足以配制再现这个绚丽多彩的世界，这也就是我们常说的真彩色。

（3）CMYK 模式

CMYK 模式是一种印刷的模式，它由分色印刷的四种颜色组成，在本质上与 RGB 模式没什么区别。但它们产生色彩的方式不同，RGB 模式产生色彩的方式称为加色法，而 CMYK 模式产生色彩的方式称为减色法。例如，显示器采用了 RGB 模式，这是因为显示器可以用电子光束轰击荧光屏上的磷质材料发出亮光从而产生颜色，当没有光时为黑色，光线加到极限时为白色。假如采用了 RGB 模式去打印一份作品，将不会产生颜色效果，因为打印油墨不会自己发光。因而只有采用一些能够反射其他光波产生颜色的油墨，也就是说当所有的油墨加在一起时是纯黑色，油墨减少时才开始出现色彩，当没有油墨时就成为了白色，这样就产生了颜色，所以这种生成色彩的方式就称为减色法。最直观的感受，就是一张彩图用 RGB 模式显示在屏幕上，如果不加处理，直接在彩色喷墨打印机上打印出来的话，会有色差。所以最好的做法是：在打印或印刷之前，先把彩图通过图像处理工具（如 Photoshop）转换成 CMYK 模式。

那么 CMYK 模式是怎样发展出来的呢？理论上，只要将生成 CMYK 模式中的三原色，即 100%的青色（Cyan）、100%的洋红色（Magenta）和 100%的黄色（Yellow）组合在一起就可以生成黑色（Black），但实际上等量的 C、M、Y 三原色混合并不能产生完美的黑色或灰色。因此，只有再加上一种黑色后，才会产生图像中的黑色和灰色。为了与 RGB 模式中的蓝色区别，黑色就以字母 K 表示，这样就产生了 CMYK 模式。在该模式下的图像是四通道图像，每一个像素由 32 位的数据表示。

（4）Lab 模式

Lab 模式是 Photoshop 内部的颜色模式，是目前所有模式中包含色彩范围最广泛的模式，它能毫无偏差地在不同系统和平台之间进行交换。它由三个通道组成，其中亮度分量 L 的取值范围为 0～100，a 分量代表了由绿色到红色的光谱变化，而 b 分量代表由蓝色到黄色的光谱变化，因此，这种颜色混合后将产生明亮的颜色，且 a 和 b 分量的取值范围均为−120～120。

在表达颜色范围上，处于第一位的是 Lab 模式，第二位是 RGB 模式，第三位是 CMYK 模式。因此 Lab 模式所定义的颜色最多，且与光线及设备无关，其处理速度与 RGB 模式同样快，当然也就比 CMYK 模式快几倍。

5. 常见的图像文件格式

图像格式是指用计算机表示和存储图像信息的格式。由于历史原因，不同厂家表示图像文件的方法不一样，目前已经有上百种图像格式，常用的也有几十种。

由于不同的图像处理软件所能处理的图像格式各不相同，因此当需要使用多个软件处理同一幅图像时，常常需要进行图像格式的转换。但不同格式之间所包含的图像信息并不完全相同，所以文件大小也有很大的差别。例如，有一幅 800×600 的图像，用 BMP 格式存储约需 1.37MB，用非压缩方式的 TIF 格式存储需 1.38MB，用 LZW 压缩格式的 TIF 格式存储需 779KB，用 GIF 格式存储需 274KB，而用中等质量的 JPG 格式存储才只需 49KB。当然，这个比例会随着图像内容的不同而有所变化，但至少说明了各种格式之间的差别。这样一来，用户在使用时应根据需要选用适当的格式。下面简单介绍几种最为常见的图像格式。

（1）TIFF 格式（*.TIF）

TIF（Tag Image File Format）格式由 Adlus 和 Microsoft 合作开发，最初用于扫描仪和桌面出版业，是工业标准格式，支持所有的图像文件类型，同时被许多图形应用软件（如 CorelDraw、Photoshop 等）所支持，也有图层的概念。TIF 格式文件分为压缩和非压缩两类。

（2）BMP 格式（*.BMP）

BMP（基本位图格式）是标准的 Windows 和 OS/2 的图像格式，与设备无关。该文件格式比较简单，并且为了图像处理的方便，用 BMP 文件格式存储的图像数据都不能压缩，因此图像文件较大。

（3）GIF 格式（*.GIF）

GIF（Graphics Interchange Format）格式，译为图形交换格式，可在不同的平台上进行图像交流和传输。目前，Internet 上的 Web 浏览器（如 IE、Netscape 等）一般都采用 GIF 格式处理图形数据，它还被广泛用于通信领域。GIF 是使用 LZW 压缩方法的主要图形文件格式，因此文件压缩比较高，文件较小。它最突出的特点，可以有帧的概念，即能保存一些简单的动画。

（4）JPEG 格式（*.JPG、*.JPEG）

JPEG 是一种带压缩的文件格式，其压缩率是目前各种图像格式中最高的。JPEG 的特点是文件非常小，而且可以调整压缩比，仔细观察图像的边缘能看不出太明显的失真。因此，它被广泛应用于图像预览和网页制作。数码相机保存图像文件也多是采用这种格式。JPEG 格式支持 RGB、CMYK 和灰度颜色模式，但不支持 Alpha 通道。

（5）PSD 格式（*.PSD）

PSD 格式是 Photoshop 生成的图像格式，可包括层、通道和颜色模式等信息，且该格式是唯一支持全部颜色模式的图像格式。在保存图像时，若图像中含有层信息，则必须以 PSD 格式保存；若希望以其他格式保存，则必须在保存之前合并层。由于 PSD 格式需保存的信息较多，因此文件非常庞大。

8.2.2 音频的基本知识

声音是人们用来传递信息、交流感情最方便、最熟悉的方式之一，而多媒体技术的一个主要分支便是多媒体音频技术。声音所携带的信息量大、精细而且准确。以一个英文字符为例，如果以 ASCII 码传输需要用一个字节，则传输该字符的点阵需要用 7 个字节。但如果传输念出这个字符的声音，则大约要花费上千个字节，因为它同时表达了该字符的名称、音高、音强、音长等信息。虽然声音信息通常要比图像信息少得多，但和文本信息相比，仍然显得比较庞大。因此，为了适应多媒体应用的需要，对音频信息的处理也和对图像信息的处理相似，包括声音的获取与处理、声音的压缩与解压、音乐合成等几个部分。

在计算机应用程序中增加音乐、解说和一些特殊效果的声音，会使得应用程序丰富多彩。声音是一种连续的模拟信号——声波，它有两个基本的参数：频率和幅度。依声波频率的不同，可以将声波分成次声波、声波和超声波，次声波的频率小于 20Hz，声波的频率范围是 20～20000Hz（也即音频），超声波的频率大于 20000Hz。人们说话时产生的声波频率范围是 300～3000Hz，英文通常用 Voice 等词来表示；而音乐的频率范围可达到 10～20000Hz，英文一般用 Audio 表示。

1．声音的数字化处理

由于计算机中只能处理二进制编码的数字信号，因此必须将声音这一模拟信号进行数字化处理。

在多媒体系统的音频处理过程中，采样量化和编码技术是音频信息数字化的关键。对音频信息的采样实际上是把模拟音频信号每隔相等的时间截成一段，将在时间上连续变化的波形截取成在时间上离散的数字信号，如图 8-1 所示。图 8-1 中的曲线表示模拟音频信号的波形，竖线表示截取出来的数字信号，横轴表示时间，竖轴表示数值。对所得的数字信号进行量化、编码后，形成最终的数字音频信号。影响数字化声音质量及声音文件大小的主要因素是采样频率、量化大小和声道数。

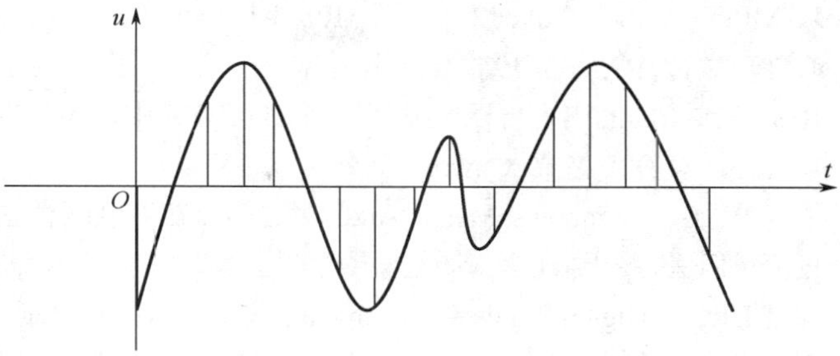

图 8-1　声音采样示意图

（1）采样频率是指在单位时间内的采样次数，即单位时间内模拟信号被截取的段数。采样频率越高，采样点之间的间隔就越小，数字化后得到的声音就越逼真，但相应的数据量就越大。目前常用的 3 个采样标准为 44.1kHz（CD 音质）、22.05kHz（收音质量）、11.025kHz（电话质量）。

（2）采样的量化大小反映出对各个采样点进行数字化时所选用的精度，用记录每次样本值大小的数值位数来表示，一般有 8 位和 16 位，其中 8 位的精度有 256 个等级，即针对每个采样点音频信号幅度最大振幅的 1/256；16 位量化的精度有 65536 个等级，即为音频信号最大幅度的 1/65536。可见，量化位数越多，所能记录声音的变化程度就越细腻，相应的数据量就越大。

（3）采样的声道数是指处理的声音是单声道还是立体声。单声道在声音处理过程中只有单数据流，而立体声则需要左右声道两个数据流。显然，立体声的效果要好，但相应的数据量要比单声道的数据量加倍。

2．常见的音频文件格式

（1）Wave 格式（*.wav）

Wave 格式是 Windows 所使用的标准数字音频文件格式，它来源于对声波的采样。用不同的采样频率对声波进行采样可以得到一系列离散的采样点，以不同的量化位数（8 位或 16 位）把这些采样点的值转换成二进制数，然后存入磁盘，这就产生了声音的 Wave 文件，即波形文件。在适当的硬件和计算机控制下，使用 Wave 文件能够重现各种声音，无论是不规则的噪声还是 CD 音质的音乐，也无论是单声道还是立体声，都可以做到。而且 Wave 文件的录制相当简单，利用 Windows 中的录音机即可非常方便地将声音录制成 Wave 文件。由于 Wave 文件是由采样数据组成的，因此它所需要的存储容量很大。

（2）MIDI 格式（*.mid）

乐器数字接口（Musical Instrument Digital Interface，MIDI）是世界上主要电子乐器制造厂商建立起来的一个通信标准，规定了计算机音乐程序、电子合成器和其他电子设备之间交换信息与控制信号的方法。MIDI 文件中包含音符、定时和多达 16 个通道的乐器定义，每个音符包括键、通道号、持续时间、音量和力度等信息。因此 MIDI 文件记录的不是乐曲声音本身，而是一些描述乐曲演奏过程中的指令。

由于 MIDI 文件记录的是一系列指令而不是数字化后的波形数据，因此它占用存储空间比 Wave 文件要小得多。例如，同样半小时的立体声音乐，MIDI 文件中有 200KB 左右，而 Wave 文件则差不多 300MB，两者相差 1500 倍。但 MIDI 文件也有缺点，那就是不能重现真实自然的声音，如水流声、鸟鸣声等，尤其不能用在需要语音的场合。而且 MIDI 文件的录制比较复杂，这要学习一些使用 MIDI 创作并改编作品的专业知识，并且还必须有专门的工具，如键盘合成器等。

（3）MP3 格式（*.mp3）

MP3 文件是采用运动图像专家组（Motion Picture Expert Group，MPEG）制定的 MPEG-1 Audio Layer 3 的压缩标准，将音频信息用 10∶1 甚至 12∶1 的压缩率，变成容量较小的数据文件。MPEG-1 压缩主要用于VCD数据的压缩，也用来压缩不包含图像的纯音频数据，音频压缩算法包括MPEG-1 Audio Layer 1、MPEG-1 Audio Layer 2 等，而 MPEG-1 Audio Layer 3 有很高的压缩比。虽然 MP3 是一种利用了人类心理声学特性的有损压缩，但人耳基本上分辨不出失真，音质几乎达到了 CD 音质标准。按照这种算法，10 张普通 CD 的内容可以压缩到一张 CD-ROM 中，而且视听效果相当好。

（4）WMA 格式（*.wma）

WMA（Windows Media Audio）是微软在互联网音频、视频领域的力作。WMA 格式是以减少数据流量但保持音质的方法来达到更高的压缩率目的，其压缩率一般可以达到 1∶18。此外，WMA 还可以通过 DRM（Digital Rights Management）方案加入防止复制，或者加入限制播放时间和播放次数，甚至是播放机器的限制，可有力地防止盗版。在 Windows 7 中的录音机工具，保存声音文件用的就是这种格式。

（5）其他格式

其他的音频文件格式还有苹果公司的手机铃声音频 M4R 格式、SUN 公司的 AU 格式、雅马哈公司的 VQF 格式等。

8.2.3 视频的基本知识

视频是由相继拍摄并存储的图像组成的，是运动的图像，既可以提供高速信息传送，也可显示瞬间的相互关系。和音频一样，视频也是动态的，它是各种媒体中携带信息最丰富、表现力最强的媒体。

随着多媒体技术的发展，计算机不但可以播放视频信息，而且还可以准确地编辑处理视频信息，这就为有效地控制视频信息，并对视频素材进行再创作提供了必备的条件。

1. 模拟视频与数字视频

模拟视频基于模拟技术及图像显示所确定的国际标准，如电视和录像片等。模拟视频具有成本低和还原度好等优点，因此在电视上看到风景录像，往往有身临其境的感觉。但它的最大缺点是不论被记录的图像多么清晰，经过长时间的存放之后，视频质量将大为降低；或者经过多次复制之后，图像的失真就会很明显。而数字视频可以弥补这些缺陷，它不仅可以无失真地进行无限次复制，而且还可以对视频进行创造性的编辑，如特技效果等。

数字视频基于数字技术及其他更为拓展的图像显示标准。数字视频技术有两层含义：一是将模拟视频信号输入计算机进行数字化视频编辑，最后制成数字视频产品；二是由数字摄像机拍摄的视频图像，从信号源开始，就是无失真的数字视频，当输入计算机时不再考虑视频质量的衰减问题，然后通过软件编辑制成产品。现在的数字视频技术在很大程度上还是第一层含义，也就是模拟视频的数字化处理、存储和输出技术。第二层含义才是纯粹的数字视频技术。

数字视频就是用数字摄像机将外界影像的彩色和亮度信息转变为电信号，再记录到存储介质上。播放时，视频信号被转变为帧信息，并以每秒约 30 幅的速度投影到显示器上。

2. 视频制式

现在，国际上流行的视频制式标准主要有 NTSC、PAL、SECAM 制式及 HDTV 标准。

3. 帧和帧速率

视频是由一系列单独的图像，即帧组成的。当观众面前的屏幕上每秒钟反映的图像达到一定数目时，由于人眼的视觉延迟，就会产生动态画面的感觉。帧速率的单位为帧/秒。正常的帧速率为 25～30 帧/秒，只有这样的帧速率才会产生平滑和连续的视觉效果。

和电影一样，在视频领域同样要利用人眼的视觉暂留特性产生运动影像。因此，对每秒钟扫描多少帧有一定的要求，这就是帧速率。对于 PAL 制电视系统，帧速率为 25 帧/秒。而对于 NTSC 制电视系统，帧速率为 30 帧/秒。虽然这些帧速率足以提供平滑的运动，但还没有高到足以使视频显示避免闪烁的程度。根据实验，人的眼睛可觉察到以低于 1/50 秒速度刷新的图像中的闪烁。

4．常见的视频文件格式

同其他媒体文件的格式一样，视频文件的格式也有多种，常见的有如下几种。

（1）AVI 文件格式

AVI 文件格式是一种将视频信息与同步音频信号结合在一起存储的多媒体文件格式。AVI 以帧作为存储动态视频的基本单位。在每一帧中，都是先存储音频数据，再存储视频数据。整个看起来，音频数据和视频数据相互交叉存储。播放时，音频流和视频流交叉使用处理器的存取时间，保持同期同步。通过 Windows 的对象链接与嵌套技术，AVI 格式的动态视频片断可以嵌入到任何支持对象链接与嵌入的 Windows 应用程序中。

（2）MOV 文件格式

MOV 文件格式是 Quick Time 视频处理软件所选用的视频文件格式，使用这种文件格式不仅可以存储单个的媒体内容（如视频帧或音频采样），而且能保存对该媒体作品的完整描述。因为 MOV 文件格式能用来描述几乎所有的媒体结构，所以它是应用程序间（不管运行平台如何）交换数据的理想格式。

（3）MPG 文件格式

MPG 文件格式是采用 MPEG 方法进行压缩的全运动视频图像文件格式。目前许多视频处理软件都支持该格式，如暴风影音、Ulead Video Studio 等应用软件。

（4）DAT 文件格式

DAT 文件格式是 VCD 和卡拉 OK CD 数据文件的扩展名，它实际上是 MPEG 文件头部加上了一些运行参数形成的变体，可以使用软件将其转换成标准的 MPEG 文件。

（5）RealMedia 文件格式

RealNetworks 公司的 RealMedia 包括 RealAudio、RealVideo 和 RealFlash 3 类文件，其中，RealAudio 用来传输接近 CD 音质的音频数据，RealVideo 用来传输不间断的视频数据，RealFlash 则是 RealNetworks 公司与 Macromedia 公司新近联合推出的一种高压缩比的动画格式。RealMedia 文件格式使得 RealSystem 可以通过各种网络传送高质量的多媒体内容。第三方开发者可以通过 RealNetworks 公司提供的 SDK 将它们的媒体格式转换成 RealMedia 文件格式。

（6）3GP 文件格式

3GP 是一种 3G 流媒体的视频编码格式，主要是为了配合 3G 网络的高传输速度而开发的，也是目前手机中最为常见的一种视频格式。其核心由包括高级音频编码（AAC）、自适应多速率 AMR 和 MPEG-4、H.263 视频编码解码器等组成，目前大部分支持视频拍摄的手机都支持 3GPP 格式的视频播放。其特点是网速占用较少，但画质较差。

（7）MP4 文件格式

普通的 MP4 是指采用 MPEG4、Divx 或 Xvid 等传统压缩器制作的 MP4 格式，而 MP4-AVC，则是采用新发布的 H264/AVC 高清视频压缩器压制的 MP4 格式。两种格式的文件后缀均为.mp4。相比于 MPEG4、Xvid、Divx 等传统压缩器，H264/AVC 具有更高的压缩率，也就是使用这种压缩器能以更小的体积实现更高的清晰度，而 H264/AVC 也是制作高清标准的 MP4 必须使用的压缩器。iPhone 官方规定支持播放的视频是普通 MP4 和 MP4-AVC。

5．数字非线性编辑

数字视频编辑、数字音频制作与数字特技制作构成了计算机影视后期制作的三部曲。传统的视频编辑是在编辑机上进行的。由于磁带记录画面是顺序的，无法在已有的画面之间插入一个镜头，也无法删除一个镜头，除非把这之后的画面全部重新录制一遍。

在多媒体影视后期制作中，基于计算机的数字非线性编辑技术令视频编辑焕然一新，它是数字视频技术与多媒体计算机技术相结合的产物，这种技术将素材记录到计算机中并利用计算机进行剪辑。它采用了电影剪辑的非线性模式，用简单的鼠标和键盘操作代替了剪刀加胶水式的手工操作，剪辑结果可以马上回放，所以大大提高了效率。人们可以对存储的数字文件反复更新和编辑，从本质上讲，用这种技术提供分别存储许多单独素材的方法，使得任何片断都可以立即观看并随时修改。同时它还可以通过软件和硬件的扩展，提供了编辑机也无能为力的复杂特技效果。因此，影视节目制作中的传统的线性编辑方式已经被多媒体非线性编辑所取代。

8.3 图像处理软件 Photoshop

计算机图像处理是计算机应用的一个分支，而 Photoshop 软件正是图像应用领域中的优秀软件之一。

在众多图像处理软件中，Adobe 公司推出的专门用于图像处理的软件 Photoshop 以其强大的功能、集成度高、适用面广和操作简便而著称。它不仅提供强大的绘图工具，可以直接绘制艺术图形，还能直接从扫描仪、数码相机等设备采集图像，并对它们进行修改、修复，调整图像的色彩、亮度，改变图像的大小，而且还可以对图像增加特效，使现实生活中很难遇见的景象十分逼真地展现；同时可以改变图像的颜色模式，并能在图像中制作艺术字等。

当启动 Photoshop 时，将显示如图 8-2 所示的屏幕，它由文件名显示区域、当前工具属性、图像编辑窗口、工具箱、调板组和状态栏等组成。

图 8-2 Photoshop 主界面

下面将会通过一些实例，让读者感受到 Photoshop 带来的无穷乐趣。

8.3.1 图像的裁剪及大小调整

有些图像只需要它的一部分，有很多方法都可以做到，如复制、粘贴的办法，但是会发现总有些不方便。下面介绍一种简便高效的方法。

例 8-1　图像的裁剪及调整图像大小，具体操作步骤如下。

① 在 Photoshop 中打开一张图片，画面中多了两位不速之客，想办法去掉吧。在工具箱中选择“裁剪”工具，如图 8-3 所示。

② 在图像上选取需要保留的区域，并可移动区域或调整区域的大小，如图 8-4 所示。

③ 按 Esc 键放弃或按 Enter 键确认，如图 8-5 所示。

图 8-3　选择“裁剪”工具

图 8-4　选取需要保留的区域

图 8-5　裁剪后效果图

④ 若需要调整图像大小（即图像分辨率），可选择“图像”→“图像大小”，出现“图像大小”对话框，设置为自己需要的大小，如图 8-6 和图 8-7 所示。

⑤ 将文件另存一份，若选择 JPEG 格式，则会出现“JPEG 选项”对话框，可从中选择压缩品质，如图 8-8 所示。

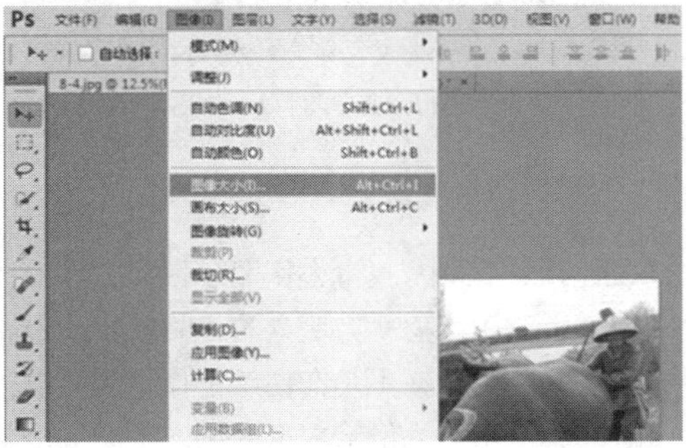

图 8-6　设置图像大小

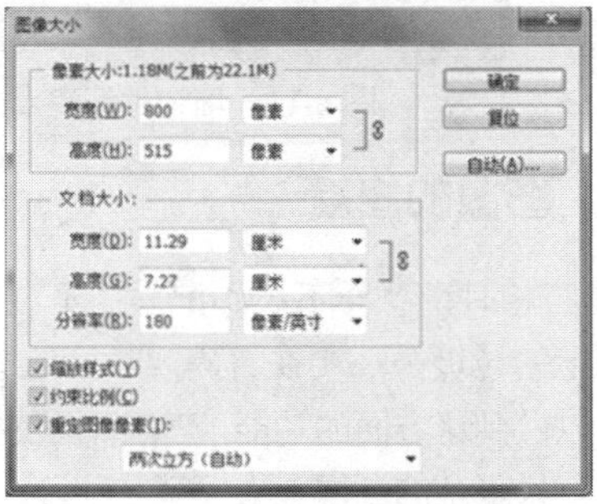

图 8-7　“图像大小”对话框

8.3.2 图像的明暗调整

有时我们拍的照片会太暗或太亮，效果总觉得不好看。在 Photoshop 中，有好几种功能都能对图像的明暗、色调进行调整，如“亮度/对比度”、“曲线”、“变化”、“色相/饱和度”等。下面以“曲线”功能为例，介绍明暗调整的方法。

例 8-2 图像的明暗调整。具体操作步骤如下。

① 在 Photoshop 中打开一张图片，原图的光线太强，如图 8-9 所示。选择“图像”→“调整”→“曲线”命令。

② 在如图 8-10 所示的“曲线”对话框中，将鼠标指针放在对角线上，按下左键并拖动，同时可在图像编辑窗口看到效果，觉得满意的话就放开鼠标左键。如需增加调整点的话可重复刚才的操作，要删除调整点只需选中该点并按 Delete 键即可，如图 8-11 所示。通过这样简单的调整，可以把一幅平平无奇的照片，天空部分被调出惊艳的效果，如图 8-12 所示。

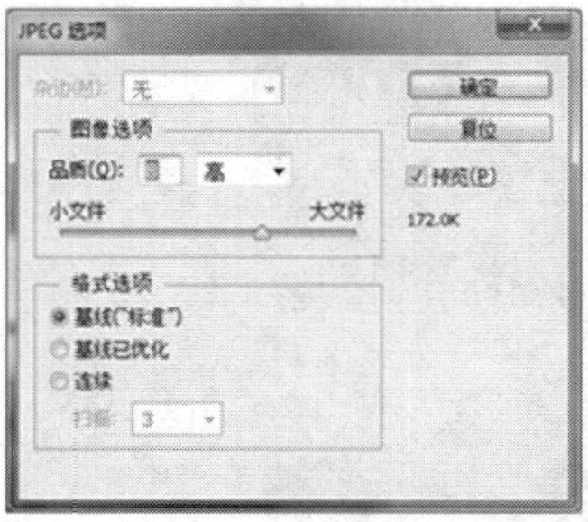

图 8-8 “JPEG 选项”对话框

图 8-9 明暗调整原图

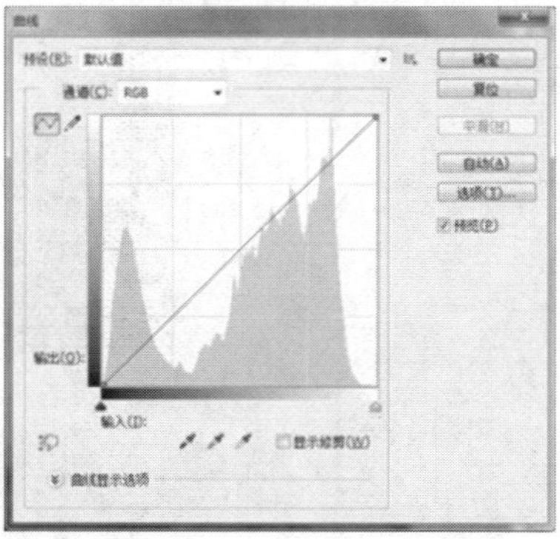

图 8-10 “曲线”对话框

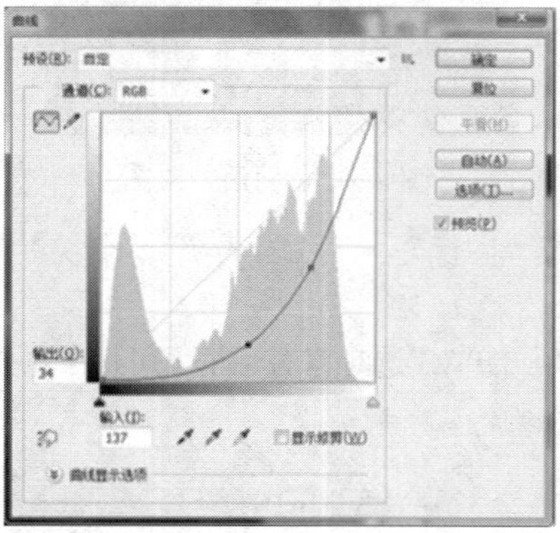

图 8-11 增加了调整点

图 8-12 调整后效果

8.3.3 图像的修复

在照相时，总会不小心把一些不该照进去的东西留在相片中，如照相者的手指、留在背景中的路人、地上的垃圾……实在有碍观瞻。但这张相片确实太喜欢了，怎么办呢？在 Photoshop 中同样有几样工具可以做到这方面的功能，当然，橡皮擦工具不太适合，因为现在不是在白纸上作画需要擦去一部分，而是在背景复杂的图像上去掉某些部分。下面以“仿制图章”工具为例给大家介绍一下图像修复的方法，它修复图像的主要原理就是在图像别的地方取一块补在想要擦除的地方。

例 8-3　图像的修复——去除某些部分，具体操作步骤如下。

① 在 Photoshop 中打开一张图片，如图 8-13 所示。原图中那高大的高压线塔，在唯美的日落风景中非常碍眼，想办法把它去掉吧！

② 在工具箱选择“仿制图章”工具，这时鼠标指针在图像编辑窗口中会变成一个圆圈。在工具属性栏中适当调整画笔大小（虽然现在不是用“画笔”工具，但调整它的大小就会影响“仿制图章”处理区域的大小），如图 8-14 所示。

③ 把鼠标指针移动到在高压线塔旁边的地方，按下 Alt 键的同时单击鼠标，放开后再在高压线塔上单击一下，就可以看到效果，如图 8-15 所示。这个工具的原理就是取旁边的图像内容，覆盖到需要去除的部位。当然，边缘部分会很自然地融合到一起。重复几次，直到满意为止，如图 8-16 所示。

图 8-13　需要修复的原图

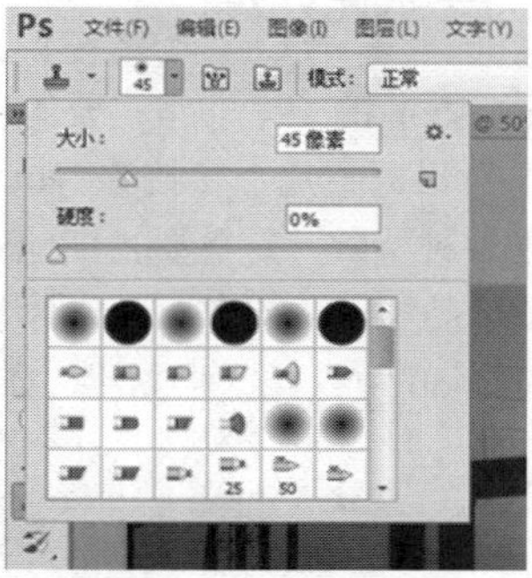

图 8-14　调整画笔大小

图 8-15　使用“仿制图章”的效果

图 8-16　完成后的效果

当然，在处理过程中并不是每一步都合适，因此要经常利用“历史记录”调板，所有的操作记录都在这儿，想恢复到哪一步，直接单击那一项即可，如图 8-17 所示。

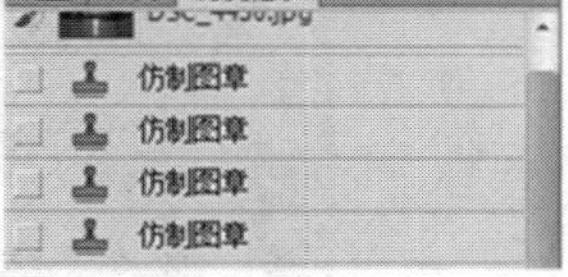

图 8-17　“历史记录”调板

通过使用我们知道，并不是所有的情况都能奏效的。只有在图像背景比较有规律，能较容易地在别的地方取到合用的部分，并且拼合的边缘不会过于复杂的情况下，才能使处理之后的画面比较自然。

用“仿制图章”工具不仅能去掉不想要的部分，还能凭空添上本来没有的东西。

例 8-4　图像的修复——增加某些部分。方法与前面介绍的一样，只是应该用适当大小的画笔在适当的位置选取内容。原图及完成后效果如图 8-18 和图 8-19 所示。

图 8-18　原图

图 8-19　用“仿制图章”工具增加内容

8.3.4　图像的艺术化处理

滤镜是 Photoshop 的一个非常重要的功能，有上百种，利用它可使图像有千变万化的效果。使用单一的滤镜，通过对话框中几个参数的简单设置，就能有立竿见影的效果。当然，要做到灵活、综合地运用滤镜来做出各种特效，是需要长期地实践与积累的。

例 8-5　图像的艺术化处理，具体操作过程如下。

① 在 Photoshop 中打开一张图片，如图 8-20 所示。

图 8-20　原图

② 选择“滤镜”→“滤镜库”命令，在相应对话框中选择“艺术效果”→“干画笔”滤镜，适当调整参数，如图 8-21 所示，然后单击“确定”按钮。

图 8-21　“干画笔”对话框

③ 如果觉得效果仍不够，可重复刚才的操作，也可以直接选择“滤镜”菜单下的第一项，Photoshop 会把刚才用过的滤镜放在这里。处理后的效果如图 8-22 所示，是不是感觉完全不一样了？

有时碰到自己喜欢的照片却因为糟糕的摄影师手抖了把它拍得模模糊糊，干脆把这张照片处理成水彩画，那也别有一番风味呢！

图 8-22　使用“干画笔”滤镜后的效果

8.3.5　图像的选择

Photoshop 中的很多操作都是在选择区域内进行编辑的，工具箱中有几组选择工具，包括选框工具、套索工具、魔棒工具及钢笔工具等，“选择”菜单中还有“色彩范围”等工具，这些工具主要用于选择图像中的一部分、几部分或全部。选择了区域后，所做的操作都基于该区域（称为“选区”）。

这里针对这些工具做简要的介绍。

（1）选框工具：矩形选框工具可选择图像中的一个矩形或正方形区域；椭圆选框工具可选择图像中的一个椭圆或圆形区域；单行/单列选框工具可在贯穿图像的横向或纵向选择单行或单列像素，如图 8-23（a）所示。

（2）套索工具：套索工具可选择一个自由形状的区域；多边形套索工具可选择一个自由形状的多边形区域；磁性套索工具可以自动选取鼠标经过区域的边缘，适合于选择与背景反差较大的主体，如图 8-23（b）所示。

（3）快速选择/魔棒工具：快速选择及魔棒工具非常适合底色比较单一的色块选取。操作时只需用鼠标点一下想要的色块就可以得到选区，是最为快捷的选择工具，如果再适当设置属性面板的数值，就可以同时选取一组选区或选取更大范围的选区，如图 8-23（c）所示。

（4）钢笔工具：通过生成路径并将路径转换为选择来实现选择，如图 8-23（d）所示。如果说前边几组选择工具都比较简单便捷，那么钢笔工具就属于比较高级的、能精细调整选区的方式了。钢笔工具能编辑路径（Path），而路径与选区可以互相转换，从而能达到精准选择的目的。

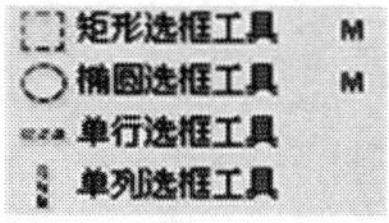

（a）选框工具

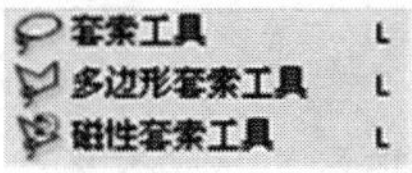

（b）套索工具

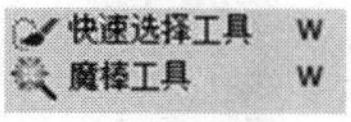

（c）快速选择/魔棒工具

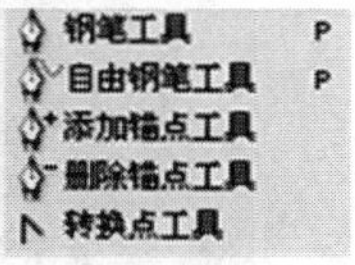

（d）钢笔工具

图 8-23　工具箱中的选择工具

例 8-6　利用磁性套索工具进行图像选择。

① 在 Photoshop 中打开一张图片，如图 8-24 所示。

② 在工具箱中选择“磁性套索工具”，在花瓣的边缘单击一下，然后将鼠标大致沿着花瓣轮廓移

动，这时磁性套索工具可以自动选取鼠标经过区域的边缘。最后鼠标回到起始点时再单击一次，将会形成一个闭合的蚁行线，表示已经在图像中选取了整朵白色花的部分，如图 8-25 和图 8-26 所示。

图 8-24　原图

图 8-25　用“磁性套索”工具勾勒轮廓

图 8-26　完成后出现蚁行线

③ 按下 Ctrl+C 组合键（复制），再按 Ctrl+V 组合键（粘贴），将选中的花复制一份出来。这时在图像编辑区域似乎没有看到什么变化，但观察一下“图层”调板，会发现已经多了一个图层。可以在工具箱中选择“移动”工具，在花上按下鼠标左键并移动，然后再释放左键，如图 8-27 所示。

④ 现在已经多复制了一朵花，但和原来的一样大，显得不好看。按下 Ctrl+T 组合键（自由变换），此时花的周围出现了一个变形框，可以用鼠标在变形框的任意一个节点上调整大小，然后按 Enter 键确认，如图 8-28 所示。

⑤ 用前边的方法多重复几次，就可以得到如图 8-29 所示的效果了。

图 8-27　复制并移动图层

图 8-28　自由变换

图 8-29　完成后效果图

（5）色彩范围：选择“选择”→“色彩范围”命令，可用于选择某一色彩范围内的颜色块。它跟“魔棒工具”最大的不同在于“魔棒工具”是选择鼠标单击时周边连续的符合容差范围的颜色块，而“色彩范围”命令是选择整幅图像中符合颜色容差设置的所有颜色块（不一定是连续的）。

图 8-30　红色郁金香原图

例 8-7　*修改花瓣的颜色。*

① 在 Photoshop 中打开一张图片，图中是红色的郁金香，如图 8-30 所示。

② 选择“选择”→“色彩范围”命令，用鼠标在红色的花瓣上单击一下。在如图 8-31 所示的“色彩范围”对话框中单击“确定”按钮，便选中了颜色容差为 190 的红色块，如图 8-32 所示。

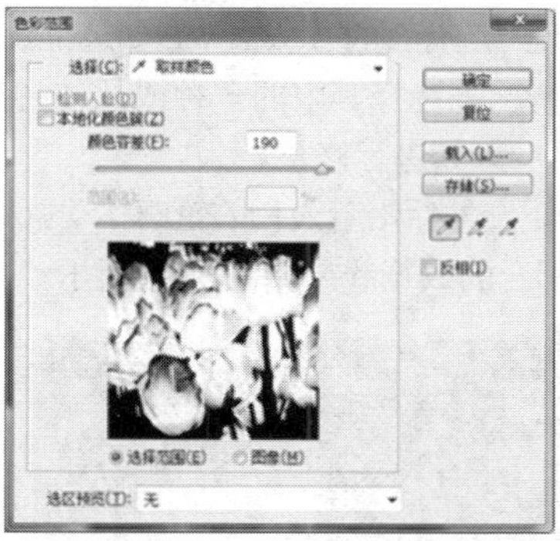

图 8-31　“色彩范围”对话框

图 8-32　选中颜色容差为 190 的红色块

③ 选择“图像”→“调整”→“色相/饱和度”，相应调整对话框中的参数，如图 8-33 所示。单击“确定”按钮后，得到了深蓝色花瓣的郁金香，而绿色的茎则保持原样，如图 8-34 所示。

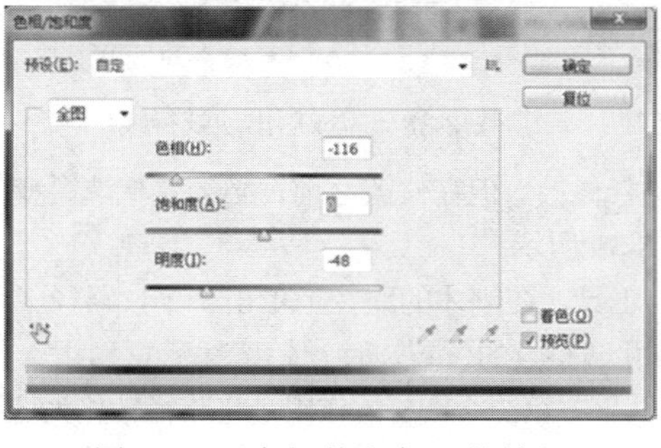

图 8-33　“色相/饱和度”对话框

图 8-34　改变了花瓣颜色

8.3.6 图像的拼接

你有没有试过去到一个很有纪念意义的地方，却因为种种原因没有在那儿留影而觉得懊恼呢？有办法，把你的样子拼接到那个地方的图像上不就行了吗？主要原理就是利用 Photoshop 中的各种选择工具把你的样子选出来，再复制到风景图片上。当然，最好就是在纯色背景前拍人物照，因为这样能非常容易地把人物“抠”出来，这种方法被广泛运用在电影、广告等的制作上。不过，这需要有专业的摄影棚。所以，利用普通的人物照来进行拼接，难就难在怎样才能把人物的轮廓选得很好。下面介绍一种简单可行的办法。

例 8-8 图像的拼接。具体操作步骤如下。

① 在 Photoshop 中打开一张风景图片，如图 8-35 所示。再打开一张有人物的图片，如图 8-36 所示。

图 8-35 风景图片

图 8-36 人物图片

② 在人物图片中把人物选出来。在 Photoshop 中实现“选择”的方法很多，如选框、套索、魔棒、钢笔、通道等，它们各自有自身的特点，要根据不同的情况来选择其中的一种或几种。在这里，可利用“磁性套索”工具来进行初步选择，再用“钢笔”工具进行修整。

③ 先用“磁性套索”工具，在人物的帽子那单击一下，然后沿着人物的轮廓移动鼠标，如图 8-37 所示。最后回到开始的位置再单击一次，就会出现一个闭合的蚁行线，如图 8-38 所示。

图 8-37 用“磁性套索”工具勾勒轮廓

图 8-38 完成后出现蚁行线

④ 但发现有很多地方选得并不准确，要进行修改。但在修改之前，必须先把选区变为路径，可以利用“路径”调板中的选区变路径工具，如图 8-39 所示。

⑤ 选择“钢笔”工具组中的“添加锚点”工具，在刚才的路径上单击一下，路径上所有的点都显了出来，如图 8-40 所示。这时可增加、删除点并调整点的位置，使得轮廓线满意为止。

⑥ 编辑完后，再次在“路径”调板中单击其下方第三个图标，作用是将路径转化为选区，如图 8-41 所示。

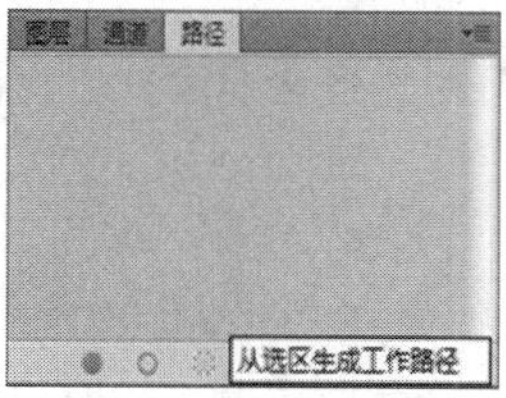

图 8-39　选区变路径

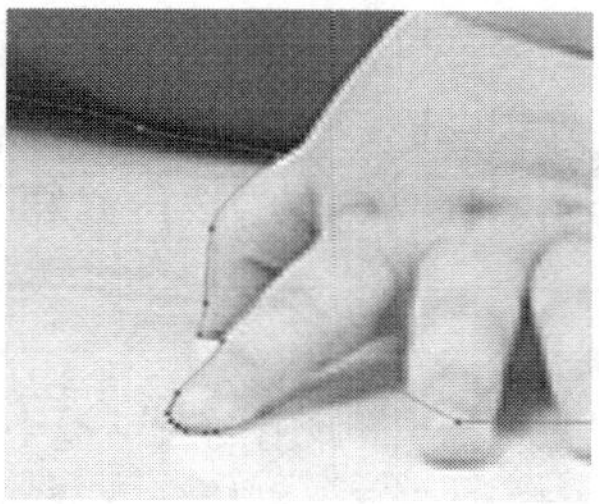

图 8-40　细调路径

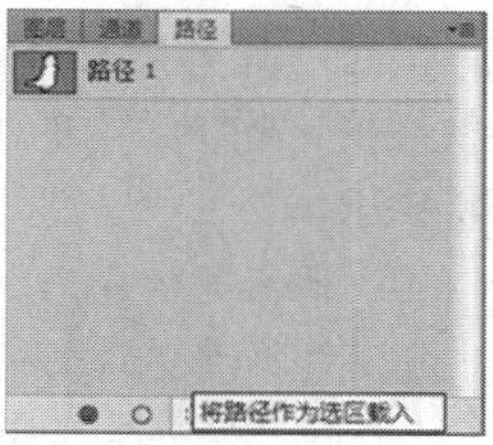

图 8-41　路径变选区

⑦ 原来的轮廓线变成了蚁行线，这时选择“编辑”→“复制”命令，或按 Ctrl+C 组合键。再选中风景图片，选择“编辑”→“粘贴”命令，或按 Ctrl+V 组合键，如图 8-42 所示。

⑧ 人物已经被“搬”到了风景那了，但大小比例似乎不大协调，选择“编辑”→“变换”→“缩放”命令，直接用鼠标调整人物的大小，如图 8-43 所示，然后单击“确定”按钮。人物中还有些多余的部分，用刚才的方法把它选出来，删除掉。

图 8-42　将人物粘贴到风景上

图 8-43　调整人物的大小

⑨ 选择“编辑”→“变换”→“水平翻转”选项，将人物调整一下方向，选择“移动”工具，用鼠标把人物拖动到合适的位置。感觉画面还有些单调，再配个小道具吧，方法同前，如图 8-44 所示。

⑩ 用“模糊”、“加深”等工具把人物和小道具的边缘稍微处理一下，使之能更好融入背景中。为了达到更好的效果，还可以调整人物的亮度，再加入影子，这样人与景就融合在一起了，如图 8-45 所示。

图 8-44　增加小道具

图 8-45　完成后效果

这个例子综合用到了多种图像编辑的方法，但最重要的地方就是选择人物，尤其在人物的头部，轮廓比较复杂。因为选不好，拼接的效果就会大打折扣。

8.3.7　特效文字

在艺术作品中，单纯运用文字或图像很难表现出创作者的真正含义，因此图文混排的艺术作品占有相当大的比重，尤其在商业广告中，图像和文字的融合更为重要。Photoshop 不仅具有强大的图像处理功能，而且还具有强大的特效文字处理功能。下面介绍一种特效字体的制作过程，通过这个实例，可以很快掌握这些特效字的生成方法。当你对用到的技巧融会贯通后，稍加变化即可制作出自己所需的各种特殊字体。

例 8-9 油漆字的制作。

① 选择菜单“文件”→“新建”选项，在弹出的对话框中设置各项参数，如图 8-46 所示。

② 将背景层填充为黑色。在工具箱中选择“横排文字蒙版工具”，并在图像编辑区域拉出一个矩形框，输入文字“油漆字”。还可在文字工具属性栏中设置文字的字体、字号等属性，如图 8-47 所示。在文字工具属性栏中单击按钮，确认输入，如图 8-48 所示。注意，刚才选择的文字工具是蒙版工具，因此确定输入后并不是新增一个文字图层，而是出现了一个选区。

③ 确认当前处于任一种选择工具的状态（选框、套索或魔棒工具），在选区上单击鼠标右键，在弹出的快捷菜单中选择“存储选区”命令，如图 8-49 所示。在弹出的对话框中，自定义一个名称“文字”，如图 8-50 所示。单击“确定”按钮后，在“通道”调板中出现了一个新的通道，如图 8-51 所示。

通道就是保存图像中各种原色的平面，一个通道代表了组成该图像的一种颜色，包含该颜色的颜色信息。在 Photoshop 中通道的作用主要有两种：存储颜色信息和保存选区。在前边的例子中，我们知道选区对图像的编辑非常重要，但选区都是暂时性的，并不能永久地保留下来，而通道就可以保存选区。在刚才的步骤中，就是把文字形状的选区保存成一个通道（称 Alpha 通道）。将选区存储为 Alpha 通道，不仅能把选区保存下来，还可以对该通道进行相应的编辑，从而得到各种特效。

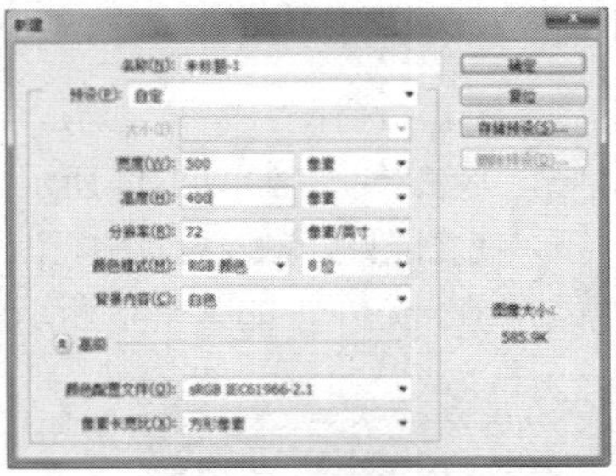

图 8-46 “新建”文件对话框

图 8-47 横排文字蒙版工具

图 8-48 文字蒙版工具完成后效果

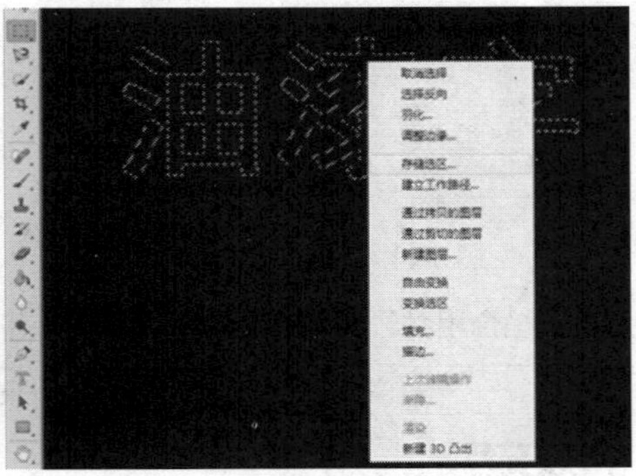

图 8-49 选择“存储选区”命令

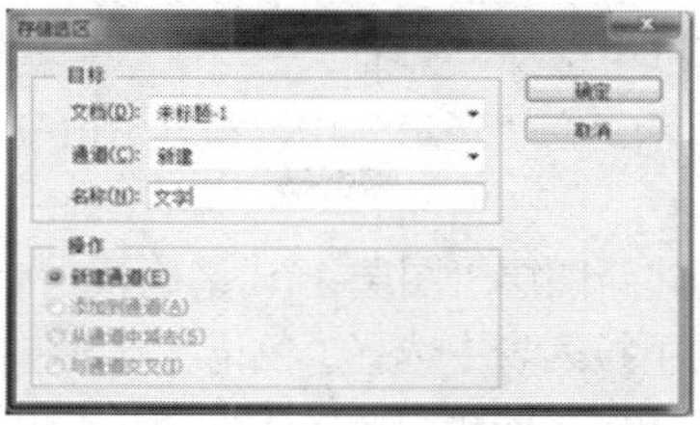

图 8-50　“存储选区”对话框

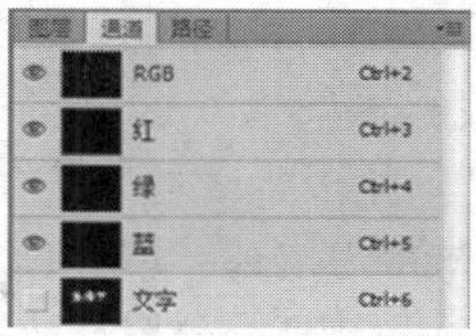

图 8-51　“通道”调板

④ 再保存一遍刚才的选区，命名为“文字 2”，备用。

⑤ 在“通道”调板中单击“文字”通道，此时图像编辑区域出现了黑底白字，按下 Ctrl+D 组合键取消选择，如图 8-52 所示。要注意，通道的内容都是黑白的，白色表示被保存下来的选区，黑色则反之。

图 8-52　选择“文字”通道

⑥ 选择“图像”→“图像旋转”→“90 度（顺时针）”选项，使整个图像顺时针旋转 90 度。选择“滤镜”→“风格化”→“风”选项，在对话框中设置相应参数，如图 8-53 所示。如果觉得效果不够，可多重复几次“风”滤镜。再选择“图像”→“图像旋转”→“90 度（逆时针）”，重新使图像转回来，如图 8-54 所示。

图 8-53　“风”滤镜对话框

图 8-54　“风”滤镜使用后效果

⑦ 在“通道”调板中，按住 Ctrl 键的同时，单击“文字 2”通道，在图像内载入保存过的选区。确认当前处于任一种选择工具的状态（选框、套索或魔棒工具），在选区上单击鼠标右键，在弹出的快捷菜单中选择“选择反向”命令，如图 8-55 所示。

图 8-55　选择反向后效果

⑧ 选择“滤镜”→“滤镜库”选项，在对话框中选择“素描”→“图章”滤镜，“明/暗平衡”设为10，“平滑度”设为5，完成后效果如图8-56所示。在“通道”中，按住Ctrl键的同时单击“文字”通道，重新载入选区。

⑨ 在“图层”调板中，单击下方的按钮，创建新图层“图层1”，请确认当前图层在“图层1”。在工具箱中选择“渐变”工具，并在工具属性栏的下拉列表中选择“色谱”，如图8-56所示。在编辑区域按下鼠标左键并拖拉到适合位置释放按键，便在图层1的相应选区中填充了“色谱”颜色，如图8-57所示。按下Ctrl+D组合键取消选择。

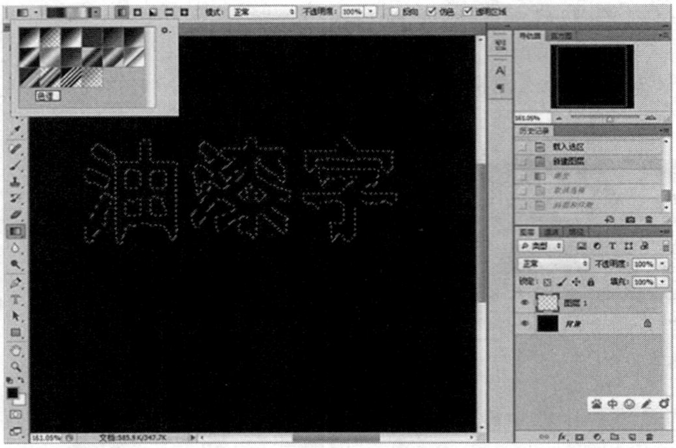

图8-56　选择“渐变工具”

图8-57　渐变填充后效果

⑩ 在“图层”调板中的“图层1”上双击，弹出“图层样式”对话框。在对话框中选中“斜面和浮雕”选项，相应设置参数，如图8-58所示。确认后，效果如图8-59所示。

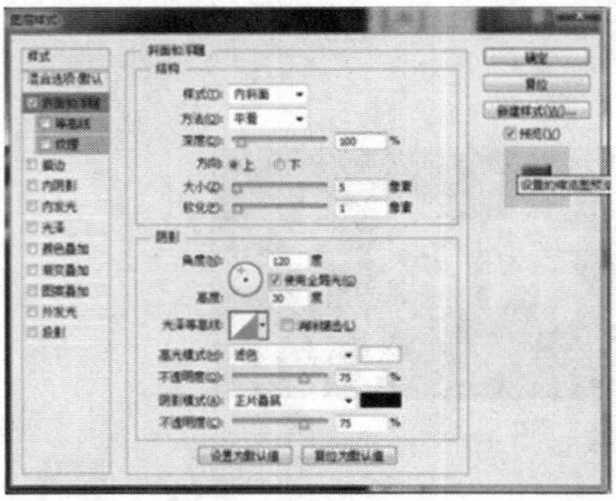

图8-58　“图层样式”对话框

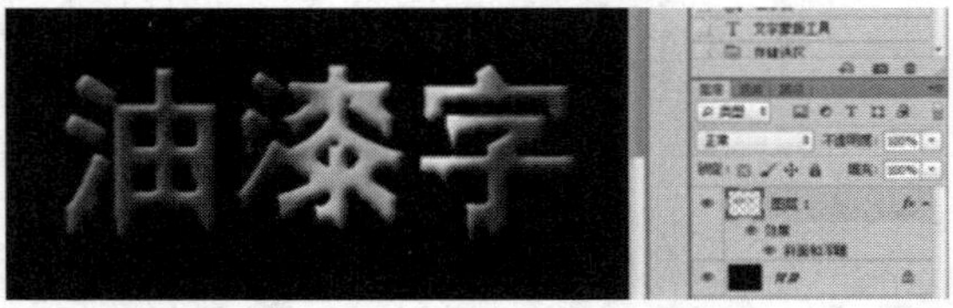

图8-59　油漆字完成效果

制作特效文字的步骤会比较多，综合运用了Photoshop中的选区、通道、图层、蒙版、填充工具、文字工具、滤镜等知识点。虽然制作过程比较烦琐，但主要掌握了基本要点，并稍加变化，即可制作出各种各样的特效文字。

8.3.8 简单动画

在Photoshop中，除了可以对图像进行编辑外，还可以制作一些简单的动画。虽然它不如动画制作软件的功能强大，但也可以完成一些动态的演示，并保存成GIF文件。下面就介绍一个非常简单的例子，完成一个灯泡闪烁的动画效果。

例 8-10　灯泡闪烁的动画制作。

动画的制作原理，主要是要把每帧画面的内容编辑好，然后设置每帧的播放时间，最后合成文件即可。

① 新建一个 500 像素×500 像素的新图层，在工具箱中选择“自定形状工具”，在工具属性栏中选择“灯泡 3”形状，如图 8-60 所示。

② 在“图层”调板中新建一个“图层 1”，使之为当前图层。用鼠标在图像编辑窗口中画出刚才选择的灯泡图形，如图 8-61 所示。

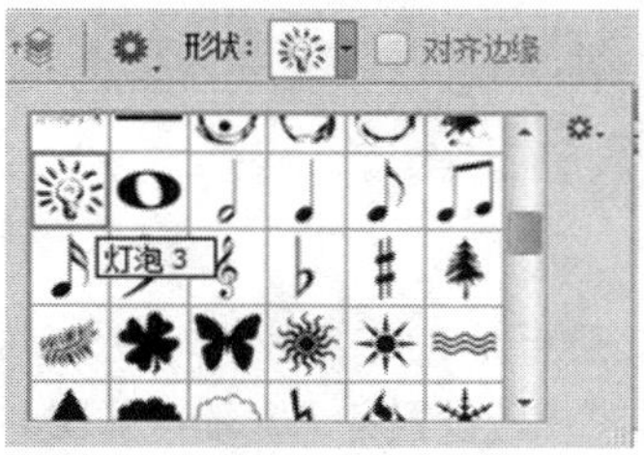

图 8-60　选择自定义形状

图 8-61　在新图层上绘制形状

③ 在“图层 1”上用“快速选择工具”，选择灯泡左下方的第一道光芒，复制（按 Ctrl+C 组合键）并粘贴（按 Ctrl+V 组合键），此时会多了一个图层，图层的内容就是刚才选中的第一道光芒。将“图层 1”余下的十道光芒都分别粘贴在单独的图层上（这样做的目的就是能分别控制光芒的显示或不显示），如图 8-62 所示。

④ 先把单独保存光芒的 11 个图层设为不可见（将图层前面的眼睛符号关闭），再将“图层 1”上相应的光芒用橡皮擦擦去（也可以用其他方法删除），如图 8-63 所示。

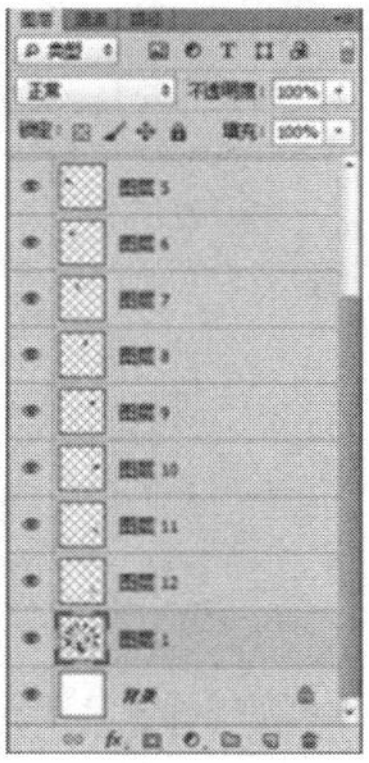

图 8-62　粘贴出新的图层

图 8-63　设置相应图层的可见性

⑤ 选择“窗口”→“时间轴”选项，图像编辑窗口下方出现了时间轴调板，如图 8-64 所示。单击“创建帧动画”按钮，便在时间轴上创建了一帧画面，将延迟时间设置为“1 秒”，如图 8-65 所示。

⑥ 在时间轴调板上单击“复制所选帧”按钮，此时便多了一帧画面，然后将第一道光芒所在的图层重新设为可见，这样，在第二帧画面中便出现了第一道光芒，如图 8-66 所示。如法炮制，依次增加帧，并使每帧画面都多出现一道光芒，如图 8-67 所示。

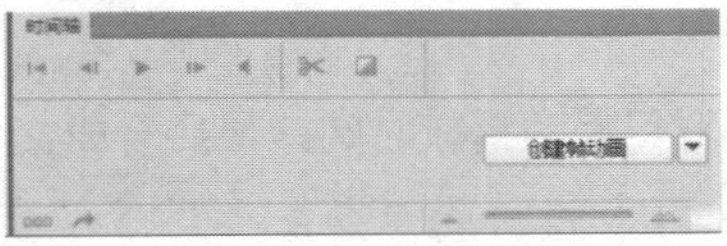

图 8-64　打开“时间轴”调板

图 8-65　创建帧动画

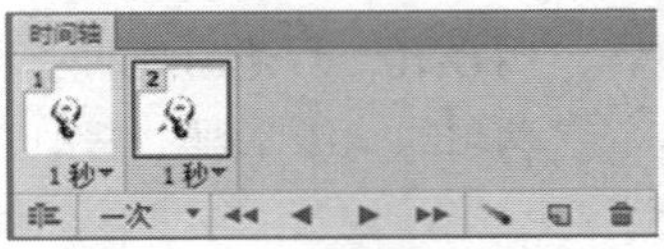

图 8-66　复制帧

图 8-67　完成所有帧

⑦ 单击一下时间轴调板上的“播放”按钮，看看效果吧！最后，选择“文件”→“存储为 Web 所用格式”命令，在弹出的对话框中选择“GIF”文件类型，并可相应设置各个参数，如图 8-68 所示。这个简单的动画就制作完成了。读者们还可以发挥想象，稍加变化就能得出各种动画效果。

图 8-68　“存储为 Web 所用格式”对话框

本 章 小 结

本章简单介绍了多媒体技术的基本概念、特征、发展及应用，讨论了多媒体技术所涉及的各种相关技术，并通过实例，介绍了图像的编辑处理方法。

习题与思考

一、单选题

1．多媒体计算机中的媒体信息是指（　　）。

(1)数字、文字 (2)声音、图形 (3)动画、视频 (4)图像

A.(1) B.(2) C.(3) D. 全部

2. 以 PAL 制 25 帧/秒为例,已知一帧彩色静态图像(RGB)的分辨率为 256×256,每一种颜色用 16 位表示,则该视频每秒钟的数据量为( )。

A. 256×256×3×16×25b/s B. 512×512×3×8×25b/s

C. 256×256×3×8×25b/s D. 512×512×3×16×25b/s

3. 下面有关使用 Photoshop 滤镜的相关操作,其中错误的是( )。

A. 使用“编辑”菜单中的“撤销”和“恢复”命令可对比执行滤镜前后的效果

B. 在 CMYK 和 RGB 模式下均可使用 Photoshop 中的所有滤镜功能

C. 对文本图层执行滤镜时,会提示先转换为普通图层之后,才可执行滤镜功能

D. 在任一滤镜对话框中,按下 Alt 键,对话框中的“取消”按钮会变成“复位”按钮

4. 在数字音频信息获取与处理过程中,下述顺序正确的是( )。

A. A/D 变换、采样、压缩、存储、解压缩、D/A 变换

B. 采样、压缩、A/D 变换、存储、解压缩、D/A 变换

C. 采样、A/D 变换、压缩、存储、解压缩、D/A 变换

D. 采样、D/A 变换、压缩、存储、解压缩、A/D 变换

4. 下列配置中,MPC 必不可少的是( )。

(1)CD-ROM 驱动器 (2)高质量的音频卡

(3)高分辨率的图形、图像显示 (4)高质量的视频采集卡

A.(1) B.(1)(2) C.(1)(2)(3) D. 全部

5. 两分钟、立体声、16 位采样精度、44.1kHz 采样频率的声音文件,不压缩时的数据量为( )。

A. 80.7MB B. 161.5MB C. 40.4MB D. 20.2MB

6. 目前,我国采用的电视制式为( )。

A. PAL 25 帧/s B. NTSC 30 帧/s

C. PAL 24 帧/s D. PAL 30 帧/s

7. MIDI 音频文件是( )。

A. 一种波形文件

B. 一种采用 PCM 压缩的波形文件

C. 是 MP3 的一种格式

D. 是一种符号化的音频信号,记录的是一种指令序列,而不是波形本身

8. 有损压缩具有的特点是( )。

(1)被损失的信息是冗余信息,即对内容影响极小的细节信息

(2)被损失的冗余信息,在解压缩过程中是可以恢复的

(3)有损压缩相对于无损压缩而言,具有较高的压缩比

(4)有损压缩中,被损失的信息是不恢复的

A.(1) B.(1)(2)(4) C.(1)(3) D.(1)(3)(4)

9. 要把一台普通的计算机变成多媒体计算机要解决的关键技术是( )。

A. 视频音频信号的获取

B. 多媒体数据压缩编码和解码技术

C. 视频音频数据的实时处理和特技

D．视频音频数据的输出技术

10．衡量数据压缩技术性能的重要指标是（　　）。

（1）压缩比　　（2）算法复杂度　　（3）恢复效果　　（4）标准化

A．（1）　　B．（1）（3）　　C．（1）（2）（3）　　D．（1）（3）（4）

11．下列是图像和视频编码的国际标准的有（　　）。

（1）JPEG　　（2）MPEG　　（3）ADPCM　　（4）H.261

A．（1）　　B．（1）（2）（4）

C．（1）（3）　　D．（1）（3）（4）

12．下面说法错误的是（　　）。

A. RGB 模式是 Photoshop 中最常用的一种颜色模式，它是由红（Red）、绿（Green）和蓝（Blue）3 种原色组合而成的

B. CMYK 模式是一种印刷的模式，它由分色印刷的 4 种颜色，即 C（Cyan）、M（Magenta）、Y（Yellow）、K（Black）组成

C. Grayscale（灰度）模式中的像素是由 16 位的位分辨率来记录的，因此能表现出 256 种色调

D．Lab 模式中的 L 表示的是亮度（Lightness）

13. 在 Photoshop 中，现在有一个苹果图像，它的颜色为纯红色，苹果之外的图像区域为绿色叶子。此时要选取这个苹果，最佳且最快速的选取方法是（　　）。

A．使用椭圆选框工具进行选取

B．使用钢笔工具进行选取

C．使用魔棒工具进行选取

D．使用磁性套索工具进行选取

14．在 Photoshop 中使用背景橡皮擦擦除图像后，其背景色变为（　　）。

A．透明色　　B．白色

C．与当前所设的背景色颜色相同　　D．创建图像设定的背景色

二、填空题

1．每秒钟采集的声音样本数目，称为________；存储每个声音样本所用的二进制位数，称为________。

2．改变矢量图形大小时，图形质量________；改变位图图像的大小时，位图的质量________。

3．一幅数字图像所具有的像素点数目称为图像的________；表示一个像素点所用的二进制位数越多，能表示像素________的数目就越多；该图像的文件大小就________。一幅分辨率为 300×200、16 位的位图，其图像文件大小约为________字节。

4．多媒体技术中的主要多媒体元素包括________、________、________、________、________、________等。

5．MIDI 文件记录的是________，而不是数字化后的波形数据。

6．多媒体技术的应用类型有________、________、________、________、________、________、________等。

7．位图中各像素的颜色信息用若干数据位来表示，这些数据位的个数称为图像的________，又称为________。

8．引起视觉的色光，可能是由数种波长的光波混合而成的，但正常人眼均能感受出它最接近红、

橙、黄、绿等纯光谱色中的那一种，这种属性称为________，也可称为________。

三、思考题

1．什么是多媒体技术？它的关键特性是什么？

2．有人说，多媒体是界面技术，即人机交互技术，你同意吗？为什么？

3．举例说明多媒体技术的应用。

4．常见的图像文件格式有哪些？它们分别有什么特点？

5．简述位图和矢量图的区别。

6．简述一下颜色的三个特性。

7．DPI（Dots Per Inch，每英寸的点数）是打印机、扫描仪、鼠标等设备分辨率的单位，试比较一下与 PPI 的异同点。

8．声音的数字化过程是怎样的？

9．常见的音频文件格式有哪些？它们在音质与文件大小方面有什么特点？

第二部分　实　验

实验 2-1　Windows 7 的基本操作

一. 实验目的

1．掌握正确启动、退出 Windows 7 的步骤。

2．熟悉 Windows 7 的中的窗口、菜单、对话框等基本界面元素及其操作。

3．掌握中英文输入法、语言栏的应用。

4．熟悉剪贴板的相关操作。

5．学会正确利用帮助系统。

6．熟悉树形目录结构。

7．掌握管理文件和文件夹的操作。

二. 实验内容

1．按照正确的开机步骤启动 Windows 7（提示：请遵照实验室的规定在登录界面选择账户、输入密码）。

2．熟悉 Windows 7 的桌面环境：观察桌面上的“开始”按钮、任务栏、通知区域，以及各种图标。

3．尝试启动与退出“记事本”程序的各种方法（参考教材“2.3.3 窗口”中关于打开窗口、关闭窗口的知识；参考教材“2.9.2 实用小附件、多媒体及游戏”）。观察并思考：是否所有的方法都可以使用？如果不行，如何解决？比较各种启动方法最适合的场合。

【操作提示】

（1）“记事本”程序的路径一般是“c:\windows\system32\notepad.exe”，具体的路径请遵照实验室的规定，也可以参考教材“2.4.3 文件和文件夹的基本操作”中“查找文件或文件夹”的知识来学习查找。

（2）通过打开相关联的文件间接启动应用程序：可先查找计算机中扩展名为“*.txt”的文件→双击任一个记事本文件。

4．尝试启动与退出 IE 浏览器程序的各种方法。观察并思考：是否所有的方法都可以使用？如果不行，如何解决？比较哪种启动 IE 浏览器程序的方法最快捷（IE 浏览器程序的路径一般是“C:\Program Files\Internet Explorer\IEXPLORE.EXE”，其关联文档的扩展名为“*.htm”或者“*.html”）。

5．在 E:\ 下新建一个文件夹，命名为“你的学号名字”（如 3109001001 张三）。（参考教材“2.4.3 文件和文件夹的基本操作”）。

6．在“记事本”程序窗口中，输入本次实验内容的第 3 点及其操作提示（参考教材“2.3.6 中文输入法”）。

【操作提示】

常用的编辑键:

回退键“Backspace”：删除光标左边的字符。

删除键“Delete”：删除光标右边的字符。

光标移动键“→”、“←”、“↑”、“↓”：移动光标。

回车键“Enter”或“Return”：换行。

7．将步骤 6 产生的文件保存为“E:\ 你的学号名字（如 3109001001 张三）\ 第 2 章实验内容.txt”。

【操作提示】

Windows 中大多数应用程序保存文件的操作基本一致，操作方法可选择以下的一种：

① 单击工具栏的“保存”图标。注意：这种操作在某些没有工具栏的程序不能实现，如“记事本”程序。

② 单击“文件”菜单→“保存”。

③ 利用键盘快捷键“Ctrl＋S”。

④ 直接关闭窗口，若文件是第一次保存或修改后尚未保存，系统会提示保存文件→单击“是”按钮。

8．在“记事本”窗口新建一个文件（“文件”菜单→“新建”），按以下的步骤 9～12 输入各种符号，作为后续学习输入中英文符号的参考。

9．中文符号的输入：在中文符号状态下，进行如下实验（参考教材“2.3.6 中文输入法”）。

（1）观察主键盘上的各个数字键（都有上下两个符号）。分别按下各个数字键，观察其对应的符号；按住 Shift 键不放，同时分别按各个数字键，观察其对应的符号。

（2）观察主键盘上的各个符号键（都有上下两个符号）。分别按下各个符号键，观察其对应的符号；按住 Shift 键不放，同时分别按各个符号键，观察其对应的符号。

10．英文符号的输入：在英文符号状态下，再进行步骤 9 中（1）、（2）的实验，观察其对应的英文符号，并与上述的中文符号记录进行比较。

11．在英文输入状态英下，进行全角/半角符号的比较。

（1）半角符号的输入：在半角输入状态下，按数字键、字母键、符号键，观察其宽度大小和形状。

（2）全角符号的输入：在全角输入状态下，按数字键、字母键、符号键，观察其宽度大小和形状，并与以上的半角符号进行比较。

12．特殊符号的输入：利用软键盘，输入“★”、“↑”、“Σ”、“…”、“①”、“÷”、“δ”等符号。

13．将步骤 8～12 产生的文件保存为“E:\你的学号名字（如 3109001001 张三）\ 中英文符号对比.txt”。

14．启动“写字板”程序（“开始”按钮→“所有程序”→“附件”）、应用程序“Microsoft Word”，观察窗口的界面组成，并分析它们和记事本窗口的异同（参考教材“2.3.3 窗口”的“窗口的组成”的知识）。不要关闭这些窗口。

15．启动程序“画图”、“计算器”、“Windows Media Player”（参考教材“2.9.2 实用小附件、多媒体及游戏”），观察各个窗口的组成，并分析它们和上述字处理软件程序窗口的异同。不要关闭这些窗口。

16．利用上述窗口练习调整窗口、切换窗口的操作（参考教材“2.3.3 窗口”）。不要关闭这些窗口。

17．区分应用程序窗口和文档窗口（在“Microsoft Word”窗口练习）。

（1）任意打开 4 个扩展名为“*.doc”或“*.docx”的文件，通过“窗口”菜单来切换不同的文档窗口。

（2）先后关闭各个文档窗口，观察最后窗口界面的变化。

18．学习使用剪贴板（参考教材“2.3.7 剪贴板”）：在“Microsoft Word”窗口新建一个文件，按以下步骤添加内容。

（1）复制屏幕：将步骤 16 中的屏幕（调整、切换窗口的各个状态）复制到该文件中。

（2）复制活动窗口：将步骤 17 的活动窗口（包括有文档和没文档的）复制到该文件中。

（3）从上述打开的各个文件中随意复制、移动一些图片或文字到该文件中。注意比较复制和剪切的异同。

（4）保存文件为“E:\你的学号名字（如 3109001001 张三）\ 剪贴板操作. docx”。

19．学习使用帮助系统：

（1）在上述打开的窗口中，利用应用程序的帮助系统，学习使用各个程序；

（2）在 Word 程序中单击“文件”→“帮助”，搜索“插入图片或剪贴画”的相关帮助信息，复制到一个新的 Word 文档中，命名为“Word 程序插入图片或剪贴画的帮助信息. docx”，并保存到上面的文件夹中；

（3）关闭所有窗口。

20．打开“计算机”窗口，观察其窗口结构，并了解本计算机的树形目录结构（参考教材“2.4.2 查看文件和文件夹”）。

21．在“计算机”窗口随意改变路径，观察各种文件类型、扩展名、图标（参考教材“2.4.1 文件与文件夹的基本概念”）。

22．练习改变“计算机”窗口的显示方式（参考教材“2.4.2 查看文件和文件夹”）：改变查看视图、改变文件排列方式、改变显示风格、显示或隐藏文件或文件夹的扩展名、显示或不显示隐藏的文件或文件夹、将查看视图应用到所有文件夹。

23．练习管理文件和文件夹：建立如实验图 2-1 所示的文件夹“E:\你的学号名字-2（如 3109001001 张三-2）和树形目录结构（参考教材“2.4.3 文件和文件夹的基本操作”）。

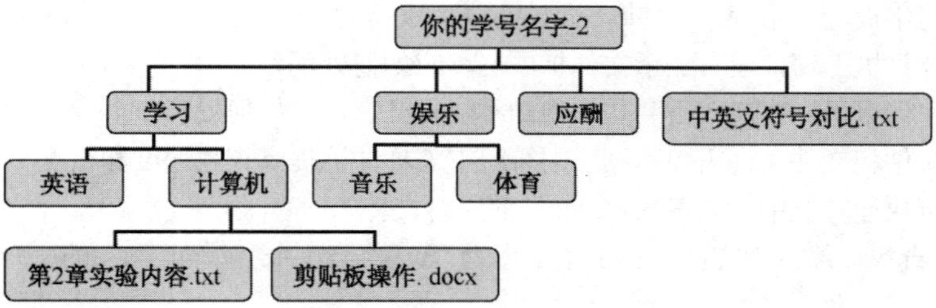

实验图 2-1　树形目录结构文件夹

24．练习管理文件和文件夹：

（1）在文件夹“计算机”中，创建新文件夹“连续文件”、“不连续文件”；

（2）尝试在“计算机”窗口中选择多个连续的、不连续的文件，分别复制到上述文件夹“连续文件”、“不连续文件”中；

（3）将文件“第 2 章实验内容.txt”复制到文件夹“英语”中，并改名为“MY.log”；

（4）将文件“中英文符号对比. txt”” 移动到文件夹“计算机”中；

（5）删除文件夹“应酬”。

25．练习查找文件和文件夹（参考教材“2.4.3 文件和文件夹的基本操作”中的“查找文件或文件夹”）：

（1）查找并打开最近使用过的文档；

（2）查找 C:盘上扩展名为“.doc”的所有文件，打开其中一个，了解其文件类型；

（3）查找计算机中文件名第 1 个字母为“w”、第 3 个字母为“n”的所有文件。

26．学习使用回收站（参考教材“2.4.3 文件和文件夹的基本操作”中的“用回收站管理被删除的文件和文件夹”）：打开“回收站”窗口，观察其中的被删除文件，选择一部分进行还原、彻底删除，并观察回收站、“计算机”窗口内容的变化，最后清空回收站。

27．尝试各种方式退出 Windows 7 系统。

三、实验成果提交及实验报告要求

1．提交文件夹 1（命名为“你的学号名字”，如“3109001001 张三”），里面包含文件“第 2 章实验内容.txt”、“中英文符号对比. txt” 、“剪贴板操作. doc” 、“画图程序帮助信息.doc”。

2．提交文件夹 2（命名为“你的学号名字-2”，如“3109001001 张三-2”），里面包含步骤 23、24 形成的树形目录结构。

3．提交实验报告，实验报告要求记录以下内容、回答以下问题。

（1）记录实验室里面在登录界面选择的账户、密码。

（2）验证实验室里面以下程序的路径是否正确：

记事本程序的路径是否为“c:\windows\system32\notepad.exe”？

IE 浏览器程序的路径是否为“C:\Program Files\Internet Explorer\IEXPLORE.EXE”？

画图程序的路径是否为“c:\windows\system32\mspaint.exe”？

（3）比较各种启动“记事本”程序方法及其最适合的场合。是否所有的方法都可以使用？如果不行，如何解决？

（4）比较哪种启动 IE 浏览器程序的方法最快捷。是否所有的方法都可以使用？如果不行，如何解决？

（5）记录写字板、应用程序“Microsoft Word”、记事本窗口的异同，并分析原因。

（6）若“计算机”窗口没有显示文件扩展名，应如何处理？

（7）若在“计算机”窗口双击某些文件却不能打开它，应如何处理？

（8）查找文件和文件夹，需要用到通配符吗？怎样才能提高查找速度和精度？

（9）如何查找计算机中扩展名为“.doc”的所有文件？

（10）如何查找计算机中文件名第 1 个字母为“w”、第 3 个字母为“n”的所有文件？

实验 2-2　应用 Windows 7 管理计算机

一. 实验目的

1．掌握应用 Windows 7 管理应用程序的方法。

2．熟练使用 Windows 7 管理硬件资源。

3．熟练使用 Windows 7 设置个性化的工作环境。

4．了解系统安全与优化管理的方法。

5．懂得利用网络资源下载常用的工具软件。

6．懂得运用 Windows 7 自带的小附件协助日常学习和工作。

二. 实验内容

1．改变文件关联的应用程序（参考教材“2.5.1 改变文件关联的应用程序”）：

（1）打开“计算机”窗口→查找扩展名为“.txt”的文档→尝试了解该类型文件的打开方式或关联程序，并修改其关联程序（如改为 Microsoft Word）；

（2）打开“计算机”窗口→查找扩展名为“.doc”的文档→尝试了解该类型文件的打开方式或关联

程序，并修改其关联程序（如改为记事本、画图）。思考：关联程序是否能随意修改？为什么？

2．添加/删除应用程序的快捷方式：

（1）在桌面添加应用程序“画图”（“开始”按钮→“所有程序”→“附件”）的快捷方式；

（2）在“开始”菜单的“固定程序”列表中添加应用程序“画图”的快捷方式；

（3）利用以上快捷方式启动“画图”程序，并比较这两种快捷方式；

（4）删除以上快捷方式。

3．学习任务管理器的使用：

（1）启动“画图”、“计算器”、“Microsoft Word”、“Purble Place”程序（参考教材“2.9.2 实用小附件、多媒体及游戏”），利用应用程序的帮助系统，学习使用各个程序，不要关闭所有窗口；

（2）打开任务管理器，观察窗口中各个选项卡的内容，并结束各个应用程序。

4．安装/卸载应用程序：

（1）打开 IE 浏览器→在地址栏输入“http://dl.xunlei.com/xl5.html”（迅雷软件的官方下载网站）→下载迅雷软件的安装程序；

（2）双击该安装程序图标→根据安装向导的提示一步一步完成安装（可能需要在弹出的“用户账户控制”对话框单击“是”按钮）；

（3）在“开始”菜单、桌面观察迅雷软件的快捷方式图标，并利用它们启动程序；

（4）卸载迅雷软件。

5．查看计算机的性能和系统资源：

（1）对桌面图标“计算机”右击→“属性”→查看并记录计算机的相关信息（包括计算机名、计算机所在的工作组、计算机目前安装的 Windows 版本、处理器的型号和主频、内存、系统类型、计算机评分等级）；

（2）对桌面图标“计算机”右击→“属性”→单击“设备管理器”→查看硬件设备的详细信息。

6．添加打印机：端口 LPT2，厂商 Canon，型号 Canon LBP5960，其他采用默认设置。

7．设置个性化的工作环境。

（1）设置桌面背景：桌面主题为“建筑”，图片位置为“图片库”，全选所有图片，拉伸，时间间隔为 30 秒，无序播放。

（2）设置桌面图标：在桌面上增加“控制面板”图标；把桌面图标的查看方式设为“自动排列图标”，排序方式设为“项目类型”。

（3）在桌面添加小工具“时钟”，并设置：透明度为 20%，第 5 种时钟外观样式，显示秒针。

（4）设置任务栏：锁定任务栏，不自动隐藏任务栏，使用小图标，屏幕上任务栏位置为“底部”，任务栏按钮从不合并，通知区域隐藏“操作中心”的图标和通知，关闭“时钟”系统图标。

（5）设置“开始”菜单：把“启动”菜单的“游戏”项目显示为菜单，“常用程序”列表存储并显示最近在“开始”菜单和任务栏中打开的项目，跳转列表中显示的项目数为 5，在“固定程序”列表添加“计算器”程序。

（6）设置控制面板视图的查看方式为“小图标”。

（7）设置鼠标的指针：正常选择的指针图标改为“aero_pen_xl.cur” ，之后再改为“aero_arrow_xl.cur” 。

8．系统安全与优化管理：

（1）家长控制：创建一个标准账户“David”，密码为“David 123456”，设置其使用计算机的时间为每天的 18:00～20:00。

（2）使用 InPrivate 浏览的功能来查看网页“http://dl.xunlei.com/xl5.html”、“http://www.gdut.edu.cn/”。

（3）打开“操作中心”，了解本计算机在安全和维护方面的信息（启用了哪些功能，关闭了哪些功能），并记录下来。

（4）使用磁盘清理程序清理 E:盘。

三、实验成果提交及实验报告要求

1．提交文件夹 3（命名为“你的学号名字-3”，如“3109001001 张三-3”），里面包含文件“应用 Windows 7 管理计算机. doc”，文件内容为步骤 1～7 的所有操作过程的主要截图。

2．提交实验报告，实验报告要求记录以下内容、回答以下问题：

（1）记录计算机的相关信息（包括计算机名、计算机所在的工作组、计算机目前安装的 Windows 版本、处理器的型号和主频、内存、系统类型、计算机评分等级）。

（2）处理文档“应用 Windows 7 管理计算机. doc”时，你应用了什么截图工具？你是怎么知道并学会使用这个工具的？

（3）关联程序是否能随意修改？为什么？

实验 3-1　Word 文档的编辑及格式化操作

一、实验目的

1．熟悉 Word 工作界面。
2．掌握文档的新建、保存与打开操作。
3．掌握文字的输入方法。
4．掌握文档的基本编辑操作。
5．掌握字符格式化操作。
6．掌握段落格式化操作。

二、实验内容

1．启动 Word 2010，熟悉其工作界面及各个组成部分。

（1）观察启动后窗口左侧有无导航窗格？将导航窗格显示或隐藏。

（2）观察启动后窗口上部的功能区中有多少个选项卡？并切换到每个选项卡查看一下有哪些命令按钮，分成几组？

（3）观察窗口中是否有标尺？将标尺显示或隐藏；观察目前标尺上的刻度，将刻度单位改为“厘米”或“字符”。

【操作提示】

显示或隐藏窗口中的各元素，可使用“视图”选项卡→“显示”组中的相关按钮；要改变标尺的刻度单位，执行“文件”→“选项”命令，在打开的“Word 选项”对话框中选择“高级”，在“显示”组中的第二行“度量单位”中修改。

2．在新建的文档中输入以下文字，输入完毕后，将文件以“实验 3-1.docx”为文件名保存，然后关闭该文档。

办公软件是为办公自动化服务的。办公软件一般包括字处理、排版、电子表格、演示文稿等功能。目前，常用的办公软件包有 Microsoft 公司的 Microsoft Office 和金山公司的 WPS Office，它们都具有优秀的办公处理能力和方便实用的特性，深受广大用户的喜爱。这两款软件的界面风格和操作习惯都非常相似，这里，以 Microsoft Office 2010 为例进行描述。Microsoft Office 2010 是一款功能强大的办公软件包。它主要包括以下应用程序：文字处理软件 Word 2010、电子表格软件 Excel 2010、演示文稿制作软件 PowerPoint 2010、数据库管理软件 Access 2010、电子邮件管理软件 Outlook 2010、出版软件 Publisher 2010、数字笔记系统 Onenote 2010 等。本章介绍 Office 中最常用的 Word、Excel、PowerPoint 三款软件的使用。

3．打开所保存的“实验 3-1.docx”文件。

4．将文档分为 2 段，分段位置从“Microsoft Office 2010 是一款功能强大的办公软件包……”开始；在文档前插入一行标题“第 3 章 常用办公软件”；在标题行前再插入一行，输入 16 个“☺”符号。

【操作提示】

输入“☺”符号的方法：单击“插入”选项卡→“符号”组中的“符号”下拉按钮，选择“其他符号”，弹出“符号”对话框，在字体为“Windings”的符号库中寻找；

② 直接输入英文符号“:)”即可得到一个“☺”，打开“Word 选项”对话框并选择“校对”→“自动更正选项”选项，在“自动更正”对话框中可查看会发生这样变化的原因。

5. 复制“办公软件是为办公自动化服务的……”段落至文档末端，作为最后一段。

6. 设置全文中所有英文单词首字母大写，将文中的“wps”设为全部大写。

【操作提示】

设置词首字母大写，可先选中全文，单击“开始”选项卡→“字体”组→Aa按钮，在下拉列表框中选中“每个单词首字母大写”。注意，如果1次操作不能完全实现，请再操作一次。

7. 设置第1行“☺☺……”字号为四号；设置标题行“第3章 常用办公软件”的字体格式为：黑体、二号、蓝色，字符间距加宽3磅；设置正文的3个段落字体格式为：中文字体 楷体，英文字体 Arial。

【操作提示】

在“字体”对话框中可设置不同的中英文字体、字符间距等。

8. 设置第1行“☺☺……”分散对齐；设置标题行的段落格式为：居中对齐，段前间距1行，段后间距20磅。设置正文3个段落格式为：首行缩进2字符，行间距1.25倍。设置正文第2段左右各缩进1厘米。

【操作提示】

在“段落”对话框设置段落格式时，可将要设置的数值和单位一起手工输入。

9. 将文档中所有“Office”单词的格式设置为“红色、加粗，并带着重号”。

【操作提示】

因文档中有多处“Office”，利用 Word 的查找替换功能就能快速地完成此操作。执行“开始”选项卡→“编辑”下拉列表→“替换”命令，在“查找和替换”对话框中设置查找内容和替换内容均为“Office”，单击“更多”按钮，将光标放在“替换为”文本框中，单击“格式”→“字体”按钮，打开“替换字体”对话框可设计替换内容的格式。

10. 设置正文第1段首字下沉3行。

11. 为文档标题设置文字边框，边框线型为双实线，深蓝色，宽度为$2\frac{1}{4}$磅。为正文第2段设置段落边框，框线为双实线，带阴影，紫色，宽度为1/2磅；设置该段落底纹颜色浅黄色。

【操作提示】

添加文字边框与添加段落边框的效果不同，在“边框和底纹”对话框中设置时要注意选择。

12. 设置正文第3段文字分栏，要求平均分3栏、带分隔线。

【操作提示】

对文章末端的段落分栏时，分栏的结果很可能是所有内容都先分配到第1栏，直到页面底端才到第2栏，显然效果很不好。正确的操作是，分栏前，先在文档末端增加一空段落（按一次 Enter 键），选定要分栏的文本时不要选中最后这一空段落，再进行分栏操作。

13. 文档操作结束，结果如实验图3-1所示，将文档以“实验3-1完成.docx”为文件名另存文件。

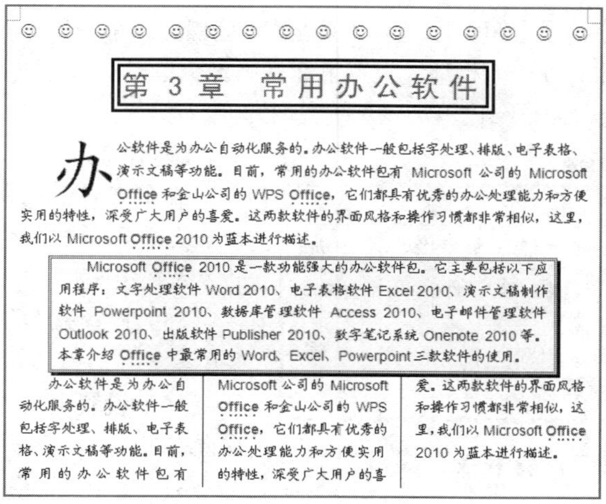

第 3 章　常用办公软件

办公软件是为办公自动化服务的。办公软件一般包括字处理、排版、电子表格、演示文稿等功能。目前，常用的办公软件包有 Microsoft 公司的 Microsoft Office 和金山公司的 WPS Office，它们都具有优秀的办公处理能力和方便实用的特性，深受广大用户的喜爱。这两款软件的界面风格和操作习惯都非常相似，这里，我们以 Microsoft Office 2010 为蓝本进行描述。

Microsoft Office 2010 是一款功能强大的办公软件包。它主要包括以下应用程序：文字处理软件 Word 2010、电子表格软件 Excel 2010、演示文稿制作软件 Powerpoint 2010、数据库管理软件 Access 2010、电子邮件管理软件 Outlook 2010、出版软件 Publisher 2010、数字笔记系统 Onenote 2010 等。本章介绍 Office 中最常用的 Word、Excel、Powerpoint 三款软件的使用。

办公软件是为办公自动化服务的。办公软件一般包括字处理、排版、电子表格、演示文稿等功能。目前，常用的办公软件包有 Microsoft 公司的 Microsoft Office 和金山公司的 WPS Office，它们都具有优秀的办公处理能力和方便实用的特性，深受广大用户的喜爱。这两款软件的界面风格和操作习惯都非常相似，这里，我们以 Microsoft Office 2010 为蓝本进行描述。

实验图 3-1　实验结果样张

三、实验成果提交及实验报告要求

1. 提交“实验 3-1 完成.docx”文件。

2. 提交实验报告，实验报告要求如下。

（1）在“查找和替换”对话框中的“特殊字符”，表示出查找和替换的内容除了文字，还可以是什么？

（2）在“字体”对话框中，可以设置哪些字体格式？

（3）在“段落”对话框中，可以设置哪些段落格式？

（4）关于操作前的选定，在对某段落中的文字进行字体、字号、字型以及段落对齐等格式操作前，是否都一定要对整个段落进行选定？

实验 3-2　Word 表格的建立、编辑及格式化

一、实验目的

1. 掌握表格的建立。
2. 掌握表格内容的输入及编辑。
3. 掌握表格的格式化。
4. 掌握表格数据的计算、排序。
5. 学会由表格生成图表。

二、实验内容

1. 打开“实验 3-2.docx”文件。

2. 在文档第一页中标题“表格 1：课程表”下插入一个 11 行 6 列的表格，按以下要求设置格式，结果如实验图 3-2 所示的样张。

（1）设置第 1 列列宽 3 厘米，其余列列宽 2.5 厘米，第 1、2 行的行高 1 厘米。

（2）利用“合并单元格”和“拆分单元格”功能，将表格改为如实验图 3-2 所示的样式。

（3）按样张输入文字，设置第 1 行文字“课程表”为黑体、小四号、加粗。

（4）设置第 1 行无上、左、右框线；设置第 2 行第 1 个单元格内有一条斜下框线；设置第 2 行开始的表格外框蓝色双实线，内框绿色单实线，线宽均为 1/2 磅。

课程表

星期 时间		一	二	三	四	五
上午	第1节	高等数学	概率论	大学英语	大学物理	机械制图
	第2节					
	第3节	大学英语		高等数学	物理实验	计算机
	第4节					
中午	第5节					
下午	第6节	法律基础	机械制图	计算机		体育
	第7节					
	第8节		体育			
	第9节					

实验图 3-2　课程表样张

【操作提示】

在带有斜下框线的单元格内输入文字时，为了便于调整文字的位置，可以采用插入文本框的方式来输入。

（5）设置第 2 行及第 1、2 列单元格底纹为茶色。

（6）设置表格内所有单元格内文字水平、垂直均居中。

3．打开“表格工具 设计”选项卡，利用“绘图边框”组→“绘制表格”按钮，在文档第 2 页标题“表格 2：应聘登记表”下利用绘图工具绘制如实验图 3-3 所示的样张表格。表格边框的格式为：外框 1.5 磅单实线，内框 0.5 磅单实线，第 2、3 行之间 0.5 磅双实线。绘制表格后，按样张所示输入文字。

姓名		性别		出生年月		婚姻状况	
文化程度		专业				英语水平	
	学习工作经历						
起始日期	终止日期	所在单位			从事何种工作		
业务专长							
有何要求							
通信地址							
联系电话					邮政编码		

实验图 3-3　应聘登记表样张

【操作提示】

单击文档中的任何一张表格，即可打开“表格工具 设计”选项卡。

4．在文档第 3 页标题“表格 3：通讯录”下进行如下操作，结果参照实验图 3-4 样张。

姓名	通信地址	邮政编码	电话
李强	深圳市 深南大道15号105	517100	0755-73372787
刘飞来	广州市 东风东路687号	510140	020-86748384
吴冰玉	北京市 海淀区 五一小学	100000	010-38471983

实验图 3-4　通讯录样张

（1）将已有的文本转换为表格。

【操作提示】

选定文字后，单击“插入”选项卡→“表格”组→“表格”下拉按钮，在列表中执行“文本转换成表格”命令进行设置，文字分隔位置设置为分号“;”，选择“根据内容调整表格”。

（2）在表格后插入30行，使表格加长至下一页。

（3）利用表格自动套用格式，给表格设置“网格型8”的样式。

（4）设置“标题行重复”使表格标题行出现在下一页第1行。

5．在文档最后一页标题“表格4：成绩表”下进行如下操作，结果参照实验图3-5样张。

（1）在表格中利用公式计算每个人的“总分”及每科“平均分”。

（2）选定表格前7行，按性别（升序）及总分（降序）进行“有标题行”排序。

（3）利用表格中的数据，制作如实验图3-5所示的图表。制作图表的操作参照教材中相关内容。

姓名	性别	数学	英语	计算机	总分
李志强	男	90	84	88	262
王霖	男	85	74	84	243
程平	男	75	83	81	239
刘小明	男	80	74	77	231
王晓莉	女	94	92	89	275
林晓丹	女	57	67	60	184
平均分		80.17	79	79.83	

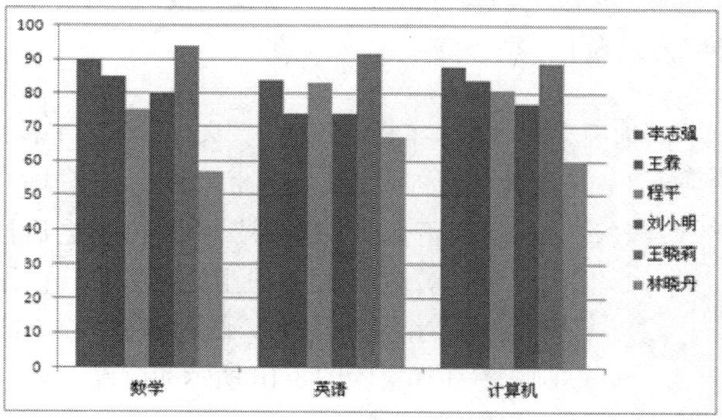

实验图3-5　成绩表及图表样张

6．将文件以“实验3-2完成.docx”为文件名保存。

三、实验成果提交及实验报告要求

1．提交“实验3-2完成.docx”文件。

2．提交实验报告，实验报告要求如下。

（1）表格中的选定有哪些操作？

（2）调整表格的行高、列宽有几种方法？简述之。

（3）如果在一篇文章中插入表格，能否将文字环绕表格？如何设置？

实验 3-3　Word 中图文混排及宏的使用

一、实验目的

1. 掌握在 Word 文档中插入图片以及对图片进行编辑、格式化的方法。
2. 掌握艺术字的插入及格式设置。
3. 掌握文本框的插入及格式设置。
4. 掌握利用绘图工具绘制图形的方法。
5. 掌握插入 SmartArt 图形的方法。
6. 掌握图文混排及页面边框设置的方法。
7. 掌握宏的使用。

二、实验内容

1. 打开“实验 3-3.docx”文件，参照实验图 3-10 所示样张，进行格式设置。

2. 为文档中第 3、5、7、9、11、13 段设置自动编号“1.、2.、……”。

3. 将标题文字“对象的插入及格式化”制作成艺术字，替代原来的标题。制作时在“艺术字下拉列表”中选择第 3 行第 4 列的艺术字样式，设置艺术字字体为隶书、字号 36 号、加粗，设置艺术字形状为“波形 1”，文字环绕方式为上下型环绕。

【操作提示】

单击“绘图工具 格式”选项卡→“艺术字样式”组→“文字效果”下拉按钮，选择“转换”选项，在级联列表的“弯曲”组中可找到“波形 1”的形状。

实验图 3-6　插入剪贴画

4. 在正文“剪贴画”相关内容之后插入一幅剪贴画（如实验图 3-6 所示），将该剪贴画上、下、左、右各裁剪 2 厘米，设置图片带深红色 1.5 磅的边框线条，设置文字环绕方式为衬于文字下方，将该剪贴画放置在如实验图 3-10 所示的位置。

【操作提示】

鼠标右键单击剪贴画，在弹出的菜单中选择“设置图片格式”，在打开对话框的左侧列表选择“裁剪”，可进行图片的精确裁剪。

5. 在正文“图形文件”相关内容之后插入一幅图片，图片为屏幕复制的“插入图片”对话框，将该图片缩放 50%，设置四周型环绕方式。

【操作提示】

单击“插入”选项卡→“插图”组→“图片”按钮，出现“插入图片”对话框，按 Alt + PrintScreen 组合键，可复制对话框图片，在文档中执行“粘贴”命令即可。

6. 在“自选图形”相关内容之后用“形状”下拉列表中的基本形状完成如实验图 3-7 所示的自绘图形，输入文字（字号小五号），并将所有的形状组合成一个图形，设置组合图形为四周型环绕方式。

【操作提示】

要在形状中添加文字，可在画好的形状上单击鼠标右键，选择“添加文字”命令；图中“正确”及“不正确”为两个文本框，输入文字后，将文本框线条颜色设为“无线条颜色”，填充色设为“无填充色”。

7. 制作一个宏，使今后制作实验图 3-8 所示的表格时，不需要重新制作，直接按 Alt+C 组合键就可快速建立。

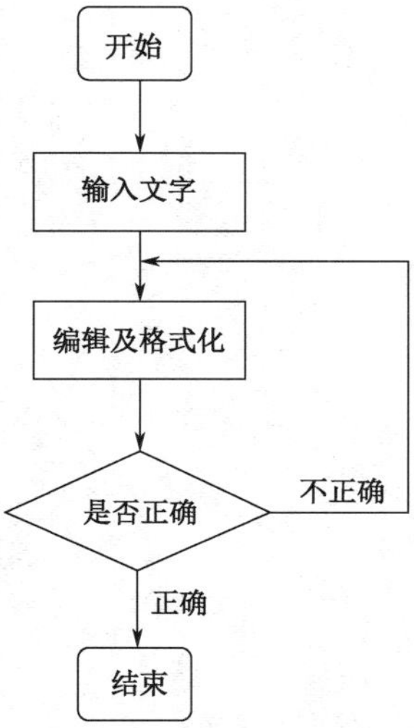

实验图 3-7　自绘图形

	一月	二月	三月	四月	五月	六月
空调						
冰箱						
洗衣机						

实验图 3-8　销售统计表样张

8. 单击“插入”选项卡→“符号”组→“公式”下拉按钮，在展开的列表中单击“插入新公式”按钮，进入公式编辑状态，输入以下公式：

$$\int_a^b f(x)\mathrm{d}x = \lim_{\lambda\to 0}\sum_{i=1}^{n} f(\xi_i)\Delta x_i$$

$$\mathrm{e}^x = 1 + x + \frac{x^2}{2!} + \frac{x^3}{3!} + \cdots + \frac{x^n}{n!}$$

【操作提示】

若在已有的“符号列表”中找不到所需的符号，可在“符号”分组中单击“其他”按钮，打开符号面板，然后单击顶部的下拉三角形按钮，在打开的下拉菜单中选择其他类别的符号，如选择“希腊字母”选项，在“符号列表”中可列出所有的希腊字母。

9. 利用 Word 2010 的 SmartArt 图形制作如实验图 3-9 所示的组织结构图。

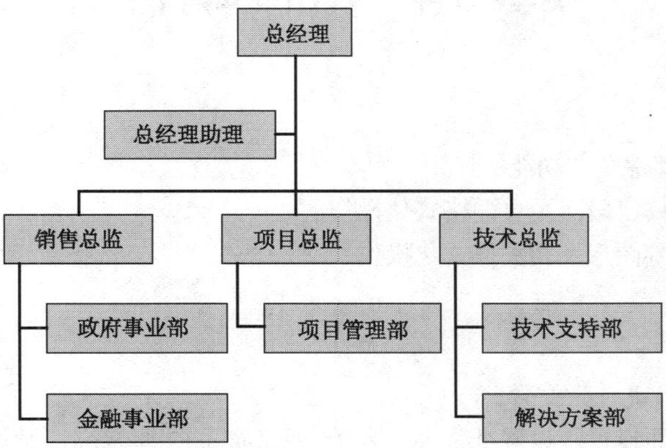

实验图 3-9　组织结构图

10．为文档设置“艺术型”页面边框，效果如实验图 3-10 所示。

11．将文件以“实验 3-3 完成.docx”为文件名保存。

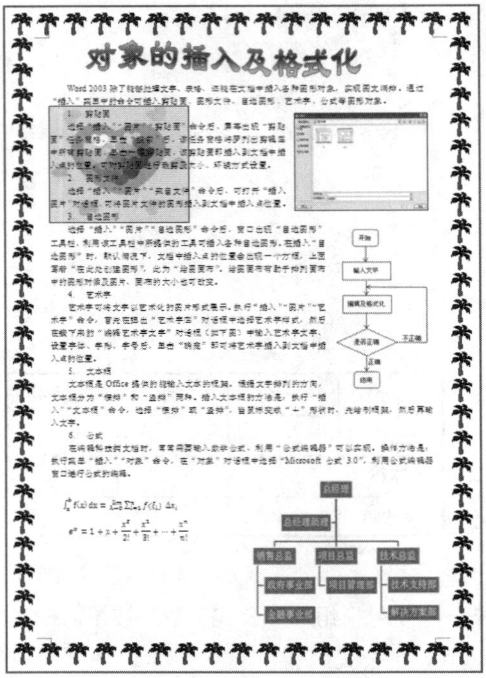

实验图 3-10　实验结果样张

三、实验成果提交及实验报告要求

1．提交“实验 3-3 完成.docx”文件。

2．提交实验报告，实验报告要求如下。

（1）图片有多少种环绕方式？

（2）给图片加上边框是如何完成的，如果是嵌入式的图片，应该怎样操作？

实验 3-4　Word 邮件合并

一、实验目的

1．掌握 Word 的邮件合并功能的使用。

2．进一步掌握字体、段落及页面格式化操作。

3．进一步掌握绘制图形及相关格式化操作。

二、实验内容

1．打开“实验 3-4.docx”文件。

2．对文档进行页面设置：设置纸张大小为 15 厘米宽、12 厘米高，设置页边距左右各 1.8 厘米、上下各 1.5 厘米。

3．设置第 1 段标题的格式：字体格式为楷体、小二号、加粗，段落居中对齐，段后间距 12 磅。

4．设置第 2、3 段落的格式：字体格式为宋体、四号字、字符缩放 80%，段落格式为 1.5 倍行距，取消对齐文档网格的设置，第 3 段首行缩进 2 字符。

5．设置最后 2 段的格式：字体格式为宋体、小四号字，段落右对齐。

6．利用绘图工具绘制一个如实验图 3-11 所示的图章。将图章衬于文档最后 2 段文字的下方。

【操作提示】

① 该图章由圆、艺术字、五角星三个形状组成，应分别制作，再将它们组合成一个图形。

② 为了绘制图形方便，可建一个新文档，在新文档中绘制好后再将图形复制到本文档中。

③ 利用“椭圆”画圆时，同时按下 Shift 键，可画出正圆形。

④ 艺术字要呈圆形，应选择艺术字形状为“上弯弧”，输入文字时应适当加些空格，使文字不会成一个圈，适当调整旋转角度可摆正艺术字，改变艺术字大小时按住 Shift 键可保证艺术字不会变成椭圆形。

⑤ 所绘制的三个图形均设置线条及填充色为红色（圆只设置线条颜色及线型）。

7．进行邮件合并，将“实验 3-4 表格.docx”文件中的表格数据合并到本文档中，合并结果如实验图 3-12 所示样张。将“实验 3-4.docx”文件以“实验 3-4 完成 1.docx”为文件名另存。

实验图 3-11　图章样张

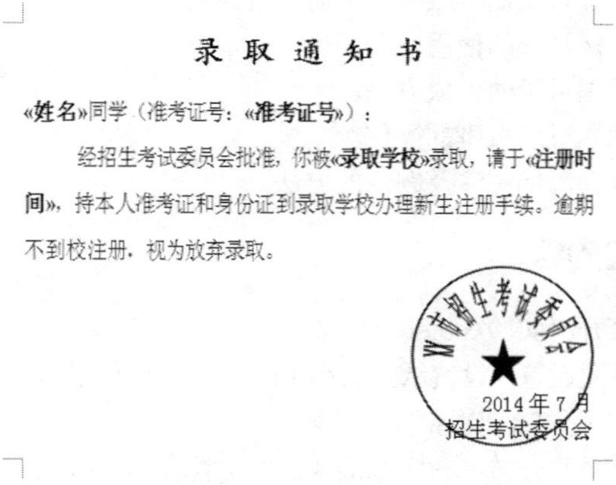

录 取 通 知 书

«姓名»同学（准考证号：«准考证号»）：

经招生考试委员会批准，你被«录取学校»录取，请于«注册时间»，持本人准考证和身份证到录取学校办理新生注册手续。逾期不到校注册，视为放弃录取。

2014 年 7 月

招生考试委员会

实验图 3-12　“实验 3-4 完成 1.docx”样张

8．完成合并后，生成如实验图 3-13 所示的新文档，将文件以“实验 3-4 完成 2.docx”为文件名保存。

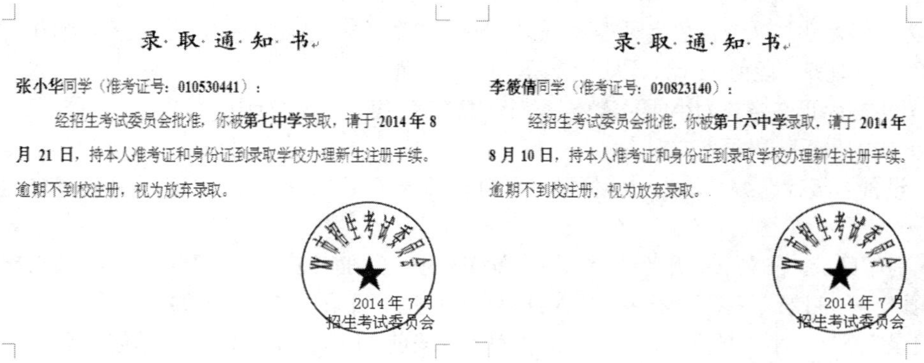

录 取 通 知 书

张小华同学（准考证号：010530441）：

经招生考试委员会批准，你被第七中学录取，请于 2014 年 8 月 21 日，持本人准考证和身份证到录取学校办理新生注册手续。逾期不到校注册，视为放弃录取。

2014 年 7 月

招生考试委员会

录 取 通 知 书

李筱倩同学（准考证号：020823140）：

经招生考试委员会批准，你被第十六中学录取，请于 2014 年 8 月 10 日，持本人准考证和身份证到录取学校办理新生注册手续。逾期不到校注册，视为放弃录取。

2014 年 7 月

招生考试委员会

实验图 3-13　“实验 3-4 完成 2.docx”样张

三、实验成果提交及实验报告要求

1. 提交“实验 3-4 完成 1.docx”及“实验 3-4 完成 2.docx”文件。

2. 提交实验报告，实验报告要求如下。

（1）在“段落”对话框中，“如果定义了文档网格，则对齐网格”复选框有什么作用，其中提到的文档网格是什么？

（2）写出制作图章的过程。

（3）写出邮件合并操作的过程。

实验 3-5 Word 综合应用——长文档排版

一、实验目的

1. 掌握长文档排版的一般步骤。
2. 掌握长文档排版时的页面设置技巧。
3. 掌握样式的使用。
4. 掌握目录的生成方法。
5. 掌握页眉页脚的操作。
6. 掌握添加尾注及题注的方法。

二、实验内容

1. 打开“实验 3-5.docx”文件。

2. 页面设置：设置纸张大小 16 开；页边距：上下 2.5 厘米，左右各 2 厘米，装订线左侧 1 厘米；设置页眉和页脚奇偶页不同。

3. 分页及分节：在文章最开始的位置分节，产生一空白页准备放置目录；在文章中找到“传输介质”（红色字），在它之前分页。

4. 按以下要求设置标题及正文格式。

（1）一级标题（文中红色字段落）：应用“标题 1”样式，修改样式，使一级标题的格式为小二号黑体、红色、居中对齐、段前 24 磅、段后 18 磅、单倍行距。

（2）二级标题（文中蓝色字段落）：应用“标题 2”样式，修改样式，使二级标题的格式为四号楷体、蓝色、左对齐、段前 18 磅、段后 12 磅、1.5 倍行距。

（3）正文：正文格式为小四号宋体、首行缩进 2 字符、1.5 倍行距。

（4）文中最后一段日期右对齐。

5. 设置多级标题编号。为一级标题设置自动编号（1、2、……），二级标题设置自动编号（1.1、1.2、……）。

6. 制作目录。在文章最开始的空白页中制作目录。先在第 1 行写“目录”2 字，换行后，利用“引用”选项卡→“目录”下拉列表→“插入目录”命令生成目录。格式设置如下：

“目录”2 字：小二号黑体、黑色、居中对齐、段前 24 磅、段后 18 磅、单倍行距。

（1）目录中 1 级标题：四号字、1.5 倍行距。

（2）目录中 2 级标题：小四号字、1.5 倍行距。

7．按以下要求设置页码及页眉页脚。

（1）设置目录页的页码为“i、ii、……”数字格式，位置在页脚外侧；设置正文部分页码为“1、2、……”数字格式，位置在页脚外侧，编号从1开始。

（2）设置目录页页眉为“目录”、居中对齐。设置正文奇数页页眉为各章的一级标题，偶数页页眉为“计算机网络的发展”，均居中对齐。

【操作提示】

① 设置正文页眉时，要注意先执行“页眉和页脚工具 设计”选项卡→“导航”组→“链接到前一条页眉”命令。

② 设置页码后，需要更新目录中的页码。更新的方法是：鼠标指针指向目录，单击鼠标右键，选择“更新域”→“只更新页码”。

8. 添加尾注。设置插入点在“导论”之后，设置尾注，尾注内容“选自《计算机网络与互联网》”。

9．用“添加题注”的方式为文档中的图片设置自动编号，并用“创建交叉引用”的方式建立文字和图片的对应关系。

10．利用打印预览查看整体效果。

11．将文件以“实验3-5完成.docx”为文件名另存。

12．切换到大纲视图下，尝试用“大纲工具”组中的按钮对标题进行“升级”或“降级”，对段落进行移动，查看结果如何。

13．关闭文档，不要再保存。

三、实验成果提交及实验报告要求

1．提交“实验3-5完成.docx”文件。

2．提交实验报告，实验报告要求如下。

（1）在长文档排版中为什么要使用标题样式，有什么好处？

（2）使用同一样式后，怎样做到只修改一处的格式，其他的段落都同步修改。

（3）如果在制作页眉页脚时，插入一张图片，结果会怎样？

实验 4-1 Excel 工作表的建立及编辑

一、实验目的

1. 熟悉 Excel 2010 的工作界面。
2. 掌握工作表的数据输入操作。
3. 掌握 Excel 的数据类型。
4. 掌握 Excel 的自动填充功能。
5. 掌握工作表中单元格的插入、移动、复制、删除操作。
6. 掌握工作表中单元格的查找、替换操作。

二、实验内容

1. 启动 Excel 2010，熟习 Excel 2010 工作环境。

（1）观察此时新建工作簿的临时文件名是什么，有多少个工作表，工作表的名称分别是什么？

（2）观察工作表的行号和列号是怎样表示的，最大的行号和最大的列号分别是什么？

【操作提示】

按“Ctrl + ↓”组合键及“Ctrl +→”组合键可看到最大的行号和列号。

2. 在 Sheet 1 工作表中参照实验图 4-1 所示输入数据，要求如下：

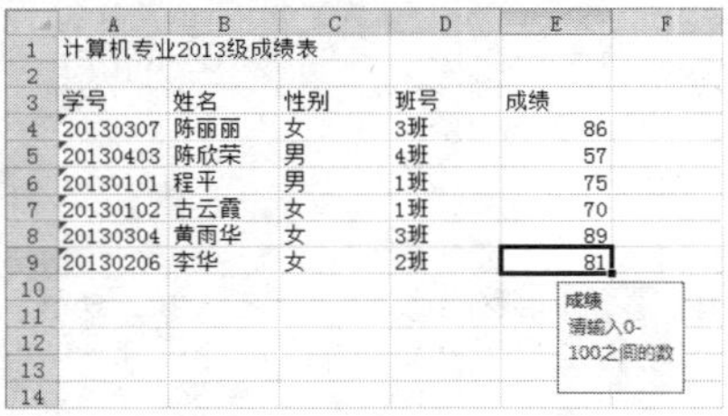

	A	B	C	D	E
1	计算机专业2013级成绩表				
2					
3	学号	姓名	性别	班号	成绩
4	20130307	陈丽丽	女	3班	86
5	20130403	陈欣荣	男	4班	57
6	20130101	程平	男	1班	75
7	20130102	古云霞	女	1班	70
8	20130304	黄雨华	女	3班	89
9	20130206	李华	女	2班	81

实验图 4-1 Sheet1 样张

（1）A4:A9 区域的学号应以文本类型的数据输入；

（2）输入成绩前，先在 E4:E9 区域设置数据有效范围：

① 设置有效性条件为：小数，最小值 0，最大值 100；

② 设置输入信息：标题为“成绩”，输入信息为“请输入 0-100 之间的数”；

③ 设置出错警告：样式为停止样式，标题为“输入错误”，错误信息为“必须输入 0-100 之间的数！”。

3. 在 Sheet 2 工作表中，分别在 A 列、C 列、E 列输入实验表 4-1 所示的内容，输入完毕后，结果如实验图 4-2 所示。

实验表 4-1 Sheet 2 表中输入的数据

A 列输入文本	B	C 列输入数字	D	E 列输入日期时间
计算机文化基础		0020		2014/2/5
计算机 文化基础		+123.45		2014-12-24
1 班		（123.45）		14-12-24
’0020		-123.45		15:20
12.3.456		1.23E3		14-12-24 15:20
12,34		3 4/5		2014/2
1.23E3.5		1234567890123		3/8
2014.2.5		1234567890123456789		组合键（Ctrl + ;）
2014-13-24		12,345		组合键（Ctrl + Shift + ;）

	A	B	C	D	E	F
1	计算机文化基础		20		2014/2/5	
2	计算机 文化基础		123.45		2014/12/24	
3	1班		-123.45		2014/12/24	
4	0020		-123.45		15:20	
5	12.3.456		1.23E+03		2014/12/24 15:20	
6	12,34		3 4/5		Feb-14	
7	1.23E3.5		1.23457E+12		3月8日	
8	2014.2.5		1.23457E+18		2014/5/30	
9	2014-13-24		12,345		9:17	
10						

实验图 4-2 Sheet 2 样张

【操作提示】

① A、C、E 三列分别输入的是文本、数字及日期与时间类型的数据，输入时应注意输入的内容及输入完毕后的显示结果有何不同。

② 在 A2 单元格输入时，中间需要换行，换行使用 Alt + Enter 组合键。

4. 在 Sheet 3 工作表中，从 A1 单元格开始依次按实验图 4-3 所示的内容输入，在各列中，选定已有数据的单元格或单元格区域，向下拖动填充柄到第 15 行，查看所填充的数据的规律。以下是针对一些列的特殊要求。

	A	B	C	D	E	F	G	H	I	J	K	L
1	学生	学生3	5月	五月	春天	3	3	2014/2/24	2014/2/24	2014/2/24	2014/2/24	15:30
2						7	6					
3												

实验图 4-3 Sheet 3 表中输入数据

（1）参看教材内容，自定义一个文本序列“春天、夏天、秋天、冬天”，使 E 列数据填充时按此序列填充。

（2）将 F 列数据填充为等差序列。

（3）将 G 列数据填充为等比序列。

（4）将 I 列数据按年填充。

（5）将 J 列数据按月填充。

（6）将 K 列数据按工作日填充。

5. 在 Sheet 1 工作表中，在第 4 行插入一空行，填入自己的学号、姓名、性别、班号及成绩，成绩可以随意填写。

6. 在 Sheet 1 工作表中，利用查找替换功能，将所有“2013”改为“2014”。

7. 在 Sheet 1 工作表中，将“黄雨华”一行的数据上移到“古云霞”前。

8. 在 Sheet 1 工作表中，删除“陈欣荣”一行数据。

9. 将 Sheet 1 工作表中 A3:E9 中的数据复制，转置粘贴到 A12 开始的单元格区域中。

10. 将文件以“实验 4-1 完成.xlsx”为文件名保存。

三、实验成果提交及实验报告要求

1. 提交“实验 4-1 完成.xlsx”文件。

2. 提交实验报告，实验报告要求如下。

（1）文本数据输入和数字数据、日期时间数据的输入在对齐方式上有何不同？

（2）请写出在 Sheet 1 表中设置数据有效范围时所作的设置与结果之间的关系？

（3）比较 Sheet 2 工作表中 A4 与 C1、A6 与 C9、A7 与 C5、A8 与 E1、A9 与 E2 单元格，试分析

为什么输入完后的对齐格式不同？

（4）由 Sheet 2 工作表中的 C8 单元格的数据可知数字数据的有效位数是多少位？怎么知道的？

（5）总结在自动填充中，用鼠标左键拖动填充柄填充和按着 Ctrl 键再拖动填充柄填充在结果上有何不同？

（6）使用“选择性粘贴”还能实现哪些功能？

实验 4-2　Excel 工作表的格式化及管理工作表

一、实验目的

1．掌握单元格格式的设置操作。

2．掌握行高列宽的设置操作。

3．掌握条件格式的使用。

4．掌握自动套用格式的使用。

5．掌握工作表的插入、移动、复制、删除和重命名操作。

6．掌握窗口的拆分与冻结操作。

二、实验内容

1．打开“实验 4-2.xlsx”文件，在 Sheet 1 工作表中按表中文字要求进行各种格式设置练习（其中日期时间格式选择“2001/3/14 1:30 PM”格式。

2．在 Sheet 2 工作表中，按以下要求操作。

（1）设置 A1 单元格格式：黑体、16 号、加粗、标准色紫色，设置 A1:H1 区域合并后居中。

（2）设置 A2 单元格格式：楷体、倾斜、标准色紫色，设置 A2:H2 区域合并、右对齐。

（3）设置 A3:H3 单元格区域格式：宋体、12 号、字体颜色淡黄（红：255，绿：255，蓝：102）、单元格底纹颜色标准色深红。

（4）设置 A4:D34 区域浅红色底纹（红：255，绿：124，蓝：128）；设置 E4:H34 区域淡黄色底纹（红：255，绿：255，蓝：102）。

（5）设置 A3:H34 区域单元格内容居中对齐。

（6）设置 A3:H34 区域边框：所有框线，标准色深蓝色。

（7）设置行高列宽：将第 1 行的行高设置为 30，所有列宽设置为自动调整列宽。

（8）对学生的各科成绩（E4:G34 区域）设置条件格式：当成绩低于 60 分，字体为粗体、红色。

（9）对学生的总分（H4:H34 区域）设置条件格式：总分≥270 分，底纹颜色淡紫色（红：190，绿：146，蓝：222）；总分介于 240~269 分，底纹颜色浅绿色（红：164，绿：215，蓝：107）。

3．在 Sheet 3 工作表中，利用套用表格格式功能，给工作表套用“表样式浅色 10”格式。

4．在 Sheet 2 工作表前插入两个工作表，将插入的两个工作表移动到 Sheet 4 工作表之后。

5．删除 Sheet 4 工作表。

6．将 Sheet 1、Sheet 2、Sheet 3 工作表分别重新命名为“格式练习”、“成绩表”、“套用表格格式”。

7．将“套用表格格式”工作表复制 2 份到 Sheet 5 和 Sheet 6 之间，2 个工作表从左到右依次命名为“窗口拆分”及“冻结窗格”。

8．拆分“窗口拆分”工作表窗口，将窗口分为 4 个窗格，调整滚动条，使每个窗格都从 A1 单元格开始显示。

9．在“冻结窗格”工作表中设置冻结线，冻结线在 E2 单元格的上边线和左边线位置，调整滚动条，使窗口在列方向除前 4 列外，从 H 列开始显示，在行方向除第 1 行外，从第 24 行开始显示。

10．隐藏 Sheet 5 及 Sheet 6 工作表。

11．将文件以“实验 4-2 完成.xlsx”为文件名保存。

三、实验成果提交及实验报告要求

1．提交“实验 4-2 完成.xlsx”文件。

2．提交实验报告，实验报告要求如下。

（1）写出设置条件格式的操作步骤。

（2）写出所选的套用表格格式所设置的格式内容。

（3）工作表的插入、删除、重命名、移动、复制都有多种操作方法，请简单叙述。

（4）使用对话框移动、复制工作表时，应注意什么？

实验 4-3　Excel 公式和函数的使用

一、实验目的

1．掌握公式的使用及公式中的运算符。

2．掌握公式中绝对地址、相对地址、混合地址的使用。

3．掌握公式中函数的使用。

二、实验内容

1．打开“实验 4-3.xlsx”文件，在“公式的使用”工作表中按要求逐一输入公式，观察公式的内容和结果的关系。

【操作提示】

公式中所用到的符号均为英文符号，如果在中文输入状态下输入公式，应将标点符号切换为英文符号。

2．在“单元格的引用”工作表中，按照要求在每组待计算单元格中的第 1 个单元格内输入公式，利用填充柄将该公式复制到其他单元格中，完成工作表中数据的计算。结果如实验图 4-4 所示。

【操作提示】

在“九九表”中，公式输入完毕合，使用填充柄复制公式要分两次进行，首先向行（或列）方向复制，再向列（行）方向复制。

相对引用

产品名	数量	单价	销售额
产品1	230	¥ 11.20	¥ 2,576.00
产品2	125	¥ 5.65	¥ 706.25
产品3	256	¥ 6.80	¥ 1,740.80
产品4	45	¥ 23.50	¥ 1,057.50
产品5	78	¥ 41.30	¥ 3,221.40
产品6	146	¥ 7.88	¥ 1,150.48

（a）

绝对引用

月份	数量	销售额
1月	230	¥2,576.00
2月	125	¥1,400.00
3月	256	¥2,867.20
4月	220	¥2,464.00
5月	178	¥1,993.60
6月	188	¥2,105.60

（b）

混合引用

	1	2	3	4	5	6	7	8	9
1	1	2	3	4	5	6	7	8	9
2	2	4	6	8	10	12	14	16	18
3	3	6	9	12	15	18	21	24	27
4	4	8	12	16	20	24	28	32	36
5	5	10	15	20	25	30	35	40	45
6	6	12	18	24	30	36	42	48	54
7	7	14	21	28	35	42	49	56	63
8	8	16	24	32	40	48	56	64	72
9	9	18	27	36	45	54	63	72	81

（c）

实验图 4-4　单元格的引用样张

3．在“财务函数”工作表中，完成下列操作。

（1）用 FV 函数计算零存整取的未来值。

（2）用 PMT 函数计算贷款的分期付款额。

【操作提示】

① 通过单击 fx 按钮打开“插入函数”对话框选择函数。

② 在“插入函数”对话框中，选中了函数后，可通过对话框左下角的有关该函数的帮助链接获取函数使用的帮助信息。

4．在“日期时间函数”工作表中，完成下列操作。

（1）分别用 YEAR、MONTH、DAY、HOUR、MINUTE、SECOND 函数计算出数字 42868.82 所对应的年、月、日、时、分、秒。

（2）用 TODAY 及 NOW 函数分别获得当前的系统日期及当前日期时间。

5．在“成绩表 1”工作表中，完成下列操作，结果如实验图 4-5 所示。

	A	B	C	D	E	F	G	H	I	J	K	L
3	学号	姓名	性别	班号	数学	英语	计算机	总分	平均成绩	合格否	是否有优秀成绩	评优
18	20140401	刘小明	男	4班	80	74	77	231	77	TRUE	FALSE	
19	20140108	刘延玲	女	1班	100	85	92	277	92.33333	TRUE	TRUE	优秀
20	20140305	马格	男	3班	76	58	63	197	65.66667	FALSE	FALSE	
21	20140306	沈卫国	男	3班	77	79	79	235	78.33333	TRUE	FALSE	
22	20140104	万明	男	1班	65	58	62	185	61.66667	FALSE	FALSE	
23	20140202	万明	男	2班	86	98	89	273	91	TRUE	TRUE	优秀
24	20140201	王霖	男	2班	85	74	84	243	81	TRUE	FALSE	
25	20140402	王晓莉	女	4班	94	92	89	275	91.66667	TRUE	TRUE	优秀
26	20140406	吴军	男	4班	57	44	80	181	60.33333	FALSE	FALSE	
27	20140204	吴天奎	男	2班	64	69	55	188	62.66667	FALSE	FALSE	
28	20140404	杨西	男	4班	55	45	62	162	54	FALSE	FALSE	
29	20140405	于丽	女	4班	73	76	71	220	73.33333	TRUE	FALSE	
30	20140207	张琳	女	2班	78	64	71	213	71	TRUE	FALSE	
31	20140408	张萍	女	4班	88	82	90	260	86.66667	TRUE	TRUE	
32	20140103	张顺	男	1班	91	96	91	278	92.66667	TRUE	TRUE	优秀
33	20140107	甄菲	女	1班	78	86	83	247	82.33333	TRUE	FALSE	
34	20140106	祝玉花	女	1班	55	68	54	177	59	FALSE	FALSE	
35												
36				平均分	75.45161	75.64516	77.12903					
37				最高分	100	98	92					

实验图 4-5 成绩表 1 样张

（1）用 AVERAGE 和 MAX 函数计算每门课程的平均分、最高分。

（2）用 SUM 和 AVERAGE 函数计算个人的总分、平均成绩。

（3）在“合格否”列用 AND 函数判断出每个人是否所有成绩都合格，结果为逻辑值。

（4）在“是否有优秀成绩”列用 OR 函数判断出每个人的成绩中是否包含有 90 分以上的成绩，结果为逻辑值。

（5）在“评优”列中用 IF 函数将成绩优秀者（条件：平均成绩≥90）用“优秀”标示出来。

6．在“成绩表 2”工作表中，使用函数嵌套完成下列操作，结果如实验图 4-6 所示。

	A	B	C	D	E	F	G	H	I	J	K
3	学号	姓名	性别	班号	数学	英语	计算机	平均成绩	合格否	是否有优秀成绩	综合评定
18	20140401	刘小明	男	4班	80	74	77	77	合格	无	中
19	20140108	刘延玲	女	1班	100	85	92	92	合格	有优秀成绩	优
20	20140305	马格	男	3班	76	58	63	66	不合格	无	及格
21	20140306	沈卫国	男	3班	77	79	79	78	合格	无	中
22	20140104	万明	男	1班	65	58	62	62	不合格	无	及格
23	20140202	万明	男	2班	86	98	89	91	合格	有优秀成绩	优
24	20140201	王霖	男	2班	85	74	84	81	合格	无	良
25	20140402	王晓莉	女	4班	94	92	89	92	合格	有优秀成绩	优
26	20140406	吴军	男	4班	57	44	80	60	不合格	无	及格
27	20140204	吴天奎	男	2班	64	69	55	63	不合格	无	及格
28	20140404	杨西	男	4班	55	45	62	54	不合格	无	不及格
29	20140405	于丽	女	4班	73	76	71	73	合格	无	中
30	20140207	张琳	女	2班	78	64	71	71	合格	无	中
31	20140408	张萍	女	4班	88	82	90	87	合格	有优秀成绩	良
32	20140103	张顺	男	1班	91	96	91	93	合格	有优秀成绩	优
33	20140107	甄菲	女	1班	78	86	83	82	合格	无	良
34	20140106	祝玉花	女	1班	55	68	54	59	不合格	无	不及格

实验图 4-6 成绩表 2 样张

（1）计算个人四舍五入后的平均成绩（用 ROUND 函数实现小数部分四舍五入）。

（2）在“合格否”列用公式判断出每个人是否所有成绩都合格，结果显示“合格”或“不合格”。

（3）在“是否有优秀成绩”列用公式判断出每个同学的成绩中是否包含有 90 分以上的成绩，结果显示显示“有优秀成绩”或“无”。

（4）在“综合评定”列依照下列条件对成绩进行综合评定。

平均分 90 分以上，评为“优”。

平均分 80～89 分，评为“良”。

平均分 70～79 分，评为“中”。

平均分 60～69 分，评为“及格”。

平均分小于 60 分，评为“不及格”。

7．在“工资表”工作表中，用函数完成下列操作。

（1）在“年龄”一列中，计算年龄。

（2）在“补贴”一列中，按年龄计算补贴，条件是年龄≥40 岁，补贴 3000 元，否则补贴 2000 元。

（3）在“应发工资”一列求应发工资。

（4）在 J14 单元格用 COUNT 函数计算出享受“特殊津贴”的人数，J15 单元格用 SUMIF 函数计算“生产部”应发工资总和。

【操作提示】

① 可参考第 4 章中的日期时间函数计算年龄，计算出来的年龄应使用数字常规格式显示。

② 计算补贴可使用 IF 函数。

8．将文件以“实验 4-3 完成.xlsx”为文件名另存。

三、实验成果提交及实验报告要求

1．提交“实验 4-3 完成.xlsx”文件。

2．提交实验报告，实验报告要求如下。

将本实验中所使用的公式填入实验表 4-2 中。

实验表 4-2　实验报告

工作表名称	单元格地址	公式内容
公式的使用	A4	
	A6	
	A8	
单元格的引用	F4	
	E17	
	D30	
财务函数	B6	
	B13	
日期时间函数	B4	
	B14	
	B15	
成绩表 1	E36	
	E37	
	H4	
	I4	

续表

工作表名称	单元格地址	公式内容
成绩表 1	J4	
	K4	
	L4	
成绩表 2	H4	
	I4	
	J4	
	K4	
工资表	F2	
	I2	
	K2	
	J14	
	J15	

实验 4-4　Excel 图表

一、实验目的

1. 掌握通过工作表的数据生成各种不同类型的图表。
2. 掌握图表的编辑操作。
3. 掌握图表的格式化操作。
4. 掌握组合图表的创建。
5. 掌握迷你图的创建。

二、实验内容

1. 打开“实验 4-4.xlsx”文件，在 Sheet 1 工作表中，利用表中的数据（A1:A9,D1:F9），在当前工作表中创建“簇状柱形图”，按以下步骤操作，结果如实验图 4-7 所示。

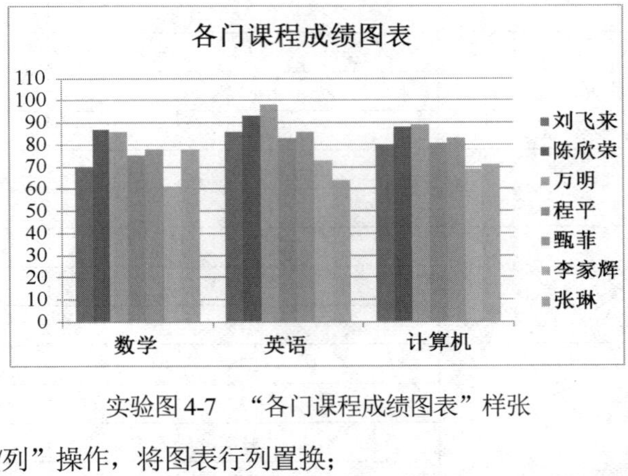

实验图 4-7　“各门课程成绩图表”样张

（1）通过“切换行/列”操作，将图表行列置换；
（2）使用图表的“布局”工具栏，在图表上方添加图表标题“各门课程成绩图表”；

（3）删除“刘芳”数据系列；

（4）将数值坐标轴中的“主要刻度单位”设置为 10；

2．在 Sheet 1 工作表中，选择姓名及总分数据（A1:A9,G1:G9），按 F11 功能键，创建一独立的图表工作表，按以下步骤操作，结果如实验图 4-8 所示。

（1）给工作表命名为“总分图表”；

（2）修改图表类型为“簇状圆柱图”；

（3）使用图表“布局”工具设置图表区的三维旋转格式，选择“直角坐标轴”；

（4）将图表中的文字设为 16 磅；

（5）将图表中标题文字设为 28 磅楷体、加粗、标准色“深蓝”；

（6）不显示图例；

（7）图表区域填充颜色设为：预设颜色“麦浪滚滚”；

（8）使用图表“布局”选项卡为所有数据项添加数据标签；

（9）单独改变最高分的那个数据项的填充颜色，选择纯色填充为标准色“深红”。

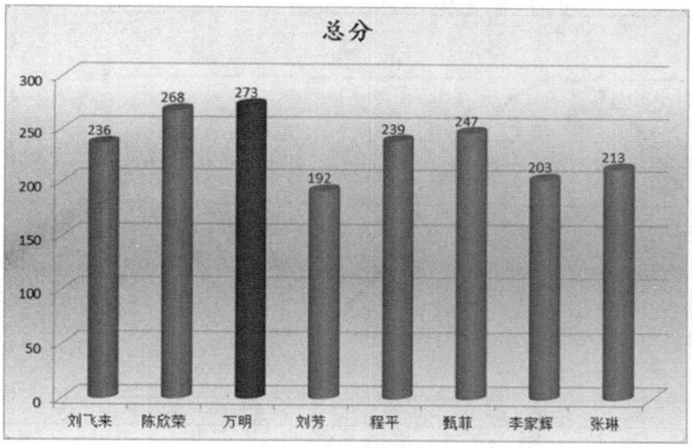

实验图 4-8　“总分”图表样张

3．在 Sheet 2 工作表中，利用表中的数据（A1:B6），在当前工作表中创建嵌入式的图表，图表类型为“三维饼图”，按以下步骤操作，结果如实验图 4-9 所示。

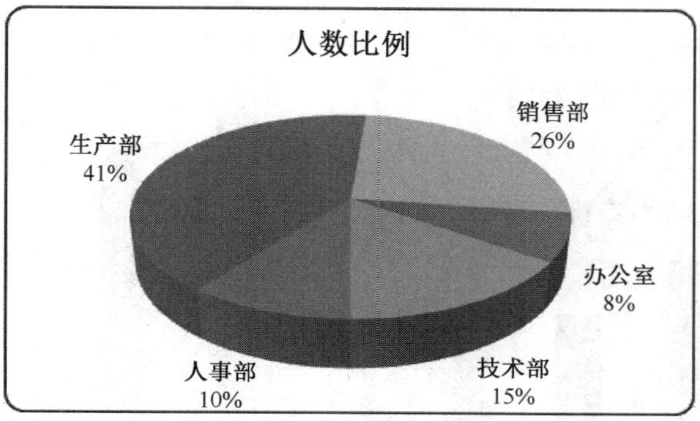

实验图 4-9　“人数比例”图表样张

（1）修改图表标题为“人数比例”；

（2）使用图表的“设计”选项卡，设置图表使用“布局 1”布局样式；

（3）使用图表的“布局”选项卡，将数据标签设为“数据标签外”；

（4）设置图表的数据系列格式，将系列选项中第一扇区起始角度设为180；

（5）设置图表边框为圆角、1.5磅、深蓝色。

【操作提示】

双击饼图，可打开“设置数据系列格式”对话框，双击图表区，可打开“设置图表区格式”对话框。

4．在Sheet 3工作表中，先用公式计算Y的值（B2:B34中），再利用表中的数据（A1:B34），在当前工作表中创建图表，显示函数的曲线图形，结果如实验图4-10所示。

【操作提示】

① 用SIN函数可计算Y的值。

② 要显示函数曲线，应选择“XY散点图”图表类型。

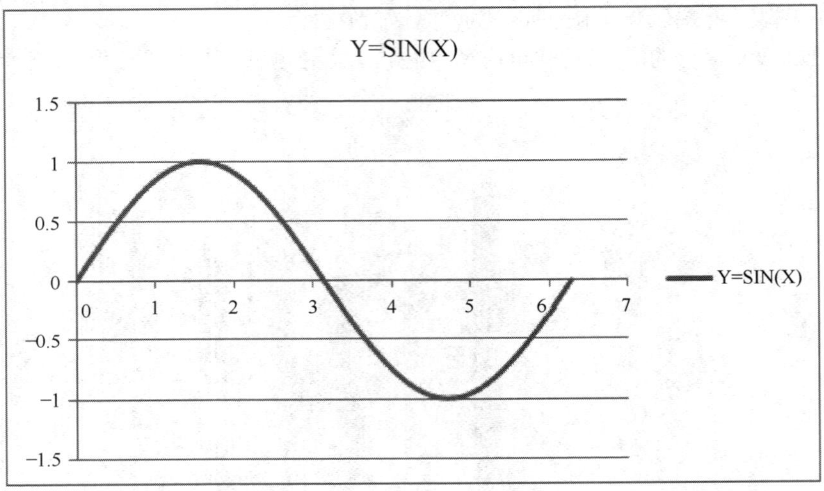

实验图4-10　Y=SIN(X)图表样张

5．在Sheet 4工作表中，制作组合图形，按以下步骤操作，结果如实验图4-11所示。

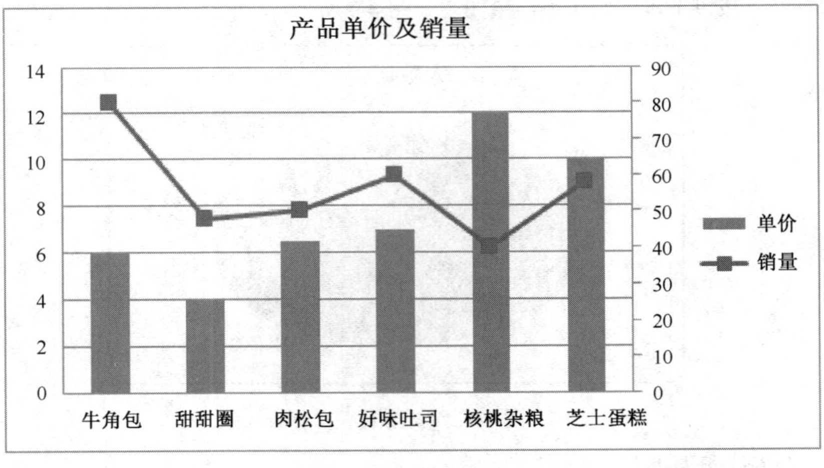

实验图11　组合图表样张

（1）利用 Sheet 4 工作表中的数据，创建“簇状柱形图”，添加图表标题“产品单价及销量”；

（2）选中“销量”系列，在“设置系列格式”对话框中的系列选项中，设置系列绘制在“次坐标轴”；

（3）将销量系列的图表类型改为“带数据标记的折线图”。

6．在 Sheet 5 工作表中，创建迷你图。按以下步骤操作，结果如实验图 4-12 所示。

（1）在 N2 单元格中，利用 B2:M2 区域数据创建迷你折线图；

（2）设置在迷你图中显示“标记”；

（3）用填充柄，将 N2 单元格中的迷你图向下复制。

	A	B	C	D	E	F	G	H	I	J	K	L	M	N
1	时间	1月	2月	3月	4月	5月	6月	7月	8月	9月	10月	11月	12月	迷你图
2	天河店	190	205	175	140	160	155	160	165	189	195	170	202	
3	越秀店	132	142	120	110	146	128	125	130	145	133	128	150	
4	番禺店	160	108	158	136	180	165	120	115	156	163	152	175	
5	大学城店	125	80	118	106	130	128	100	75	112	120	122	128	
6	白云店	127	168	128	170	131	140	131	190	171	104	187	190	
7	荔湾店	131	180	189	185	136	116	140	108	179	152	174	197	
8	海珠店	168	170	112	145	152	119	166	174	132	176	170	168	

实验图 4-12　迷你图样张

7．将文件以“实验 4-4 完成.xlsx”为文件名保存。

三、实验成果提交及实验报告要求

1．提交“实验 4-4 完成.xlsx”文件。

2．提交实验报告，实验报告要求如下。

（1）若要设置图表标题、数据标志等，应在哪个对话框中操作，该对话框如何打开，该对话框还可进行哪些设置？

（2）如何在图表中删除、添加系列？

（3）写出创建组合图表的操作步骤。

（4）试绘制 $y=e^x$ 函数图。

（5）写出迷你图的创建步骤。写出如何删除迷你图。

实验 4-5　Excel 数据管理

一、实验目的

1．掌握数据表的排序操作。

2．掌握数据的筛选操作。

3．掌握数据的分类汇总。

4．掌握数据透视表的操作。

5．掌握页面设置的操作。

二、实验内容

1．打开“实验 4-5.xlsx”文件。

2．在 Sheet 1 工作表中，按班号（升序）及姓名（按笔画、升序）排序。

3．在 Sheet 2 工作表中，按班号（升序）及总分（降序）排序。

4．在 Sheet 3 工作表中，使用自动筛选功能将 2 班的成绩筛选出来。

5．在 Sheet 4 工作表中，使用自动筛选功能将所有 3 班总分≥270 分的学生筛选出来。

6．在 Sheet 5 工作表中，使用高级筛选功能，将所有含不及格成绩的学生筛选出来（注：只要有 1 科成绩不及格均筛选）。

7．在 Sheet 6 工作表中，对数据表进行分类汇总，分类统计各班各门课程及总分的平均成绩，统计结果放在每段数据之前。

8．利用 Sheet 7 工作表中的数据，在新工作表中建立如实验图 4-13 所示的数据透视表，并适当进行编辑修改。

	A	B	C	D	E
1	班号	(全部)			
2					
3	人数	列标签			
4	行标签	男	女	总计	
5	优秀	2	3	5	
6	良好	3	4	7	
7	中等	6	3	9	
8	及格	6	2	8	
9	不及格	1	1	2	
10	总计	18	13	31	
11					

实验图 4-13　数据透视表样张

【操作提示】

①在设置数据透视表的布局时，将班号拖至“报表筛选”区域，综合评定拖至“行标签”的位置，性别拖至“列区域”的位置，姓名拖至“数值”区域。

② 最初生成的数据透视表的行标签并非按优、良、中、及格、不及格的顺序排列，可通过拖动各个行标签的边框至合适的位置的方法，重新排列顺序。

9．在 Sheet 2 工作表中，进行页面设置及分页设置，要求如下。

（1）设置纸张大小为 A5，横向打印，页边距上下左右均为 2.5 厘米，工作表在页面的居中位置。

（2）设置页眉居中位置显示“学生成绩表”，字体楷体、加粗、20 号，页脚居中位置显示页码。

（3）设置每一页均打印第 1 行，为表格设置网格线。

（4）按班号进行分页。

（5）分别使用普通视图、页面布局视图及分页预览视图浏览数据表。

10．将文件以“实验 4-5 完成.xlsx”为文件名保存。

三、实验成果提交及实验报告要求

1．提交“实验 4-5 完成.xlsx”文件。

2．提交实验报告，实验报告要求如下。

（1）按姓名排序时，默认情况是按是以什么作为排序依据的？
（2）高级筛选中，筛选条件的位置和结果之间有怎样的关系？
（3）执行“分类汇总”命令前，应先做什么操作？
（4）怎样的数据适合使用数据透视表功能？
（5）页面布局视图可以进行哪些操作？

实验 5-1 PowerPoint 的基本应用

一、实验目的

1. 熟悉 PowerPoint 2010 工作界面。
2. 认识 PowerPoint 2010 的基本功能，掌握 PowerPoint 2010 操作流程。
3. 掌握建立演示文稿的基本过程。
4. 掌握演示文稿的格式化和美化方法。
5. 掌握幻灯片的复制、删除、移动、插入等编辑方法。
6. 掌握如何组织、调整演示文稿内容。
7. 掌握如何在演示文稿中插入对象。

二、实验内容

1. 建立演示文稿

（1）新建一份空白演示文稿。

（2）在第一张幻灯片的标题占位符中输入文字：单击幻灯片中的占位符，输入标题：计算机文化基础，如实验图 5-1 所示。

【操作提示】

占位符就是指在创建演示文稿时出现的虚线方框。在这些方框中可以输入文本、图表、表格、图片等。

（3）新建三张幻灯片，新建幻灯片的版式均为：标题和内容。

（4）在第二张幻灯片中输入如实验图 5-2 所示内容。

（5）单击第三张幻灯片中的图表图标，建立图表。在弹出的图表类型中输入簇状圆柱图，如实验图 5-3 所示。

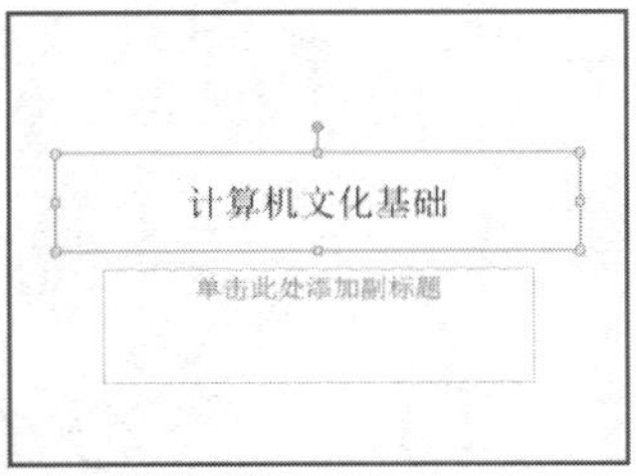

实验图 5-1 插入文字

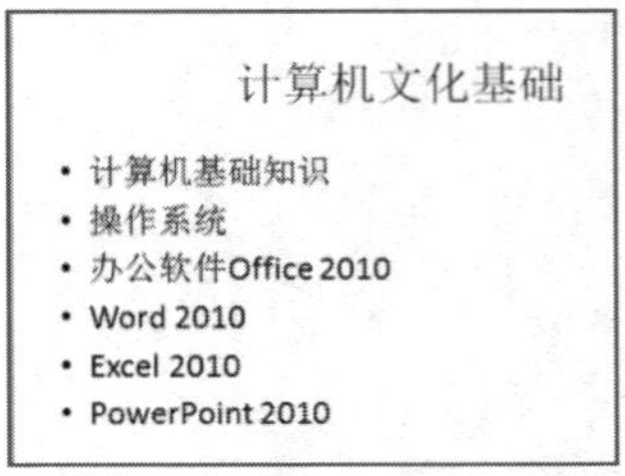

实验图 5-2 第二张幻灯片的内容

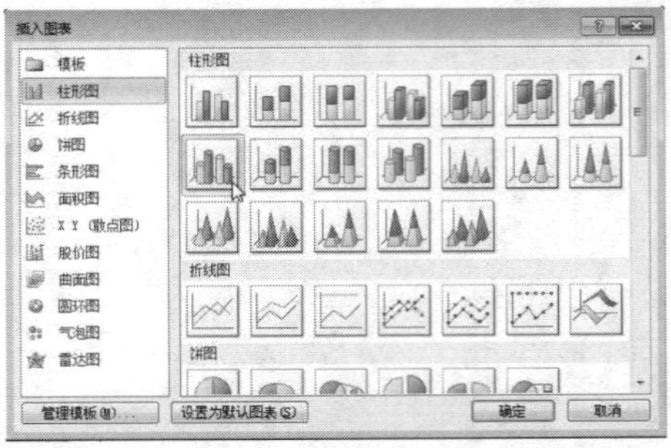

实验图 5-3 选择图表类型

（6）在弹出的数据表窗口中输入如实验图 5-4 所示的内容。生成的图表幻灯片如实验图 5-5 所示。

（7）单击第四张幻灯片中的表格图标，建立表格，输入如实验图 5-6 所示的内容。

（8）在第一张幻灯片中插入音频：在“剪贴画音频”中选中“电话”音频插入到第一张幻灯片。

2. 对建立的演示文稿进行编辑

（1）选中第一张幻灯片中的音频，选择放映时隐藏音频图标。裁剪音频使音频长度变为 3 秒；

（2）调整演示文稿中文本的层次：选定实验图 5-7 所示的文字，把这些文字“降级”，完成后第二张幻灯片如实验图 5-8 所示。

	工程1班	工程2班	工程3班
Word成绩	90	85	81
Excel成绩	70	89	75
PowerPoint成绩	80	77	90

实验图 5-4　输入数据

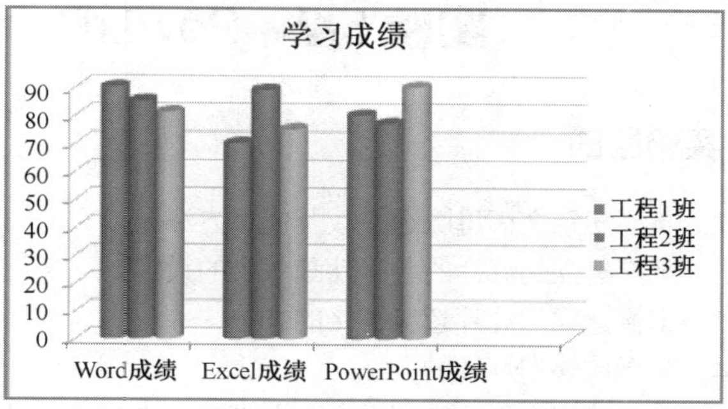

实验图 5-5　图表幻灯片

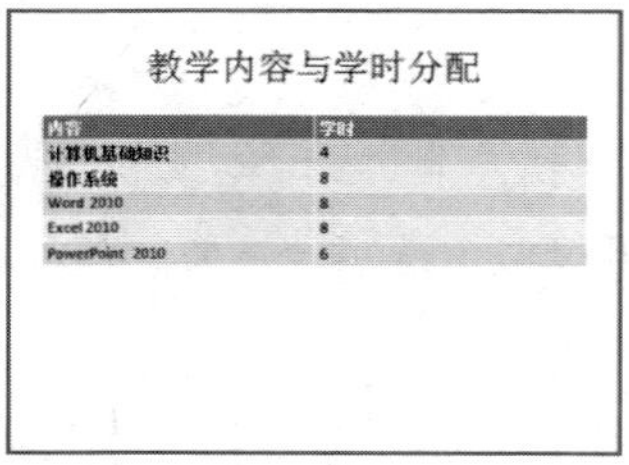

实验图 5-6　第四张幻灯片的内容

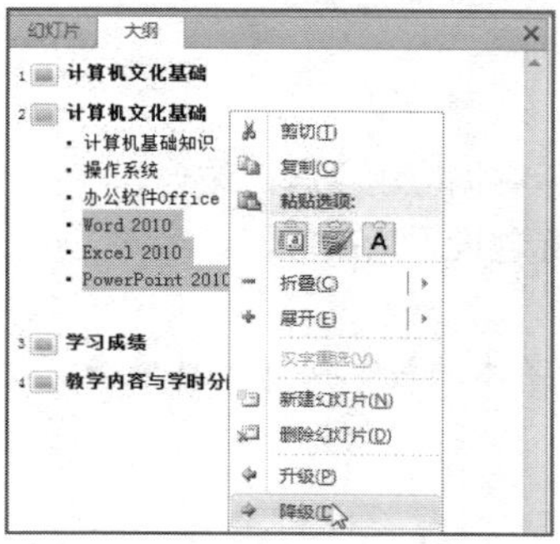

实验图 5-7　“降级”前的文本

实验图 5-8　“降级”后的文本

（3）选中第三张幻灯片的图表，更改图表类型为：簇状柱形图。

（4）选中第四张幻灯片中的表格，使表格内容水平居中。完成修改后的演示文稿如实验图 5-9 所示。

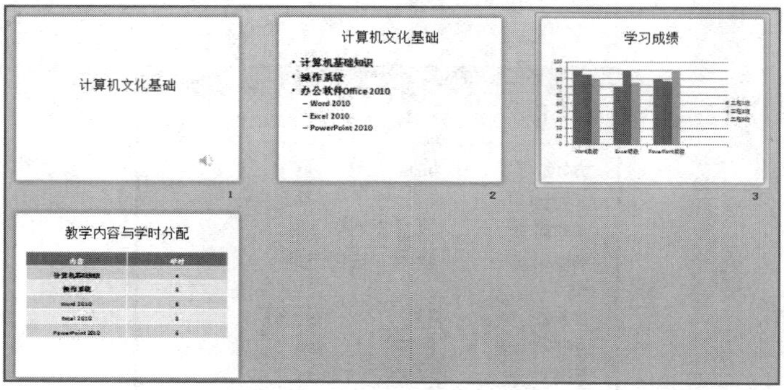

实验图 5-9　完成修改后的演示文稿

三、实验成果提交及实验报告要求

1．提交“实验 5-1 完成.pptx”文件。

2．提交实验报告，实验报告要求回答以下问题。

（1）除了用实验中提到的方法新建演示文稿外，还可以用其他什么方法新建演示文稿？

（2）如果要在演示文稿中插入公式、图表，写出其操作步骤。

实验 5-2 PowerPoint 的高级应用

一、实验目的

1．掌握演示文稿母版的修改及使用方法。
2．掌握建立幻灯片的各种动画效果的设定。
3．掌握建立幻灯片超级链接的方法。
4．掌握放映幻灯片的方法。
5．掌握演示文稿中设置页眉和页脚以及进行页面设置的方法。

二、实验内容

1．设置演示文稿的外观

（1）利用“幻灯片母版”为演示文稿应用主题：波形。

（2）在“幻灯片母版”中，把标题设置为：倾斜。

【操作提示】

单击“开始”选项卡，选择“字体倾斜”按钮，再单击“幻灯片母版”选项卡，回到母版编辑状态。

2．添加动作按钮

在“幻灯片母版”中，为每一张幻灯片添加动作按钮（形状任意），用户单击此动作按钮时，可以跳转到下一张幻灯片。

3．添加动画效果

（1）单击第二张幻灯片，选择标题文本框，设置“浮入”动画效果。

（2）参照实验图 5-10 所示，修改动画效果，设置动画方向：自左侧，声音：爆炸，动画文本：按字/词。

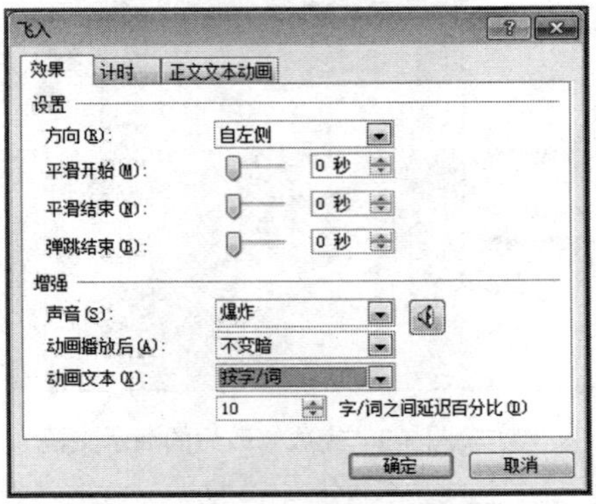

实验图 5-10 修改动画效果

（3）选中标题，利用动画刷，把动画效果复制到正文。

（4）选中第三张幻灯片的图表，设置“飞入”动画效果，在弹出的对话框中选择“图表动画”选项卡，设置动画效果为“按系列中的元素”出现，如实验图 5-11 所示。

（5）选择声音图标，设置声音的动画效果：从第一张幻灯片开始播放，到第四张幻灯片停止播放，如实验图 5-12 所示。

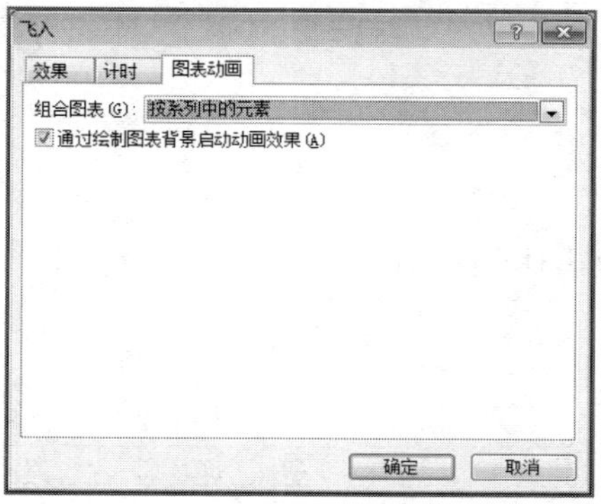

实验图 5-11　图表的动画效果设置

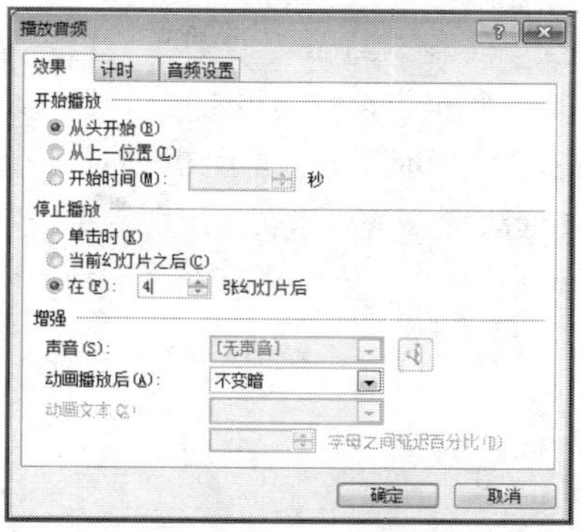

实验图 5-12　设置声音跨幻灯片连续播放

【操作提示】

在默认情况下，声音只会在所在的幻灯片中播放，要实现声音的连续播放，必须为声音对象设置动画效果。

3．设置幻灯片切换效果

（1）为所有幻灯片设置切换效果：框。

（2）设置所有幻灯片切换效果选项：声音，爆炸；换页方式，单击鼠标时。

4．进行页面设置

设置所有幻灯片高度 20，宽度 28，幻灯片方向：横向。

5．设置页眉和页脚

在所有幻灯片中插入页脚：计算机学院，每张幻灯片包含自动更新的日期。

6．设置放映方式

设置放映方式为：观众自行浏览，循环放映。完成设置后的演示文稿如实验图 5-13 所示。

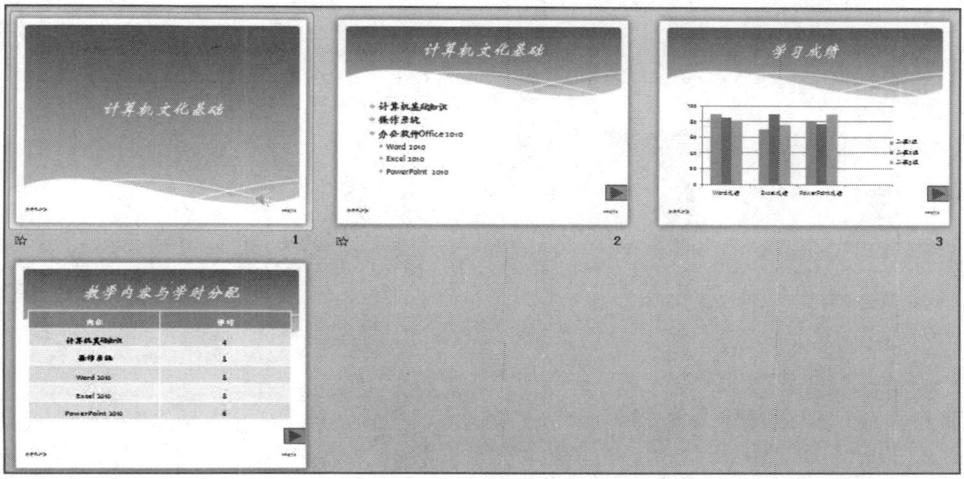

实验图 5-13　完成设置后的演示文稿

7．保存文件

将演示文稿以“实验 5-2.pptx”为文件名保存。

三、实验成果提交及实验报告要求

1. 提交“实验 5-2.pptx”文件。

2. 提交实验报告，实验报告要求回答以下问题。

（1）在母版中可以改变演示文稿的哪些设置？

（2）如何改变各个对象动画出现的顺序？

（3）幻灯片切换和为幻灯片设置动画效果之间有什么区别？

实验 6-1　网页浏览及搜索引擎

一、实验目的

1．掌握 Internet Explorer（IE）的启动与相关设置。

2．掌握网页浏览的基本操作。

3．掌握如何通过各种方式获得网址。

4．掌握文件的下载方法。

5．掌握网页信息的保存方法。

6．掌握搜索引擎的使用方法和技巧。

二、实验内容

1．通过域名地址和 IP 地址访问网页

（1）在地址栏中输入 URL

在地址栏中输入 URL“http://www.tsinghua.edu.cn”，访问清华大学主页；进入后，输入“http://www.gdut.edu.cn”，访问广东工业大学主页。

（2）在地址栏中输入 IP 地址

在地址栏中输入 IP 地址“166.111.4.100”，按 Enter 键，重新进入清华大学主页；输入 IP 地址“202.116.128.6”，再次进入广东工业大学主页。

2．网页地址的获取

（1）通过网页的链接获得网址

访问“http://www.gznet.edu.cn”（华南网），进入“广东省入网高校”页面，通过“广东工业大学”链接，进入广东工业大学站点。

浏览广东工业大学站点，通过“中国大学”链接进入“中国大学”页面，找到“清华大学”，并点击进入该站点。

（2）通过网址搜集网站获得网址

访问“http://www.5566.org”，选择“大学”分类，单击“广东工业大学”链接，进入广东工业大学站点。

（3）通过搜索引擎获得网址

打开搜索引擎“百度”（http://www.baidu.com），以“广东工业大学”为关键字，搜索并进入广东工业大学站点。

3．IE 起始主页的设置

已知“广东工业大学”的地址为 http://www.gdut.edu.cn，要求将该网址作为 IE 的起始主页，然后重新启动 IE。

4．收藏夹的使用

（1）进入广东工业大学教务处主页（http://jwc.gdut.edu.cn/），选择“收藏”菜单，单击“添加到收藏夹”。

（2）启动一个新的 IE 程序，选择“收藏”菜单，单击进入刚才加入的收藏连接。

（3）选择“收藏”菜单，单击“整理收藏夹”，删除刚才加入的收藏。

5．文件的下载

进入广东工业大学主页（www.gdut.edu.cn），单击“办公服务”链接，进入办公服务页面，下载“学校作息时间”和“大学城校园平面图”到本机“e:\my files\”下，分别保存成文件名为“学校作息时间.doc”和“大学城图.jpg”。

【操作提示】

单击不能下载的情况下，可以右击后选择“另存为”选项。

6．网页信息的保存

（1）保存当前网页

进入广东工业大学主页（www.gdut.edu.cn），把该页面保存到本机“e:\my files\”下，然后在本地打开查看，验证所保存的文件是否有效。

（2）保存网页中的图片

进入广东工业大学主页（www.gdut.edu.cn），保存页面上的校徽图片到本机“e:\my files\”下，然后在本地打开查看，验证所保存的文件是否有效。

（3）保存网页中的文本信息

浏览广东工业大学（http://www.gdut.edu.cn）的 Web 站点，进入“中国大学”页面，然后将该页中的内容复制并保存到“e:\my files\中国大学.txt”中。

7．搜索引擎的使用与应用技巧

（1）用逻辑“与”优化搜索

进入“百度”搜索引擎（http://www.baidu.com/），分别以“远程教育”、“远程教育 2014”、“远程教育 2014 广东工业大学”、“远程教育 2014 广东工业大学 计算机”为关键字，搜索相关的信息。请记下并对比每次搜索结果的篇数和信息内容。

（2）用逻辑“非” 优化搜索

分别以“远程教育”、“远程教育 –计算机”、“远程教育 –计算机 –大学”为关键字，搜索相关的信息。请记下并对比每次搜索结果的篇数和信息内容。

（3）用“高级搜索”加强搜索功能

进入“百度”搜索引擎（http://www.baidu.com/），单击“高级”按钮进入高级搜索页面，搜索有关“互联网法规”的中文信息，要求搜索文档格式为“Microsoft Word (.doc)”。

（4）用“图片搜索”功能搜索图片

进入“百度”搜索引擎（http://www.baidu.com/），单击“图片”进入图片搜索页面，搜索熊猫的图片，并保存 2～3 幅到“e:\my files”文件夹。

三、实验成果提交及实验报告要求

1．提交“e:\my files”文件夹。

2．实验报告要求如下。

（1）总结如何把所需要的网页内容保留下来。

（2）除了用本实验中使用的文件下载方式外，你还知道有什么其他的下载方式？有什么不同？

（3）改变搜索用的关键字，对你所设计的关键字搜索的结果进行分析（如搜索出来的内容有什么不同，搜索结果数量有什么不同等）。

实验 6-2　电子邮件收发

一、实验目的

1．掌握免费电子邮箱的申请。

2．掌握邮件的撰写与发送。

3．掌握邮件的接收、阅读与处理。

二、实验内容

1．申请免费电子邮箱

到网上搜索并进入提供免费电子邮箱的站点（如 http://www.126.com、http://www.sina.com.cn 等），申请一个自己的电子邮箱，记下自己的邮件地址、密码、服务器地址等相关信息。

【操作提示】

每个电子邮件服务网站对用户的输入和操作要求不一样，可参考课本上的例子和网站上的说明。

2．邮件的撰写与发送

编写一封新邮件到指定的邮箱，要求如下。

（1）发送地址：教师指定的电子邮箱，同时在抄送地址中写入自己的邮箱地址。

（2）邮件主题：自己的班级和姓名（如“计算机 15（3）张三”）。

（3）邮件内容：“老师：这个是我的电子邮件地址”。

（4）邮件附件：把实验 6-1 中保存的文件“e:\my files\中国大学.txt”和“e:\my files\大学城图.jpg”作为附件。

3．邮件的接收、阅读与处理

（1）进入电子邮箱，收取并阅读所有收到的信件。

（2）回复所收到的邮件，回复内容自拟。

（3）将收到的一封邮件转发给教师指定的电子邮箱，并在原邮件的前面加上内容“老师：这个是转发邮件”。

说明：可以根据自己的使用习惯选择采用 Web 方式或 POP 方式，只要达到以上操作要求就行了。

三、实验成果提交及实验报告要求

1．发送指定内容到教师指定邮箱。

2．实验报告要求如下。

（1）简单描述邮箱申请、发送、接收及查看的过程。

（2）总结本次实验，总结使用电子邮箱的好处，谈谈你的感受。

（3）谈谈你所了解的电子邮件使用的情况，例如是否使用、使用频率及重要程度等。

实验 6-3 资源共享及局域网访问

一、实验目的

1. 掌握 Windows 资源共享的方法。
2. 掌握共享资源的访问和使用方法。
3. 掌握网络连通性的测试方法。
4. 掌握局域网访问的方法。

二、实验内容

1. 资源共享及访问

（1）选择前面实验创建的“e:\my files\”，设置在网络上共享该文件夹，访问权限为不允许网络用户修改。

（2）通过“控制面板”，进入“打印机和传真”功能，选择本机打印机，设置共享。如系统没有安装打印机驱动程序，则任意安装一个。

【操作提示】

安装打印机时，可以不需连接真正的打印机，只是安装其驱动程序，故选择任意一种打印机，也不需要打印测试页，即可满足实验需要。

（3）打开“网络”，查看是否存在刚才共享的文件夹和打印机资源。

【操作提示】

Windwos 桌面上有“网络”图标，在以往的 Windwos 系统中称为“网上邻居”。

（4）访问共享文件夹，尝试在里面创建一个文件或文件夹，看是否成功。

（5）在“我的电脑”中，设置“e:\my files\”访问权限为“允许网络用户更改我的文件”；回到“网络”，再尝试创建文件或文件夹，看是否成功。

（6）在“我的电脑”中，取消“e:\my files\”的共享；回到“网络”，刷新并查看共享资源。

2. 网络连通性测试

在进行该部分实验内容时，请确认主机是否连接到局域网环境中。

（1）在 A 主机上，运行“命令提示符”，通过“IPConfig”命令，查看并记录该机的 IP 地址。

（2）在局域网的另一台主机 B 上，通过“Ping”命令，测试是否能连通 A 主机。

（3）在 B 主机上，通过“IPConfig”命令，查看该机的 IP 地址，比较 A、B 主机的 IP 地址，分析是否连通的原因。

【操作提示】

如果不能连通，很可能是 A、B 主机的 IP 地址不在同一网段上，或者被主机防火墙所拦截，可通过搜索引擎查询解决方法或咨询任课教师。

3. 局域网访问

如果 A、B 主机能够连通，则可通过局域网访问别的主机上的共享资源了。

（1）打开“网络”窗口，查看是否存在多台主机，并可访问刚才共享的文件夹和打印机资源。

（2）在 B 主机上，直接通过 IP 地址访问 A 主机。

【操作提示】

在“开始”菜单选择“运行”，输入“\\IP 地址”的形式运行（如 A 主机 IP 地址为“192.168.0.1”，则访问地址为“\\192.168.0.1”）。

三、实验成果提交及实验报告要求

1．编写实验报告一份，要求插入实验过程的截图。

2．实验报告要求如下。

（1）简单描述实验的过程，包括资源共享的方法、资源访问的方法，并插入实验过程的截图。

（2）总结本次实验，总结使用局域网的好处，谈谈你的感受。

（3）谈谈你所认识的人使用局域网的情况，以后你会在哪些方面使用到局域网。

实验 6-4　简单网页制作

一、实验目的

通过在网页制作软件（Dreamweaver、FrontPage 等）中模仿制作“百度”的首页，掌握简单网页的制作方法。

1．掌握如何编辑网页文本。

2．掌握如何插入图片和其他控件。

3．掌握网页表格的使用方法。

4．掌握如何插入超链接。

5．掌握如何预览和保存网页。

二、实验内容

1．打开百度首页（http://www.baidu.com/），观察和思考模仿制作该网页的方法；打开网页制作软件，新建一个空白网页。

2．下载百度首页的标志图（LOGO），插入到空白网页中，设置居中对齐。

3．在标志图下方插入合适大小的表格，插入相应的内容（“新闻”、“网页”等），并按原“百度”网页上的链接地址插入超链接。

【操作提示】

网页布局的实现方法很多，在此使用表格方式实现，也可使用 DIV 元素等方法。表格的设计方法也很多，每个人的习惯和方法都可以不同。

4．修改表格属性，设置表格边框粗细为“0”，以使得网页显示时表格不会显示出来。

5．插入网页中间的表单控件，包括一个文本框和一个按钮，并按“百度”首页控件的属性进行设置。

6．插入页面下方的其他文字内容，并插入相应超链接。

7．保存网页到磁盘中，并在 IE 浏览器中打开查看显示效果。

三、实验成果提交及实验报告要求

1. 提交所制作的网页及相关文件（图片等）。

2. 实验报告要求如下。

（1）简单描述实验的过程，包括网页元素的添加、布局的方法，并插入实验过程的截图。

（2）总结本次实验，总结网页制作的基本方法，谈谈你以后会在哪些方面使用到网页制作技术。

实验 7-1　数据库和数据表的操作

一、实验目的

1．熟悉 Access 工作界面。
2．掌握数据库文件的创建、保存和打开操作。
3．了解数据库窗口的基本构成。
4．掌握有关数据表的创建及修改方法。
5．掌握记录的输入和编辑操作。
6．掌握建立主键的方法。

二、实验内容

1．启动 Access，了解 Access 窗口的基本组成，熟悉 Access 的工作环境。比较启动后窗口元素与其他 Office 应用程序有何异同。

2．打开帮助菜单提供的某个示例数据库，了解数据库各部分的组成。

3．利用帮助资源，查找数据库对象的相关信息，了解它们在 Access 中的主要作用。

4．使用两种方法创建数据库，注意文件的类型和保存的位置，创建完成后关闭数据库。

（1）创建空数据库，命名为“实验 7-1.accdb”。

（2）使用向导创建一个学生数据库，命名为“学生 1.accdb”。

【操作提示】

在 Access 2010 系统中，新建的 Access 数据库文件默认为 Access 2007 文件格式，Access 2007 格式的文件可以在 Access 2007 或更高版本的系统中打开。

5．打开数据库 sy7-1.accdb，在对象窗格中选中表，用两种方式建立数据表。

（1）使用表设计创建表。在“实验 7-1.accdb”数据库中创建“教师”表，表结构如实验表 7-1 所示。

实验表 7-1　教师表结构

字段名称	数据类型	字段大小	格　式
工号	文本	6	
姓名	文本	4	
性别	文本	1	
年龄	数字	整型	
上岗时间	日期/时间		短日期
学历	文本	6	
联系电话	文本	12	
在职否	是/否		

- 根据“教师表”的结构，判断并设置主键。
- 设置“上岗时间”字段的有效性规则为只能输入 2008-1-1 以前的日期。
- 将“在职否”字段的默认值设置为 True。

【操作提示】

如果没有定义主键，在保存表时，Access 会弹出一个对话框，询问是否创建主键，选择否，则表示不创建主键，选择是，则 Access 会自动创建一个自动编号类型的字段并添加到表的第一列，作为该表的主键。

（2）通过输入数据创建“教师”表。

6．在“教师”表中输入如实验表 7-2 所示的记录，操作环境如实验图 7-1 所示。

实验表 7-2　教师表记录

工　号	姓　名	性　别	年　龄	上岗时间	学　历	联系电话	在职否
652001	张小灵	女	28	2004-07-8	研究生	13567890123	√
644011	李浩	男	43	1984-3-9	本科	15348795678	

7．修改表结构和编辑表记录

（1）在教师表中，增加不同类型的字段，如增加“E-mail”字段，将其数据类型设为“超链接”；增加“照片”字段，将其数据类型设为“OLE 对象”。

（2）在教师表中添加两条记录，内容自定。

【操作提示】

① 自动编号类型的字段值由系统自动生成，不能更改。

② OLE 对象类型的字段可插入对象，可打开表的设计视图，设置插入字段的数据类型为 OLE 对象即可。

③ 超链接类型的字段可以直接输入地址或路径，也可打开表的设计视图，设置插入字段的数据类型为超链接。

（3）删除不要的记录，删除增加的字段。

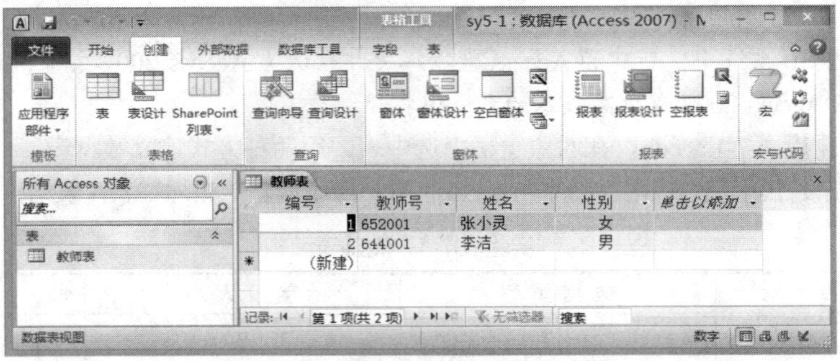

实验图 7-1　输入表记录

8．备份教师表。

【操作提示】

① 菜单“文件”→“对象另存为”，保存在本数据库中。

② 菜单“外部数据”→“导出”命令，复制到另一个数据库中。

三、实验成果提交及实验报告要求

1．提交“实验 7-1.accdb”文件。

2．提交实验报告，回答以下问题。

（1）数据表中的字段有哪些常用的数据类型，各有何特点？

（2）自动编号类型的字段有何特点？

（3）主键的作用是什么？如何定义主键？

（4）如何输入 OLE 对象类型的字段？

（5）如何保存表中输入的记录？

（6）在操作中还遇到哪些问题，你是如何解决的？

实验 7-2　建立查询

一、实验目的

1．掌握查询向导和查询设计器的使用。

2．建立单表查询。

3．掌握在两个表之间建立关系的方法。

4．查询两个表中的数据。

5．了解 SQL 语句的应用。

二、实验内容

打开数据库文件“实验 7-21.accdb”，里面已经设计好两个表对象“Employee”和“Group”。按以下要求操作练习。

1．分别用设计视图和查询向导创建单表查询。

查找并显示“Employee”表的“职工号”、“姓名”、“年龄”和“职务”4 个字段内容。结果如实验图 7-2 所示。

2．分别用设计视图和查询向导创建多表查询。

（1）建立“Group” 和 “Employee”两表之间的关系。

【操作提示】

选择菜单“数据库工具”→“关系”命令或工具栏上的“关系”按钮。在关系窗口中将“Group”表中的“部门号”字段（主键以粗体显示）拖到”Employee”表中的“部门号”字段上。显示效果如实验图 7-3 所示。

实验图 7-2　查询 Employee 表

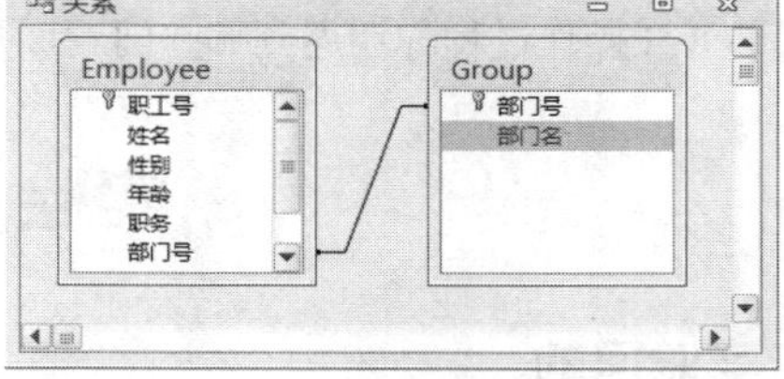

实验图 7-3 “Group”和“Employee”通过部门号建立关系

（2）创建查询，查找并显示“销售部”职工的“职工号”、“姓名”、“性别”、“职务”和“聘用时间”5 个字段内容。

【操作提示】在查询设计器中设置条件部门名为“销售部”，如实验图 7-4 所示，查询结果如实验图 7-5 所示。

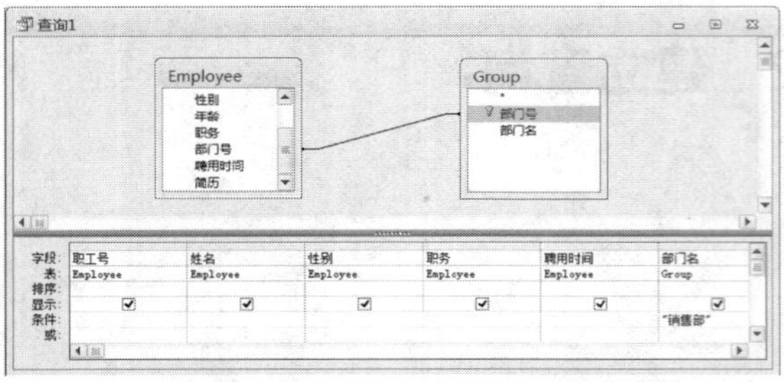

实验图 7-4　查询设计视图

查询2

职工号	姓名	性别	职务	聘用时间	部门名
201505	张灵	女	职员	1995/8/4	销售部
201510	李伟	男	职员	2005/3/14	销售部
201514	高丽丽	女	经理	1999/5/12	销售部
201520	王强	男	主管	2005/9/8	销售部
201522	张娜	女	职员	1998/3/18	销售部
201530	董力昆	男	职员	1994/5/9	销售部
201531	董刚	女	主管	1992/7/9	销售部
201532	刘丽	女	经理	1939/9/2	销售部
201533	伊小刚	男	主管	1975/9/7	销售部
201534	尹能净	女	职员	1993/2/8	销售部
201535	李丽贡	女	职员	1998/5/9	销售部

记录：第 12 项(共 12 项)　无筛选器　搜索

实验图 7-5　查询结果

（3）SQL 语句的使用。

【操作提示】在查询设计视图下，从工具栏的视图列表中选择“SQL 视图”选项，可打开选择查询窗口，查看或修改 SQL 语句，如实验图 7-6 所示。

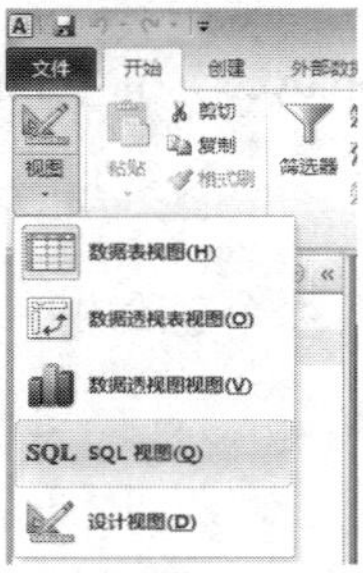

实验图 7-6　查看或修改 SQL 语句

3．打开数据库文件“实验 7-22.accdb”，其中已建立两个表对象“student”和“score”，查询对象“SQY”。按以下要求，完成各种操作。

（1）设置表对象“score”中“分数”字段的值为 0～100 之间。

（2）设置表对象“score”中“成绩 ID”的显示宽度为 8。

（3）在“student”表结构最后一行增加 1 个字段，字段名为“住址”，字段类型为“文本”，字段大小为 30；删除“备注”字段。

（4）删除“SQY”查询中的“毕业学校”列，并将查询结果按“姓名”、“课程名”和“分数”顺序显示。

三、实验成果提交及实验报告要求

1．提交“实验 7-21.accdb”和“实验 7-22.accdb”文件。

2．提交实验报告，并回答以下问题。

（1）在 Access 中可实现哪几类查询？

（2）简述使用查询设计器建立查询的过程。

（3）建立多表查询时，需要注意哪些问题才能得到正确的查询结果？

（4）为何要在表之间建立关系，如何建立关系？

（5）在操作过程你还遇到哪些问题，是如何解决的？

实验 7-3　创建报表

一、实验目的

1．了解报表的作用和报表的类型。

2．学会创建报表。

3．掌握数据的导入和导出。

二、实验内容

打开数据库文件“实验 7-3.accdb”，已经建立了 1 个表对象“学生”，按以下要求完成各种操作。

1．使用报表向导建立学生信息报表，显示每位学生的详细信息，如实验图 7-7 所示。

2．使用标签向导，建立“学生登记卡”标签。

【操作提示】标签也是报表的一种形式。先选择表，即标签的数据来源，单击该表即可，再单击“创建”选项卡，选择“报表”组中的“标签”命令，如实验图 7-8 所示，结果如实验图 7-9 所示。

实验图 7-7　学生报表预览效果

实验图 7-8　应用标签向导

3．利用“实验 7-21”中查询的数据生成的报表预览效果，如实验图 10 所示。

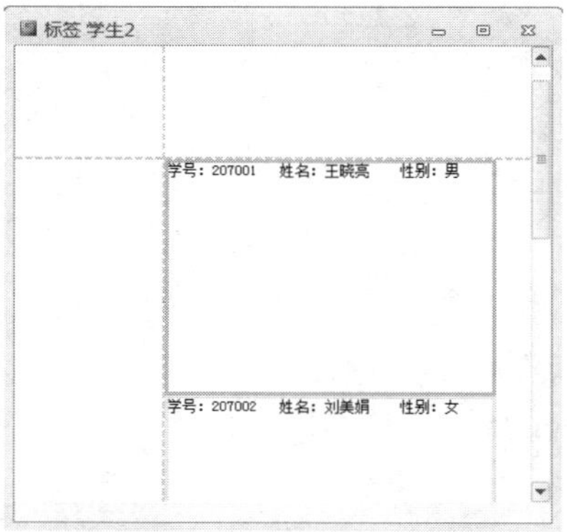

实验图 7-9　“学生”标签

实验图 7-10　利用查询数据生成的报表

4．使用“报表设计”设计“学生”报表。

5．将“学生”表中的数据导出到文本文件中，并以“学生 1.xls”文件名保存到指定的文件夹中。

【操作提示】

选择“外部数据”选项卡→“导出”组中的“EXCEL”命令。

6．将一个 Excel 数据列表导入到“实验 7-3.accdb”中，并以“学生 2”文件名保存到指定的文件夹中。

【操作提示】

选择“外部数据”选项卡→“导入并链接”组中的“EXCEL”命令。

三、实验成果提交及实验报告要求

1．提交“实验 7-3.accdb”文件。

2．提交实验报告，回答以下问题。

（1）比较使用报表向导和在报表设计视图中设计报表各有什么特点？

（2）如何在报表中对记录排序？

（3）如何在 Access 中实现与其他程序之间的数据的导入和导出？

实验 8-1 图像的基本编辑

一、实验目的

1．掌握数字图像的基本编辑方法。

2．学会用不同的图像文件格式保存图像。

3．了解 Photoshop 的基本功能。

二、实验内容

1．在 Photoshop 中打开“实验 8-1.jpg”文件，如实验图 8-1 所示。

2．使用 Photoshop 中的“亮度/对比度”、“曲线”等功能来调整图像。

3．裁剪出图像的主体部分另存为一幅新的图像，文件全名命名为“实验 8-1-a.jpg”，如实验图 8-2 所示。

【操作提示】在工具箱中选择裁切工具对图像进行裁剪。

4．利用历史命令窗口回到图像的最初状态。

5．将图像裁剪、缩小为 640 像素×480 像素。

实验图 8-1 “实验 8-1.jpg”文件

实验图 8-2 裁切后的图像

【操作提示】

先通过“图像”→“图像大小”命令，将原图等比例缩小为 723×480，再通过“图像”→“画布大小”命令，将图的左右两边裁去，调整为 640×480。也可直接使用裁剪工具，设定尺寸后进行裁剪。

6．将图像保存为 jpg 格式，分别选择保存精度为 12、8、6 和 4，分别以“实验 8-1-b.jpg”、“实验 8-1-c.jpg”、“实验 8-1-d.jpg”和“实验 8-1-e.jpg”为文件名保存。

【操作提示】

通过“文件”→“存储为”命令，把图像保存为 jpg 格式，并在“JPEG 选项”对话框中设置品质为相应的级别。

7．将图像保存为 BMP、TIFF、PSD 格式（均按默认设置），分别以“实验 8-1-f.bmp”、“实验 8-1-g.tif”和“实验 8-1-h.psd”为文件名保存。

三、实验成果提交及实验报告要求

1．提交“实验 8-1-a.jpg”、“实验 8-1-b.jpg”、“实验 8-1-c.jpg”、“实验 8-1-d.jpg”、“实验 8-1-e.jpg”、

“实验 8-1-f.bmp”、“实验 8-1-g.tif” 和 “实验 8-1-h.psd” 文件。

2. 提交实验报告，实验报告要求如下。

（1）填写实验表 8-1，比较不同品质等级之间 JPG 格式的文件大小和图像质量。

实验表 8-1 不同品质等级的文件大小和图像质量

品质等级	文件大小	图像质量
12		
8		
6		
4		

（2）填写实验表 8-2，比较不同文件格式之间的文件大小和图像质量。

实验表 8-2 不同文件格式的文件大小和图像质量

图像格式	文件大小	图像质量
BMP		
JPG（品质等级 12）		
TIFF		
PSD		

实验 8-2 高级图像编辑

一、实验目的

1. 学会选择复杂的图像，并将其粘贴到别的图像中。
2. 掌握仿制图章工具的用法。
3. 学会给图像增加文字和图形。
4. 了解 Photoshop 滤镜的用法。

二、实验内容

1. 在 Photoshop 中打开“实验 8-2.jpg”文件，如实验图 8-3 所示。
2. 使用 Photoshop 中的“钢笔工具”将图像中的主体部分选取出来，如实验图 8-4 所示。

实验图 8-3 “实验 8-2.jpg”文件

实验图 8-4 选取汽车

【操作提示】

① 选择“钢笔”工具，并在工具属性栏中选择路径图标，就像画线那样，沿着汽车的轮廓单击，每单击一次就会定出一个点，到了最后单击开头的第一点以闭合路径，这时在轮廓上出现了一条闭合的曲线。

② 如果觉得刚才描的轮廓不够满意，可以选择“添加锚点”工具，在刚才的路径上单击一下，路径上所有的点都显了出来。这时可增加、删除点并调整点的位置，使得轮廓线满意为止。

③ 在“图层”调板中选择“路径”项，并单击其下方的“将路径转化为选区”图标，原来的轮廓线变成了蚁行线，这时选择“编辑”→“复制”命令，或按Ctrl+C组合键。

3．打开“实验 8-3.jpg”文件，如实验图 8-5 所示。

4．将在“实验 8-2.jpg”文件中选取的汽车粘贴到“实验 8-3.jpg”文件中，如实验图 8-6 所示。

【操作提示】

① 选择“编辑”→“粘贴”命令，或按Ctrl+V组合键。

② 用“编辑”→“变换”→“缩放”命令，直接用鼠标调整汽车的大小。

③ 选择“移动”工具，用鼠标把汽车拖动到合适的位置，再用“模糊”工具把汽车的边缘稍为处理一下，两个图像就融合在一起了。

④ 还可以用“加深”工具将左侧车身的颜色稍微加深，这样看起来更自然。

实验图 8-5　“实验 8-3.jpg”文件

实验图 8-6　两图拼接在一起

5．为图像增加文字“名车”。

【操作提示】

选择“文字”工具，在图像的适当位置拉出一个框，输入“名车”二字，选择“文字”工具属性栏的确认图标。

6．最终效果如实验图 8-7 所示，将图像以“实验 8-2-a.psd”为文件名保存。

实验图 8-7　添加文字

7. 打开“实验 8-4.jpg”文件，如实验图 8-8 所示。

8. 利用仿制图章工具，往图像中添加若干朵花，如实验图 8-9 所示。

实验图 8-8 “实验 8-4.jpg”文件

实验图 8-9 用仿制图章工具添加花

【操作提示】

选择“仿制图章”工具，这时鼠标指针在图像编辑窗口中会变成一个圆圈，在工具属性栏中适当调整画笔大小。

把鼠标指针移动到在上边那朵玫瑰花的地方，按下 Alt 键的同时单击鼠标，放开后再在右边的位置上按下并拖动鼠标。

9. 为图像应用“画笔描边”中的“喷色描边”滤镜，如实验图 8-10 所示，并将图像以“实验 8-2-b.psd”为文件名保存。

【操作提示】

选择“滤镜”→“画笔描边”→“喷色描边”命令，在“喷色描边”对话框中适当调整参数，然后单击“确定”按钮。

实验图 8-10 应用“喷色描边”滤镜的效果

三、实验成果提交及实验报告要求

1. 提交“实验 8-2-a.psd”、“实验 8-2-b.psd”文件。

2. 提交实验报告，实验报告要求如下。

（1）选取汽车时，还可用什么方法？比较一下在不同的场合用哪种方法比较好？

（2）拼接图像时，怎样才能做到自然，接合边缘不生硬？

（3）说明仿制图章工具的功用及操作原理。

（4）应用“喷色描边”滤镜时若设置不同的参数，效果有何不同？

实验 8-3　特效文字的制作

一、实验目的

1．理解选区、通道、图层等的概念与用法。

2．熟练掌握文字工具的用法。

3．熟练掌握各种滤镜的综合运用。

二、实验内容

1．在 Photoshop 中新建一个 600 像素×400 像素的文件。

2．制作如图 8-11 所示的特效文字，并将图像以“实验 8-3.psd”为文件名保存。

【操作提示】

（1）用文字工具创建红色文字；

（2）选择文字，存储选区；

（3）打开蒙版通道，顺时针旋转画布 90 度；

（4）利用三次风滤镜，再逆时针旋转画布 90 度；

（5）利用波纹滤镜；

（6）将处理后的蒙版通道选中，并新建图层，填充为黄色；

（7）适当地调整图层的图层效果；

（8）调整图层叠放次序。

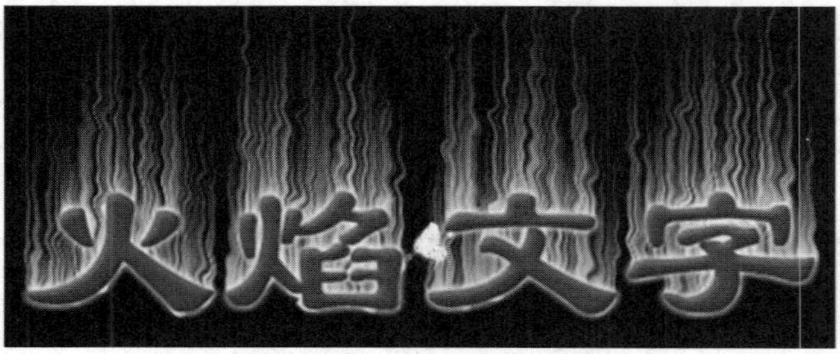

实验图 8-11　火焰文字

三、实验成果提交及实验报告要求

1．提交“实验 8-3.psd”文件。

2．提交实验报告，实验报告要求如下。

（1）在制作特效文字时，操作提示中的步骤能否颠倒次序？还可用什么方法来实现？

（2）能否实现不同效果的火焰特效文字？如何制作？

参考文献

[1] 张海笑，傅秀芬．大学计算机基础教程．北京：人民邮电出版社，2010．
[2] 于萍．大学计算机基础教程．北京：清华大学出版社，2013．
[3] 焦点科技．Office 2010 完全学习手册．北京：北京希望电子出版社，2011．
[4] 黄维通．计算机应用基础．上海：上海交通大学出版社，2012．
[5] 李斌，黄绍斌．Excel 2010 应用大全．北京：机械工业出版社，2010．
[6] 于冬梅，曲丽娜．中文版 PowerPoint 2010 幻灯片制作实用教程．北京：清华大学出版社，2014．
[7] 牛曼丽，王闻．Word＋Excel＋PowerPoint 2010 实用教程．北京：清华大学出版社，2013．
[8] 陈跃华．PowerPoint 2010 入门与进阶．北京：清华大学出版社，2013．
[9] 张胜涛．Word＋Excel＋PowerPoint 2010 三合一入门与进阶．北京：清华大学出版社，2013．
[10] Andrew S. Tanenbaum 著，陈向群等译．现代操作系统（第 2 版）．北京：机械工业出版社，2008．
[11] 汤小丹等．计算机操作系统（第 3 版）．西安：西安电子科技大学出版社，2007．
[12] June Jamrich Parsons，Dan Oja 著，吕云翔等译．计算机文化（第 8 版）．北京：机械工业出版社，2006．
[13] 胡新和等．操作系统（Windows 版）．武汉：武汉大学出版社，2007．
[14] 神龙工作室，杨旭等．Windows 7 从入门到精通．北京：人民邮电出版社，2010．
[15] 龙马工作室．Windows 7 从新手到高手．北京：人民邮电出版社，2011．
[16] 张二峰．Win7 二十一：让你精通 Windows 7 的 21 个专题．北京：电子工业出版社，2010．
[17] 第 33 次中国互联网络发展状况统计报告．北京：中国互联网络信息中心，2013．
[18] 2013 年中国网民搜索行为研究报告．北京：中国互联网络信息中心，2013．
[19] 谢希仁．计算机网络（第 5 版）．北京：电子工业出版社，2008．
[20] 程书红，李静．Internet 应用（第 2 版）．北京：电子工业出版社，2014．
[21] 王珊，萨师煊．数据库系统概论（第 4 版）．北京：高等教育出版社，2011．
[22] 王珊，陈红．数据库系统原理教程．北京：清华大学出版社，2006．
[23] 张强．Access 2007 入门与实例教程．北京：电子工业出版社，2007．
[24] 叶强生，卡清．Access 数据库应用技术习题解答与上机指导．北京：中国铁道出版社，2007．
[25] 卢湘鸿，陈洁．Access 数据库与程序设计．北京：电子工业出版社，2006．
[26] 周安宁，吕会红．数据库案例教程．北京：清华大学出版社，2007．
[27] 范俊弟，李辉．Access 数据库程序设计．北京：电子工业出版社，2005．
[28] 徐加美．Photoshop 平面图像处理．北京：清华大学出版社，2011．
[29] Adobe 公司著，张海燕译．Adobe Photoshop CS6 中文版经典教程．北京：人民邮电出版社，2014．
[30] 鲁宏伟，汪厚祥著．多媒体计算机技术（第 4 版）．北京：电子工业出版社，2011．